Autoren:
Prof. Dr. Udo Backhaus (Astronomie – die älteste Naturwissenschaft;
Orientierung am Sternenhimmel; Die Erde und ihr Mond: Bewegungen der Planeten;
Kepler'sche Gesetze und Gravitationsgesetz)
Uwe Kopte (Kernumwandlungen – Nutzen und Gefahren)
Prof. Dr. Klaus Liebers (Farben)
Dr. Klaus Lindner (Die Sonne – unser Stern; Die Körper im Sonnensystem;
Entwicklung des Weltalls, Spektralanalyse S.244)
Prof. Dr. Helmut F. Mikelskis (Bewegungen und ihre Ursachen, Informationsübertragung durch Licht,
Licht als Welle, Goethes Farbenlehre)
Dr. Rolf Otto (Leitungsvorgänge in Halbleitern; Leitungsvorgänge in Röhren;
Hertz'sche Wellen)
Prof. Dr. Thorid Rabe (Werfen und Springen; Sinnliche Physik)
Dr. Rüdiger Schülbe (Schallwellen)
Maik Viehrig (Utopische Physik; Mechanische Schwingungen;
Aufgaben zur Wiederholung und Prüfungsvorbereitung)
Hendrik Wilke (Reise zu den Sternen; Moderne Physik)
Prof. Dr. Hans-Joachim Wilke (Erzeugung und Umformung elektrischer Energie;
Informationsspeicherung; Praktikum)

Herausgeber:
Prof. Dr. Helmut F. Mikelskis; Prof. Dr. Hans-Joachim Wilke

Unter Planung und Mitarbeit der Verlagsredaktion: Bettina Conrad-Rosenkranz

Illustrationen: Karl-Heinz Wieland, Hans Wunderlich
Technische Zeichnungen: Peter Hesse, Rainer Götze
Umschlaggestaltung und Layoutkonzept: Wolfgang Lorenz
Layout: Wladimir Perlin

www.cornelsen.de

1. Auflage, 6. Druck 2013 / 06

Alle Drucke dieser Auflage sind inhaltlich unverändert
und können im Unterricht nebeneinander verwendet werden.

Druck: Stürtz GmbH, Würzburg

ISBN 978-3-06-013026-9

Inhalt gedruckt auf säurefreiem Papier aus nachhaltiger Forstwirtschaft.

Projekt

Physik betreiben heißt, etwas zu tun. Auf den Projektseiten findet ihr viele Tipps und Anregungen – um etwas zu machen, das sich am Ende sehen lassen kann.

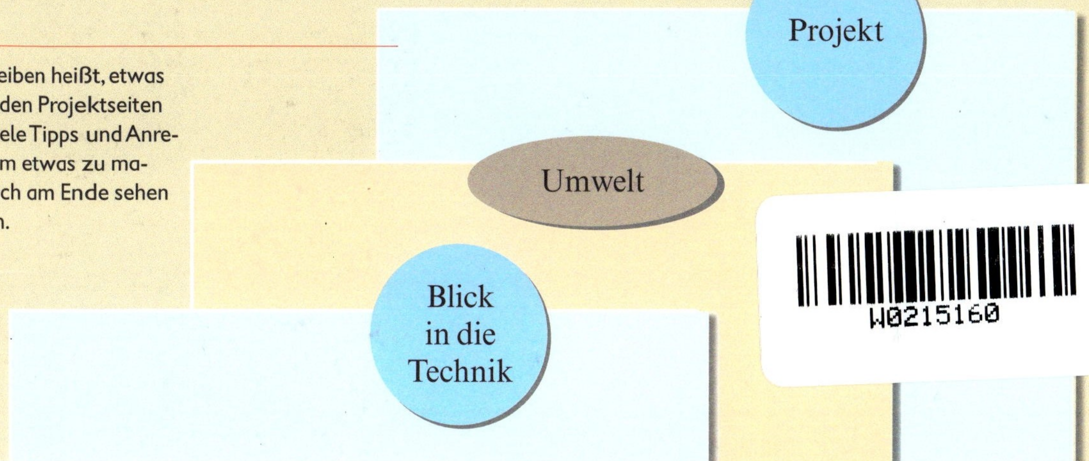

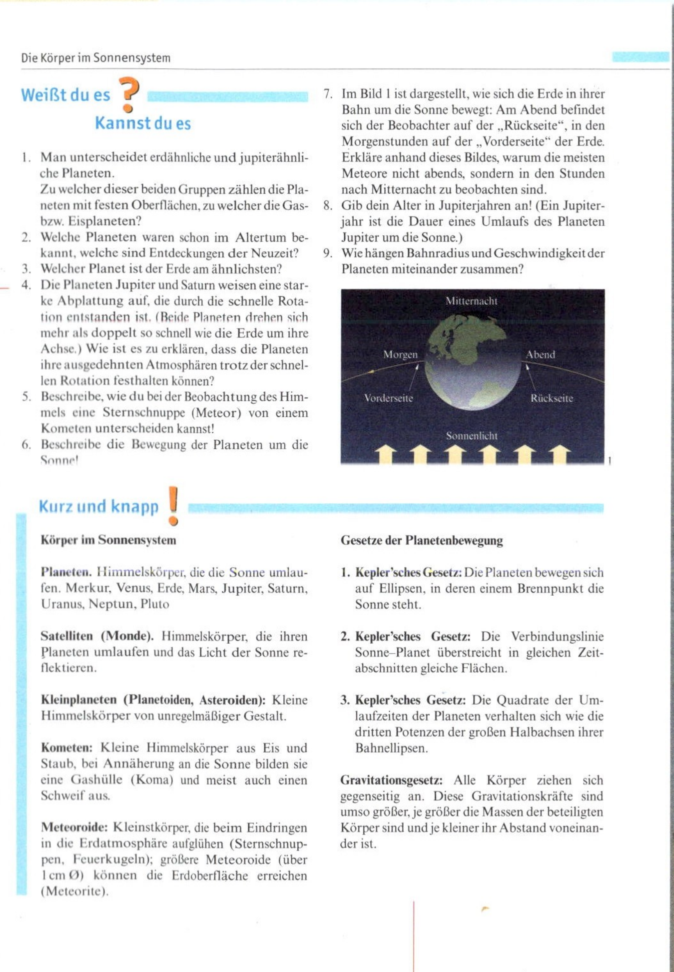

Weißt du es ? Kannst du es

1. Man unterscheidet erdähnliche und jupiterähnliche Planeten.
   Zu welcher dieser beiden Gruppen zählen die Planeten mit festen Oberflächen, zu welcher die Gas- bzw. Eisplaneten?
2. Welche Planeten waren schon im Altertum bekannt, welche sind Entdeckungen der Neuzeit?
3. Welcher Planet ist der Erde am ähnlichsten?
4. Die Planeten Jupiter und Saturn weisen eine starke Abplattung auf, die durch die schnelle Rotation entstanden ist. (Beide Planeten drehen sich mehr als doppelt so schnell wie die Erde um ihre Achse.) Wie ist es zu erklären, dass die Planeten ihre ausgedehnten Atmosphären trotz der schnellen Rotation festhalten können?
5. Beschreibe, wie du bei der Beobachtung des Himmels eine Sternschnuppe (Meteor) von einem Kometen unterscheiden kannst!
6. Beschreibe die Bewegung der Planeten um die Sonne!
7. Im Bild 1 ist dargestellt, wie sich die Erde in ihrer Bahn um die Sonne bewegt: Am Abend befindet sich der Beobachter auf der „Rückseite", in den Morgenstunden auf der „Vorderseite" der Erde. Erkläre anhand dieses Bildes, warum die meisten Meteore nicht abends, sondern in den Stunden nach Mitternacht zu beobachten sind.
8. Gib dein Alter in Jupiterjahren an! (Ein Jupiterjahr ist die Dauer eines Umlaufs des Planeten Jupiter um die Sonne.)
9. Wie hängen Bahnradius und Geschwindigkeit der Planeten miteinander zusammen?

1

Kurz und knapp !

Körper im Sonnensystem

Planeten. Himmelskörper, die die Sonne umlaufen. Merkur, Venus, Erde, Mars, Jupiter, Saturn, Uranus, Neptun, Pluto

Satelliten (Monde). Himmelskörper, die ihren Planeten umlaufen und das Licht der Sonne reflektieren.

Kleinplaneten (Planetoiden, Asteroiden): Kleine Himmelskörper von unregelmäßiger Gestalt.

Kometen: Kleine Himmelskörper aus Eis und Staub, bei Annäherung an die Sonne bilden sie eine Gashülle (Koma) und meist auch einen Schweif aus.

Meteoroide: Kleinstkörper, die beim Eindringen in die Erdatmosphäre aufglühen (Sternschnuppen, Feuerkugeln); größere Meteoroide (über 1 cm Ø) können die Erdoberfläche erreichen (Meteorite).

Gesetze der Planetenbewegung

1. **Kepler'sches Gesetz:** Die Planeten bewegen sich auf Ellipsen, in deren einem Brennpunkt die Sonne steht.

2. **Kepler'sches Gesetz:** Die Verbindungslinie Sonne–Planet überstreicht in gleichen Zeitabschnitten gleiche Flächen.

3. **Kepler'sches Gesetz:** Die Quadrate der Umlaufzeiten der Planeten verhalten sich wie die dritten Potenzen der großen Halbachsen ihrer Bahnellipsen.

Gravitationsgesetz: Alle Körper ziehen sich gegenseitig an. Diese Gravitationskräfte sind umso größer, je größer die Massen der beteiligten Körper sind und je kleiner ihr Abstand voneinander ist.

Themenseiten

Hier kannst du dich gründlich informieren über *Umwelt*, *Energie*, und *Gesundheit* – Themen, die jeden von uns direkt berühren.
Wie können wir uns vor den Gefahren im Straßenverkehr schützen? Wie können wir Energie sparen, um unsere Umwelt zu schonen? Wie sieht es mit der Energieversorgung in naher und ferner Zukunft aus?
Diese Fragen tauchen nicht nur im Physikunterricht auf, sondern auch in anderen Fächern, wie z. B. Erdkunde, Biologie oder Chemie.

Aufgaben

Sie dienen nicht nur zur Wiederholung und zur Übung. Sie sollen dir ebenso helfen, mit dem Gelernten Neues zu entdecken oder Altbekanntes neu zu verstehen. Daher sind auch hier oft kleine Experimente auszuführen.

Zusammenfassung

Am Ende des Kapitels wird das Wichtigste noch einmal auf den Punkt gebracht.

Blick in …

Auf diesen Seiten wird über den Tellerrand geschaut – denn der Physik begegnest du nicht nur im Physikraum. Ein *Blick in die Natur* und ein *Blick in die Technik* verrät, wo die Physik, die ihr gerade behandelt, eine besondere Rolle spielt.
Beim *Blick in die Geschichte* erfährst du, was die Menschen früher schon über die Physik wussten und wie diese Wissenschaft langsam entstanden ist.

Physik

Klassen 9/10
Mittelschule Sachsen

VOLK UND WISSEN

Inhalt

Leitungsvorgänge in Halbleitern

Der winzige, von der Ameise „erbeutete“ Chip trägt auf seiner Oberfläche eine elektronische Schaltung. Abertausende elektronischer Bauelemente wirken zusammen und leisten Gigantisches. Chips verändern unser Leben. Sie sichern unserer Lebensqualität auf der Erde. Und sie ermöglichen uns sogar, in die Weiten des Weltalls vorzudringen.

Auf welchen physikalischen Grundlagen beruht die Funktionsweise der auf dem Chip untergebrachten elektronischen Bauelemente? Welche elektronischen Schaltungen sind besonders wichtig und wie funktionieren diese?

Eigenleitung in Halbleitern

1

Halbleiter – ohne sie würden unsere modernen Geräte nicht funktionieren!
Was sind eigentlich Halbleiter? Welche Besonderheiten beim Leitungsvorgang in Halbleitern haben die moderne Elektronik ermöglicht?

Halbleiter

Elemente aus der IV. Hauptgruppe des Periodensystems werden auch als Halbleiter bezeichnet. Wichtige Halbleiter sind Kohlenstoff (Graphit), Silicium und Germanium.
Heute wird vorwiegend Silicium als Halbleiter verwendet, das in der Natur im Quarzsand (SiO_2) und in Silicaten vorkommt.
Seine interessanten Eigenschaften lassen sich jedoch nur in elektronischen Schaltungen anwenden und gezielt verändern, wenn es in reinster Form vorliegt (Bild 2).

2

Reines Silicium für die Chipherstellung

Temperaturabhängigkeit des Widerstands von Metallen und Halbleitern. Metalle leiten den Strom sehr gut, Isolatoren dagegen fast gar nicht. Halbleiter sind Stoffe, deren Leitfähigkeit zwischen der von Metallen und Isolatoren liegt. Ein zweiter Grund für die Bezeichnung Halbleiter besteht in der Temperaturabhängigkeit des Widerstandes, die mit folgendem Experiment untersucht wird.

EXPERIMENT 1

1 Erwärme einen metallischen Widerstandsdraht vorsichtig mit einer Flamme und beobachte den Strommesser (U= konst.)!
2 Wiederhole 1. mit einem Halbleiter (geeignet ist ein Stück einer dünnen Bleistiftmine)!
3 Vergleiche die Stromstärken in Abhängigkeit von der Temperatur!

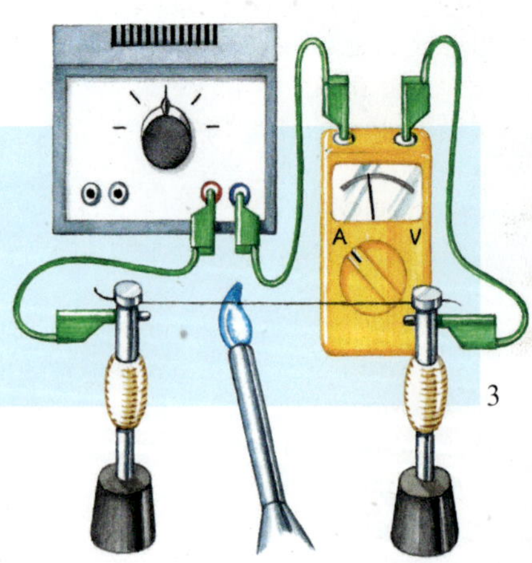

3

Bei steigender Temperatur nimmt die Stromstärke in dem metallischen Leiter immer mehr ab, bei einem Halbleiter dagegen nimmt sie zu. Im

Metall werden mit steigender Temperatur die Schwingungen der Atome heftiger. Dadurch wächst die Behinderung der wandernden Elektronen, der elektrische Widerstand wird größer.
Auch beim Halbleiter werden die Schwingungen der Atome mit steigender Temperatur heftiger und die Wanderung der Elektronen wird stärker behindert. Jedoch wird hier der Widerstand bei zunehmender Temperatur kleiner. Diese Temperaturabhängigkeit lässt vermuten, dass bei der Leitung im Halbleiter noch andere Vorgänge ablaufen als im Metall.

Mit zunehmender Temperatur nimmt die Stromstärke bei einem metallischen Leiter ab, bei einem Halbleiter dagegen zu.

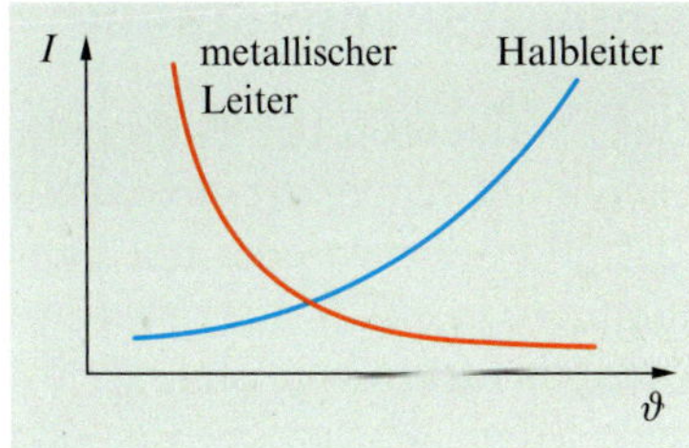

1

Metallischer Leiter: $\vartheta\uparrow$, $I\downarrow$, $R\uparrow$
Halbleiter: $\vartheta\uparrow$, $I\uparrow$, $R\downarrow$

Eigenleitung in Silicium

Da Silicium in der IV. Hauptgruppe steht, hat es vier Außenelektronen. Jedes dieser Außenelektronen bildet mit einem Außenelektron eines benachbarten Atoms ein Elektronenpaar. Ein Siliciumatom ist daher von vier benachbarten Atomen umgeben (Bild 2). Die Siliciumatome sind untereinander zu einem Kristallgitter verbunden, in dem jedes Atom mit seinen vier benachbarten Atomen vier Elektronenpaare bildet, also scheinbar acht Außenelektronen besitzt.
Da die Elektronen in Paaren gebunden sind, stehen eigentlich keine wanderungsfähigen Ladungsträger zur Verfügung. Silicium leitet deshalb bei tiefen Temperaturen den Strom fast nicht.

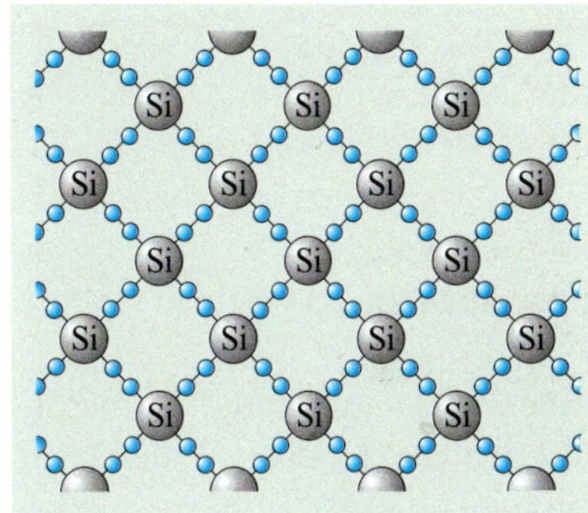

2

Vereinfachte Darstellung der Elektronenpaarbindungen im Siliciumkristall

Bereits bei Zimmertemperatur lösen sich jedoch wenige Elektronen aus diesen Paarbindungen und werden dadurch wanderungsfähig. Zugleich bleiben Fehlstellen zurück, die als *Defektelektronen* oder *Löcher* bezeichnet werden (Bild 3). Diese Löcher können wiederum Elektronen aufzunehmen und tragen so zur Leitung bei.

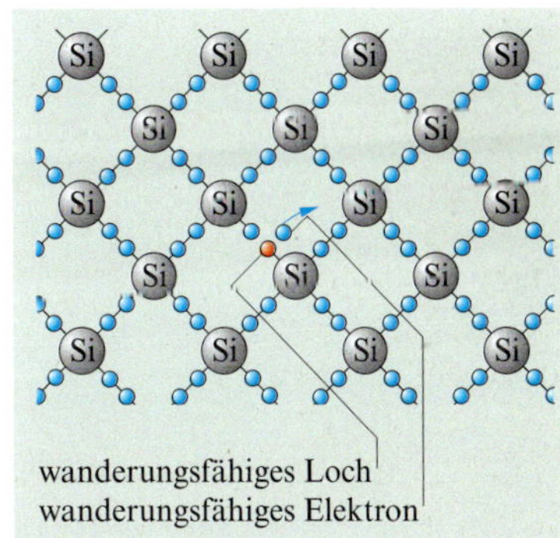

3

Halbleiter bei Zimmertemperatur

Der Leitungsvorgang kann wie folgt beschrieben werden:
Der Minuspol einer Spannungsquelle vermag Elektronen an benachbarte Löcher abzugeben, die dann von Loch zu Loch wandern und schließlich vom Pluspol der Spannungsquelle aufgenommen werden. Dabei bewegen sich auch die Löcher „scheinbar" durch den Kristall.
Je höher die Temperatur ist, umso mehr Elektronen lösen sich aus den Paaren, die Anzahl der Löcher steigt ebenfalls. Dadurch wächst die Stromstärke sehr stark an.

Anstelle des Modells der Elektronenleitung muss bei Halbleitern das Modell der Elektronen- und Löcherleitung verwendet werden.

Die Eigenleitung beim Silicium kommt dadurch zustande, dass Elektronenpaare aufbrechen, wodurch wanderungsfähige Elektronen und Löcher entstehen. Der Stromfluss durch einen Halbleiter entsteht, indem Elektronen und Löcher durch den Halbleiter wandern.
Die Anzahl der Elektronen und Löcher nimmt mit steigender Temperatur zu; der elektrische Widerstand sinkt.

ÜBRIGENS

Die Löcher wandern wie ein leerer Platz in einer Stuhlreihe: Wenn die Personen einzeln nach links rücken, wandert der leere Platz nach rechts.

4

Halbleiterwiderstände

Zum Aufbrechen der Paarbindungen in einem Halbleiterkristall ist Energie notwendig, die ihm zugeführt werden muss. Man kann dazu den Kristall erwärmen oder mit Licht bestrahlen. Die vom Gitter aufgenommene Energie führt zu heftigeren Bewegungen der Gitterbausteine, wodurch Elektronen herausgelöst werden. In der Technik nutzt man beide Möglichkeiten der Freisetzung durch Energiezufuhr. Heißleiter reagieren auf Erwärmung, Fotowiderstände dagegen auf Belichtung.

1

Die Temperaturmessung erfolgt mit einem Thermistor.

Heißleiter. Heißleiter sind Halbleiterwiderstände und werden auch als Thermistoren (diese Abkürzung steht für thermally sensitive resistor) oder NTC-Widerstände (negative temperature coeffizient) bezeichnet. Sollen sie vor allem durch die Umgebungstemperatur beeinflusst werden, so benötigen sie eine große Oberfläche. Hierfür ist die Scheibenbauform geeignet. Kommt es jedoch auf die Erwärmung durch den Stromfluss an, so besitzen sie eine Zylinderform (Bild 2).

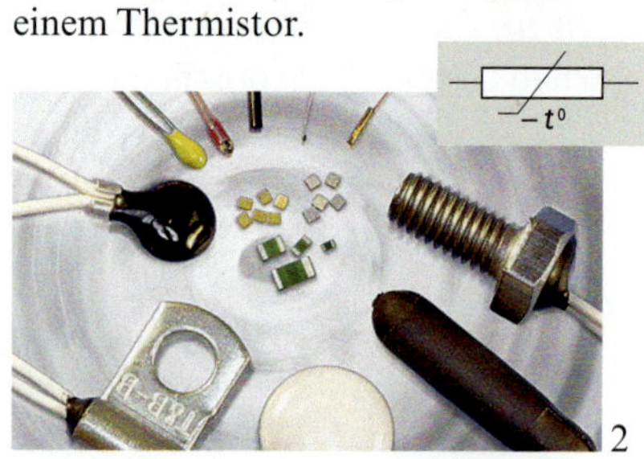

2

Thermistoren mit Schaltsymbol

Welcher Zusammenhang besteht zwischen der Umgebungstemperatur und dem elektrischen Widerstand eines Thermistors?

EXPERIMENT 2

1 Baue die Experimentieranordnung auf!
2 Erwärme den Thermistor im Ölbad. Miss zu verschiedenen Temperaturen (20 °C, 30 °C, … 80 °C) Spannung und Stromstärke!
3 Trage deine Messwerte in eine Tabelle ein und berechne aus den Messwertepaaren für Spannung und Stromstärke jeweils den elektrischen Widerstand!
4 Zeichne ein Widerstand-Temperatur-Diagramm und interpretieren den Verlauf des Graphen!

ϑ in °C	U in V	I in mA		R in kΩ

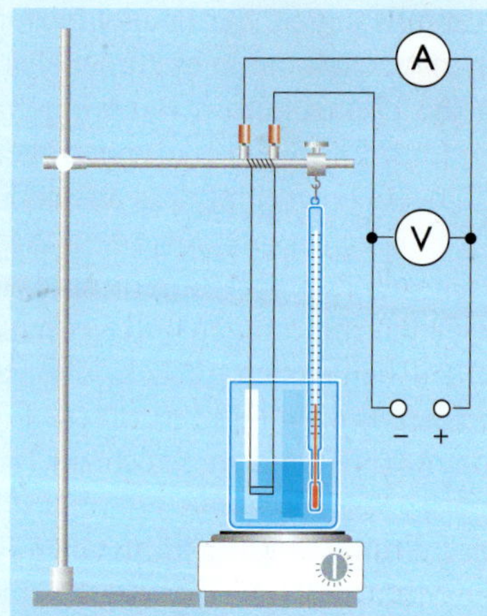

3

Der Graph zeigt, dass der elektrische Widerstand mit zunehmender Temperatur abnimmt. Mit dem Fachbegriff „negativer Temperaturkoeffizient“ wird dieses Verhalten beschrieben.
Die Ursache für diese Abnahme des Widerstandes ist die Zunahme der bei Erwärmung freigesetzten Ladungsträger. Wenn mehr Ladungsträger zur Verfügung stehen, erhöht sich die Stromstärke trotz gleich bleibender Spannung.

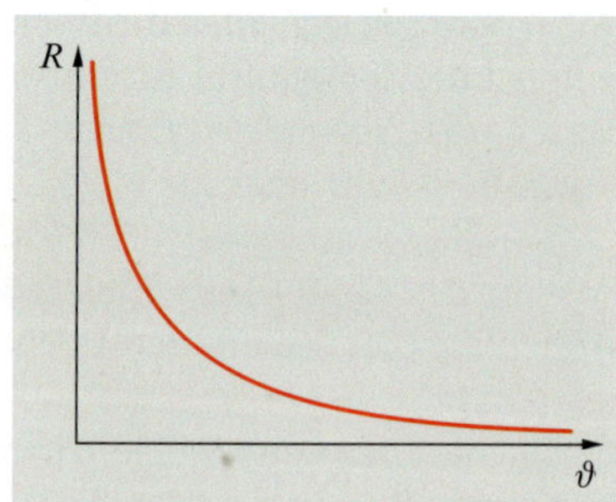

4

R-*ϑ*-Diagramm eines NTC-Widerstands

In der Praxis werden Thermistoren oft als hochempfindliche Temperaturfühler eingesetzt. Ihr Vorteil besteht darin, dass sie sehr robust sind und auch an schwer zugänglichen Stellen eingebaut werden können, z. B. zur Überwachung der Kühlwassertemperatur im Pkw (Bild 1). Da die Stromstärke mit der Temperatur zunimmt, kann die Skala direkt in der Temperatureinheit kalibriert werden.

Fotowiderstände. Wenn es dunkel wird, schalten sich die Lampen zur Sicherung von Baustellen automatisch ein (Bild 1). Ein Fotowiderstand in ihrem Gehäuse sorgt dafür, dass sie nur bei Dunkelheit arbeiten.
Ein Fotowiderstand ist ein Halbleiterbauelement, bei dem ausgenutzt wird, dass Elektronen durch Bestrahlung mit Licht freigesetzt werden. Er wird auch LDR (light dependent resistor) genannt. Alle Halbleitermaterialien sind lichtempfindlich und würden sich deshalb gut für eine Fotowiderstand eignen. Da dieser Effekt nicht in jedem Halbleiter gleich stark in Erscheinung tritt, gibt es spezielle Halbleitermischungen, bei denen dieser Effekt besonders stark auftritt. Geeignete Verbindungen sind z. B. Cadmiumsulfid (CdS) oder Cadmiumselenid (CaSe).
Ein Fotowiderstand besteht aus zwei Kupferkämmen, die auf einer isolierten Unterlage aufgebracht sind. Dazwischen befindet sich das Halbleitermaterial. Umhüllt ist das Ganze mit durchsichtigem Kunststoff oder Glas mit einem großen Lichteintrittsfenster.

1

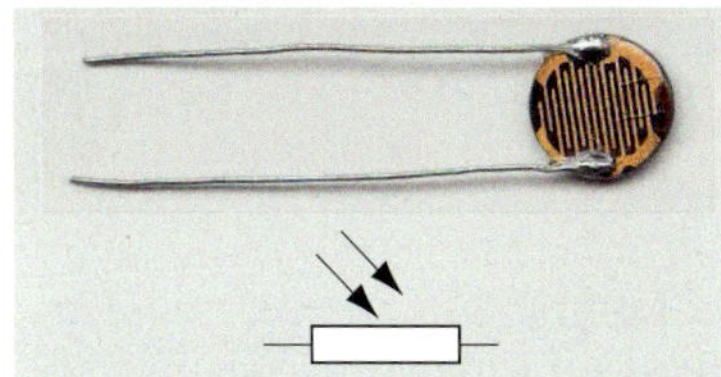
Fotowiderstand mit Schaltsymbol 2

Im folgenden Experiment soll der elektrische Widerstand eines Fotowiderstands bei unterschiedlich starker Beleuchtung untersucht werden.

EXPERIMENT 3

1. Baue die Schaltung auf!
2. Beleuchte den Fotowiderstand mit einer Glühlampe und miss Spannung und Stromstärke und trage die Werte in eine Tabelle ein (vgl. Experiment 2)!
3. Variiere die Beleuchtungsstärke durch unterschiedlich helle Lampen bzw. vergrößere den Abstand Lampe–Fotowiderstand!
4. Berechne aus den Messwertepaaren für Spannung und Stromstärke jeweils den Widerstand!
5. Zeichne ein Widerstand-Beleuchtungsstärke-Diagramm und interpretieren den Verlauf des Graphen!

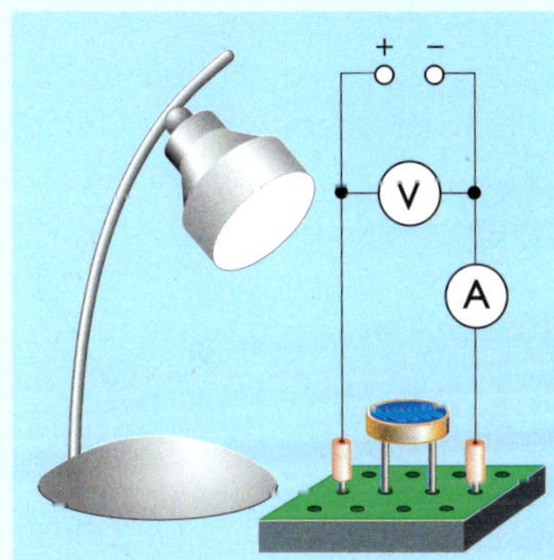

3

Ähnlich wie Heißleiter verringern auch Fotowiderstände ihren elektrischen Widerstand bei Energiezufuhr. Je höher die Beleuchtungsstärke ist, umso mehr Ladungsträger werden freigesetzt. Bei gleich bleibender Spannung erhöht sich die Stromstärke, der Widerstand sinkt.

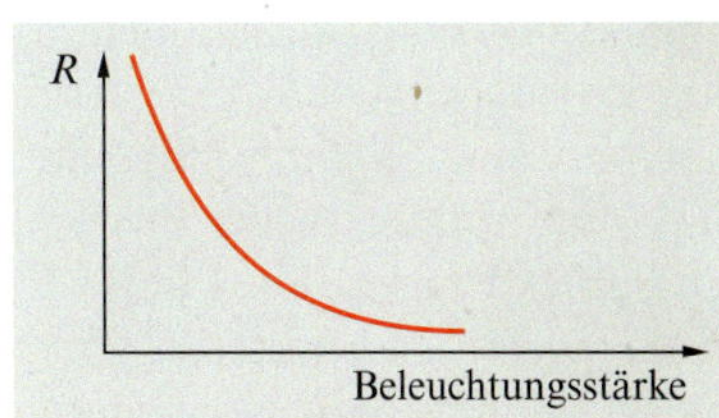

4
Widerstand-Beleuchtungsstärke-Diagramm eines Fotowiderstands

Im Dunklen können Fotowiderstände einen elektrischen Widerstand von mehreren Millionen Ohm aufweisen, bei entsprechender Beleuchtung sinkt er bis auf wenige hundert Ohm. Durch diese Abhängigkeit von der Helligkeit seiner Umgebung eignet er sich für zahlreiche Anwendungen, bei denen automatisch bei vorgegebenem Helligkeitswert ein Vorgang eingeleitet oder beendet werden soll – wie das Einschalten der Straßenbeleuchtung bei einbrechender Dunkelheit.
Des Weiteren werden Fotowiderstände als Beleuchtungsstärkemesser und als Sensor in Lichtschranken verwendet.
Noch vor einigen Jahren waren so genannte Belichtungsmesser für das Fotografieren üblich. Dieser wurde am Bildobjekt in Richtung des Fotoapparats gehalten und so die Beleuchtungsstärke festgestellt (Bild 5). Anhand der Skale des Belichtungsmessers und der Blende konnte der Fotograf dann die geeignete Belichtungszeit ablesen.

5

Silicium – vom Sand zum Mikrochip

1

Woraus besteht unsere Erde? Ca. 50 % sind Sauerstoff, weitere 25 % Silicium. Jedes Sandkorn, jeder Stein, ja die gesamten festen und geschmolzenen Bestandteile unserer Erde bestehen zu einem großen Teil aus Silicium. Ein riesiger Vorrat für die Herstellung von Halbleiterbauelementen und Schaltkreisen.

Silicium ist chemisch als Siliciumdioxid (SiO_2) gebunden. Um aus Quarzsand Silicium zu gewinnen, muss dieser in einem speziellen Hochofen mit Kohlenstoff (C) zunächst zu Rohsilicium reduziert werden.

Das Rohsilicium hat einen Massenanteil an Silicium von etwa 98 %. Der Anteil an Verunreinigungen ist mit 2 % viel zu hoch und in der Elektronik nicht verwendbar – er darf maximal ein Milliardstel Prozent betragen. Daher wird das Silicium durch verschiedene Verfahren zum Reinstsilicium gereinigt.

Für die Chipherstellung wird Silicium benötigt, das als so genannter Einkristall vorliegt. Das bedeutet, dass das Kristallgitter eine einheitliche Ausrichtung hat. Es gibt verschiedene technische Verfahren, um einen Einkristall herzustellen. Beim Tiegelziehverfahren wird ein dünner Impfkristall, der die Kristallorientierung vorgibt, in das zuvor geschmolzene Silicium eingetaucht. Man nutzt dabei, dass sich die Si-Atome in einheitlicher Ausrichtung an den Kristall ablagern. Durch langsames Herausziehen unter Rotation erstarrt an dem Impfkristall die Schmelze als Einkristall (Bild 2). Danach beginnt bei Einhaltung höchster Reinheit die Herstellung jener dünnen Scheiben, auf der dann z. B. die Schaltkreise aufgebracht werden. Der Einkristall wird mit feinen Diamantscheiben in so genannte Wafer zerlegt. Die Oberflächen dieser Wafer werden poliert und gereinigt und so für die eigentliche Herstellung der Chips vorbereitet (Bild 3).

Insgesamt ist der energetische Aufwand beträchtlich. Erschwerend kommt hinzu, dass alle Arbeitsgänge in einer Reinstatmosphäre oder sogar im Vakuum ablaufen müssen. Auch hierfür benötigt man Energie. In den vergangenen Jahren ist es immer besser gelungen, die Ausbeute intakter Schaltkreise zu verbessern. Damit sinken nicht nur die Kosten, sondern es wird ein Beitrag geleistet zum sparsamen Umgang mit den Ressourcen unserer Erde und damit zum Schutz unserer Umwelt.

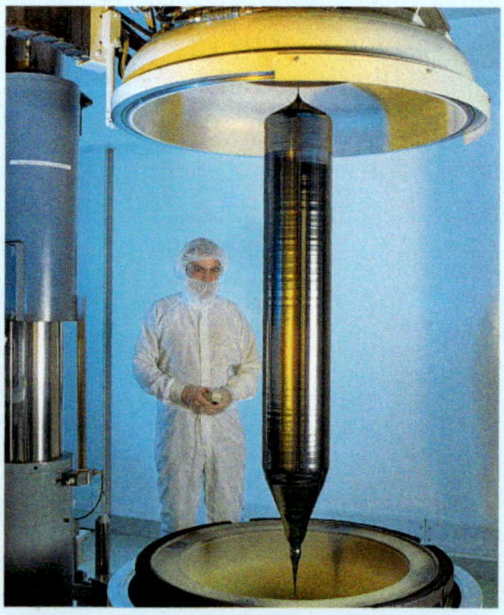
2
Herstellung des Einkristalls im Tiegelziehverfahren

3
Wafer

4
Mikrochip

Weißt du es? Kannst du es

1. Nenne chemische Elemente, die in der IV. Hauptgruppe des Periodensystems der Elemente stehen!
2. Warum bilden im Siliciumgitter benachbarte Atome gemeinsame Elektronenpaare?
3. Damit durch einen Körper Strom fließt, müssen in diesem wanderungsfähige Ladungsträger vorliegen. Übertrage diese Erkenntnis auf das Siliciumgitter mit seinen Elektronenpaaren!
4. a) Einem Siliciumkristall wird thermische Energie zugeführt. Was wird dadurch bewirkt?
   b) Welche Möglichkeit bezüglich einer Energiezufuhr besteht noch?
5. Erläutere die Ladungsträgerwanderung durch einen Si-Kristall!
6. Halbleiter werden auch als Heißleiter, Metalle als Kaltleiter bezeichnet. Erläutere die Begriffswahl!
7. Recherchiere im Internet zur Anwendung von Thermistoren in der Technik!
8. Heißleiter werden beispielsweise verwendet, um bei einer Lichterkette zu verhindern, dass alle in Reihe geschalteten Glühlampen erlöschen, wenn in einer der Glühdraht „durchbrennt": Zum Glühdraht jeder Lampe ist ein Heißleiter parallel geschaltet (Bild 1). Erkläre die Wirkungsweise dieser Schaltung!

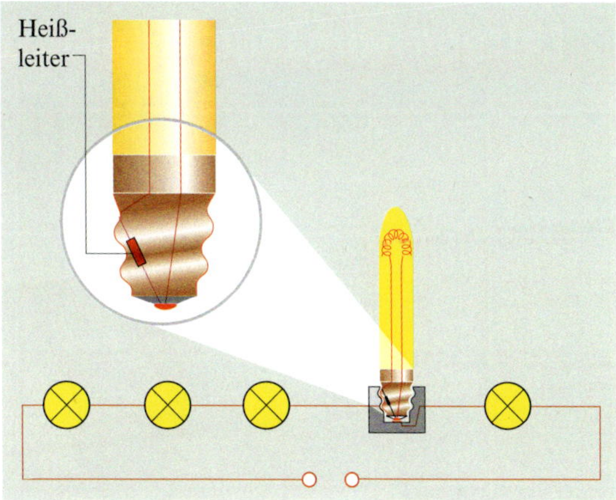

1

9. a) Erläutere den Aufbau eines Fotowiderstandes!
   b) Warum wird eine halbleitende Widerstandsschicht verwendet?
10. In einem Stromkreis befindet sich ein Fotowiderstand. Welcher Zusammenhang besteht zwischen der Stromstärke und der Beleuchtungsstärke?
11. Welche Aufgabe hat ein Belichtungsmesser? Wie funktioniert er?

Kurz und knapp!

Silicium gehört zu den halbleitenden Stoffen.

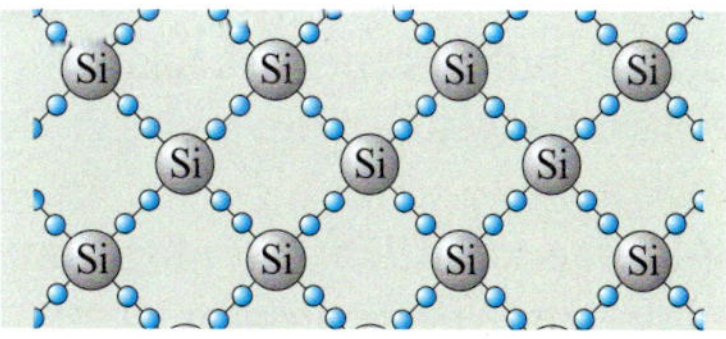

Merkmale der Halbleiter:
- Sie leiten den Strom, jedoch nicht so gut wie Metalle.
- Mit zunehmender Temperatur sinkt ihr elektrischer Widerstand.

Eigenleitung tritt in Halbleitern dann auf, wenn Energie durch Erwärmen oder durch Bestrahlen mit Licht zugeführt wird.
Dadurch werden Elektronenpaare getrennt und es liegen Elektronen und Löcher vor.

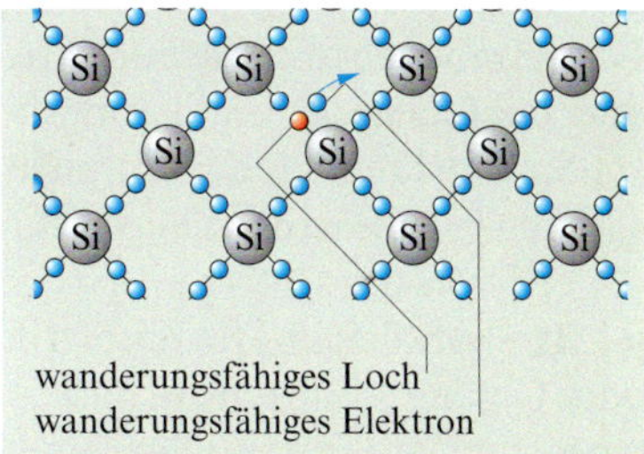

Der Stromfluss in Halbleitern kommt durch die Wanderung von Elektronen und Löchern zustande. Ihre Anzahl ist stark von der Temperatur abhängig.

Bei Heißleitern sinkt ihr elektrischer Widerstand, wenn sie erwärmt werden.

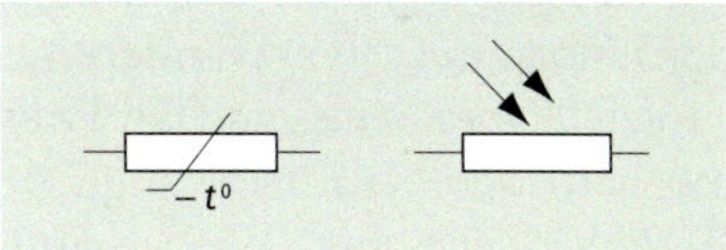

Bei Fotowiderständen sinkt ihr elektrischer Widerstand, wenn sie beleuchtet werden.

Leitungsvorgänge in dotierten Halbleitern

1

In Solarzellen wird die Energie von der Sonne in elektrische Energie umgewandelt. Die Einsatzmöglichkeiten sind vielfältig. Armbanduhren, Notrufsäulen, Häuser und Raumsonden werden z. B. mithilfe von Solarzellen mit elektrischem Strom versorgt. Transparente Solarzellen erfüllen gleichzeitig drei Aufgaben. Sie dienen nicht nur der Energieerzeugung, sondern von außen betrachtet wirken die Zellen als einseitiger Sicht- und Sonnenschutz, von innen ermöglichen sie eine fast ungehinderte Durchsicht nach außen.
Wie sind Solarzellen aufgebaut und wie funktionieren sie?

Dotierung von Halbleitern

Bei reiner Eigenleitung sind im Halbleiter nur geringe Stromstärken möglich, denn bei Zimmertemperatur kommt auf 10^{10} Atome nur ein Elektronen-Loch-Paar. Um die Anzahl der zur Verfügung stehenden Ladungsträger wesentlich zu erhöhen, werden in den Halbleiter, z. B. Silicium, Fremdatome eingebracht. Dieses gezielte „Verunreinigen" heißt Dotieren. Je nachdem, welches Element eingefügt wird, erhält man n- oder p-leitendes Silicium. Die Eigenleitung ist in einem dotierten Halbleiter nur von geringer Bedeutung und wird vernachlässigt.

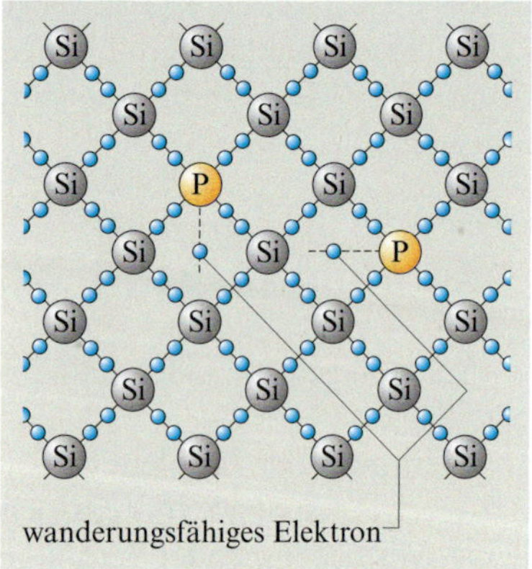

2 Phosphoratome im Siliciumgitter

n-leitendes Silicium. Werden fünfwertige Atome eingebaut (z. B. Phosphor oder Arsen), so können nur 4 der 5 Außenelektronen Paarbindungen mit Außenelektronen der benachbarten Siliciumatome eingehen. Das ungebundene 5. Außenelektron des Phosphors ist leicht abtrennbar und steht dann als wanderungsfähiger Ladungsträger zur Verfügung. Im Silicium liegt eine Elektronenleitung vor, die wegen der negativen Ladung der Elektronen auch als n-Leitung charakterisiert wird.

p-leitendes Silicium. Der Einbau dreiwertiger Fremdatome (z. B. Indium oder Gallium) führt dazu, dass je ein Außenelektron eines benachbarten Siliciumatoms keine Paarbindung eingehen kann. Dieses Loch kann zeitweilig Elektronen einbinden, wodurch eine Elektronenwanderung, verbunden mit einer Wanderung von Löchern durch den Kristall, ermöglicht wird. Aufgrund der Dreiwertigkeit des Fremdatoms kann den Löchern keine überschüssige positive Ladung zugeordnet werden. Trotzdem wird diese Löcherleitung zur besseren Unterscheidung kurz als p-Leitung bezeichnet.

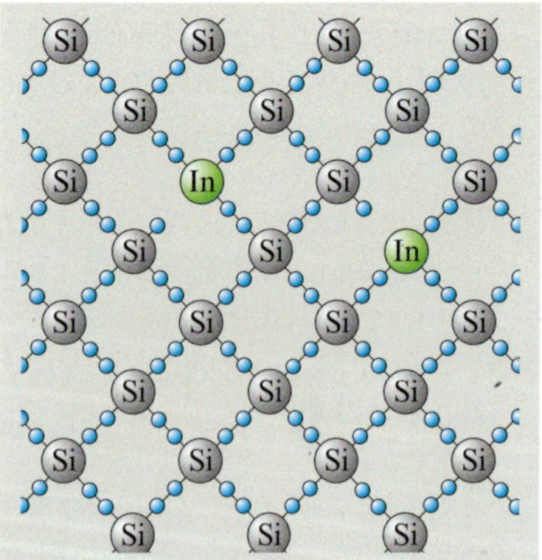

3 Indiumatome im Siliciumgitter

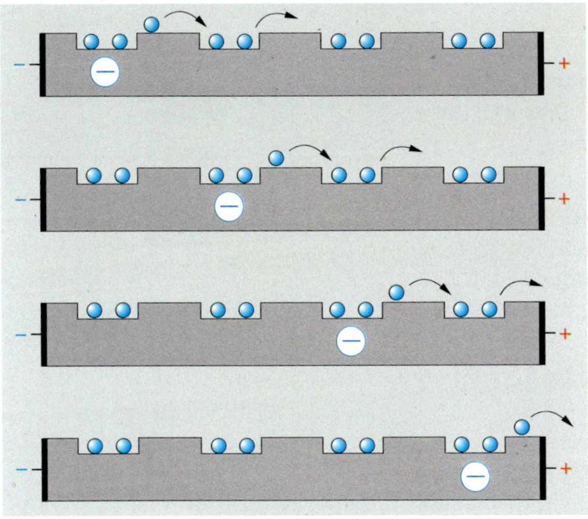

1 n-Leitung. Wird an n-leitendes Silicium eine Gleichspannung angelegt, so wandern die Elektronen zum Pluspol.

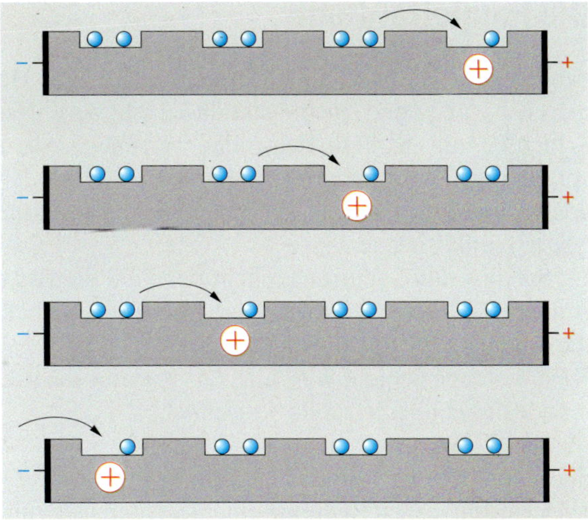

2 p-Leitung. Wird an p-leitendes Silicium eine Gleichspannung angelegt, so wandern die Löcher zum Minuspol.

Durch Dotieren wird die Leitfähigkeit von Halbleitern stark erhöht. Werden 5-wertige Fremdatome in ein Siliciumgitter eingebaut, so stehen zusätzliche Elektronen für den Leitungsvorgang zur Verfügung. Das Silicium wird n-leitend.
Werden 3-wertige Fremdatome eingebaut, so stehen zusätzliche Löcher für den Leitungsvorgang zur Verfügung. Das Silicium wird p-leitend.

pn-Grenzschichten. Von großer technischer Bedeutung ist das Zusammenbringen von n- und p-leitendem Silicium. In der Berührungszone entsteht eine pn-Grenzschicht mit besonderen Eigenschaften.
Bedingt durch die thermische Bewegung im Gitter wandern die Elektronen und Löcher in das benachbarte, jeweils anders dotierte Gebiet und vereinigen sich (Bild 3b). Dadurch sinkt in dieser Übertrittszone die Anzahl wanderungsfähiger Ladungsträger, die Grenzschicht verarmt an Elektronen bzw. Löchern (Bild 3c).
Allerdings sind jetzt im p-Gebiet gegenüber den positiven Ladungen der Atomkerne mehr Elektronen vorhanden, im n-Gebiet fehlen dagegen Elektronen. Im ehemals neutralen p-Gebiet entsteht folglich eine Zone mit einer negativen Raumladung, im ehemals neutralen n-Gebiet eine Zone mit einer positiven Raumladung. Diese Ladungen verhindern aufgrund der elektrostatischen Abstoßung ein weiteres Einwandern von Elektronen bzw. Löchern in die jeweils andere Schicht. Als Grenzschicht bezeichnet man die Zone der beiden Raumladungen. Sie ist nur ca. $1\,\mu m = 10^{-6}\,m$ dick. Diese Schicht verhindert zunächst eine durchgehende Wanderung von Ladungsträgern durch den gesamten Halbleiter, sie sperrt ihn für den Stromfluss. Zwischen der positiven und negativen Raumladung tritt eine stofftypische Spannung auf, bei Silicium beträgt sie ca. 0,7 V, bei Germanium ca. 0,1 V.

Berühren sich ein n- und ein p-leitender Halbleiter, so bildet sich eine Grenzschicht aus, in der kaum wanderungsfähige Ladungsträger vorhanden sind.

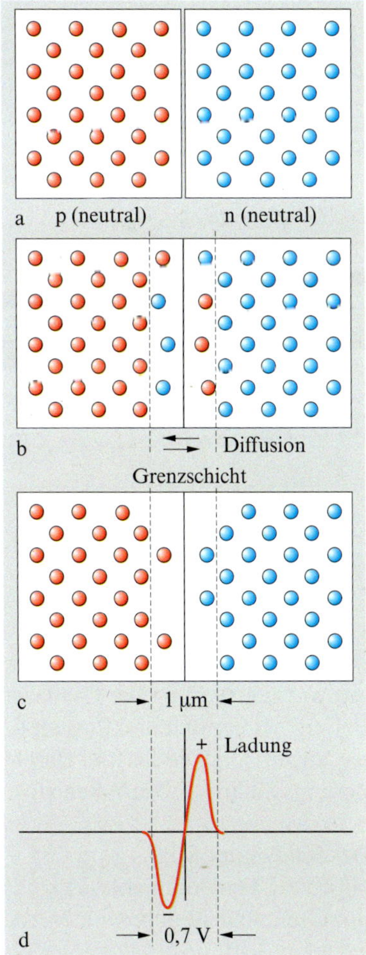

3 Bewegliche Ladungsträger in einer pn-Grenzschicht

Die Halbleiterdiode

Aufbau. Ein Halbleiterdiode besteht aus einem Halbleiterkristall, in dem sich eine n- und eine p-leitende Schicht berühren. Außen sind diese Schichten mit Kontaktelektroden versehen. Als Schutz vor Beanspruchungen wird der gesamte Kristall in Glas oder Kunstharz eingegossen und zur besseren Wärmeabführung mitunter sogar mit einem Metallkühlkörper versehen.
Im Schaltsymbol veranschaulicht der Pfeil die Bewegung der Löcher. Auf dem Gehäuse wird meist das Symbol aufgedruckt, mindestens aber die n-Schicht mit einem Ring versehen.
Die n-leitende Schicht wird auch als Katode, die p-leitende Schicht als Anode der Halbleiterdiode bezeichnet.

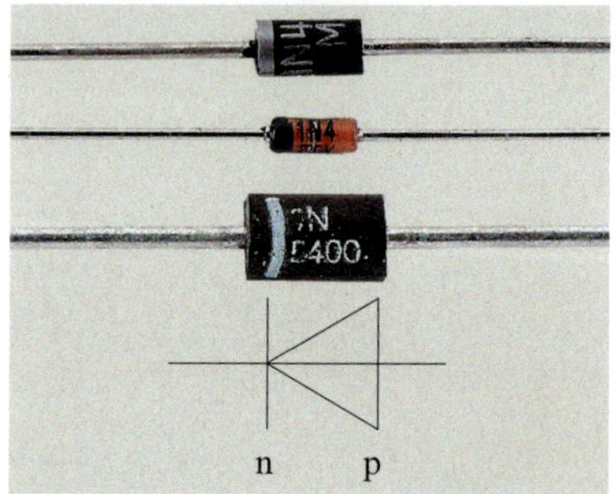

1
Dioden und ihr Schaltsymbol

Sperr- und Durchlassrichtung. Was bewirkt eine Diode, die in einen Gleichstromkreis in Reihe mit einem Strommesser und einer Glühlampe geschaltet wird? Die Glühlampe hat dabei die Aufgabe, als Schutzwiderstand eine zu große Stromstärke zu verhindern.

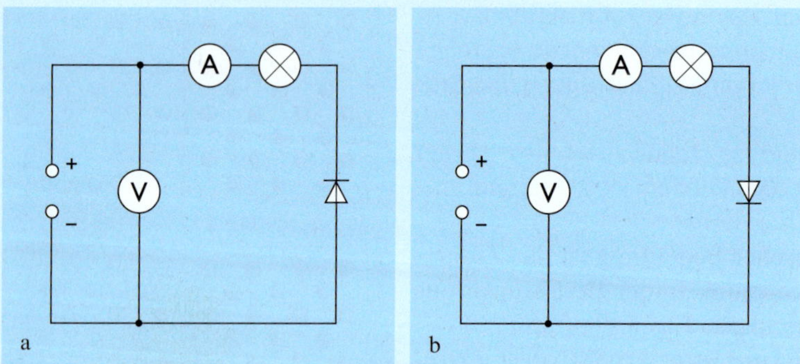

2

U in V	0	1	2	3	4	5	6
I in mA							

U in V	0	0,2	0,4	0,6	0,8	…
I in mA						

EXPERIMENT 1

1. Baue die Schaltung nach dem Schaltplan auf. Lege den Minuspol der Spannungsquelle an die p-Schicht und den Pluspol an die n-Schicht. Miss für Spannungen von 0 V bis 6 V die Stromstärke!
2. Wiederhole die Messungen bei umgekehrter Polung. Miss für Spannungen von 0 V bis 2 V in 0,1-V-Schritten die Stromstärke. Überprüfe, ob die Lampe bei 6 V voll leuchtet!
3. Zeichne das *I*-*U*-Diagramm (Kennlinie) für die Diode!

Das Verhalten der Diode hängt von der Polung der Spannungsquelle an ihren Anschlüssen ab. Bei der Polung Minus an p und Plus an n fließt so gut wie kein Strom: Die Diode ist in **Sperrrichtung** geschaltet. Bei der Polung Minus an n und Plus an p fließt ab einer bestimmten Spannung ein Strom: Die Diode ist in **Durchlassrichtung** geschaltet. Wie ist dieses polungsabhängige Verhalten zu erklären?

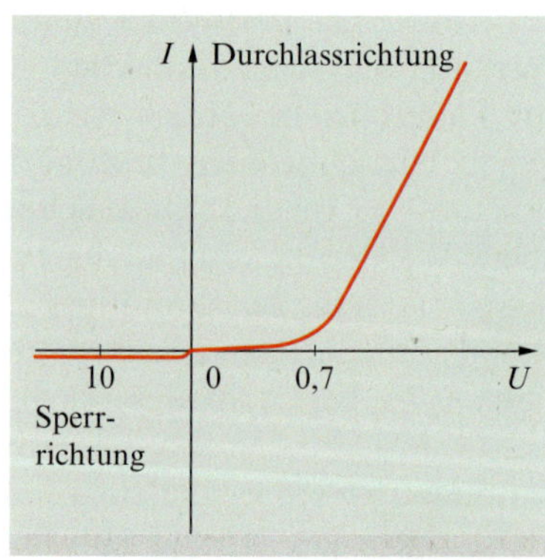

3
Kennlinie einer Siliciumdiode

Bei der Polung Minus an p und Plus an n wird die Raumladung nicht abgebaut. Die Polung bewirkt, dass weitere Elektronen und Löcher aus der Grenzschicht abgesaugt werden, sie wird breiter und verarmt noch weiter an Ladungsträgern. Der Widerstand der Halbleiterdiode wird so groß, dass kein Strom fließen kann. Allerdings darf die maximale Sperrspannung (abhängig vom Typ) nicht überschritten werden.

Bei der Polung Minus an n und Plus an p wird bei einer bestimmten Spannung (bei Silicium etwa 0,7 V) die hemmende Wirkung der Raumladung überwunden. Elektronen und Löcher können jetzt durch den gesamten Kristall wandern, die Grenzschicht wird von Ladungsträgern überflutet, die Halbleiterdiode ist leitfähig geworden. Der Widerstand ist jetzt relativ klein, sodass die Stromstärke sehr stark anwächst.

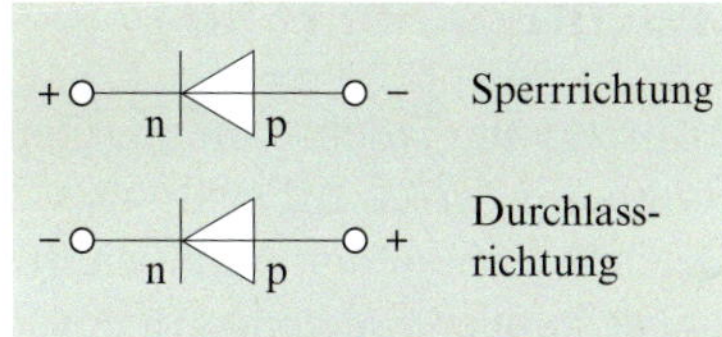

1

Durch eine Halbleiterdiode fließt Strom, wenn die n-leitende Schicht (die Katode) mit dem Minuspol und die p-leitende Schicht (die Anode) mit dem Pluspol der Spannungsquelle verbunden wird.

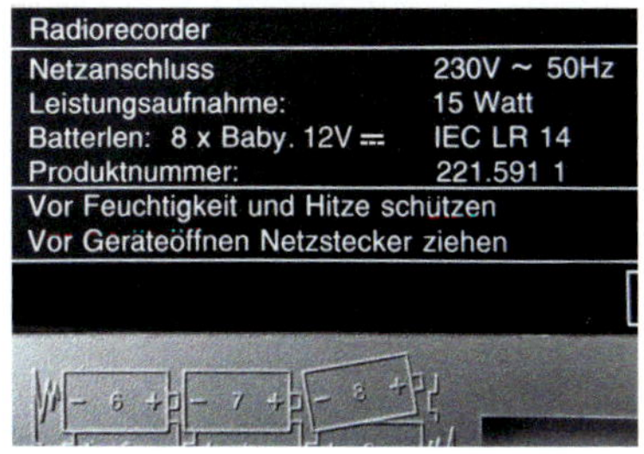

2

Diode als Gleichrichter. Die Bauelemente in elektronischen Geräten benötigen in der Regel eine Gleichspannungsquelle (Bild 2). Im Gerät muss deshalb der Netzwechselstrom in einen Gleichstrom umgewandelt werden. Man nennt diese Umwandlung Gleichrichtung. Nach der Gleichrichtung liegt eine Spannung mit konstanter Polung wie beim Betrieb mit einer Batterie an. Wie kann man Wechselstrom gleichrichten?

EXPERIMENT 2

Mithilfe eines Oszilloskops wird der zeitliche Verlauf der Wechselspannung, die an einem Widerstand anliegt, dargestellt.
Danach wird eine Diode vorgeschaltet und der zeitliche Verlauf des Spannungsabfalls am Widerstand, der durch den Strom hervorgerufen wird, erneut mit dem Oszilloskop dargestellt.

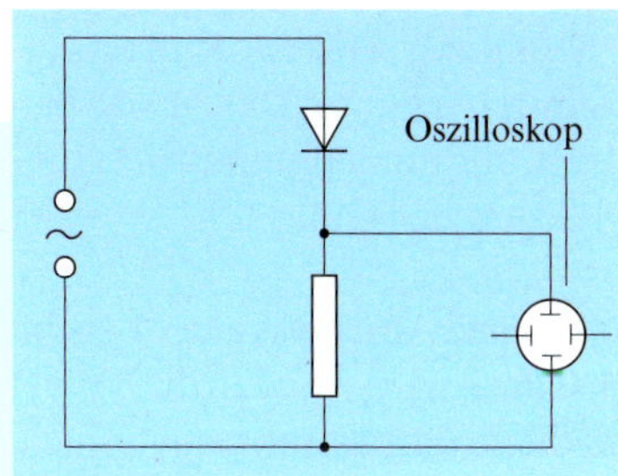

3

Schaltet man eine Diode in einen Wechselstromkreis, so ermöglicht sie einen Stromfluss nur in eine Richtung, es fließt ein *pulsierender Gleichstrom*. Die Diode wirkt als Stromgleichrichter. Infolge der Wechselspannung wechselt die Polung an den Anschlüssen der Diode periodisch. Dadurch ist die Diode wechselnd in Durchlass- bzw. in Sperrrichtung geschaltet. Strom kann nur dann fließen, wenn die Diode in Durchlassrichtung geschaltet ist. Allerdings wird der Stromfluss immer wieder unterbrochen. Zudem würden die Geräte ein Brummen erzeugen. Für den Betrieb elektronischer Geräte muss der pulsierende Strom so verändert werden, dass er mit konstanter Stärke in eine Richtung fließt. Eine wesentliche Verbesserung erreicht man durch eine **Brückenschaltung** mit 4 Dioden. In der Brückenschaltung sind stets zwei Dioden in Durchlass- und zwei in Sperrrichtung geschaltet (Bilder 5 und 6). Das Oszilloskopbild zeigt, dass jetzt trotz wechselnder Polungen immer Strom fließt (Bild 7).

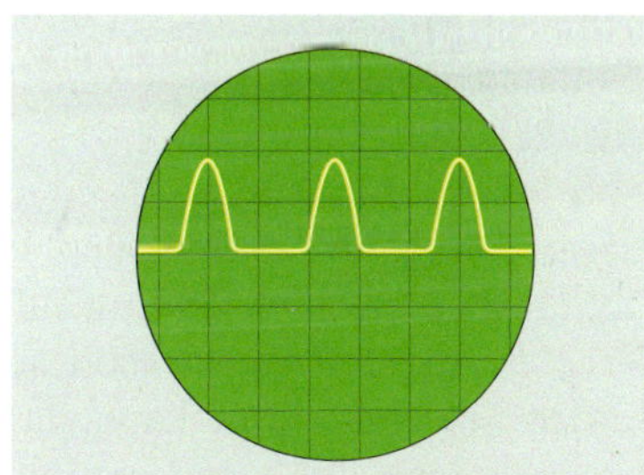
4 Bild des pulsierenden Gleichstroms mit einer Diode als Gleichrichter

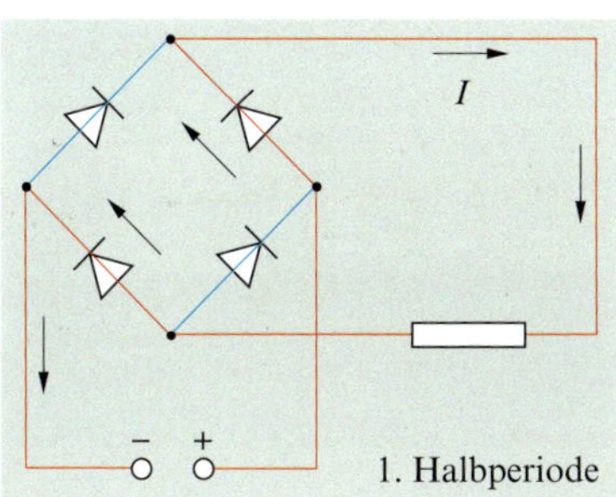

1. Halbperiode 5

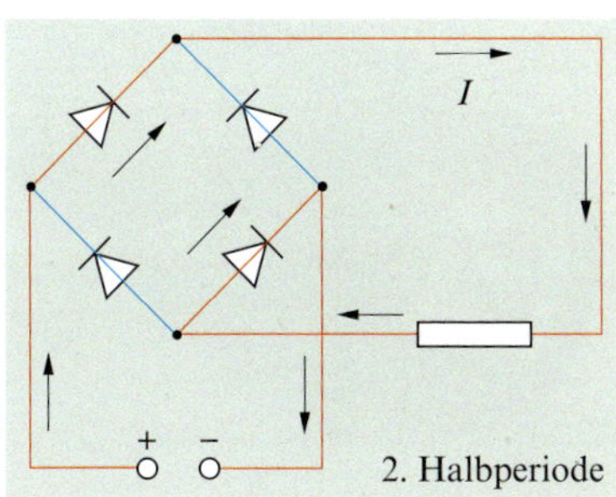

2. Halbperiode 6

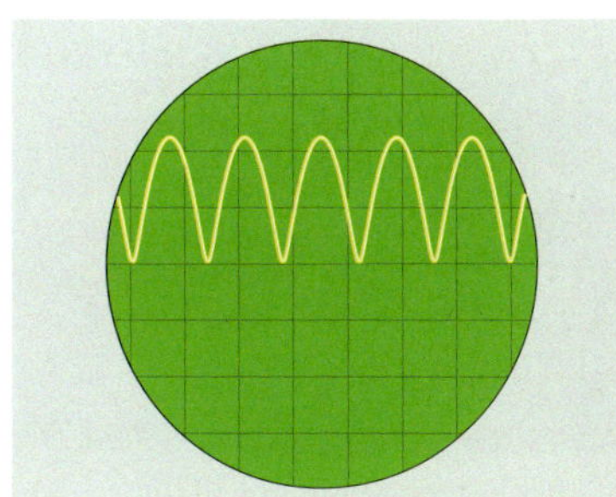
7

Leuchtdioden (LED)

Während im Hochspannungsbereich Leuchtstoffröhren zunehmend Glühlampe ersetzen, trifft dies im Niederspannungsbereich für die Leuchtdioden (engl. light emitting diodes) zu. Leuchtdioden sind robust, langlebig, erzeugen nur wenig Wärme und können zudem so hergestellt werden, dass sie Licht in einer gewünschten Farbe abstrahlen. Wie sind Leuchtdioden aufgebaut und wie funktionieren sie?

Funktionsweise. Auch bei einer Leuchtdiode fließt wie bei einer normalen Diode der Strom nur in Durchlassrichtung. Hierfür müssen Elektronen vom Atom losgelöst bzw. Elektronen-Loch-Paare erzeugt werden, wofür Energie zugeführt werden muss. Wenn sich Elektronen und Löcher in der Grenzschicht vereinigen, so wird die vorher zugeführte Energie als Strahlung abgegeben (Bild 2).
In Abhängigkeit von den verwendeten halbleitenden Materialien ist diese Strahlung Wärme (infrarotes Licht) oder sichtbares Licht einer bestimmten Farbe. Das ist z. B. bei den Verbindungen Galliumphosphid (GaP), Indiumgalliumnitrid (InGaN) und Aluminiumgalliumarsenid (AlGaAs),der Fall.

Aufbau und Anschluss einer Leuchtdiode. Damit die Lichtausbeute möglichst groß wird, werden die halbleitenden Materialien sehr hoch dotiert und die zu durchstrahlende Schicht sehr dünn hergestellt. Mitunter werden sie noch einseitig verspiegelt, um die Lichtausbeute zu erhöhen.
Leuchtdioden werden nur mit etwa 2 V Spannung in Durchlassrichtung betrieben. Wegen der hohen Dotierung darf jedoch niemals eine Sperrspannung über 5 V angelegt werden. Die Diode würde „durchschlagen" und zerstört.

Einsatzgebiete für Leuchtdioden. Moderne Leuchtdioden erreichen eine Lichtausbeute von ca. 50 Lumen/Watt und damit fast so viel wie moderne Leuchtstoffröhren (60 Lumen/Watt). Weitere Verbesserungen werden erwartet. Man kann davon ausgehen, dass zukünftig viele Anwendungen im Niederspannungsbereich ausschließlich mit LED realisiert werden, wodurch zugleich die durch hohe Spannungen ausgehenden Gefahren reduziert werden.
Leuchtdioden erzeugen ein vom Auge als angenehm empfundenes Licht. In der Praxis schaltet man viele Leuchtdioden parallel. Dadurch blenden derartige Lichtquellen selbst bei großer Helligkeit weniger als etwa Scheinwerfer.

1

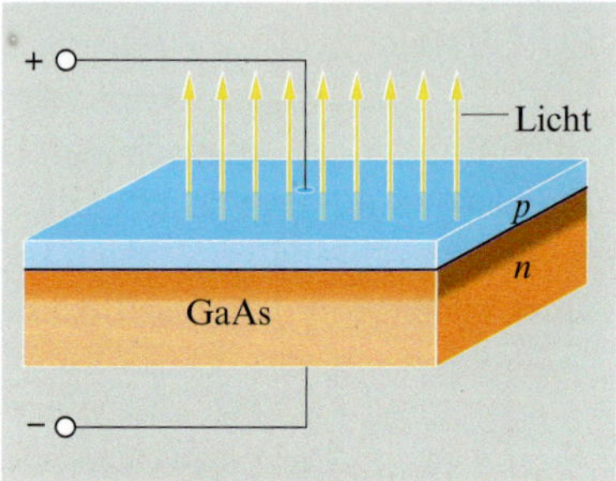

2

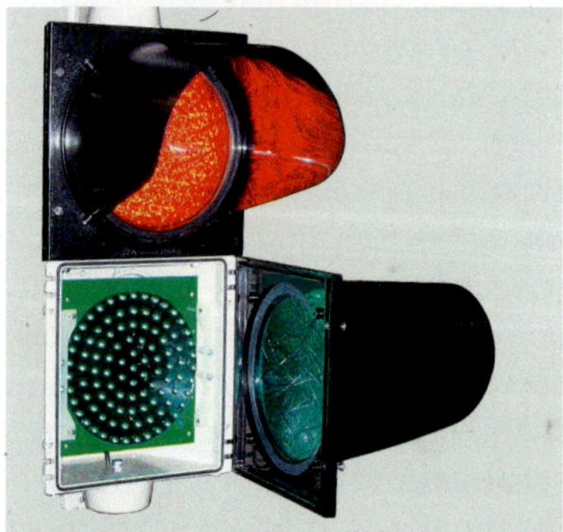
3
Ampelanlage

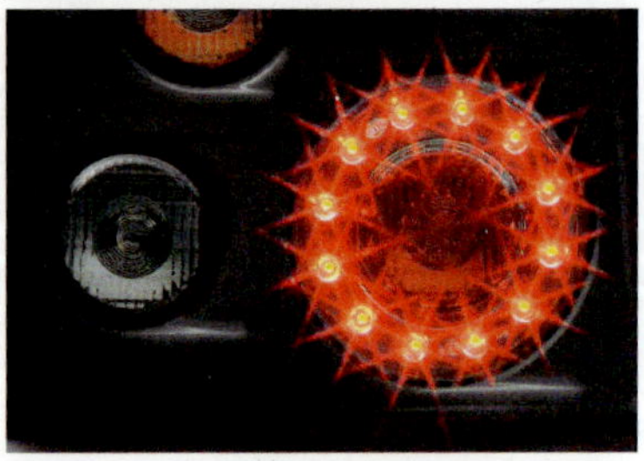
4
Rücklicht eines Pkw mit LED

5
Taschenlampe

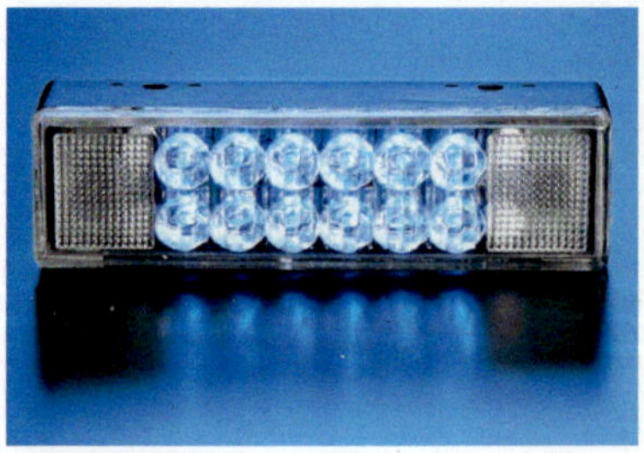
6
Warnleuchte

Solar- und Brennstoffzellen

Solarzellen. Unsere Stromversorgung beruht zu einem großen Teil auf der Verbrennung fossiler Brennstoffe, wie Steinkohle, Braunkohle, Erdöl oder Erdgas. Dabei wandeln wir die in Jahrmillionen von den Pflanzen durch Fotosynthese gespeicherte Energie des Sonnenlichts in elektrische Energie um. Der Wirkungsgrad bei der Fotosynthese liegt nur bei 2 %, bei Wärmekraftwerken bei etwa 40 %.
Es liegt nahe, nach Möglichkeiten zu suchen, die Energie des Sonnenlichts direkt in elektrische Energie umzuwandeln. Dies ermöglichen spezielle Halbleiter – die Solarzellen.

Solarzellen sind Halbleiterdioden. Sie bestehen aus einer p-leitenden Trägerschicht aus Silicium, auf die eine extrem dünne n-leitende Siliciumschicht (ca. 1 µm dick) aufgedampft ist. Die Kontakte an der Oberfläche sind ein dünnes Metallnetz, sodass möglichst viel Licht auf den pn-Übergang fällt. Durch die Energie des absorbierten Lichts wird eine Trennung von Elektronenpaaren bewirkt: Elektronen und Löcher entstehen. Zwischen der n- und der p-Schicht entsteht eine Spannung von etwa 0,7 V. Im Kurzschluss kann eine Fläche von 1 dm^2 unter optimalen Bedingungen eine Stromstärke von etwa 3 A liefern. Der Wirkungsgrad für die direkte Umwandlung von Licht in elektrische Energie liegt derzeit für großtechnisch produzierte Solarzellen bei 15 %, im Labor wurden auch schon 24 % erreicht.
Um höhere Spannungen zu erreichen, schaltet man die Zellen in Reihe, für höhere Stromstärken schaltet man sie parallel. Dadurch steigt der Flächenbedarf. In Deutschland kalkuliert man eine Fläche von 15 m^2 für eine Leistung von 1 kW (bei Sonneneinstrahlung).
Die größte Schwierigkeit jedoch ist die Speicherung der Elektroenergie für Zeiten, an denen die Sonne kaum bzw. gar nicht scheint.
Auch wenn die Solarkraftwerke in Deutschland den gewöhnlichen Kraftwerken noch keine Konkurrenz machen können, sind Solaranlagen für südlich gelegene Länder mit schwacher Infrastruktur sehr interessant. Dort kann der Strom in unmittelbarer Nähe von Haushalten und Bewässerungsanlagen bereitgestellt werden (Bild 3).

Brennstoffzellen. Für die Speicherung der elektrischen Energie kann man den elektrischen Strom aus den Solarzellen zur Elektrolyse von Wasser verwenden. Dann wird die elektrische Energie in chemische Energie umgewandelt, der entstehende Wasserstoff kann einfach gespeichert werden.
In den so genannten Brennstoffzellen wird die chemische Energie direkt wieder in elektrische umgewandelt. Bei einer PEMFC (Proton Exchange Membrane Fuel Cell) geben Wasserstoffmoleküle an der Platinelektrode Elektronen ab, es entstehen wanderungsfähige Protonen. Die Platinelektrode nimmt die Elektronen auf, wird also zum Minuspol. Die Protonen diffundieren durch die Membran zur anderen Elektrode und reagieren dort mit Sauerstoff zu Wasser.
Statt stinkender Abgase fällt nur Wasser an. Die Spannung zwischen den Polen einer solchen Brennstoffzelle liegt bei 0,6 V bis 0,9 V, der Wirkungsgrad zwischen 40 % und 50 %.

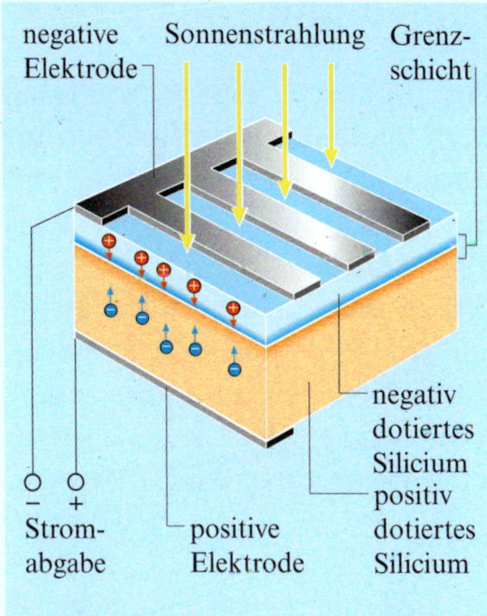

1 Prinzipieller Aufbau einer Solarzelle

2 Stromversorgung von Scheinwerfern an einer Baustelle

3 Wasserpumpenstation in Indien

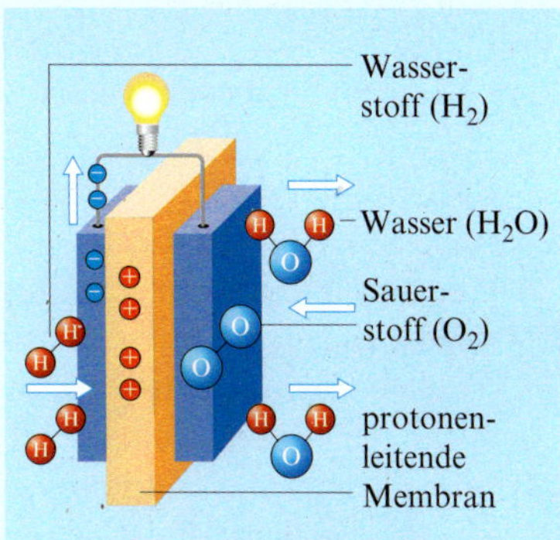

4 Aufbau einer Brennstoffzelle

Fotovoltaik

Der praktische Einsatz von Solarzellen ist sehr vielfältig. Beschäftigt euch in diesem Projekt näher mit Solarzellen und findet auch heraus, warum diese sehr umweltfreundliche Energiequelle nicht intensiver genutzt wird.

Neben den Solarmodulen aus der Physiksammlung eignen sich für einfache Untersuchungen auch die im Handel erhältlichen Solar-Minipanele. Sie sind zum Schutz eingekapselt und bereits mit Anschlüssen versehen. Ihre Ausgangsspannung liegt bei ca. 3 V, die maximale Stromstärke bei ca. 100 mA.

1
Silicium-Solarzelle

AUFTRAG 1

1 Informiert euch anhand der Beschreibung über die Daten und das Anschlussschema eures Solarmoduls!
2 Schließt einen geeigneten Verbraucher an das Solarmodul an, z. B. einen kleinen Gleichstrommotor oder eine geeignete LED!
3 Beleuchtet das Panel mit einer hellen Glühlampe und beobachtet den angeschlossenen Verbraucher!

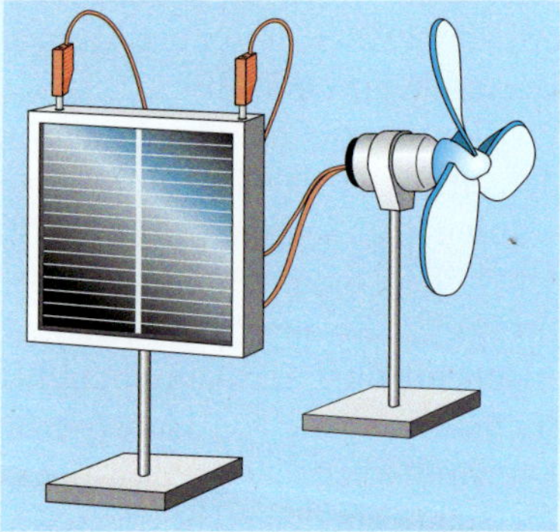

2
Experimentier-Solarmodul mit Verbraucher

AUFTRAG 2

Mit der Anordnung soll der Einfluss der Beleuchtungsstärke auf die Energieabgabe des Solarmoduls untersucht werden.
Wenn ihr über einen geeichten Beleuchtungsmesser verfügt (die Einheit der Beleuchtungsstärke ist Lux, abgekürzt lx), könnt ihr zusätzlich die Beleuchtungsstärke direkt am Modul messen.

1 Verändert die Beleuchtungsstärke durch unterschiedlich helle Glühlampen, z. B. von 25 W bis 100 W, die immer in der gleichen Entfernung zum Modul aufzustellen sind. Beobachtet wieder das Verhalten eures Verbrauchers!
2 Die Anordnung eignet sich auch, um den Einfluss der Entfernung der Lichtquelle vom Modul zu untersuchen. Führt dies für zunehmende Entfernungen bei einer hellen Glühlampe (100 W) durch und versucht einen Zusammenhang zwischen der Entfernung und der Beleuchtungsstärke zu finden!

3

AUFTRAG 3

1 Fertigt eine Übersicht über die Anwendungsgebiete von Solarzellen an!
Recherchiert dazu im Internet und informiert euch auch bei Herstellern von Solarzellen!
2 Überlegt anhand der Leistungsangaben auf den Typenschildern, welche Fläche an Solarzellen ihr benötigen würdet, um alle elektrischen Geräte in eurem Zimmer gleichzeitig mit Solarstrom bei optimalem Sonnenschein betreiben zu können!
3 Informiere dich über Fotovoltaikkraftwerke. Beurteile das Kosten-Nutzen-Verhältnis!

Weißt du es? Kannst du es

1. Vergleiche die Temperaturabhängigkeit des elektrischen Widerstands von Metallen und Halbleitern! Erläutere den Unterschied!
2. Erläutere die Arbeitsweise eines Halbleiter-Temperatursensors!
3. a) Nenne chemische Elemente, mit denen Silicium dotiert wird!
   b) Welche Auswirkungen hat das Dotieren auf die Leitfähigkeit eines Halbleiterkristalls?
   c) Begründe, dass ein Halbleiterkristall auch bei einer Dotierung elektrisch neutral bleibt!
4. Was versteht man unter einer n- bzw. einer p-leitenden Schicht?
5. Eine Halbleiterdiode wird auch als „elektrisches Ventil" bezeichnet. Warum ist der Vergleich mit einem Fahrradventil möglich?
6. Bei welcher Polung leitet eine Halbleiterdiode, bei welcher sperrt sie?
7. Halbleiterdioden werden zur Gleichrichtung eingesetzt.
   a) Was versteht man unter Gleichrichtung?
   b) Wo werden Gleichrichterschaltungen eingesetzt?
8. Solarzellen wandeln Energie des Lichts direkt in elektrische Energie um. Erläutere die hier ablaufenden Vorgänge!
9. Welche Vor- und welche Nachteile haben Solarzellen? Beachte auch die Sonnenscheindauer in Deutschland!
10. Welches sind die Ausgangsstoffe zum Betrieb einer Brennstoffzelle, welches ist das Endprodukt?
11. Welche Vorteile ergeben sich aus der Kopplung von Solar- und Brennstoffzellen?
12. Vergleiche die Wirkungsgrade der Fotosynthese, einer Solarzelle und einer Brennstoffzelle miteinander!

Kurz und knapp!

Halbleiter
Je höher ihre Temperatur ist, umso kleiner wird ihr Widerstand.
Wanderungsfähige Ladungsträger sind sowohl Elektronen als auch Löcher. Sie sind vorhanden, wenn
- Elektronen aus Elektronenpaaren herausgelöst werden (Eigenleitung) oder
- zusätzliche wanderungsfähige Ladungsträger durch Dotieren eingebracht werden (Störstellenleitung).

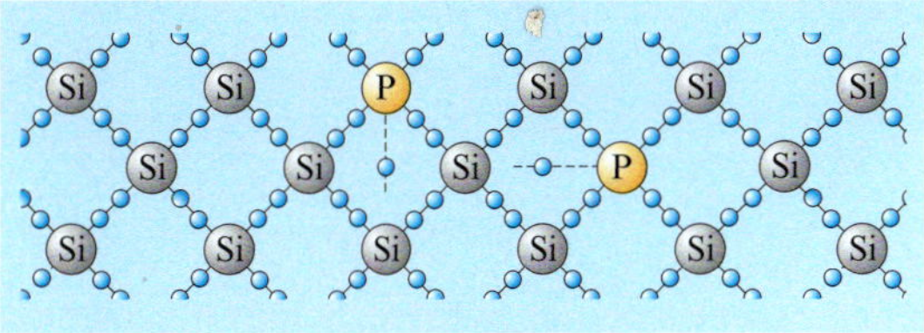

Halbleiterdiode
An einem pn-Übergang kann der Strom nur in eine Richtung fließen.

Durchlassrichtung: Der Pluspol liegt an der p-Schicht, der Minuspol an der n-Schicht an. Die Grenzschicht wird von Ladungsträgern überflutet.
Sperrrichtung: Der Pluspol liegt an der n-Schicht, der Minuspol an der p-Schicht an. Die Grenzschicht verarmt an Ladungsträgern.

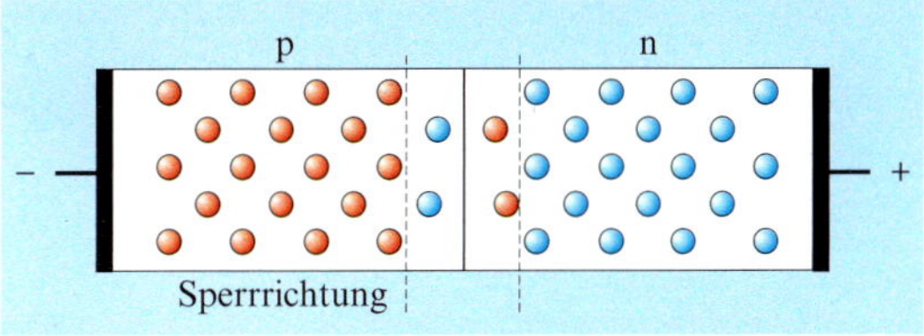

Solarzelle
Halbleiterdiode, die bei Bestrahlung der Grenzschicht mit Licht dessen Energie teilweise direkt in elektrische Energie umwandelt.

Brennstoffzelle
Wasserstoff und Sauerstoff reagieren zu Wasser, wobei Elektronen an einer Platinelektrode (Minuspol) vom Wasserstoff abgegeben werden. Chemische Energie wird so teilweise direkt in elektrische Energie umgewandelt.

Leitungsvorgänge in Röhren

Zu einem Konzert gehören heute Lichtshows und Großbildschirme „zum guten Ton“. Effektlichtlampen finden hierbei Einsatz. In den Lampen werden verschiedenartige Gase zum Leuchten angeregt. Grundlage für diese Anregungen ist ein Stromfluss. Wie kommt es zum Stromfluss in Gasen und im Vakuum, welche Besonderheiten treten dabei auf? Welche technische Anwendungen ergeben sich daraus?

Glühelektrischer Effekt

In einem Vakuum befinden sich fast keine Stoffe und damit stehen auch keine Ladungsträger zur Verfügung. Ein Stromfluss durch das Vakuum kann nur stattfinden, wenn Ladungsträger, z. B. Elektronen, in das Vakuum hineingebracht werden. Dies wird durch den glühelektrischen Effekt erreicht. Wenn eine Elektrode, Katode genannt, beheizt wird, so treten aus ihrer Oberfläche infolge der Energiezufuhr Elektronen aus. Damit sich diese durch das Vakuum bewegen, wird gegenüber der Katode eine zweite Elektrode, die Anode, in die Röhre eingebracht. Liegen an der Katode der Minuspol und an der Anode der Pluspol einer Hochspannungsquelle an, so fließt ein Strom durch die Röhre.

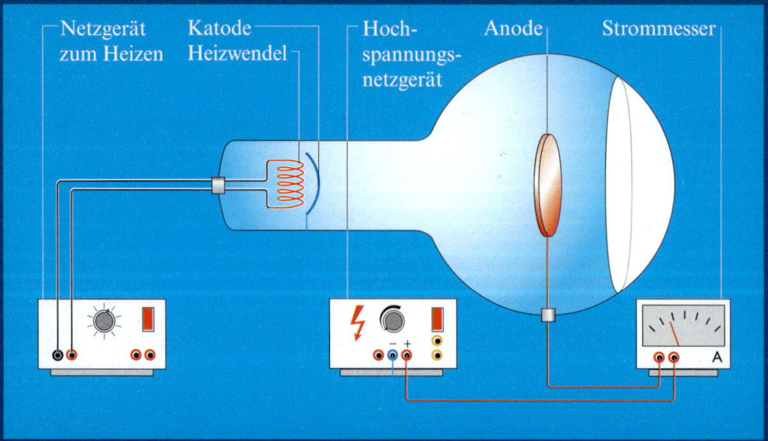

1

EXPERIMENT 1

Die Elektroden in einer evakuierten Glasröhre werden an ein Hochspannungsnetzgerät angeschlossen. Der Stromfluss wird bei unbeheizter und bei beheizter Katode untersucht.

Braun'sche Röhre. Zu Beginn des 20. Jahrhunderts entwickelte der deutsche Physiker KARL FERDINAND BRAUN die später nach ihm benannte Röhre, den Vorläufer der heutigen Fernsehbildröhre. Die wichtigsten Bauteile in der Röhre sind die beheizte Katode, der nach seinem Erfinder benannte Wehneltzylinder, die Lochanode, die Ablenkplattenpaare und der Leuchtschirm (Bild 2).

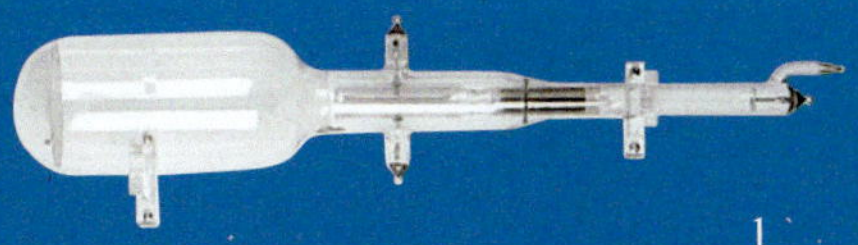
1
Original Braun'sche Röhre

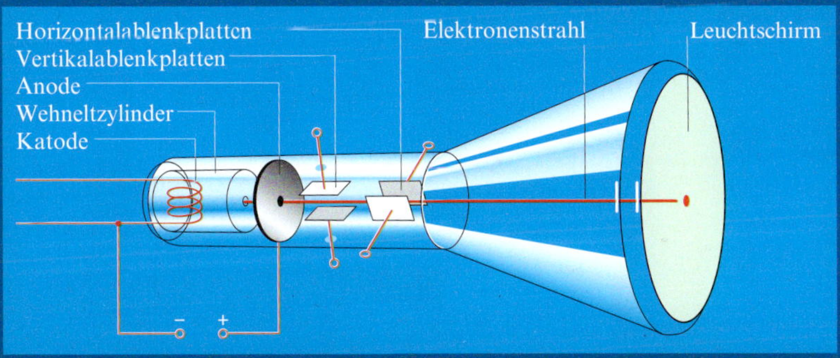

2

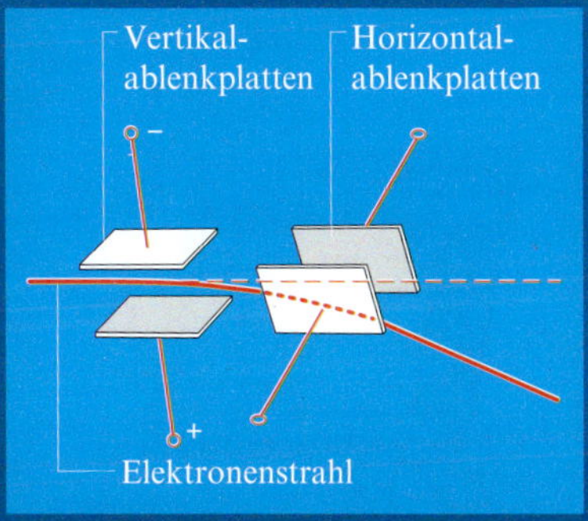

3

Die Elektronen fliegen durch die Lochanode hindurch und regen den Leuchtschirm im Auftreffpunkt zur Lichtabgabe an. Die Helligkeit wird über den Wehneltzylinder gesteuert. Wenn an ihm eine gegenüber der Katode negative Spannung anliegt, so wird die Zahl der zum Leuchtschirm gelangenden Elektronen verringert. Durch Spannungen an den Ablenkplattenpaaren wird der Elektronenstrahl abgelenkt und so sehr schnell über den Leuchtschirm geführt (Bild 3). Das menschliche Auge kann dem nicht folgen und nimmt ein komplettes Bild wahr. Ein Beispiel hierfür ist das Bild auf einem Oszilloskop (Bild 4).

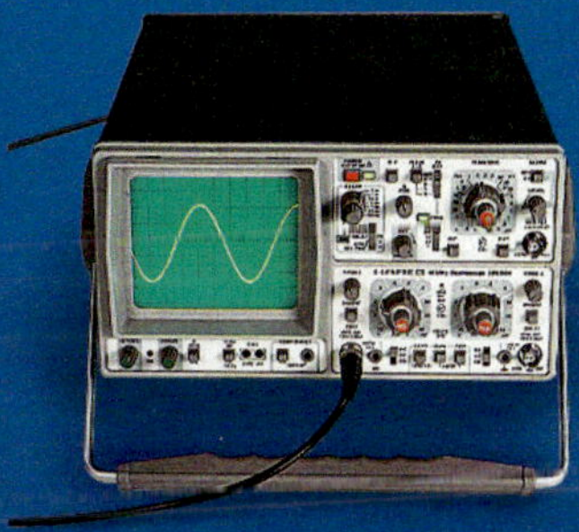
4

Fernsehbildröhre. Bildröhren enthalten anstelle der Ablenkplattenpaare Magnetablenkspulen. Die Ablenkung wird über die von den Spulen erzeugten Magnetfelder erreicht. Gebräuchlich sind Ablenkwinkel von 55° nach links und rechts, also insgesamt 110°. Dadurch hat die Röhre trotz großer Bildschirmfläche nur eine geringe Tiefe. Um Flimmereffekte zu verringern, wird jedes Bild im so genannten Zeilensprungverfahren geschrieben. Der Bildschirm wird in 625 waagerechte Zeilen zu etwa 550 Leuchtpunkte aufgeteilt. Bei neueren Geräten werden in 1 s jeweils 50-mal die ungeraden und 50-mal die geraden Bildzeilen geschrieben, also 50 Bilder erzeugt.

In einer Farbbildröhre besteht die Leuchtschicht aus einem feinen Raster von blauen, grünen und roten Leuchtstreifen. Mit ihrer Hilfe werden gleichzeitig drei Farbbilder unterschiedlicher Intensität erzeugt, die unser Gehirn zu einem Gesamtbild zusammensetzt. Farbbildröhren haben deshalb drei komplette Systeme (Strahlerzeugung, Ablenkspulen) für die Farben Rot, Grün und Blau.

5
Fernsehgerät von 1953

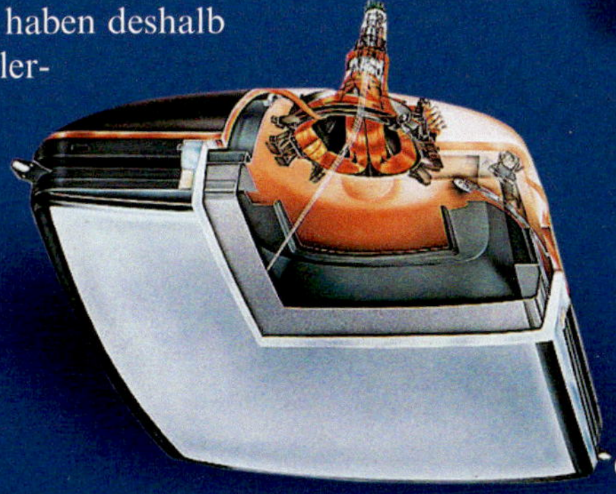
6
Farbbildröhre

Flachbildschirme. Fernsehbildröhren benötigen eine relativ große Bautiefe und geben wegen der notwendigen Heizung der Katoden Wärme ab. Die für das Notebook entwickelten Displays haben diese Nachteile nicht. Es gelingt heute immer besser, mit dieser Technologie große Flachbildschirme herzustellen, die das Aussehen unserer modernen Fernsehgeräte prägen.

1 LCD-Bildschirm

2 Plasmabildschirm

Bei der LCD-Technologie (liquid crystal display) bewirken flüssige Kristalle die Hell- bzw. Dunkelsteuerung von roten, grünen oder blauen Bildzellen. Hierfür werden die Zellen über Spannungen angesteuert.

Der Plasmabildschirm besteht aus einer großen Anzahl kleiner Zellen, die innen mit rot, grün oder blau leuchtendem Phosphor bedampft sind. Die Zellen sind mit Xenon-Gas gefüllt, in dem durch die Ansteuerung elektrische Entladungen (Miniblitze) erzeugt werden. Da der ionisierte Zustand eines Gases als Plasma bezeichnet wird, hat dies dem Bildschirm den Namen gegeben. Das ultraviolette Licht des zum Leuchten angeregten Xenon-Gases wird durch den Phosphor in sichtbares Licht umgewandelt.
Der gesamte Bildschirm erzeugt ein gestochen scharfes Bild, das zudem unter einem Winkel von 160° klar zu betrachten ist.

AUFTRÄGE

1 Recherchiere im Internet über die Strahlenbelastungen durch Fernsehbildröhren, LCD-Displays und Plasmabildschirmen. Vergleiche!
2 Erkundige dich, woran defekte Flachbildschirme zu erkennen sind und ob sie repariert werden können!
3 Erstelle eine Übersicht über die Vor- und Nachteile von Plasma-, LCD- und Röhrenfernsehgeräten!

Röntgenstrahlung

Der deutsche Physiker Wilhelm Conrad Röntgen entdeckte 1895 eine bis dahin unbekannte Art von Strahlung, die er als X-Strahlung bezeichnete. Später wurde sie ihm zu Ehren in Röntgenstrahlung umbenannt. Röntgen erkannte zudem deren Eigenschaft, fast alle Gegenstände nahezu ungehindert durchdringen zu können. Als Beleg dafür bildete er das Skelett seiner Hand auf Fotopapier ab.

3

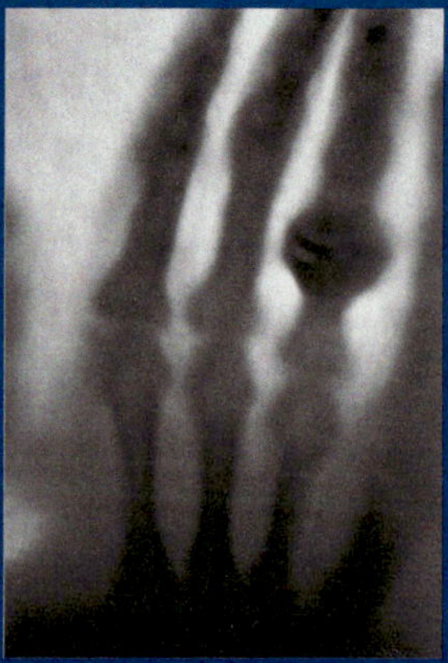
4

Röntgenröhre. Auch in der Röntgenröhre liegt ein Vakuum vor, im Inneren befinden sich eine beheizte Katode und eine gekühlte Anode. Damit Röntgenstrahlung frei wird, muss zwischen Katode und Anode eine hohe Spannung anliegen. Die Elektronen treffen auf eine Metallanode auf, die zudem wegen der Wärmeentwicklung gekühlt wird. Im Metall der Anode wird die Röntgenstrahlung freigesetzt.

1
Erste Röntgenröhre

Eigenschaften von Röntgenstrahlung. Röntgenstrahlung durchdringt fast alle Stoffe. Dabei wird die Strahlung jedoch in Abhängigkeit von der Art des Stoffes und von dessen Schichtdicke absorbiert. Das führt dazu, dass der spezielle Röntgenfilm unterschiedlich stark „belichtet“ wird. Auf dem Film entstehen so Schwarz-Weiß-Strukturen, die unterschiedliche Stoffeigenschaften widerspiegeln. Knochen absorbieren stärker als Muskelgewebe, erscheinen folglich als dunkle Flächen. Wenn der Knochen gebrochen ist, so weist auch die dunkle Fläche eine Unterbrechung auf.
Röntgenstrahlung führt dem Körper auch Energie zu. Diese Energie kann bei zu hoher Dosis oder zu langer Bestrahlung zu Schädigungen führen. Um dies zu verhindern benötigt man Abschirmungen. Hierfür eignet sich ein Metall besonders: Blei. Bleischürzen, Bleimasken oder Bleiplatten dienen deshalb als Schutz vor der Strahlung.

2
Moderne Röntgenröhre

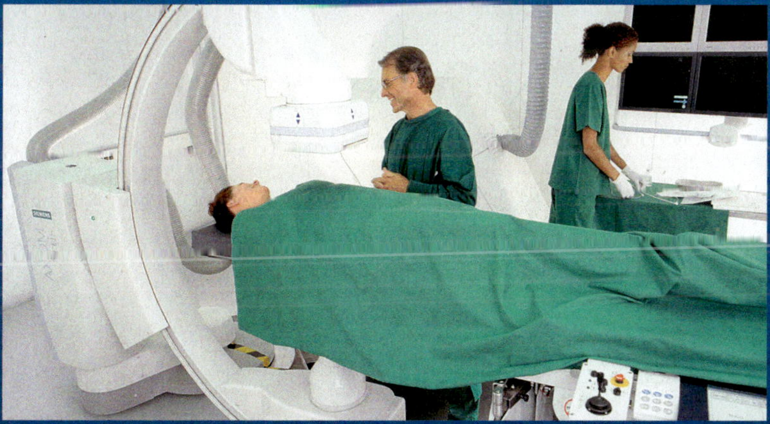
3
Röntgenuntersuchung

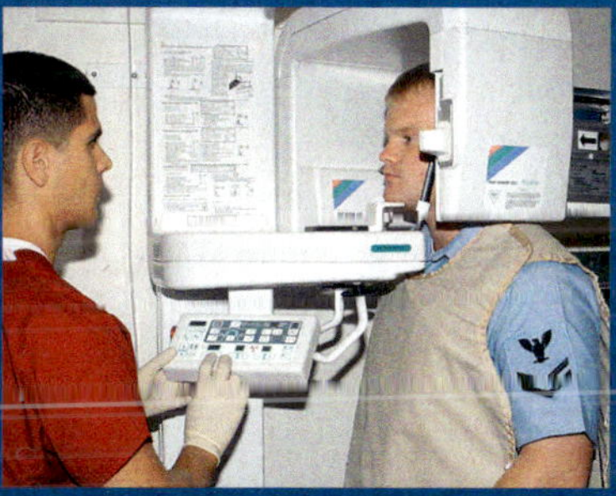
4
Bleiweste zum Schutz des Patienten

Schutzmaßnahmen vor zu hoher Strahlenbelastung.

- Jeder Arzt registriert in seinen Unterlagen für seine Patienten die Häufigkeit der Röntgenuntersuchungen. Wenn erforderlich, wird für den Patienten ein Röntgenpass ausgestellt.
- Alle gefährdeten Körperteile sind in geeigneter Weise durch Bleiabdeckungen zu schützen. Hierzu gehören vor allem der Kopf und die Geschlechtsorgane.
- Das Röntgenpersonal darf sich während des Röntgens nur im Schutzraum aufhalten. Es wird zudem durch so genannte Dosimeter überwacht, die Auskunft über die insgesamt aufgenommene Strahlenbelastung geben.
- Zusätzlich zu den speziellen Schutzmaßnahmen muss immer ein möglichst großer Abstand zur Röntgenquelle eingehalten werden.

5
Signal „Achtung! Röntgenaufnahme“

Nutzen von Röntgenaufnahmen. Röntgenaufnahmen ermöglichen einen schnellen Blick in das Innere des Körpers. Knochenverletzungen, so genannte Frakturen, werden sofort sichtbar. Zudem kann der Arzt erkennen, wie der Heilungsprozess am besten durch Ruhigstellen von Gliedmaßen gefördert werden kann.
Früher diente vor allem das regelmäßige Durchleuchten der Lunge mit Röntgenstrahlung zur Früherkennung von Tuberkulose, einer gefürchteten Lungenerkrankung. Sie wurde wegen des Krankheitsverlaufes auch als Schwindsucht bezeichnet. Obwohl diese Erkrankung zurückgedrängt werden konnte, ist sie noch lange nicht ausgerottet. Wenn notwendig, wird deshalb auch heute diese Form der Untersuchung noch angewendet. Jedoch finden nicht mehr die noch vor wenigen Jahrzehnten üblichen Reihen-Röntgenuntersuchungen statt.

Moderne Untersuchungsverfahren. Um die Strahlenbelastung von Patienten weiter zu verringern, wurden in den letzten Jahren weitere Untersuchungsverfahren entwickelt. Die wichtigste ist die Magnetresonanzthomographie, auch als Kernspinresonanzthomographie bezeichnet. Mithilfe eines Computers wird aus den gewonnenen Daten ein dreidimensionales Bild des Körpers errechnet, wodurch die Diagnose wesentlich sicherer wird als beim Röntgen (siehe auch S. 50).

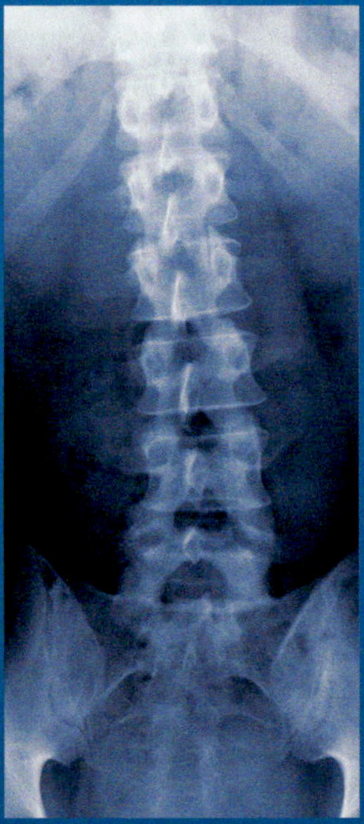

1 Röntgenaufnahme einer Wirbelsäule

Leuchterscheinungen in leitenden Gasen

Elektrische Leitung in Gasen. Gase leiten unter normalen Bedingungen kaum den Strom. Auch das Gasgemisch Luft ist ein guter Isolator. Selbst bei einer Spannung von 380 000 V kann man gefahrlos unter einer Hochspannungsleitung hindurch laufen. Würde die Luft gut leiten, käme es z. B. zwischen den Buchsen einer Steckdose zu einem Stromfluss.
Andererseits ist ein Blitz ein Leitungsvorgang in der Luft. Ladungsunterschiede zwischen der Unterseite einer Gewitterwolke und der Erdoberfläche oder unterschiedlich geladenen Bereichen dieser Wolke gleichen sich aus. Wodurch kann Luft leitfähig werden?

EXPERIMENT 2

Ein großer Plattenkondensator wird aufgeladen und mit einem Elektroskop verbunden. Bei trockener Luft bleibt der Zeigerausschlag lange erhalten. Zwischen die Metallplatten wird eine Kerzenflamme gebracht. Der Zeigerausschlag wird beobachtet.

Durch die Kerzenflamme zwischen den Kondensatorplatten geht der Ausschlag des Elektroskops zurück. Die Luft wird folglich durch die Kerzenflamme so verändert, dass sie leitfähig wird. Welcher Vorgang läuft ab?

AUFTRÄGE

1. Analysiere Röntgenaufnahmen und versuche herauszufinden, was darauf abgebildet wurde und welche Schlussfolgerungen daraus gezogen werden können!
2. Heute werden viele Untersuchungen nur mit so genannter „weicher" Röntgenstrahlung durchgeführt. Welcher Unterschied besteht zwischen „harter" und „weicher" Röntgenstrahlung?
3. Erkundige dich in einer Röntgenpraxis über die Schutzmaßnahmen für Patienten und Personal!

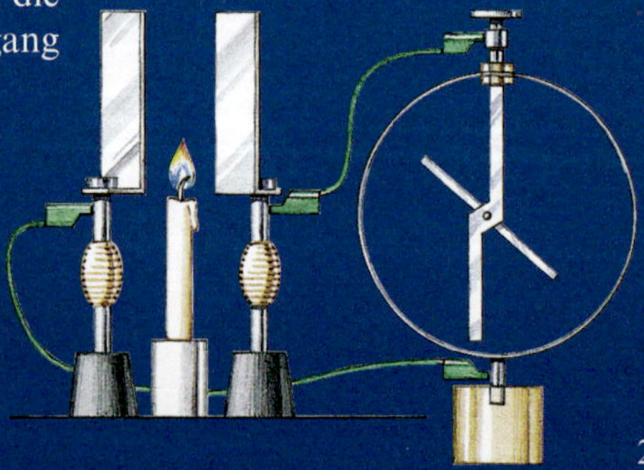

2

Ionisation. Die Erwärmung führt dem Gas Energie zu. Infolge der heftigeren Teilchenbewegungen der Gasmoleküle werden Elektronen aus der Hülle herausgerissen. Ein Teil der Elektronen wird von neutralen Atomen eingefangen, sodass neben ungebundenen Elektronen auch positive und negative Ionen vorliegen. Diese Ladungsträger ermöglichen den Stromfluss. Hört die Energiezufuhr auf, so kommt der Prozess der Ionisierung der Luft zum Stillstand, die Ionen neutralisieren sich bzw. werden an den Platten entladen. Der Stromfluss hört auf.

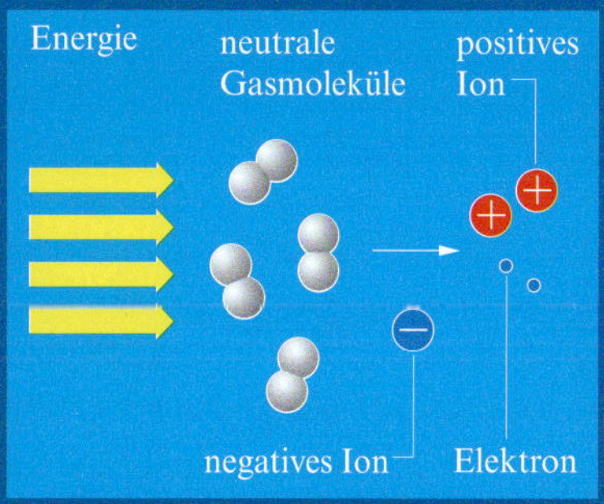

1 Ionisation von Gasmolekülen durch Energiezufuhr

Stoßionisation. In der Luft entstehen durch äußere Einflüsse, z. B. die Sonnenstrahlung, immer einige wenige Ladungsträger. Wenn diese unter dem Einfluss einer hohen Spannung stark beschleunigt werden, so können sie bei Zusammenstößen mit neutralen Atomen bzw. Molekülen diese ionisieren. Dadurch steigt die Anzahl der Ladungsträger stark an. Voraussetzung hierfür ist ein geringer Druck im Gas von unter 10 hPa, da ansonsten die Ladungsträger infolge zu häufiger Stöße nicht ausreichend beschleunigt werden können. Die Energieübertragung bei den Stößen führt zur Ionisation und regt das Gas zugleich noch zur Lichtabgabe an. Der Leitungsvorgang in einem Gas unter vermindertem Druck ist mit Leuchterscheinungen verbunden (Bild 2).

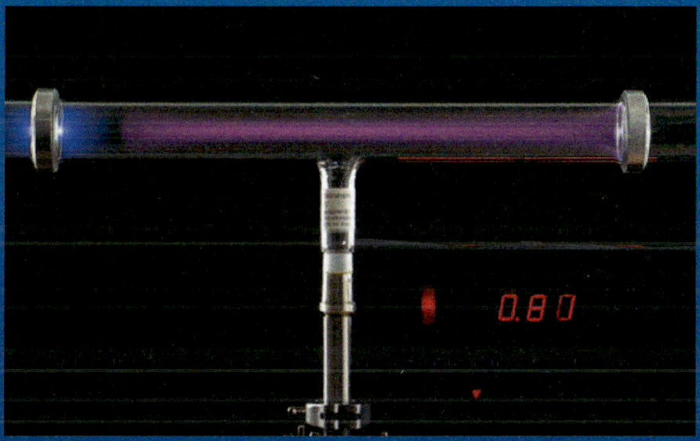

2

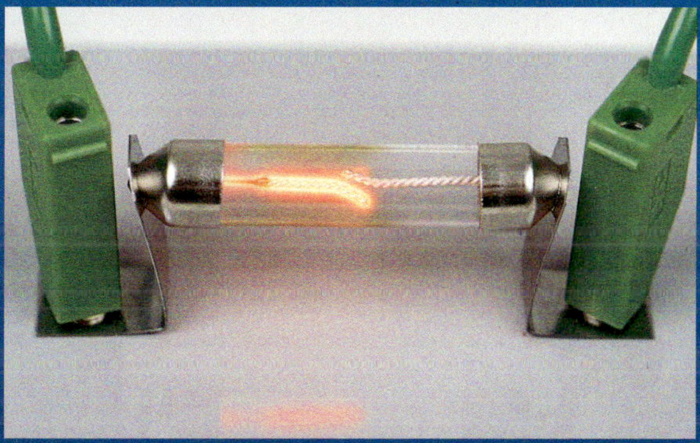
3

Glimmlampe. Bei einer sehr kurzen Röhre „zündet" der Leitungsvorgang im Gas bereits bei ca. 80 V. Allerdings tritt dann nur eine dünne leuchtende Zone um den Elektroden auf, das so genannte Katodenglimmlicht (Bild 3). Sind beide Elektroden mit einem Glimmlicht überzogen, so liegt eine Wechselspannung an, anderenfalls eine Gleichspannung derart, dass der Minuspol mit der leuchtenden Elektrode verbunden ist. In der Praxis wird dies bei den Polsuchern angewendet.

Leuchtstofflampen. Glühlampen wandeln nur etwa 5 % der zugeführten Energie in Licht um. Bei einem leuchtenden Gas beträgt dieser Anteil etwa 25 %.
Leuchtstofflampen sind Röhren, in denen ein Unterdruck herrscht, und die mit geringen Mengen Argon und Quecksilber gefüllt sind. Die Füllung erzeugt ein schwach bläuliches Licht, das durch die Innenbeschichtung des Glasrohres mit einem Leuchtstoff, daher die Bezeichnung Leuchtstofflampe, in sichtbares Licht umgewandelt wird. Die Zusammensetzung des Leuchtstoffs entscheidet über die Farbe und den Lichteindruck.

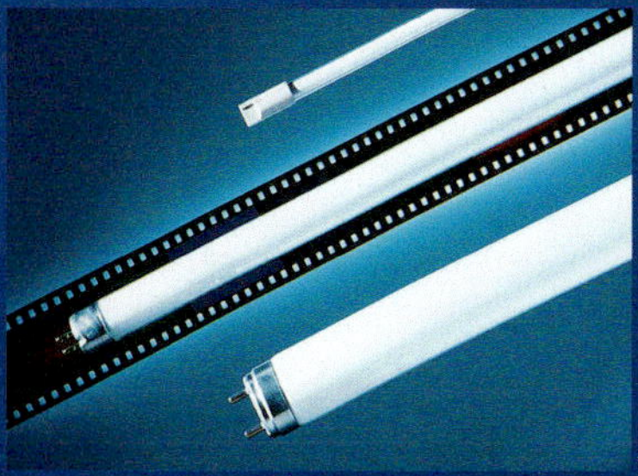
4 Verschiedene Leuchtstoffröhren

Die Schaltung einer Leuchtstofflampe erfüllt zwei Aufgaben.
- Zum Zünden sind bei geheizten Elektroden kurzzeitig etwa 450 V notwendig, im Betrieb reichen je nach Röhrenlänge schon etwa 135 V.
- Im Betrieb muss die Stromstärke auf einen bestimmten Wert begrenzt werden, da der Widerstand des Gases mit wachsender Stromstärke sinkt. Denn je größer die Stromstärke ist, desto mehr Ladungsträger werden durch die Stoßionisation bereitgestellt. Diese Aufgaben übernehmen der Starter und die Drosselspule.

Leuchtstoffröhren haben eine mittlere Lebensdauer von etwa 10 000 Betriebsstunden und damit erheblich mehr als herkömmliche Glühlampen. Zudem ist ihre Lichtausbeute bei gleicher Energiezufuhr deutlich höher. Sie erwärmen sich auch nicht so stark wie Glühlampen.
Schädlich ist für Leuchtstoffröhren ein zu häufiges Starten, da das Aufheizen der Elektroden diese allmählich zerstört. Bei älteren Röhren erkennt man dies am dunklen Glasbelag in der Nähe der Elektroden. Diese Röhren flackern nur noch unregelmäßig. Sie müssen ausgewechselt und umweltgerecht entsorgt werden.

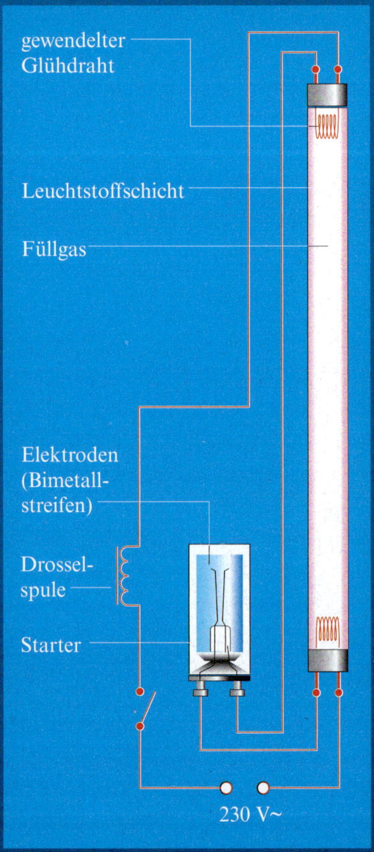

1 Leuchtstofflampe im Stromkreis

2

Energiesparlampen. Energiesparlampen sind „kleine" Leuchtstofflampen, die in gewöhnliche Lampenfassungen passen. Zündung und Strombegrenzung erfolgen hier durch eine elektronische Schaltung, die im Inneren des Sockels untergebracht ist. Derartige Lampen zünden sofort und leuchten während ihrer gesamten Betriebszeit flackerfrei. Auch ihre Lebensdauer liegt bei etwa 10000 Betriebsstunden. Die Vorteile solcher Leuchtstofflampen gegenüber Glühlampen bestehen in der längeren Lebensdauer und der größeren Lichtausbeute bei gleichem Energiebedarf. Die höheren Anschaffungskosten werden dadurch nach einer gewissen Zeit ausgeglichen.

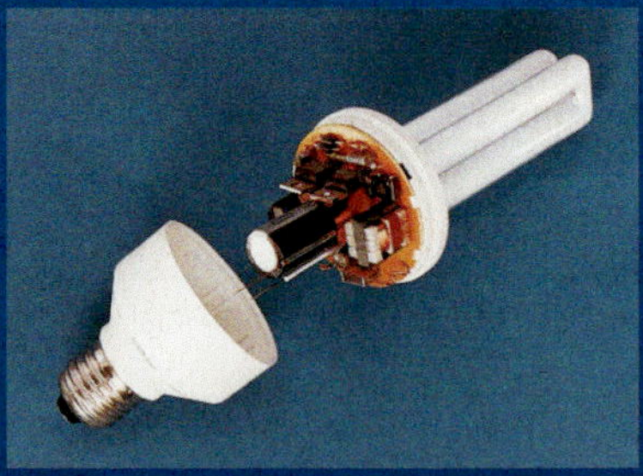
3 Geöffnete Energiesparlampe

AUFTRÄGE

1 Bei den modernsten Leuchtstofflampen, den so genannten Energiesparlampen, genügt nur etwa ein Viertel der Leistung einer vergleichbar hellen Glühlampe. Welche Vorteile ergeben sich daraus?

2 Recherchiere, welche Gase in welcher Farbe leuchten!
Finde weiter heraus, welche Stoffe auf die Innenseite einer Leuchtstoffröhre aufgedampft werden, um bestimmte Farb- und Lichteffekte zu erhalten!

Kernumwandlungen – Nutzen und Gefahren

Eine alte Schriftrolle wurde in einer Höhle nahe dem Toten Meer gefunden. Es wird vermutet, dass diese Schriftrolle ungefähr 2 000 Jahre alt ist. Wie kann man prüfen, ob das wirklich stimmt? Sind hier Fälscher am Werk? Mit Kenntnissen über kernphysikalische Vorgänge kommt man einer Antwort auf diese Frage auf die Spur. Die Kernphysik beschäftigt sich mit Eigenschaften der Atomkerne, mit der Möglichkeit, deren Energie zu nutzen, und auch mit den Gefahren, die von der Radioaktivität ausgehen.

Natürliche Radioaktivität

1

Radioaktivität empfinden viele Menschen als etwas Bedrohliches. Tatsächlich sind wir auf der Erde dieser Erscheinung ständig ausgesetzt. Uran in Gesteinen, Kalium oder Iod in der Nahrung, Radon in Gebäuden oder die kosmische Strahlung in größeren Höhen führen zu einer natürlichen Strahlenexposition (Einwirkung ionisierender Strahlung auf den menschlichen Körper). Woher kommt diese Strahlung? Wie wirken unterschiedliche Strahlungsarten auf den Organismus? Wie gefährlich ist die Radioaktivität wirklich?

Der Atomkern

Nach unserer heutigen Vorstellung besteht ein Atom aus einem Atomkern und einer Atomhülle, in der sich Elektronen befinden. Der Atomkern ist sehr stabil und besteht aus Protonen und Neutronen. Zur Entwicklung dieser Vorstellung hat der englische Physiker RUTHERFORD beigetragen. Beim Beschuss von dünnen Goldfolien mit positiven geladenen „α-Teilchen" stellte er fest, dass die meisten die Folie ungehindert durchdringen und ihre Ausbreitungsrichtung nicht ändern. Wenige Teilchen werden stark abgelenkt oder sogar zurückgeworfen (Bild 3). Aufgrund dieser unerwarteten Ergebnisse kann die Goldfolie nicht aus dicht gepackten Atomen bestehen. Die Atome müssen vielmehr zum großen Teil aus einem fast leerem Raum bestehen. Fast die gesamte Masse des Atoms konzentriert sich im Inneren auf einem sehr kleinen Raum. RUTHERFORD nannte diesen Bereich Atomkern.

2

ERNEST RUTHERFORD (1871–1937)

Kernbausteine und Ladung. Es war bekannt, dass Atome *Elektronen,* die Träger negativer elektrischer Ladungen, enthalten. Im Rutherford-Experiment wurden nun wenige positiv geladene Teilchen abgelenkt bzw. zurückgeworfen. Da sich gleichnamige Ladungen abstoßen, folgerte RUTHERFORD daraus, dass ein Atomkern positive Ladung trägt. Die Anzahl der positiven Ladung im Kern stimmt mit der Anzahl der negativen Ladung in der Hülle überein. Deshalb ist ein Atom nach außen hin elektrisch neutral. Im Atomkern befinden sich neben den *Protonen* p elektrisch neutrale Teilchen, die *Neutronen* n.

Die Atome verschiedener chemischer Elemente unterscheiden sich in der Anzahl der Protonen im Kern. Heliumatome haben z. B. zwei Protonen im Kern. Kohlenstoffatome haben sechs Protonen im Kern.

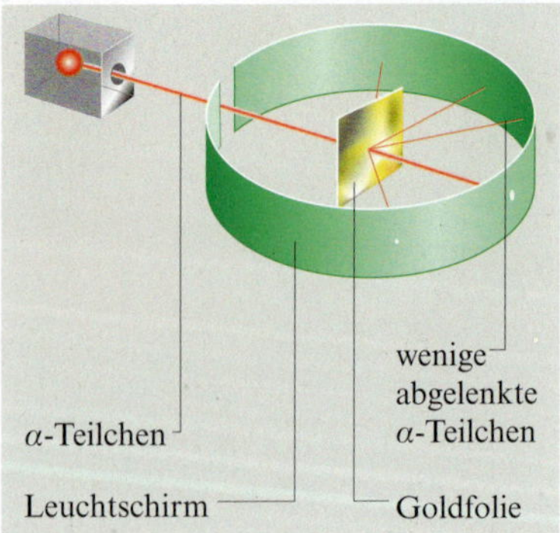

3

Prinzip des Rutherford-Experiments

Größe. Da im Rutherford-Experiment nur sehr wenige positive Teilchen die Richtung ändern, muss der Atomkern im Vergleich zum ganzen Atom sehr klein sein. Der Durchmesser des Atoms ist 10 000-mal größer als der Durchmesser des Atomkerns. Nehmen wir die Höhe der Frauenkirche in Dresden als Durchmesser eines Atoms, dann wäre die Größe eines Kirschkerns vergleichbar mit der des Atomkerns (Bild 1).

Masse. Die Masse eines Protons bzw. eines Neutrons beträgt jeweils rund $1{,}67 \cdot 10^{-27}$ kg. Damit ist ein Proton bzw. ein Neutron etwa 1 836-mal schwerer als ein Elektron ($9{,}11 \cdot 10^{-31}$ kg). Der größte Teil der Masse eines Atoms ist deshalb im Atomkern konzentriert.

Ein Atom besteht aus der Atomhülle und dem Atomkern. Der Kern nimmt nur einen sehr kleinen Anteil des Gesamtvolumens eines Atoms ein. Im Atomkern befinden sich als Kernbausteine die Protonen und Neutronen.

1

Kernbindungskräfte. Gleichnamig geladene Körper stoßen einander ab. Zwischen den positiv geladenen Protonen wirken solche Abstoßungskräfte. Trotzdem sind Atomkerne sehr stabil.
Wie ist das möglich?
Es muss außerdem noch eine starke Anziehungskraft zwischen allen Kernbausteinen geben. Diese ist stärker als die abstoßende elektrische Kraft zwischen den Protonen. Man kann sie mit einem Klettverschluss oder mit dem Aneinanderhaften von klebrigen Bonbons vergleichen, da diese Kräfte erst wirken, wenn die Teilchen ganz eng beieinander sind.

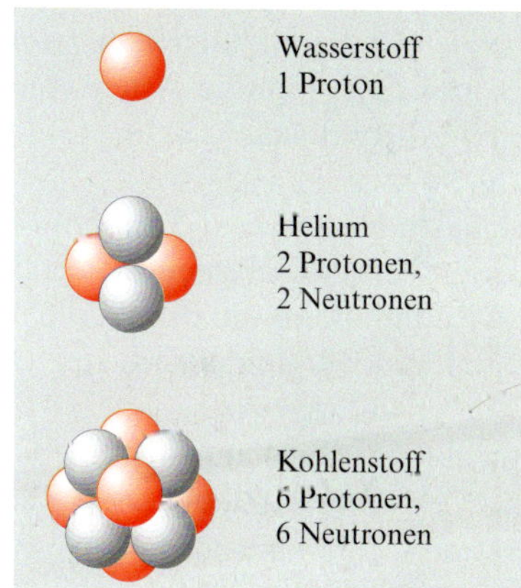

2

Nuklide und isotope Kerne

Unser Periodensystem umfasst heute 116 chemische Elemente. Diese sind nach ihrer Ordnungszahl in einer bestimmten Reihenfolge in Haupt- und Nebengruppen angeordnet (Bild 3). Die Ordnungszahl entspricht dabei der Anzahl der Protonen Z im Atomkern. Sie wird auch als Kernladungszahl bezeichnet.

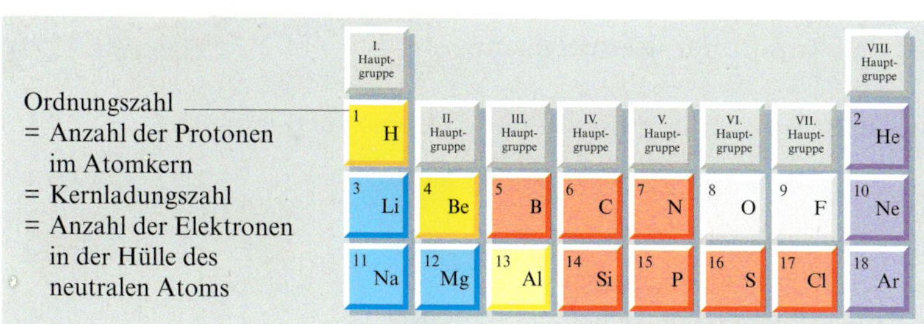

3

Ausschnitt aus dem Periodensystem der Elemente

Nuklide. Jede Atomkernart, man sagt auch Nuklid, wird durch die Anzahl der Protonen Z und die Anzahl der Neutronen N eindeutig charakterisiert. Für die Anzahl der Kernbausteine A gilt: $A = Z + N$. Man bezeichnet A auch als Massenzahl des Nuklids. Zur eindeutigen Kennzeichnung eines Elements X verwendet man die Schreibweise $^{A}_{Z}X$. Die Massenzahl A wird oben links, die Protonenanzahl Z unten links neben das chemische Symbol gesetzt.

ÜBRIGENS

$^{12}_{6}C$ bezeichnet einen Kohlenstoffkern mit der Massenzahl 12. Von den 12 Nukleonen sind 6 Protonen und 6 Neutronen. In der Atomhülle des neutralen Kohlenstoffatoms befinden sich genauso viele Elektronen wie Protonen im Kern, also 6.

Isotope Kerne. Atomkerne, die zu einem Element gehören, haben immer dieselbe Protonenanzahl, sie können aber eine unterschiedliche Anzahl von Neutronen besitzen. Ein einfaches Beispiel dafür ist das Wasserstoffatom. Ein Wasserstoffkern enthält immer genau ein Proton ($Z = 1$).

Radioaktivität

Der französische Physiker BECQUEREL entdeckte 1896 zufällig eine bis dahin unbekannte Art von Strahlung: die Kernstrahlung. MARIE und PIERRE CURIE untersuchten Mineralien, die solche Strahlung aussenden, genauer und fanden 1898 die Elemente Polonium und Radium (s. S. 37). Die Strahlungserscheinung bezeichneten sie als „Radioaktivität".
Heute ist bekannt, dass Radioaktivität ihren Ursprung in den Atomkernen hat. Wenn Kerne Strahlung aussenden, wandeln sie sich in andere Kerne um, die auch wieder radioaktiv sein können. Die radioaktiven Atomkerne werden *Radionuklide* genannt. Die Eigenschaft der spontanen Umwandlung (Spontanzerfall) von in der Natur vorkommenden Radionukliden heißt *natürliche Radioaktivität.*
Es gibt drei wichtige Arten von Kernstrahlung: Alpha-, Beta- und Gammastrahlung.

Alphastrahlung. Die α-Strahlung besteht aus doppelt positiv geladenen Heliumkernen. Bei einem α-Zerfall verringert sich die Kernladungszahl des Radionuklids um den Wert 2 und seine Massenzahl um den Wert 4. Polonium-210 wandelt sich zum Beispiel in Blei um (Bild 3).

Für einen Zerfall kann man eine so genannte *Zerfallsgleichung* angeben. Für Polonium-210 lautet sie: ${}^{210}_{84}\text{Po} \rightarrow {}^{206}_{82}\text{Pb} + {}^{4}_{2}\alpha$.

Betastrahlung. Bei der β-Strahlung werden Elektronen aus dem Atomkern abgegeben. Ein Elektron entsteht im Atomkern, wenn sich ein Neutron in ein Proton und ein Elektron umwandelt. Das Elektron wird abgestrahlt. Da das entstandene Proton im Kern verbleibt, erhöht sich die Kernladungszahl des neu entstandenen Nuklids um den Wert 1. Die Massenzahl bleibt erhalten, weil sich die Anzahl der Kernteilchen insgesamt nicht verändert hat.
Cäsium-137 wandelt sich beispielsweise unter Aussendung eines Elektrons in Barium um (Bild 4).

Gammastrahlung. Die γ-Strahlung ist eine energiereiche elektromagnetische Strahlung, die in einzelnen „Energieportionen" abgegeben wird. Auch das sichtbare Licht ist von Natur aus elektromagnetische Strahlung, hat aber eine viel geringere Energie.
Bei der Abgabe von γ-Strahlung ändert sich der Energiezustand des Atomkerns, Kernladungs- und Massenzahl bleiben gleich (Bild 1). Die γ-Strahlung tritt häufig gleichzeitig mit der α- und β-Strahlung auf.

Einige Atomkerne wandeln sich spontan in andere Atomkerne um. Dabei senden sie Alpha-, Beta- oder Gammastrahlung aus. Diese Eigenschaft bezeichnet man als natürliche Radioaktivität.

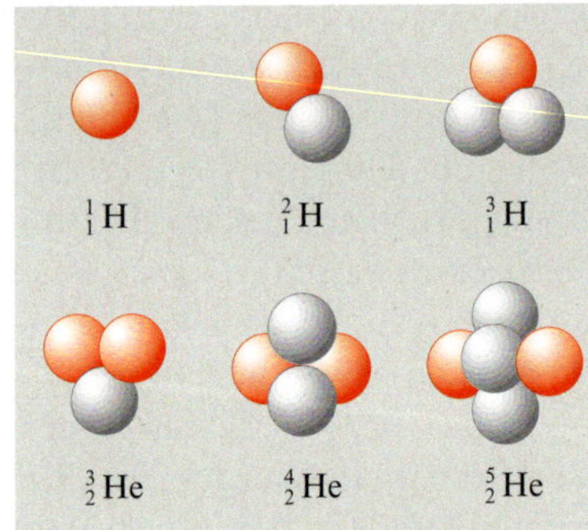

1
Kerne und ihre Kennzeichnung

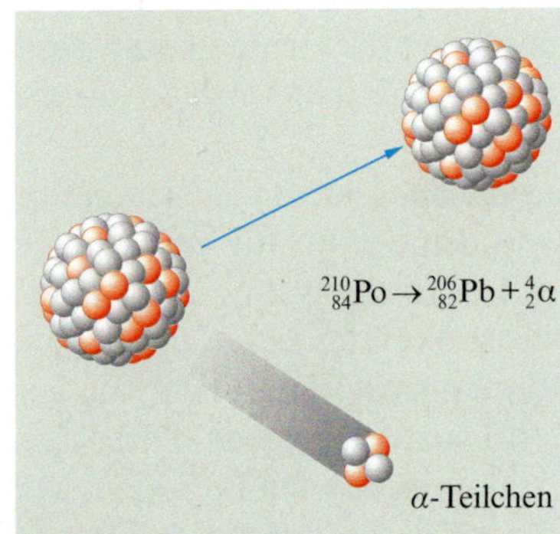

2
Beispiel für α-Strahlung

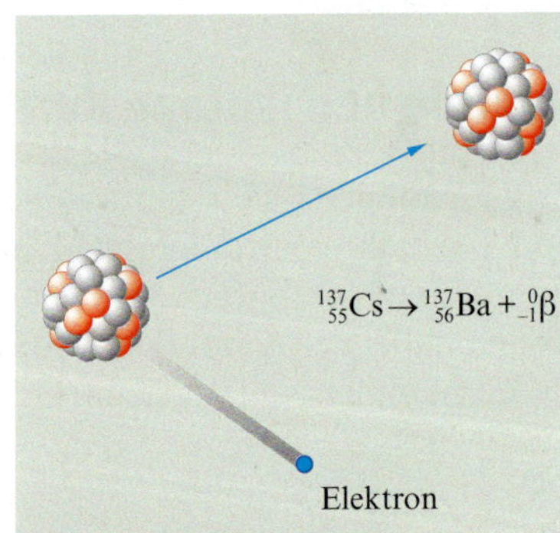

3
Beispiel für β-Strahlung

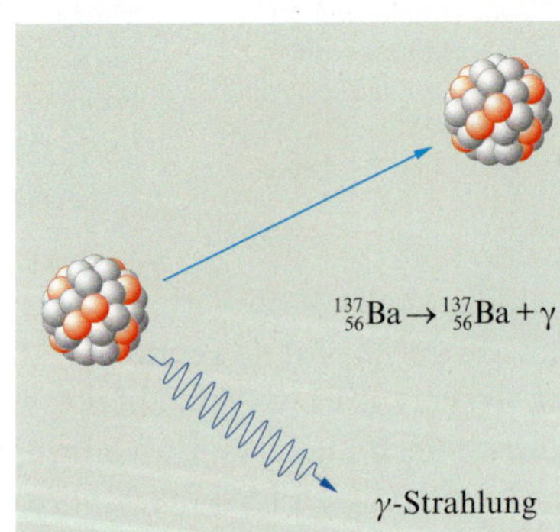

4
Beispiel für γ-Strahlung

Nachweis der Radioaktivität

Radioaktivität ist mit den menschlichen Sinnesorganen nicht wahrnehmbar. Sie ist an ihren Wirkungen erkennbar. Wenn die Strahlung in einem Stoff registrierbare Veränderungen hervorruft, ist ein Nachweis oder eine Messung möglich. Bis heute wurden immer genauere Nachweis- und Messmethoden entwickelt.

Ionisation. Trifft Kernstrahlung auf einen beliebigen Stoff, so können sich bei einem Atom ein oder mehrere Elektronen aus der Atomhülle lösen. Es entstehen neben ungebundenen Elektronen positiv und negativ geladene Ionen. Kernstrahlung wird daher auch als *ionisierende Strahlung* bezeichnet. Die Atom- bzw. Molekülveränderungen können zum Nachweis und zur Messung der Kernstrahlung genutzt werden.

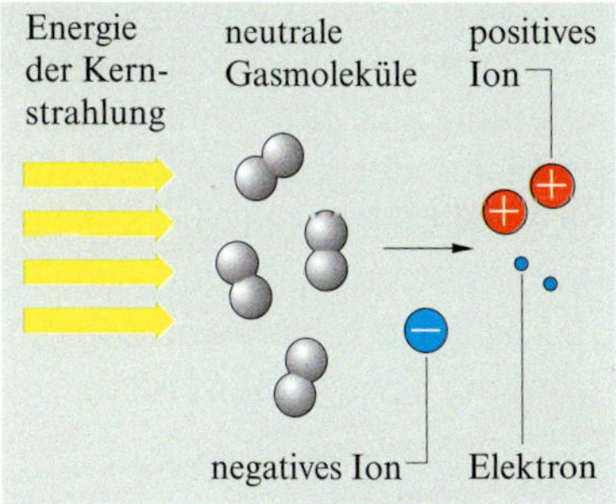

1
Ionisation von Gasmolekülen

Nachweismethoden. Das historisch erste Nachweismittel war die **Fotoplatte**. In einer lichtempfindlichen Schicht kommt es beim Auftreffen von Kernstrahlung zu chemischen Veränderungen in Kristallen. Bei der Entwicklung der Platte oder des Films werden diese Veränderungen als Schwärzung sichtbar (Bild 3). Heute werden Fotoemulsionen in Filmplaketten als **Personendosimeter** im Strahlenschutz verwendet. Filmdosimeter dienen der Dosisermittlung von Gamma-, Röntgen- und energiereicher Betastrahlung. Sie enthalten z. B. einen lichtdicht verpackten Fotofilm, Blei- und Kupferabsorber und ein freies Fenster. Personen, die in ihrem Beruf mit Strahlung in Berührung kommen können, werden so durch regelmäßige Kontrolle des Filmmaterials überwacht.
Das **Geiger-Müller-Zählrohr** (Bild 4) ist das bekannteste Nachweisgerät. Es besteht aus einem zylinderförmigen Mantel, in dessen Achse ein dünner Draht angebracht ist. Das Rohr ist mit einem Edelgas unter geringem Druck gefüllt. Dringt Kernstrahlung in den Innenraum des Zählrohrs ein, so werden dort Gasatome ionisiert. Dadurch entstehen Ladungsträgerlawinen, die als kurze Stromstöße registriert werden. Das Zählrohr ist an einen Verstärker angeschlossen. Dieser steuert ein Zählwerk und/oder einen Lautsprecher. Die Stromstöße können so als „Knacksignale" hörbar gemacht werden. Jedes Knacksignal entspricht einem Ionisationsprozess.

2
Fotoplatte

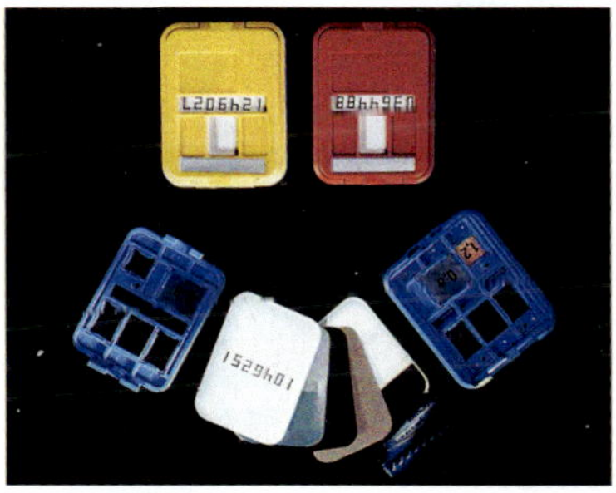
3
Filmdosimeter

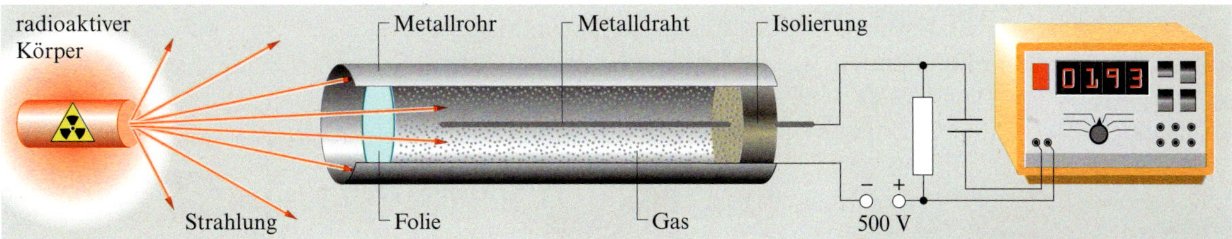

4

Die **Nebelkammer** besteht aus einem Glaszylinder, in dem sich Luft, Wasser- und Alkoholdampf und ein radioaktives Präparat befinden. Die Luft wird entlang der Bahn der Strahlungsteilchen ionisiert. Wird der Druck im Zylinder plötzlich verringert, kühlt sich die Luft ab und der Dampf kondensiert an den Ionen. Es bilden sich Kondensstreifen. An der Form der Spur kann man die Strahlungsart erkennen (Bild 5).

5
Alphastrahlung in der Nebelkammer

Eigenschaften von Kernstrahlung

Werden die drei Strahlungsarten untersucht, so stellt man unterschiedliche Eigenschaften fest. Ohne Beeinflussung breitet sich Kernstrahlung geradlinig aus. Aber kann Kernstrahlung durch bestimmte Stoffe abgeschwächt oder gestoppt werden? Und wie beeinflusst z. B. ein magnetisches Feld die Strahlung? Solche Fragestellungen sind auch von Interesse, wenn es darum geht, sich vor Kernstrahlung zu schützen.
Im folgenden Experiment soll die Durchdringungsfähigkeit von Kernstrahlung untersucht werden.

1
Warnzeichen für Radioaktivität

EXPERIMENT 1
Zwischen γ-Strahlungsquelle und Zählrohr werden bei konstantem Abstand Platten aus Blei gebracht. Die Anzahl der Platten wird schrittweise erhöht. Die Anzahl der Impulse wird jeweils registriert.

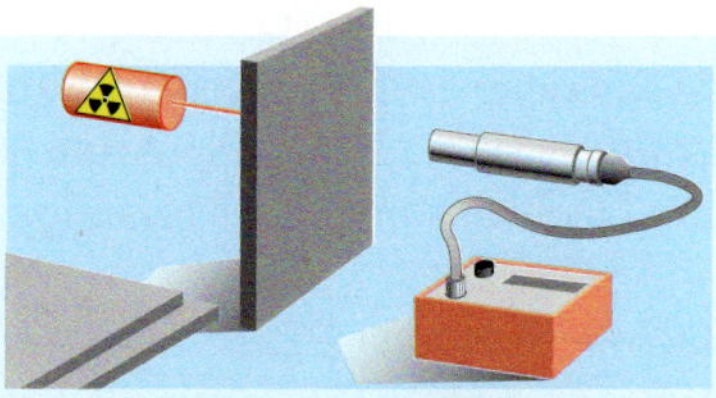
2

Die Intensität der Strahlung verringert sich nach der ersten Bleiplatte. Fügt man eine weitere Platte ein, verringert sich die Intensität erneut. Verwendet man α- oder β-Strahlungsquellen und unterschiedliche Materialien, dann stellt man fest: Betastrahlung wird bereits durch Aluminiumplatten von einigen Millimetern Dicke fast vollständig absorbiert. Das Durchdringungsvermögen von Alphastrahlung ist gering. Die Strahlung wird bereits durch ein Blatt Papier absorbiert. Selbst in Luft beträgt die Reichweite der Alphastrahlung nur wenige Zentimeter.

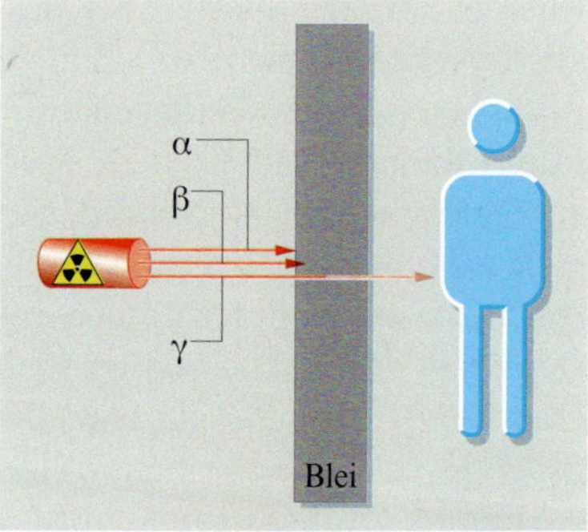

3

In einem Magnetfeld wirkt auf geladene Teilchen eine Kraft. Sie werden abgelenkt. Welchen Einfluss hat ein Magnetfeld auf Kernstrahlung?

EXPERIMENT 2
Zwischen Zählrohr und einer β-Strahlungsquelle wird ein Magnet so aufgestellt, dass die Strahlung senkrecht zur Richtung des Magnetfeldes in das Feld eindringt. Mit einem Zählrohr wird die Bahn der Strahlungsteilchen verfolgt.

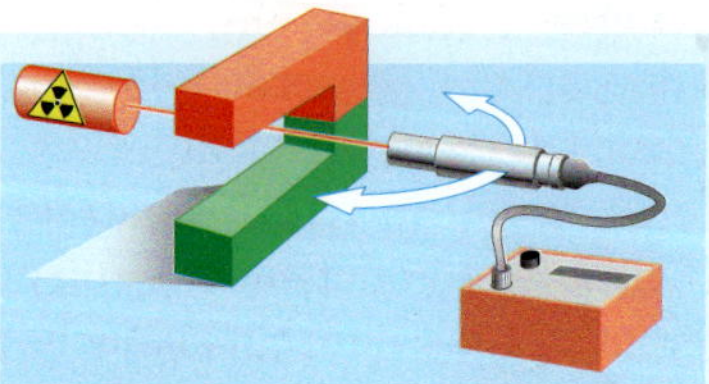
4

Die negativ geladenen Elektronen der β-Strahlung werden im Magnetfeld abgelenkt. α-Strahlung besteht aus positiv geladenen Heliumkernen und wird entgegengesetzt dazu abgelenkt. γ-Strahlung wird nicht abgelenkt, da sie nicht aus elektrisch geladenen Teilchen besteht.

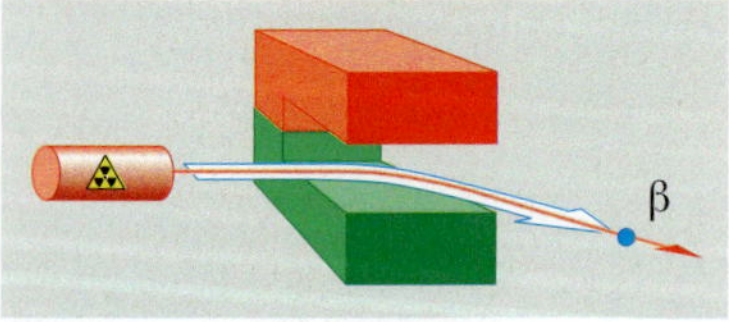

5

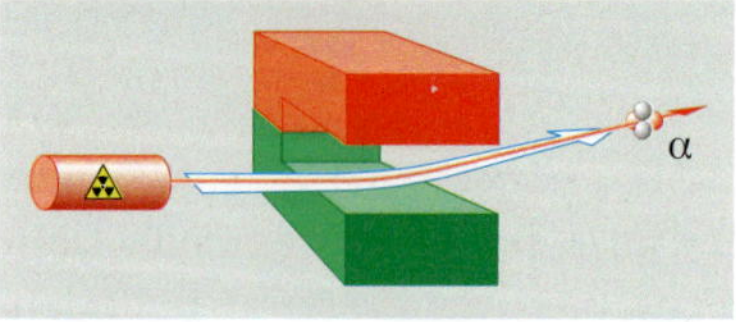

6

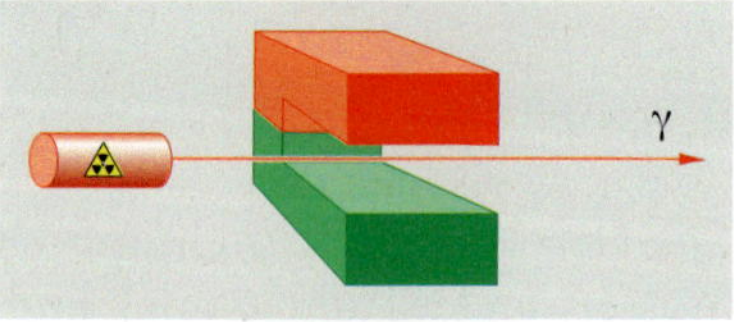

7

Gammastrahlung wird beim Durchdringen von Stoffen viel weniger abgeschwächt als Alpha- und Betastrahlung. In einem Magnetfeld werden Alpha- und Betastrahlung abgelenkt, Gammastrahlung nicht.

Halbwertszeit

Spontanzerfall. In der Natur entsteht beim Zerfall eines Atomkerns unter Aussendung von Kernstrahlung ein neuer Atomkern, der selbst wieder radioaktiv und damit instabil sein kann. Der Zerfall setzt sich solange fort, bis ein stabiler Kern entstanden ist. Vom spontanen radioaktiven Zerfall spricht man auch deshalb, weil der Zeitpunkt des Zerfalls von einzelnen radioaktiven Atomkernen nicht vorhersehbar ist. Man kann diesen Zeitpunkt auch nicht durch die Veränderung von äußeren Bedingungen wie Luftdruck oder Temperatur beeinflussen.
Die Zufälligkeit des Zerfalls einzelner Kerne lässt sich durch folgendes Modellexperiment veranschaulichen. Darin stellen die Spielwürfel die radioaktiven Atomkerne dar. Die Würfel, die eine 1 zeigen, sollen zerfallen sein.

EXPERIMENT 3

1 Füllt eine große Schachtel mit Deckel mit 100 Würfeln, schüttelt sie gut durch und sortiert nach dem Öffnen alle Würfel aus, die die 1 zeigen. Notiert die Anzahl der noch in der Schachtel vorhandenen Würfel. Wiederholt diese Prozedur so lange, bis sich keine Würfel mehr in der Schachtel befinden!

2 Stellt in einem Diagramm die Anzahl der noch vorhandenen Würfel in Abhängigkeit von der Anzahl der Versuchsdurchführungen dar. Wie viele Durchgänge werden jeweils benötigt, bis sich die Anzahl der Würfel halbiert hat?

1

In der grafischen Darstellung erkennt man einen charakteristischen Verlauf für die Anzahl der verbliebenen Würfel in der Schachtel. Nach durchschnittlich 4 Durchgängen befindet sich jeweils etwa noch die Hälfte der zuvor vorhandenen Würfel in der Schachtel.
So wie beim Spontanzerfall von Atomkernen der Zerfall eines einzelnen Kerns konnte das Ausscheiden eines ganz bestimmten Würfels nicht vorhergesehen werden. Die Abnahme einer Gesamtheit von vielen Würfeln erfolgt jedoch nach einem typischen Gesetz.

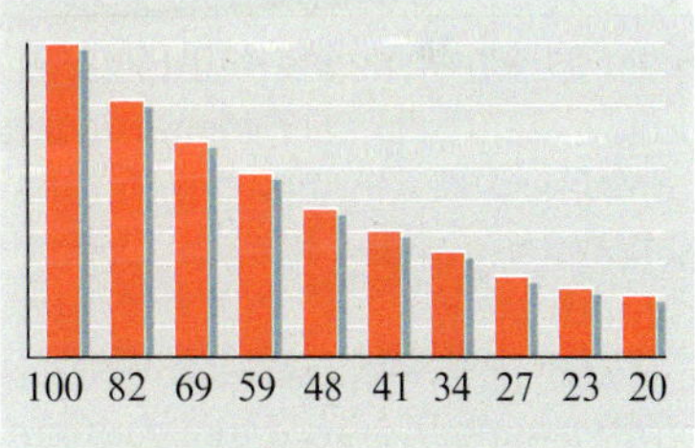

2

Abnahme der Würfelanzahl

Halbwertszeit. Bei einer großen Anzahl von Atomkernen zu Beginn eines Zerfallszeitraumes kann genau vorhergesagt werden, wann die Hälfte der Atomkerne zerfallen sein wird. Diese Zeit bezeichnet man als **Halbwertszeit $T_{1/2}$**. Wenn für das Element Radium-226 eine Halbwertszeit von 1600 Jahren angegeben wird, dann haben sich nach 1 600 Jahren die Hälfte der am Anfang vorhandenen instabilen Atomkerne umgewandelt. Nach weiteren 1 600 Jahren ist wiederum die Hälfte vom Rest zerfallen. Nach 3 200 Jahren sind dann drei Viertel der ursprünglich vorhandenen Atomkerne umgewandelt. Die Halbwertszeiten verschiedener Radionuklide können zwischen wenigen Sekunden und mehreren Milliarden Jahren betragen.

Die Anzahl der Kerne eines radioaktiven Nuklids halbiert sich in immer derselben Zeit. Diese Zeit heißt Halbwertszeit $T_{1/2}$, sie ist eine charakteristische Größe des radioaktiven Nuklids.

Halbwertszeiten einiger Nuklide

Bor-12	0,02 Sekunden
Radon-220	55,6 Sekunden
Radon-222	3,825 Tage
Iod-131	8,04 Tage
Zink-65	250 Tage
Cobalt-60	5,3 Jahre
Radium-226	1 600 Jahre
Kohlenstoff-14	5 730 Jahre
Plutonium-239	24 390 Jahre
Uran-235	700 Mio. Jahre
Uran-238	4,5 Mrd. Jahre

Wirkungen der Kernstrahlung auf den Organismus und Strahlenschutz

Radioaktivität aus natürlichen Quellen und kosmische Strahlung aus dem Weltraum sorgen unter anderem dafür, dass der Mensch ständig einer gewissen Kernstrahlung ausgesetzt ist.
Die Folgeerscheinungen des Uranbergbaus, von Kernwaffenversuchen oder von Stör- bzw. Unfällen in Kernkraftwerken (z. B. Reaktorexplosion im ukrainischen Atomkraftwerk Tschernobyl 1986) haben zusätzlich Auswirkungen auf lebende Organismen.
Radioaktive Substanzen können von außen aus der Luft; der Erde oder dem All den menschlichen Körper erreichen. Sie gelangen auch durch die Atmung und mit der Nahrung in den Körper.

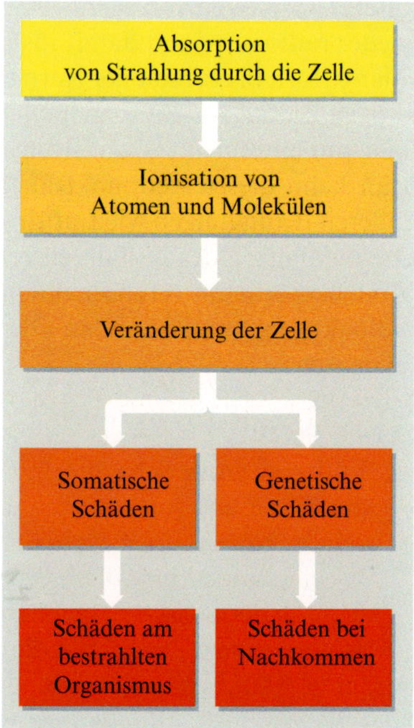

1
Biologische Wirkung der Kernstrahlung

Biologische Strahlenwirkungen. Kernstrahlung kann bei einem Organismus physikalische und in der Folge chemische und biologische Veränderungen in den Körperzellen bewirken. Es entstehen neue oder veränderte Molekülstrukturen. Auswirkungen auf die DNS oder Chromosomen sind möglich. Das biologische Verhalten der Zelle kann sich verändern oder sie funktioniert gar nicht mehr. Der menschliche Organismus besitzt einen Reparaturmechanismus. Geschädigte oder funktionsuntüchtige Zellen können erkannt und bekämpft werden.
Ob Strahlenschäden eintreten, hängt u.a. von folgenden Faktoren ab:
- Art der Strahlung;
- Intensität und Dauer der Strahlungseinwirkung;
- Menge und Energie der im Körper aufgenommenen Substanz;
- Empfindlichkeit der betroffenen Organe.

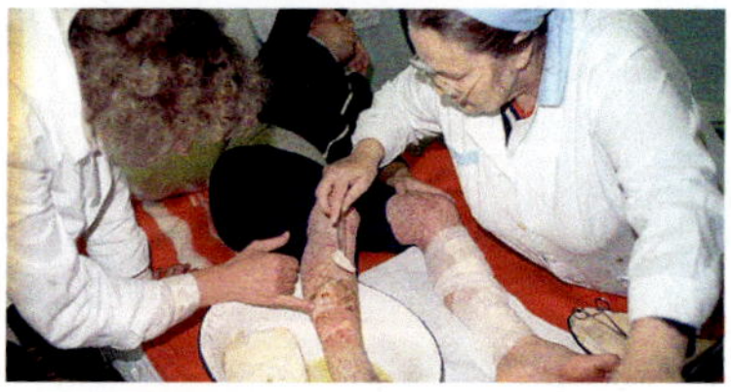
2
Strahlenschäden

Strahlenschäden. Man unterscheidet somatische und genetische Schäden. **Somatische Schäden** entstehen unmittelbar am betroffenen Organismus. Besonders empfindlich sind die Blutbildungsorgane, die Schleimhäute des Magen-Darm-Traktes und der Luftwege sowie die Keimdrüsen.
Die Zellschädigungen können zu Krebserkrankungen führen, zu den häufigsten gehören dabei Leukämie, Lungen-, Haut- und Brustkrebs. Bei sehr hoher Strahlungsbelastung kann der Zelltod und in der Folge der schnelle Tod des Organismus eintreten.
Genetische Schäden sind Erbschäden, die bei den direkten Nachkommen, aber auch in späteren Generationen auftreten können. Sie entstehen durch Veränderungen des Erbgutes. Daher sind die Keimzellen der Eierstöcke und Hoden besonders gefährdet. Das Gleiche gilt für Embryonen.

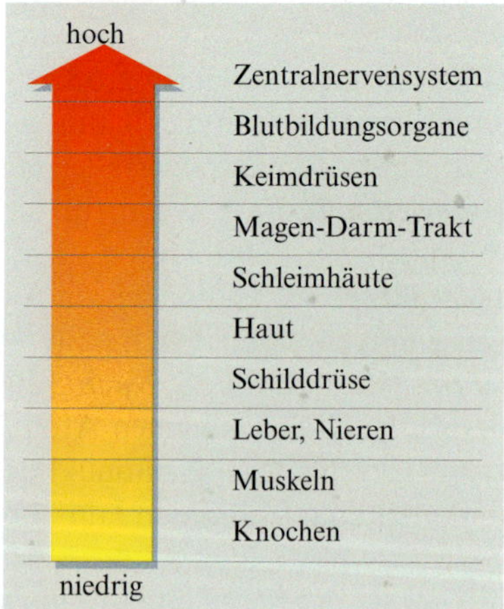

3
Strahlenempfindlichkeit verschiedener Organe

Strahlenschutz. Um die Auswirkungen der Radioaktivität auf Menschen und auf andere Lebewesen möglichst gering zu halten, sollten folgende Regeln beachtet werden:
1. Die Entfernung zur Strahlungsquelle sollte so groß wie möglich sein.
2. Zwischen Strahlungsquelle und Lebewesen sollten sich geeignete Materialien zur möglichst vollständigen Abschirmung befinden.
3. Die Strahlung sollte so kurz wie möglich einwirken.
4. Radioaktive Nuklide dürfen nicht in den Körper gelangen.

Entdeckung der Radioaktivität

Am Ende des ~~18.~~ 19 Jahrhunderts untersuchte ANTOINE HENRY BECQUEREL die Floureszenz von Uransalz. Er legte mehrere Schichten Uransalz auf Fotoplatten, die in schwarzes Papier eingewickelt waren und setzte diese der Sonnenbestrahlung aus. Die vom Uransalz ausgehenden Strahlung durchdrangen sowohl das schwarze Papier, als auch eine dünne Schicht Kupfer in Form eines Kreuzes. Durch Zufall fand Becquerel 1896 heraus, dass diese Schwärzungen auch erfolgten, ohne dass das Uransalz durch Licht angeregt wurde. Die Strahlung ging vom Uransalz selbst aus und wurden Uran- oder **Becquerelstrahlung** genannt.

1 HENRI BECQUEREL (1852–1908)

2 Originalaufnahme BECQUERELS als Ergebnis der Einwirkung von Uransalz auf eine in schwarzes Papier eingehüllte Fotoplatte.

Den Bericht von BECQUEREL über diese Entdeckung las auch MARIE CURIE. Bei der Untersuchung aller zum damaligen Zeitpunkt bekannten Elemente fand sie heraus, dass nur die Elemente Uran und Thorium „strahlten". Für diese Strahlungstätigkeit verwendete sie fortan den lateinischen Begriff „Radioaktivität".
Weiterhin analysierte sie Mineralien auf den Gehalt der Elemente Thorium und Uran. Dabei entdeckte sie in der Pechblende (pechschwarzes Uranerz-Gestein) zwei neue chemische Elemente, die bis zu diesem Zeitpunkt noch völlig unbekannt waren. Sie nannte das erste Element Polonium (nach ihrem Heimatland Polen) und das zweite Radium (das Strahlende). Unter äußerst primitiven Arbeitsbedingungen analysierte MARIE CURIE gemeinsam mit ihrem Mann PIERRE CURIE riesige Mengen an Erz. Um etwa 1 Gramm Radium zu gewinnen, waren 7 Tonnen Erz zu verarbeiten.

ÜBRIGENS

Becquerel ($1\,Bq = 1\,s^{-1}$) ist heute die international verwendete Einheit (SI-Einheit) für die Aktivität A. Bis zum 01.01.1980 konnte als Einheit auch Curie ($1\,Ci = 3{,}7 \cdot 10^{10}\,Bq$) verwendet werden.
HENRI BECQUEREL und das Ehepaar CURIE erhielten im Jahr 1903 gemeinsam den Nobelpreis für Physik.

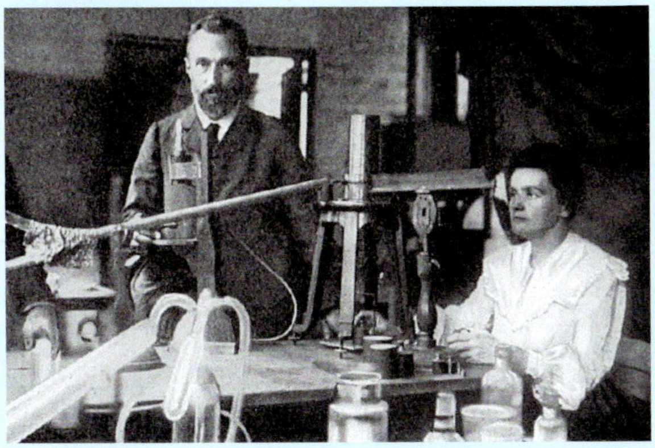

3 MARIE und PIERRE CURIE

4 Der Schuppen – das „Labor" zur Gewinnung von Radium

Altersbestimmung mit Kohlenstoff

Alle Lebewesen enthalten Verbindungen des Elements Kohlenstoff. Pflanzen nehmen Kohlenstoffdioxid aus der Atmosphäre auf. Menschen und Tiere erhalten Kohlenstoffverbindungen über die Nahrungskette. Entsprechend findet sich Kohlenstoff auch in allen Produkten, die vom Menschen unter Verwendung von Pflanzen und Tieren hergestellt wurden: in Holzbalken, Leder, Fellen, Papyrusrollen usw.

Kohlenstoff existiert dabei immer als Gemisch isotoper Kerne. Das Gemisch besteht aus stabilen Kernen des C-12 (ca. 98,89 %) und C-13 (ca. 1,11 %) und aus den radioaktiven Kernen des C-14 (ca. $3 \cdot 10^{-11}$ %). C-14 entsteht in den oberen Atmosphärenschichten ständig neu, sodass das Mischungsverhältnis der isotopen Kerne konstant bleibt.
In einem lebenden Organismus entspricht das Verhältnis der Nuklide dem in der Atmosphäre. Stirbt aber der Organismus, so werden keine Kohlenstoffatome mehr mit der Umwelt ausgetauscht. Aufgrund des radioaktiven Zerfalls nimmt der Anteil des C-14 im Organismus ab. Wie lässt sich aus der Abnahme des C-14 z. B. das Alter von Mammuthaaren oder der Gletschermumie „Ötzi“ bestimmen?

Die C-14-Methode. Die Abnahme von C-14 lässt sich für die Altersbestimmung eines Fundstücks ausnutzen. Bei dem natürlichen Verhältnis von C-14 und C-12 beträgt die Aktivität von 1 mol Kohlenstoff 2,7 Bq. Eine frische Probe, die 1 mol Kohlenstoff enthält, strahlt also zunächst mit der gleichen Aktivität. Die Halbwertszeit von C-14 beträgt 5 730 Jahre. Daraus lässt sich das Alter eines Fundstücks berechnen.

Beispiel:
Bei der Untersuchung einer Holzprobe stellt man fest, dass die Aktivität der Kohlenstoffkerne auf 1/8 des Anfangswertes abgesunken ist.
Nun weiß man, dass sich die Anzahl der radioaktiven Kohlenstoffkerne während der ersten 5 730 Jahre halbiert haben muss.
Nach 11 460 Jahren war noch 1/4 der C-14-Kerne vorhanden, nach weiteren 5 730 Jahren 1/8.
Das Alter der Holzprobe kann daher mit ca. 17 000 Jahren angegeben werden.

1
Gletschermumie „Ötzi“: ca. 5 000 Jahre

ÜBRIGENS

Die physikalische Größe zur Beschreibung der „Stärke“ der Strahlung einer radioaktiven Probe ist die Aktivität A. Sie gibt an, wie viele Kerne einer Probe innerhalb einer bestimmten Zeit zerfallen. Die Einheit ist 1 Becquerel (1 Bq). Beträgt die Aktivität einer Probe 1 Bq, so findet in dieser Probe ein radioaktiver Zerfall in einer Sekunde statt. Es gilt also: $1\,\text{Bq} = 1\,\text{s}^{-1}$.
Registriert man zum Beispiel an einer radioaktiven Probe in einer Minute 600 Zerfälle so beträgt die Aktivität 10 Bq.

2
Sarkophag und Totenmaske des Tut-anch-Amun: ca. 3 300 Jahre

3
Mammuthaare: ca. 11 000 Jahre

Strahlenbelastung des Menschen

Wir sind ständig Kernstrahlung ausgesetzt. Die Einwirkung von Strahlung auf den Menschen heißt Strahlenbelastung oder Strahlenexposition. Man unterscheidet natürliche und künstliche Strahlenbelastung.

Natürliche Strahlenbelastung. Natürliche Radioaktivität hat ihre Ursache zum einen in radioaktiven Stoffen, die in der Erde oder in der Atmosphäre (terrestrische Strahlung) auftreten. Zum anderen sind wir kosmischer Strahlung ausgesetzt, die aus dem Weltraum auf die Erde trifft. Die natürliche radioaktive Belastung ist stark unterschiedlich und abhängig vom Ort auf der Erde an dem man sich befindet. Die Stadt Guarapari in Brasilien z. B. ist berühmt für ihre Monazit-Sandstrände. Der Monazit-Sand besitzt einen sehr hohen Thoriumgehalt. Die gemessene Radioaktivität ist an den Stränden, bezogen auf ein Jahr, etwa 1 000-mal so hoch wie in Sachsen.

Wie hoch ist die Strahlenbelastung tatsächlich? Welche Grenzwerte dürfen nicht überschritten werden?
Konkrete Quellen für die Radioaktivität in unserer unmittelbaren Umgebung können beispielsweise sein:
- das in der Atemluft enthaltene Edelgas Radon,
- die kosmische Höhenstrahlung,
- verschiedene Baumaterialien,
- das in Nahrungsmitteln (Bohnen, Waldpilze) und Düngemitteln enthaltene Kalium-40,
- Emission durch Kohlekraftwerke.

Das Radonproblem. Radon ist ein radioaktives Edelgas. Es tritt als unmittelbares Zerfallsprodukt des Radium-226 in allen natürlichen Zerfallsreihen des Uran auf. Als geruch- und geschmackloses Gas kann es aus dem Erdboden austreten und gelangt in die Atmosphäre. Die Radonkonzentrationen sind im Freien unterschiedlich hoch.
Durch Spalten und Risse in Gestein und Mauerwerk gelangt Radon auch in Gebäude (Bild 2). Ob sich die Radonkonzentration in Gebäuden erhöht, hängt davon ab, wie viel Radon im Baugrund vorkommt, wie durchlässig der Baugrund ist, wie abgedichtet das Bauwerk im Erdbereich ist und wie das Gebäude belüftet wird.

Künstliche Strahlenbelastung. Im Verlauf der letzten 100 Jahre fanden radioaktive Stoffe in der Industrie, Forschung, Medizin und leider auch im Militärwesen zunehmend Verbreitung. Daher sind die Menschen neben der natürlichen Strahlenbelastung auch einer künstlichen, der so genannten zivilisatorischen Strahlenbelastung ausgesetzt. Der größte Anteil resultiert aus Anwendungen in der Medizin. Da dabei auch die Röntgenstrahlung hinzugerechnet wird, ergibt sich eine durchschnittliche Belastung von 1,5 mSv pro Jahr für jeden Menschen in Deutschland. Kernkraftwerke im Normalbetrieb liefern nur einen geringen Beitrag von 0,01 mSv pro Jahr.
Nach Reaktorunfällen, bei denen Radioaktivität in die Umgebung gelangt, kann die Strahlenbelastung regional stark erhöht sein.

1
Monazit

ÜBRIGENS

Die Äquivalentdosis H gibt die einem Körper bei Bestrahlung zugeführte Energie pro Kilogramm unter Berücksichtigung der Strahlungsart an. Die Einheit ist Sievert (1 Sv = 1 J/kg). Für den Strahlenschutz werden die Anteile einzelner Quellen der Strahlenbelastung sowie Grenzwerte durch die Äquivalentdosis in der Einheit Millisievert (mSv) angegeben.

2

Beispiele für Strahlenbelastung durch natürliche Radioaktivität (Mittelwerte)

Radioaktive Quelle	Belastung in mSv/Jahr
Radon	1,000
Kalium-40	0,360
kosm. Str. – Helgoland	0,300
kosm. Str. – Zugspitze	10,200
Kohlekraftwerke	0,002
Monazit-Sand (Guarapari)	125,000

Kernstrahlung in der Umwelt

Nullrate. Ein Zählrohr zählt bereits Impulse, wenn keine radioaktive Probe in der Nähe ist. Diese Radioaktivität stammt aus unserer Umgebung und wird als Nullrate oder Nulleffekt bezeichnet. Bei der Messung der Zählraten radioaktiver Quellen muss zunächst die Nullrate gemessen und ihr Betrag anschließend vom Messwert subtrahiert werden.

Messung der Radioaktivität. Da radioaktive Kerne unregelmäßig zerfallen, schwankt die jeweils gemessene Anzahl der Impulse in kurzen Zeitintervallen stark. Erst bei längeren Messzeiten bleibt die Anzahl der Impulse für gleiche Zeiträume in etwa konstant.

1
Steinpilz

AUFTRAG 1

Führe in einem unbelüfteten Kellerraum deiner Schule Messungen der natürlichen Radioaktivität durch. Ziehe aus den Messergebnissen Schlussfolgerungen über eine eventuell erhöhte Radonkonzentration.

1. Bestimmt zunächst durch wiederholte Messung mit einem Geiger-Müller-Zählrohr die Nullrate!
2. Spannt einen etwa 5 m langen Kupferdraht (0,3 mm Ø) im Kellerraum zwischen zwei Isolierstützen auf! Danach wird für mindestens 10 Minuten eine Spannung von 5 kV (von Lehrerin oder Lehrer) eingestellt.
3. Nach dieser Zeit wird der Draht mit einem Wattebausch abgewischt und mit einem Geiger-Müller-Zählrohr die Zählrate bestimmt.
4. Interpretiere das Ergebnis! Beachte die vorher gemessenen Nullrate!

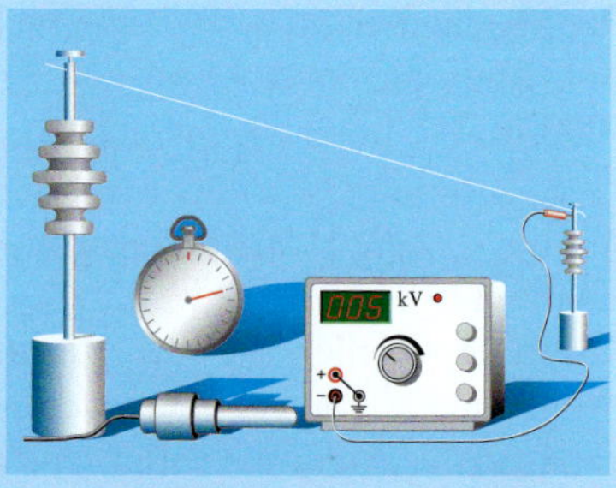

2

AUFTRAG 2

1. Erkunde deine Umwelt. Sammle verschiedene Gegenstände und Materialien in deiner Umgebung (z.B. Gesteinsproben, Baustoffe (Ziegel, Fliesen), Grillasche, Wildpilze, Düngemittel u. ä.)!
2. Untersuche diese mit einem Geiger-Müller-Zählrohr. Beachte, dass du von den gemessenen Zählraten die Nullrate subtrahieren musst!
3. Dokumentiere die Ergebnisse in geeigneter Form!

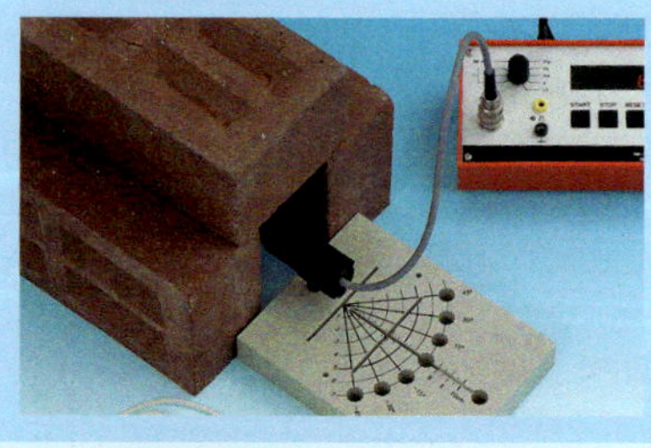
3

AUFTRAG 3

Das Bundesamt für Strahlenschutz ist in Deutschland unter anderem für die Sicherheit beim Umgang mit radioaktiven Stoffen in der Kerntechnik und den Schutz vor erhöhter natürlicher Radioaktivität zuständig. Dort erhältst du auch aktuelle Informationen zur Strahlenbelastung.

1. Informiere dich im Internet (http://www.bfs.de) über aktuelle Messergebnisse zur Radioaktivität. Interpretiere die Darstellungen insbesondere für deine Heimatregion!
2. Informiere dich weiterhin über die Größenordnung der Strahlenbelastung ausgewählter natürlicher Strahlungsquellen!
3. Fasse die Ergebnisse deiner Recherchen in einer anschaulichen Präsentation zusammen!

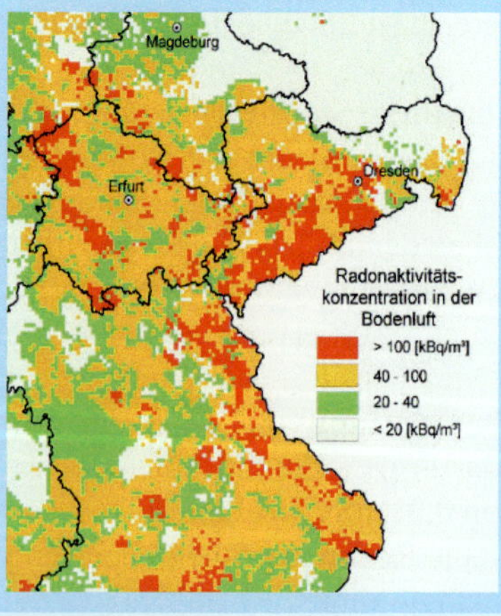

4

Weißt du es? Kannst du es

1. Beschreibe den Aufbau des Atoms. Vergleiche Atomkern und Atomhülle!
2. Warum unterscheidet sich die Masse eines Stickstoffatoms nur unwesentlich von der Masse eines Stickstoffatomkerns?
3. Der Radius eines Heliumatomkerns beträgt etwa $2 \cdot 10^{-15}$ m, seine Masse etwa $6{,}6 \cdot 10^{-27}$ kg.
   a) Berechne die Dichte des Kerns!
   b) Welche Masse hätte ein Würfel der Kantenlänge 1 mm, der aus einem Material der gleichen Dichte bestünde?
4. Erläutere am Beispiel des Elements Helium, was man unter isotopen Kernen versteht!
5. Bestimme mithilfe des Periodensystems die Kernladungszahl von Wasserstoff, Beryllium, Kohlenstoff, Cobalt, Nickel, Zinn und Platin!
6. Aus wie vielen Protonen, Neutronen und Elektronen bestehen die neutralen Atome, deren Kerne durch die folgenden Symbole gekennzeichnet sind? $^{1}_{1}H$, $^{14}_{6}C$, $^{27}_{13}Al$, $^{208}_{82}Pb$, $^{209}_{83}Bi$, $^{235}_{92}U$
7. Bei der Umwandlung von Atomkernen kann Kernstrahlung ausgesendet werden. Beschreibe, wie sich ein Kern beim Aussenden von α-, β- und γ-Strahlung verändert!
8. Erläutere die Gleichung $^{226}_{88}Ra \rightarrow {}^{222}_{86}Rn + {}^{4}_{2}\alpha + \gamma$!
9. Das Kohlenstoffisotop C-14 wandelt sich unter Aussendung von β-Strahlung in Stickstoff um. Stelle die Kernreaktionsgleichung auf!
10. Erläutere den Begriff Halbwertszeit!
11. Wie viel Kerne des Zn-65 sind nach 750 Tagen noch vorhanden, wenn es ursprünglich 1 Milliarde Kerne waren?
12. Wie kann die ionisierende Wirkung der Kernstrahlung zum Nachweis genutzt werden?
13. Nenne die wichtigsten Strahlenschutzmaßnahmen!

Kurz und knapp!

Das Atom besteht aus Atomkern und Atomhülle. Im Atomkern ist fast die gesamte Masse des Atoms konzentriert. Sein Durchmesser beträgt aber nur ein Zehntausendstel des Atomdurchmessers.
Kernbausteine: Protonen und Neutronen.
Anzahl der Protonen = Anzahl der Elektronen in der Atomhülle

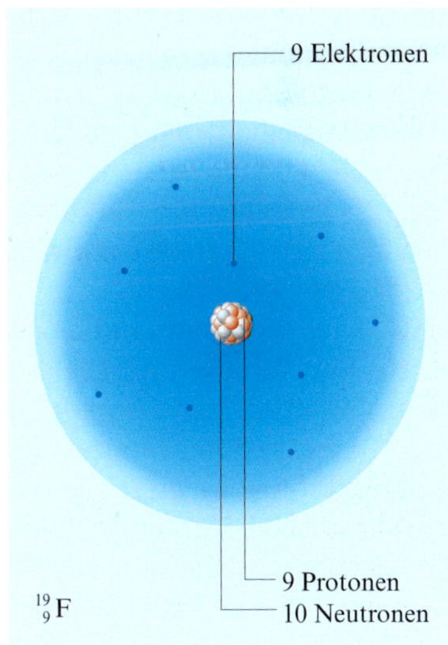

Eine Atomkernart bezeichnet man auch als Nuklid. Die Kennzeichnung erfolgt durch die Symbolschreibweise: $^{A}_{Z}X$.

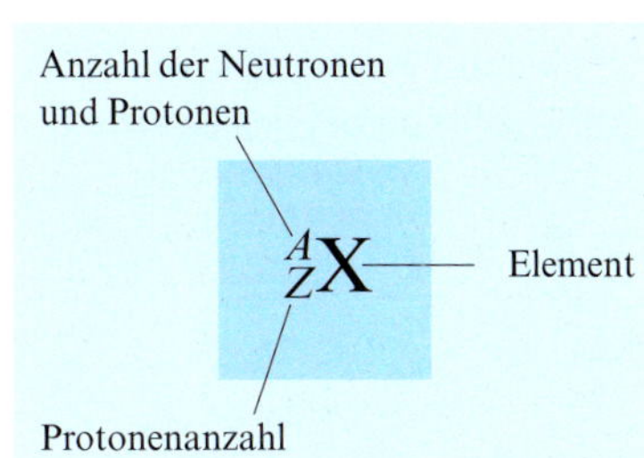

Nuklide mit gleicher Protonenanzahl aber unterschiedlicher Neutronenanzahl heißen isotope Kerne.

Die Eigenschaft bestimmter Nuklide, sich von selbst unter Aussendung von Strahlung in ein anderes Nuklid umzuwandeln, bezeichnet man als natürliche Radioaktivität.
Wir unterscheiden:

α-Strahlung	besteht aus Heliumkernen	$^{4}_{2}\alpha$
β-Strahlung	besteht aus Elektronen	$^{0}_{-1}\beta$
γ-Strahlung	ist elektromagnetische Strahlung	γ

Die ionisierende Wirkung der Strahlung kann zum Nachweis genutzt werden. Für lebende Organismen ist sie gefährlich.

Für den Spontanzerfall eines Radionuklids gibt die Halbwertszeit an, in welcher Zeit die Hälfte der vorhandenen Kerne zerfällt.

Energie der Atomkerne

1

Im Jahr 1938 gelang erstmals die Spaltung von Atomkernen. OTTO HAHN, FRITZ STRAßMANN und LISE MEITNER entdeckten, dass dabei Energie frei wird.
Heute nutzen in der Europäischen Union 13 Staaten Kernenergie. In Deutschland betrug 2005 der Anteil an der Elektroenergieerzeugung 29%, in Frankreich sogar 77 %.
Die Schadstoffbelastung durch Kernkraftwerke ist gering. Da aber bei der Kernspaltung Kernstrahlung auftritt, ist der Betrieb mit Risiken verbunden. Die Nutzung der Kernenergie ist daher umstritten.

Künstliche Kernumwandlungen

Am Anfang des 18. Jahrhunderts versuchten Alchimisten, Kerne umzuwandeln und so zum Beispiel aus Eisen Gold zu machen. Ein berühmtes Nebenprodukt dieser Bemühungen war das Porzellan, das so genannte „weiße Gold", von JOHANN FRIEDRICH BÖTTGER. Aber chemische Reaktionen haben keinen Einfluss auf den Atomkern. Nur mit kernphysikalischen Mitteln könnte man Gold herstellen. Das Verfahren ist jedoch zu teuer und zu aufwändig und wird nicht praktiziert.

2

Alchimistenlabor

Künstlichen Kernumwandlungen sind Kernreaktionen, die durch äußere Einwirkungen ausgelöst werden. Im Jahre 1917 beobachtete ERNEST RUTHERFORD erstmals eine künstliche Kernumwandlung: Er hatte Stickstoffatome mit α-Teilchen beschossen und dabei Sauerstoff und freie Protonen (^1_1p) erzeugt (Bild 3).
Bei künstlichen Kernumwandlungen können auch freie Neutronen (^0_1n) entstehen. Neutronenstrahlung ist radioaktiv. Der Engländer CHADWICK wies als Erster 1932 beim Beschuss von Beryllium mit α-Teilchen freie Neutronen nach (Bild 4). Freie Neutronen entstehen auch in höheren Atmosphärenschichten beim Zusammenstoß von kosmischen Teilchen mit Luftmolekülen. Von großer Bedeutung ist die Erzeugung von Neutronen bei der Kernspaltung.

$$^{14}_{7}N + ^{4}_{2}\alpha \longrightarrow ^{17}_{8}O + ^{1}_{1}p$$

3

Umwandlung von Stickstoff

$$^{9}_{4}Be + ^{4}_{2}\alpha \longrightarrow ^{12}_{6}C + ^{1}_{0}n + \gamma$$

4

Nachweis freier Neutronen

Kernspaltung

Im Jahr 1938 machten Otto Hahn, Fritz Straßmann und Lise Meitner eine für die Menschheit folgenreiche Entdeckung. Hahn und Straßmann hatten Uranatome mit langsamen Neutronen beschossen. Bei der Untersuchung der Reaktionsprodukte fanden sie Spuren der Elemente Barium und Krypton. In einem Gedankenaustausch mit der 1938 wegen der Judenverfolgung in Deutschland nach Schweden emigrierten Lise Meitner gelangte man zu der Überzeugung, dass Urankerne gespalten worden waren.

1
Lise Meitner und Otto Hahn

In der Natur kommen die Uranisotopen U-234 (0,005 %), U-235 (0,720 %) und U-238 (99,275 %) vor. Die Spaltung mit langsamen Neutronen gelingt am leichtesten bei Uran-235. Der Urankern zerfällt in zwei mittelschwere Kerne mit Massenzahlen zwischen 70 und 160. Das Verhältnis der Massenzahlen beträgt häufig ungefähr 2 : 3. Eine genaue Vorhersage der Spaltprodukte ist nicht möglich. Zusätzlich entstehen bei jeder Spaltung 2 bis 3 Neutronen. Bei der Spaltung eines Urankerns wird außerdem eine Energie von ungefähr $3 \cdot 10^{-11}$ J frei.

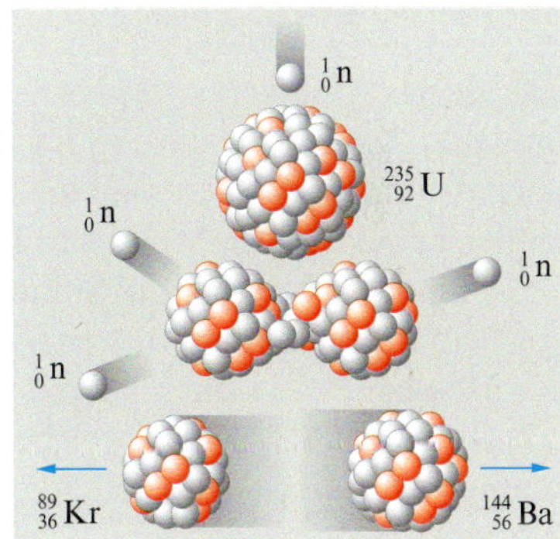

2
Modellvorstellung zur Spaltung von $^{235}_{92}$U: Uran-235 wandelt sich nach dem Auftreffen eines langsamen Neutrons zunächst in den Zwischenkern Uran-236 um. Dieser zerfällt nach nur sehr kurzer Lebensdauer von ungefähr 10^{-14} s in Krypton-89 und Barium-144 sowie drei Neutronen.

Kettenreaktion. Bei der Spaltung eines Urankernes entstehen z. B. 2 Neutronen. Jedes dieser Neutronen ist selbst wieder in der Lage einen Urankern zu spalten. Dabei entstehen insgesamt 4 Neutronen, in der nächsten Stufe 8 usw. Die Anzahl der Kernspaltungen erhöht sich lawinenartig, wobei eine sehr große Energie in kürzester Zeit freigesetzt wird. Es entsteht eine *ungesteuerte Kettenreaktion* (Bild 3).

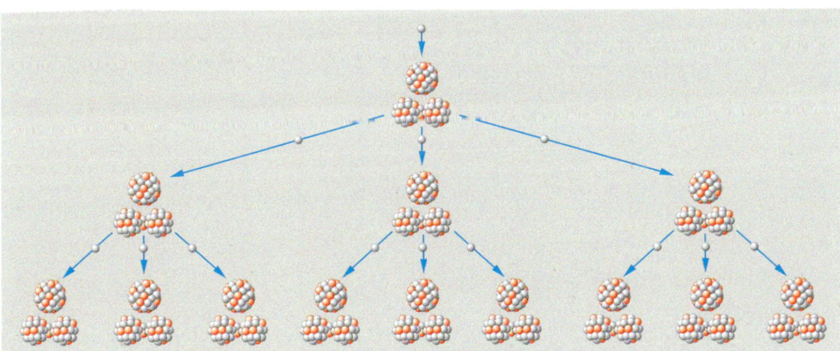
3

Damit so eine Kettenreaktion überhaupt ausgelöst wird, dürfen nur wenige Neutronen entweichen. Dafür ist eine genügend große, möglichst kugelförmige Masse spaltbaren Materials erforderlich. Diese Mindestmasse wird *kritische Masse* genannt. Bei Uran-235 beträgt die kritische Masse für eine homogene unkomprimierte Kugel mit dem Radius 8,5 cm ungefähr 50 kg, wenn die Neutronen ungebremst sind und nicht wieder in das Spaltmaterial zurück reflektiert werden.

4
Eine Vorstellung von der kritischen Masse kann man im folgenden Beispiel erhalten. Ein Fußballer schießt den Ball (Neutron) in eine Baumgruppe (Spaltmaterial). Die Wahrscheinlichkeit einen Baum (Atomkern) zu treffen, ist bei der Baumgruppe am größten, in der viele Bäume sehr dicht beieinander stehen. Diese Baumgruppe entspricht dann der kritischen Masse.

Bei der Kernspaltung wird ein schwerer Atomkern in zwei mittelschwere Atomkerne unterschiedlicher Masse und zwei oder drei Neutronen umgewandelt. Die Neutronen können in einer Kettenreaktion weitere Kernspaltungen auslösen. Voraussetzung dafür ist eine genügend große Masse an spaltbarem Material.

Bereits kurz nach der Entdeckung waren Überlegungen zu Möglichkeiten der Nutzung der bei der Spaltung frei werdenden Energie angestellt worden.
Mit dem Beginn des 2. Weltkrieges stellte sich jedoch mehr die Frage nach dem militärischen Einsatz dieser neuen Energiequelle. So hatte dann auch die erste „Anwendung" der Kernspaltung – der Abwurf der Atombomben auf die japanischen Städte Hiroshima und Nagasaki im Jahr 1945 – verheerende Auswirkungen. Etwa 70 000 Menschen kamen dabei sofort ums Leben, weitere 130 000 starben in den nächsten Tagen, Jahren und Jahrzehnten an den Folgen.

1
Trinity-Test: die erste Atombombenexplosion des US-Militärs am 16. Juli 1945

Kernenergie

Energie des Atomkerns. Im Laufe der Entstehung unseres Sonnensystems sind Atomkerne durch Verschmelzung von Protonen und Neutronen entstanden. Addiert man die Einzelmassen der Kernbausteine und vergleicht sie mit der Masse des Kerns, so stellt man fest: Atomkerne sind immer leichter als die Summe ihrer Bestandteile (Bild 3). Diese Erscheinung nenn man *Massendefekt*.
Der Massendefekt stellt scheinbar eine Verletzung des Gesetzes von der Erhaltung der Masse dar, welches besagt, dass in allen Prozessen die Summe der Massen der beteiligten Teilchen erhalten bleibt. Die Lösung für diesen Widerspruch fand ALBERT EINSTEIN 1905 mit der Beziehung $E = \Delta m \cdot c^2$. Vereinfacht kann man sagen, dass Energie und Masse ineinander umgewandelt werden können.
Angewendet auf den Atomkern bedeutet das: Beim Zusammenschluss der Kernbausteine wird ein Teil ihrer Masse in Energie umgewandelt. Will man einen solchen Kern wieder in seine Kernbausteine zerlegen, muss genau diese Energie aufgewendet werden. Man bezeichnet daher diese Energie als *Kernbindungsenergie*.

2
Atombombenexplosion am 9. August 1945 in Nagasaki

Kernenergie bei der Kernspaltung. Bei jeder Kernspaltung ist die Gesamtmasse der Spaltprodukte und der Neutronen danach kleiner als die Gesamtmasse von Kern und Neutron vor der Spaltung. Es ergibt sich also auch bei der Kernspaltung ein Massendefekt.
Ein Gramm Uran-235 besteht aus etwa $2{,}6 \cdot 10^{26}$ Atomkernen. Bei der vollständigen Spaltung aller dieser Atomkerne wird etwa so viel Energie frei wie beim Verbrennen von 2 500 kg Steinkohle.

Mit dieser Energie bewegen sich die Spaltprodukte und die freigesetzten Neutronen sehr schnell. Sie geben ihre Energie bei Zusammenstößen mit anderen Teilchen ab.
Kinetische Energie wird somit in thermische Energie der Umgebung umgewandelt. Die entstehende Gammastrahlung ist ebenfalls Träger von Energie.

Bei der Verbindung der Nukleonen zum Atomkern wird Kernbindungsenergie frei.
Bei der Kernspaltung kann ein Teil der Kernbindungsenergie als Kernenergie u.a. in Form von Wärme und Gammastrahlung freigesetzt werden.

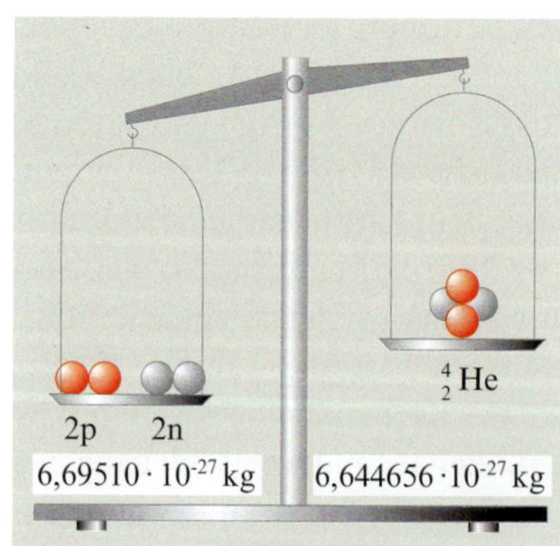

3
Massendefekt des Heliumatomkerns

Kernreaktoren

Kernreaktoren dienen den Wissenschaftlern zu Forschungszwecken. Vor allem aber werden sie in Kernkraftwerken verwendet, um aus der Kernenergie elektrische Energie zu gewinnen.

In Kernreaktoren können unter folgenden Bedingungen gesteuerte Kettenreaktionen ablaufen:

Spaltbares Material. Der Anteil von spaltbarem Uran-235 im natürlichen Uran beträgt nur ungefähr 0,7%. Die Neutronen treffen deshalb im natürlichen Uran nur sehr selten auf spaltbare Kerne. Es wird ein Anteil von etwa 2% bis 4% Uran-235 benötigt. Die Anreicherung erfolgt durch chemische Verfahren in Urananreicherungsanlagen.
Das spaltbare Material wird in Tablettenform als Urandioxid (UO_2) in Brennstoffstäbe gebracht. Etwa 100 Brennstoffstäbe ergeben zusammen gefasst ein Brennelement (Bild 1).

„Langsame" Neutronen. Neutronen, die bei der Kernspaltung entstehen, haben eine große kinetische Energie. Mit ihrer Geschwindigkeit von ungefähr 2000 km/s sind sie viel zu schnell, um einen Kern spalten zu können.
Durch ein geeignetes Bremsmittel, den so genannten *Moderator*, muss die Geschwindigkeit auf etwa 2 km/s verringert werden.
Die Neutronen geben bei Zusammenstößen mit den Atomkernen des Moderators einen Teil ihrer Energie ab. Die nun „langsamen" Neutronen können Spaltungen auslösen. Meistens wird Wasser oder Grafit als Moderator verwendet.

Kritische Masse. Damit die „langsamen" Neutronen wirksam werden und die Kernspaltungen kontinuierlich ablaufen können, muss eine Mindestmasse an spaltbarem Material (kritische Masse) vorhanden sein.

„Einfang" von Neutronen. In einem Kernrektor muss eine gesteuerte Kettenreaktion ablaufen. Dem Prozess werden immer soviel Neutronen entzogen, dass nur durchschnittlich ein weiterer Kern gespalten wird. Der freigesetzte Energiebetrag kann so kontrolliert werden. Dazu befinden sich in einem Reaktor Steuerstäbe z. B. aus Bor oder Cadmium (Bild 3). Diese Stoffe können Neutronen gut absorbieren.

Die Steuerstäbe werden nach Bedarf durch Regeleinrichtungen mehr oder weniger tief in den Reaktorkern eingefahren.
Durch vollständiges Einfahren der Steuerstäbe zwischen die Brennstäbe, hört die Kettenreaktion ganz auf. Der Reaktor kann so innerhalb kürzester Zeit abgeschaltet werden.

Energieumwandlung. Die freigewordene Kernenergie wird zunächst in kinetische Energie der Spaltprodukte umgewandelt. In einem Kühlsystem kann diese Energie durch Wechselwirkung z. B. mit Wasser als thermische Energie abtransportiert werden.

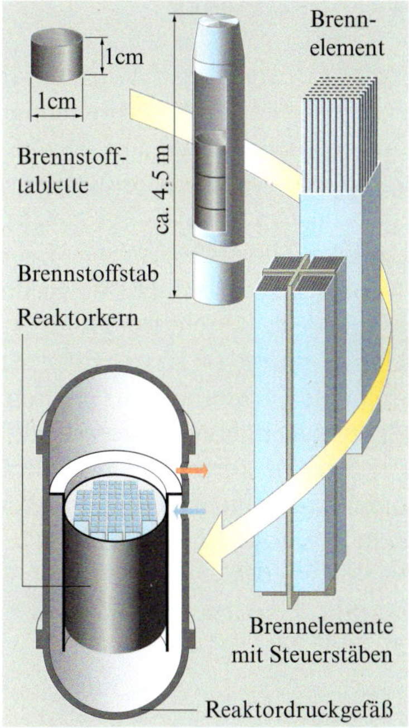

1

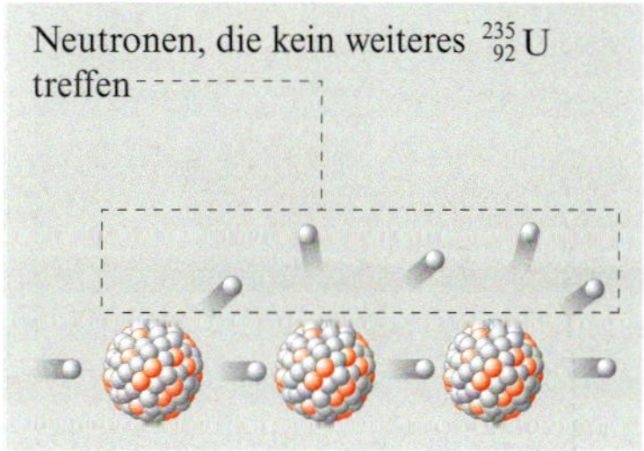

2

Kontrollierte Kettenreaktion: Von den durchschnittlich 2,5 Neutronen, die bei einer Spaltung frei werden, führt genau ein Neutron zu einer weiteren Spaltung.

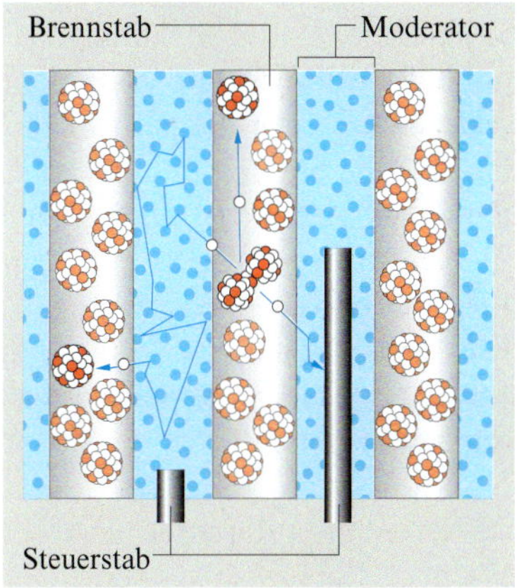

3

Steuerstäbe zur Regelung des Reaktors

Kernkraftwerk

Kernkraftwerke sind Wärmekraftwerke. Im Kohlekraftwerk wird in einem Kessel durch Verbrennung fossiler Rohstoffe chemische Energie in thermische Energie umgewandelt. Im Kernkraftwerk befindet sich an der Stelle des Kessels der Kernreaktor. In ihm wird ein Teil der Energie, die in den Atomkernen „gespeichert" ist, über die kinetische Energie der Spaltprodukte in thermische Energie umgewandelt.
Am meisten verbreitet sind Siedewasser- und Druckwasserreaktoren. Im Siedewasserreaktor (Bild 3) verdampft das Wasser infolge der Umwandlung von Kernenergie in thermische Energie. Der Frischdampf treibt die Turbine an. Im Generator wird dann die kinetische Energie in elektrische Energie umgewandelt. Der Kondensator verflüssigt den aus der Turbine austretenden Dampf. Das erforderliche Kühlwasser entnimmt man einem Gewässer aus der Umgebung. Das Speisewasser wird dem Reaktor wieder zugeführt. Ein großer Teil der durch Kernspaltung freigesetzten Energie geht als Abwärme in die Umgebung. Daher beträgt der Wirkungsgrad etwa 32 % bis 34 %.

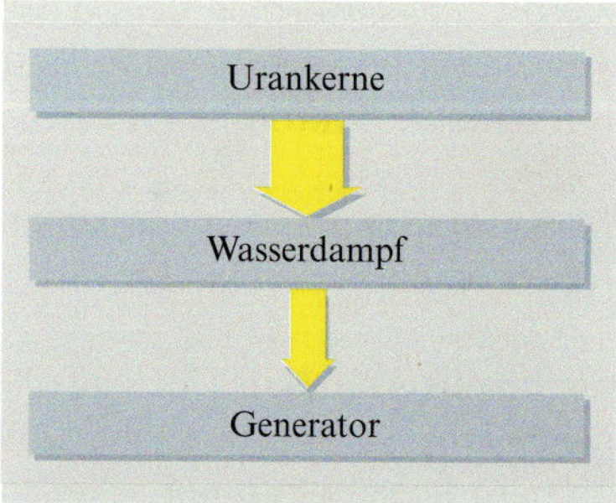

1

2

Sicherheitsbehälter eines Siedewasserreaktors

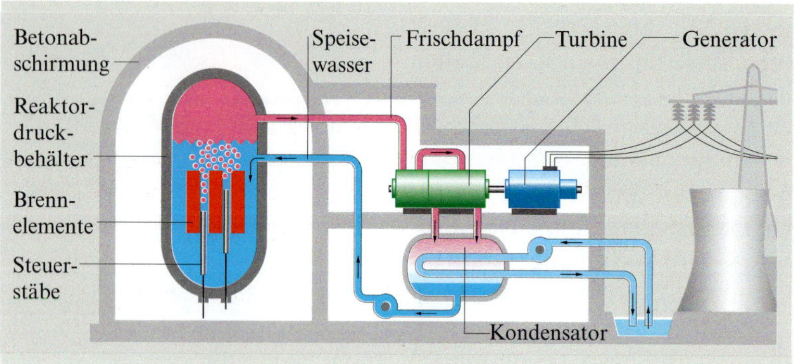

3

Sicherheit. Um eine radioaktive Belastung der Umwelt zu vermeiden, ist der Reaktorkern durch ein System von Barrieren umgeben. Diese sollen verhindern, dass radioaktive Stoffe in die Umgebung austreten und Strahlung aus dem Reaktor nach außen dringt. Die Hülle der Brennstäbe und das umströmende Wasser schirmen die Spaltprodukte sowie die α- und β-Strahlung ab. Der Reaktordruckbehälter und eine bis zu 2 m dicke Stahlbetonabschirmung verhindern das Austreten der γ-Strahlung. Der kugelförmige Sicherheitsbehälter und eine diesen umgebende Stahlbetonhülle sollen Schutz gegen stärkste Belastungen von innen und außen bieten.

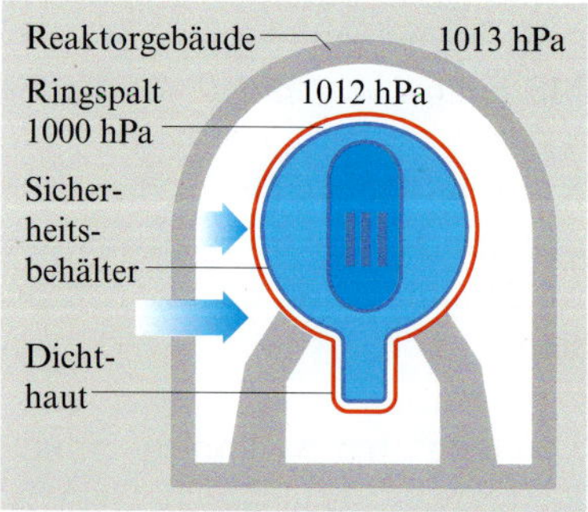

4

Im Reaktorgebäude herrscht ein geringer Unterdruck gegenüber der Außenwelt. Es gibt also stets einen geringen Luftzug von außen nach innen, niemals aber von innen nach außen.

Beim Betrieb könnten Störungen auftreten. Arbeitet beispielsweise der Kühlkreislauf nicht richtig, wären eine Zunahme der Reaktorkerntemperatur und ein Durchschmelzen der Sicherheitsbarrieren nicht ausgeschlossen. Entsprechende Sicherheitstechniken aktivieren dann das Notkühlsystem oder sorgen durch vollständiges Einfahren der Steuerstäbe für eine automatische Abschaltung des Reaktors.
Wichtige Sicherheitssysteme werden zudem mehrfach angeordnet (Redundanz). Es sind mindestens zwei Systeme mehr vorhanden als eigentlich benötigt werden (Bild 5).

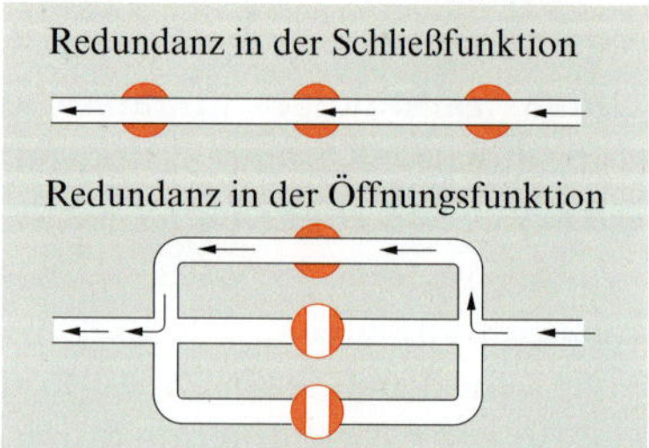

5

Brennstoffkreislauf

Damit in einem Kernkraftwerk über einen längeren Zeitraum aus Kernenergie elektrische Energie erzeugt werden kann, ist eine kontinuierliche Versorgung mit spaltbarem Material (Brennstoff) sowie eine saubere und sichere Entsorgung der abgebrannten Brennelemente notwendig. Alle Arbeitsschritte und Prozesse, die dieser Versorgung und Entsorgung dienen, werden als Brennstoffkreislauf bezeichnet.
Zur Versorgung gehören der Abbau von Uranerz und dessen Aufbereitung, die Anreicherung des spaltbaren U-235, die Fertigung der Brennelemente und deren Transport zum Kraftwerk.

Uranerzabbau und Aufbereitung. Eine Tonne Gestein in der Erdrinde enthält durchschnittlich 3 g Uran. Der Abbau von Erzen ist wirtschaftlich, wenn der Urangehalt zwischen 0,1 % und 0,5 % beträgt. Solche Lagerstätten befinden sich heute z. B. in Amerika, Australien, Frankreich, Schweden und Russland. Nach dem Abbau wird durch physikalische und chemische Verfahren Uran vom übrigen Gestein getrennt und es entsteht ein Konzentrat mit 70 % bis 80 % Urangehalt.

Anreicherung von U-235. Natürliches Uran enthält die isotopen Kerne U-235, U-238 und U-239. Der Anteil an U-235 muss auf 2 % bis 4 % angereichert werden. Da die isotopen Kerne unterschiedliche Massen besitzen, ist eine physikalische Trennung möglich. Das feste Uran wird in Uranhexafluorid umgewandelt (gasförmiger Zustand). In Zentrifugen sammeln sich die Moleküle mit den schweren Nukliden weiter außen. Bei der Diffusion sind die Moleküle mit U-235 die schnellsten, da sie eine kleine Masse haben und deshalb weniger träge sind.

Fertigung von Brennelementen. Angereichertes Uran wird in Uranoxid umgewandelt. Daraus werden Brennstäbe gefertigt. Im Reaktor können die Brennelemente bis zu sieben Jahre bis zum optimalen Abbrennen eingesetzt werden.

Zwischenlagerung. Für eine Übergangszeit werden „abgebrannte" Brennelemente in mit Wasser gefüllten Becken innerhalb eines Kernkraftwerkes gelagert. Ihre Aktivität geht währenddessen auf etwa 1 % des Ausgangswertes zurück.

Wiederaufarbeitung. In einem aufwändigen Prozess werden Uran-235 und Plutonium-239 aus dem Stoffgemisch zurückgewonnen; daraus können neue Brennelemente hergestellt werden. Dabei dürfen keine gasförmigen und flüssigen radioaktiven Substanzen entweichen.

Endlagerung. Die nicht weiter nutzbaren radioaktiven Nuklide bleiben zum Teil sehr lange hochradioaktiv. Hochaktive Abfälle geben zudem eine Wärmeleistung bis zu 1 kW pro Kilogramm ab. Abfälle werden deshalb z. B. in Glasblöcke eingeschmolzen, die mit Edelstahl verkleidet sind. Für die Endlagerung wird nach stabilen geologischen Formationen gesucht. In Schweden sind Granitblöcke vorgesehen. In Deutschland nimmt man an, dass Salzstöcke als Endlagerstätte infrage kommen.

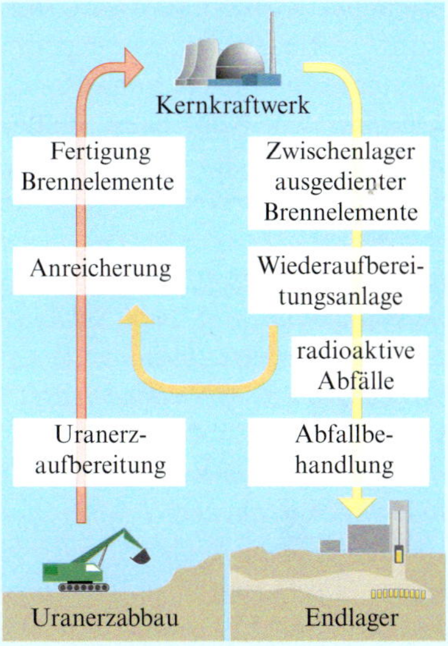

1
Brennstoffkreislauf

ÜBRIGENS

Von 1946 bis zur Stilllegung 1990 wurde durch die WISMUT in Sachsen und Teilen Thüringens etwa 220 000 t Uran produziert. Um 1 Tonne Uran zu erzeugen mussten 1 100 t Erz abgebaut werden. Noch heute ist man mit der Beseitigung von etwa 300 Mio. m³ Abraum und mehr als 150 Mio. m³ Rückständen aus der Aufbereitung sowie ökologischer Schäden infolge einer erhöhten Strahlungsbelastung beschäftigt.

2

3
Lagerung in einem Salzstock

Kernspaltung – von ihrer Entdeckung bis heute

Nachdem JAMES CHADWICK im Jahr 1932 das Neutron entdeckt hatte, eröffneten sich neue experimentelle Möglichkeiten für künstliche Kernumwandlungen. Von besonderem Interesse war dabei der Beschuss von Uran mit Neutronen. In Berlin führten OTTO HAHN und FRITZ STRAßMANN solche Versuche durch. Im Januar 1939 heißt es in einem Artikel von ihnen in der Zeitschrift „Naturwissenschaften": *„... Nun müssen wir aber noch auf einige neuere Untersuchungen zu sprechen kommen, die wir der seltsamen Ergebnisse wegen nur zögernd veröffentlichen. ... Wir kommen zu dem Schluss: Unsere „Radiumisotope" haben die Eigenschaften des Bariums; als Chemiker müssten wir eigentlich sagen, bei den neuen Körpern handelt es sich nicht um Barium und Radium kommt nicht in Frage. ... Als Physiker in gewisser Weise nahe stehende ‚Kernchemiker' können wir uns zu diesem, allen bisherigen Erfahrungen der Kernphysik widersprechenden Sprung noch nicht entschließen ... Es könnte doch eine Reihe seltsamer Zufälle unsere Ergebnisse vorgetäuscht haben."* LISE MEITNER prägte dann erstmals den Begriff „Kernspaltung" und berechnete 1939 auch die Größenordnung der bei der Kernspaltung frei werdenden Energie. Bereits 1941 wurde unter Leitung von WERNER HEISENBERG ein Versuchsreaktor gebaut, jedoch ohne Erfolg.

Im Jahr 1942 gelang es ENRICO FERMI und seinen Mitarbeitern in Chikago in ihrem Versuchs-Kernreaktor CP-1 die erste kontrollierte Kettenreaktion in Gang zu setzen. Unter der Tribüne eines alten Sportstadions in Chikago schichtete man 400 t Grafit, 6 t Uran und 50 t Uranoxid auf. Zwar betrug die Leistung nur ein halbes Watt, aber die erste, sich selbst erhaltende Kettenreaktion, war in Gang gekommen. Eine weitere Steigerung der Energieerzeugung wäre jedoch lebensgefährlich gewesen, da man sich zu dieser Zeit der Gefahren beim Umgang mit radioaktiven Stoffen zum Teil noch nicht bewusst war. Für den Notfall hing lediglich ein Sicherheitsstab aus Kadmium als „Neutronenfänger" über dem Reaktor. Ein Wissenschaftler stand mit einem Beil bereit, um im Notfall das Seil, an dem der Stab hing, zu kappen. Drei weitere hielten Eimer mit Kadmium-Lösung bereit.

In Deutschland begann das Zeitalter der Nutzung der Kernenergie aus der Kernspaltung mit der Inbetriebnahme des ersten Forschungsreaktors (Atom-Ei) an der TU München im Jahr 1957. Im Juni 1961 wird zum ersten Mal im Kraftwerk Kahl aus Kernenergie erzeugter Strom ins Netz eingeleitet. 1974 wird in Biblis der erste 1 200-MW-Block der Welt in Betrieb genommen. Heute sind in Deutschland 17 Kernkraftwerke mit einer elektrischen Bruttoleistung von 21 336 MW in Betrieb (Stand Mai 2005). Sie decken knapp ein Drittel des Elektroenergiebedarfs.

Die Gefahren, die von Kernkraftwerken ausgehen können, wenn die Kernspaltung außer Kontrolle gerät, erfuhr die Welt bisher vor allem im Jahr 1986 in Tschernobyl – beim bisher schwersten Unfall im Rahmen der friedlichen Nutzung der Kernenergie. Ein Reaktorgebäude wurde vollständig zerstört und insgesamt zehn Tage lang gelangten radioaktive Spaltprodukte in die nähere und weitere Umgebung.

Solche Unfälle und das bis heute nicht gelöste Problem der Endlagerung der radioaktiven Abfälle sind Gründe dafür, dass die Nutzung der Kernenergie immer wieder sehr umstritten ist.

1 HEISENBERG

2 FERMI

3 FERMIS Versuchs-Kernreaktor CP-1

4 TU München „Atom-Ei"

5 Zerstörter Reaktor in Tschernobyl

Chancen und Risiken der Atomenergie

Immer wieder finden Protestaktionen wie diese statt (Bild 1). In intensiven Diskussionen geht es außerdem um einen möglichen Verzicht auf die Kernenergie für die Energieversorgung, obwohl zur Zeit in Deutschland knapp ein Drittel der elektrischen Energie aus Kernenergie gewonnen wird.

1 Aktivisten der Umweltorganisation Greenpeace besteigen die Kuppel des Atomreaktors im niederländischen Borssele. Um auf die Gefahren der Atomkraft aufmerksam zu machen, malen die Umweltschützer einen überdimensionalen Riss.

AUFTRAG 1

Vergleich von Kernkraftwerken mit anderen Kraftwerksarten

Kernkraftwerke gehören neben den fossil gefeuerten Kraftwerken zu den Wärmekraftwerken.

1 Erläutere das Prinzip der Energieumwandlung in einem Wärmekraftwerk!

2 Stelle in übersichtlicher Form Gemeinsamkeiten, Unterschiede sowie Vor- und Nachteile von fossil gefeuerten Kraftwerken und Kernkraftwerken zusammen. Vergleiche auch die Wirkungsgrade!

3 Welche Chancen siehst du, Wärmekraftwerke langfristig durch die Nutzung regenerativer Energien zu ersetzen.

AUFTRAG 2

Pro und Contra Kernenergie

Bildet eine PRO- und eine CONTRA-Arbeitsgruppe. In der PRO-Gruppe erarbeiten die Mitglieder Argumente für die Erhaltung von Kernkraftwerken zur Energieerzeugung. Die CONTRA-Arbeitsgruppe hat die Aufgabe, Nachteile und Risiken der Kernenergie zu analysieren. Beide Gruppen tragen ihre Ergebnisse jeweils in einem 10-minütigen Vortrag Zuhörern aus der Klasse oder einem anderen Kreis vor. Danach wird noch eine festgelegte Anzahl Fragen an jede Gruppe zugelassen. Eine Beurteilung könnte auf der Grundlage eines vorher erarbeiteten Fragebogens erfolgen.

Am Ende sollte in der Klasse ein tragfähiger Kompromiss zur Nutzung von Kernenergie gefunden werden.

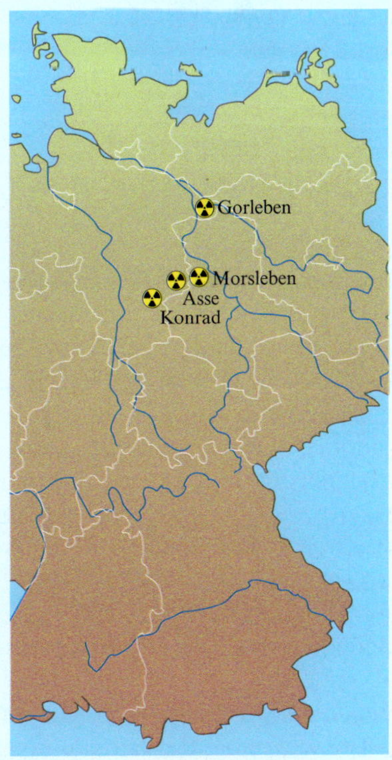

2 Standorte für eventuelle Endlager

AUFTRAG 3

Endlager für radioaktive Abfälle

In Deutschland existieren bisher vier Standorte, wo die Endlagerung von radioaktiven Abfällen in Salzlagerstätten praktiziert bzw. in Erwägung gezogen wurde.

1 Informiere dich zunächst über diese vier Standorte und den aktuellen Stand der Dinge.

2 Trage Vor- und Nachteile von Salzstöcken als Endlager für radioaktive Abfälle zusammen.

3 Wie wird die Endlagerung in anderen Ländern praktiziert?

Fasse die Ergebnisse deiner Recherchen in einer anschaulichen Präsentation zusammen!

Anwendung der Kernstrahlung in der Medizin

Seit nunmehr über 50 Jahren hat sich in der Medizin das Fachgebiet der Nuklearmedizin entwickelt. Sie bietet heute eine Vielzahl von Untersuchungs- und Behandlungsverfahren, beispielsweise bei der Schilddrüsendiagnostik und -therapie oder bei der Krebserkennung und -bekämpfung. Die Nuklearmedizin verwendet radioaktive Arzneimittel. Diese bestehen aus einem radioaktiven Stoff mit einer sehr kurzen Halbwertszeit und einem zweiten Stoff (Tracer), der sich im Körper an einen bestimmten Zelltyp bindet. Dieser zweite Stoff gelangt über den Blutkreislauf, den Stoffwechsel oder die Atemwege genau dorthin, wo das Radionuklid wirken soll.

1

Nuklearmedizinische Untersuchungen (Diagnostik). Zur Diagnose bestimmter Organe, z. B. der Schilddrüse, werden dem Patienten radioaktive Arzneimittel verabreicht. In der Schilddrüse wird ein Hormon für die Regulierung vieler Stoffwechselvorgänge im Körper gebildet. Zur Produktion dieses Hormons benötigt die Schilddrüse Iod. Um eine mögliche Fehlfunktion zu diagnostizieren, wird dem Patienten das dem Iod ähnliche radioaktive Technetium verabreicht. Die gesamte Schilddrüse wird „abgerastert" und ein Computer erzeugt ein Bild, das die Strahlungsintensität aus jedem Punkt der Schilddrüse darstellt. Der Arzt kann aus einem solchen Szintigramm Aufschluss über den Zustand der Schilddrüse gewinnen.

Radionuklide in der Medizin

Nuklid	Halbwertszeit
Technetium-99m	6 Stunden
Iod-131	8 Tage
Kohlenstoff-11	20 Minuten
Sauerstoff-15	2 Minuten
Fluor-18	110 Minuten

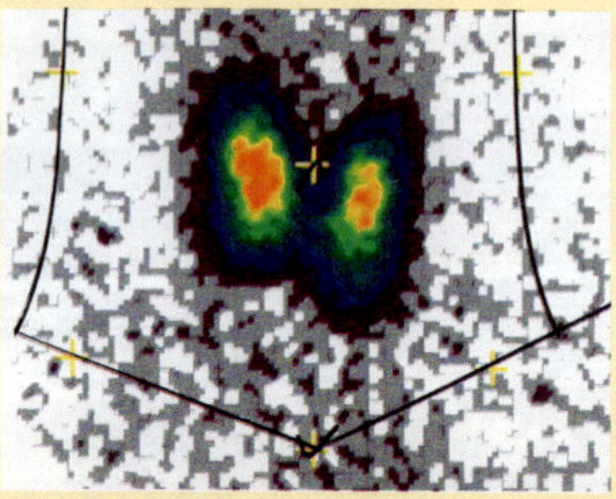
2

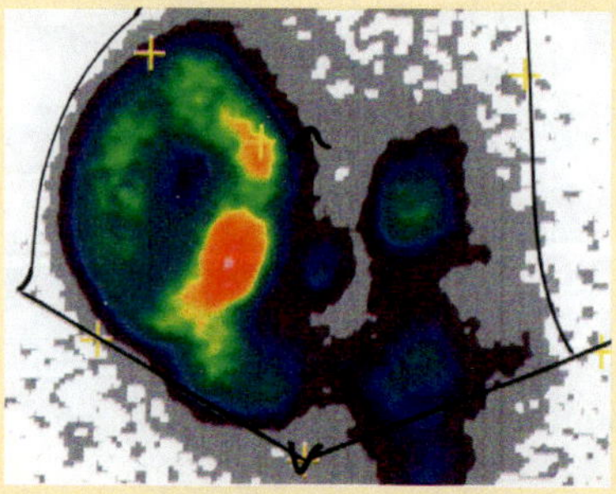
3

Das Bild links zeigt eine homogene Verteilung des Technetiums in einer normal großen Schilddrüse. Im rechten Bild erkennt man ein buntes Verteilungsgebiet einer rechts deutlich vergrößerten Schilddrüse („Schwarzwälder Kropf").

Positronen-Emissions-Tomographie. Ein modernes bildgebendes Verfahren zur Krebsdiagnose, welches in den letzten 10 Jahren zunehmend genutzt wird, ist die Positronen-Emissions-Tomographie (PET). Krebszellen haben gegenüber gesunden Zellen einen erhöhten Traubenzuckerverbrauch. Deshalb verwendet man bei der PET ein mit Flour-18 markiertes Traubenzuckermolekül. Nach dem Zerfall des Flour-18 wird Gammastrahlung in zwei Richtungen im Winkel von 180° frei. Eine ringförmig um den Körper des Patienten angeordnete Kamera registriert beide Strahlungen und kann so den Ort des Zerfalls sehr genau lokalisieren (Bild 4). PET zeichnet sich gegenüber anderen Verfahren durch eine etwa 100-fach höhere Empfindlichkeit und eine erhöhte Ortsauflösung aus.

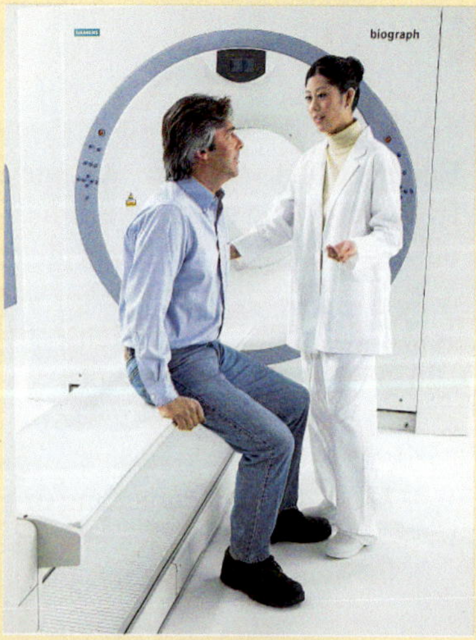

4

Nuklearmedizinische Behandlung (Therapie). In der Nuklearmedizin verwendet man Kernstrahlung auch zur Therapie, also zur Heilbehandlung von Krankheiten. Ein Beispiel ist die Radioiodtherapie.

Krankhafte Veränderungen an der Schilddrüse können durch die Verabreichung von radioaktivem Iod-131 behandelt werden. Dabei zerstört die vom Iod-131 ausgehende Betastrahlung die kranken Zellen. Da Betastrahlung eine kurze Reichweite hat und außerdem die Halbwertszeit nur 8 Tage beträgt, bleiben die umliegenden gesunden Zellen weitestgehend verschont.

Radiologische Strahlentherapie. Diese Form der Behandlung unterscheidet sich prinzipiell von der nuklearmedizinischen Therapie. Tumore werden von außen einer hochenergetischer Strahlung ausgesetzt. Die Quelle dieser Strahlung kann z. B. radioaktives Cobalt-60 sein. Damit die gesunden Zellen nicht durch die Strahlung geschädigt werden, richtet man die Strahlung zunächst möglichst genau auf den Bereich der erkrankten Stellen aus. Mit einer speziellen Vorrichtung wird dann die Quelle der Kernstrahlung ständig auf einem Kreisbogen um diese Stelle herum bewegt (Bilder 1 und 2).

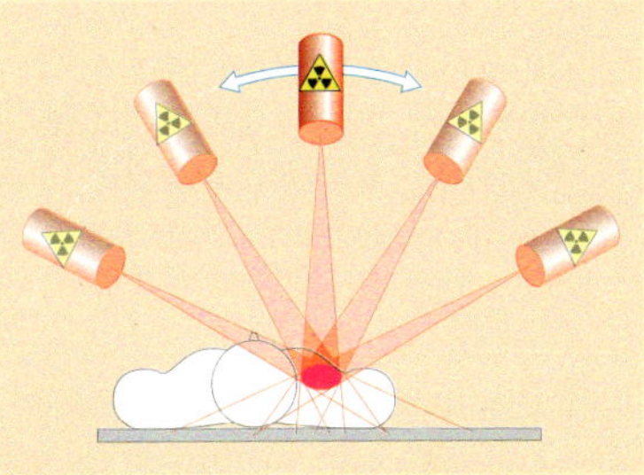
1

Mittlerweile werden in der Strahlentherapie zunehmend Linearbeschleuniger eingesetzt (Bild 3). Im Linearbeschleuniger wird eine so genannte „ultraharte" Röntgenstrahlung erzeugt. Diese kann viel tiefer in den Körper eindringen als die Cobaltstrahlung. Die Eindringtiefe wird durch Energiestufen eingestellt und der Ort der Bestrahlung mit größerer Präzision getroffen.

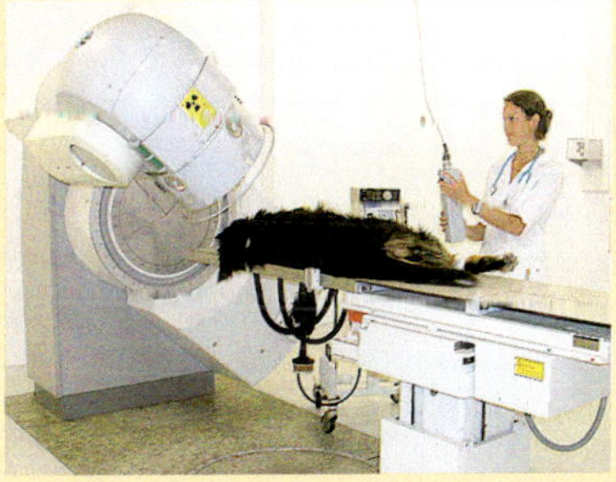
2

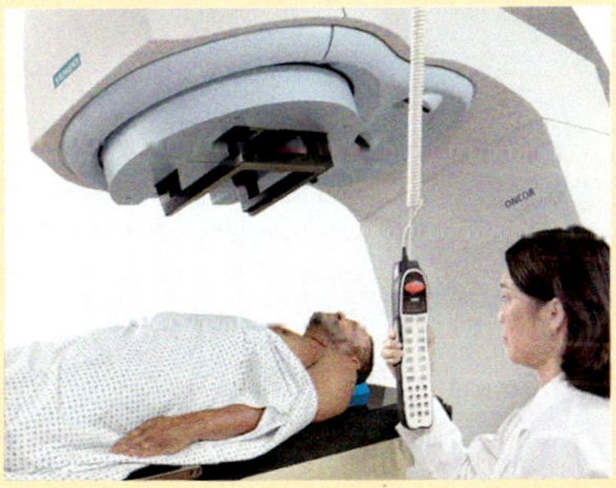
3

Sterilisierung von Gegenständen. Die Materialeigenschaften vieler medizinischer Artikel (Bild 4) erlauben keine Sterilisierung durch Hitzeeinwirkung. Solche Artikel werden häufig durch Einsatz von Kernstrahlung sterilisiert. Indem die Gegenstände der Kernstrahlung eines Präparates ausgesetzt werden, kommt es zu Veränderungen der DNS von Mikroorganismen, die sich auf den Gegenständen befinden. Bei Wahl der richtigen Dosis lassen sich Viren und Bakterien auf diese Weise unwirksam machen.

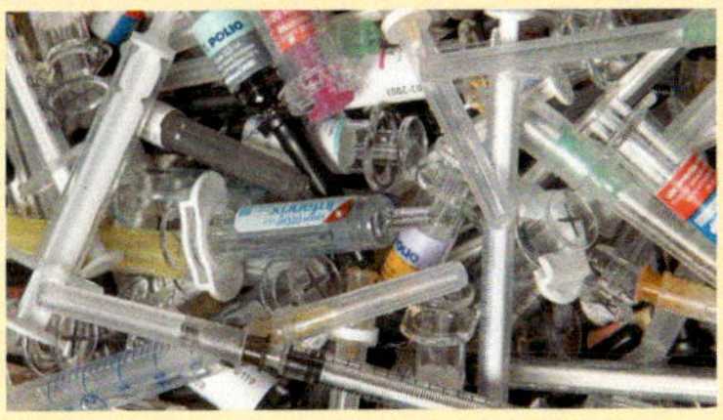
4

Aufgaben

1. Erläutere die Möglichkeit, ein Organ mithilfe von radioaktiven Nukliden abzubilden!
2. Erläutere die Möglichkeiten, mithilfe von radioaktiver Strahlung Tumore zu behandeln!
3. Welche Gefahren ergeben sich für den Patienten sowohl bei der nuklearmedizinischen Diagnostik als auch bei der Therapie?
4. Wie lange dauert es, bis sich die Intensität der Strahlung von Iod-131 auf 1/1000 des ursprünglichen Werts verringert hat?
5. Erkundige dich, in welchen Einrichtungen in deiner Umgebung radioaktive Präparate für medizinische Zwecke verwendet werden. Berichte darüber vor deiner Klasse!

Weißt du es? Kannst du es

1. Uran-235 wandelt sich bei Beschuss mit einem langsamen Neutron zunächst in das sehr kurzlebige Uran-236 um. Neben der durch die Entdeckung historisch bedeutenden Spaltung in Barium und Krypton sind noch andere Reaktionen möglich. Stelle die vollständige Kernreaktionsgleichung für den Fall auf, dass bei der Reaktion als ein Folgekern Lanthan-147 und zwei Neutronen entstehen!
2. Warum ist die Kernspaltung ein geeigneter physikalischer Vorgang zur Energiegewinnung?
3. Erläutere den Unterschied zwischen gesteuerter und ungesteuerter Kettenreaktion!
4. Wie unterscheiden sich natürliches und angereichertes Uran?
5. Erläutere die Bedeutung eines Moderators für das Zustandekommen einer Kernspaltung!
6. Wozu werden in einem Reaktor Steuerstäbe benötigt?
7. Welche Maßnahmen sind notwendig, damit beim Betrieb eines Kernkraftwerkes keine Kernstrahlung und keine radioaktiven Stoffe in die Umwelt gelangen?
8. „Kernkraftwerke sind umweltfreundlich." Setze dich mit dieser These auseinander!
9. Neben Siedewasserreaktoren sind Druckwasserreaktoren in Kernkraftwerken am weitesten verbreitet. Beschreibe die Energieumwandlungen im Kernkraftwerk mit Druckwasserreaktor (Bild 1)!

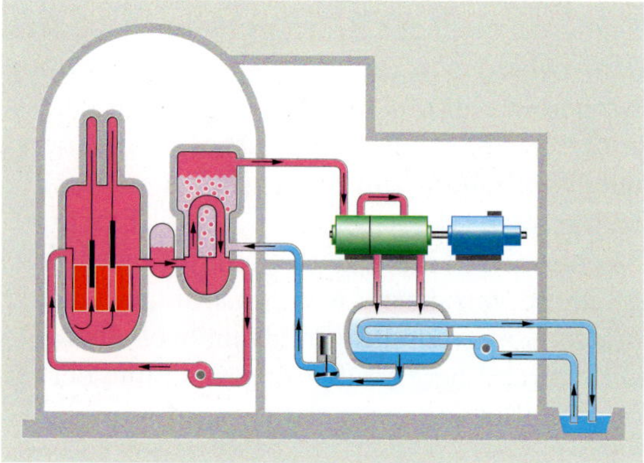

1

Kurz und knapp!

Kernspaltung ist die Umwandlung eines schweren Atomkerns bei Beschuss mit langsamen Neutronen in zwei mittelschwere Atomkerne. Dabei werden wiederum 2 bis 3 Neutronen frei, welche eine Kettenreaktion auslösen können.

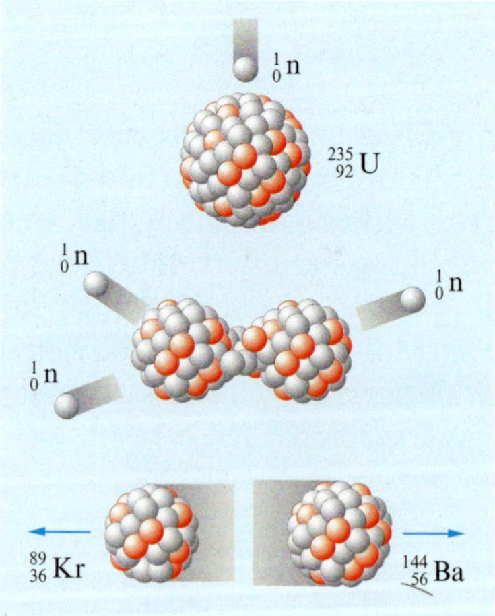

Bei der Kernspaltung wandelt sich Kernbindungsenergie in kinetische Energie um.

Für die Nutzung dieser Energie müssen in einem Kernreaktor:
- eine ausreichende Masse an spaltbarem Uran;
- ein Stoff (Moderator) zur Abbremsung der Neutronen;
- Steuerstäbe zur Regulierung der Anzahl der Neutronen;
- ein Medium zur Übertragung der thermischen Energie;
- Sicherheitssysteme zum Schutz vor Strahlung und radioaktiven Materialien

vorhanden sein.

Im Kernkraftwerk wird durch kontrollierte Kettenreaktion zunächst Kernenergie in thermische Energie umgewandelt. Der erhitzte Wasserdampf treibt über Turbinen Generatoren für die Erzeugung elektrischer Energie an.

Kosmos, Erde und Mensch

Seit vielen Jahrtausenden zieht der Sternenhimmel die Aufmerksamkeit der Menschen in seinen Bann.
Die Bewegungen der Gestirne galten in den frühen Kulturen als Botschaften der Götter.
Heute führt die Astronomie Erkenntnisse aus vielen Bereichen der Naturwissenschaften zu einem eindrucksvollen Bild vom Aufbau des Kosmos zusammen.

Astronomie – die älteste Naturwissenschaft

1

Die Sternwarten der Welt richten täglich ihre großen Teleskope zum Himmel. Zahlreiche Raumsonden sind unterwegs, um aus dem Kosmos Bilder und Daten auf die Erde zu senden. Ein breiter Strom von Beobachtungsdaten wird gewonnen und ausgewertet. Der Mensch bestaunt den Kosmos nicht mehr nur mit bloßen Augen. Jedes neue Beobachtungsinstrument erweitert unsere Erkenntnisse vom Kosmos.

Astronomie im Altertum

Schon die ersten Hochkulturen der Menschheit in Babylonien, Ägypten, Mittelamerika und China verfügten über Kenntnisse in Astronomie, Mathematik und anderen Wissensgebieten. Die Astronomie ging aus den Sternreligionen dieser frühen Kulturen hervor und war über lange Zeit eng mit der Astrologie verbunden. Spuren astronomischen Wissens lassen sich zum Teil bis in das 4. Jahrtausend v. Chr. zurückverfolgen. Praktischen Nutzen brachten diese Kenntnisse vor allem für die Einteilung des Zeitablaufes. Brauchbare Kalender waren für die Festlegung der Termine zur Aussaat und zur Ernte sowie zur Bewässerung der Felder erforderlich. Durch die ägyptische Astronomie wurden so die Voraussetzungen geschaffen, die Perioden der Nilüberschwemmungen zu berechnen. Grundlage dafür war das Wissen über die regelmäßigen Änderungen der Stellungen von Sonne und Mond. Bereits um 3500 v. Chr. verfügten die Ägypter über einen Kalender mit einer Jahreslänge von 365 Tagen.
Für die Seefahrt, wie sie z. B. von den Phöniziern betrieben wurde, war die Orientierung am Sternenhimmel unentbehrlich.
Steinbauten, die wie Stonehenge Visierlinien nach den wichtigsten Himmelsrichtungen enthalten, und die exakte Ausrichtung steinzeitlicher Gräber lassen uns ahnen, dass schon die steinzeitlichen Menschen den Himmel genau beobachtet haben (Bild 1, folgende Seite).

Das **Babylonische Weltbild** entstand etwa 2000 Jahre v. Chr. Die Menschen stellten sich Erde und Himmel so vor, wie sie sie erlebten: Die Welt war ein mehr oder weniger geschlossener Raum, dessen Boden die (flache) Erde bildete. Sie war von Wasser umgeben (Bild 3).

2

Kolorierte Zeichnung des Tierkreis-Kalender im Tempel von Dendera in Ägypten

3

Babylonisches Weltbild

1

2

Himmelsscheibe von Nebra.
32 Sterne als goldene Punkte, eine Mondsichel und eine Goldscheibe, die man als Sonne oder Vollmond interpretieren kann. Bei einer Anordnung von sieben Sternen handelt es sich vermutlich um das Sternbild der Plejaden.

Vor kurzem wurde die Himmelsscheibe von Nebra (Sachsen-Anhalt) gefunden. Das Alter der Himmelsscheibe wird auf 3 600 Jahre geschätzt. Sie wird als Himmelsdarstellung interpretiert, die Aufschluss über die damaligen astronomischen Vorstellungen und Kenntnisse gibt.

Das geozentrische Weltbild

Die Herausbildung eines geozentrischen Weltbildes begann um 600 v. Chr. in Griechenland. Man stellte sich den Himmel als Kugel, die sich um die Erde dreht, vor. Um 400 v. Chr. wurde erkannt, dass die Erde keine Scheibe, sondern eine Kugel ist. Die Wandelsterne (die damals bekannten Planeten einschließlich Sonne und Mond) umliefen die Erde auf Kreisbahnen (Bild 3). Diese Vorstellungen wurden im Laufe von Jahrhunderten verfeinert, um eine bessere Übereinstimmung mit den beobachteten Bewegungen der Planeten zu erreichen. Der alexandrinische Gelehrte CLAUDIUS PTOLEMÄUS (um 90 bis um 160 n. Chr.) fasste das bis dahin aus der Himmelsbeobachtung gewonnene Wissen zu einem Bild von der Welt zusammen. Das von ihm formulierte Weltbild beschrieb die Beobachtungen mit ausreichender Genauigkeit und entsprach der Denkweise jener Zeit. Es bildeten für viele Jahrhunderte die Grundlage der Astronomie.

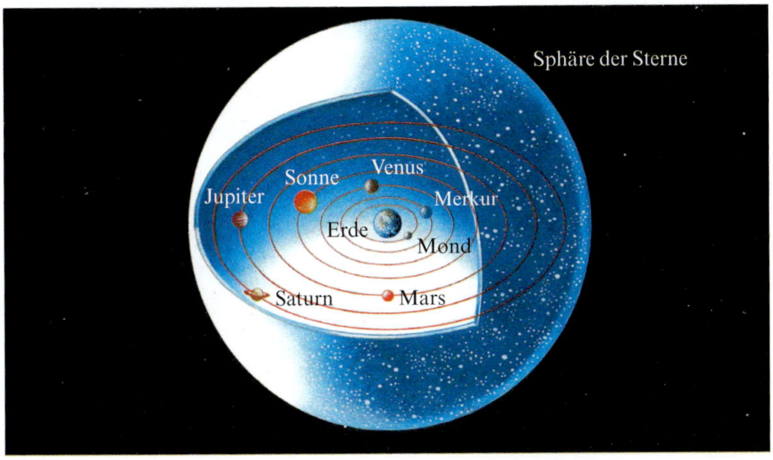

3

Geozentrisches Weltbild. Die Menschen im Altertum beschrieben die Planetenbewegungen so, wie sie sie erlebten, nämlich als Bewegungen, in deren Mittelpunkt sich die Erde befand. Dabei waren die Kreisbewegungen das Sinnbild himmlischer oder göttlicher Vollkommenheit und Harmonie.

Das heliozentrische Weltbild

Erst 1 400 Jahre später, 1543, erkannte NIKOLAUS KOPERNIKUS dass die Drehung des Himmels darauf beruht, dass wir ihn von der Erde aus beobachten, die sich um ihre eigene Achse dreht. Und die Bewegung der Sonne über den Sternenhimmel lässt sich darauf zurückführen, dass die Erde einmal im Jahr die Sonne umläuft (Bild 2).
KOPERNIKUS hatte bemerkt, dass sich die komplizierte Form der beobachteten Planetenbahnen am Himmel auch dadurch erklären lässt, dass sich Erde und Planeten gemeinsam um die Sonne bewegen.

1 NIKOLAUS KOPERNIKUS (1473 –1543)

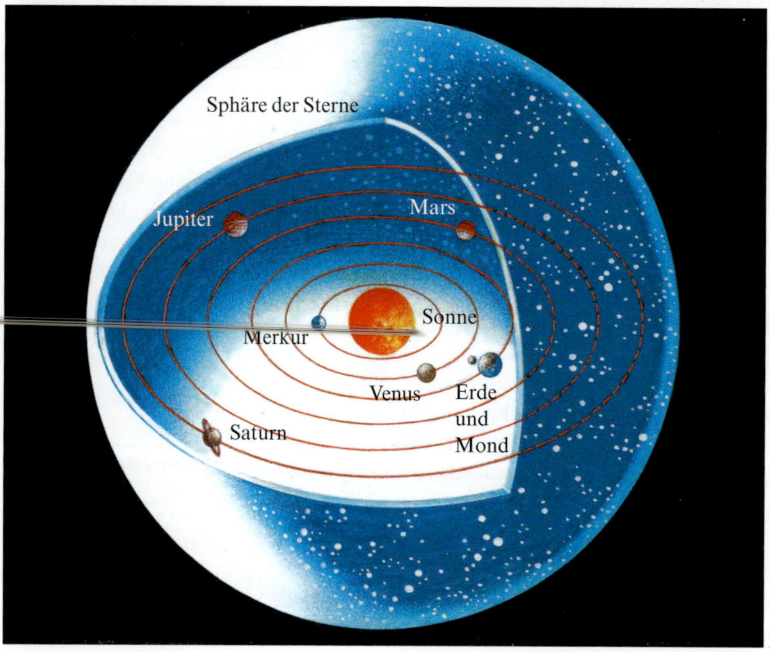

2 Heliozentrisches Weltbild

KOPERNIKUS arbeitete dieses heliozentrische System detailliert mathematisch aus. Da sein System aber nicht nur der Anschauung, sondern auch der Lehrmeinung der katholischen Kirche widersprach, ließ er offen, ob er sein System als besonders einfache Rechenmethode vorschlug oder ob er es als Modell für die Wirklichkeit verstanden wissen wollte. Trotzdem setzte er mit seinem Buch „Über die Kreisbewegungen der Weltkörper" einen so tief greifenden Wandel des Weltbildes in Gang, dass wir heute von der *Kopernikanischen Revolution* sprechen.
Allerdings brauchte die Vorstellung, die Erde drehe sich nicht nur um ihre eigene Achse, sondern laufe einmal im Jahr mit unvorstellbarer Geschwindigkeit um die Sonne, nach KOPERNIKUS noch fast 150 Jahre, um sich gegen die Jahrtausende alte Überzeugung durchzusetzen, die ruhende Erde sei – außerhalb der Mondbahn – von einer perfekten Welt voller göttlicher Harmonie umgeben. Diese Harmonie äußerte sich in den Kreisbewegungen des Himmels und der Planeten.

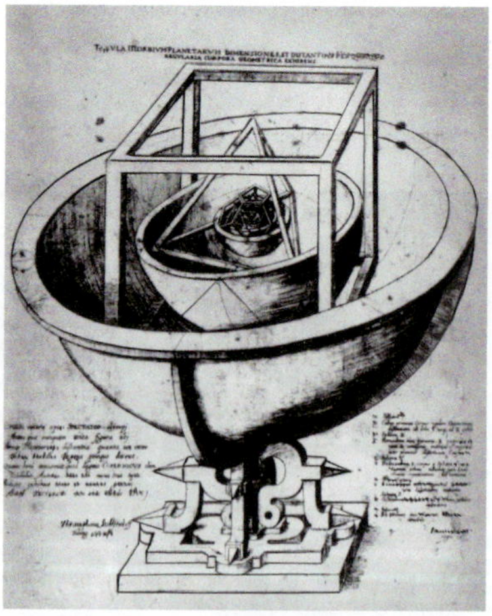

3 Weltgeheimnismodell von KEPLER

Als JOHANNES KEPLER herausfand, dass die Planetenbahnen Ellipsen sind, zerstörte er die Vorstellung, Gottes Wirken äußere sich in perfekten Kreisbewegungen.

1

Jupiter mit den vier Galilei'schen Monden

Einen wesentlichen Beitrag zur Überwindung des geozentrischen Systems leistete GALILEO GALILEI. Er richtete als erster Mensch das Fernrohr zum Himmel und machte dort Beobachtungen, die zwei Grundüberzeugungen erschütterten:

- Er entdeckte, dass Jupiter von vier Monden umkreist wird. Die Erde ist also nicht der einzige „Mittelpunkt" in der Welt.
- Er sah, dass Venus im Laufe ihres Umlaufs alle Phasengestalten annimmt – auch „Vollvenus", was nach der geozentrischen Vorstellung (siehe Bild 3, S. 55) unmöglich ist.

2

GALILEI widerruft vor dem Offizium

Diese Beobachtungen stützten zwar das heliozentrische System, bewiesen es aber für die katholische Kirche nicht. GALILEI wurde in einem Inquisitionsprozess gezwungen, seine Überzeugung öffentlich zu widerrufen.

Entscheidend für die Durchsetzung des Kopernikanischen Systems waren die Bewegungsgesetze und das Gravitationsgesetz von ISAAC NEWTON. Er konnte damit zeigen, dass die Umläufe der Planeten und die Bewegungen auf der Erde denselben Gesetzen gehorchen. Dadurch hob er die grundsätzliche Trennung zwischen Himmel und Erde auf.

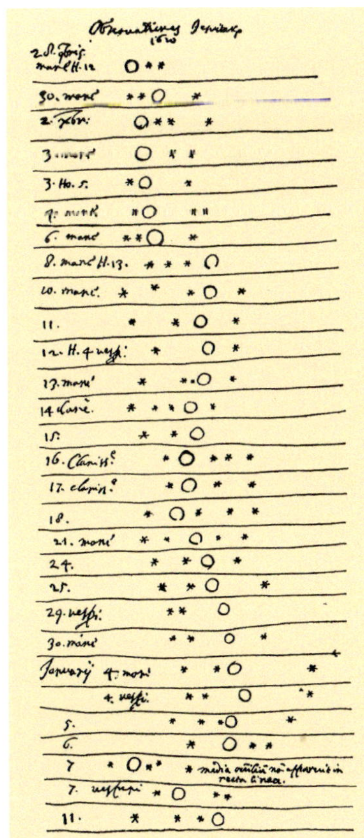

3

GALILEIS Beobachtung der Jupitermonde

Astrologie

1

Jede Woche werden viele Zeitschriften mit Vorhersagen und Ratschlägen wie diesen verkauft. Welche Folgerungen kann ein im Sternzeichen Stier Geborener daraus ableiten?

Wenn du gefragt wirst, was Astrologie ist und was sie für dich bedeutet, fällt dir wahrscheinlich dein „Sternzeichen" ein und vielleicht noch die Horoskope, die in Zeitungen abgedruckt werden. Solche Horoskope geben vor, individuelle Ratschläge zur Lebensführung zu geben. Sie bestehen aber immer aus sehr allgemein gehaltenen Sätzen. Wie könnte es auch anders sein, wenn sie für alle Menschen, die innerhalb von dreißig Tagen Geburtstag haben, Gültigkeit haben sollen? Vergleicht man die Horoskope verschiedener Zeitungen für dieselbe Gruppe von Menschen und für denselben Tag, stellt man fest, dass sie sich völlig unterscheiden (Bild 1). Wie kam es dazu, dass sich viele Menschen von solchen Horoskopen Orientierungshilfe versprechen?

Die Anfänge der Astrologie reichen in die Frühzeit der Menschheit zurück, als die Menschen in den Vorgängen in der Natur noch kaum Regelmäßigkeiten und Zusammenhänge erkennen konnten. Alles wurde auf das Wirken höherer Mächte oder Götter zurückgeführt, die die Menschen willkürlich und unvorhersehbar lenkten. Als es gelang, in den Bewegungen am Himmel Regelmäßigkeiten zu entdecken und diese zur Vorhersage zukünftiger himmlischer Ereignisse zu nutzen, z. B. des Zeitpunktes von Mond- und Sonnenfinsternissen, entstand der Wunsch, mit diesen Regeln Ordnung auch ins irdische Leben zu bringen. Durch genaue Beobachtung des Himmels könne es vielleicht gelingen, das menschliche Schicksal aus dem Lauf der Gestirne abzulesen, und ihm vielleicht zu entgehen.

Dieser Wunsch, Regelmäßigkeiten am Himmel aufzufinden und sie auf das irdische Leben zu übertragen, war Jahrtausende lang eine wesentliche Triebfeder für die systematische Beobachtung des Himmels und für die immer genauere Beschreibung und Vorhersage seiner Bewegungen. So sind viele der berühmtesten Astronomen, z. B. CLAUDIUS PTOLEMÄUS und JOHANNES KEPLER, auch Astrologen gewesen, die astrologische Regeln für das Leben nach den Planetenbewegungen aufstellten und für ihre Arbeitgeber Horoskope erstellten.

Sternzeichen	Himmelskörper
♈ Widder	☉ Sonne
♉ Stier	☽ Mond
♊ Zwillinge	☿ Merkur
♋ Krebs	♀ Venus
♌ Löwe	♂ Mars
♍ Jungfrau	♃ Jupiter
♎ Waage	♄ Saturn
♏ Skorpion	⛢ Uranus ♅
♐ Schütze	♆ Neptun
♑ Steinbock	Pluto ♇
♒ Wassermann	
♓ Fische	

2

Astrologische Symbole für Tierkreiszeichen und Himmelskörper

In der seriöseren Astrologie wird versucht, aufgrund des *Geburtshoroskops* eine Art Gutachten zu erstellen. Dabei wird davon ausgegangen, dass der Himmel im Moment der Geburt den Charakter eines Menschen anzeigt oder ihn beeinflusst. Entscheidende Bedeutung kommt dabei auch der Stellung der Planeten zu. Dem Geburtshoroskop sollen deshalb Entwicklungstendenzen, Lebenschancen und -gefahren entnommen werden können. Das Geburtshoroskop ist ein Abbild des Himmels zum Zeitpunkt der Geburt. Als *Sternzeichen* eines Menschen bezeichnet man das Tierkreiszeichen, in dem die Sonne zum Zeitpunkt seiner Geburt stand.
Die astrologischen Aussagen über den Einfluss der Planeten und Tierkreiszeichen auf die Menschen entbehren jeder Logik: Sie sind vor langer Zeit festgelegt worden und wurden nicht angepasst. Dabei haben sich durch die Kreiselbewegung der Erdachse die Tierkreiszeichen und Sternbilder gegeneinander verschoben. Wenn Astrologen heute sagen, die Sonne stehe im Stern**zeichen** Zwillinge, steht sie in Wirklichkeit im Stern**bild** Stier.

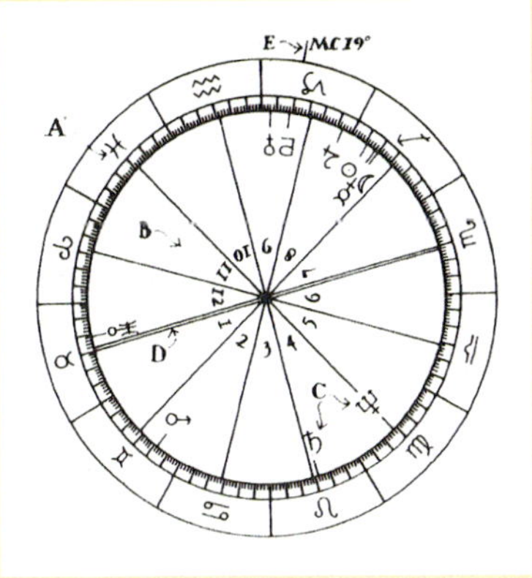
1

Geburtshoroskop BEETHOVENS, geb. vermutlich am 16. 12. 1770 (ca. 14.15 Uhr MEZ).

Kennzeichen einer Wissenschaft ist es, dass Lehrsätze immer wieder neu geprüft und evtl. aufgrund von Erfahrungen modifiziert werden. In diesem Sinne ist Astrologie sicher keine Wissenschaft. Sie hält an ihren Aussagen und Methoden fest, obwohl durch statistische Untersuchungen immer wieder gezeigt wird, dass Übereinstimmungen zwischen astrologischen Vorhersagen und tatsächlichen Charaktereigenschaften oder Ereignissen reiner Zufall sind. Ein weltbekannter Statistiker fasst seine Erfahrungen folgendermaßen zusammen: ***„Jede Anstrengung der Astrologen, ihr Grundpostulat zu verteidigen, dass nämlich die Bewegungen der Sterne und Planeten das Schicksal vorbestimmen können, ist fehlgeschlagen. … Die Zahlen sprechen ohne Voreingenommenheit, und sie lassen keinen Raum für einen Zweifel. Wer immer behauptet, die Zukunft durch Befragen der Sterne vorhersagen zu können, betrügt entweder sich oder andere.“***

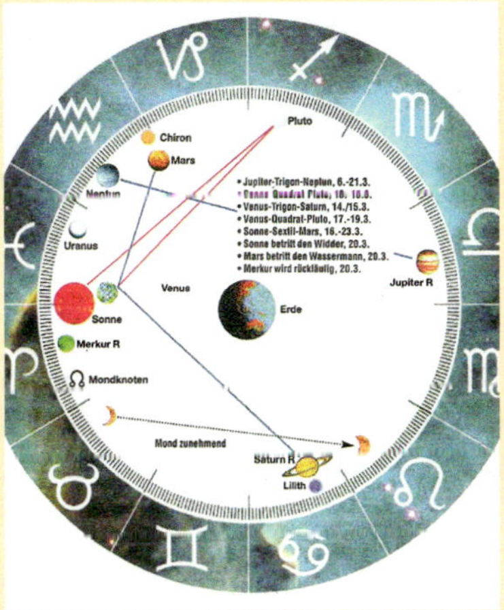

2

In manchen Zeitungen wird nicht die Sonne im Geburtsmonat, sondern die aktuelle Sonne in Beziehung zu den Planeten gesetzt.

Wenn trotzdem die Astrologie wieder Hochkonjunktur hat und viele Menschen Geld für offensichtlich widersprüchliche „Vorhersagen“ und „Ratschläge“ ausgeben, ist das vielleicht ein Ausdruck dafür, dass die Menschen in schwierigen und unsicheren Zeiten nach Sinn und Sicherheit suchen. Das uralte Bedürfnis der Menschen, in die eigene Zukunft sehen zu können, kann jedoch durch die Astrologie nicht befriedigt werden. Auch Begründungen (oder gar Entschuldigungen) für das eigene Handeln lassen sich aus ihren Aussagen nicht ableiten.

Aufgaben

1. Die in Bild 1 auf S. 58 gezeigten Ausschnitte beziehen sich alle auf im Sternzeichen Stier Geborene und auf dieselbe Woche. Vergleiche!
2. Nimm Stellung zu der Aussage: „Früher dachte ich immer, alles sei meine Schuld. Seit ich immer meine Horoskope lese, weiß ich, dass es nicht so ist.“!

Orientierung am Sternenhimmel

1

In einer sternklaren Sommernacht leuchtet der Sternenhimmel über der Landschaft. Besonders hell leuchtet ein Punkt knapp über dem Dach eines nahen Hauses. Schon nach einer halben Stunde würde der Himmel von der gleichen Stelle aus fotografiert einen anderen Anblick bieten.

Sternbilder

Bewegung am Himmel. Wenn du den klaren Sternenhimmel von einem festen Standort aus, z. B. von einem Balkon oder aus dem Fenster deines Zimmers, eine längere Zeit lang genau beobachtest, kannst du bemerken, dass alle Sterne ihre Stellung verändern: Einer verschwindet vielleicht hinter einem Haus, während ein anderer hinter einem Baum auftaucht. Manche steigen immer höher über den Horizont, während andere immer tiefer sinken. Der ganze Himmel ist in Bewegung!
Zum Glück verändern die Sterne ihre Stellung nicht völlig zufällig. Sie behalten vielmehr untereinander ihre Position bei: Figuren wie ein regelmäßiges Sterndreieck oder eine fast gerade „Sternenschnur“, die dir vielleicht aufgefallen sind, findest du nach einer Stunde noch wieder. Sie haben als Ganzes ihre Stellung zur irdischen Umgebung geändert, ihre Gestalt aber beibehalten.

Der Sternenhimmel verändert sich im Laufe einer Nacht: Die Sterne bewegen sich in Bezug auf Horizont und Häuser, Bäume und Berge der irdischen Umgebung. Dabei bleibt die Stellung der Sterne untereinander unverändert.

Sternbilder schaffen Ordnung. Zu verschiedenen Uhrzeiten innerhalb einer Nacht, aber auch im Laufe eines Jahres sieht der Himmel ganz unterschiedlich aus. Um trotzdem eine Orientierung in der Vielfalt der Sterne am Himmel zu ermöglichen, wurden bereits im Altertum die hellsten Sterne mit Eigennamen versehen (z. B. Beteigeuze, Atair, Mizar). Außerdem fasste man auffällige Gruppen von Sternen zu Figuren, den so genannten Sternbildern, zusammen (Bilder 2 und 3).

2

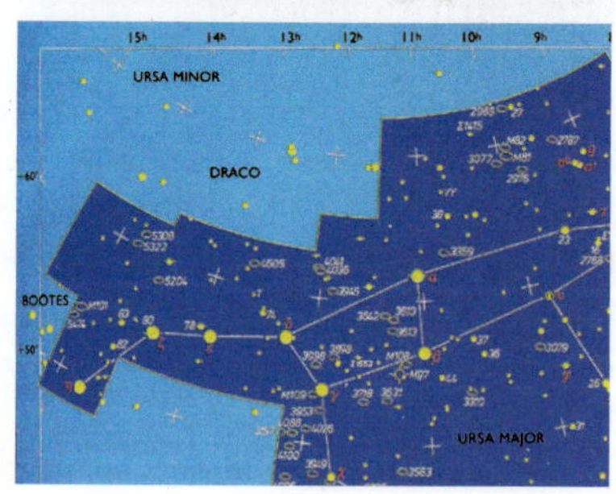

3

Der bekannte Große Wagen ist astronomisch ein Teil des Sternbildes Große Bärin (Ursa Maior). Moderne Sternkarten enthalten keine Figuren, sondern höchstens die Strichdarstellungen der Sternbilder.

Um sich diese Figuren und ihre Stellung zueinander besser merken zu können, verband man sie mit den Gestalten der Mythologie und mit deren Schicksalen. Der römische Dichter OVID erzählte die folgende Sage: *Die schöne Nymphe Kallisto wird von Jupiters eifersüchtiger Ehefrau Juno in eine Bärin verwandelt, nachdem sie ihren Sohn Arkas, ein Kind von Jupiter, zur Welt gebracht hat. Im Alter von fünfzehn Jahren trifft Arkas im Wald auf seine Mutter, die er natürlich nicht erkennt, und will sie aus Furcht töten. Doch Jupiter verhindert das im letzten Moment und versetzt beide als Sternbilder an den Himmel.*

ÜBRIGENS

Der *Schwan* ist ein typisches Sommersternbild, das geflügelte Pferd *Pegasus* ein Herbststernbild. Der Himmelsjäger *Orion* ist im Winter besonders gut zu sehen. Das dominierende Frühlingssternbild ist der *Löwe*.

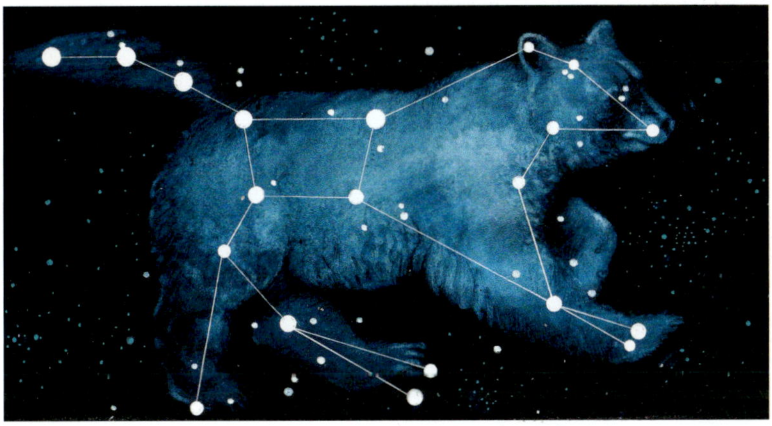
1

Die Sage von Kallisto beschreibt, dass die Sternbilder der Großen Bärin, des Bootes (Bärenhüter Arkas) und der Jagdhunde am Himmel dicht benachbart sind und dass der Bärenhüter der Bärin bei der täglichen Bewegung folgt (siehe folgende Seite). Sie erleichtert so die Orientierung am Sternenhimmel.
In alten Himmelskarten sind Sternbilder oft durch fantasievolle Gestalten dargestellt. Heute werden sie in der Regel nur durch gerade Verbindungslinien angedeutet, die die namensgebende Gestalt kaum erahnen lassen.

2

Orion entsteht durch Projektion unterschiedlich weit entfernter Sterne an die Himmelskugel.

Die Himmelskugel

Wir können beim Betrachten des Himmels nicht unterscheiden, welcher Stern weiter entfernt ist als ein anderer. Alle scheinen gleich weit weg zu sein. Der Himmel erscheint uns deshalb wie eine über die Landschaft gewölbte kugelförmige Schale – die so genannte (scheinbare) Himmelskugel. Inzwischen weiß man, dass die Sterne unterschiedlich weit entfernt sind. Nicht einmal die Sterne eines Sternbildes haben dieselbe Entfernung von der Erde (Bild 2).
Weil der Himmel wie eine Kugel auf uns wirkt, können die hellen Sterne des Himmels auf einem *Himmelsglobus* dargestellt werden. Es gibt zwei Sorten: Einmal sind die Sternbilder seitenrichtig dargestellt, das andere Mal seitenverkehrt, als blicke man (was in Wirklichkeit natürlich unmöglich ist!) von außen auf die Himmelskugel (Bild 3). Um sie so wie am Himmel zu sehen, musst du dich in Gedanken in den Mittelpunkt der Kugel versetzen.

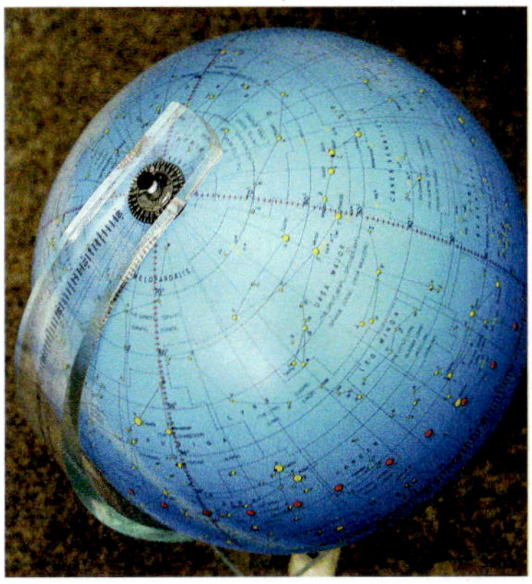
3

Die tägliche Drehung des Himmels

Die Bahnen der Sterne. Es ist nicht leicht, in der Bewegung der Sterne über den Himmel eine Ordnung zu erkennen. Zu langsam verändert sich die Stellung, zu unterschiedlich sind die Bahnen verschiedener Sterne. Man muss lange hinsehen, um zu bemerken:

- Die Sterne des Großen Wagens scheinen am Himmel zu kreisen.
- Orion geht im Osten auf und im Westen unter. Dazwischen scheint er sich fast geradlinig zu bewegen.
- Andere Sterne sind nur ziemlich kurz zu sehen und durchlaufen dabei einen ganz flachen Bogen über dem Horizont.
- Nur ein Stern verändert seine Stellung nicht: der **Polarstern**!

Bahnformen. Die genaue Form der Bahnen kannst du nur herausfinden, wenn du die Stellung verschiedener Sterne über dem Horizont in regelmäßigen Abständen beobachtest. Das haben die Menschen bereits im frühen Altertum getan; denn sie wussten schon: Alle Sterne durchlaufen zueinander parallele Kreisbögen am Himmel. Sie haben einen gemeinsamen Mittelpunkt, der ziemlich genau mit dem Polarstern übereinstimmt (Bild 1).

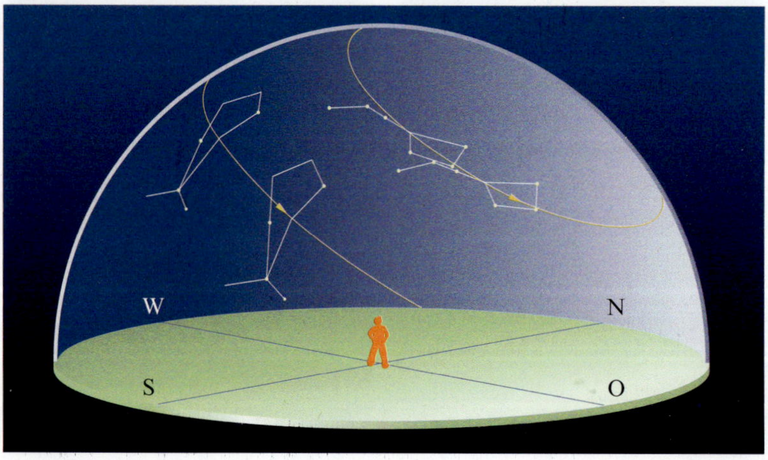

1

Großer Wagen und Bootes nehmen gemeinsam an der Drehung des Himmels teil.

In Gedanken ergänzten die Menschen diese am Himmel sichtbaren Kreisbögen unter dem Horizont zu vollständigen Kreisen. Erst dadurch wurde aus der sichtbaren Halbkugel die vollständige Himmelskugel. Weil alle Sterne für einen vollständigen Umlauf dieselbe Zeit benötigen, kann man sich vorstellen: Die Himmelskugel dreht sich als Ganzes; alle Sterne sind daran befestigt und nehmen an dieser Drehung teil.
Bei der Veränderung des Sternenhimmels im Laufe einer Nacht handelt es sich um eine Drehung um den Himmelsnordpol. Die Drehung dauert ungefähr einen Tag: Am nächsten Abend hat der Himmel um etwa dieselbe Uhrzeit wieder dieselbe Stellung wie am Vorabend.

Langzeitfotos. Auf Fotos, die mit feststehender Kamera lange belichtet werden, hinterlassen alle Sterne Spuren, die umso länger sind, je länger das Foto belichtet wurde und je weiter die Sterne vom Polarstern entfernt sind (Bild 2).

2

Mit Langzeitfotos ist es leicht, die Drehung des Sternenhimmels nachzuweisen.

Orientierung am Himmel und auf der Erde. Der Himmel dreht sich als Ganzes wie eine Kugel. Die Rotationsachse geht durch den **Himmelsnordpol**, der recht genau durch den **Polarstern** markiert wird, und durch den Erdmittelpunkt.
Und weil die Erde im Vergleich zur Himmelskugel winzig ist, scheint sich der Himmel um den Beobachter zu drehen – um dich selbst also.
Der **Himmelssüdpol** liegt unter dem Horizont und ist für den Beobachter nicht sichtbar. Die **Himmelsrichtungen** auf der Erde sind durch diese Achse festgelegt (Bild 1): Der **Himmelsnordpol** liegt genau im Norden. Mithilfe des Großen Wagens und des Polarsterns kannst du ihn zu jeder Nachtzeit finden. Norden gegenüber liegt **Süden**. Dort erreichen viele Sterne ihre größte Höhe über dem Horizont; man sagt, sie **kulminieren**. Sie kreuzen dann den **Meridian**; das ist der Kreis, der vom Südpunkt durch den **Zenit** senkrecht über dir zum Nordpunkt verläuft.

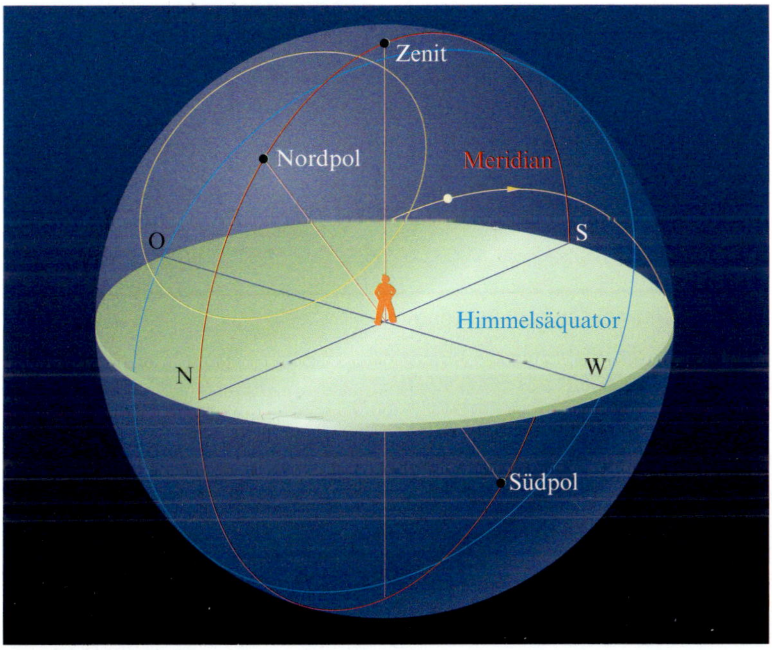

1

Mithilfe des Sternenhimmels kann man sich auch auf der Erde orientieren: Der Polarstern steht immer im Norden, viele Sterne erreichen im Süden ihre höchste Stellung über dem Horizont.

Der Himmel dreht sich so, dass die Sterne am östlichen Horizont aufgehen und in westlicher Richtung untergehen. Wenn du zum Polarstern blickst, scheint sich der Himmel also entgegen dem Uhrzeigersinn zu drehen – in ungefähr 24 Stunden einmal. Die Sterne, die dem Himmelspol nahe genug sind, erreichen nie den Horizont. Sie gehen nie auf und unter. Man nennt sie **Zirkumpolarsterne**. Auch in der Nähe des Himmelssüdpols gibt es zirkumpolare Sterne. In unseren Breiten sind sie niemals zu sehen.
Wie die Erde einen Äquator hat, hat auch die Himmelskugel einen **Himmelsäquator**. Die Sterne, die auf dem Himmelsäquator liegen, durchlaufen den größten Bogen am Himmel. Sie gehen genau im Osten auf und gehen genau im Westen unter.

ÜBRIGENS

Der Polarstern (Polaris) ist nicht – wie oft vermutet wird – der hellste Stern am Himmel. Aber es gibt eine kleine Hilfestellung für das Auffinden: Hat man den Großen Wagen gefunden, verlängert man in Gedanken den Abstand der letzten beiden Sterne des Kastens fünfmal nach oben. Dort befindet sich dann der Polarstern. In seiner Umgebung gibt es nur schwächer leuchtende Sterne, sodass man ihn nicht verwechseln kann.
Der Polarstern bildet außerdem das Ende der Wagendeichsel des Kleinen Wagens.

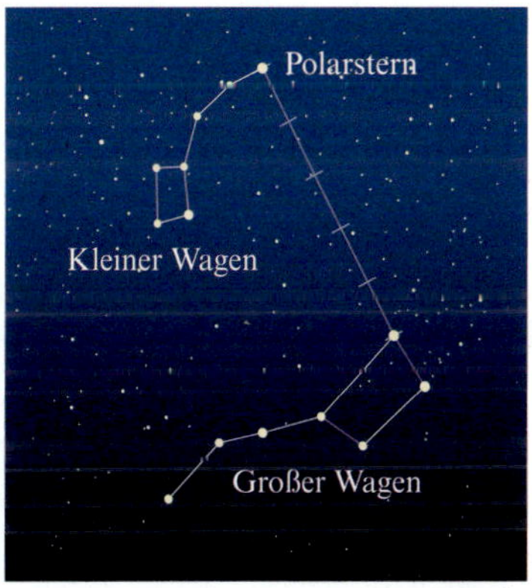

2

Kugelgestalt und Rotation der Erde

Du weißt sicher, dass die Erde eine frei schwebende Kugel im Weltall ist. Die Drehung des Sternenhimmels ist eine Folge der Drehung der Erde um ihre Achse, die durch ihren Nord- und den Südpol verläuft. Wie passen die beobachtbare Himmelsdrehung über dem Horizont und die Rotation der Erde um ihre Achse zusammen?
Wenn du bei guter Sicht auf einer weiten Ebene stehst, hast du den Eindruck, auf einer ebenen Fläche zu stehen und nicht auf einer Kugel! Aber wenn du genau beobachtest, kannst du die Kugelgestalt der Erde erkennen. Besonders einfach geht es am Meer: Wenn du sich entfernende Schiffe mit dem Fernglas verfolgst, bemerkst du, dass zunächst ihr Rumpf „unter dem Horizont" verschwindet. Die Aufbauten und Masten kannst du viel länger sehen. Wenn du ins Wasser gehst, und eintauchst, bis sich deine Augen dicht über der Wasseroberfläche befinden, dann werden auch nähere Schiffe unsichtbar: Das Wasser wölbt sich wie ein Berg vor deinen Augen, und du kannst nur noch 800 m weit sehen.
Sehr deutlich kann man die Kugelgestalt der Erde bemerken, wenn man bei weiten Reisen auf den Himmel achtet:
Bei einer Reise nach Süden kippt der ganze Sternenhimmel so, dass der Polarstern immer tiefer zum Horizont sinkt. Wenn man den Äquator überquert, verschwindet er sogar unter dem Horizont. Schließlich stehen die Sternbilder auf dem Kopf.

1

Blick vom Mond auf die Erde. Die Astronauten, die zum Mond flogen, konnten zum ersten Mal den ganzen Erdball im Lichte der Sonne überblicken und beobachten, wie durch die Drehung der Erde im Laufe der Zeit unterschiedliche Teile der Erde von der Sonne beleuchtet werden.

Weil die Erde eine Kugel ist, sieht der Sternenhimmel für Beobachter an Orten unterschiedlicher geografischer Breite verschieden aus: Je weiter nördlich sich die Beobachter befinden, desto höher steht der Polarstern über dem Horizont.

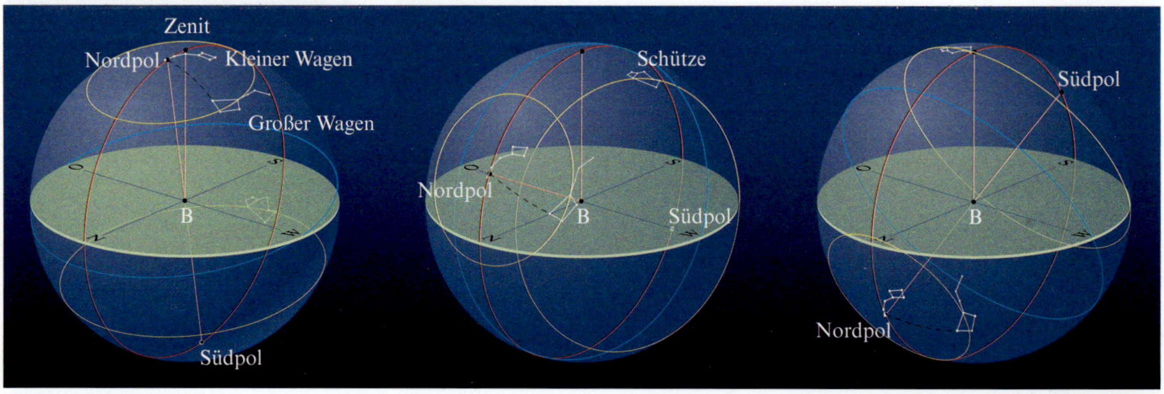

2

Der Himmel „reagiert" auf die Reise des Beobachters von Norden nach Süden: So sieht ein Reisender den Himmel zur selben Uhrzeit, wenn er sich bei den geografischen Breiten 80°, 25° bzw. –30° befindet.

Bei einer Reise nach Osten bemerkt man die Kugelgestalt daran, dass die Sterne immer früher aufgehen, wenn man seine Uhr nicht umstellt. Sterne, die zu Hause gerade aufgehen, stehen dann weiter im Osten um dieselbe Uhrzeit bereits hoch am Himmel. Man braucht aber gar nicht nach Osten zu reisen, um die Sterne höher steigen zu sehen; wartet man, dann „reist" man durch die Drehung der Erde nach Osten.

Die Drehung des Sternenhimmels von Ost nach West entsteht dadurch, dass sich die Erde von Westen nach Osten dreht.

Die drehbare Sternkarte

Das Auffinden bekannter Sternbilder ist nicht einfach: Zu unterschiedlich kann ihre Stellung über dem Horizont sein. Die drehbare Sternkarte ist ein nützliches Hilfsmittel, um sich am Sternenhimmel zu orientieren. Sie besteht aus einer *Grundscheibe*, die den nördlichen Sternenhimmel mit dem Polarstern in der Mitte zeigt. Da die Himmelskugel auf eine Ebene abgebildet wird, sind die Sternbilder umso stärker verzerrt, je weiter sie vom Himmelspol entfernt sind.
Über der Grundscheibe lässt sich eine *Deckscheibe* mit einem „Fenster" drehen. Die beiden Scheiben haben am Rand eine Uhrzeit-, bzw. eine Datumsskala. Dreht man die Scheiben so, dass das aktuelle Datum und eine bestimmte Uhrzeit zusammenfallen, dann zeigt das Fenster den sichtbaren Himmel für diesen Zeitpunkt.

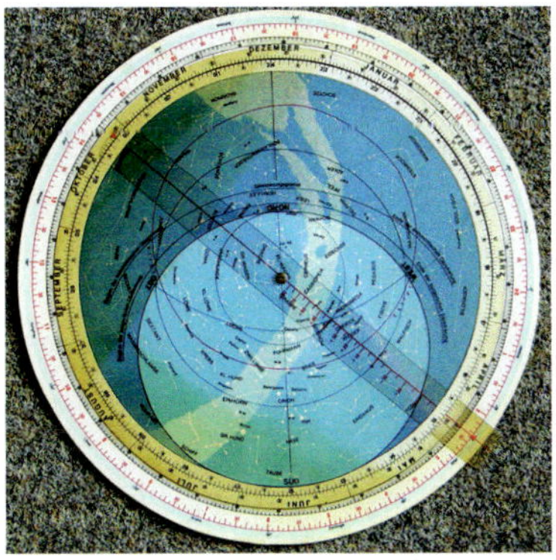
1
Die drehbare Sternkarte zeigt für jede Uhrzeit und für jeden Tag des Jahres den sichtbaren Sternenhimmel. Mit ihrer Hilfe können bekannte und unbekannte Sternbilder am Himmel aufgefunden werden.

Horizontkoordinaten. Bei manchen Sternkarten enthält das Sichtbarkeitsfenster zusätzlich Koordinatenlinien, die es ermöglichen, die Position eines Sterns über dem Horizont ziemlich genau abzulesen (Bild 3). Die Horizontkoordinaten heißen Höhe und Azimut (Bild 2).
Die **Höhe** h ist der Winkel, den die Gerade Beobachter–Gestirn mit der Horizontebene bildet. Das **Azimut** A ist die als Winkel gegen Süden angegebene und im Gradmaß ausgedrückte Himmelsrichtung.

Die Höhe kann über dem Horizont Werte zwischen 0° (Horizont) und 90° (Zenit) annehmen. Sterne unter dem Horizont haben eine negative Höhe. Das Azimut kann alle Winkelwerte annehmen. Das Azimut A wird von Süden aus im Uhrzeigersinn gemessen: $A = 0°$ – Süden, $A = 90°$ – Westen, $A = 180°$ – Norden und $A = 270°$ – Osten.

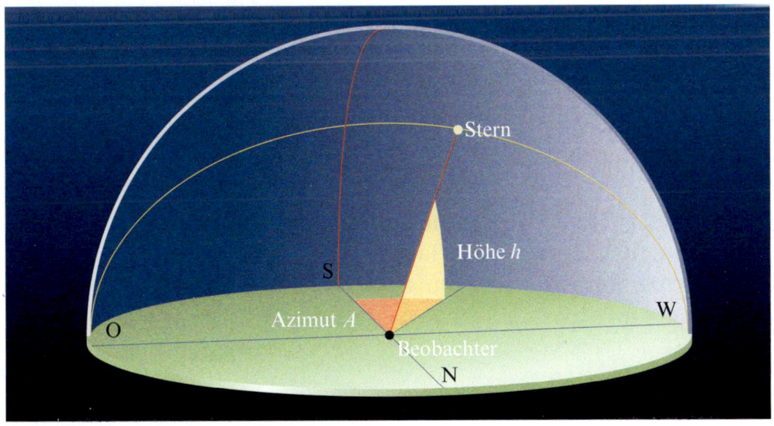

2

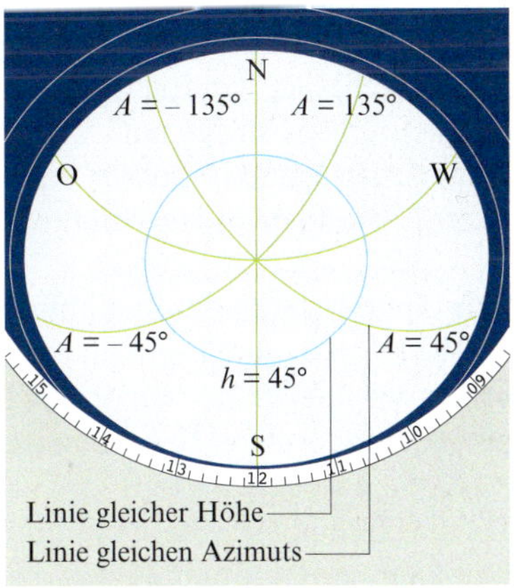

3
Sichtbarkeitsfenster

Gebrauch der Sternkarte. Um die richtig eingestellte Sternkarte zur Orientierung zu benutzen, müsste man sie eigentlich so über sich halten, dass die auf dem Kartenhorizont angegebenen Himmelsrichtungen mit denen in der Natur übereinstimmen. Diese Unbequemlichkeit lässt sich aber vermeiden: Der Beobachter hält die eingestellte Karte senkrecht so vor sich, dass die Himmelsrichtung, in die er blickt, auf der Karte nach unten zeigt. Dann stimmen der Sternenhimmel vor ihm und der untere Teil des Himmels im Sichtbarkeitsfenster der Sternkarte überein.

Die auf der Uhrzeitskala angegebenen Uhrzeiten sind **Ortszeiten**, die für jeden Ort – genauer: für jeden Längenkreis – unterschiedlich sind. Die **Mitteleuropäische Zeit MEZ** ist die Ortszeit für 15° östlicher Länge. Weil sich die 24 Stunden des Tages auf die 360° des Erdumfangs verteilen, unterscheiden sich die Ortszeiten bei 15° Längenunterschied um 1 Stunde. Um den Unterschied der eigenen Ortszeit von der MEZ bestimmen zu können, muss man die eigene geografische Länge kennen: Für jedes Grad Abweichung von 15° ergibt sich eine Differenz von 4 min.

Die Sternkarte als Modell des Himmels. Mit der drehbaren Sternkarte lassen sich viele Eigenschaften des Sternenhimmels und seiner Bewegung veranschaulichen.
Wie man bei der Beobachtung des Sternenhimmels nicht unterscheiden kann, ob sich der Himmel dreht oder die Erde, so ist es bei der Sternkarte gleichgültig, ob die Deckscheibe *im* Uhrzeigersinn oder die Grundscheibe um denselben Winkel *dagegen* gedreht wird.

Beispiel
Dresden hat eine geografische Länge von etwa $\lambda = 13{,}75°$. Es liegt also 1,75° westlich des 15. Längengrades. Seine Ortszeit geht also um $1{,}75 \cdot 4\,\text{min} = 7\,\text{min}$ gegenüber der dortigen Ortszeit *nach*. Wenn man also in Dresden mit der Sternkarte den Himmelsanblick um 22 Uhr MEZ genau einstellen will, muss man die Ortszeit auf 21.53 Uhr stellen. Für andere deutsche Städte ergeben sich Zeitdifferenzen bis zu 36 Minuten.
Übrigens: Görlitz liegt genau auf dem 15. Längengrad!

Die jährliche Veränderung des Himmelsanblicks

Die Skalen der Sternkarte zeigen, dass für den 15. Januar um 22 Uhr, für den 15. Februar um 20 Uhr und für den 17. März um 18 Uhr dieselbe Einstellung gilt (Bild 1). Die Sternkarte zeigt also, dass dieselbe Stellung des Sternenhimmels über dem Horizont im Laufe des Jahres immer früher erreicht wird – jeden Monat um etwa zwei Stunden früher.
Wenn man umgekehrt abends immer um dieselbe Uhrzeit zum Himmel sieht, dann hat er sich etwas weitergedreht – jeden Monat um etwa 30°. Besonders gut lässt sich das am Großen Wagen beobachten, der als zirkumpolares Sternbild ganzjährig zu beobachten ist (Bild 2).
Wenn sich aber der Sternenhimmel nach 24 Stunden etwas mehr als einmal gedreht hat, benötigt er für eine vollständige Umdrehung weniger als 24 Stunden. Bei genauem Beobachten kannst du schon in zwei aufeinander folgenden Nächten bemerken: Derselbe Stern erreicht bereits nach 23 Stunden und 56 Minuten wieder dieselbe Stellung!

Eine Umdrehung des Sternenhimmels dauert recht genau 23 Stunden und 56 Minuten. Dadurch verändert sich der Sternenhimmel von Tag zu Tag etwas, wenn man ihn immer um dieselbe Uhrzeit betrachtet. Im Laufe eines Jahres dreht er sich einmal vollständig um seine Achse.

Da die Drehung des Sternenhimmels auf der Rotation der Erde beruht, kann nun die Umdrehungszeit der Erde genauer angegeben werden.

Die Erde dreht sich in 23 Stunden und 56 Minuten einmal um ihre Achse.

Sternbilder für jede Jahreszeit. Die Veränderung des Sternenhimmels im Laufe eines Jahres ist der Grund dafür, dass es so genannte Frühlings-, Sommer-, Herbst- und Wintersternbilder gibt. Orion und die Zwillinge sind im Januar besonders gut zu beobachten, (etwa zwischen 20 Uhr und 22 Uhr). Für Löwe und Bootes gilt das im April. Jeweils ein halbes Jahr später sind sie dann gar nicht zu sehen: Sie sind tagsüber am Himmel.

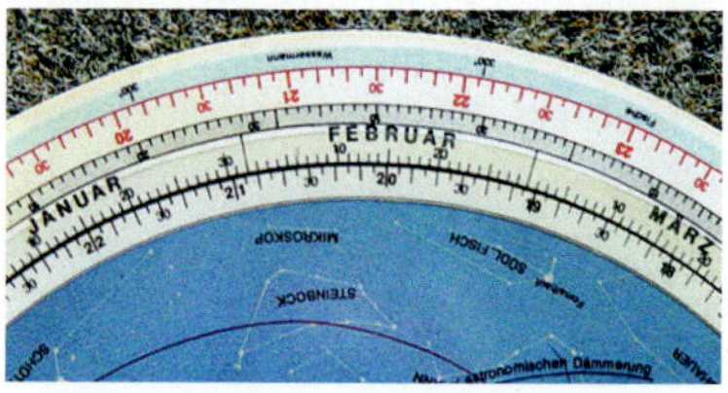

1
Skalen der drehbaren Sternkarte

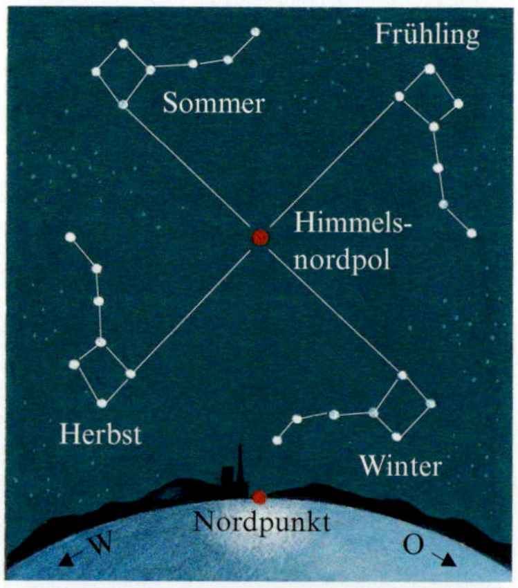

2
Die abendliche Stellung des Großen Wagens im Laufe des Jahres.

3
Sternbild Orion

Die Sternbilder des Tierkreises

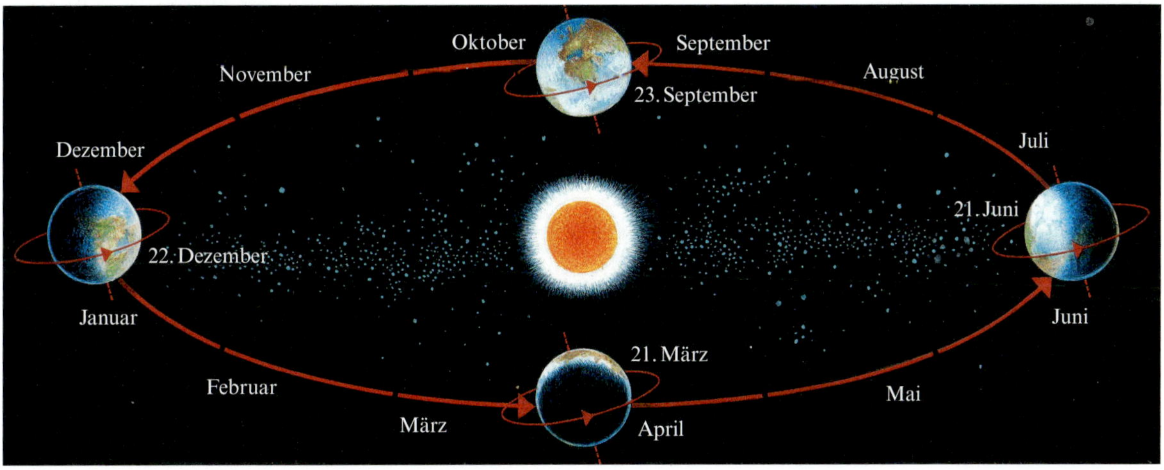

1 Der Jahreslauf der Erde um die Sonne

Die Veränderung des Himmelsanblicks im Laufe des Jahres wird durch den Lauf der Erde um die Sonne hervorgerufen (siehe S. 56). Dadurch steht die Sonne in jedem Monat vor einem anderen Sternbild. Wenn man im Laufe eines Jahres mehrmals die Mittagshöhe der Sonne bestimmt, die Himmelsposition der Sonne dann mit einer drehbaren Sternkarte ermittelt und sie auf einem Himmelsglobus markiert, entsteht allmählich die scheinbare Bahn der Sonne über den Sternenhimmel, die so genannte **Ekliptik** (Bild 2). Entlang der Ekliptik durchläuft die Sonne vorwiegend Sternbilder mit Namen von Tieren. Deshalb wird die Ekliptik auch als **Tierkreis** bezeichnet. Man sagt: „Die Sonne durchläuft den Tierkreis.“ oder „Die Sonne steht im Löwen.“ Das Sternbild Löwe ist dann nachts nicht zu sehen, weil es am Tage gleichzeitig mit der Sonne über dem Horizont steht.

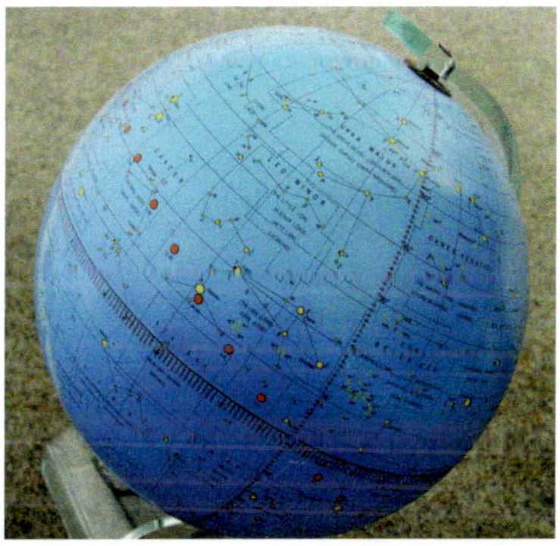

2 Die Ekliptik auf einem Himmelsglobus

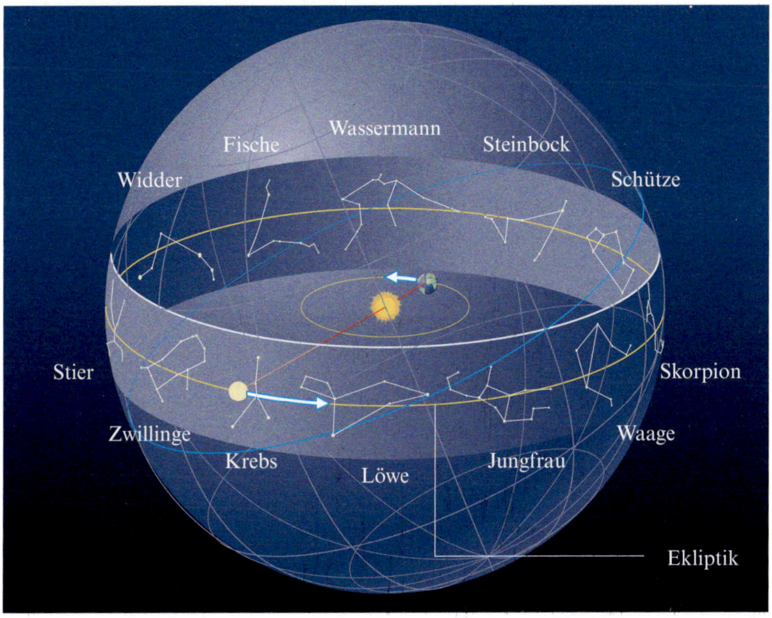

3 Die zwölf Tierkreissternbilder sind Widder, Stier, Zwillinge, Krebs, Löwe, Jungfrau, Waage, Skorpion, Schütze, Steinbock, Wassermann, Fische.

Projekt

Beobachtungen und Messungen am Sternenhimmel

AUFTRAG 1
Beobachte die „tägliche“ Drehung des Sternenhimmels. Sieh dazu im Laufe eines sternklaren Abends, jeweils im Abstand von etwa einer halben Stunde von demselben Beobachtungsort zum Himmel! Besonders kleine Veränderungen kannst du bemerken, wenn du auf die Stellung heller Sterne in Bezug auf nahe Gegenstände der Umgebung (Häuser, Schornsteine, Bäume usw.) achtest.

1 Finde mithilfe des Großen Wagens den Polarstern und damit die Nordrichtung. Präge dir die Richtung der Verbindungslinie von den hinteren Kastensternen des Wagens zum Polarstern ein.
2 Versuche zu beobachten, dass Sterne im Osten höher steigen. Vielleicht siehst du dabei auch einen Stern aufgehen. Du kannst auch versuchen, am Westhorizont untergehende Sterne zu verfolgen.
3 Achte auch auf Sterne, die im Süden durch den Meridian oder über dir durch den Zenit gehen.

AUFTRAG 2
Versuche, die jahreszeitliche Veränderung des Sternenhimmels wahrzunehmen!
Beobachte den Sternenhimmel, im Abstand von etwa zwei Wochen, immer um dieselbe Uhrzeit. Achte dabei auch auf die Stellung des Großen Wagens. Besonders deutlich kannst du die Veränderung an auf- oder untergehenden Sternbildern bemerken.

AUFTRAG 3
Um aus der Beobachtung des Sternenhimmels auf den eigenen Standort auf der Erde schließen zu können, müssen am Himmel Winkel gemessen werden. Schon mit deiner Hand kannst du recht genaue Ergebnisse erzielen (Bild 1).

1 Übe die Winkelmessung mit der Hand am Großen Wagen. Die Ergebnisse, die du dort erzielen kannst, zeigt Bild 2.
2 Miss die ungefähre Höhe des Polarsterns über dem Horizont.

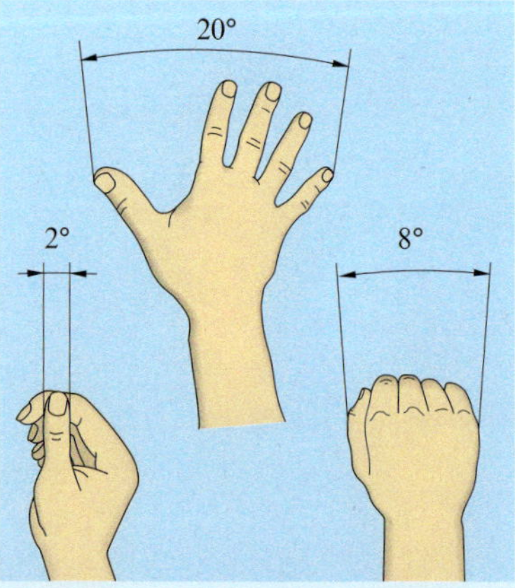

1

Winkelmessungen mit der eigenen Hand. Abstände zwischen Sternen an der Himmelskugel werden als Winkel angegeben. Ganz ohne Winkelmessgerät, nur mit deiner Hand, kannst du recht genaue Messungen am Himmel vornehmen. Weil Arm, Hände und Finger im gleichen Verhältnis wachsen, wenn du älter wirst, gelten die Angaben recht gut für jedes Alter und für jede Körpergröße.

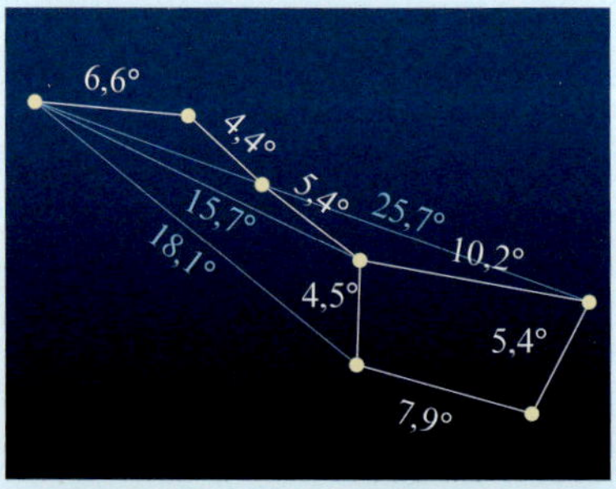

2

Winkelabstände zwischen den Sternen des Großen Wagens

Schon mit einem einfachen Fotoapparat kannst du eindrucksvolle Bilder der Himmelsdrehung aufnehmen! Er muss allerdings die Möglichkeit bieten, Bilder beliebig lange (B) zu belichten. Geeignet ist ein Film, am besten ein Diafilm, mit der Empfindlichkeit 200 ASA oder 400 ASA. Stelle die Fotokamera auf ein Stativ oder gib ihr anders einen festen Halt.
Für die ersten Versuche kannst du die Kamera einfach auf den Boden legen und so die Umgebung des Zenits fotografieren. Richte die Kamera auf den Polarstern, um die Kreisbewegung um den Himmelspol zu fotografieren. Wenn du Polarstern und Großen Wagen auf dasselbe Bild bekommen möchtest, sollte die Brennweite des Objektivs nicht größer als 40 mm sein.

AUFTRAG 4
Versuche, Spuren von aufgehenden, kulminierenden, untergehenden und über den Nordhorizont sich bewegenden Sternen aufzunehmen! Beginne mit einer Belichtungszeit von einer Minute. Verdoppele die Zeit dann schrittweise bis zu einer halben Stunde!

Weißt du es? Kannst du es

1. Finde in deinem Klassenzimmer, auf dem Schulhof und bei dir zu Hause Süden und die anderen Himmelsrichtungen! Wie verläuft an diesen Orten der Meridian?
2. Zwei Freunde in Europa und Südafrika (Europa und Westküste der USA) telefonieren miteinander, während sie den Sternenhimmel beobachten, und beschreiben sich gegenseitig ihre Beobachtungen.
   Welche Gemeinsamkeiten und welche Unterschiede stellen sie fest?
3. Sven beobachtet um 20:16:00 Uhr, dass ein heller Stern hinter einer senkrechten Hauskante verschwindet. Fünf Tage später sieht Sven von genau derselben Stelle aus den Stern um 19:56:20 Uhr verschwinden. Was kann er daraus schließen?
4. Finde mithilfe der drehbaren Sternkarte typische Frühlings-, Sommer-, Herbst- und Wintersternbilder!
5. In welcher Jahreszeit steht das Sternbild Löwe um Mitternacht im Osten?
6. Wie lange befindet sich der Stern Regulus im Sternbild Löwe am 1. April über dem Horizont? Kann man ihn während dieser Zeit – wolkenlosen Himmel vorausgesetzt – ständig sehen?
7. Finde mithilfe der drehbaren Sternkarte Sternbilder, die in Deutschland zirkumpolar sind!
8. Beschreibe den Anblick des Sternenhimmels heute Abend, 21 Uhr! Gib an, welche Sternbilder am Süd-, West-, Nord- und Osthimmel und welche in der Nähe des Zenits zu sehen sein werden!
9. Am 1. Oktober um 19.30 Uhr befindet sich ein heller Stern genau im Süden. Wie heißt er und zu welchem Sternbild gehört er?
10. Beobachter in Rostock und Budapest visieren am gleichen Tage und zum gleichen Zeitpunkt den Stern Sirius an.
    Sie stellen folgende Koordinaten fest:
    Rostock: Azimut $A = 26°$, Höhe $h = 16°$
    Budapest: Azimut $A = 34°$, Höhe $h = 20°$
    Erkläre, weshalb die Koordinaten so große Unterschiede aufweisen!

Kurz und knapp!

Blick von der Erde zum Himmel

In 23h56min dreht sich der Himmel einmal um eine Achse von Ost nach West. Die Achse geht durch den Beobachter und ungefähr durch den Polarstern.

Am Nordpol steht der Polarstern im Zenit. Der Himmelsäquator verläuft entlang des Horizonts. Es ist immer dieselbe Hälfte des Himmels zu sehen.

Die Sonne durchläuft im Laufe eines Jahres die Ekliptik.

Die Ekliptik ist ein Kreis an der (scheinbaren) Himmelskugel.

Das Sternbild Orion ist ein Wintersternbild.

Blick von außen auf die Erde

In 23h56min dreht sich die Erde einmal um ihre Achse von Westen nach Osten. Die Rotationsachse geht durch den geografischen Nordpol und den geografischen Südpol.

Vom Polarstern aus ist nur die Nordhalbkugel der Erde zu sehen.

Die Erde umläuft die Sonne einmal im Jahr.

Die Erde umläuft die Sonne in einer Ebene. Die Sternbilder der Ekliptik liegen in der Bahnebene der Erde.

In Wintermonaten ist aus Richtung des Sternbildes Orion die Nachthälfte der Erde zu sehen.

Der Aufbau des Sonnensystems

Die Sonne – Zentrum des Sonnensystems

Im Zentrum des Sonnensystems befindet sich die Sonne. Sie ist eine selbst leuchtende Gaskugel, die durch die Gravitationskraft ihrer eigenen großen Masse zusammengehalten wird. Im Zentralgebiet der Sonne wird ständig Energie freigesetzt, die an der Sonnenoberfläche in Form von Licht, Wärme und anderen elektromagnetischen Wellen sowie von Teilchen in den Weltraum abgestrahlt wird.

Die Sonne ist der größte und bei weitem massereichste Himmelskörper des Sonnensystems.

Ihr Durchmesser übertrifft alle Planetendurchmesser um ein Vielfaches, und ihre Masse ist etwa 750-mal größer als die Masse aller übrigen Körper des Sonnensystems zusammen. Deshalb bildet die Sonne das Massezentrum, um das sich alle Himmelskörper des Sonnensystems bewegen.

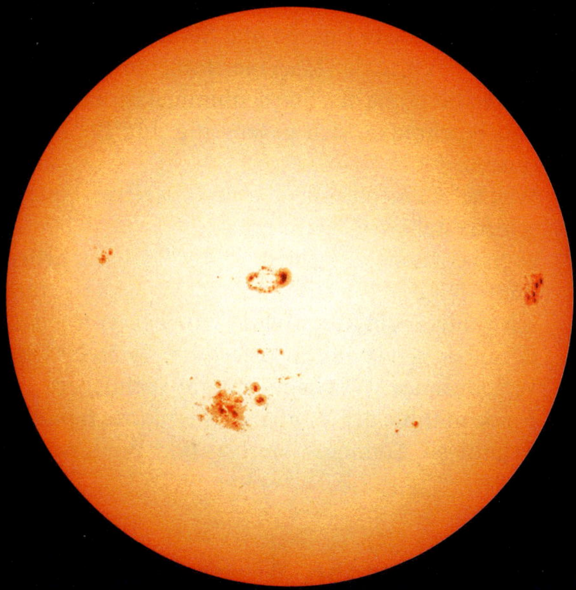
1

Die Planeten

Die nächst kleineren Himmelskörper im Sonnensystem sind die Planeten. In der Reihenfolge ihres Abstandes von der Sonne heißen sie Merkur, Venus, Erde, Mars, Jupiter, Saturn, Uranus und Neptun.

Planeten sind kugelähnliche Himmelskörper. Sie umlaufen die Sonne auf elliptischen Bahnen und reflektieren das Sonnenlicht. Die Bahnellipsen weichen nur geringfügig von der Kreisform ab.

Merkur und Venus bewegen sich innerhalb der Erdbahn; sie werden als innere Planeten bezeichnet. Die Planeten, deren Bahnen außerhalb der Erdbahn liegen, heißen äußere Planeten.
Die Planeten unterscheiden sich außer nach ihrem Sonnenabstand auch in ihren Durchmessern, ihren Massen und ihren mittleren Dichten.

2

Die Reihenfolge der Planeten

Die Satelliten (Monde)

Alle äußeren Planeten und die Erde werden von kleineren Himmelskörpern umkreist, den Monden.

Monde sind Himmelskörper, die ihren Planeten umlaufen und das Licht der Sonne reflektieren.

1 Die großen Satelliten im Vergleich zur Erde und zum Erdmond

Die Zwergplaneten

Zwergplaneten sind annähernd kugelförmige Himmelskörper, die die Sonne umlaufen. Sie unterscheiden sich von den Planeten dadurch, dass sie nicht die einzigen Körper in ihrer jeweiligen Umlaufbahn sind. Von den Monden unterscheiden sie sich, da sie sich während ihres Umlaufs um die Sonne nicht gleichzeitig um einen Planeten bewegen.

Zwergplaneten sind annähernd kugelförmige Himmelskörper, die die Sonne umlaufen. Sie sind aber keine Monde und in ihrer jeweiligen Umlaufbahn nicht die einzigen Himmelskörper.

Die Kleinkörper im Sonnensystem

Außer den Planeten, Zwergplaneten und Monden gibt es im Sonnensystem eine große Anzahl kleinerer Himmelskörper mit vergleichsweise sehr geringen Durchmessern und Massen, die Asteroiden, die Kometen und die Meteoroide.

Als Kleinkörper im Sonnensystem (engl. Small Solar System Bodies) werden Asteroiden, Kometen und Meteoroide bezeichnet.

2 Io – ein Mond des Jupiter

Kometen und Meteorite wurden bereits im Altertum als auffällige und ungewöhnliche Himmelserscheinungen beobachtet (Bild 3).
Von den Asteroiden sind bis heute etwa 338 000 bekannt, wobei die tatsächliche Anzahl wohl in die Millionen gehen dürfte.

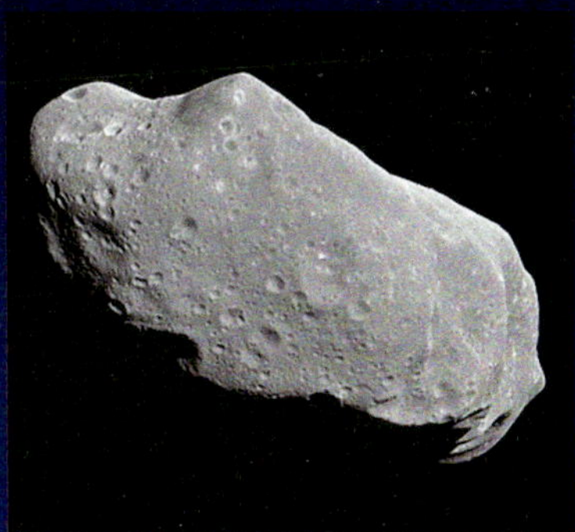

4 Asteroid Ida

3 Darstellung eines Meteoritenfalls aus dem Jahre 1492

Die Sonne – unser Stern

1

Ohne die Sonne wäre keinerlei Leben auf der Erde möglich. Das ist schon vor Jahrtausenden erkannt worden. Im alten Ägypten wurde die Sonne deshalb als Gottheit verehrt.
Woher stammt die Sonnenenergie? Wie lange kann die Sonne Energie abstrahlen? Was wird einmal aus der Sonne?

Die Sonne – eine Gaskugel

Kein anderer Stern bietet so gute Beobachtungsmöglichkeiten wie die Sonne. Sie ist von uns rund 150 Mio. km entfernt. Damit ist sie uns 266 000-mal näher als der Nachbarstern Alpha Centauri, 553 000-mal näher als der helle Sirius, 41 Millionen mal näher als der Polarstern. Sie ist der einzige Stern, auf dem wir von der Erde aus bereits mit einem mittelgroßen Fernrohr viele Einzelheiten (z. B. dunkle Flecken, die Strukturen der Oberflächenschicht, die Schichten der äußeren Gashülle, flammende Gasausbrüche) beobachten können.
Alle Sterne sind Gaskugeln, deren Materie durch die Gravitationskraft zusammengehalten wird. Mit Ausnahme der Sonne befinden sie sich so weit von der Erde entfernt, dass sie mit dem bloßen Auge und sogar auch mit dem Fernrohr lediglich als Lichtpunkte erscheinen. Nur bei ganz wenigen Sternen sind bisher mit großem technischen Aufwand Andeutungen von Oberflächenstrukturen entdeckt worden.
Die Sonne rotiert, jedoch nicht wie ein fester Körper. Die Äquatorzone bewegt sich schneller als die polnahen Bereiche; im Mittel dauert eine Umdrehung der Sonne um ihre Achse 25,4 Tage.

Die Sonne ist ein Stern, d. h. eine selbstleuchtende Gaskugel großer Masse und hoher Temperatur.

Die Masse der Sonne beträgt $2 \cdot 10^{30}$ kg. Im Zentrum der Sonne ist die Materie sehr stark konzentriert. Die Temperatur beträgt dort $1{,}5 \cdot 10^7$ K und der Druck $2 \cdot 10^{16}$ Pa.
Das Sonneninnere besteht aus einem Gemisch aus Wasserstoff- und Helium-Atomkernen sowie freien Elektronen.

ÜBRIGENS

Die mittlere Entfernung zwischen Erde und Sonne ist ein „Maßstab" für die Angabe von Entfernungen im Kosmos. Sie heißt **Astronomische Einheit (AE)**.
1 AE = 149,6 Mio. km
(≈ 150 Mio. km)

Wichtige Größen der Sonne

Radius
700 000 km (etwa 110 Erdradien)

Masse
$2 \cdot 10^{30}$ kg
(etwa 330 000 Erdmassen)

mittlere Dichte
1,41 g/cm³ (etwa 1/4 der mittleren Dichte der Erde)

chemische Zusammensetzung
vorwiegend
Wasserstoff (73 % der Masse) und
Helium (25 % der Masse)

Nach außen zu nehmen Temperatur und Druck stark ab. In der Übergangszone vom Sonneninneren zur Sonnenatmosphäre beträgt die Temperatur im Mittel noch 6000 K.
Diese Übergangszone heißt Photosphäre (Bild 1). Die Photosphäre ist nur etwa 300 km dick, deshalb erscheint der Sonnenrand im Fernrohr als scharfe Grenze. Die Photosphäre ist die Schicht, von der die Sonnenenergie nach außen abgestrahlt wird. Wir sehen sie als Oberflächenschicht der Sonne.

Im Fernrohrbild der Sonne nimmt die Helligkeit zum Rande hin ab, denn in der Nähe des Sonnenrandes schaut man schräg auf die Photosphäre und empfängt Licht vorwiegend aus ihren oberen, kühleren und daher schwächer leuchtenden Schichten.
Die Photosphäre ist nicht gleichmäßig hell. Auf guten Sonnenfotografien erkennt man eine körnige oder netzartige Struktur (Bild 2). In den einzelnen Zellen dieser Netzstruktur steigt in der Mitte heißes Gas auf, das nach Abkühlung am Rand der Zelle wieder absinkt. Durch diese Bewegung wird die Materie bis in eine Tiefe von etwa 150000 km kräftig durchmischt.

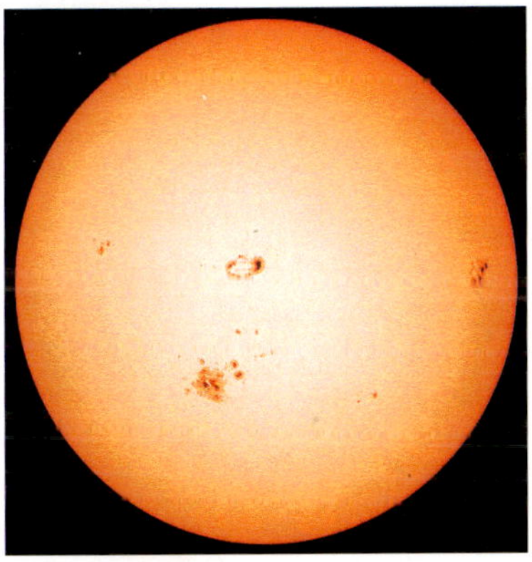
1

Sonne mit Sonnenflecken. Wir blicken durch die Sonnenatmosphäre hindurch auf die Photosphäre.

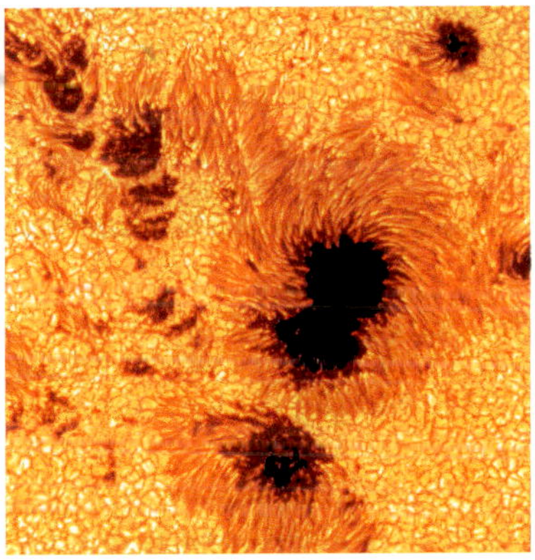
2

Stark vergrößerter Ausschnitt aus der Photosphäre mit einem Sonnenfleck.

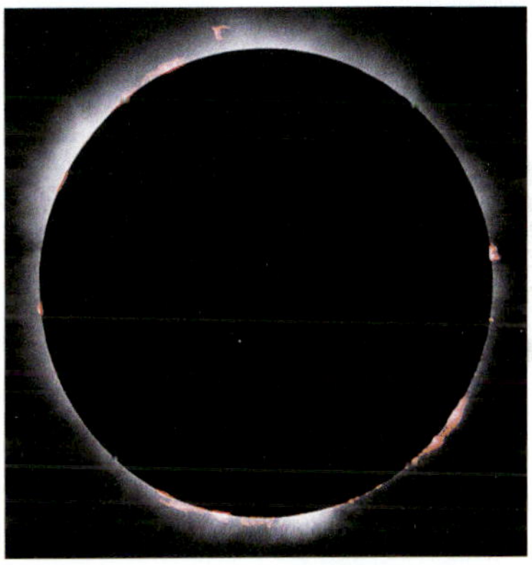
3

Bei einer totalen Sonnenfinsternis zeigen kurz belichtete Aufnahmen die Chromosphäre.

Wie eine Haut aus Flammen liegt über der Photosphäre die rötlich leuchtende Chromosphäre. Sie ist 10000 km bis 30000 km dick, durchsichtig und leuchtet deutlich schwächer als die Photosphäre. Deshalb kann man sie nur beobachten, wenn die Photosphäre verdeckt wird. Das ist z. B. bei einer totalen Sonnenfinsternis der Fall (Bild 3), kann aber auch durch Blenden oder Filter im Fernrohr bewirkt werden.

Magnetische Kräfte reißen die glühenden Gasmassen mit Geschwindigkeiten bis zu 30 km/s nach außen. Die Temperatur in der Chromosphäre nimmt nach außen hin zu – von 4500 K an der Grenze zur Photosphäre steigt sie auf rund 500000 K. Die Aufheizung erfolgt sehr wahrscheinlich durch mechanische Druckwellen, die von der Photosphäre ausgehen. Trotz der hohen Temperatur ist der Energiegehalt der Chromosphärengase nur gering, weil ihre Dichte sehr niedrig ist (sie beträgt nur etwa ein Millionstel der Dichte unserer Atemluft).

Die äußerste Schicht der Sonnenatmosphäre ist die **Korona**, eine gewaltige weißliche Gaswolke, die weit in den Weltraum hinausreicht und sich ohne scharfe Begrenzung dort allmählich verliert (Bild 1). Auch die Korona kann wegen ihrer geringen Helligkeit nur bei totalen Sonnenfinsternissen mit dem bloßen Auge gesehen werden.

1 Sonnenkorona bei einer totalen Sonnenfinsternis

2 Schematischer Schnitt durch die Sonne

Seit dem Jahre 1938 ist bekannt, dass die Sonne und die anderen Sterne die Energie, die sie über Milliarden Jahre hinweg in den Weltraum abstrahlen, aus der Verschmelzung (Fusion) der Atomkerne ihres Wasserstoffs zu Heliumkernen beziehen. Dabei wird Energie freigesetzt. Dieser Vorgang findet im heißesten Bereich der Sonne, im **Zentralgebiet**, statt. Die Sonnenenergie wird von der Photosphäre in den Weltraum abgestrahlt, nicht vom Zentrum. Die Energie muss also vom Zentralgebiet der Sonne nach außen transportiert werden. Sie wird auf ihrem Wege nach außen unzählige Male von Teilchen der Sonnenmaterie absorbiert und nach ganz kurzer Zeit wieder abgestrahlt. Dabei ist ihr Weg nicht geradlinig; vielmehr verlaufen die Vorgänge fast völlig ungeordnet. Es dauert etwa 1 Mio. Jahre, bis die im Zentralgebiet der Sonne entstandene Energie die Photosphäre erreicht hat. Bis zu einer Tiefe von etwa 600 000 km Dicke unterhalb der Photosphäre wird die Energie nicht durch Strahlung, sondern vorwiegend durch Wärmeströmung (Konvektion) transportiert: Die heißen Gasmassen steigen in Bereichen von 500 km bis 1 500 km Durchmesser an die Oberfläche auf, kühlen sich dort ab, sinken wieder in heißere Bereiche zurück, erwärmen sich erneut und führen so ständig Energie von innen nach außen. Dieser Bereich ist die **Konvektionszone**.

Zum Sonneninneren gehören das Zentralgebiet, die Strahlungszone und die Konvektionszone. Die Atmosphäre bilden Photosphäre, Chromosphäre und Korona.

Sonnenaktivität

In begrenzten Gebieten auf der Sonne und in der Sonnenatmosphäre treten veränderliche, relativ kurzlebige Erscheinungen auf – man nennt sie Sonnenaktivität. Diese Erscheinungen werden durch Veränderungen im Magnetfeld der Sonne verursacht.

Sonnenflecke. Sonnenflecke sind dunkle, unregelmäßige Gebilde unterschiedlicher Größe in der Photosphäre. Sie können einige Tage oder Wochen bestehen bleiben – können dabei auch ihre Form und Größe verändern – und vergehen schließlich wieder.
Sonnenflecke sind die Stellen, an denen magnetische Feldlinien nahezu senkrecht aus der Photosphäre austreten (Bild 1).
Die Temperatur in den Sonnenflecken ist stets niedriger als in der ungestörten Photosphäre. Der Unterschied beträgt etwa 2 000 K.
Mit dem Fernrohr betrachtet sehen die Sonnenflecke schwarz aus (siehe auch Bild 1, S. 73). Das ist die Folge des Kontrastes zur umgebenden Photosphäre. In Wirklichkeit leuchtet auch das scheinbar dunkle Zentrum eines Sonnenflecks so hell wie ein Körper mit einer Temperatur von fast 4 000 K.

ÜBRIGENS

Sonnenflecke können in Ausnahmefällen Durchmesser von 200 000 km erreichen. Dann sind sie bei tief stehender Sonne auch mit dem bloßen, durch ein Filter geschützten Auge zu sehen.

1 Sonnenfleckengruppe und Magnetfeldlinien

2 Bogenförmige Protuberanz, deren Struktur die magnetischen Feldlinien nachbildet.

Protuberanzen. Die Wirkungen der Magnetfelder reichen bis weit über die Chromosphäre hinaus. Es entstehen leuchtende bogen- oder brückenartige Strukturen, die bei totalen Sonnenfinsternissen oder mit speziellen Lichtfiltern im Fernrohr gegen den dunklen Himmelshintergrund gut zu sehen sind (Bild 2). Sie heißen Protuberanzen.
Protuberanzen können tagelang nahezu unverändert bestehen und sich dann allmählich auflösen. Es kommt aber auch vor, dass sie in ein aktives Stadium übergehen und sich in aufwärts oder abwärts gerichtete Gasströme verwandeln.

Chromosphärischen Eruption. Kurzzeitige, extrem schnelle Helligkeitsausbrüche in einem aktiven Gebiet auf der Sonne werden als chromosphärische Eruption (oder Sonneneruption) bezeichnet. Dabei wird Materie mit Geschwindigkeiten bis zu 300 km/s ausgestoßen, und es wird explosionsartig Energie und Teilchenstrahlung freigesetzt. Sie dauern wenige Minuten oder Stunden und treten meist in der Nähe großer Fleckengruppen auf.
Dabei wird so viel Energie freigesetzt, dass man damit den derzeitigen Energiebedarf der Erdbevölkerung einige hundert Jahre lang decken könnte. Stets sind Magnetfelder die Ausgangsorte dieser Ereignisse, die bis in den erdnahen Weltraum wirken.

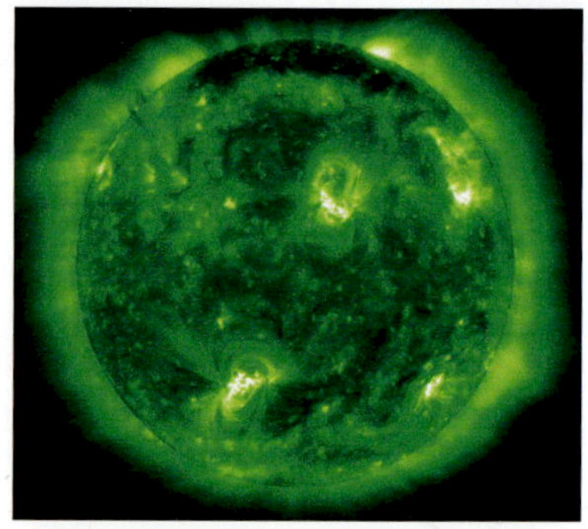
1

Die Sonne im ultravioletten Licht. Die aktiven Gebiete sind Quellen starker ultravioletter Strahlung (Aufnahme des Sonnensatelliten SOHO).

Periode der Sonnenaktivität. Die Häufigkeit, mit der die Erscheinungen der Sonnenaktivität auftreten, schwankt mit einer Periode von rund 11 Jahren. Betrachtet man jedoch die Polarität der beteiligten Magnetfelder, so verdoppelt sich dieser Wert. Nach jeweils 11 Jahren ist zwar die maximale Häufigkeit der Sonnenflecke, Protuberanzen und Eruptionen wieder erreicht, aber die dabei auftretenden Magnetfelder haben gegenüber dem vorhergehenden Maximum die umgekehrte Polarität. Erst nach 22 Jahren ist der Ausgangszustand wieder erreicht. Die 11-jährige Häufigkeitsperiode wird im Allgemeinen nur ungefähr eingehalten, es kommen Abweichungen bis zu einem Jahr vor. Maxima der Sonnenaktivität gab es z. B. 1980, 1990/91 und 2000/01, Minima 1976, 1986 und 1996. Die Maximalaktivität (z. B. gemessen an der Anzahl der auftretenden Sonnenflecke) ist nicht immer gleich hoch. 1990/91 war ein sehr hohes Maximum.

Sonnenflecke, Protuberanzen und Eruptionen sind veränderliche, relativ kurzlebige Erscheinungen auf der Sonne und in der Sonnenatmosphäre. Sie werden als Sonnenaktivität bezeichnet.

Wirkungen der Sonne auf die Erde

Energie und Leistung. Die Erde empfängt von der Sonne eine Leistung von $1{,}74 \cdot 10^{14}$ kW. Davon wird ein Anteil von etwa einem Prozent (10^{12} kW) in kinetische Energie der Atmosphäre (Wind) umgesetzt.
Die Sonne hält den Kreislauf des Wassers in Gang und ist die Energiequelle für alle Lebensvorgänge. Die weltweit durch technische und biologische Prozesse umgesetzte Strahlungsleistung von der Sonne beträgt etwa 10^{10} kW. Es wird also nur 1/20 000 der auftreffenden Leistung technisch oder biologisch genutzt.

Gravitation. Infolge der zwischen Sonne und Erde wirkenden Gravitationskraft beschreibt die Erde eine fast kreisförmige Bahn um die Sonne. Dadurch ist eine annähernd gleichmäßige Energiezufuhr für die Erde gewährleistet.
Allerdings befindet sich die Sonne nicht im Mittelpunkt der Bahn; der größte Abstand Anfang Juli ist um 3,4 % größer als der kleinste, der Anfang Januar erreicht wird. Die dadurch bewirkte Schwankung der Energiezufuhr beträgt jedoch nur wenige Prozent.

ÜBRIGENS

Welche Wirkungen magnetische Stürme und andere Erscheinungen der Sonnenaktivität auf lebende Organismen ausüben und warum das geschieht, ist noch weitgehend ungeklärt.
Die Jahresringe vieler Baumarten zeigen eine ausgeprägte 11-jährige Periode, da in Zeiten hoher Sonnenaktivität das Dickenwachstum dieser Bäume offenbar beschleunigt verläuft. Die Ursachen dafür sind unbekannt.

Sonnenwind. Die Sonne sendet ständig elektrisch geladene Teilchen (vorwiegend Elektronen und Protonen) aus. Dieser Teilchenstrom wird Sonnenwind genannt. Er breitet sich in alle Richtungen aus. Das Magnetfeld der Erde wird verformt. Es hält aber auch den größten Teil der Teilchen aus dem Sonnenwind von der Erde fern.

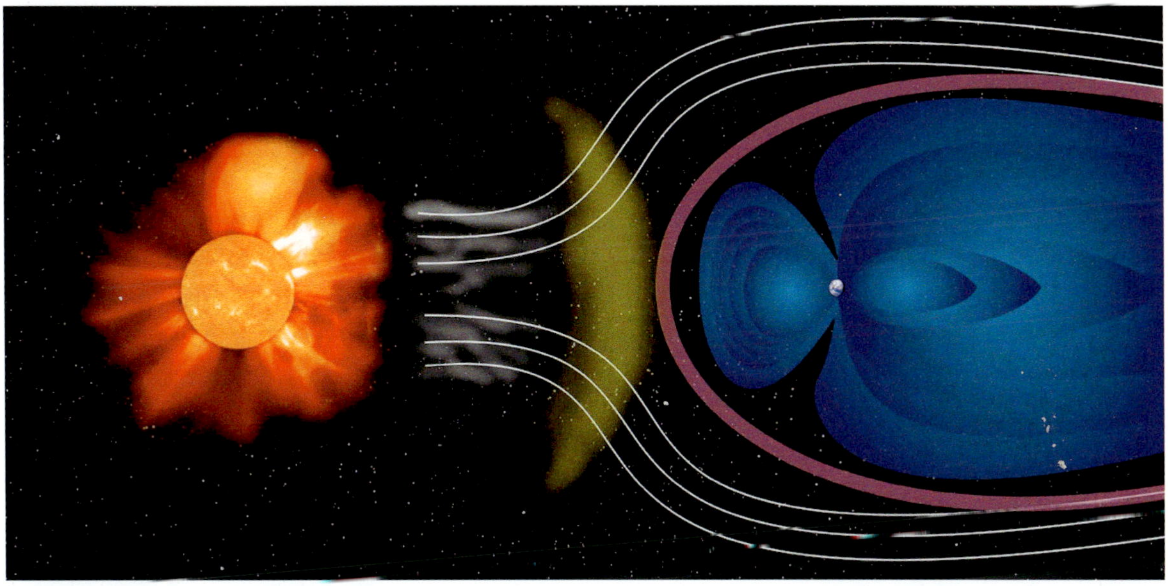

1

Wirkungen der Sonnenaktivität. Die Sonnenaktivität ist auch auf der Erde nachweisbar. Starke Eruptionen sind Quellen intensiver Teilchenstrahlung. Wenn die Teilchen in die Nähe der Erde gelangen, so verändern sie für einige Stunden oder sogar für einige Tage die Richtung und die Stärke des irdischen Magnetfeldes. Solche Änderungen heißen magnetische Stürme; sie können in elektrischen Leitungen an der Erdoberfläche, z. B. in Telefonleitungen, störende elektrische Spannungen verursachen. Auch manche Störungen des Radio- und Funkverkehrs, vor allem im Kurzwellenbereich, haben ihre Ursache in der Sonnenaktivität. Desweiteren können Satelliten-Navigationssysteme beeinflusst werden, wie zum Beispiel GPS. Die Anzeigefehler betragen dann auf der Erdoberfläche bis zu 50 m.

2

Polarlicht

Polarlichter entstehen, wenn Sonnenwind-Teilchen, hauptsächlich Elektronen, aber auch Protonen, auf die oberen Schichten der Atmosphäre treffen. Dort regen sie die vorhandenen Gasmoleküle zum Leuchten an. Polarlichter treten hauptsächlich in den Polregionen – in Höhen zwischen 100 km und 300 km – auf, weil die Teilchen vom Magnetfeld der Erde zu den Polen gelenkt werden. Dort verläuft das Magnetfeld senkrecht zur Oberfläche und die Teilchen können in die Atmosphäre eintreten.

3

Polarlicht über Bautzen am 6. April 2000. Bei besonders starker Aktivität können Polarlichter bis in den Mittelmeerraum hinein auftreten.

Außerdem heizen die Teilchenströme die Atmosphären der Planeten auf. Die Erdatmosphäre reagiert auf diese Temperaturerhöhung, indem sie sich ausdehnt. Das kann die Bahnbewegung künstlicher Erdsatelliten erheblich beeinflussen.

Sonnenbeobachtung

In der Schule beobachtet man die Sonne mithilfe eines Fernrohrs, meist als Projektionsbild auf einer weißen Fläche, die hinter dem Okular angebracht ist. Der direkte Blick in die Sonne durch ein Fernrohr hätte schwerste Schädigungen der Augen zur Folge.

In der astronomischen Forschung muss darauf Rücksicht genommen werden, dass sich während der Beobachtung die Luft über dem Erdboden und im Fernrohr stark erwärmt. Dabei entstehen Luftschlieren, die das Bild der Sonne im Fernrohr zu einer strukturlosen Scheibe verwischen, auf der keine Einzelheiten erkennbar sind. Deshalb werden viele Sonnenteleskope als Turmteleskope gebaut, deren Eintrittsöffnung möglichst hoch über der Erdoberfläche liegt (Bilder 1, 4, 5).
Das Teleskop ist in diesem Falle unbeweglich; das Sonnenlicht wird durch ein System von Spiegeln in die meist senkrecht angeordnete Optik gelenkt (Bild 1). Auch die Auswertegeräte sind – oft unterirdisch – ortsfest installiert.
Sonnenbeobachtungen ohne Einfluss der Erdatmosphäre sind nur aus dem Weltraum möglich. Seit 1995 befindet sich das Solar and Heliospheric Observatory – **SOHO** mit 12 Beobachtungsinstrumenten auf einer Bahn um die Sonne, rund 1,5 Millionen km innerhalb der Erdbahn. Eigentlich müsste SOHO wegen des kleineren Abstandes die Sonne schneller umrunden als die Erde (3. Kepler'sches Gesetz). In dieser Entfernung ist jedoch die zusätzliche Gravitationsanziehung der Erde gerade so groß, dass SOHO immer im selben Abstand von der Erde gehalten wird. Damit kann die Sonne rund um die Uhr beobachtet werden.
Die 1990 gestartete Sonnensonde **ULYSSES** umläuft die Sonne auf einer stark elliptischen Bahn; sie benötigt für einen Umlauf 6,2 Jahre und überfliegt dabei auch die Polregionen der Sonne.

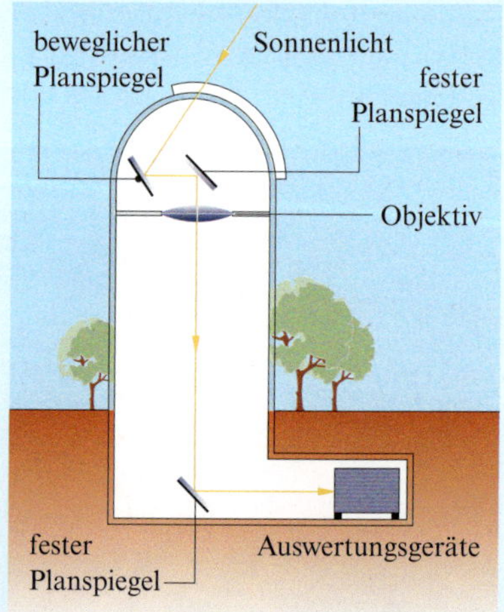

1
Schnitt durch ein Turmteleskop

2
ULYSSES

3
SOHO

4
Einsteinturm in Potsdam

5
Sonnenturm des Mt.-Wilson-Observatory nördlich von Los Angeles

Weißt du es? Kannst du es

1. Beschreibe den Aufbau der Sonne und der Sonnenatmosphäre!
2. Wie groß ist das Volumen der Sonne? Vergleiche es mit dem Volumen der Erde!
3. Vergleiche die Photosphärentemperatur der Sonne mit den Schmelz- und Siedetemperaturen einiger Metalle!
4. Bei jeder Sonnenbeobachtung erscheint die Sonne als fast gleichmäßig helle Scheibe, weil sie aus undurchsichtigem Gas besteht. Was wäre zu beobachten, wenn die Sonne aus durchsichtigem Gas bestünde?
5. Welche Zeit benötigt das Licht, um die Strecke Sonne–Erde zurückzulegen?
6. Nenne 3 Erscheinungsformen der Sonnenaktivität!
7. Welche Wirkungen der Sonne können auf der Erde festgestellt werden?
8. Was sind „magnetische Stürme“ und welche Ursache haben sie?
9. Wie kommen Polarlichter zustande und warum treten sie in der Regel nur in der Nähe der magnetischen Pole der Erde auf?

AUFTRAG: Sonnenbeobachtung

Die Sonne darf ohne ausreichenden Schutz weder durch ein Fernrohr oder Fernglas noch mit dem bloßen Auge beobachtet werden. Schon ein kurzer Blick durch ein Fernrohr kann zu schwersten Augenschäden bis zur Erblindung führen! Auch eine Sonnenbrille ist kein ausreichender Schutz für die Augen.

Die sicherste Beobachtungstechnik für die Sonne ist die Projektionsmethode. Dabei entsteht das Sonnenbild hinter dem Fernrohr auf einer weißen Fläche (Projektionsschirm).

Befestige auf dem Projektionsschirm ein Blatt Millimeterpapier und ermittle den Durchmesser eines Sonnenflecks!

Wenn
- d_w der wahre Durchmesser des Sonnenflecks (in km),
- d_p der Durchmesser dieses Flecks auf dem Projektionsschirm (in mm),
- D_w der wahre Durchmesser der Sonne (in km),
- D_p der Durchmesser des Sonnenbildes auf dem Projektionsschirm (in mm) ist, dann gilt: $d_w : d_p = D_w : D_p$.

Berechne mithilfe dieser Proportion den wahren Durchmesser des Sonnenflecks!

Kurz und knapp!

Die Sonne ist ein Stern – eine selbstleuchtende Gaskugel – großer Masse und hoher Temperatur, die zu 3/4 aus Wasserstoff besteht.

Aufbau der Sonne	Aufbau der Sonnenatmosphäre	Temperatur	Radius	Masse
Zentralgebiet Strahlungsgebiet Konvektionszone	Photosphäre Chromosphäre Korona	Photosphäre: 6 000 K Zentrum: $15 \cdot 10^6$ K	700 000 km (109 Erdradien)	$2 \cdot 10^{30}$ kg (330 000 Erdmassen)

Sonnenaktivität: Gesamtheit aller Sonnenflecke, Fackeln, Eruptionen, Protuberanzen; alle 11 Jahre gehäuft auftretend

Wirkungen der Sonnenstrahlung auf die Erde: Licht, Wärme, Polarlichter, magnetische Stürme, Störungen des Funkverkehrs

Die Erde und ihr Mond

1

Erst seit kurzer Zeit können von Raumsonden solche Bilder von der Erde und ihrem Mond zur Erde gesendet werden. Aber schon seit langem wissen die Menschen, dass der Mond die Erde umläuft. Wie sind sie darauf gekommen, und wie können wir es auch heute noch selbst einsehen, indem wir den Mond am Himmel und seine Bewegung verfolgen?

Die Bewegungen des Mondes

Bewegung des Vollmondes. Wenn der Vollmond aufgeht, geht die Sonne gerade unter. Der Vollmond scheint die ganze Nacht, wandert von Ost nach West und geht, bei Sonnenaufgang, unter. Er bewegt sich nachts ganz ähnlich über den Himmel wie tagsüber die Sonne. Im Sommer, wenn die Sonne am längsten über dem Horizont bleibt und ihre größte Höhe erreicht, scheint der Vollmond nur wenige Stunden und bleibt dabei immer flach über dem Horizont. Im Winter ist es umgekehrt. Zu Frühlings- und Herbstanfang durchläuft der Vollmond, zwölf Stunden zeitversetzt, denselben Weg am Himmel wie die Sonne.
Der Vollmond steht der Sonne am Himmel immer gegenüber. Da die Sonne in einem Jahr gerade einmal die Ekliptik durchläuft, bedeutet das: Der Vollmond hat immer dieselbe Position am Sternenhimmel wie die Sonne ein halbes Jahr später (oder früher).

2

Der Vollmond steht der Sonne am Himmel direkt gegenüber. Deshalb geht er auf (unter), wenn die Sonne untergeht (aufgeht). Er nimmt denselben Weg wie die Sonne, nur um ein halbes Jahr zeitversetzt.

Sonne und Mond am Himmel. Wenn du an einem Abend den Vollmond bei Sonnenuntergang hast aufgehen sehen, wartest du am nächsten Tag, wenn die Sonne untergeht, vergeblich auf den Mond: Erst fast eine Stunde später geht er auf. Und am folgenden Tag verspätet er sich weiter. Dafür ist der Mond dann aber noch nach Tagesanbruch am Himmel. Tatsächlich ist der Mond, allerdings nicht der Vollmond, häufig am Tage zu sehen. Dann sieht man, wie Sonne und Mond mit fortschreitender Uhrzeit gemeinsam über den Himmel wandern (Bild 1, S. 81).

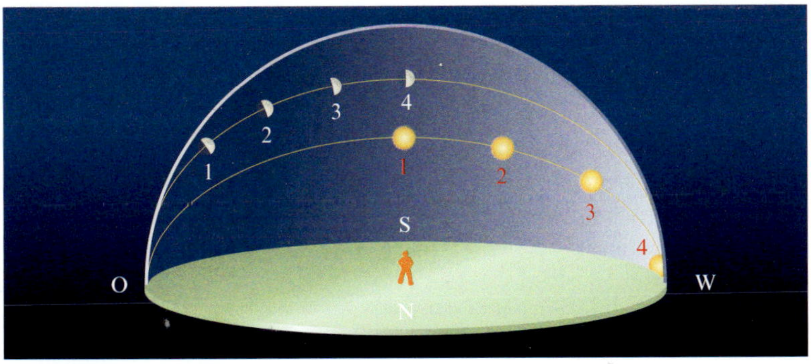

1

Sonne und Mond, dargestellt im Abstand von jeweils 2 Stunden

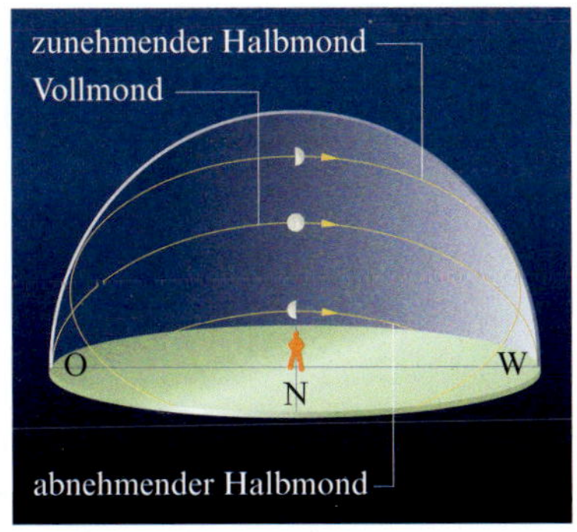

2

Bahn des Mondes zu Frühlingsanfang

Der Mond erreicht dabei eine andere Höhe über dem Horizont als die Sonne. Diese Höhe verändert sich im Jahreslauf (Bilder 2 und 3).

Wenn der Mond nicht voll ist, ist er zeitweise auch am Tage zu sehen: Er geht schon vor Sonnenuntergang auf oder nach Sonnenaufgang unter.

Monatlicher Umlauf des Mondes. Wenn in der Nähe des Mondes ein heller Stern leuchtet, kann man schon innerhalb weniger Stunden bemerken, wie der Mond von West nach Ost an dem Stern vorüberwandert. Verfolgt man diese Bewegung über längere Zeit, stellt man fest, dass die Bahn des Mondes über den Sternenhimmel fast mit der Ekliptik übereinstimmt. Nach etwas mehr als 27 Tagen kommt dann der Mond wieder an denselben Sternen vorbei. Diese Bewegung des Mondes über den Sternenhimmel haben sich bereits die Menschen im Altertum damit erklärt, dass der Mond die Erde umläuft.

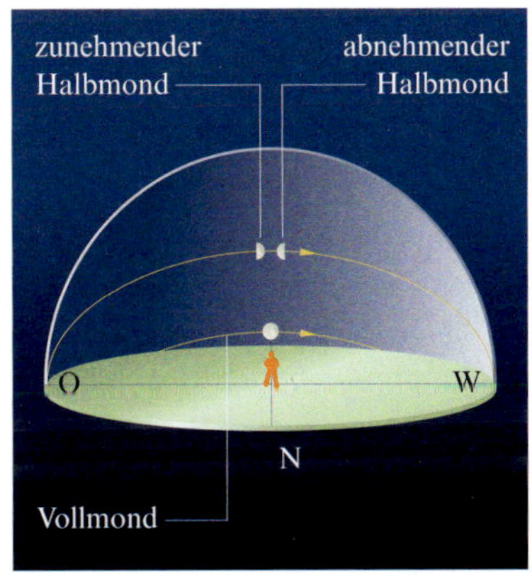

3

Bahn des Mondes zu Sommeranfang

Der Mond läuft in 27,3 Tagen einmal um die Erde.

Die Bahn des Mondes um die Sonne. Wenn man den Lauf der Erde um die Sonne aus sehr großer Entfernung beobachten könnte und dabei auf die Bewegung des Mondes achtete, würde man feststellen, dass die Bahn des Mondes immer zur Sonne hin gekrümmt ist: Der Mond läuft eigentlich um die Sonne! Weil er dabei immer nahe bei der Erde bleibt, sich aber mal außerhalb, mal innerhalb der Erdbahn befindet, haben wir den Eindruck, der Mond umkreise die Erde.

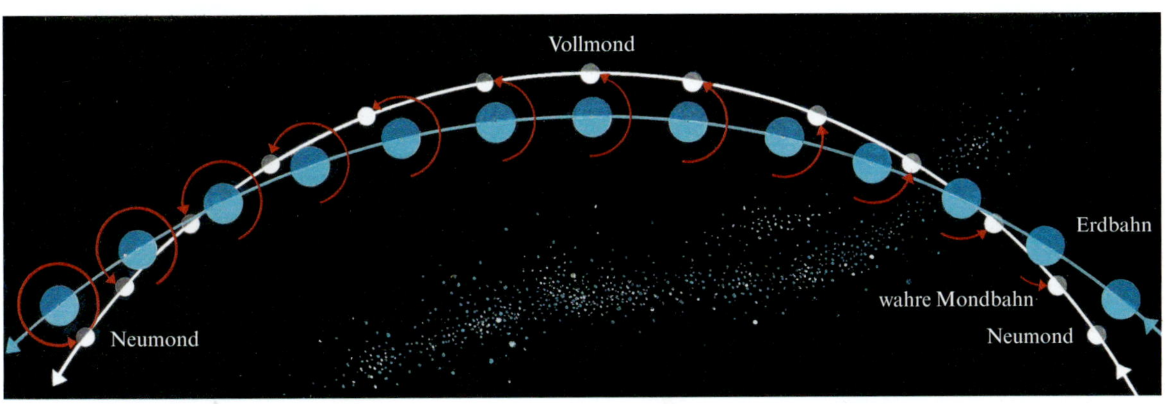

4

Finsternisse

Erde und Mond werfen im Lichte der Sonne lange Schatten in den Weltraum. Der Schattenkegel des Mondes ist mit 380000km etwa so lang wie der mittlere Abstand des Mondes von der Erde. Er kann deshalb die Erde gerade erreichen. Da die Erde etwa viermal so groß ist wie der Mond, ist ihr Schatten viermal so lang wie der Mondschatten.

Mondfinsternis. Sie kann nur bei Vollmond entstehen (Bild 1). Der Mond wird dann vom Kernschatten der Erde verdunkelt.
Durchläuft der Mond den Kernschatten so nah an seinem Zentrum, dass er vollständig verdunkelt wird, tritt eine **totale Mondfinsternis** ein. Sie dauert umso länger, je tiefer der Mond in den Kernschatten eintaucht. Trifft der Mond nur den Randbereich des Kernschattens, tritt eine **partielle Mondfinsternis** ein.

Sonnenfinsternis. Sie tritt bei Neumond ein, wenn sich der Mond zwischen Sonne und Erde schiebt (Bild 3). Für die Orte der Erdoberfläche, die vom Kernschatten des Mondes getroffen werden, tritt eine **totale Sonnenfinsternis** ein.
Ist der Mondschattenkegel kürzer als die Entfernung Mond–Erde, erscheint die Sonne für Erdorte nahe der Spitze des Schattenkegels als Lichtring. Man spricht dann von einer **ringförmigen Sonnenfinsternis**. Für den Bereich der Erde, der vom Halbschatten des Mondes getroffen wird, erscheint die Sonne teilweise verdunkelt. Dort gibt es dann eine **partielle Sonnenfinsternis**.

Die Verfinsterung des Vollmondes durch den Erdschatten heißt Mondfinsternis. Fällt der Schatten des Mondes auf die Erde, entsteht eine Sonnenfinsternis.

Die Neigung der Mondbahn. Sonnen- und Mondfinsternisse finden nicht in jedem Monat statt. Der Mond umkreist die Erde nicht in derselben Ebene wie die Erde die Sonne. Seine Bahnebene ist um etwa 5° gegen die Ekliptik geneigt. Deshalb kommt es nur dann zu einer Finsternis, wenn der Mond bei Vollmond oder Neumond gerade die Ekliptikebene durchstößt.

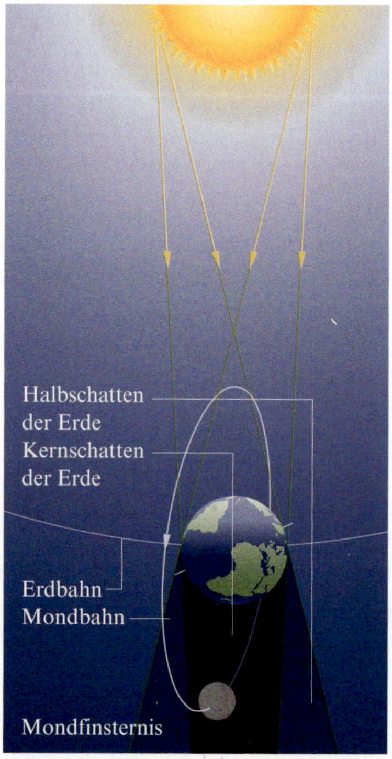

1

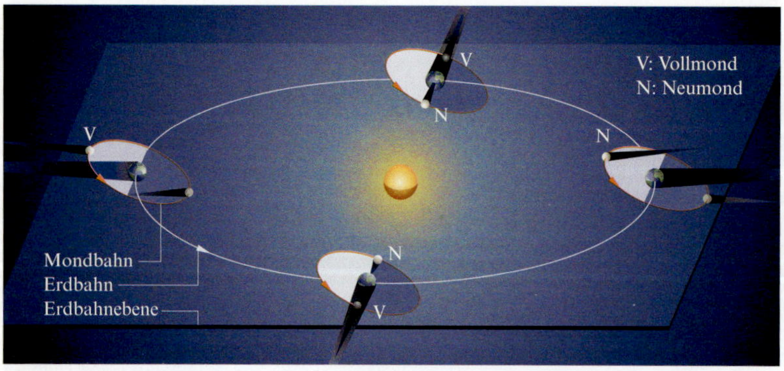

2

Weil die Mondbahn um 5° gegen die Ekliptik geneigt ist, kann es nur in zwei Positionen zu Finsternissen kommen.

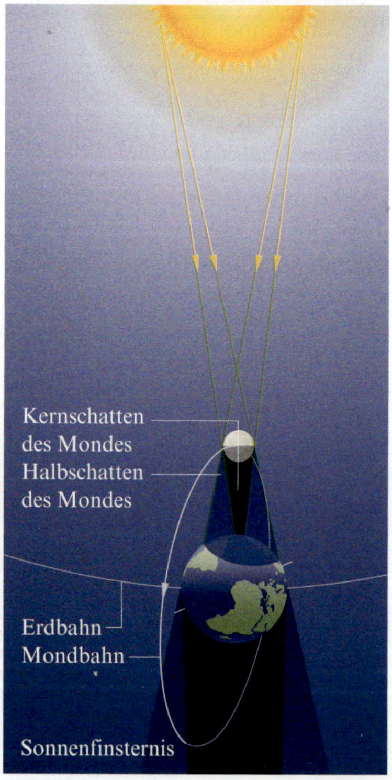

3

Physikalische Aspekte des Mondes

Der Mond beeindruckt die Menschen seit jeher in besonderer Weise – nicht nur durch sein helles Licht und durch die Änderungen seines Aussehens und seines Ortes am Himmel, sondern auch durch die bereits mit dem bloßen Auge sichtbaren Details auf seiner Oberfläche.

Die Oberfläche. Der Mond reflektiert nur 4 % bis 14 % des auftreffenden Sonnenlichts. Wegen seines geringen Abstandes zur Erde ist er trotzdem nach der Sonne der für uns hellste Himmelskörper.
Auf den ersten Blick fallen die hellen und dunklen Flächen auf dem Mond auf. Sie wurden früher als Mondmeere gedeutet und werden darum noch heute als **Mare** bezeichnet (lat.: Meer; Plural: Maria (Betonung: M**a**ria)). Besonders auffällig ist das kreisrunde Mare Crisium (Meer der Gefahren) nahe des westlichen Mondrandes. Inzwischen weiß man, dass es auf der Mondoberfläche kein Wasser geben kann, aber die Namen sind geblieben. Auf der sichtbaren Seite des Mondes werden etwa 30 % der Fläche von Mare-Gebieten eingenommen. Auf der Rückseite des Mondes sind es nur etwa 10 %.
Tatsächlich sind die Maria **Tiefebenen**, die im Laufe der Entwicklungsgeschichte des Mondes bei vulkanischen Ausbrüchen von Lava überflutet wurden. Das Lavagestein reflektiert noch weniger Sonnenlicht als die umgebenden Flächen. Deshalb erscheinen die „Mondmeere" dunkler. Die helleren Mondflächen sind **Gebirge**. Sie sind bis zu 8 km hoch und von **Kratern** übersät. Die Krater rühren größtenteils von Meteoriteneinschlägen, zum Teil aber auch von Vulkanausbrüchen her. Sie haben Durchmesser bis zu 235 km.

1
Vorderseite des Mondes

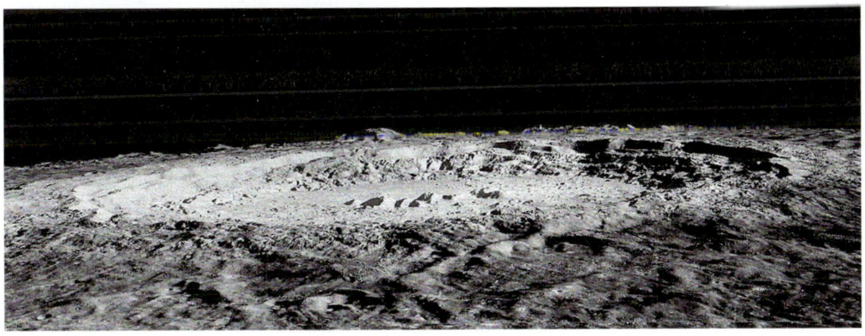
2
Der Krater Kopernikus auf dem Mond

3
Rückseite des Mondes

Die Gebirge und Krater kann man bereits mit einem Feldstecher sehen. Besonders gut sind sie bei zunehmendem Mond oder abnehmendem Mond in der Nähe der Licht-Schatten-Grenze zu erkennen: Dort wird der Mond streifend vom Sonnenlicht getroffen, und die Oberfläche wirkt durch die langen Schatten der Berge besonders plastisch.
Durch Fotos von Mondsatelliten und durch direkte Untersuchungen auf der Mondoberfläche durch Roboter und Rückkehrsatelliten wurden im letzten Vierteljahrhundert sehr genaue Kenntnisse über die Oberfläche und die Zusammensetzung des Mondbodens gewonnen.

Die dunklen Gebiete der Mondoberfläche sind lavaüberflutete Ebenen. Die hellen Flächen sind Gebirge. Der Mond ist von Kratern übersät.

Von Menschen wurde der Mond erstmals am 20./21. Juli 1969 betreten (Bild 1). Die Astronauten NEIL ARMSTRONG und EDWIN ALDRIN landeten im Mare Tranquillitatis. Ihnen folgten bis 1972 weitere zehn US-Amerikaner.

Gebundene Rotation. Achtet man im Laufe eines Monats immer wieder auf die Stellung des Mare Crisium, dann bemerkt man, dass uns der Mond immer dasselbe „Gesicht" zeigt. Wir sehen also immer dieselbe Seite des Mondes.
Das bedeutet: Der Mond dreht sich bei einem Umlauf um die Erde genau einmal um eine Achse (gebundene Rotation). Dabei steht die Achse ungefähr senkrecht auf der Bahnebene des Mondes.

Physikalische Verhältnisse auf dem Mond. Die Masse des Mondes macht nur 1/81 der Erdmasse aus. Der Mond hat mit 3,3 g/cm³ eine geringere mittlere Dichte als die Erde, deren mittlere Dichte 5,5 g/cm³ beträgt. Das ist auf den geringen Anteil an schweren Elementen zurückzuführen. Wegen seiner geringen Masse ist der Mond nicht in der Lage, gasförmige Stoffe zu binden. Deshalb besitzt der Mond keine Atmosphäre. Daraus folgt, dass er auch kein Wasser an seiner Oberfläche haben kann, weil Wasser oder Eis unter diesen Bedingungen in Wasserdampf übergehen würden.

Wegen der fehlenden Atmosphäre gibt es auf dem Mond keine Verwitterung durch Wind und Wasser. Die Krater sind deshalb unverändert aus der Frühzeit des Mondes erhalten geblieben, sofern sie nicht durch nachfolgende Einschläge oder Lavaausbrüche verändert wurden.

Die fehlende Atmosphäre beeinflusst auch die Temperatur auf dem Mond. Im Sonnenlicht heizt sich der Mondboden bis auf 130 °C auf. Auf der Nachtseite kühlt er sich bis auf –160 °C ab. Die Fallbeschleunigung beträgt nur etwa 1/6 der Erd-Fallbeschleunigung. Deshalb haben alle Gegenstände auf dem Mond nur ein Sechstel ihres Gewichtes auf der Erde.

Gezeiten. Der Mond wird durch die Anziehungskraft (Gravitation) der Erde auf seiner Umlaufbahn gehalten – wie die Kugel durch einen Hammerwerfer kurz vor dem Wurf. Umgekehrt übt auch der Mond auf alle Teile der Erde Gravitationskräfte aus, die umso größer sind, je geringer der Abstand zum Mond ist. Dadurch entstehen auf der Erde Ebbe und Flut:
Mit dem Mond umlaufen zwei Flutberge die Erde. Der Flutberg unter dem Mond kommt dadurch zustande, dass dort das Wasser (weil dem Mond näher) stärker vom Mond angezogen wird als der Erdkörper (Bild 3). Der Flutberg auf der mondabgewandten Seite entsteht, weil dort umgekehrt die Erde stärker als das Wasser angezogen wird.
Diese Flutberge bremsen die Rotation der Erde wie „Bremsbacken". Die Erde dreht sich deshalb immer langsamer und wird schließlich, nach sehr langer Zeit, dem Mond immer dieselbe Seite zukehren.
Ein ähnliches Prozess hat beim Mond bereits stattgefunden – daher seine gebundene Rotation!

1

EDWIN ALDRIN während der Apollo-11-Mission

2

SCOTT während der Apollo-15-Mission auf dem Mond

ÜBRIGENS

Durch die gebundene Rotation würde ein Mondbewohner die Erde immer an derselben Stelle über seinem Horizont sehen: Die Erde geht auf dem Mond weder auf noch unter.

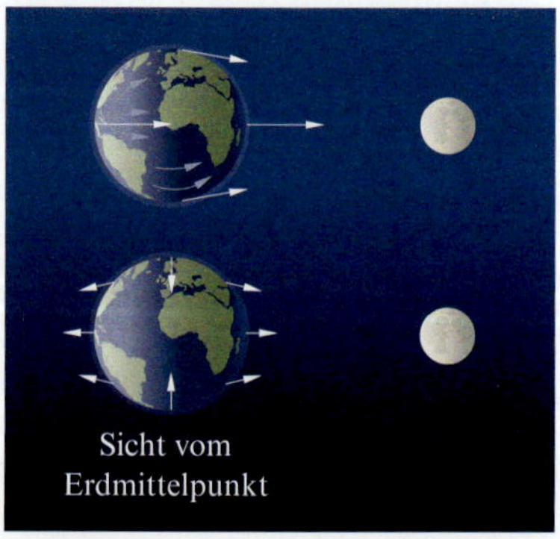

3

Weißt du es? Kannst du es

1. Warum bewegt sich der Mond im Verlaufe eines Abends am Himmel von Ost nach West?
2. Warum beobachtet man an aufeinanderfolgenden Tagen zur gleichen Uhrzeit, dass sich der Mond immer ein Stück weiter von West nach Ost bewegt hat?
3. Gegen Mitternacht siehst du den Mond untergehen. In welcher Phase muss er sich befinden?
4. Erkläre anhand der Bilder 1 und 3 auf S. 82 die Entstehung von Sonnen- und Mondfinsternissen!
   a) Von welchen Teilen der Erde aus ist die Mondfinsternis zu sehen?
   b) An welchen Stellen der Erde wird die totale Sonnenfinsternis zu sehen sein?
   c) Wie muss das Bild verändert werden, damit nur eine ringförmige Sonnenfinsternis eintritt? Skizziere!
5. Warum ist von einem bestimmten Beobachtungsort auf der Erde aus nur selten eine Sonnenfinsternis, aber sehr viel häufiger eine Mondfinsternis zu beobachten?
6. Welche physikalischen Eigenschaften sind auf dem Mond wegen der fehlenden Atmosphäre anders als auf der Erde?

AUFTRAG: Mondbeobachtung

1 Beobachtung der abendlichen Mondbewegung
Suche dir einen Beobachtungsplatz, von dem aus du freie Sicht zum Süd- und Westhimmel hast, und fertige eine Skizze des Horizonts an. Beginne mit den Beobachtungen zwei Tage nach Neumond. Präge dir im Laufe zweier Wochen möglichst jeden Abend kurz nach Sonnenuntergang die Position des Mondes über dem Horizont ein, und trage den Mond in die Skizze ein.

2 Beobachtung der Oberfläche des Mondes
Zeichne auf ein Blatt Papier (DIN-A-4) den Umriss des Mondes als einen Kreis mit einem Durchmesser von 10 cm! Zur Beobachtung solltest du ein Fernglas oder ein Fernrohr verwenden.

a) Vollmond: Suche auf der Mondoberfläche Maria. Zeichne die Maria in deine Mondskizze ein! (Diese Beobachtung ist auch mit dem bloßen Auge möglich.)

b) Zu- oder abnehmender Mond: Suche nahe der Licht-Schatten-Grenze der Mondoberfläche Krater. Zeichne die Mondphase und die Krater in deine Mondskizze ein!

Auswertung: Bestimme mithilfe einer Mondkarte (Internet) die Namen der von dir beobachteten Maria und Krater!

Kurz und knapp!

Bewegungen des Mondes
Der Mond bewegt sich vor dem Sternenhintergrund von Westen nach Osten. Die Bahn des Mondes über den Himmel liegt nahe bei der Sonnenbahn, der Ekliptik.
Der Mond umläuft auf einer kreisähnlichen Bahn die Erde in einem mittleren Abstand von 384 400 km. Die Umlaufdauer des Mondes beträgt 27,3 Tage. Der Mond führt eine gebundene Rotation aus, immer dieselbe Mondhälfte zeigt zur Erde.

Finsternisse. Bei einer totalen Mondfinsternis fällt der Kernschatten der Erde auf den Mond. Bei einer totalen Sonnenfinsternis verdeckt der Mond die Sonne.

Merkmale des Mondes
Oberfläche: lavaüberflutete Tiefebenen (Maria), Gebirge, Krater
Temperatur: Tagseite 130 °C, Nachtseite –160 °C
Atmosphäre: keine

Apollo 11: Menschen betreten erstmals den Mond. Nahaufnahme eines Schuhabdrucks auf der Mondoberfläche

Die Körper im Sonnensystem

1

Im Juli des Jahres 1994 ereignete sich im Sonnensystem eine „kosmische Katastrophe". Ein Komet war in eine lange Kette von Bruchstücken zerfallen, und diese Trümmer stürzten mit Geschwindigkeiten um 60 km/s auf den Planeten Jupiter. Gewaltige Feuerpilze – so groß wie die Erde – und tiefschwarze Rauchwolken konnten von der Erde aus schon mit kleinen Fernrohren gesehen werden. Welche Körper gibt es im Sonnensystem?

Planeten

Die Planeten des Sonnensystems lassen sich in zwei deutlich unterschiedliche Gruppen einteilen:
Die vier sonnennächsten Planeten sind relativ klein und haben auch kleine Massen, jedoch hohe mittlere Dichten.
Die vier nach außen hin folgenden Planeten sind groß und haben große Massen, jedoch geringe mittlere Dichten.

Nach dem jeweils größten Körper bezeichnet man die Planeten Merkur, Venus, Erde und Mars als **erdähnliche Planeten**. Es sind Festkörper mit einem relativ großen Eisenkern.
Jupiter, Saturn, Uranus und Neptun werden **jupiterähnliche Planeten** genannt. Es sind Himmelskörper mit weit ausgedehnten Wasserstoff- und Heliumatmosphären, die bei Uranus und Neptun zu Eis gefroren sind. Die jupiterähnlichen Planeten heißen deshalb auch Gasplaneten.

Planet	Radius in Erdradien	Masse in Erdmassen	mittlere Dichte in g/cm^3
Merkur	0,38	0,06	5,43
Venus	0,95	0,82	5,24
Erde	1,00	1,00	5,52
Mars	0,53	0,11	3,93
Jupiter	11,26	317,90	1,31
Saturn	9,46	95,15	0,69
Uranus	3,98	14,54	1,27
Neptun	3,88	17,20	1,71

Physikalische Größen der Planeten

Merkur. Merkurs mittlere Dichte gleicht der der Erde. Wahrscheinlich besitzt er, wie die Erde, einen Nickel-Eisen-Kern. Wegen der großen Sonnennähe und der kleinen Masse kann Merkur keine Atmosphäre halten. Die Temperatur auf seiner Tagseite beträgt 300 °C bis 430 °C. In der Merkurnacht sinkt sie bis auf –180 °C ab. Merkur besitzt keinen Mond. In 58,6 Erdtagen dreht er sich einmal um seine Achse.

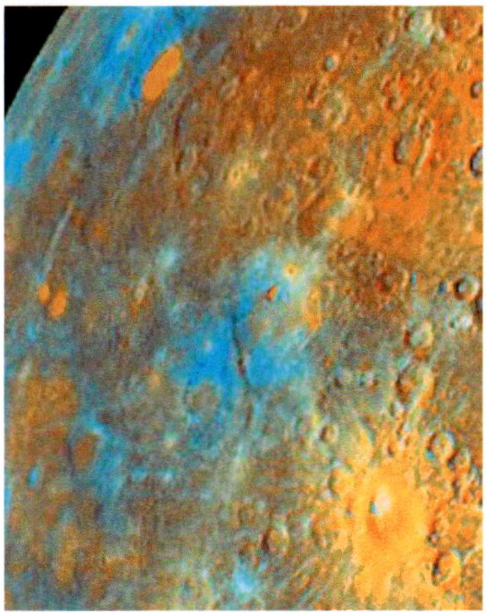
1
Die Oberfläche des Merkur ist der des Mondes ähnlich: Sie ist von Kratern übersät. (Falschfarben-Aufnahme)

Venus. Die Venus ist der Erde nach ihrer Masse und ihrem Durchmesser von allen Planeten am ähnlichsten. Aber die Bedingungen an der Venusoberfläche sind lebensfeindlich. Die Venus ist von einer sehr dichten Atmosphäre umgeben. Der Atmosphärendruck auf der Venusoberfläche ist so groß wie der Wasserdruck eines irdischen Ozeans in 950 m Tiefe. Das ist das 95fache des Luftdrucks an der Erdoberfläche! Die Venusatmosphäre besteht zu 96 % aus Kohlenstoffdioxid und zu 3,5 % aus Stickstoff, in ihr schweben Wolken aus gasförmiger Schwefelsäure. Der hohe Anteil von CO_2 wirkt wie eine Wärmefalle: Die von der Sonne kommende Strahlung wird weitgehend hineingelassen. Beim Auftreffen auf die Oberfläche wird sie in Wärmestrahlung umgewandelt, für die die Atmosphäre durch den hohen CO_2-Gehalt sehr schlecht durchlässig ist. Dadurch heizt sie sich auf (Treibhauseffekt). Die Temperatur an der Venusoberfläche wurde zu etwa 450 °C ermittelt. Flüssiges Wasser kann es dort nicht geben.
Auf der Venusoberfläche wurden Höhenunterschiede von 12 km bis 16 km festgestellt. Die mittlere Dichte der Venus ist nur wenig kleiner als die der Erde. Deshalb kann auch hier ein metallischer Kern angenommen werden. Venus dreht sich in 243,1 Tagen einmal um ihre Achse, jedoch ist ihre Rotationsrichtung der aller anderen Planeten entgegengesetzt. Venus besitzt keinen Mond.

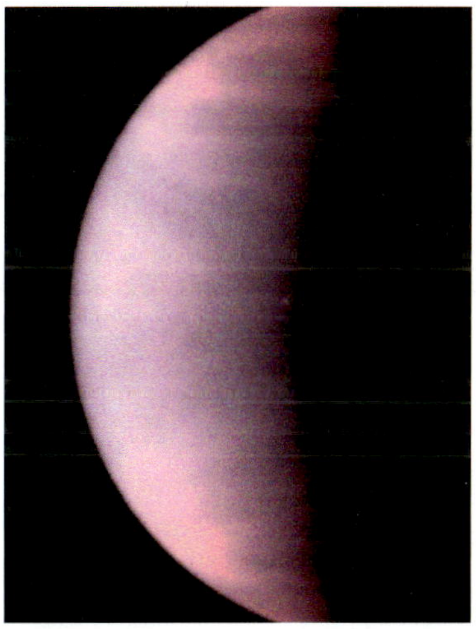
2
Venus. Aufnahme des Hubble-Weltraumteleskops

3
Radarbild von der Oberfläche der Venus

Erde – unser blauer Planet. Die Erde hat aus dem Weltraum betrachtet eine bläuliche Oberfläche, und sie ist von einem blauen Lichtsaum umgeben. Deshalb ist es zutreffend, vom „blauen Planeten" zu sprechen. Die Erde hat eine Masse von $6 \cdot 10^{24}$ kg und ist aus kosmischer Sicht ein eher kleiner Himmelskörper. Die Masse der Erde reicht aus, dauerhaft eine Atmosphäre zu halten. Die Atmosphäre besteht aus 78 % Stickstoff und 21 % Sauerstoff. Den Rest bilden Edelgase und Kohlenstoffdioxid. Die Atmosphäre mit dem darin enthaltenen Sauerstoff ist eine der wesentlichen Bedingungen für das Leben auf der Erde.
Der Erdkörper hat die Gestalt einer an den Polen abgeplatteten Kugel: Äquatordurchmesser – 12 756 km, Poldurchmesser – 12 714 km.

4
Erde

Die Erdkruste hat eine Dicke von 30 km bis 70 km, unter den Ozeanen sind es nur etwa 6 km. Darunter liegt bis in 2 900 km Tiefe der ebenfalls feste oder plastische Erdmantel. Der Erdkern ist in seiner äußeren Schicht wahrscheinlich flüssig, im Innern fest. Die Temperatur steigt im Erdinnern mit zunehmender Tiefe auf einige Tausend Grad an.
71 % der Erdoberfläche sind von Wasser bedeckt. Diese ozeanischen Wassermassen sind in der Lage, große Mengen thermischer Energie zu speichern und zeitlich verzögert wieder an Luft und Land abzugeben. Neben dem Wind trägt auch das Wasser erheblich zur Erosion der Erdoberfläche bei. In der Frühzeit der Erdgeschichte dürften auch gewaltige Meteoritenfälle das Antlitz der Erde geprägt haben.
Die mittlere Dichte der Erde beträgt $5{,}52\ g \cdot cm^{-3}$.
Die Erde hat einen Mond.

1
Mars

Mars – der rote Planet. Mars hat seinen Namen nach dem römischen Gott des Krieges. Zu dieser Benennung mag seine rötliche Färbung beigetragen haben, die auf die eisenhaltigen Stoffe in seinem Oberflächengestein zurückzuführen ist.

2
Nordpol des Mars

3
Marslandschaft – Aufnahme während der Pathfinder-Mission

Die Oberfläche des Mars ist von Kratern zernarbt und mit Steinbrocken übersät. Es gibt beträchtliche Höhenunterschiede. Auf dem Mars befindet sich der höchste und größte aller bekannten Vulkane im Sonnensystem– Olympus Mons. Er hat an seinem Fuß einen Durchmesser von 600 km und ragt 27 km über das mittlere Marsniveau hinaus.
Es gibt riesige Grabensysteme und ausgetrocknete Flussläufe. Es muss also in wärmeren Perioden strömendes Wasser gegeben haben. Vermutlich befindet sich heute dieses Wasser im Marsboden und ist ständig gefroren. Die Pole sind mit Reif- und Eiskappen aus Wasser und Kohlenstoffdioxid (Trockeneis) überzogen.
An der Marsoberfläche wurden Temperaturen zwischen –125 °C und +40 °C gemessen. Bisher konnte Leben dort nicht nachgewiesen werden. Mars besitzt eine dünne Atmosphäre aus 95 % Kohlenstoffdioxid, 3 % Stickstoff und 1,5 % Argon. Es gibt Wettererscheinungen – starke Stürme und manchmal Wolken.
Mars rotiert in 24h37min einmal um seine Achse. Damit ist ein Marstag nur wenig länger als ein Erdtag.
Mars wird von zwei kleinen Monden – Phobos und Deimos – umlaufen.

4
Sturm auf dem Mars

5
Phobos

Merkur, Venus, Erde und Mars werden als erdähnliche Planeten bezeichnet. Sie sind relativ klein, haben kleine Massen, jedoch hohe mittlere Dichten.

Jupiter. Der Riesenplanet Jupiter vereint in sich die doppelte Masse aller anderen Planeten und aller Monde zusammengenommen. Der Blick durch das Fernrohr zeigt uns eine undurchdringliche, dichte Atmosphäre mit streifiger Struktur. Die Jupiteratmosphäre besteht zu 99 % aus Wasserstoff und Helium. Diese Gase sind die wesentlichen Bausteine des Jupiter. Jupiter hat keine feste Oberfläche. Nur ein wenige 1 000 km dicker zentraler Kern dürfte aus Eisen und Siliciumverbindungen bestehen. Dieser Aufbau erklärt, warum die mittlere Dichte des Jupiter wesentlich geringer ist.
Jupiter rotiert in knapp 10 Stunden einmal um seine Achse, also mehr als doppelt so schnell wie die Erde. Infolge der schnellen Rotation ist er merklich abgeplattet. Die Äquatorgebiete rotieren etwas schneller als die polnahen Bereiche – ein Zeichen dafür, dass wir es nicht mit einem festen Körper zu tun haben.
Vom Jupiter sind bisher über 60 Monde bekannt. Die vier größten – Ganymed, Kallisto, Io und Europa – sind in ihren Maßen dem Merkur und dem Erdmond vergleichbar. Sie wurden schon 1610 von GALILEO GALILEI bei seinen ersten Fernrohrbeobachtungen entdeckt. Jupiter wird außerdem von einem schmalen Ring umgeben.

1
Jupiter mit einem seiner Monde (Io)

2
Die Fotomontage zeigt die vier großen Jupitermonde (von links nach rechts) Kallisto, Io, Europa und Ganymed im gleichen Maßstab – aufgenommen von der Raumsonde Galileo. Der **Große Rote Fleck** in der Atmosphäre Jupiters ist ein gigantischer Sturmwirbel, dessen Durchmesser größer als der der Erde ist.

Saturn – der Ringplanet. Saturn, der zweitgrößte Planet im Sonnensystem, ist von einem ganzen System ineinander geschachtelter Ringe umgeben. Das Ringsystem hat einen Durchmesser von 278 000 km, ist aber nur 0,4 km bis 0,5 km dick. Es besteht aus Staub und Gesteinsbrocken. Die Ringe haben ihre Entstehung wahrscheinlich einem ehemaligen Saturnmond zu verdanken. Seine Teile haben sich um die Äquatorebene des Saturn verteilt und wurden durch Zusammenstöße untereinander immer stärker zerkleinert.
Saturn hat eine dichte, wolkenverhangene und streifige Atmosphäre, die vorwiegend aus Wasserstoff und Helium besteht. In Aufbau und Zusammensetzung ähnelt Saturn dem Jupiter. Auch Saturn ist stark abgeplattet. Wie bei Jupiter ist die Abplattung die Folge der schnellen Rotation; Saturn dreht sich in 10h39min einmal um seine Achse.
Von Saturn kennt man inzwischen mehr als 40 Monde. Fünf seiner Monde haben einen Durchmesser größer als 5 000 km.

ÜBRIGENS

Die Ringebene ist gegen die Erdbahnebene geneigt. Wir blicken also manchmal auf die Oberseite oder auf die Unterseite und alle 15 Jahre auch auf die Kante der Saturnringe. Deshalb sind sie von der Erde aus nicht immer gut zu beobachten.

3
Saturn

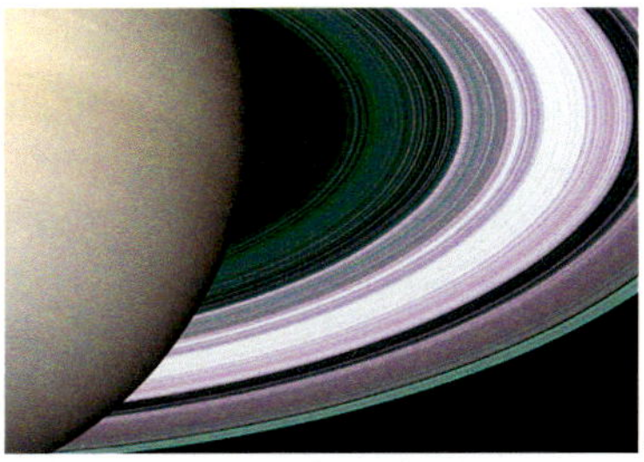
4
Detailaufnahme der Saturnringe

Uranus. Im Gegensatz zu Jupiter und Saturn besteht das Innere dieses Planeten nicht vorwiegend aus Wasserstoff und Helium, sondern aus einem Silicat-Eisen-Kern und einem Eismantel aus H_2O, CH_4 und NH_3. Auch bei Uranus wurde ein schwaches Ringsystem nachgewiesen.
Die Uranusatmosphäre aus Wasserstoff und Helium mit Wolken aus Methan rotiert in 15h36 min schneller als der Planetenkörper. Die Rotationsachse liegt entgegengesetzt zu der aller anderen Planeten fast in der Erdbahnebene.
Uranus besitzt mehr als 25 Monde. Davon haben vier einen Durchmesser von mehr als 1 000 km.

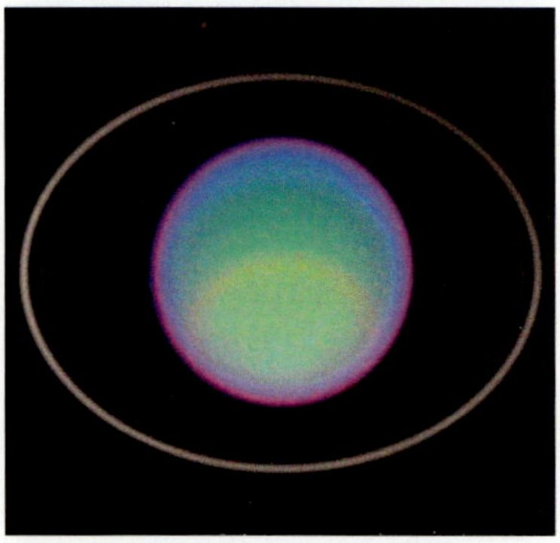
1
Uranus

2
Neptun

3
Die Atmosphäre des Neptun besitzt mehrere auffällige Gebilde, darunter den **Großen Dunklen Fleck** und helle Wolken.

Neptun. Neptun ist hinsichtlich des Aufbaus und der Atmosphäre dem Uranus sehr ähnlich. Er rotiert in wenig mehr als 18 Stunden einmal um seine Achse.
Man kennt heute mehr als 10 Neptunmonde. Außerdem wird der Planet von mehreren dünnen Ringen und einer Staubscheibe umgeben.

Jupiter, Saturn, Uranus und Neptun werden als jupiterähnliche Planeten bezeichnet. Sie haben große Durchmesser, große Massen, jedoch geringe mittlere Dichten.

4
Pluto und sein Mond Charon.

Zwergplaneten

Zwergplaneten sind Himmelskörper, die sich auf einer Umlaufbahn um die Sonne befinden und eine so große Masse haben, dass sie durch die eigene Schwerkraft eine fast kugelförmige Gestalt angenommen haben. Im Unterschied zu den Planeten sind sie jedoch auf ihrer Umlaufbahn nicht die größten Körper.
Die Zwergplaneten sind *Pluto*, *Ceres* und *Eris*.
Pluto ist einem Mond des Planeten Neptun sehr ähnlich. Das deutet darauf hin, dass Pluto ursprünglich kein Zwergplanet war, sondern vielleicht in ferner Vergangenheit aus einer Umlaufbahn um den Neptun in eine eigene Bahn um die Sonne gelangt ist.
Der Zwergplanet *Eris* ist um 700 km größer als Pluto und dreimal so weit von der Sonne entfernt wie dieser.
Ceres hat einen Äquatordurchmesser von 975 km und befindet sich im Asteroidengürtel zwischen Mars und Jupiter (siehe folgende Seite).

ÜBRIGENS

Im August 2006 definierte die Internationale Astronomische Union den Begriff Planet neu. Bis zu diesem Zeitpunkt war Pluto der neunte Planet unseres Sonnensystems. In den letzten Jahren wurden viele kugelförmige Himmelskörper entdeckt, die wie Pluto die Sonne umlaufen und zum Teil sogar noch größer als dieser sind. Daraufhin wurde eine neue Gruppe von Himmelskörpern definiert – die Zwergplaneten.

Kleinkörper im Sonnensystem

Asteroiden (auch Planetoiden genannt). Sie sind relativ kleine, meist unregelmäßig geformte Himmelskörper, die die Sonne umlaufen. Sie bewegen sich auf Bahnellipsen, die vorwiegend zwischen den Bahnen von Mars und Jupiter liegen (Asteroidengürtel). Weitere Asteroiden befinden sich im so genannten *Kuiper-Gürtel*, der jenseits der Neptunbahn beginnt (benannt nach dem holländisch-amerikanischen Astronomen GERARD KUIPER, 1905 – 1973). Bislang sind etwa 338 000 Asteroiden bekannt, wobei die tatsächliche Anzahl wohl in die Millionen gehen dürfte.
Die Gesamtmasse aller Asteroiden beträgt weniger als 1 % der Erdmasse. Die meisten Asteroiden haben Durchmesser unter 50 km. Im Kuiper-Gürtel wurden aber auch Objekte wie der Asteroid Orcus mit einem Durchmesser von 1 800 km gefunden. Jenseits des Kuiper-Gürtels wurde Ende 2003 der ≈ 1 500 km große Asteroid Sedna entdeckt.
Wahrscheinlich sind Asteroiden Reste von kleinen festen Körpern aus der Entstehungszeit des Planetensystems, die wegen der Wirkung der benachbarten großen Planeten nicht zu einem Planeten verschmelzen konnten.

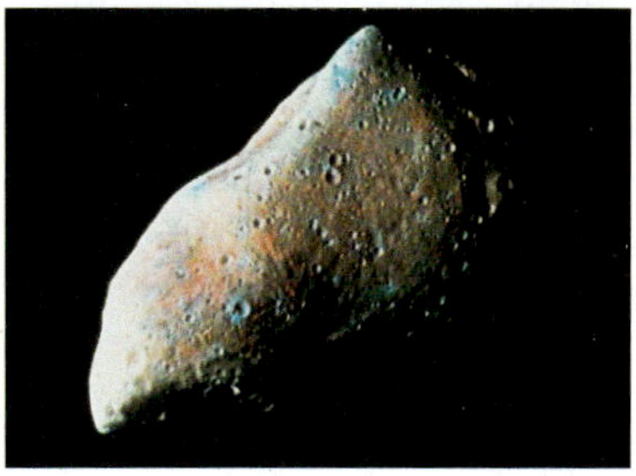
1
Asteroid Gaspra

ÜBRIGENS
Einige Asteroidenbahnen kommen der Erdbahn sehr nahe oder kreuzen sie sogar.
Die Wahrscheinlichkeit, dass ein Asteroid mit der Erde zusammenstößt, ist jedoch verschwindend gering.

Kometen. Sie sind relativ kleine Himmelskörper, deren **Kerne** vorwiegend aus Eis und Staub zusammengesetzt sind und die in Sonnennähe eine Gashülle und einen **Schweif** entwickeln.

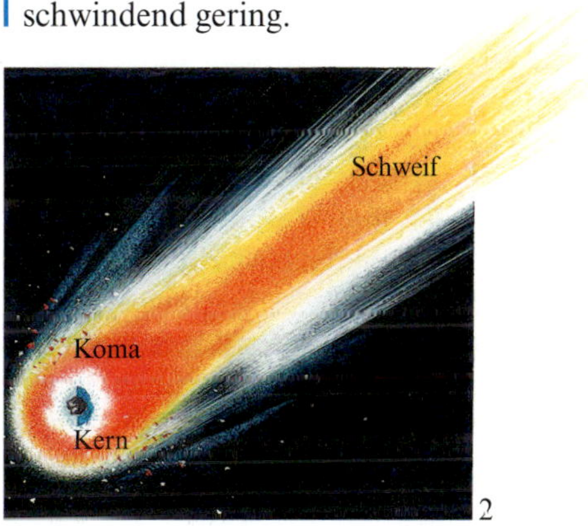

2
Schematischer Aufbau eines Kometen

3
Halley'scher Komet

Das Sonnensystem ist in eine Wolke von wahrscheinlich mehr als einer Milliarde Kometenkernen eingebettet – die so genannte *Oort'sche Wolke* (benannt nach dem holländischen Astronomen JAN HENDRIK OORT, 1900 – 1992). Der mittlere Radius wird auf 50 000 AE geschätzt. Auch im Kuiper-Gürtel werden Kometenkerne vermutet.
Die Kerne der Kometen sind nur wenige Kilometer groß. Bei Annäherung an die Sonne auf etwa 3 AE verdampft ein Teil des Eises und bildet eine ausgedehnte Wolke leuchtenden Gases, die **Koma**. Gleichzeitig werden Staubteilchen freigesetzt und mitgerissen. Wenn sich der Komet der Sonne bis auf etwa 2 AE genähert hat, bildet sich aus dem Material der Koma durch den Einfluss der Teilchenstrahlung der Sonne ein Schweif aus. Dieser Schweif ist immer von der Sonne weg gerichtet; es wurden schon Schweiflängen von 100 Millionen km beobachtet.

4
Komet Tempel 1. Die Deep-Impact-Mission der NASA (2005) soll Aufschluss über die Zusammensetzung des Kometenkerns geben. Von einer Raumsonde aus traf ein Einschlagkörper auf den Kometen Tempel 1 auf. Das beim Aufprall in den Weltraum geschleuderte Material wurde analysiert.

Entfernt sich der Komet wieder von der Sonne, so bilden sich Schweif und Koma zurück. Das Schweif- und Komamaterial geht dem Kometen verloren, da die Masse des Kerns zu gering ist, um es durch die Gravitationskraft festzuhalten. Bei weiteren Durchgängen in Sonnennähe lösen sich deshalb die Kometen allmählich auf; die Staubteilchen werden entlang der Bahn verstreut. Es wurde auch beobachtet, dass Kometen in Sonnennähe in mehrere Stücke zerfielen.
Wahrscheinlich sind Kometen nahezu unveränderte Materie aus der Entstehungszeit des Sonnensystems. Ihre Untersuchung liefert deshalb Aufschluss über die Urmaterie, aus der das Sonnensystem entstand.

Meteoroide. Im Sonnensystem befinden sich viele kleine und kleinste Objekte. Sie werden **Meteoroide** genannt. Diese meist nur einige Millimeter großen Körper stammen aus Zertrümmerungen bei Zusammenstößen von Planetesimals oder Planetoiden oder aus zerbrochenen und aufgelösten Kometenkernen. Ihre Bahnen um die Sonne werden von den anderen Himmelskörpern, vor allem von den Planeten, stark beeinflusst.
Beim Eindringen in die Erdatmosphäre rufen sie Leuchterscheinungen hervor, die je nach ihrer Intensität Sternschnuppen (**Meteore**) oder Feuerkugeln heißen. Die meisten Meteoroide verdampfen auf dem Weg durch die Atmosphäre. Größere Körper können die Erdoberfläche erreichen. Sie werden dann als **Meteorite** bezeichnet.
Nach ihrer Zusammensetzung gibt es **Steinmeteorite** und **Eisenmeteorite**. Steinmeteorite bestehen zu rund 78 % aus Sauerstoff-, Magnesium- und Siliciumverbindungen, Eisenmeteorite zu 100 % aus Eisen, Nickel und Cobalt. Obwohl Steinmeteorite etwa 95 % aller Meteoritenfälle ausmachen, werden Eisenmeteorite häufiger gefunden, weil sie auffälliger sind und kaum verwittern.
Es hat Zusammenstöße der Erde mit größeren Meteoroiden oder auch Kometenkernen gegeben. Sie sind auch zukünftig nicht auszuschließen. Das Aussterben der Dinosaurier und vieler anderer Lebewesen auf der Erde war vermutlich die Folge des Einschlages eines riesigen Meteoriten, der vor rund 65 Millionen Jahren auf die Halbinsel Yucatán (Mexiko) stürzte. Er riss einen mehr als 200 km großen Krater und schleuderte große Mengen von Auswurfmaterial in die Atmosphäre.
Das **Nördlinger Ries** (Bayern/Baden-Württemberg), ein Krater mit 23 km Durchmesser und 200 m Tiefe, ist auf einen Meteoriteneinschlag vor 14,9 Millionen Jahren zurückzuführen.

1

Lichtspur eines Meteors

2

Eisenmeteorit. Er wurde in der Antarktis gefunden.

3

Ein noch gut erhaltener Meteoritenkrater ist der **Canon Diablo** in Arizona (USA). Vor etwa 30 000 Jahren wurde er durch einen Meteoriten mit einer Masse von rund 2 Millionen t mit einem ungefähren Durchmesser von 30 m verursacht (Durchmesser bis 1 265 m, Kratertiefe gegenüber dem Ringwall 174 m).

Bewegungen der Planeten

Bild 1 zeigt Mars im Löwen. Beobachtet man Mars über längere Zeit, bemerkt man, dass er sich vor dem unveränderlichen Hintergrund des Sternenhimmels bewegt, meist von West nach Ost (wie Sonne und Mond). Manchmal aber beginnt er zu zögern, wird immer langsamer und setzt schließlich seine Wanderung in der entgegengesetzten Richtung fort – um einige Wochen später abermals umzukehren.

ÜBRIGENS

Das Wort „Planet" stammt aus dem Griechischen und bedeutet „Wanderer".

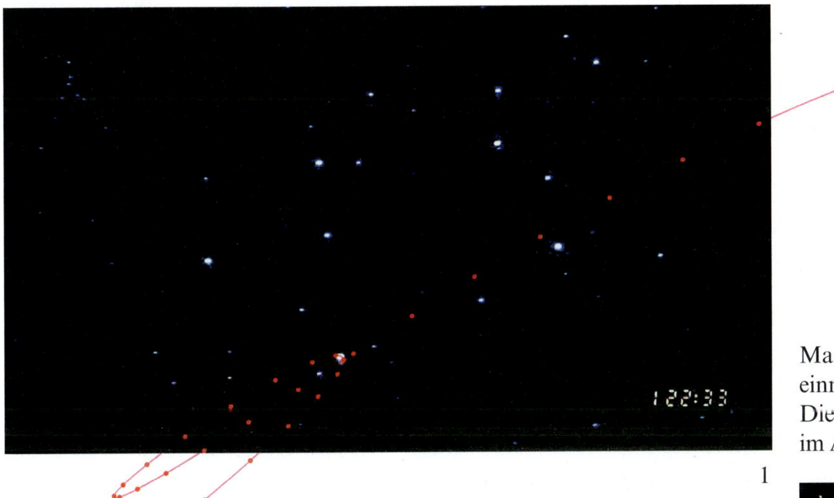

1

Mars im Löwen am 1.5.1997, einmontiert die Marsschleife. Die Punkte markieren die Positionen im Abstand von zehn Tagen.

Diese Wanderung der Planeten kann bei Mars sogar mit bloßen Augen bemerkt und verfolgt werden, insbesondere dann, wenn auffällige Sternbilder (z. B. Löwe, Zwillinge oder Stier) in der Nähe sind.

Bei den Bewegungen der Planeten gibt es, bei aller Vielfalt z. B. in der Gestalt der Rückwärtsbewegungen, auffällige Gemeinsamkeiten und Regelmäßigkeiten.
Dazu gehören:

– Die Bahnen aller Planeten liegen sehr nahe bei der jährlichen scheinbaren Bahn der Sonne über den Sternenhimmel, der Ekliptik. Manchmal, wenn sie nahe beieinander stehen, markieren sie geradezu die Ekliptik am Himmel (Bild 2).

– Die meiste Zeit bewegen sich die Planeten, wie die Sonne, entgegen dem Uhrzeigersinn, d.h. von West nach Ost vor dem Fixsternhimmel; man sagt: sie sind **rechtläufig**.

– Manchmal kehren sie ihre Bewegungsrichtung um und laufen von Ost nach West. Diesen Teil ihrer Bewegung nennt man **rückläufig**. Durch diesen Wechsel zwischen Recht- und Rückläufigkeit entstehen schleifen-, s- oder z-förmige Bahnen (Bilder 1 und 3).

– Die Planeten laufen unterschiedlich schnell über den Himmel. Je langsamer sie sich bewegen, desto kleiner ist ihre Schleife, die sie während ihrer Rückläufigkeit durchlaufen – ein Hinweis auf ihre zunehmende Entfernung von der Erde.

2

Saturn, Venus, Jupiter und Merkur am 28.2.1999

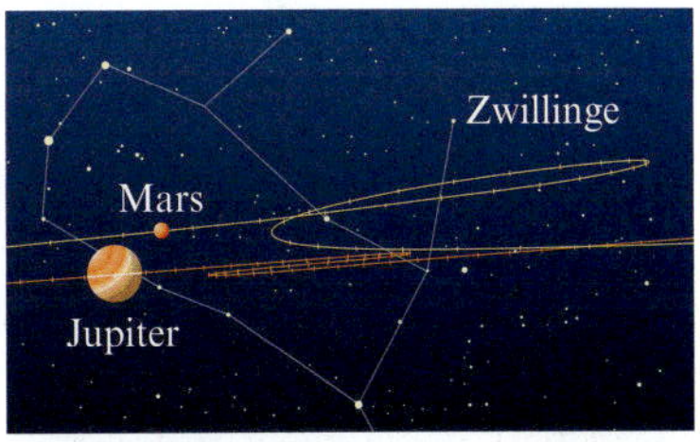

3

Schleifen von Mars (2007/08) und Jupiter (2001/02) in den Zwillingen (Markierungen im Abstand von 2 Wochen)

Kepler'sche Gesetze und Gravitationsgesetz

KOPERNIKUS beschrieb die Bahnen der Planeten noch, wie die Griechen, als Kreise. Aber bei der Beobachtung stellte man fest, dass zwischen der vorausberechneten und der tatsächlichen Position eines Planeten Unstimmigkeiten auftraten.
Auf der Grundlage der sehr genauen Beobachtungsdaten von TYCHO BRAHE formulierte JOHANNES KEPLER Gesetze dafür, wie sich die Planeten um die Sonne bewegen.
KEPLER fand 1609 heraus, dass er die beobachtete Bewegung von Mars nur erklären konnte, wenn er statt der Kreisbahn Ellipsen annahm. Sein erstes Gesetz beschreibt die Form der Planetenbahnen:

1

JOHANNES KEPLER (1571–1630)

1. Kepler'sches Gesetz: Die Planeten bewegen sich auf Ellipsen um die Sonne, in deren einem Brennpunkt die Sonne steht.

Der Abstand eines Planeten von der Sonne ändert sich also während eines Umlaufs: Größter und kleinster Abstand sind zusammen doppelt so groß wie die große Halbachse der Ellipse. Die große Halbachse der Erdbahn beträgt 150 Mio. km. Diesen Abstand bezeichnet man als **Astronomische Einheit (AE)**.

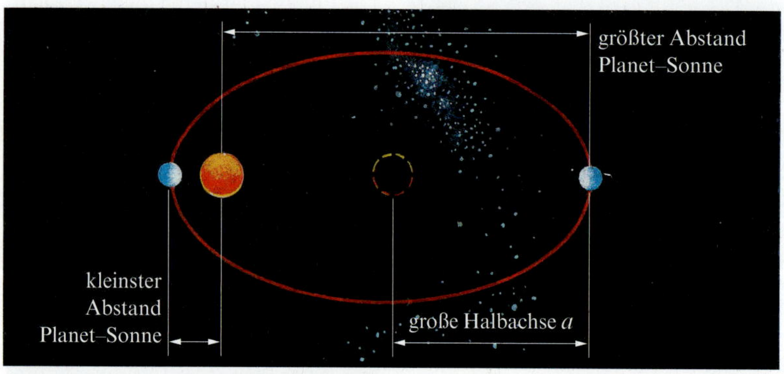

2

ÜBRIGENS

Eine Ellipse ist der geometrische Ort aller Punkte, für die die Summe ihrer Entfernungen von zwei festen Punkten, den Brennpunkten der Ellipse, gleich groß ist. Je weiter die Brennpunkte entfernt sind, desto gestreckter ist die Ellipse. Je näher sie beieinander liegen, desto kreisähnlicher ist sie.
„Gärtnerkonstruktion": Mit zwei Erdpflöcken und einer Fadenschlaufe lässt sich ein Beet in Form einer Ellipse abstecken.

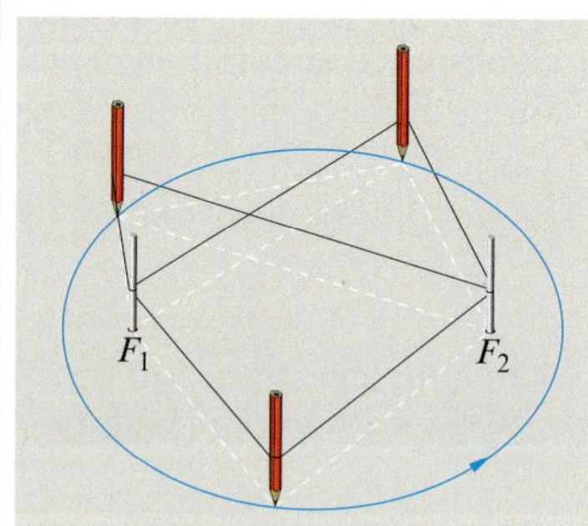

3

Zusätzlich fand KEPLER heraus, dass sich die Geschwindigkeit der Planeten auf ihrer Bahn um die Sonne ändert. Die Planeten bewegen sich in Sonnennähe schneller als in Sonnenferne.

2. Kepler'sches Gesetz: Die Verbindungslinie Sonne – Planet überstreicht in gleichen Zeitenabschnitten gleiche Flächen.

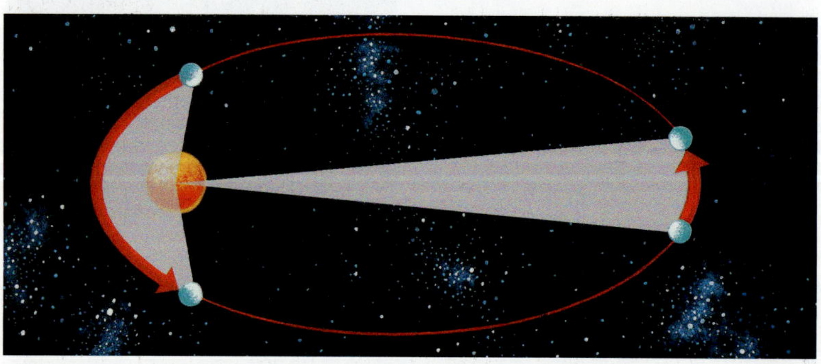
4

Die grauen Flächen sind gleich groß. Die zu den Flächen gehörenden Bahnabschnitte werden vom Planeten in der gleichen Zeit durchlaufen.

Erst 1619, zehn Jahre nach der Formulierung seiner ersten beiden Gesetze, gelang es KEPLER, aus den Daten der Planetenbewegungen den Zusammenhang zwischen der Umlaufzeit T eines Planeten um die Sonne und der großen Halbachse a seiner Bahn herauszulesen.

3. Kepler'sches Gesetz: Die Quadrate der Umlaufzeiten der Planeten verhalten sich wie die dritten Potenzen der großen Halbachsen ihrer Bahnellipsen: $\frac{T_1^2}{T_2^2} = \frac{a_1^3}{a_2^3}$.

Die Planeten brauchen also umso länger für einen Umlauf, je größer die Halbachse ihrer Bahn ist. Das würde auch gelten, wenn sie alle dieselbe Geschwindigkeit hätten. Aus dem Gesetz ergibt sich aber, dass sich die Planeten umso langsamer bewegen, je weiter sie von der Sonne entfernt sind.

Planet	mittlere Bahngeschwindigkeit in km/s	mittlere Entfernung von der Sonne in 10^6 km
Merkur	47,8	57,9
Venus	35,03	108,2
Erde	29,79	149,6
Mars	24,13	227,9
Jupiter	13,06	778,3
Saturn	9,64	1 427
Uranus	6,81	2 869,6
Neptun	5,43	4 496,7

Gravitationsgesetz. Mit seinen Gesetzen konnte KEPLER die künftigen Planetenpositionen sehr viel genauer vorher berechnen, als das bis dahin möglich gewesen war. Er *beschrieb, wie* sich die Planeten um die Sonne bewegen.
Erst ISAAC NEWTON *begründete, warum* sich die Planeten so und nicht anders bewegen.

NEWTON konnte zeigen, dass sich alle drei Kepler'schen Gesetze aus einem einzigen Kraftgesetz ableiten lassen.

Alle Körper ziehen sich gegenseitig an. Diese Gravitationskräfte sind umso größer, je größer die Massen der beteiligten Körper sind und je kleiner ihr Abstand voneinander ist.
Genauer gilt: $F = \gamma \frac{m_1 \cdot m_2}{r^2}$.

Dabei sind m_1 und m_2 die Massen der beiden Körper und r ihr Abstand. Die Konstante γ heißt **universelle Gravitationskonstante**.

Das Gravitationsgesetz ist eines der grundlegenden Naturgesetze im Kosmos. Mit seiner Hilfe lassen sich die Massen der Sonne und der Planeten, also auch der Erde, bestimmen und die Bahnbewegungen der Monde und Kometen und aller anderen Himmelskörper berechnen.

1
ISAAC NEWTON (1643–1727)

Projekt

Planetenbeobachtungen

Die hellen Planeten (Venus, Mars, Jupiter und Saturn) lassen sich meist einfach am Himmel finden, weil sie durch ihre Helligkeit auffallen und immer in der Nähe der Ekliptik stehen. Ihre Bewegung lässt sich, insbesondere bei Venus und Mars, schon mit dem bloßen Auge bemerken. Besonders einfach ist das, wenn helle Sterne in der Nähe stehen. Für genauere Beobachtungen und Aufzeichnungen brauchst du ein Fernglas und eine gute Sternkarte, in die du die Positionen eintragen kannst.

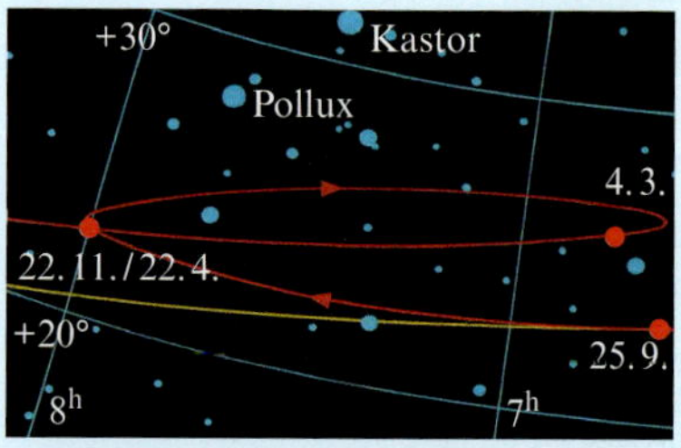

1 Beispiel für die Aufzeichnung der Bewegung des Mars

AUFTRAG 1

Beobachte die Bewegung des Mars und zeichne sie auf!
Gute Karten der entsprechenden Himmelsgegenden findest du im Internet. Versuche die Mars benachbarten Sterne in der Karte zu identifizieren. Präge dir die Stellung von Mars bezüglich dieser Sterne so genau wie möglich ein. Besonders einfach sind regelmäßige geometrische Figuren wie Geraden und gleichschenklige, rechtwinklige oder gleichseitige Dreiecke zu behalten. Trage die Positionen in die Sternkarte ein und beschrifte sie mit dem Beobachtungsdatum.

2 Jupiter mit einigen seiner Monde

AUFTRAG 2

Beobachte die Jupitermonde!
Die vier großen Jupitermonde – in der Reihenfolge ihres Abstandes zu Jupiter: Io, Europa, Ganymed und Kallisto – bieten schon in einem Fernglas oder einem kleinen Fernrohr einen faszinierenden Anblick. Bereits innerhalb einiger Stunden kannst du eine deutliche Veränderung ihrer Positionen beobachten. Bereits nach 24 Stunden ist es nicht einfach, sie „wieder zu erkennen", d. h. zu entscheiden, welcher der Lichtpunkte den Positionen des vergangenen Tages zuzuordnen ist.

1 Skizziere mehrere Tage nacheinander die Positionen der vier Monde relativ zu Jupiter. Versuche dazu, dir am Fernrohr die Abstände als Vielfaches des Jupiterdurchmessers einzuprägen.
2 Besonders eindrucksvoll ist es, den Beginn oder das Ende einer Verfinsterung zu beobachten: Einer der Monde verschwindet plötzlich oder taucht wieder auf, obwohl er sich nicht unmittelbar bei Jupiter befindet. In astronomischen Jahrbüchern, mit einem astronomischen Computerprogramm oder im Internet kannst du die Zeitpunkte für solche Ereignisse finden.
3 Erkläre die wechselnde Stellung der 4 großen Jupitermonde relativ zu Jupiter! Warum sind manchmal weniger als 4 zu sehen?

3 Venus. Diese Aufnahme wurde von der Raumsonde Galileo im Februar 1990 aus einer Entfernung von 1,7 Millionen Kilometern aufgenommen. Die blauen Farbtöne entsprechen nicht der Realität, sie wurden gewählt, um die Kontraste zwischen den Wolkenbändern zu erhöhen

AUFTRAG 3

Beobachte Venus über einen längeren Zeitraum am Himmel!

1 Versuche die Bewegung von Venus gegenüber dem Sternhimmel wahrzunehmen! Wie verändern sich die Untergangszeiten (Venus als Abendstern) bzw. die Aufgangszeiten (Venus als Morgenstern)?
2 Beobachte Venus im Fernrohr und skizziere ihre Phasengestalten!

Weißt du es? Kannst du es

1. Man unterscheidet erdähnliche und jupiterähnliche Planeten.
   Zu welcher dieser beiden Gruppen zählen die Planeten mit festen Oberflächen, zu welcher die Gas- bzw. Eisplaneten?
2. Welche Planeten waren schon im Altertum bekannt, welche sind Entdeckungen der Neuzeit?
3. Welcher Planet ist der Erde am ähnlichsten?
4. Die Planeten Jupiter und Saturn weisen eine starke Abplattung auf, die durch die schnelle Rotation entstanden ist. (Beide Planeten drehen sich mehr als doppelt so schnell wie die Erde um ihre Achse.) Wie ist es zu erklären, dass die Planeten ihre ausgedehnten Atmosphären trotz der schnellen Rotation festhalten können?
5. Beschreibe, wie du bei der Beobachtung des Himmels eine Sternschnuppe (Meteor) von einem Kometen unterscheiden kannst!
6. Beschreibe die Bewegung der Planeten um die Sonne!
7. Im Bild 1 ist dargestellt, wie sich die Erde in ihrer Bahn um die Sonne bewegt: Am Abend befindet sich der Beobachter auf der „Rückseite“, in den Morgenstunden auf der „Vorderseite“ der Erde. Erkläre anhand dieses Bildes, warum die meisten Meteore nicht abends, sondern in den Stunden nach Mitternacht zu beobachten sind.
8. Gib dein Alter in Jupiterjahren an! (Ein Jupiterjahr ist die Dauer eines Umlaufs des Planeten Jupiter um die Sonne.)
9. Wie hängen Bahnradius und Geschwindigkeit der Planeten miteinander zusammen?

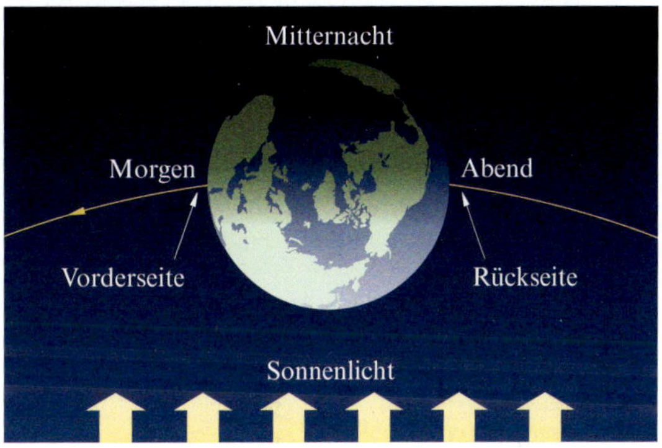

1

Kurz und knapp!

Körper im Sonnensystem

Planeten. Himmelskörper, die die Sonne umlaufen. Merkur, Venus, Erde, Mars, Jupiter, Saturn, Uranus, Neptun.

Monde. Himmelskörper, die ihren Planeten umlaufen und das Licht der Sonne reflektieren.

Zwergplaneten. Kugelförmige Himmelskörper, die die Sonne umlaufen, dabei aber nicht die größten Körper in ihrer Umlaufbahn sind.

Kleinkörper im Sonnensystem
Asteroiden (Planetoiden): kleine Himmelskörper von unregelmäßiger Gestalt
Kometen: kleine Himmelskörper aus Eis und Staub, bei Annäherung an die Sonne bilden sie eine Gashülle (Koma) und meist auch einen Schweif aus
Meteoroide: Kleinstkörper, die beim Eindringen in die Erdatmosphäre aufglühen; sie können die Erdoberfläche erreichen.

Gesetze der Planetenbewegung

1. Kepler'sches Gesetz: Die Planeten bewegen sich auf Ellipsen, in deren einem Brennpunkt die Sonne steht.

2. Kepler'sches Gesetz: Die Verbindungslinie Sonne–Planet überstreicht in gleichen Zeitabschnitten gleiche Flächen.

3. Kepler'sches Gesetz: Die Quadrate der Umlaufzeiten der Planeten verhalten sich wie die dritten Potenzen der großen Halbachsen ihrer Bahnellipsen.

Gravitationsgesetz: Alle Körper ziehen sich gegenseitig an. Diese Gravitationskräfte sind umso größer, je größer die Massen der beteiligten Körper sind und je kleiner ihr Abstand voneinander ist.

Entwicklung des Weltalls

1

Dem Amerikaner EDWIN POWELL HUBBLE gelang im Jahre 1929 eine der aufregendsten astronomischen Entdeckungen des 20. Jahrhunderts: Alle Sternsysteme im Weltall entfernen sich voneinander. Das ist eine Folge der unaufhaltsamen Ausdehnung des Kosmos.
Ist der ganze Kosmos einst explodiert? Dehnt sich das Weltall immer noch aus?
Was sind Sternsysteme und wie entstanden die Sterne?

Entstehung der Sterne

Blickst du in einer klaren und mondlosen Nacht zum Himmel, kannst du mit bloßem Auge etwa 3 000 Sterne sehen. Ein Fernrohr zeigt bereits 170 000 Sterne, und mit großen Teleskopen sind es mehrere Millionen.
Sterne entstehen aus interstellarem Gas und Staub (interstellar: lateinisch, zwischen den Sternen befindlich). Diese interstellare Materie erfüllt, lockeren Wolken vergleichbar, viele Bereiche des Weltalls. Ihre Dichte ist sehr gering – etwa ein Atom pro Kubikzentimeter. Die Wolken sind zumeist sehr weit ausgedehnt und umfassen trotz der geringen Dichte große Massen Gas und Staub (Bild 2).
An vielen Stellen der Himmelskugel ist die interstellare Materie optisch sichtbar, weil die von ihr gebildeten Wolken sehr groß sind. Billiarden Staubteilchen und Zehntausende Billiarden Gasteilchen stehen, von der Erde aus gesehen, hintereinander im Weltraum. Sehr dichte Staubwolken können auch als „Dunkelnebel“ (Bild 3) in Erscheinung treten.

ÜBRIGENS

Da das Licht für seine Ausbreitung Zeit benötigt, ist jeder Blick in kosmische Weiten zwangsläufig ein Blick in die Vergangenheit. Wir beobachten z. B. einen Stern, der eine Milliarde Lichtjahre von uns entfernt ist, in dem Zustand, in dem es sich vor einer Milliarde Jahren befand.

2

Interstellare Gas-Staub-Wolke (Adler-Nebel). Teile dieses Nebels sind im Begriff, sich zu Sternen zu verdichten.

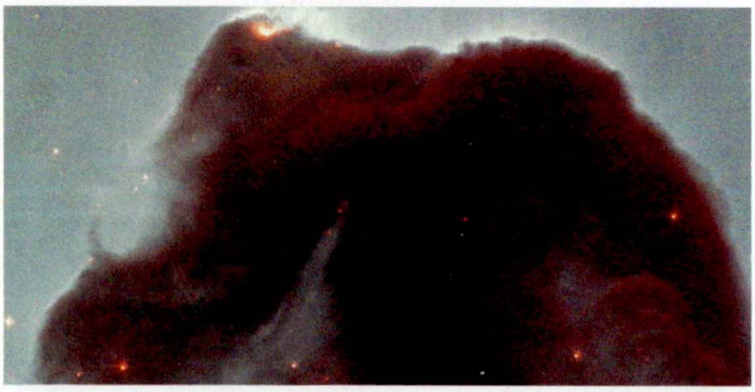

3

Pferdekopf-Nebel im Sternbild Orion. Vor dem hellen Nebel befindet sich eine undurchsichtige Staubmasse.

Eine interstellare Wolke oder ein Teil von ihr kann sich, wenn ihre Masse und damit die Gravitationskraft zwischen den Teilchen groß genug ist, zusammenziehen. Bei diesem Vorgang erhöht sich der Druck im Innern der Wolke, gleichzeitig zerfällt sie in kleinere Teilbereiche, die sich immer stärker verdichten. Nach einigen Millionen Jahren werden so hohe Temperaturen und Dichten erreicht, dass die Energiefreisetzung durch Bildung von Heliumkernen aus Wasserstoffkernen einsetzt. Die Verdichtung kommt damit zum Stillstand, aus der interstellaren Wolke ist ein selbst strahlender Himmelskörper, ein Stern, geworden.
Solche Prozesse finden im Weltall seit Milliarden von Jahren statt. Nicht alle interstellaren Wolken können jedoch zu Sternen werden – dazu muss die Temperatur nicht zu hoch und die Anfangsmasse groß genug sein.

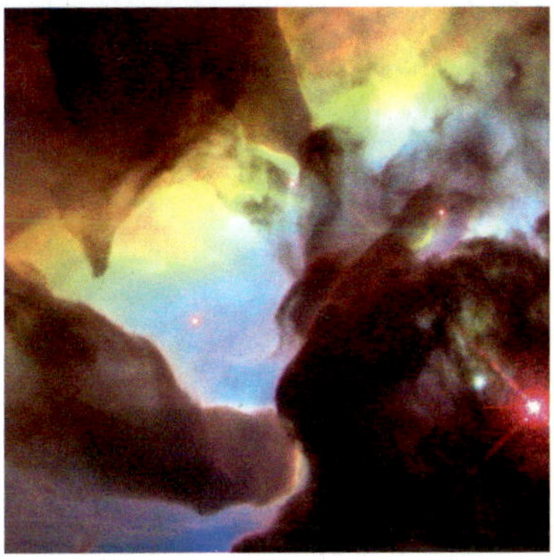
1
Der Lagunen-Nebel im Sternbild Schütze

Entwicklung der Sterne

Sterne bestehen nicht ewig, und sie sind auch nicht alle gleichzeitig entstanden. Vielmehr durchlaufen sie eine Entwicklung.

Neu entstandener Stern. Für einen sehr langen Zeitraum wird in ihm ständig Energie durch Kernfusion des Wasserstoffs freigesetzt, deshalb verringert sich dort allmählich der Wasserstoffvorrat und Helium wird immer stärker angereichert. Die freigesetzte Energie wird zur Photosphäre transportiert und von dort in den Weltraum abgestrahlt.
In dieser Phase befindet sich der Stern in einem stabilen Gleichgewichtszustand zwischen Energiefreisetzung und -abstrahlung.

Riesenstern. Wenn der Wasserstoffvorrat in der Zentralregion eines Sterns verbraucht ist, zieht sich dieses Zentralgebiet unter gleichzeitiger Temperaturerhöhung zusammen, die äußeren Schichten des Sterns dehnen sich hingegen aus. Damit vergrößert sich der Sternradius, es entsteht ein Riesenstern.

Weiße Zwerge. Riesensterne verlieren wesentliche Teile ihrer äußeren Hüllen dadurch, dass dieses Gas in den Weltraum abströmt. Im Zentrum befindet sich dann das ehemalige Zentralgebiet des Sterns in der Gestalt eines Weißen Zwerges. Sie sind das letzte Stadium in der Entwicklung eines Sterns, besitzen keine Energievorräte mehr und können sich wegen ihrer sehr hohen Dichte auch nicht weiter zusammenziehen. Weiße Zwerge kühlen langsam aus.

2
Reste eines sterbenden Sterns. Der Supernova-Überrest befindet sich im Bereich der Großen Magellan'schen Wolke. Auf dem Bild erkennt man die durch die Explosion ins Universum herausgeschleuderten Plasmawolken.

Supernova. Wenn die nach dem Riesenstadium verbleibende Sternmasse noch relativ groß ist, kann ein Einzelstern durch eine Explosion zerrissen werden. Dabei werden in kürzester Zeit Energiebeträge frei, für deren Freisetzung ein normaler Stern einige Millionen Jahre benötigt.

Schwarze Löcher. Übersteigt die Masse des Supernova-Reststerns eine Grenze, die zwischen 2 und 3 Sonnenmassen liegt, dann wird er durch die Gravitationskraft so sehr zusammengepresst, dass seine Dichte über jedes Maß hinaus anwächst. Solche Reststerne heißen Schwarze Löcher.

Einteilung des Kosmos

Galaxien. In klaren, mondlosen Nächten kann man ein lichtschwaches, breites, schimmerndes Band mit unregelmäßigen Begrenzungen am Himmel sehen. Es ist die Milchstraße, der Innenanblick des Milchstraßensystems. Da sich das Sonnensystem (und damit auch unsere Beobachtungsbasis, die Erde) im Inneren des Milchstraßensystems befindet, ist es sehr schwierig, die Struktur und die Abmessungen des Milchstraßensystems zu ermitteln.
Die Sterne sind im Weltall in großen Ansammlungen vereinigt, die als Sternsysteme (Galaxien) bezeichnet werden. Auch unsere Sonne gehört zu einem Sternsystem, das insgesamt etwa $2 \cdot 10^{11}$ Sterne sowie interstellare Materie (etwa 2 % der Gesamtmasse) umfasst. Dieses Sternsystem ist das Milchstraßensystem – die Galaxis.
Sternsysteme außerhalb des Milchstraßensystems werden als außergalaktische Sternsysteme (Galaxien) bezeichnet.
Ein dem Milchstraßensystem benachbartes Sternsystem ist der Andromeda-Nebel. (Die irreführende Bezeichnung „Nebel" entstand, bevor die wahre Natur der Sternsysteme erkannt wurde.)

Galaxienhaufen. Fast alle Sternsysteme sind in großen Konzentrationen vereinigt, die als Galaxiengruppen oder Galaxienhaufen bezeichnet werden. Galaxienhaufen umfassen jeweils einige 100 bis zu mehreren 1 000 Sternsysteme. Der Raum zwischen den Galaxien ist in vielen Galaxienhaufen mit heißem Gas gefüllt, das intensive Röntgenstrahlung aussendet.

Superhaufen. Die Galaxienhaufen sind wiederum in Superhaufen konzentriert. Diese sind die größten bekannten Strukturen im Kosmos. Superhaufen können bis zu einer Million Galaxien enthalten; in ihnen sind die Galaxienhaufen in Form von ketten- oder flächenhaften Gebilden angeordnet. Damit erhält der gesamte Kosmos eine zellen- oder schaumblasenartige Struktur. Das Innere der Zellen enthält keine sichtbare Materie.

1
Blick auf die Milchstraße über dem La-Silla-Observatorium der Europäischen Südsternwarte (ESO) in Chile

2
Andromeda-Nebel – großes spiralförmiges Sternsystem im Sternbild Andromeda

3
Galaxienhaufen

Die Entwicklung des Kosmos

1929 entdeckte der amerikanische Astronom EDWIN P. HUBBLE, dass sich die gegenseitigen Abstände der Sternsysteme ständig vergrößern. Der Kosmos dehnt sich aus, er expandiert. Aus den heutigen Entfernungen der Sternsysteme und aus ihren Geschwindigkeiten lässt sich der Zeitpunkt berechnen, zu dem die Expansion des Kosmos begann – der **Urknall**. Er liegt etwa 13,7 Milliarden Jahre zurück. Zu jener Zeit war die gesamte kosmische Materie extrem dicht und heiß, sie bestand aus energiereicher Strahlung und Elementarteilchen. Strahlung und Teilchen wandelten sich ständig ineinander um.
Der Kosmos dehnt sich beschleunigt weiter aus; dieser Prozess wird nie mehr zum Stillstand kommen. Die Strahlung bewegt sich seit jener Zeit frei durch den Weltraum. Gegenwärtig gleicht sie der Strahlung eines Körpers mit einer Temperatur von 2,725 K (**Drei-Kelvin-Strahlung**, 3-K-Strahlung).

Die Bewegungen der Sternsysteme und die 3-K-Strahlung sind die wichtigsten Beweise dafür, dass sich der Urknall tatsächlich ereignet hat.

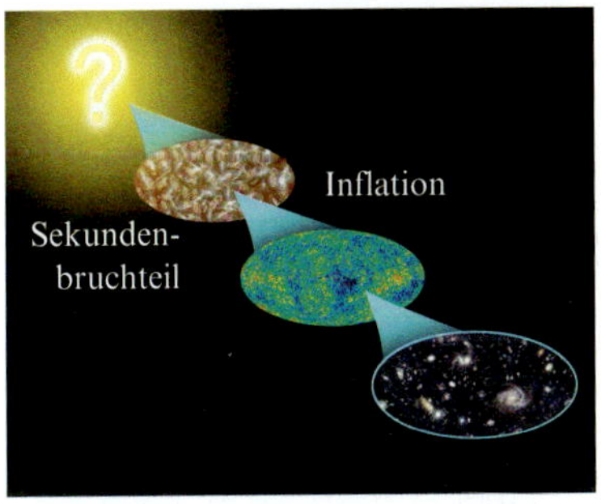

1

Entwicklungsetappen im Kosmos	
vor Jahren	Ereignis
$13{,}7 \cdot 10^9$	Urknall
$13{,}5 \cdot 10^9$ bis $13{,}3 \cdot 10^9$	Bildung der Galaxien und darin der ersten Sterne
$4{,}6 \cdot 10^9$	Entstehung des Sonnensystems
$3{,}6 \cdot 10^9$	erste Spuren des Lebens auf der Erde
$3 \cdot 10^6$	erste Menschen auf der Erde

Der Mensch im Weltall

Es ist schon etwas Besonderes mit der Erde! Sie ist unser Planet, und wir haben uns – in einer Jahrmillionen währenden Entwicklung – an sie gewöhnt. Die Schwerkraft wird von uns als normales Gewicht empfunden. Auf dem Mars würden wir nur reichlich ein Drittel unseres Gewichtes spüren. Wir haben uns an die Hydrosphäre, die Wasserhülle der Erde, angepasst. Ohne Wasser hätte wohl kein Leben auf unserem blauen Planeten entstehen können. Und wir leben von dem hohen Sauerstoffanteil der Atmosphäre. Diese drei Dinge machen die Erde tatsächlich zu einem im Sonnensystem einmaligen Planeten: Hydrosphäre, sauerstoffreiche Atmosphäre und Leben.

Seit dem Ende des 20. Jahrhunderts haben die Astronomen auch viele Planeten ferner Sterne nachgewiesen. Ihre Massen und ihre Umlaufzeiten lassen sich ermitteln. Bis jetzt ist es jedoch nicht gelungen, Spuren von Leben auf anderen Planeten zu entdecken, obwohl sich seit einiger Zeit intensiv darum bemüht wird. Die Erde wird deshalb auf absehbare Zeit unser Lebensraum bleiben.
Aber ihre Zukunft wird nicht allein durch astronomische und geologische Abläufe bestimmt. Wir Menschen haben unseren Planeten so sehr in unsere Gewalt gebracht, dass unser Einfluss auf die künftige Entwicklung der Erde nicht mehr vernachlässigt werden kann. Zwar wird das Verhalten der Menschheit nicht dazu führen, dass die Erde eine andere Bahn im Sonnensystem einschlägt. Von entscheidender Bedeutung sind aber Fragen, wie: „Können wir unsere Umwelt so bewahren, dass sie weiterhin Leben auf der Erde ermöglicht?“ „Wie lässt sich der enorme Energiebedarf der Menschen ohne Schaden für die Erde befriedigen?“
Es gibt viel zu tun, damit die Erde bewohnbar bleibt.

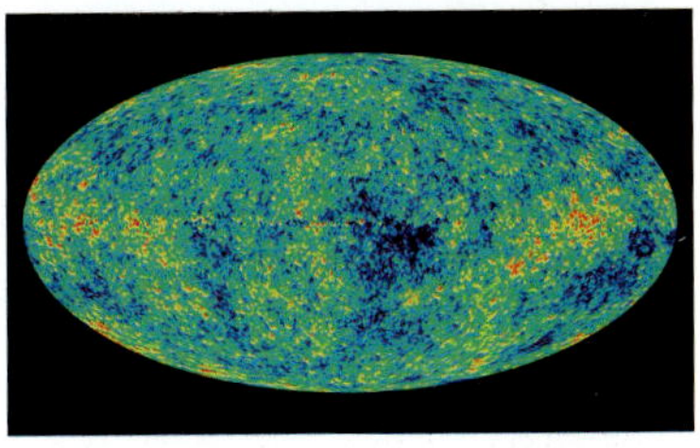
2

„Baby-Foto“ des Kosmos. Diese Himmelskarte der 3-K-Strahlung wurde mithilfe eines Forschungssatelliten erstellt. Es zeigt den Kosmos unmittelbar nach dem Urknall. Die dunklen Strukturen sind kühler, die gelben Flecke wärmer als der Mittelwert. Diese Temperaturdifferenzen betragen nur winzige Bruchteile von 1 Kelvin.

Utopische Physik

Jeder von uns stellt sich seine Zukunft vor – hat Wünsche und Träume. Und vielleicht denkt auch der eine oder andere über ein Leben in fernen Welten nach. Einige Wissenschaftler, Schriftsteller und Filmemacher beschäftigen sich sehr intensiv damit. Manches davon ist auch schon Realität geworden.

Utopie. Der Begriff Utopie bzw. Utopia bedeutet: „Guter Ort im Nirgendwo". In der utopischen Literatur geht es um den Entwurf alternativer, zukünftiger Welten. Die Entwicklung der Gegenwart wird kritisiert, mögliche kommende gesellschaftliche Entwicklungen werden aufgezeigt. Bereits um 1516 gab es den ersten utopischen Roman des Engländers THOMAS MORUS.
Heute ist der Begriff „utopisch" im weiteren Sinne zu verstehen. Zweige der Naturwissenschaften, der Literatur, der gesamten Medien, die sich mit der Zukunft beschäftigen, werden so bezeichnet.

Sciencefiction. Das Wort Sciencefiction stammt aus der englischen Sprache: science = (Natur-)Wissenschaft und fiction = Dichtung und darstellende Kunst (dazu gehören Romane, Erzählungen, Filme). Inhalt solcher Bücher und Filme ist die Beschreibung aller nur denkbaren technischen Entwicklungen, die im Moment unmöglich sind.
Im Laufe der Zeit haben sich die Inhalte des Sciencefiction stark verändert. Wurde früher hauptsächlich über technische Entwicklungen oder die Besiedlung fremder Welten geschrieben, so spielen heute militärische Auseinandersetzungen mit Außerirdischen eine große Rolle. Beim Lesen sollte man sich deshalb sehr kritisch mit vielen Inhalten auseinander setzen.

1

Bücher – Filme – Fernsehserien

Jules Verne ist einer der bekanntesten Schriftsteller des 19. Jahrhunderts. Er schrieb 60 Sciencefiction-Romane, z. B. „Reise zum Mittelpunkt der Erde",
„Die Reise um den Mond",
„Von der Erde zum Mond",
„Die schwimmende Stadt",
„Reise um die Erde in 80 Tagen".

1

2

Perry Rhodan ist die Hauptfigur einer Romanreihe, die seit den 60er Jahren des letzten Jahrhunderts von verschiedenen Autoren geschrieben wird. Die Handlung ist mittlerweile bei Band 92 im Jahre 4700 angekommen.

Star Wars sind 6 Filme, die seit 1977 im Kino uraufgeführt wurden. Die 6 Episoden beschreiben den Kampf verschiedener Gruppen um die Macht in einem Sternensystem.

3

4

Stargate ist eine beliebte Fernsehserie, die im Jahre 1996 startete. Über ein Tor auf der Erde können fremde Welten besucht werden. Die Geschichte der Ägypter ist in dieser Serie eng mit unserer Zukunft verbunden.

AUFTRAG

Sucht euch ein Sciencefiction-Buch aus und stellt den Inhalt kurz euren Mitschülern vor! Vielleicht könnt ihr dazu eine Bibliothek besuchen. Dort hilft man euch bestimmt bei der Auswahl. Natürlich findet man auch im Internet eine Menge von Informationen.

Sciencefiction oder Gegenwart?

Der polnische Sciencefiction-Autor STANISLAW LEM verfasste 1951 den Roman *Der Planet des Todes* (er ist auch unter dem Titel *Die Astronauten* bekannt). Dieses Buch handelt vom Jahre 2003.
Wenn ihr heute dieses Buch lest, oder euch ältere Filme anseht, werdet ihr feststellen, dass viele Visionen wahr geworden sind, andere bereits wieder von der Wirklichkeit überholt wurden.

1 STANISLAW LEM (1921–2006)

2 Alarm im Weltall, USA 1956

aus *Der Planet des Todes*: Die neuen Kraftwerke unterschieden sich schon äußerlich von den früheren. Zwischen durchsichtigen Wänden gingen Menschen in weißen Mänteln umher und wachten über die Elemente, die in unterirdischen Räumen, hinter dicke Schutzschilde gebannt, durch unaufhörliche Umwandlungen Energie erzeugten. In der lichten Halle herrschte vollkommene Stille, und nur dort, wo der Strom aus den Hauptsammelschienen in die Hochspannungsleitungen übertrat, war das tiefe, gleichmäßige Brummen der Transformatoren zu hören.

heute: Dieser Teil ist schon Realität geworden. Die Energieversorgung in vielen Ländern wird durch Kernkraftwerke gewährleistet. Die beim Kernzerfall freiwerdende Energie wird zum Verdampfen von Wasser genutzt. Dieser Dampf treibt Turbinen an. Diese Turbinen sind schließlich an Generatoren gekoppelt, die mechanische Energie in elektrische Energie umwandeln.

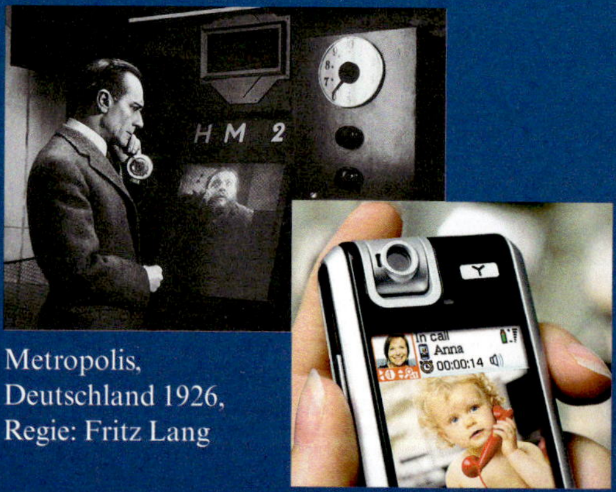

Metropolis, Deutschland 1926, Regie: Fritz Lang
3

aus *Der Planet des Todes*: Die Astronautik musste noch immer auf die entscheidende Entdeckung warten. Der Atombrennstoff versprach unendlich mehr als jeder andere. Die beim Atomzerfall frei werdenden Gase entwickelten Geschwindigkeiten von einigen Dutzend bis zu einigen tausend Sekundenkilometern. Die Energieentfaltung weniger Kilogramm Uran hätte genügt, um Tausende Tonnen Masse auf den Mond zu befördern.

heute: Kleine Atomreaktoren als Antrieb gibt es mittlerweile ebenfalls. Sie werden vorwiegend in U-Booten und in Satelliten im Weltall genutzt. Allerdings geht man auch hier den Weg der Umwandlung von Kernenergie über thermische und mechanische hin zur Elektroenergie. Die direkte Nutzung der Kernenergie als Antrieb lässt noch auf sich warten.

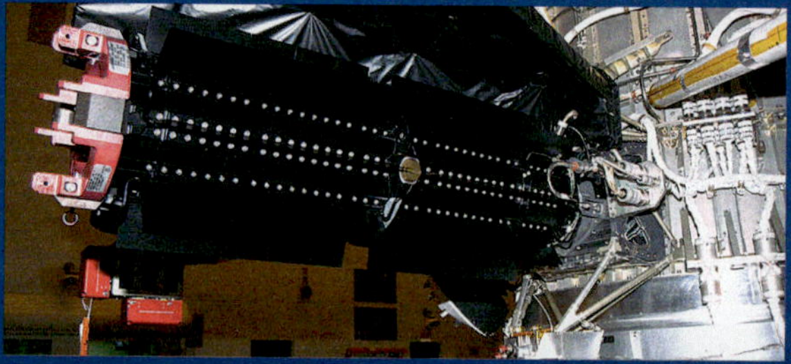
4 Radioisotopengenerator der Raumsonde Cassini-Huygens

aus *Der Planet des Todes*: Die Chemiker, die früher nur die Natur beobachtet und sich bemüht hatten, in ihren Laboratorien die auf der Erde und den Sternen vorkommenden Substanzen nachzuschaffen, lernten allmählich Stoffe aufzubauen, die nirgends bestanden, und sie taten es so beliebig wie ein Architekt, der die Form und Konstruktion eines Gebäudes seinen schöpferischen Plänen unterordnet. Sie waren in der Lage, plastische Stoffe zu erzeugen; die hart und widerstandsfähig wie Stahl, dabei aber leicht und durchsichtig wie Glas waren und sich schmieden und bearbeiten ließen. Sie konnten Klebemittel herstellen, die Metalle mit der Festigkeit einer Nietung verbanden, Isoliermassen, die erhitzbar waren und Schall, Strahlen, ja selbst Atomtejlchen verschluckten. Auf diese Weise entstand das Luzit, ein synthetisches Baumaterial, das tagsüber die Sonnenstrahlen aufspeicherte und sie im Dunkeln als gleichmäßig weißes Licht ausstrahlte.

1 Farbe mit Lotus-Effekt

heute: Die Nanotechnologen arbeiten an dieser Vision. Erste Erfolge in der Arbeit mit einzelnen Atomen gibt es bereits. So kann man heute schon Körper mit solch dünnen Schutzschichten überziehen, die zwar nur die Dicke eines Atoms haben, den Gegenstand aber wesentlich verbessern. (z. B. Glas das nicht mehr schmutzig wird oder Autolack der sich bei Kratzern selbst repariert). Aber gerade auf diesem Gebiet wird uns die physikalische Forschung noch viele Überraschungen liefern.

Sciencefiction und Physik

Beim Lesen von Sciencefictiontexten ist es nicht immer einfach zu erkennen, welche physikalischen Gesetze sich hinter manchen Aussagen verbergen. Auch hierzu einige Beispiele:

aus *Perry Rhodan*: „Ich habe die Startversuche der CREST und den Startversuch der Jet verfolgt, John. Ein gravitatorisches Fesselfeld hält uns am Boden fest. Wir müssen die Quelle oder die Quellen des Fesselfeldes ausschalten."

2

Physik: Damit ein startendes Fluggerät am Boden gehalten werden kann, sind große Kräfte notwendig. Dies wäre durch mechanische Einrichtungen wie z. B. Stahlseile und Klammern oder aber durch große Magneten möglich. Heutzutage verlassen sich unsere Techniker auf die mechanischen Möglichkeiten. Die Gravitation oder besser gesagt die Erdanziehungskraft künstlich zu verstärken, ist heute noch nicht möglich.

aus *Perry Rhodan*: „Das Licht im Gang war nicht besonders hell, aber dort, wo der Roboter ging, flammte es automatisch auf. Sein Gewicht genügte, die im Boden befindlichen Kontrollen ansprechen zu lassen."

Physik: Sensoren, die wie von selbst die Steuerung von Schaltungen übernehmen, setzt man bereits vielfältig ein. Denken wir nur an die Bewegungsmelder, die das Licht einschalten. Im oberen Textabschnitt ist ein Sensor beschrieben, der auf Druck reagiert. Der Auflagedruck des Roboters, entstanden durch dessen Gewichtskraft, betätigt einen Lichtschalter im Fußboden.

1 Drucksensoren

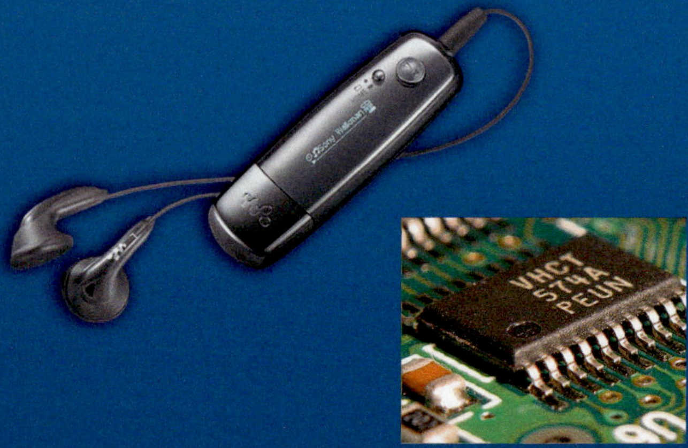

2

aus *Perry Rhodan*: „Atlan zog einen winzigen Impulskristall-Recorder hervor und schaltete ihn auf Wiedergabe. Aus dem Lautsprecherteil erscholl unverkennbar die Stimme Scholschowos."

Physik: Bereits heute verwenden wir sehr kleine Speichermedien. Dabei wird entweder durch magnetische Wirkungen, wie z.B. beim Speicherchip im mp3-Player, oder durch optische Verfahren, wie das „Brennen" mit einem Laser auf einer CD/DVD, gearbeitet. Der Kristall ist als Speicher bereits in der Erforschung. Dabei werden durch Laserlicht Informationen in den Atombereich eines Kristalls geschrieben.

3

AUFTRAG

Vielleicht habt ihr bereits ein Lieblings-Sciencefiction-Buch gefunden. Sucht doch einmal nach weiteren physikalischen Zusammenhängen. Versucht dabei die geltenden physikalischen Gesetze herauszufinden und äußert eure Meinung zur Realisierbarkeit.

aus *Star Wars*: In Kämpfen werden Laser-Schwerter verwendet.

Physik: Laser senden sehr stark gebündeltes Licht aus. Licht ist aber nicht fest, sodass man damit nicht wie mit einem Schwert kämpfen kann.
Allerdings können dort, wo Laserlicht auftrifft, durch die große abgestrahlte Energie Stoffe zum Schmelzen gebracht werden.
Und man kann mit Lasern wegen der geradlinigen Ausbreitung des Lichtes sehr genaue Vermessungen durchführen.

Roboter

Roboter sind Maschinen, die selbstständig eine Aufgabe erfüllen. Der Begriff stammt vom slawischen Wort „robota" für Fronarbeit.
Etwa 1920 tauchte dieser Begriff zuerst in Theaterstücken und verschiedenen Sciencefiction-Veröffentlichungen auf.
In seiner Kurzgeschichte *Runaround* beschrieb ISAAC ASIMOV 1942 erstmals Robotergesetze. Sie sollen Grundregeln für den Roboterdienst sein (siehe rechte Spalte).
Die Gesetze galten zunächst für „literarische" Roboter. Aber sie haben auch Einfluss auf die Programmierung heutiger Roboter genommen

Viele der erdachten Technologien sind heute Wirklichkeit. Roboter sind aus unserem Leben nicht mehr wegzudenken. Sie erfüllen einfachste Aufgaben, sind aber mittlerweile auch in der Lage, sehr komplizierte Arbeiten durchzuführen. An der Entwicklung künstlicher Intelligenz wird nach wie vor geforscht.

Industrieroboter. Vor allem in der Industrie werden Roboter für viele eintönige, schwere Tätigkeiten eingesetzt. Sie arbeiten Tag und Nacht, mit gleicher Qualität und hohem Tempo.

2
Schweißroboter im Automobilbau

Serviceroboter. Wer hat nicht schon davon geträumt, dass wenn er nach Hause kommt, die Wohnung aufgeräumt und sauber ist. Erste Modelle eines Staubsaugerroboters gibt es bereits (Bild 1). Aber auch für Transport- und Überwachungsaufgaben sind sie geeignet.

Humanoide Roboter. Bereits am Anfang der Robotertechnik wünschte man sich diese Maschinen in menschlicher Form. Besonders die Fortbewegung auf Beinen und das Greifen mit menschenähnlichen Händen, machen einen Roboter sehr flexibel im Einsatz (Bild 3).

Forschungsroboter. Vor allem in Gebieten, die dem Menschen unzugänglich sind (Tiefsee, Weltall), haben Forschungsroboter ihren Einsatz. Sie sind für konkrete Aufgaben konstruiert (Bild 4).

Robotergesetze

1. Ein Roboter darf kein menschliches Wesen verletzen oder durch Untätigkeit gestatten, dass einem menschlichen Wesen Schaden zugefügt wird.
2. Ein Roboter muss dem ihm von einem Menschen gegebenen Befehl gehorchen, es sei denn, ein solcher Befehl würde mit Regel 1 kollidieren.
3. Ein Roboter muss seine Existenz beschützen, solange dieser Schutz nicht mit Regel 1 und 2 kollidiert.

1
Staubsaugerroboter

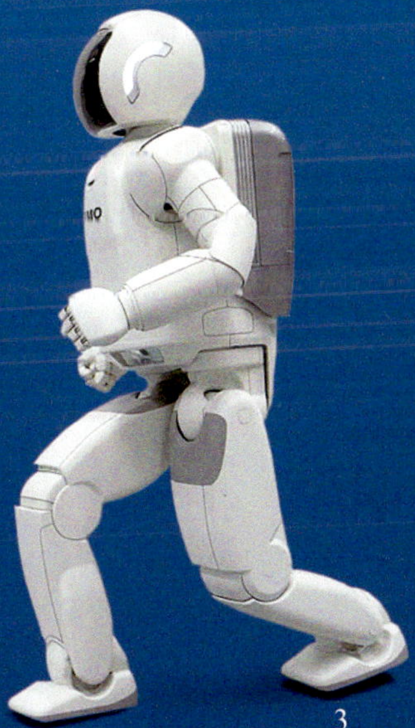
3
Humanoider Roboter

4
Tauchroboter bei der Untersuchung des Wracks der Titanic

Robotertechnik. Die Energiequelle eines Roboters kann ein Akkumulator sein. Dieser ermöglicht einen großen unabhängigen Arbeitsbereich. In einem Akkumulator wird chemische Energie in elektrische Energie umgewandelt. Diese Energie kann dann zum Antrieb und damit zum Verrichten von mechanischer Arbeit dienen. Allerdings sind bei einem Akkumulator die Energievorräte nur begrenzt. Zurzeit arbeitet man an einer neuen Energiequelle, der Brennstoffzelle.
Die Antriebskräfte können bei einem Roboter durch Seile und Rollen übertragen werden. Auf diese Weise wird die Bewegung einzelner Teile sichergestellt. Werden dabei lose Rollen verwendet, so können die Antriebskräfte nach der Goldenen Regel der Mechanik verstärkt werden. Das Übertragen von Kräften kann auch durch hydraulische Anlagen geschehen. Dabei wird ausgenutzt, dass der Druck in eingeschlossenen Flüssigkeiten überall im Gefäß gleich ist und in alle Richtungen wirkt.

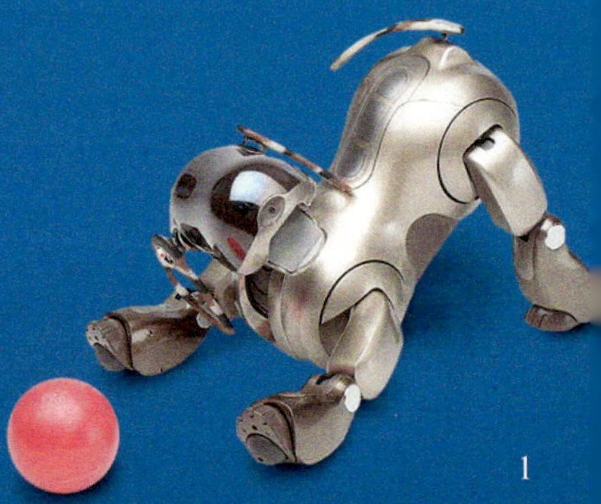
1

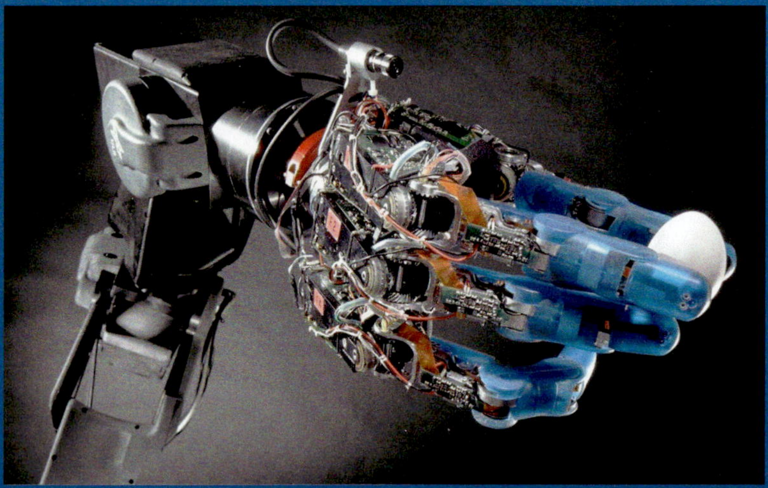
2

Bei der abgebildeten Roboterhand befinden sich die Antriebe vollständig in den Fingern und in der Handfläche. 25 Sensoren in jedem Finger ermöglichen sehr feinfühlige Bewegungen.

Lebensraum Weltall

In Sciencefiction-Romanen begibt sich der Mensch auf seinen Reisen ins Weltall in ungewohnte Lebensbereiche. Aber unser Leben auf der Erde ist von vielen Bedingungen abhängig. Wir brauchen Sauerstoff zum Atmen, von der Sonne das Licht und ihre Wärmestrahlung, Wasser und vieles mehr. Nachfolgend einige physikalische Größen, die für uns eine wichtige Rolle spielen:

Temperatur. Auf der Erde herrschen Temperaturen von ca. –80 °C bis +60 °C. Der Mensch mit einer Körpertemperatur von um die 37 °C verträgt aber nur geringe Schwankungen. Bereits eine Veränderung seiner inneren Temperatur auf 36 °C oder 42 °C bereitet ihm große Probleme.

Druck. Bedingt durch unsere Atmosphäre lastet auf dem menschlichen Körper die Luft mit einer großen Masse (1 l Luft ist etwa 1 g schwer). Diese große Masse bewirkt eine große Druckkraft auf den Organismus. Diesem äußeren Druck setzt der Mensch einen inneren Druck, den Blutdruck, entgegen.

AUFGABEN

1 Wiederhole dein Wissen über Energiearten und ihre Umwandlung!

2 Wie werden Kräfte mittels Seilen und Rollen oder hydraulischen Anlagen übertragen?

3 Finde noch weitere physikalische Gesetze, die bei einem Roboter Anwendung finden. Denke dabei an verschiedene Bewegungen oder auch an physikalische Größen aus der Elektrizitätslehre!

3

In der Schwerelosigkeit

Gravitation. Die Anziehungskraft der Erde äußert sich in der Gewichtskraft. Jeder Körper wird von der Erde angezogen. Bei einem Körper der Masse 1 kg beträgt diese Kraft auf Meeresniveau ca. 9,81 N. Sie wirkt senkrecht zum Mittelpunkt der Erde. Je weiter man sich vom Erdmittelpunkt entfernt, umso geringer wird diese Kraft. Im Weltall hat man praktisch kein Gewicht, man ist schwerelos. Da unser Körper mit diesen Sonderbedingungen nicht gut klar kommt, reagiert er z. B. darauf mit Muskel- und Knochenabbau.

Wenn du weiter über die Lebensbedingungen auf fremden Planeten nachdenkst oder in Büchern Schilderungen findest, dann fallen dir bestimmt noch andere physikalische Größen ein, die der Mensch auf seinen zukünftigen Reisen beachten muss.

AUFGABEN

1 Welche Möglichkeiten des Schutzes vor zu starker Erwärmung oder Abkühlung hat der Mensch?

2 Versuche einiges über deinen Blutdruck zu erfahren. Wie würde es dir ergehen, wenn du auf fremde Planeten mit anderen Druckverhältnissen reist?

3 Stelle dir ein Leben in der Schwerelosigkeit vor. Mit welchen Vor- und Nachteilen müsstest du dann leben?

Entfernungen im Kosmos

Vielleicht gelingt es ja eines Tages, Antriebe für Raumfahrzeuge zu entwickeln, mit denen man große Entfernungen in erlebbaren Zeiten zurücklegen kann. Zurzeit gehören solche Reisen noch zur Siencefiction.

Lichtjahr. Zur Angabe von Entfernungen im Kosmos benutzt man eine Größe, die auf der Lichtgeschwindigkeit basiert.
Ein Lichtjahr (1 Lj) ist die Strecke, die das Licht mit einer Geschwindigkeit von ca. 300 000 km/s in einem Jahr zurücklegt. Das sind ungefähr 9,5 Billionen Kilometer.

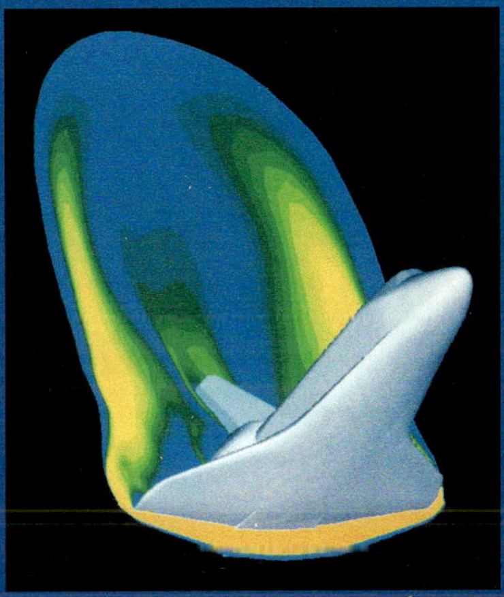
1

Einige Entfernungen
- Erde von der Sonne: im Mittel 500 Lichtsekunden (etwa 8 Lichtminuten)
- Durchmesser des Sonnensystems: ca. 150 Lichtstunden
- Durchmesser der Galaxis: ca. 100 000 Lichtjahre
- sonnennächste Stern, Proxima Centauri, ist 4,22 Lichtjahre entfernt
- Andromedanebel ist ca. 2,7 Millionen Lichtjahre entfernt

Das Beamen

In vielen Sciencefiction-Geschichten ist die Teleportation (auch Beamen, von engl.: beam „der Strahl“) eine oft beschriebene Fortbewegungstechnik. Bei der Teleportation werden Gegenstände von einem Raumpunkt zu einem beliebigen anderen Raumpunkt in minimaler Zeit bewegt, ohne dass das Objekt dabei physisch den dazwischen liegenden Raum durchquert. Das Beamen wird wohl auch nach dem heutigen Stand der Wissenschaft unmöglich bleiben.
Die Teleportation wurde durch theoretische Physiker bereits in den 30er Jahren des 20. Jahrhunderts beschrieben. 2004 gelang es Wissenschaftlern an der Universität Innsbruck Atome zu „beamen“. Dabei wurde aber nur die Eigenschaften eines Atoms auf ein anderes übertragen. Das Atom selbst wurde nicht transportiert.

2
Beamen wie auf der „Enterprise“

Ein Blick in die Zukunft

Auf den vorangegangenen Seiten habt ihr einiges Wissenswertes über Sciencefiction erfahren. Ihr konntet feststellen, dass viele kühne Zukunftsgedanken der Vergangenheit heute Wirklichkeit geworden sind. Gleichzeitig habt ihr bemerkt, dass die Naturwissenschaft Physik viel zur Realisierung der Ideen beigetragen hat.

1

NASA-Projekt einer Raumstation auf dem Mars

AUFTRAG

Versucht euch doch selbst einmal. Entwickelt eine Geschichte darüber, wie ihr euch das Leben in 30 Jahren vorstellt. Vielleicht stellt ihr irgendwann einmal fest, dass eure Ideen Wirklichkeit geworden sind.

Arbeitet am besten in kleinen Gruppen.

- Sucht euch als erstes ein Thema. Das können zum Beispiel der Bau von Städten, Antriebe von Fahrzeugen, neue Formen der Energiegewinnung oder die Besiedlung fremder Planeten sein.
- Ermittelt danach mithilfe von verschiedenen Medien (Literatur, Internet) den heutigen Stand der Entwicklung. Versucht dabei natürlich auch die Bedeutung der vielen Fremdworte zu verstehen.
- Jetzt solltet ihr euch über die Art der Präsentation und die Arbeitsverteilung einigen.

2

Bewegungen und ihre Ursachen

Man kann die Bewegung fallender Körper, geworfener Bälle, anfahrender Züge oder bremsender Autos mathematisch beschreiben und vorhersagen.
Geschwindigkeiten, Beschleunigungen, Massen und Kräfte hängen miteinander zusammen.
ISAAC NEWTON hat diese Größen genauer untersucht und drei grundlegende Gesetze der Mechanik formuliert.
Diese Vorgänge können auch sehr gut mit der physikalischen Größe Energie beschrieben werden.

Gleichförmige Bewegungen

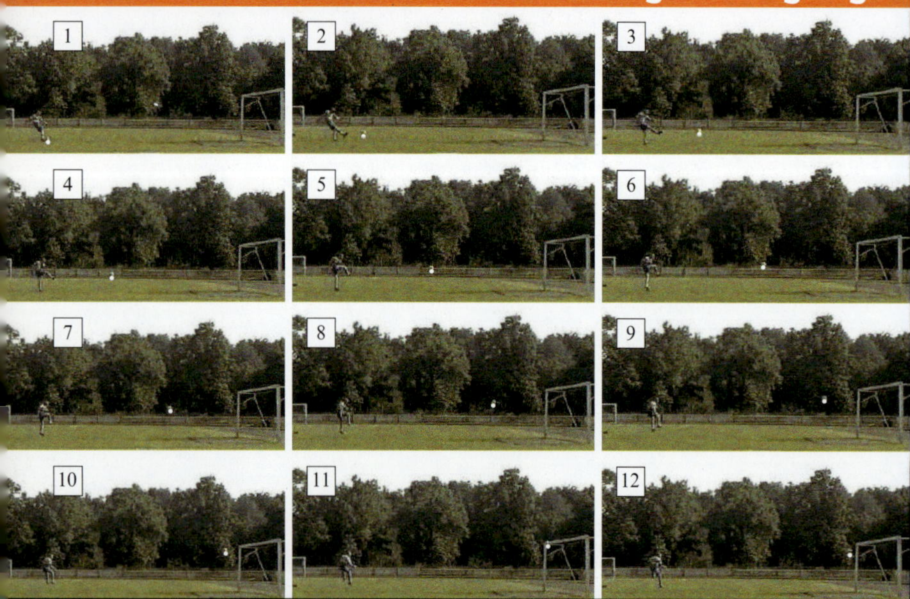

1

In dieser Videoaufnahme sieht man einen Fußball beim Elfmeterschuss vom Fuß des Schützen an die Torlatte fliegen. Wie lässt sich seine Geschwindigkeit messen? Wird der Ball langsamer oder schneller? Oder bleibt der Betrag der Geschwindigkeit während des Fluges konstant?

Verschiedene Bewegungen

Bewegungen sind dadurch gekennzeichnet, dass die Körper, die in Bewegung sind, ständig ihren Ort verändern.
Dabei unterscheidet man gleichförmig geradlinige Bewegungen und gleichmäßig beschleunigte Bewegungen. Diese lassen sich sehr gut beschreiben und berechnen.
Die Bewegungen auf Kurvenbahnen aller Art und solche, bei denen sich die Geschwindigkeit ständig ändert, sind nicht mehr mit einfachen Gleichungen zu beschreiben. Manchmal lassen sie sich aus einfachen Bewegungsformen zusammensetzen.
Ein besonders einfacher Sonderfall ist die Kreisbewegung.

Modell Massenpunkt

Wird die Bewegung von Körpern untersucht, so z. B. von Autos, Schiffen und Flugzeugen, dann stellt man fest, dass sich diese Körper nicht nur als Ganzes bewegen, es treten auch Bewegungen einzelner Teile auf. Die Räder des Autos bewegen sich, und beim Einparken ändert sich die Lage des Autos gegenüber der Fahrtrichtung auf der Straße.
Zur Vereinfachung stellt man sich vor, dass die gesamte Masse des Körpers in einem Punkt vereint ist. (Das ist in der Regel der Schwerpunkt des Körpers.) Man vernachlässigt die Einzelheiten und die Abmessungen des Körpers.
Das Ergebnis dieser Vereinfachung ist ein Punkt, der so genannte Massenpunkt. Die Bewegung dieses Punktes lässt sich nun leicht untersuchen, beschreiben und berechnen.

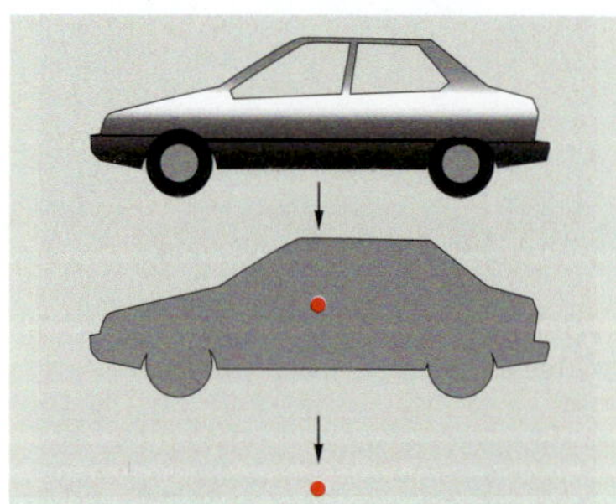

2

Vereinfachung vom Körper zum Massenpunkt

Gleichförmige geradlinige Bewegung

Ein Videofilm besteht aus 25 Bildern pro Sekunde. Das bedeutet, dass das Zeitintervall zwischen zwei Bildern 1/25 s = 0,04 s = 40 ms beträgt: Alle 0,04 s entsteht ein neues Bild.
Beim Elfmeterschuss handelt es sich um eine nahezu geradlinige Bewegung. Die Abweichungen von einer geraden Flugstrecke sind sehr klein. Um die Durchschnittsgeschwindigkeit des Balls zu berechnen, wird die Gesamtflugstrecke vom Elfmeterpunkt bis zur Torlatte durch die benötigte Zeit dividiert. Mit dem Satz des Pythagoras lässt sich die Länge der Strecke ermitteln (die Torhöhe beträgt 2,4 m): Es ergibt sich $s = 11{,}3\,\text{m}$. Im ersten Bild (S. 124) hat der Ball bereits etwa 30 cm zurückgelegt; daher fliegt er zwischen Bild 1 und Bild 11 eine Strecke von 11 m. (Bild 12 zeigt den von der Latte zurückprallenden Ball.) Die Gesamtflugzeit ist dann die Zeit, in der die folgenden 10 Bilder aufgenommen wurden: $t = 10 \cdot 0{,}04\,\text{s} = 0{,}4\,\text{s}$. Damit lässt sich die Geschwindigkeit berechnen:

$$v = \frac{s}{t} = \frac{11\,\text{m}}{0{,}4\,\text{s}} = 27{,}5\,\frac{\text{m}}{\text{s}} \quad \text{oder umgerechnet: } v = 99\,\frac{\text{km}}{\text{h}}.$$

Um eine gleichförmige Bewegung handelt es sich nur, wenn die Geschwindigkeit während der gesamten Flugzeit konstant bleibt. Dann wird in jedem Zeitintervall die gleiche Strecke zurückgelegt, und im Weg-Zeit-Diagramm liegen alle Messpunkte auf einer Geraden.

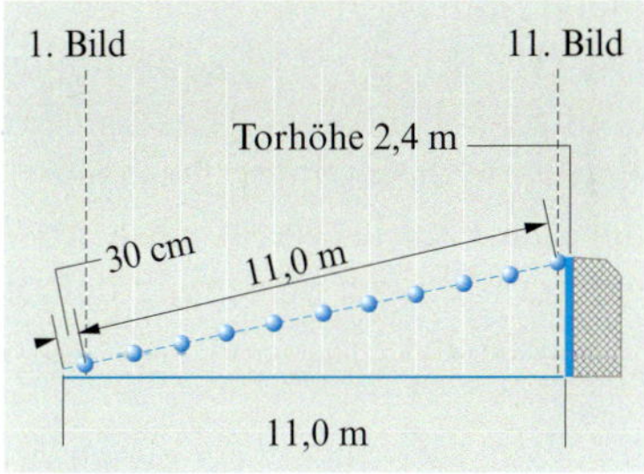

1
Anfangspunkt und Endpunkt der Bewegung

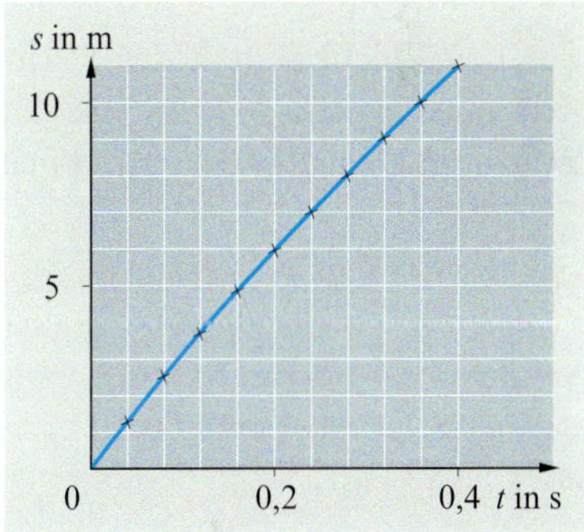

2
Weg-Zeit-Diagramm für die Bewegung des Fußballs

Bei einer gleichförmigen Bewegung ist der Betrag der Geschwindigkeit konstant. In gleichen Zeiten werden gleiche Strecken zurückgelegt.

Der Filmsequenz kann man die Weg- und die zugehörigen Zeitangaben entnehmen, es ergibt sich das Diagramm in Bild 2. Die Geschwindigkeit des Balls ist nahezu konstant. Die Messwerte weichen jedoch leicht von einer Geraden ab, da der Ball mit der Zeit etwas langsamer wird. Ursache dafür ist der Luftwiderstand.
In einem Experiment sollen weitere Bewegungen daraufhin untersucht werden, ob sie gleichförmig verlaufen.

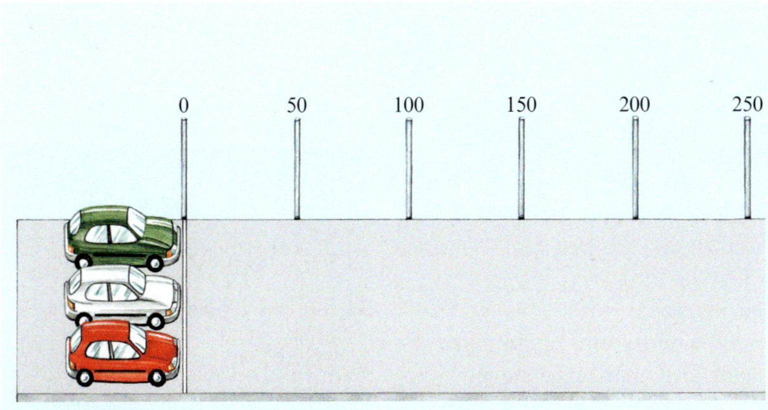

3

EXPERIMENT 1

Ermittelt für drei elektrisch betriebene Spielzeugautos die Geschwindigkeiten!

1. Messt für jedes Auto die Zeiten bei den Wegmarken: 0; 50 cm; 100 cm; 150 cm; 200 cm; 250 cm.
2. Tragt die Ergebnisse in ein Weg-Zeit-Diagramm ein.
3. Berechnet die Geschwindigkeiten.

Die Fahrzeuge legen jeweils in gleichen Zeiten gleiche Strecken zurück. Ihre Bewegungen sind gleichförmig. Allerdings sind die Geschwindigkeiten der Fahrzeuge unterschiedlich groß.

Weg-Zeit-Gesetz der gleichförmigen geradlinigen Bewegung. Je schneller die Bewegung ist, desto steiler verläuft die Gerade im Weg-Zeit-Diagramm (Bild 1).
Die Gleichung $v = s/t$ kann umgeformt werden zu $s = v \cdot t$. Diese Gleichung wird auch als Weg-Zeit-Gesetz für die gleichförmige geradlinige Bewegung bezeichnet. Das Gesetz gibt an, wie groß der Weg s ist, der in der Zeit t zurückgelegt wird. Im Weg-Zeit-Diagramm der gleichförmigen geradlinigen Bewegung stellt die Geschwindigkeit v die Steigung der Geraden dar.

Das Weg-Zeit-Gesetz für gleichförmige geradlinige Bewegungen lautet: $s = v \cdot t$.

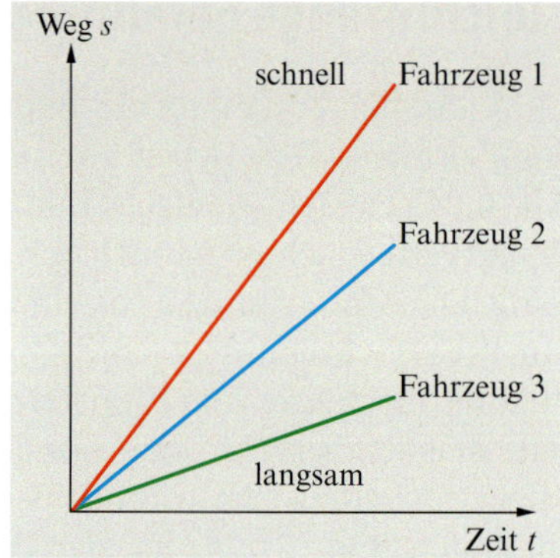

1
Weg-Zeit-Diagramm für drei unterschiedliche gleichförmige geradlinige Bewegungen

Geschwindigkeit-Zeit-Diagramm. Trägt man für eine gleichförmige geradlinige Bewegung die Geschwindigkeit v über die Zeit t auf, so ist der Graph eine Gerade parallel zur Zeitachse. Bild 2 zeigt das Geschwindigkeit-Zeit-Diagramm eines Körpers, der sich in der Zeit von 0 bis t_1 mit der Geschwindigkeit v_1 bewegt. Die Fläche unter dem Graphen stellt ein Rechteck dar.
Für den Flächeninhalt des Rechtecks gilt $A = v_1 \cdot t_1$. Nach dem Weg-Zeit-Gesetz gilt $s_1 = v_1 \cdot t_1$; also ist der Flächeninhalt ein Maß für den Weg s_1, den der Körper zurückgelegt hat.

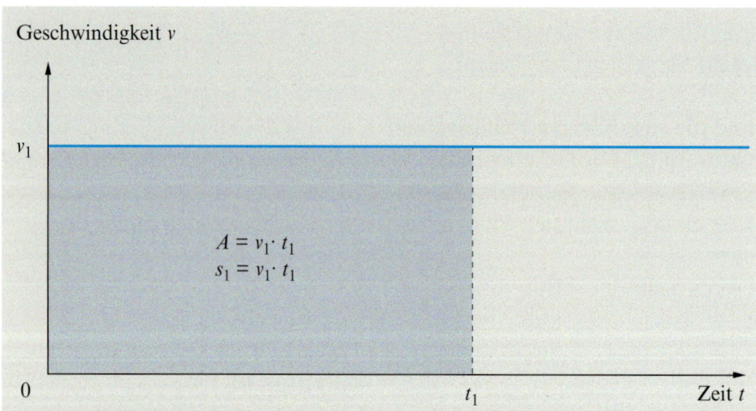

2
Geschwindigkeit-Zeit-Diagramm für eine Bewegung mit der Geschwindigkeit v_1

Gleichförmige Kreisbewegung

Bisher wurden ausschließlich geradlinige Bewegungen betrachtet, weil sie besonders einfach zu untersuchen und zu beschreiben sind. Wie aber geht man physikalisch mit Fahrten in Kurven um?

Der Betrag der Geschwindigkeit eines Pkw wird vom Tachometer angezeigt (Bild 3). Manche Autos haben eine Digitalanzeige wie die Fahrradtachometer, bei denen man zu jedem Augenblick die Geschwindigkeit besonders genau ablesen kann.
Es gibt auch Autos mit einem Tempomaten. Für lange Fahrten stellt man ihn auf 100 km/h – das ist die zulässige Höchstgeschwindigkeit auf vielen Landstraßen.

3
Die Richtung der Bewegung ändert sich, der Betrag der Geschwindigkeit bleibt konstant.

So bleibt der Betrag der Geschwindigkeit des Autos konstant. Das gilt auch für alle Kurvenfahrten. Zwar ändert sich die Richtung der Bewegung, aber die Tachometeranzeige bleibt immer gleich.

1

Die Bahngeschwindigkeit hängt vom Radius der Kreisbahn ab.

Ein spezieller Fall von nicht geradlinigen Bewegungen ist die Kreisbewegung. Bei einem Kinderkarussell bewegen sich alle Körper auf Kreisbahnen. Die Scheibe des Karussells in Bild 1 dreht sich in 10 Sekunden einmal herum. Die Fahrzeuge auf dem Karussell führen jeweils eine gleichförmige Kreisbewegung aus: Der Betrag ihrer Geschwindigkeit bleibt dabei gleich, aber die Bewegung ändert ständig die Richtung.
Die Bahngeschwindigkeit der einzelnen Fahrzeuge lässt sich berechnen, wenn die Länge des zurückgelegten Weges und die dafür benötigte Zeit bekannt sind. Die Messung der Weglänge ist allerdings schwierig, denn die Bahn stellt bei dieser Bewegung einen Kreisbogen dar. Einfacher ist es, den Radius r der Kreisbahn zu messen und daraus den Weg zu berechnen, der bei einer vollen Umdrehung des Karussells zurückgelegt wird: $s = 2\pi \cdot r$.
Die Zeit, die ein Fahrzeug auf dem Karussell für eine volle Kreisbahn benötigt, wird Umlaufzeit T genannt. Für die Bahngeschwindigkeit bei der gleichförmigen Kreisbewegung gilt also $v = \frac{s}{t} = \frac{2\pi \cdot r}{T}$.

Daraus lassen sich nun die Bahngeschwindigkeiten der Fahrzeuge berechnen, die z. B. in den Abständen $r_A = 2\,\text{m}$ und $r_B = 4\,\text{m}$ um die Achse des Karussells kreisen:

$$v_A = \frac{2\pi \cdot 2\,\text{m}}{10\,\text{s}} = 1{,}26\,\frac{\text{m}}{\text{s}} \qquad v_B = \frac{2\pi \cdot 4\,\text{m}}{10\,\text{s}} = 2{,}51\,\frac{\text{m}}{\text{s}}.$$

Bei gleicher Umlaufzeit verdoppelt sich die Bahngeschwindigkeit, wenn der Abstand verdoppelt wird.

Beispiel

Die Bahn der Erde um die Sonne ist annähernd eine Kreisbahn mit dem Radius $r = 150\,000\,000\,\text{km}$. Die Umlaufzeit der Erde beträgt 1 Jahr. Welche Strecke legt die Erde auf ihrem Weg um die Sonne in 1 Minute zurück?

Gesucht: s (in 1 min)

Gegeben: $r = 150\,000\,000\,\text{km}$
$T = 365\,\text{d} = 365 \cdot 24 \cdot 3\,600\,\text{s} = 31\,536\,000\,\text{s}$

Lösung: $v = \frac{2\pi \cdot r}{T}$ $\qquad s = v \cdot t$

$v = 2\pi \cdot \frac{150\,000\,000\,\text{km}}{31\,536\,000\,\text{s}}$ $\qquad s = 29{,}9\,\frac{\text{km}}{\text{s}} \cdot 60\,\text{s}$

$v = 29{,}9\,\frac{\text{km}}{\text{s}}$ $\qquad \underline{\underline{s = 1\,794\,\text{km}}}$

Ergebnis: Die Erde bewegt sich in jeder Minute um etwa 1 800 km weiter.

2

Kreisbahnen mit extrem großem Radius

Interpretieren von Diagrammen

Diagramme enthalten viele Informationen. Auf welche Weise kann man diese Informationen aus den Diagrammen gewinnen?

Im **Weg-Zeit-Diagramm** ist der Graph für eine gleichförmige Bewegung eine Gerade. Diese geht durch den Koordinatenursprung (Bild 1). Der Weg ist der Zeit proportional. Für eine gleichförmige Bewegung mit einer anderen Geschwindigkeit ist der Graph ebenfalls eine Gerade. Ist die zweite Bewegung schneller, so ist der Anstieg dieser Geraden größer. Ist die Bewegung langsamer, so hat die Gerade einen geringeren Anstieg. Aus dem Verlauf der Geraden kann man die Wege ablesen, die in bestimmten Zeiten zurückgelegt werden. Weiterhin kann man aus dem Diagramm auch Informationen über die Geschwindigkeit erhalten, obwohl diese physikalische Größe gar nicht direkt grafisch dargestellt ist. Das erfolgt aus dem Anstieg der Geraden. Man wählt dazu einen bestimmten Abzissenwert aus und liest an der Ordinate den zugehörigen Wert ab. In Bild 2 ergibt sich für eine Zeit von 3 s ein Weg von 60 cm. Wenn man den Quotienten aus dem Ordinaten- und Abzissenwert bildet, erhält man die Geschwindigkeit v. Für diese gleichförmige Bewegung ergibt sich für die Zeit $t = 4\,\text{s}$ der Weg $s = 80\,\text{cm}$. Daraus folgt $v = s/t = 80\,\text{cm}/\,4\,\text{s} = 20\,\text{cm/s}$..

Im **Geschwindigkeit-Zeit-Diagramm** ist der Graph für eine gleichförmige Bewegung eine Gerade, die parallel zur t-Achse verläuft (Bild 3). Die Geschwindigkeit ist konstant. Für eine schnellere gleichförmige Bewegung ist der Graph ebenfalls eine Gerade, die parallel zur t-Achse verläuft, wobei ihr Abstand von dieser Achse größer ist. Im Falle einer geringeren Geschwindigkeit verläuft die Gerade in geringerem Abstand von der t-Achse. Im v-t-Diagramm ist die Fläche unter dem Graphen ein Rechteck. Die physikalische Größe Weg errechnet sich bei der gleichförmigen Bewegung als Produkt aus Geschwindigkeit und Zeit. Die Fläche unter dem Graphen entspricht diesem Produkt. Zu ihrer Berechnung liest man Geschwindigkeit und Zeit ab und errechnet das Produkt aus diesen beiden Größen. In Bild 4 ergibt das Produkt $s = v \cdot t = 20\,(\text{cm/s}) \cdot 5\,\text{s} = 100\,\text{cm}$.

Beim Interpretieren sollte man wie folgt vorgehen:

1 Angeben, zwischen welchen physikalischen Größen der Zusammenhang dargestellt ist. (Das geht aus den Achsenbeschriftungen hervor.)
2 Den Zusammenhang zwischen diesen Größen kennzeichnen und ggf. einander zugeordnete Werte dieser Größen ablesen.
3 Die Bedingungen nennen, unter denen der dargestellt Zusammenhang auftritt.
4 Ein Beispiel für diesen Zusammenhang nennen.
5 Überlegen, ob der Quotient aus der auf der Ordinate dargestellten physikalischen Größe und der auf der Abzisse dargestellten eine weitere physikalische Größe kennzeichnet. In diesem Falle ist der Anstieg des Graphen ein Maß für diese Größe.
6 Wenn das Produkt aus den physikalischen Größen, die auf Ordinate und Abzisse dargestellt sind eine physikalische Größe darstellt, dann ist die Fläche unter dem Graphen ein Maß für diese Größe.

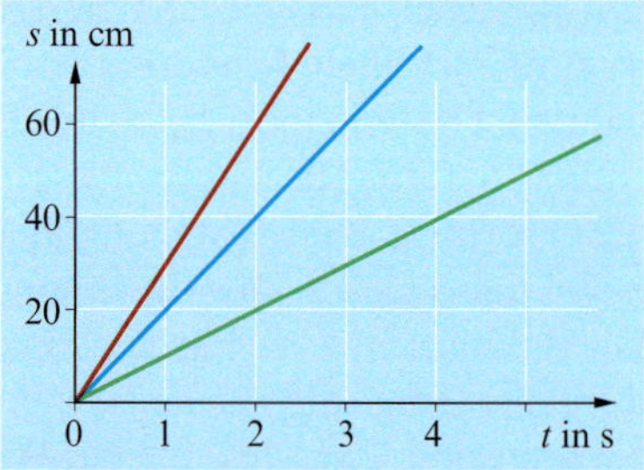

1
Weg-Zeit-Diagramm

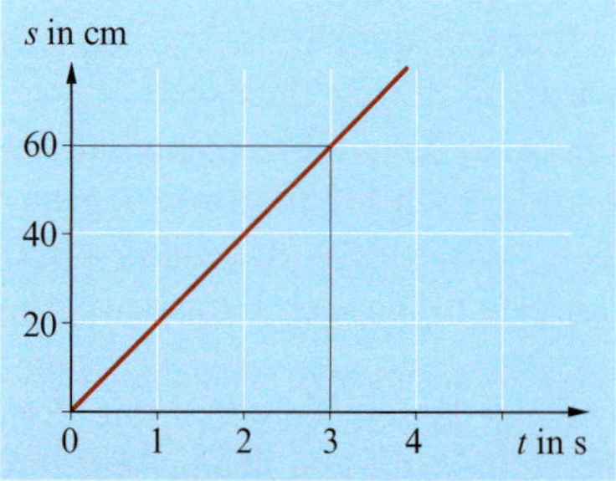

2
Weg-Zeit-Diagramm

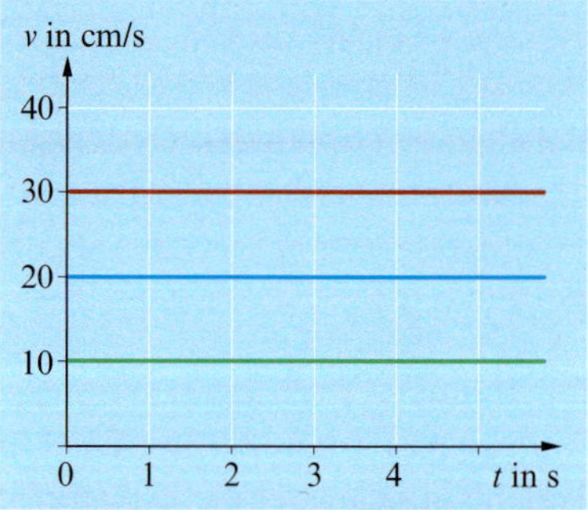

3
Geschwindigkeit-Zeit-Diagramm

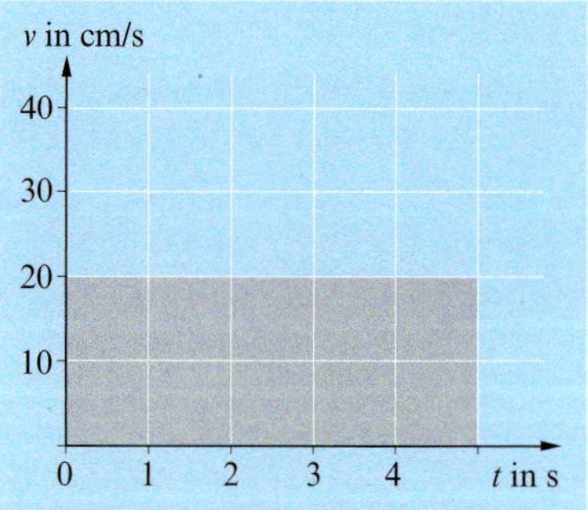

4
Geschwindigkeit-Zeit-Diagramm

Weißt du es ? Kannst du es

1. Zwei 5000-m-Läufer laufen mit gleich bleibender Geschwindigkeit.
Läufer A erreicht nach 20 min das Ziel und hat dabei 100 m Vorsprung vor Läufer B.
   a) Berechne die Geschwindigkeiten der beiden Läufer!
   b) Berechne nach welcher Zeit Läufer B das Ziel erreicht!
2. Berechne die Geschwindigkeiten v_1, v_2 und v_3 der Fahrzeuge aus dem Diagramm in Bild 1!

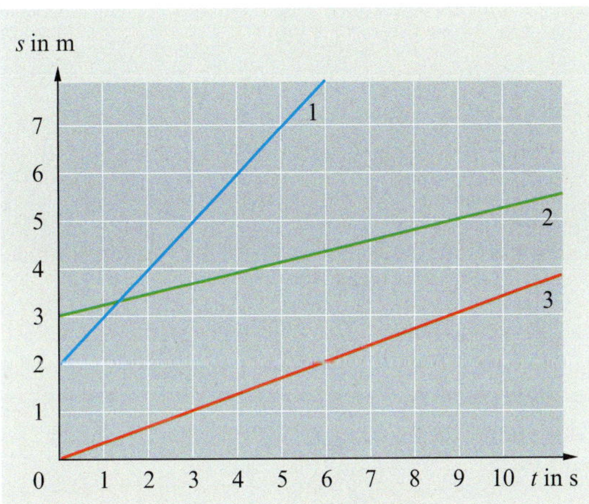

1

3. Beim Experiment mit einem Spielzeugauto wurden folgende Werte gemessen:

s in m	0	0,3	0,6	0,9	1,2	1,5
t in s	0	1,0	2,1	2,9	4,2	5,1

   a) Zeichne ein s-t-Diagramm für die Bewegung!
   b) Handelt es sich um eine gleichförmige Bewegung?
   c) Zeichne ein v-t-Diagramm!
   d) Ermittle aus dem s-t-Diagramm die Zeit für $s = 1$ m und den Weg für $t = 2{,}5$ s!
4. Berechne die zurückgelegten Wege s_1, s_2 und s_3!

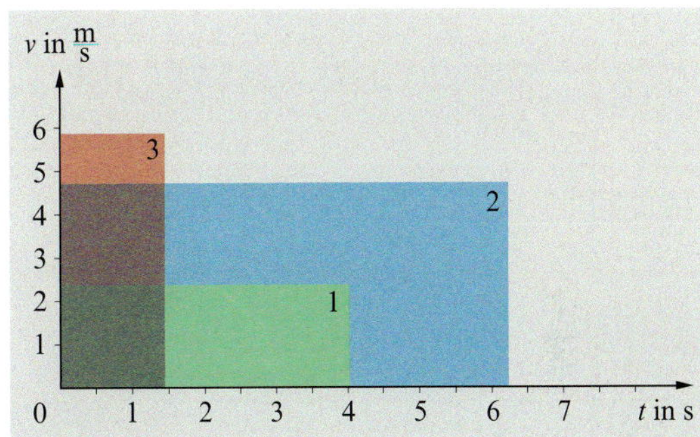

2

5. Wie groß ist die Geschwindigkeit eines Körpers am Äquator bei der Kreisbewegung, die durch die Erdrotation hervorgerufen wird? (Erdradius: 6370 km)
6. Ein Satellit befindet sich in 36000 km Höhe fest über einem Punkt der Erde.
   a) Welchen Weg legt er an einem Tag zurück?
   b) Mit welcher Geschwindigkeit bewegt er sich dabei?

Kurz und knapp !

Eine Bewegung mit konstantem Betrag der Geschwindigkeit heißt gleichförmige Bewegung.

Weg-Zeit-Gesetz für gleichförmige Bewegungen: $s = v \cdot t$

Die Geschwindigkeit einer gleichförmigen Bewegung entspricht im Weg-Zeit-Diagramm der Steigung einer Geraden.

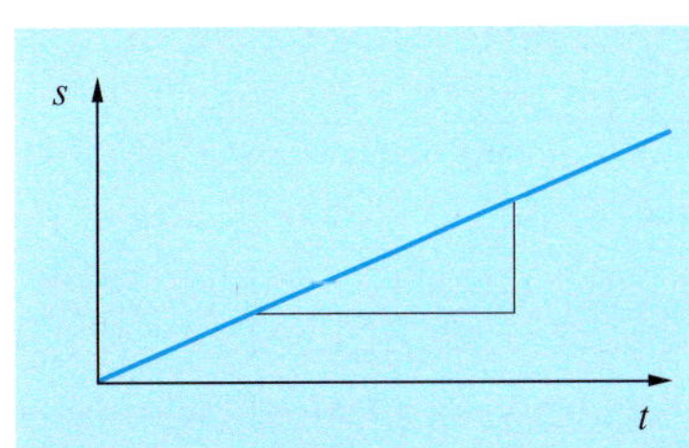

s-t-Diagramm

Für die Bahngeschwindigkeit bei einer gleichförmigen Kreisbewegung gilt:

$$v = \frac{s}{t} = \frac{2\pi \cdot r}{T}.$$

r Radius der Kreisbahn
T Umlaufzeit (Zeit für einen vollständigen Umlauf um die Drehachse)

Gleichmäßig beschleunigte Bewegungen

1

Bei einem Formel-1-Rennen zählt der Start zu den entscheidenden Momenten. Die Wagen stehen in Zweierreihen, ganz vorn der Trainingsschnellste in der Poleposition. Sobald die Ampeln umgeschaltet sind, versuchen die Fahrer, ihre Wagen maximal zu beschleunigen. Gelingt dem Fahrer in der Poleposition ein guter Start, hat er Chancen seine Führung bis zum Ziel zu verteidigen.
Die Geschwindigkeit der Wagen beim Start des Autorennens nimmt sehr schnell zu. Schon nach 4 Sekunden haben sie 200 km/h erreicht.

Beschleunigung

Für eine Untersuchung in der Schule sind solch schnelle Bewegungen wie die der Rennwagen nicht geeignet. Das Schnellerwerden eines Körpers kann aber im folgenden Experiment beobachtet werden:

EXPERIMENT 1

Eine Kugel soll eine schwach geneigte Laufrinne hinabrollen.

1 Schaltet eine Uhr ein, die im 1-s-Takt ein akustisches Signal gibt!
2 Lasst die Kugel beim Ertönen eines Signaltons los!
3 Stellt Stativstäbe so auf, dass sie jeweils beim Ertönen des Signals den Ort der Kugel kennzeichnen!
4 Wiederholt den Vorgang mehrmals!
5 Notiert die Wertepaare für Weg und Zeit in einer Messwertetabelle!
6 Ändert die Neigung der Laufrinne und wiederholt die Messungen!

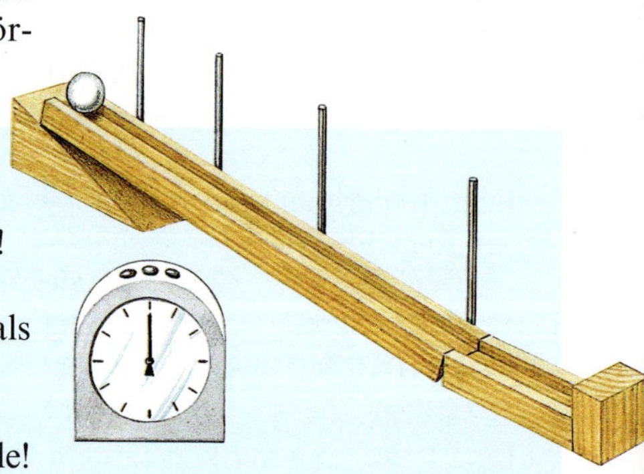
2

Messwertetabelle

t in s	Neigung 1 s in m	Neigung 2 s in m
0	0	0
1	0,05	0,08
2	0,20	0,31
3	0,45	0,71
4	0,81	1,25

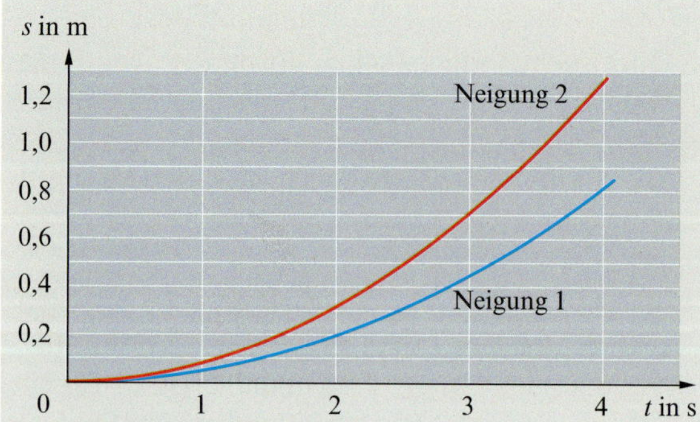

3

Die Kugel im Experiment 1 wird immer schneller: Die Wege, die sie in gleichen Zeiten zurücklegt, werden immer größer. In jedem Moment hat die Kugel eine andere Geschwindigkeit. Die Geschwindigkeit, die ein Körper in einem Moment besitzt, heißt *Augenblicksgeschwindigkeit*. Sie lässt sich nicht direkt aus der Messung von s und t bestimmen. Man kann sie jedoch ungefähr ermitteln, indem man die Zeit Δt misst, die der Körper für die kleine Strecke Δs benötigt. Für die Augenblicksgeschwindigkeit gilt dann: $v \approx \Delta s / \Delta t$.
Bei einer beschleunigten Bewegung ändert sich ständig die Augenblicksgeschwindigkeit. Diese Veränderung der Augenblicksgeschwindigkeit soll für die Kugel bei der Neigung 1 genauer untersucht werden:

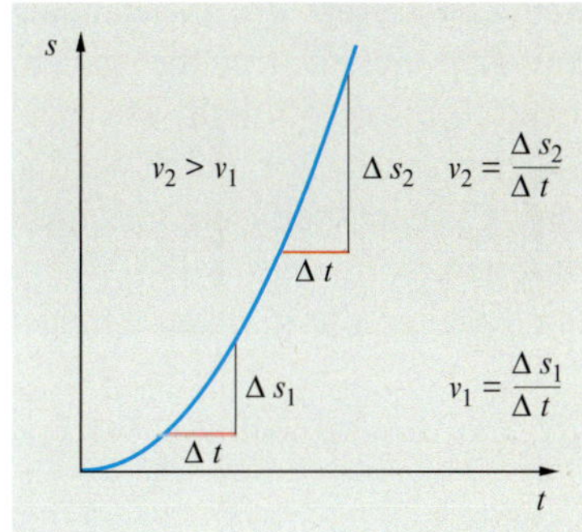

1

t in s	s in m	Δs in m	Δt in s	v in m/s
0	0			
		0,05	1	0,05
1	0,05			
		0,15	1	0,15
2	0,20			
		0,25	1	0,25
3	0,45			
		0,36	1	0,36
4	0,81			

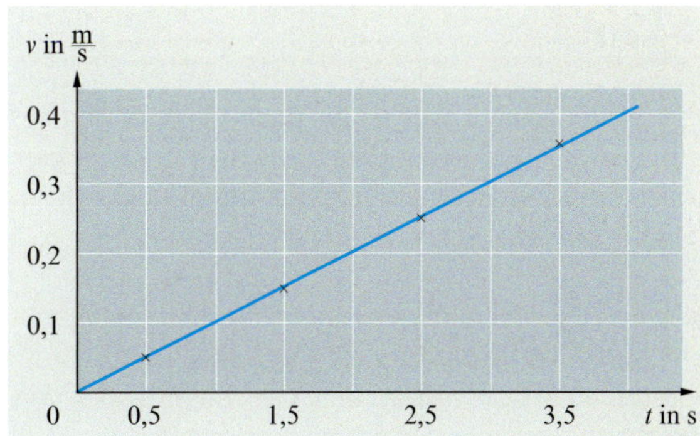

2

Im v-t-Diagramm ergibt sich eine Gerade. Die Geschwindigkeitsänderung ist in jedem Zeitintervall gleich groß. Man nennt diese Bewegung gleichmäßig beschleunigte Bewegung. Die physikalische Größe, die angibt, wie schnell sich die Geschwindigkeit ändert, heißt Beschleunigung.

Die Beschleunigung gibt an, wie schnell sich die Geschwindigkeit eines Körpers ändert. Das Formelzeichen der Beschleunigung ist a.

Geschwindigkeit-Zeit-Gesetz der gleichmäßig beschleunigten Bewegung. Das v-t-Diagramm der gleichmäßig beschleunigten Bewegung (Bild 2) zeigt, dass die Geschwindigkeit der verstrichenen Zeit proportional ist. Die Beschleunigung entspricht der Steigung im v-t-Diagramm.

Das Geschwindigkeit-Zeit-Gesetz für die gleichmäßig beschleunigte Bewegung lautet: $v = a \cdot t$.

Aus dieser Gleichung lässt sich auch erkennen, welche Einheit die Beschleunigung haben muss: Umformen ergibt $a = v/t$. Setzt man nun für die Geschwindigkeit die Einheit m/s und für die Zeit die Einheit s ein, so ergibt sich als Einheit für die Beschleunigung m/s^2.

Die Einheit der Beschleunigung ist $\frac{m}{s^2}$.

Ebenso wie die Geschwindigkeit eines Körpers nicht immer konstant ist, ist auch die Beschleunigung nicht immer konstant. Für Durchschnittsbeschleunigungen schreibt man daher $a = \Delta v / \Delta t$. Dabei bedeutet Δv die Änderung der Geschwindigkeit in der Zeit Δt.

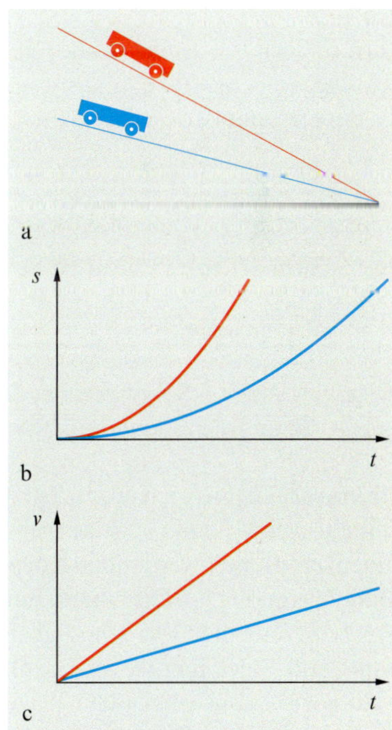

3

Zwei gleichmäßig beschleunigte Bewegungen mit unterschiedlichem Betrag der Beschleunigung

Weg-Zeit-Gesetz der gleichmäßig beschleunigten Bewegung. Um das Weg-Zeit-Gesetz für die gleichmäßig beschleunigte Bewegung zu ermitteln, soll ähnlich wie bei der gleichförmigen Bewegung das v-t-Diagramm betrachtet werden. Der zu einer bestimmten Zeit t_1 zurückgelegte Weg s_1 entspricht auch hier dem Flächeninhalt unter dem Graphen.
Der Flächeninhalt s_1 des Dreiecks in Bild 1 lässt sich berechnen als $s_1 = \frac{1}{2} v_1 \cdot t_1$. Setzt man $v_1 = a \cdot t_1$, so erhält man $s_1 = \frac{1}{2} a \cdot {t_1}^2$.

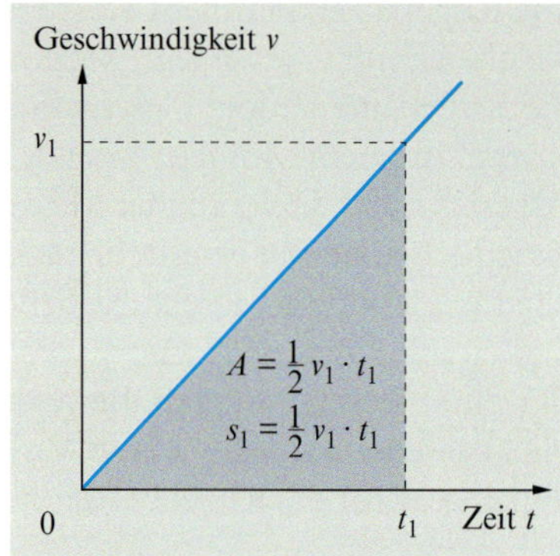

1
Die Fläche unter dem Graphen im v-t-Diagramm ist ein Dreieck.

Beispiele für Beschleunigungen (in m/s^2)	
Personenzug	0,2 bis 0,3
U-Bahn	0,5 bis 0,8
Pkw	2 bis 5
Motorrad	3 bis 8
Rennwagen	7 bis 10

Das Weg-Zeit-Gesetz für gleichmäßig beschleunigte Bewegungen lautet:

$$s = \frac{1}{2} a \cdot t^2.$$

Der zurückgelegte Weg ist bei einer gleichmäßig beschleunigten Bewegung proportional zum Quadrat der Zeit: $s \sim t^2$. Der Graph im s-t-Diagramm entspricht daher einer Parabel (siehe Bild 1 auf der vorhergehenden Seite).

Beispiel für die Berechnung einer Beschleunigung
Ein Motorradfahrer beschleunigt gleichmäßig aus dem Stand heraus und hat nach 6 Sekunden eine Geschwindigkeit von 108 km/h erreicht. Welchen Weg hat er dann zurückgelegt und wie groß ist seine Beschleunigung?

Gesucht: s, a *Gegeben:* $t = 6\,\text{s}$; $v = 108\,\text{km/h} = 30\,\text{m/s}$
Lösung:

1. Berechnung von a:

$$a = \frac{v}{t}$$

$$a = \frac{30\,\text{m}}{\text{s} \cdot 6\,\text{s}} = \underline{\underline{5\,\frac{\text{m}}{\text{s}^2}}}$$

2. Berechnung von s:

$$s = \frac{1}{2} a \cdot t^2$$

$$s = \frac{1 \cdot 5\,\text{m} \cdot (6\,\text{s})^2}{2\,\text{s}^2} = \underline{\underline{90\,\text{m}}}$$

Ergebnis: Nach 6 Sekunden hat der Motorradfahrer 90 Meter zurückgelegt. Seine Beschleunigung beträgt $5\,\text{m/s}^2$.

Bremsvorgänge. Auch wenn ein Körper langsamer wird, ändert sich seine Geschwindigkeit. Statt von einer Beschleunigung spricht man bei einem langsamer werdenden Körper in der Regel von einer **Verzögerung**. Bild 2 zeigt das v-t-Diagramm eines Bremsvorgangs: Zur Zeit $t = 0$ hat das Fahrzeug die Geschwindigkeit $v_0 = 20\,\text{m/s}$. Nach 5 s kommt es zum Stillstand. Auch hier ist der Graph eine Gerade, es handelt sich also um eine *gleichmäßig* verzögerte Bewegung: Die Geschwindigkeit vermindert sich in jeder Sekunde um den gleichen Betrag. Der Bremsweg s_B einer solchen Bewegung lässt sich so berechnen wie der Weg bei einer Beschleunigung aus dem Stand. Das Geschwindigkeit-Zeit-Gesetz lautet bei der verzögerten Bewegung $v = v_0 - a \cdot t$. Dieses Gesetz beschreibt den Verlauf des Graphen im v-t-Diagramm: Der Faktor $-a$ gibt die Steigung der Geraden an.

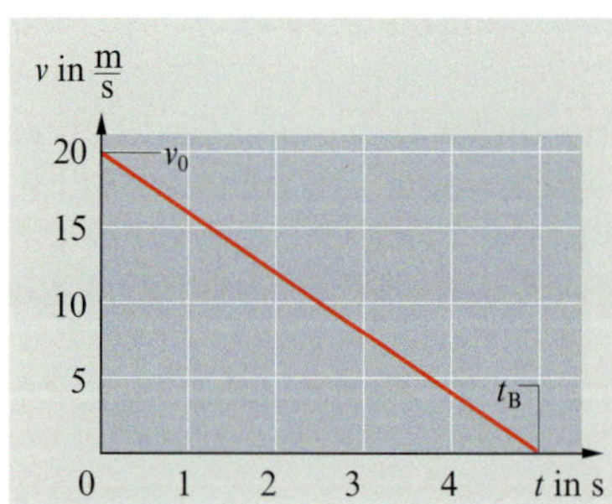

2
v-t-Diagramm eines Bremsvorgangs mit gleichmäßiger Verzögerung

Freier Fall

Lässt man Steine, Metallkugeln und kompakte Holzstücke aus etwa gleicher Größe fallen und beobachtet deren Weg zum Erdboden, so stellt man fest: Alle diese Körper benötigen für eine gleich lange Fallstrecke etwa die gleiche Zeit – unabhängig von Größe und Material.
Die Geschwindigkeit beim Aufprall ist umso größer, je größer die Fallstrecke ist. Die Geschwindigkeit nimmt während des Fallens ständig zu. Das merkt man an der Heftigkeit, mit der die Gegenstände aufprallen. Man kennt es auch vom Springen: Ein Sprung aus 0,5 m Höhe macht in der Regel gar nichts aus, einen Sprung aus 1 m Höhe überlegt man sich schon eher, und aus 1,5 m Höhe kann es schon unangenehm werden.

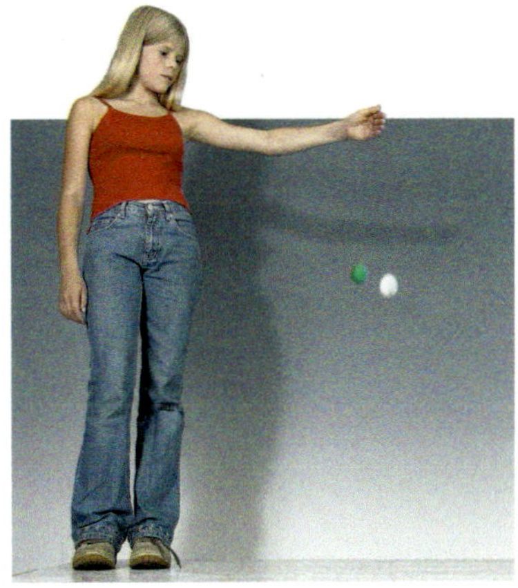
1
Fallexperiment

Lässt man eine Holzkugel, einen Tischtennisball, Papierstückchen oder Vogelfedern aus gleicher Höhe fallen, so erkennt man, dass diese Gegenstände nicht gleichzeitig unten ankommen. Ursache für diese Unterschiede ist der Luftwiderstand, der bei einer Vogelfeder eine viel größere Wirkung hat als bei einem Bleiplättchen gleicher Masse. Dies kann man auch mithilfe einer so genannten Fallröhre zeigen, in der sich eine Feder und ein Bleiplättchen befinden (Bild 2). Die Röhre wird umgedreht, sodass beide Körper nach unten fallen. Dabei wird das Bleiplättchen immer schneller, während die Feder wegen ihres großen Luftwiderstandes nur langsam nach unten sinkt.

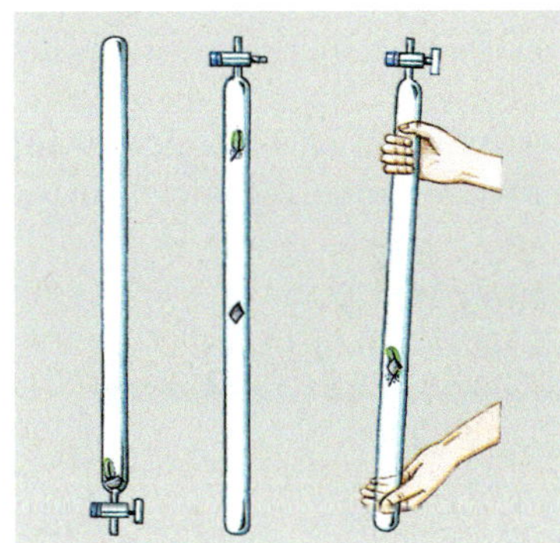
2
Fallröhre mit Feder und Bleiplättchen

Wird nun die Luft aus der Röhre herausgepumpt und das Experiment wiederholt, fällt die Feder tatsächlich so schnell wie das Bleiplättchen nach unten. Eine solche Bewegung, bei der ein Körper ohne Luftwiderstand nach unten fällt, wird als **freier Fall** bezeichnet.

Der Luftwiderstand spielt bei kompakten Körpern wie Metallkugeln und bei kleinen Geschwindigkeiten – also etwa beim Fall aus 1 m Höhe – kaum eine Rolle. Daher kann zur Untersuchung des freien Falls ein Experiment wie das folgende durchgeführt werden.

EXPERIMENT 2
Die Fallzeit einer Stahlkugel wird folgendermaßen bestimmt: Die Kugel hängt zunächst an einem Elektromagneten. Zum Starten der Fallbewegung wird der Magnet ausgeschaltet; dies wird von einer elektronischen Uhr registriert. Nach dem Durchfallen der Strecke s trifft die Kugel auf einen Kontakt, der die Uhr stoppt.
Die Messung wird für unterschiedliche Fallhöhen durchgeführt.
Die Ergebnisse werden in eine Tabelle eingetragen.

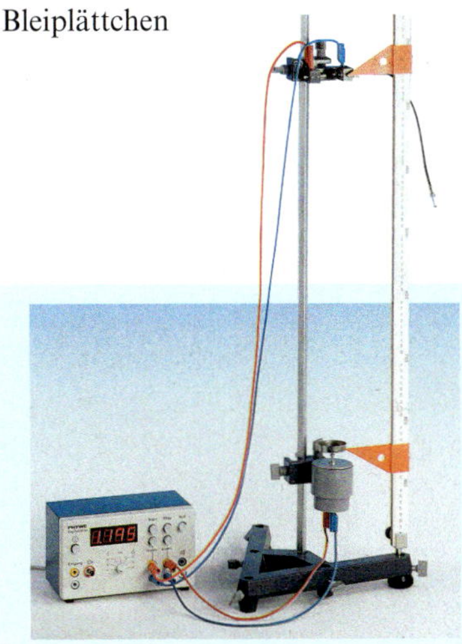
3

Eine Messreihe aus Experiment 2 könnte folgendermaßen aussehen:

s in m	0	0,1	0,2	0,3	0,4	0,5	0,6	0,7	0,8	0,9	1,0
t in s	0	0,14	0,20	0,25	0,28	0,32	0,35	0,38	0,41	0,43	0,45
a in $\frac{\text{m}}{\text{s}^2}$		10,2	10,0	9,6	10,2	9,8	9,8	9,7	9,5	9,7	9,9

Bild 1 zeigt das zugehörige s-t-Diagramm. Aus den Messwerten lässt sich erkennen:

– Bei doppelter Fallzeit ist der Fallweg viermal so groß.
– Bei dreifacher Fallzeit ist der Fallweg neunmal so groß.

Der Fallweg s ist proportional zum Quadrat der Fallzeit t: $s \sim t^2$, der Graph im s-t-Diagramm ist eine Parabel. Das ist ein Merkmal einer gleichmäßig beschleunigten Bewegung.
Die Werte für die Beschleunigung a können daher nach dem Weg-Zeit-Gesetz für die gleichmäßig beschleunigte Bewegung berechnet werden.

Dazu wird $s_1 = \frac{1}{2} a \cdot t_1^2$ umgeformt zu $a = \frac{2s}{t^2}$.

Für die Beschleunigung a ergibt sich also beim freien Fall ein Wert von etwa 9,8 m/s² (siehe Tabelle auf der vorhergehenden Seite).
Dieser Wert wird **Fallbeschleunigung *g*** genannt. Genauere Messungen ergeben für g in Mitteleuropa einen Wert von 9,81 m/s².

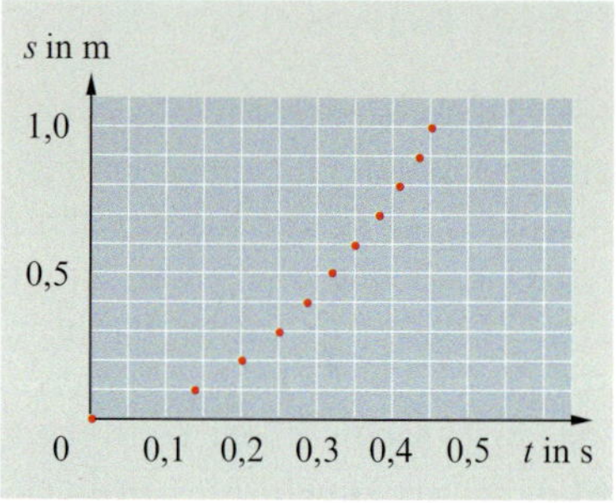

1

s-t-Diagramm des freien Falls

Der freie Fall ist eine gleichmäßig beschleunigte Bewegung. Für den freien Fall gelten die folgenden Gesetze:

Weg-Zeit-Gesetz $s = \frac{1}{2} g \cdot t^2$; $g = 9{,}81 \frac{\text{m}}{\text{s}^2}$

Geschwindigkeit-Zeit-Gesetz $v = g \cdot t$

Beispiel: Berechnung der Endgeschwindigkeit
Bei Meisterschaften im Klippenspringen (Bild 2) werden Sprünge aus großen Höhen ausgeführt. Wie groß ist die Geschwindigkeit, mit der ein Springer bei einem Sprung aus 30 m Höhe auf dem Wasser auftrifft? Der Luftwiderstand soll vernachlässigt werden.

Gesucht: v_{End} *Gegeben:* $s = 30\,\text{m}$

Lösung: Die Geschwindigkeit am Ende der Fallbewegung ist $v_{\text{End}} = g \cdot t_{\text{End}}$.

Die Fallzeit t_{End} lässt sich nach dem Weg-Zeit-Gesetz berechnen:

$t_{\text{End}} = \sqrt{\frac{2s}{g}}$, wobei s die gesamte Fallhöhe ist.

Daher gilt: $v_{\text{End}} = g \cdot t_{\text{End}} = g \cdot \sqrt{\frac{2s}{g}} = \sqrt{2g \cdot s}$.

$$v_{\text{End}} = \sqrt{2 \cdot 9{,}81 \frac{\text{m}}{\text{s}^2} \cdot 30\,\text{m}} = 24{,}3 \frac{\text{m}}{\text{s}^2} = \underline{\underline{87{,}5 \frac{\text{km}}{\text{h}}}}$$

Ergebnis: Bei Vernachlässigung des Luftwiderstandes beträgt die Endgeschwindigkeit etwa 88 km/h.

So lässt sich nun für jeden Wert s die Endgeschwindigkeit v (Aufprallgeschwindigkeit) berechnen:
$v = 4{,}43 \cdot \sqrt{s}$ mit v in m/s und s in m.

2

Klippenspringen: Ein Aufprall mit 80 km/h ist sehr gefährlich.

Untersuchung von fallenden Körpern

Fallende Wassertropfen. Bei Fallexperimenten sind genaue Zeit- und Längenmessungen oft von entscheidender Bedeutung.

AUFTRAG 1
Lasst aus einer Bürette Wassertropfen auf eine Blechdose so fallen, dass sich der nachfolgende Tropfen gerade dann von der Bürette ablöst, wenn der vorangehende auf die Dose auftrifft. Bestimmt die Fallzeit eines Tropfens (Tipp: Messt die Zeit für 10 Tropfen und dividiert durch 10!). Bestimmt die Fallbeschleunigung $g = 2s/t^2$!

Atwood'sche Fallmaschine. Oft fallen die Körper so schnell, dass es schwer ist, den Beschleunigungsvorgang direkt zu beobachten. Mit der Fallmaschine nach Atwood lässt sich ein Fallvorgang verlangsamen.

AUFTRAG 2
Legt über eine feste Rolle einen Faden mit zwei Wägestücken an jedem Ende, die einander das Gleichgewicht halten. Bringt auf einer Seite ein zusätzliches Plättchen von wenigen Gramm an. Stellt ein Metronom auf den Zeitakt 1 s. Ermittelt für etwa 10 Zeitintervalle von 1 s den jeweils zurückgelegten Weg. Überprüft, ob die Beschleunigung $a = 2s/t^2$ konstant ist. Nennt mögliche Fehlerquellen!

Fallschnur. Mit einer Fallschnur kann man die Proportionalität von s und t^2 bei der Fallbewegung leicht nachweisen.

AUFTRAG 3
Befestigt an einer langen Schnur (3 m) kleine Gegenstände in einem solchen Abstand, dass nach dem Loslassen des Fadens die Gegenstände in gleichen Zeitabständen (fester hörbarer Rhythmus) auf dem Boden auftreffen. Verwendet durchbohrte Kugeln oder Schrauben mit Muttern. Je länger die Schnur, desto eindrucksvoller das Experiment. Vielleicht dürft ihr im Treppenhaus eurer Schule experimentieren.

Luftwiderstand beim Fallen. Meist vernachlässigt man den Luftwiderstand bei der Untersuchung von Fallbewegungen. Mit kleinen Körpern aus Papier, die leicht sind und eine große Oberfläche haben, erreicht man einen großen Luftwiderstand. Dann lässt sich die Phase der Beschleunigung von der Phase der gleichförmigen Bewegung unterscheiden.

AUFTRAG 4
Lasst von einer Leiter einen Fallkegel mit der Spitze nach unten fallen und beobachtet die beiden Phasen der Bewegung. Steckt 2, 3 oder 4 Kegel ineinander und vergleicht jeweils die Längen der ersten Phase und die Geschwindigkeiten in der zweiten.

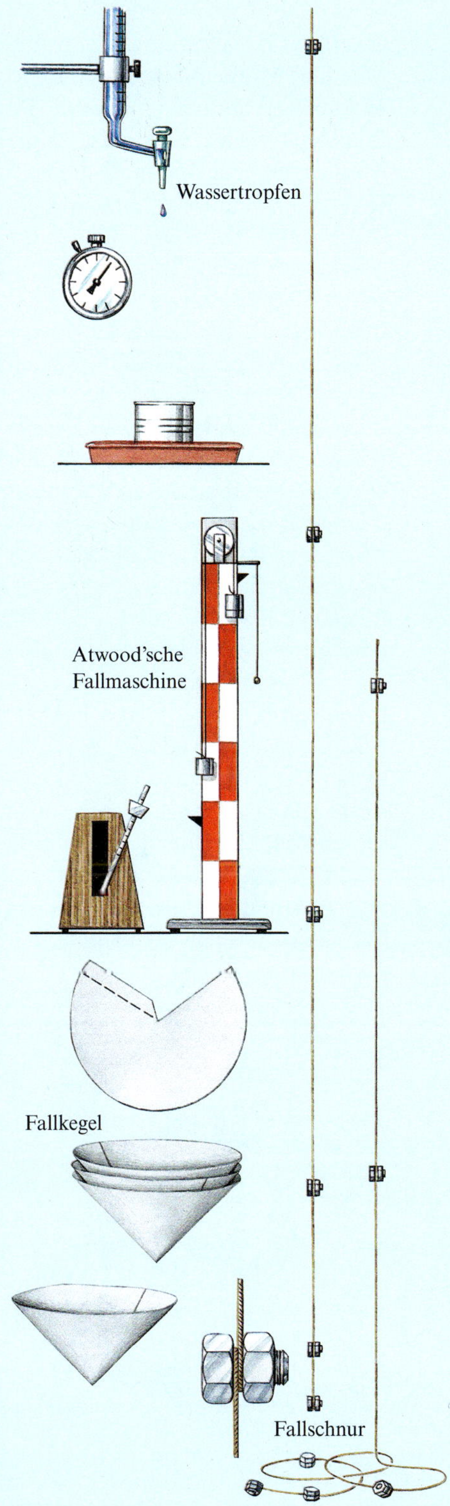

GALILEO GALILEI
(* 15. 2. 1564 in Pisa, † 8. 1. 1642 bei Florenz)

GALILEO GALILEI studierte von 1581 bis 1585 in Pisa Medizin, Philosophie und Mathematik. Im Alter von 25 Jahren wurde er Professor für Mathematik an der Universität Pisa und hielt dort Vorlesungen über Planetensysteme. Man vertrat seinerzeit noch die Lehre von PTOLEMÄUS, wonach die Erde und nicht die Sonne im Mittelpunkt steht.
GALILEIS besonderes Forschungsinteresse galt jedoch fallenden Körpern. Allgemein wurde damals die Bewegungslehre von ARISTOTELES anerkannt, nach der schwerere Körper schneller fallen als leichtere. GALILEI konnte nachweisen, dass das Gewicht bzw. die Masse der Körper beim freien Fall keine Rolle spielt. Es ist allerdings eine Legende, dass er hierzu Experimente am Schiefen Turm von Pisa durchgeführt hat.
Noch 1590 war GALILEI der Meinung, dass die Geschwindigkeit des fallenden Körpers durch die Differenz der „spezifischen Gewichte" des Körpers und des Mediums, in der Regel Luft, bestimmt würde. Erst 20 Jahre später stellte er Überlegungen an, die ihn zur richtigen Gleichung führten. Der Luftwiderstand war ein wesentliches Problem bei der Erforschung der physikalischen Zusammenhänge. GALILEI schrieb: „In Quecksilber fällt nur das Gold, während das Blei steigt, im Wasser fallen beide, aber das Gold deutlich voraus, beim freien Fall in Luft sind die Unterschiede minimal. Angesichts dessen glaube ich, dass, wenn man den Widerstand der Luft ganz aufhöbe, alle Körper gleich schnell fallen würden."
So entwickelte GALILEI in seinem Werk „Discorsi" die Vorstellung von einem Vakuum, wo es keinen Luftwiderstand gibt und die Fallgesetze exakt gelten. GALILEI suchte nach Gleichungen, die die Zunahme der Geschwindigkeit und der zurückgelegten Strecke angeben. Aus dem falschen Gesetz $v \sim s$ leitete GALILEI 1604 durch eine lange Rechnung mit mehreren Fehlern die richtige Gleichung $s \sim t^2$ her. Später erkannte er dann, dass $v \sim t$ gelten muss.

1
GALILEO GALILEI

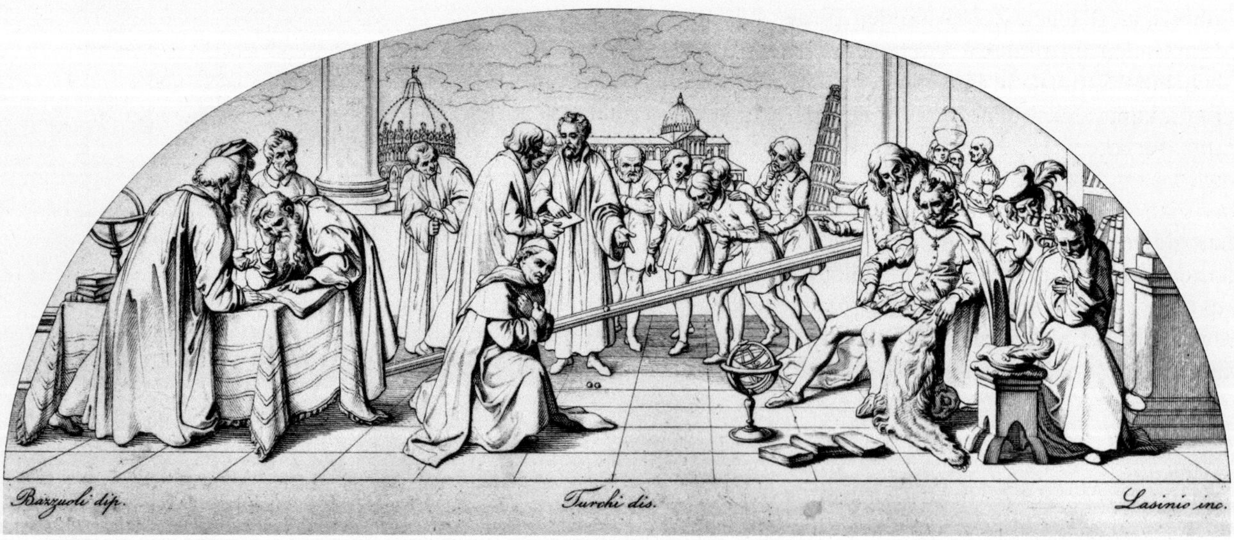

2
GALILEI untersucht die „verlangsamte Fallbewegung" einer Kugel, indem er sie eine schwach geneigte Ebene hinabrollen lässt.

Messungen zu den Fallbewegungen. Erst nach diesen langen theoretischen Überlegungen versuchte GALILEI, seine Gesetze experimentell zu bestätigen. Da Fallbewegungen sehr schnell ablaufen und es noch keine genauen Stoppuhren gab, untersuchte er auf Rinnen herabrollende Kugeln. Er schrieb: „Auf einem Holzbrett von 12 Ellen (6,7 m) Länge, einer halben Elle Breite und drei Zoll (7,5 cm) Dicke war auf dieser letzten schmalen Seite eine Rinne von etwas mehr als einem Zoll Breite eingegraben. Dieselbe war sehr gerade gezogen, und um die Fläche recht glatt zu haben, war inwendig ein sehr glattes und reines Pergament aufgeklebt. In dieser Rinne ließen wir eine harte, völlig runde und glatt polierte Messingkugel laufen. Nach Aufstellung des Brettes wurde dasselbe auf der einen Seite etwas angehoben, bald eine, bald zwei Ellen hoch; dann ließen wir die Kugel durch die Rinne laufen."
GALILEI maß den Weg, den die Kugel nach 1, 2, 3, 4 Zeiteinheiten zurückgelegt hatte. Als Zeitmaß galt der Pulsschlag oder die Menge Wasser, die aus dem Loch eines Eimers ausfloss. Die Wassermenge wurde genau gewogen. Zum Ergebnis der Messungen schrieb GALILEI: „Bei wohl hundertfacher Wiederholung fanden wir stets, dass die Strecken sich verhielten wie die Quadrate der Zeiten, und dies galt für jede beliebige Neigung der Rinne, in der die Kugel lief." GALILEI hat also erkannt, dass für die Bewegung der Kugel längs der geneigten Ebene wie für den freien Fall gilt: $s \sim t^2$.

1 Titelbild von GALILEIS „Dialogo"

Astronomische Entdeckungen. Im Sommer 1609 erfuhr GALILEI von der Erfindung eines Fernrohrs in den Niederlanden. Er ließ es mit einigen Verbesserungen nachbauen. Bei seinen Himmelsbeobachtungen machte er einige Entdeckungen: Venusphasen, Mondgebirge, Jupitermonde, Sterne der Milchstraße.

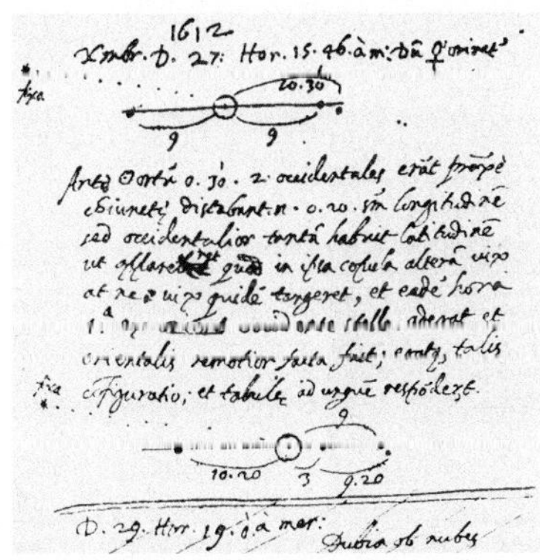

2 Handschriftliche Aufzeichnungen zu den Jupiterbeobachtungen

Konflikt mit der Kirche. Von 1610 bis 1633 war GALILEI als Hofmathematiker in Florenz tätig. Er fand viele Belege für das kopernikanische Weltsystem, wonach die Sonne im Mittelpunkt steht und von Planeten umkreist wird. Das widersprach der von der Kirche in Rom vertretenen Lehre vom geozentrischen Weltbild. Das Werk „Dialogo" (Dialog über die beiden hauptsächlichen Weltsysteme, das ptolemäische und das kopernikanische) wurde unmittelbar nach seinem Erscheinen vom Papst verboten. 1633 wurde gegen GALILEI ein Inquisitionsprozess angestrengt. Unter Androhung von Folter schwor GALILEI der kopernikanischen Lehre ab, blieb aber unter der Aufsicht der Heiligen Inquisition. Er verfasste die „Discorsi" (Unterredungen und mathematische Darlegungen über zwei neue Wissenschaften, Festigkeit und Bewegtheit), die 1638 erschienen. Die „Discorsi" sind gleichzusetzen mit dem Beginn der neuzeitlichen klassischen Physik. GALILEIS Physik war die Kinematik. Zur Dynamik fehlte ihm ein geeigneter Kraftbegriff. Auch zur allgemeinen Formulierung des Trägheitsprinzips kam er nicht. Die sollte NEWTON vorbehalten bleiben.
In seinem Schauspiel „Leben des GALILEI" hat der deutsche Dichter BERTOLT BRECHT (1898–1956) die Auseinandersetzung GALILEIS mit der Kirche in Rom über die Weltsysteme auf die Bühne gebracht.
GALILEI wurde erst 1992 – also 350 Jahre nach seinem Tod – durch den Papst vom Vorwurf der Ketzerei freigesprochen.

Projekt

Bewegungsvorgänge in Bildern

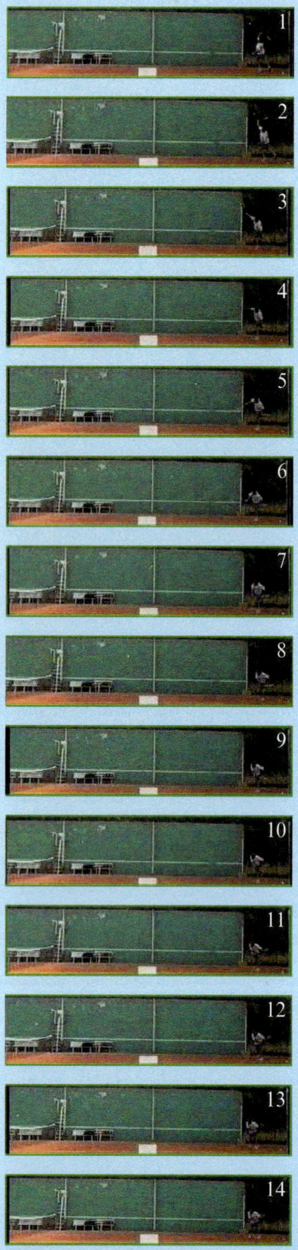
1

2

AUFTRAG

Die einzelnen Bilder der Videosequenzen wurden mit unterschiedlichen Zeitabständen Δt aufgenommen.
Arbeitet in Gruppen!
(Fertigt eventuell eine vergrößerte Kopie der Bilder an.)

1 Messt für jedes Bild den vom Startpunkt aus zurückgelegten Weg.
Ermittelt hierzu aus der tatsächlichen Größe der Objekte den Maßstab der Bilder!
2 Fertigt Weg-Zeit-Diagramme an!
3 Beschreibt die Art der Bewegung und berechnet v bzw. a!

Gruppe A:
Tennisaufschlag
$\Delta t = 0{,}04\,\text{s}$
Abstand Grundlinie–Netz: 11,9 m

Gruppe B:
Anfahren eines ICE
$\Delta t = 0{,}20\,\text{s}$
Länge des Triebkopfes: 26,7 m

Gruppe C:
Sturz eines Computers
$\Delta t = 0{,}08\,\text{s}$
Fensterhöhe: 1,46 m
Berechne hier die Fallhöhe!

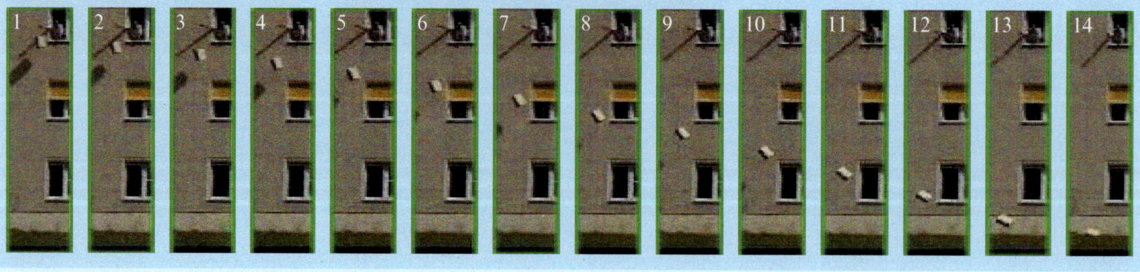
3

Weißt du es? Kannst du es

1. Berechne die Beschleunigung der Formel-1-Wagen aus den Angaben auf Seite 118. Nimm an, dass es sich um eine gleichmäßige Beschleunigung handelt!
2. Werte das Experiment 1 auf S. 118 für die Neigung 2 aus: Erstelle ein *v*-*t*-Diagramm und berechne die Beschleunigung der Kugel!
3. Ein Flugzeug wird beim Start mit $5\,m/s^2$ beschleunigt. Wie lang muss die Startbahn mindestens sein, wenn das Flugzeug nach 20 s abhebt? Mit welcher Geschwindigkeit hebt es ab?
4. Die Raumfähre Endeavour erreicht nach 3 Minuten eine Geschwindigkeit von 5 600 km/h. Wie groß ist ihre (als konstant angenommene) Beschleunigung und welche Strecke hat sie nach 1 min, 2 min und 3 min zurückgelegt?
5. a) Beschreibe die drei Bewegungsvorgänge, die in Bild 1 als Diagramm dargestellt sind!
   b) Berechne den zurückgelegten Weg für Bewegung A und gib an, ob die Wege bei B und C länger oder kürzer sind als bei A!
6. Ein Stein fällt in einen Brunnen. Du hörst, dass er nach 5 Sekunden aufschlägt. Wie tief ist der Brunnen?
7. Ein Motorrad erreicht aus dem Stand nach 6 s die Geschwindigkeit 80 km/h. Ein anderes braucht nur 4 s.
   a) Vergleiche die beiden Beschleunigungen (nimm an, dass die Beschleunigungen gleichmäßig sind)!
   b) Wie viel Meter Vorsprung hat das schnellere Motorrad nach 4 s?
8. Mit welcher Geschwindigkeit trifft ein Springer vom 10-m-Turm auf der Wasseroberfläche auf?
9. Stelle den Zusammenhang zwischen der Endgeschwindigkeit beim freien Fall v_{End} und der Fallhöhe s in einem Diagramm dar. Erläutere den Verlauf des Graphen!
10. Beschreibe, wie GALILEO GALILEI auf das Weg-Zeit-Gesetz der gleichmäßig beschleunigten Bewegung gekommen ist!

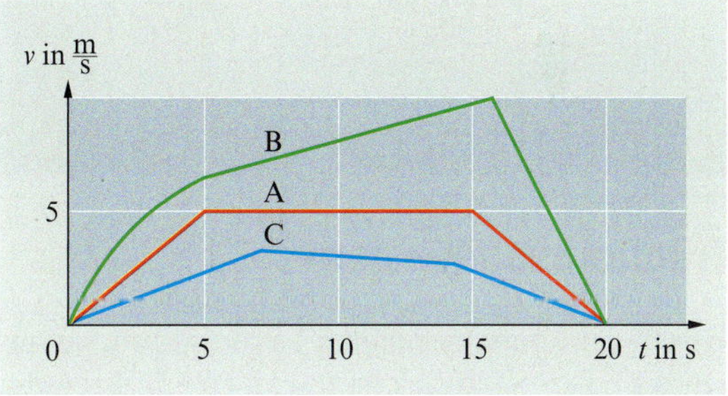

1

Kurz und knapp!

Beschleunigung
Bei einer beschleunigten Bewegung ändert sich ständig die Augenblicksgeschwindigkeit. Die Beschleunigung gibt an, wie schnell sich die Geschwindigkeit eines Körpers ändert.
Formelzeichen der Beschleunigung: a

Einheit der Beschleunigung: $\frac{m}{s^2}$

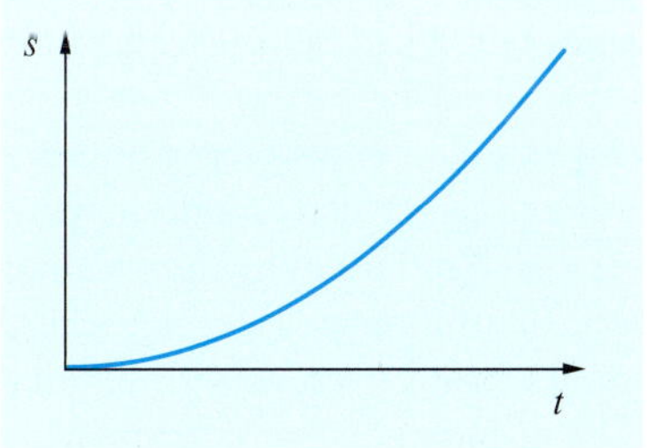

s-*t*-Diagramm

Gleichmäßig beschleunigte Bewegung
Geschwindigkeit-Zeit-Gesetz: $v = a \cdot t$

Weg-Zeit-Gesetz: $s = \frac{1}{2} a \cdot t^2$

Auch der freie Fall ist eine gleichmäßig beschleunigte Bewegung.
Hier gilt $v = g \cdot t$

und $s = \frac{1}{2} g \cdot t^2$ Fallbeschleunigung: $g = 9{,}81 \frac{m}{s^2}$

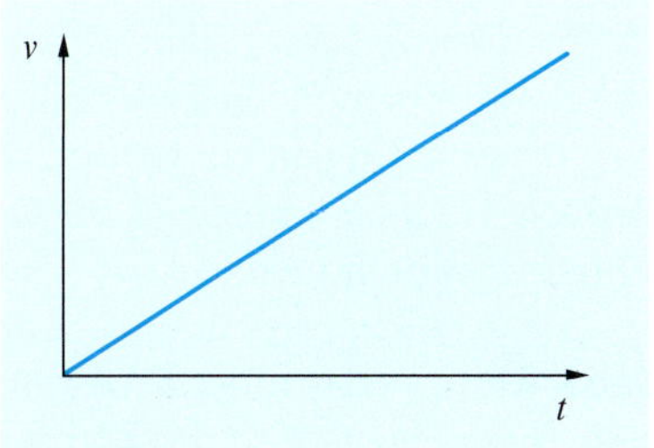

v-*t*-Diagramm

Newton'sche Gesetze

1

Auf dem Jahrmarkt gibt es viele Fahrzeuge, in denen wir hin- und her-, auf oder niedergeschleudert werden. Oft werden wir von den Fahrzeugen beschleunigt oder gebremst.
Damit wir diese ungleichmäßigen Bewegungen ausführen, muss stets eine Kraft auf unseren Körper ausgeübt werden.

Trägheit von Körpern

Boxer sieht man manchmal beim Training an einem großen Sandsack (Bild 2). Der Sandsack ist frei an einem Seil aufgehängt, doch auch bei harten Schlägen bewegt er sich kaum. Anders verhält sich ein Punchingball, der bei jedem Schlag weit ausgelenkt wird (Bild 3).
Der Sandsack lässt sich nicht so leicht in Bewegung versetzten wie der Punchingball. Physiker sagen: Er hat eine größere Trägheit. Sandsack und Punchingball unterscheiden sich vor allem durch ihre Masse: Ein Sandsack wiegt bis zu 60 kg, ein Punchingball etwa 2 kg.

2

3

Die Trägheit eines Gegenstands zeigt sich nicht nur, wenn man ihn in Bewegung versetzt, sondern auch, wenn man ihn aus der Bewegung abbremst: Ein Handball lässt sich mühelos auffangen und dabei abbremsen. Beim Fangen eines schnellen Medizinballs wird man dagegen fast umgeworfen. Der Medizinball hat eine größere Trägheit als der Handball, er hat auch eine größere Masse: etwa 8 kg im Vergleich zu 0,4 kg.
Beim Bowling sind 10 schwere Kegel in einer bestimmten Formation aufgestellt (Bild 4). Würde man versuchen, sie mit einer leichten Holzkugel umzuwerfen, so würde diese bereits von den vorderen Kegeln aus der Bahn gebracht, vielleicht würde sie auch zurückprallen. Daher werden massive Kugeln verwendet, die bis zu 7 kg wiegen. Aufgrund ihrer großen Trägheit können sie die Kegelanordnung fast ohne Richtungsänderung durchqueren.

4

Jeder Körper setzt einer Bewegungsänderung einen Widerstand entgegen. Diese Eigenschaft des Körpers nennt man Trägheit.
Die Trägheit eines Körpers ist umso größer, je größer seine Masse ist.

Trägheitsgesetz

Ein Ball, der auf dem Boden liegt, bleibt in Ruhe, solange keine Kraft auf ihn ausgeübt wird. Wir würden uns auch sehr wundern, wenn es anders wäre und sich ein Körper plötzlich ohne Ursache in Bewegung setzte. Jeder rollende Ball bleibt irgendwann liegen, Reibungskräfte bewirken, dass er immer langsamer wird. Je geringer die Reibung ist, umso weiter rollt der Ball. Eine fast völlig reibungsfreie Bewegung kann auf einer Luftkissenbahn erreicht werden (Bild 1). Die Gleiter bewegen sich lange Zeit mit nahezu konstanter Geschwindigkeit zwischen den Fahrbahnenden hin und her. Zum Aufrechterhalten dieses Bewegungszustandes bedarf es keiner Kraft.

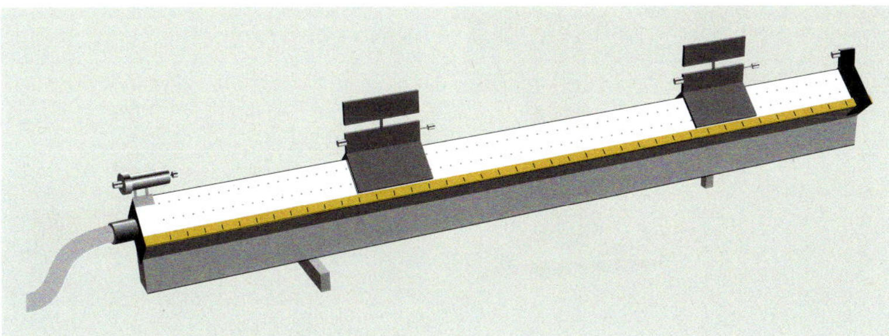

1 Der Gleiter bewegt sich nahezu reibungsfrei zwischen den Umkehrpunkten auf der Luftkissenfahrbahn.

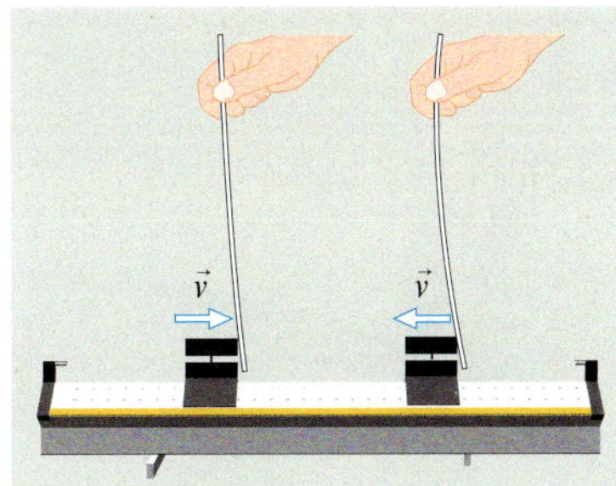

2 Abbremsen und Beschleunigen erfordert Kraft.

Der Gleiter bewegt sich gleichförmig geradlinig; wenn seine Geschwindigkeit vergrößert oder verringert werden soll, muss eine Kraft wirken. Man kann den Gleiter mit einem Lineal, an dem sich die Kraftwirkung durch Verformung zeigt, abbremsen und beschleunigen (Bild 2).
Damit lässt sich das Trägheitsgesetz formulieren:

Trägheitsgesetz (1. Newton'sches Gesetz)
Jeder Körper verharrt im Zustand der Ruhe oder gleichförmiger geradliniger Bewegung, solange keine äußeren Kräfte auf ihn einwirken.

Die Gültigkeit dieses Gesetzes zeigt sich auch bei der Kurvenfahrt: Aufgrund ihrer Trägheit bewegt sich die Kugel in Bild 3 geradeaus weiter. In der Rechtskurve fällt sie vom linken Wagenrand. Der Fahrer im Bild 4 wird dagegen durch eine Kraft, die die Seitenwand auf ihn ausübt, von der geradlinigen Bahn abgebracht. Diese Kraft ist auf den Kreismittelpunkt der Kurve gerichtet.

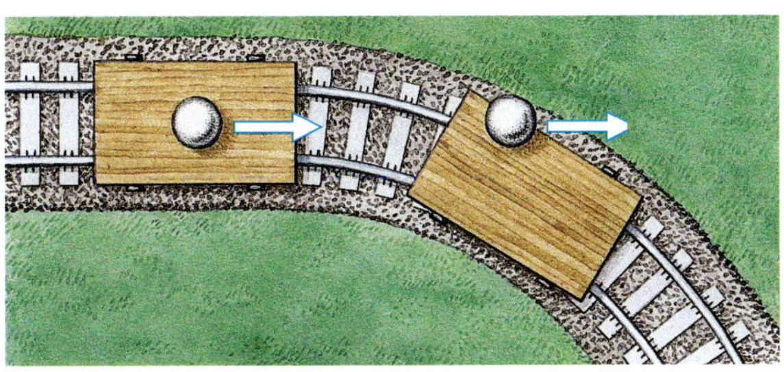

3 Geradlinige Bewegung einer Kugel

4 Kurvenfahrt im Auto

Wechselwirkungsgesetz

Zwei Schüler stehen auf Skateboards und ziehen an einem Seil. Haben die Boards gleiche Rollen und haben beide die gleiche Masse, so treffen sie sich in der Mitte. Aber auch wenn nur einer zieht und der andere sich das Seil um die Taille bindet, treffen sie sich in der Mitte. Die beiden Personen üben Kräfte aufeinander aus, die jeweils denselben Betrag haben, aber entgegengesetzt gerichtet sind.

3

Kraft und Gegenkraft treten stets gleichzeitig auf. Dabei kommt es nicht darauf an, ob die Körper direkt aufeinander einwirken, oder ob z. B. elektrische Kräfte, magnetische Kräfte oder die Kräfte einer gespannten Feder zwischen ihnen wirken.

Kraft und Gegenkraft treten übrigens auch auf, wenn sich ein Skateboarder an einen Haken an der Wand heranzieht.

Wechselwirkungsgesetz (3. Newton'sches Gesetz)
Übt ein Körper A auf einen zweiten Körper B eine Kraft aus, so übt auch B eine Kraft auf A aus. Beide Kräfte sind gleich groß, sie sind einander entgegengesetzt gerichtet.
Kraft und Gegenkraft greifen an verschiedenen Körpern an.

Die Aussage dieses Gesetzes wird auch kurz mit actio = reactio bezeichnet. Das Wechselwirkungsgesetz lässt sich vielfältig ausnutzen, zum Beispiel beim Rückstoß: Wie kann man sich mit einem Skateboard auf ebener Unterlage fortbewegen, ohne den Boden zu berühren? – Indem man Ballast nach hinten abwirft, z. B. eine schwere Tasche.

Beim Raketenantrieb (Bild 4) werden die Treibgase im Raketenmotor durch Verbrennung in ihrem Volumen vergrößert und beschleunigt; sie wirken dann mit einer Gegenkraft auf die Rakete zurück. Das ermöglicht einen Antrieb auch im luftleeren Weltraum.

Auch Flugzeugpropeller und Schiffsschrauben funktionieren nach dem Rückstoßprinzip: Sie beschleunigen Luft bzw. Wasser nach hinten. Die jeweiligen Gegenkräfte bewirken den Vortrieb (Bild 5).

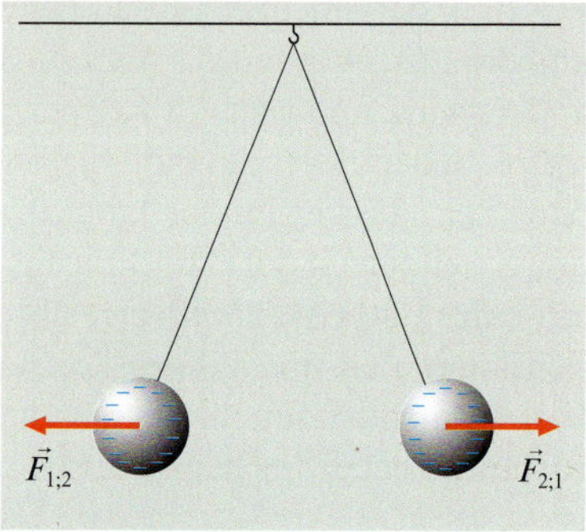

1
Elektrische Kräfte

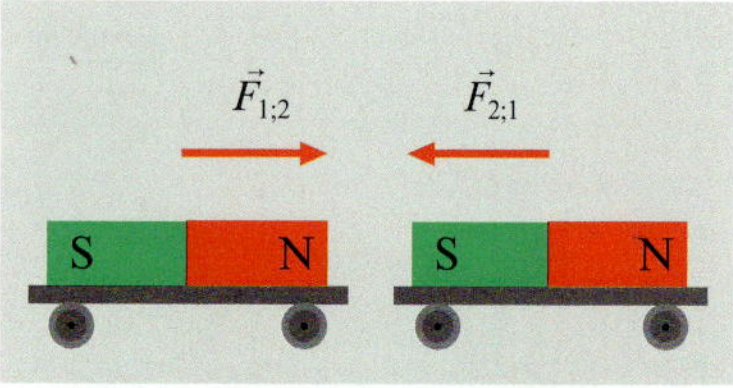

2
Magnetische Kräfte

4
Rückstoß beim Raketenantrieb

5
Rückstoß beim Schiffsantrieb

Grundgesetz der Mechanik

Eine Kraft kann einen Körper aus der Ruhe in Bewegung versetzen, sie kann seine Bewegung schneller oder langsamer machen: Ein Körper kann durch die Wirkung einer Kraft beschleunigt werden.
Wenn man Fahrrad fährt und schneller werden will, ändert man die Geschwindigkeit. Die Geschwindigkeitsänderung, d. h. die Beschleunigung, ist umso größer, je kräftiger man in die Pedale tritt, je größer also die wirkende Kraft ist.
Bei gleicher Kraftwirkung wird die Beschleunigung umso kleiner sein, je größer die Masse von Rad plus Fahrer und Gepäck ist (Bild 1). Diese Erfahrung über den Zusammenhang von Kraft, Beschleunigung und Masse soll nun genauer untersucht werden:

1 Zum Beschleunigen braucht man Kraft.

EXPERIMENT 1

Auf dem Gleiter einer Luftkissenbahn befinden sich einige Wägestücke. Ein kleines Wägestück wird herunter genommen und an einen Faden gehängt. Der Gleiter wird dadurch beschleunigt.
Beim Start wird eine Uhr eingeschaltet, nach Durchlaufen der Messstrecke wird sie ausgeschaltet. Nach und nach werden weitere Wägestücke vom Gleiter genommen und an den Faden gehängt. Die beschleunigende Kraft wird dadurch größer, die Masse bleibt jedoch konstant.

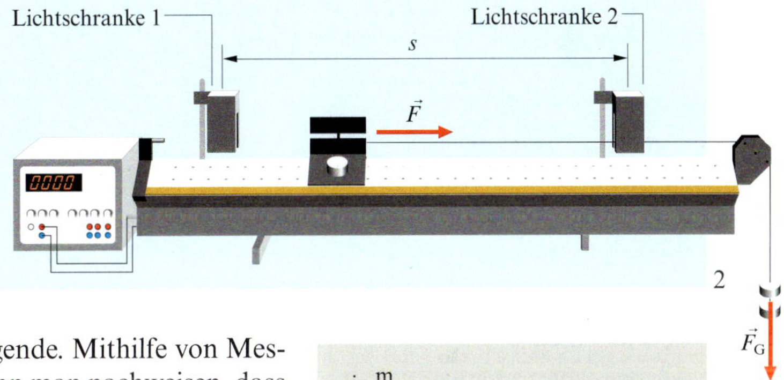

2

Man erhält eine Messwertetabelle wie die folgende. Mithilfe von Messungen an verschiedenen Orten s_1, s_2, s_3 ... kann man nachweisen, dass es sich jeweils um gleichmäßig beschleunigte Bewegungen handelt. Die Beschleunigungen können daher mit der Gleichung

$a = \frac{2s}{t^2}$ berechnet werden.

Messwertetabelle

F in N	m in kg	s in m	t in s	a in $\frac{m}{s^2}$
0,02	0,190	0,80	4,0	0,10
0,03	0,190	0,80	3,3	0,15
0,04	0,190	0,80	2,9	0,19
0,05	0,190	0,80	2,5	0,26
0,06	0,190	0,80	2,3	0,30

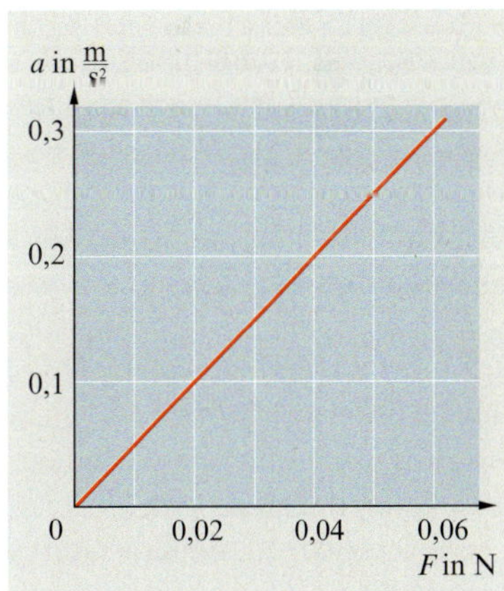

3 Beschleunigung in Abhängigkeit von der Kraft (bei konstanter Masse). Ohne Kraft ($F = 0$) gibt es auch keine Beschleunigung: $a = 0$.

Stellt man in einem Diagramm die Beschleunigung in Abhängigkeit von der Kraft dar, so erkennt man, dass Kraft und Beschleunigung einander proportional sind (Bild 3): $F \sim a$.

In einem weiteren Experiment mit der Luftkissenbahn soll die zu beschleunigende Masse verändert, die Kraft jedoch konstant gehalten werden. Die zugehörigen Beschleunigungen werden aus den gemessenen Zeiten ermittelt und in eine Tabelle eingetragen.

Messwertetabelle

m in kg	s in m	t in s	a in $\frac{m}{s^2}$	$m \cdot a$ in kg $\cdot \frac{m}{s^2}$
0,090	0,80	2,0	0,40	0,036
0,140	0,80	2,4	0,28	0,039
0,190	0,80	2,8	0,20	0,038
0,240	0,80	3,2	0,16	0,038
0,290	0,80	3,6	0,13	0,038

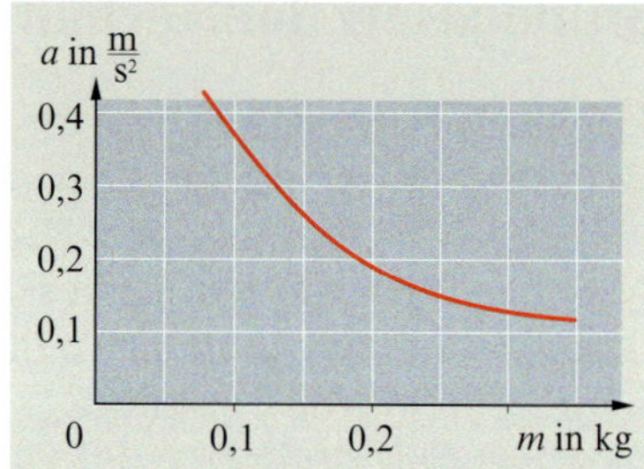

1
Beschleunigung in Abhängigkeit von der Masse (bei konstanter Kraft)

Mit zunehmender Masse wird die Beschleunigung geringer. Aus der Tabelle lässt sich ablesen, dass das Produkt aus Masse und Beschleunigung konstant ist: Die Beschleunigung ist umgekehrt proportional zur Masse, $a \sim \frac{1}{m}$.

Die beiden Zusammenhänge $a \sim 1/m$ und $F \sim a$ hat der englische Physiker ISAAC NEWTON vor über 300 Jahren in einer Gleichung zusammengefasst:

$$a = \frac{F}{m} \text{ bzw. } F = m \cdot a.$$

Weil das eine fundamentale Beziehung zwischen Kraft, Masse und Beschleunigung ist, nennt man sie auch das Grundgesetz der Mechanik.

Grundgesetz der Mechanik (2. Newton'sches Gesetz)
Wirkt auf einen beweglichen Körper der Masse m die Kraft F, so wird er beschleunigt. Es gilt dabei: $F = m \cdot a$.

ÜBRIGENS

Die Einheit Newton. Anhand der Gleichung $F = m \cdot a$ wird deutlich, dass die Einheit der Kraft sich auf die so genannten Basiseinheiten Kilogramm, Meter und Sekunde zurückführen lässt. Die abgeleitete Einheit Newton (N) wurde folgendermaßen festgelegt:

$$1\,\text{N} = 1\,\text{kg} \cdot \frac{\text{m}}{\text{s}^2}$$

1 N ist also die Kraft, die bei einem Körper der Masse 1 kg eine Beschleunigung von 1 m/s² bewirkt.

Schwere und träge Masse. Die Masse charakterisiert zwei Eigenschaften eines Körpers: Je größer die Masse eines Körpers ist,
- umso größer ist seine Trägheit, d. h., umso mehr Kraft ist erforderlich, um ihn zu beschleunigen, und
- umso größer ist die Kraft, mit der er von der Erde angezogen wird.

Ein Körper A mit der Masse 2 kg wird von der Erde mit einer Kraft von 19,62 N angezogen, ein Körper B mit der Masse 1 kg wird nur mit einer Kraft von 9,81 N angezogen (Bild 2). Nun ist Körper A doppelt so träge wie der Körper B: Um die gleiche Beschleunigung zu erreichen, muss auf ihn die doppelte Kraft wirken. Das Verhältnis aus Gewichtskraft und Masse ist bei beiden Körpern gleich.
Im freien Fall haben sie die gleiche Beschleunigung:

$$g = 9{,}81\,\frac{\text{N}}{\text{kg}} = 9{,}81\,\frac{\text{m}}{\text{s}^2}.$$

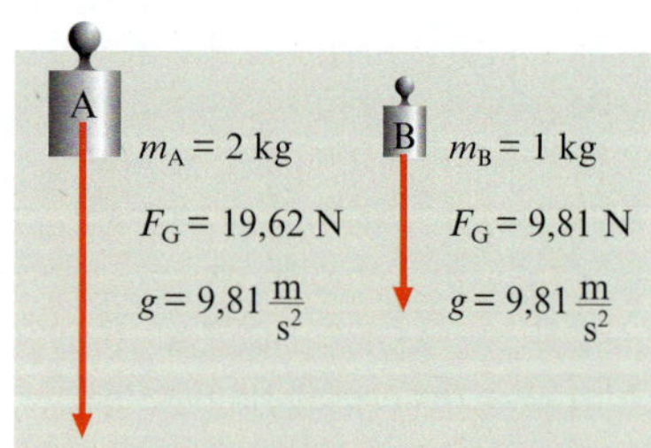

2
Beide Körper fallen gleich schnell.

Sir Isaac Newton

Herkunft und Schulzeit. Isaac Newton kam 1642 im englischen Dorf Woolsthorpe als Halbwaise zu Welt. Sein Vater, ein Bauer, war verstorben und seine Mutter gab das Kind bei der Großmutter in Pflege. Die Dorfschule besuchte er nur mit mäßigem Erfolg, auch galt er als eigenbrötlerisch und schwächlich.
Als Jugendlicher widersetze sich Newton dem Wunsch seiner Mutter, Bauer zu werden; er interessierte sich mehr für seine Bücher. Newton drängte seine Mutter immer wieder, eine weiterführende Schule besuchen zu dürfen. Schließlich gab seine Mutter nach und brachte ihn bei einer befreundeten Apothekerfamilie in der Kreisstadt unter. Hier hatte er nicht nur reichlich Literatur zur Verfügung, sondern er konnte auch technische Modelle bauen und kleinere Hilfstätigkeiten beim Anmischen von Medikamenten ausüben. Der Schuldirektor, dem der Junge wegen seiner außergewöhnlichen Fähigkeiten bald aufgefallen war, setzte sich dafür ein, dass Newton ab 1660 an einer der berühmtesten Universitäten Englands studieren konnte, dem Trinity College in Cambridge.

Anni mirabiles. Im Jahr 1665 musste das College wegen der Beulenpest geschlossen werden, und Newton kehrte nach Woolsthorpe zurück. Dieses und das folgende Jahr werden in Newtons Biografie oft als die „anni mirabiles" bezeichnet, die Jahre der Wunder. Innerhalb kurzer Zeit gelangte Newton zu grundlegenden Erkenntnissen für die Mathematik, er erklärte die Bewegungsgesetze für die Planeten und entwickelte eine Theorie der Gravitation; außerdem unternahm er Experimente zur Spektralzerlegung des Lichtes mit einem Prisma. Aus dieser Zeit stammt auch die Legende, dass Newton unter einem Apfelbaum die Erkenntnis hatte: So wie der herabfallende Apfel (der Newton angeblich am Kopf traf) von der Erde angezogen wird, so müsste auch der Mond von der Erde angezogen werden. Die Anziehung der Erde lenkt den Mond von der geradlinigen Bahn auf eine Kreisbahn ab.

Professor in Cambridge. Nach seiner Rückkehr an die Universität legte Newton einige seiner neuen Erkenntnisse seinem Lehrer Isaac Barrow vor. Dieser zeigte sich davon dermaßen beeindruckt, dass er seine Professur zugunsten seines genialen Schülers aufgab. Die Lehrveranstaltungen Newtons fanden jedoch nur wenig Begeisterung. Viele Studenten konnten dem Stoff nicht folgen und blieben den Vorlesungen fern – immerhin gewann Newton dadurch Zeit für eigene Forschung.
Das Werk, durch das Newton schon zu Lebzeiten Berühmtheit erlangte, ist die „Philosophiae naturalis principia mathematica" (1687). Hierin sind die Grundlagen der Mechanik dargestellt, die über Jahrhunderte als Vorbild aller Naturwissenschaften angesehen wurde.
Kurz nach seinem 50. Geburtstag erlitt Newton einen schweren Nervenzusammenbruch. Obwohl er sich davon wieder erholte, leistete er danach keine bedeutenden Beiträge zur Wissenschaft mehr. Stattdessen lieferte er sich heftige Auseinandersetzungen über die Urheberschaft von Forschungsergebnissen, wobei er seine Machtstellung als Präsident der englischen Akademie der Wissenschaften einsetzte.

1
Isaac Newton (1642–1727)

2
Aus dem Titelblatt der „Philosophiae naturalis principia mathematica" (Naturphilosophie nach mathematischen Prinzipien)

3
Ein-Pfund-Note, die bis 1990 im Umlauf war. Sie zeigt Isaac Newton mit Prisma, Fernrohr und elliptischen Planetenbahnen.

SCHON GEWUSST?
Das Geburtsjahr Newtons wird manchmal auch mit 1643 angegeben. In England galt aber damals, anders als auf dem europäischen Kontinent, noch der julianische Kalender, nach dem das neue Jahr noch nicht begonnen hatte. Und nach diesem Kalender fällt dann Newtons Geburtsjahr mit dem Todesjahr von Galilei zusammen: 1642.

Crashtest

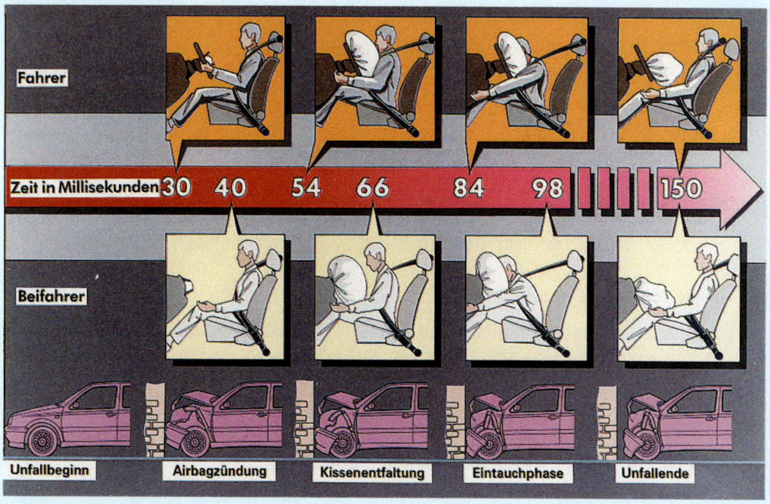

1

Das Trägheitsgesetz ist die physikalische Begründung dafür, dass sich Fahrzeuginsassen bei Vollbremsungen oder Unfällen zunächst geradlinig mit der ursprünglichen Geschwindigkeit weiterbewegen. Beim Aufprall auf die Frontscheibe oder andere Teile des Fahrzeuginnenraums treten dann enorme Kräfte auf, die zu schwerwiegenden Verletzungen führen können. Zur Vermeidung von Personenschäden sind im Auto spezielle Vorrichtungen vorhanden: Knautschzone, Sicherheitsgurt und Airbag (Bild 1).

Die verformbare Knautschzone im Frontbereich eines Pkw soll die kinetische Energie des Fahrzeuges so umwandeln, dass die Insassen möglichst unversehrt bleiben. Die auftretenden Kräfte werden bei Crashtests exakt in Abhängigkeit von der Geschwindigkeit und dem Fahrzeugtyp gemessen (Bild 2).

Sie lassen sich aber auch einfach abschätzen: Die Fahrzeuggeschwindigkeit werde gleichmäßig von 50 km/h (= 14 m/s) auf 0 gesenkt. Dabei verkürzt sich die Fahrzeugfront um etwa 0,5 m. Aus der Gleichung $s = \frac{1}{2} v \cdot t$ ergibt sich dann als „Bremszeit“ $t = 0{,}07\,\text{s}$.

Die Beschleunigung beträgt $a = v/t = 200\,\text{m/s}^2$. Das ist das 20fache der Fallbeschleunigung. Auf den Fahrer wirkt also während dieses Vorgangs eine Kraft, die 20-mal so groß ist, wie seine Gewichtskraft. Es ist unmöglich, diese Kraft mit Armen oder Beinen abzufangen: Kein Fahrer ($m \approx 75\,\text{kg}$) kann eine Masse von 1,5 Tonnen stemmen. Abgesehen davon treten beim Aufschlag auf das Armaturenbrett noch etwa 10-mal größere Kräfte auf als bei dieser als gleichmäßig angenommenen Beschleunigung.

Die Sicherheitsgurte dehnen sich bis zu 20 cm aus, was den Bremsweg für die Insassen verlängert. Sie müssen immer straff anliegen, sonst brechen die Rippen vom „Aufprall“ in die Gurte.

Einen möglichen Aufprall auf Lenkrad und Armaturenbrett trotz anliegender Gurte soll der Airbag verhindern (Bild 3). Die abbremsenden Kräfte werden dabei gleichmäßig „verteilt“.

2

Crashtest in einer Versuchsanlage

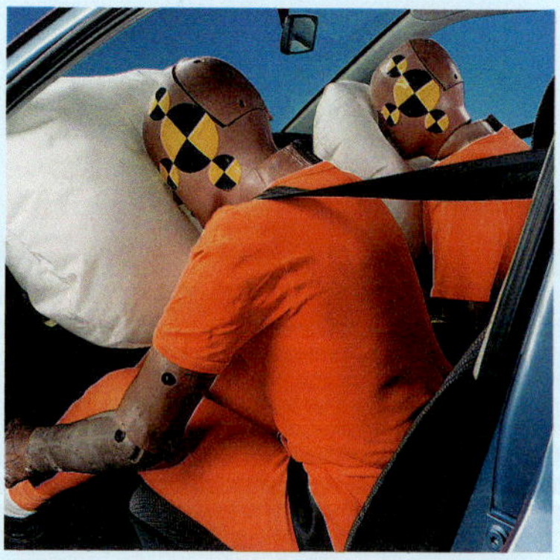
3

Airbag

Weißt du es ? Kannst du es

1. Erläutere den Begriff „Bewegungsänderung"!
2. Gib an, wann im folgenden Beispiel eine Bewegungsänderung vorliegt und wann nicht!
   - Eine Radfahrerin rollt mit gleich bleibender Geschwindigkeit eine Rampe hinab.
   - Sie fährt eine Kurve, bleibt aber gleich schnell.
   - Sie bremst das Fahrrad ab und kommt zum Stillstand.
3. Was geschieht, wenn in den drei Situationen in Bild 1 der Faden getrennt wird? Fertige eine Skizze an!
4. Gib Beispiele an, in denen die Verformung oder die Beschleunigung an einem Körper trotz starker Wechselwirkung nur sehr schwach ausgeprägt ist. Nenne jeweils den Grund dafür!
5. Eine Lok mit der Masse 200 t bewirkt eine Zugkraft von 200 kN. 8 Wagons haben je eine Masse von 40 t.
   a) Wie groß ist die Beschleunigung des Zuges?
   b) Welche Geschwindigkeit erreicht der Zug nach 1 Minute?
   c) Welche Geschwindigkeit erreicht er nach 1 Minute, wenn man weitere 6 Wagons ankoppelt?
6. In einem Bus wird eine schwere Kugel mit einem Faden an der Decke aufgehängt.

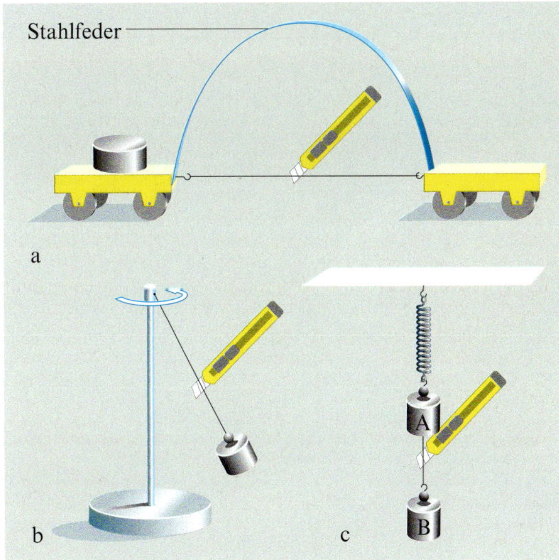

1

   a) Beschreibe die Richtung des Fadens beim Beschleunigen, beim Abbremsen und bei der Fahrt durch eine Rechtskurve!
   b) Welche Aussagen lassen sich daraus über die jeweilige Kraft auf die Kugel ableiten?
7. Bei einem Crashtest stößt ein Pkw mit einer Geschwindigkeit von 80 km/h frontal gegen eine Mauer. Nach Deformation der Knautschzone um 25 cm kommt der Wagen zum Stillstand. Mit welcher Kraft müssen die Sicherheitsgurte einen Fahrer der Masse 80 kg halten (bei Annahme einer gleichmäßigen Bremsbeschleunigung)?

Kurz und knapp !

Die Newton'schen Gesetze

Trägheitsgesetz
Jeder Körper verharrt im Zustand der Ruhe oder gleichförmiger geradliniger Bewegung, solange keine äußeren Kräfte auf ihn einwirken.

Grundgesetz der Mechanik
Wirkt auf einen beweglichen Körper der Masse m die Kraft F, so wird er beschleunigt. Es gilt dabei: $F = m \cdot a$.

Wechselwirkungsgesetz
Übt ein Körper A auf einen zweiten Körper B eine Kraft aus, so übt auch B eine Kraft auf A aus. Beide Kräfte sind gleich groß, sie sind einander entgegengesetzt gerichtet.
Kraft und Gegenkraft greifen an verschiedenen Körpern an.

Energieerhaltung und Bewegungsvorgänge

1

Bewegungen lassen sich durch Angabe von Größen wie Geschwindigkeit und Beschleunigung beschreiben. Mithilfe der drei Newton'schen Gesetze kann man erkennen, wie Kräfte und Bewegungen miteinander zusammenhängen.
Oft stellt es sich jedoch heraus, dass es einfacher ist, die Energieumwandlungen der Vorgänge zu untersuchen und dadurch Bewegungen zu beschreiben oder vorherzusagen.
Beide Sichtweisen hängen eng miteinander zusammen.

Potenzielle Energie

Um die Messinggewichte der Pendeluhr in Bild 2 hochzukurbeln, muss Hubarbeit verrichtet werden. Die Gewichte erhalten dabei potenzielle Energie. Die Energie reicht aus, um das Uhrwerk eine Woche lang anzutreiben. Beim Hochkurbeln wird die mechanische Arbeit $W = F \cdot s$ verrichtet. Dabei ist F die Kraft, die in Wegrichtung wirkt. Sie ist so groß wie die Gewichtskraft F_G der Messinggewichte.
Für die potenzielle Energie der gehobenen Körper gilt: $E_{pot} = F_G \cdot h$. Dabei ist h die Höhe der Gewichte – also die Strecke, um die sie sich während des einwöchigen Betriebs senken werden.
Die Energie des Körpers kann verändert werden, indem Arbeit an ihm verrichtet wird oder wenn er selbst Arbeit verrichtet (Bild 3).
Beim Verrichten der Arbeit ist die Strecke s eindeutig festgelegt, bei Angabe der potenziellen Energie muss man jedoch beachten, auf welches Niveau der Körper absinken kann: Der Fahrer in Bild 4 hat in Bezug auf das linke Tal eine geringere Energie als in Bezug auf das rechte.

2
Die potenzielle Energie der Gewichte wird zum Antrieb der Uhr eingesetzt.

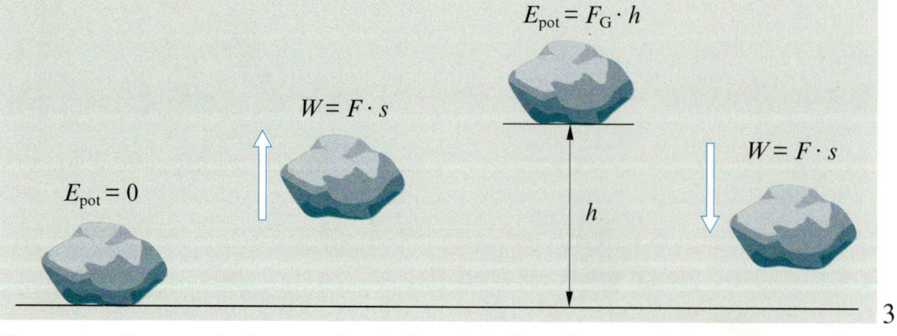

3 Zusammenhang zwischen mechanischer Arbeit und potenzieller Energie

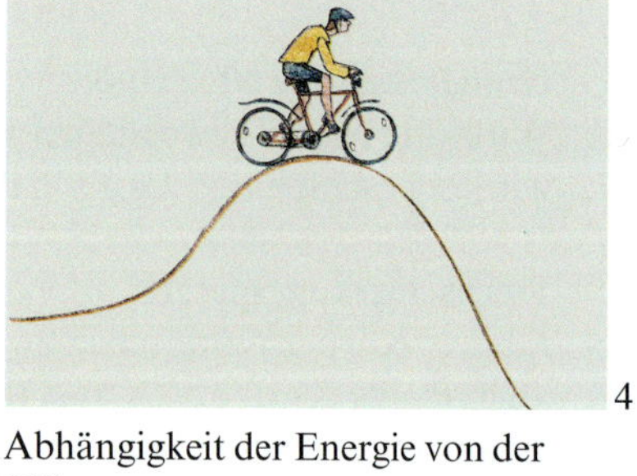
4 Abhängigkeit der Energie von der Höhe

Kinetische Energie

Beim Anschieben eines Fahrradfahrers muss man solange mitlaufen, bis er seine geplante Endgeschwindigkeit v erreicht hat (Bild 1). Rad mit Radfahrer werden beschleunigt. Auch dabei wird mechanische Arbeit verrichtet, und der Radfahrer erhält kinetische Energie. Wie lassen sich Arbeit und Energie hier berechnen?
Während der Beschleunigung wird die Kraft F längs des Weges s ausgeübt. Wenn F konstant ist, gilt für die Arbeit: $W = F \cdot s$.
Für die Kraft gilt gemäß des NEWTON'schen Grundgesetzes $F = m \cdot a$.
Damit kann man für die Beschleunigungsarbeit schreiben: $W = m \cdot a \cdot s$.
Wenn man mit gleich bleibender Kraft schiebt, verläuft die Beschleunigung gleichmäßig, sodass die Gleichung
$s = \frac{1}{2} a \cdot t^2$ gilt. Damit ergibt sich: $W = m \cdot a \cdot \frac{1}{2} a \cdot t^2 = \frac{1}{2} m \cdot (a \cdot t)^2$.
Mit $v = a \cdot t$ erhält man hieraus $W = \frac{1}{2} m \cdot v^2$.

1 Verrichten von Beschleunigungsarbeit: Erhöhung der kinetischen Energie

Das ist die Arbeit, die man verrichten muss, um einen Körper der Masse m aus der Ruhe auf die Geschwindigkeit v zu bringen. Der Körper hat dann die kinetische Energie $E_{kin} = \frac{1}{2} m \cdot v^2$.

Für die kinetische Energie (Bewegungsenergie) eines Körpers mit der Masse m und der Geschwindigkeit v gilt: $E_{kin} = \frac{1}{2} m \cdot v^2$.

Energieerhaltungssatz

Im Folgenden soll die Energie eines Körpers betrachtet werden, der sich von einer Höhe h über einem festgelegten Niveau im freien Fall nach unten bewegt. In der Höhe h hat er die potenzielle Energie $E_{pot} = F_G \cdot h = m \cdot g \cdot h$. Seine kinetische Energie ist am Anfang null. Im freien Fall wird die potenzielle Energie des Körpers kleiner, jedoch wird er immer schneller, d. h., seine kinetische Energie nimmt zu. Am Ende der Fallbewegung gilt für die potenzielle Energie: $E_{pot} = m \cdot g \cdot h = 0$, da nun die Höhe h null ist. Die kinetische Energie E_{kin} ist maximal. Die potenzielle Energie wird während des freien Falls vollständig in kinetische Energie umgewandelt:
Nach Durchfallen der Strecke h lässt sich die Geschwindigkeit berechnen als $v = g \cdot t = \sqrt{2g \cdot h}$. Die kinetische Energie beträgt also
$E_{kin} = \frac{1}{2} m \cdot v^2 = \frac{1}{2} m \cdot 2g \cdot h = m \cdot g \cdot h$.
Da die potenzielle Energie vollständig in kinetische Energie umgewandelt wird, bleibt die Summe aus beiden Energieformen während der gesamten Bewegung konstant. Diese Summe wird auch als mechanische Energie E_{mech} bezeichnet.

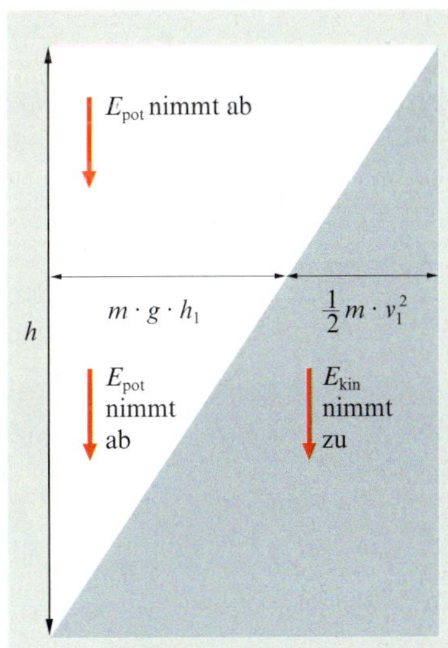

2 Energieumwandlung beim freien Fall: Zu jedem Zeitpunkt ist die Summe aus E_{pot} und E_{kin} gleich.

Satz von der Erhaltung der mechanischen Energie
Wenn keine Umwandlung in eine andere Energieform erfolgt, ist bei einem Körper die Summe seiner potenziellen und seiner kinetischen Energie konstant: $E_{mech} = E_{pot} + E_{kin} = \text{konstant}$.

Gültigkeit des Satzes von der Erhaltung der mechanischen Energie. Dieser Satz bezieht sich auf Körper, bei denen keine Umwandlung der Energie in eine andere Energieform stattfindet. Dies trifft auf solche Körper zu, die sich reibungsfrei bewegen, also z. B. frei fallen.
Wenn aber Reibung auftritt, beispielsweise durch Luftwiderstand, so gibt der Körper während seiner Bewegung Energie an die Umgebung ab. Die Summe aus E_{kin} und E_{pot} ist dann nicht mehr konstant, sondern sie wird immer kleiner (Bild 1). Insgesamt bleibt aber auch bei einem Prozess mit Reibung die Energie erhalten, nur wird ein Teil der mechanischen Energie in thermische Energie der Umgebung umgewandelt.

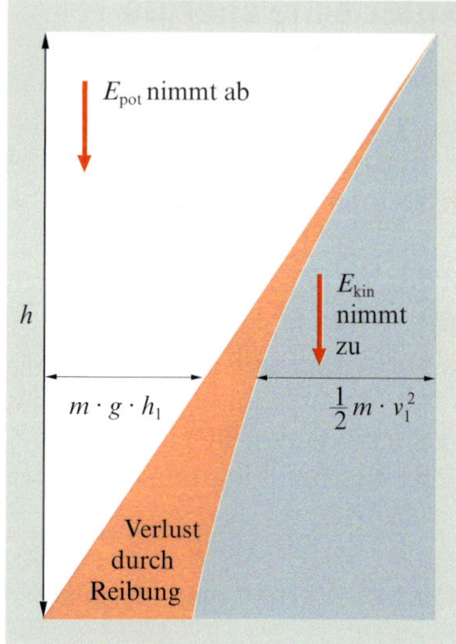

1
Energie eines fallenden Körpers mit Luftreibung

Energie einer gespannten Feder. Mithilfe einer gespannten Feder kann ein Körper in Bewegung gesetzt werden, in der Feder ist Energie gespeichert. Diese Energie wird ebenfalls als potenzielle Energie bezeichnet; für die reibungsfreie („ungedämpfte") Bewegung des Körpers in Bild 2 gilt dann auch der Energieerhaltungssatz: $E_{mech} = E_{kin} + E_{pot}$.
Der Körper schwingt zwischen den Umkehrpunkten A und C hin und her. In den Punkten A und C befindet er sich in Ruhe: Die kinetische Energie ist null. Im Punkt B erreicht der Körper seine größte Geschwindigkeit und damit die größte kinetische Energie.

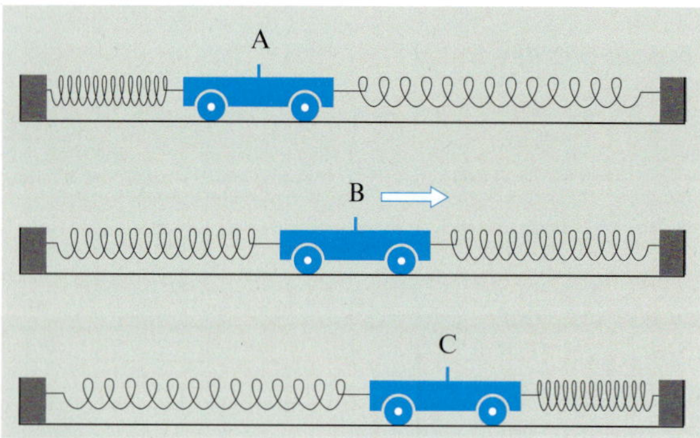

2
Der Federschwinger bewegt sich hin und her.

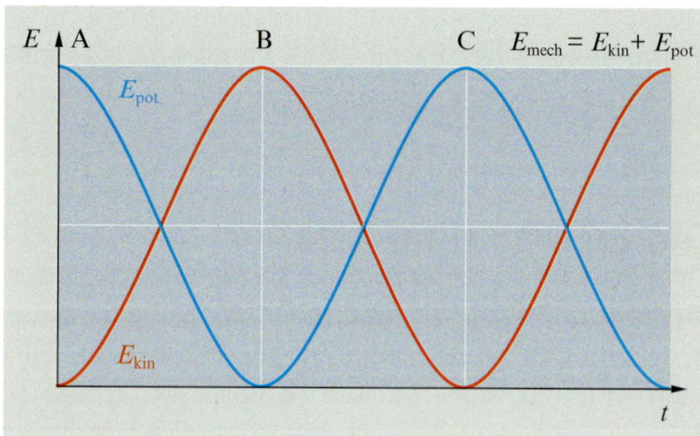

3
Die Energieformen werden ständig ineinander umgewandelt.

Energie beim Pendel. Auch bei Schaukeln oder Pendeln werden ständig potenzielle und kinetische Energie ineinander umgewandelt.

4
Eine Schiffsschaukel auf dem Jahrmarkt stellt ein Pendel dar. Bei maximaler Auslenkung des Schiffes ist die potenzielle Energie der Passagiere maximal, ihre kinetische Energie ist null. Beim Herabschwingen nimmt ihre kinetische Energie immer mehr zu. Auf großen Schaukeln können die Passagiere dabei große Geschwindigkeiten erreichen.

Berechnungen mit dem Satz von der Erhaltung der mechanischen Energie

Aufgabe 1: Wie hoch steigt ein Pfeil, der mit einer Geschwindigkeit von 35 m/s vertikal nach oben geschossen wird?

Gesucht: h (in m) *Gegeben:* $v = 35\,\text{m/s}$

Lösung: Im höchsten Punkt der Bahn des Pfeils hat sich seine gesamte kinetische Energie in potenzielle umgewandelt:

$E_{pot} = E_{kin}$ $\qquad E_{pot} = m \cdot g \cdot h$

$m \cdot g \cdot h = \frac{1}{2} m \cdot v^2$ $\qquad E_{kin} = \frac{1}{2} m \cdot v^2$

$$h = \frac{v^2}{2g}$$

$$h = \frac{(35\,\text{m/s})^2}{2 \cdot 9{,}81\,\text{m/s}^2}$$

$$h = \frac{1\,225\,\text{m}^2 \cdot \text{s}^2}{19{,}62\,\text{m} \cdot \text{s}^2}$$

$$\underline{\underline{h = 62{,}4\,\text{m}}}$$

Ergebnis: Der Pfeil erreicht eine Höhe von 62,4 m.

1

Aufgabe 2: Mit welcher Geschwindigkeit taucht eine Turmspringerin ($m = 50\,\text{kg}$) ins Wasser, wenn sie von einem 10-m-Brett springt?

Gesucht: v (in km/h) *Gegeben:* $h = 10\,\text{m}$, $m = 50\,\text{kg}$

Lösung: Beim Eintauchen ins Wasser hat sich die gesamte potenzielle Energie der Springerin in kinetische umgewandelt:

$$E_{pot} = E_{kin}$$

$$m \cdot g \cdot h = \frac{1}{2} m \cdot v^2$$

$$v^2 = 2g \cdot \text{h}$$

$$v = \sqrt{2g \cdot h} = \sqrt{2 \cdot 9{,}81\,\frac{\text{m}}{\text{s}^2} \cdot 10\,\text{m}}$$

$$\underline{\underline{v = 14\,\text{m/s} = 50{,}4\,\text{km/h}}}$$

Ergebnis: Die Springerin hat bei Eintauchen eine Geschwindigkeit von etwa 50 km/h.

2

Sofern nur die Schwerkraft und keine zusätzlichen Kräfte wirken, gilt die Gleichung $v = \sqrt{2g \cdot h}$ für alle Körper, die sich reibungsfrei aus der Ruhelage um die Höhe h hinabbewegen. Die Form der Bahn spielt dabei keine Rolle (Bild 2).

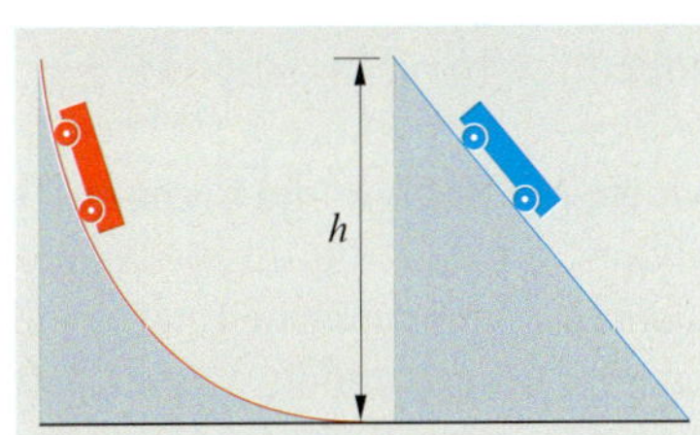

3

Am Boden haben beide Körper die gleiche kinetische Energie, also die gleiche Geschwindigkeit.

Verkehrssicherheit

Bremsbeschleunigung und Bremsweg. Jeder Verkehrsteilnehmer muss darauf achten, dass seine Geschwindigkeit klein genug ist, um in Gefahrensituationen rechtzeitig zum Stehen zu kommen. Der Bremsweg seines Fahrzeugs hängt von der Kraft ab, die zwischen den gebremsten Rädern und dem Straßenbelag wirkt. Für die Reibungskraft gilt auf waagerechter Strecke und bei nicht blockierenden Rädern: $F_R = \mu_{HR} \cdot F_G$. Die Haftreibungszahl μ_{HR} beträgt auf trockenem Asphalt etwa 0,8; unter schlechteren Bedingungen wie Nässe, Schnee oder Eis geht sie bis auf 0,1 zurück. Die maximale Beschleunigung a_B beim Bremsen entspricht also dem 0,8fachen der Fallbeschleunigung: $a_B = 0{,}8 \cdot 9{,}81\ \text{m/s}^2 \approx 8\ \text{m/s}^2$.
Auf vereister Fahrbahn beträgt a_B nur etwa $1\ \text{m/s}^2$.
Aus solchen Bremsbeschleunigungen lassen sich die Bremswege für verschiedene Geschwindigkeiten und Straßenbeläge berechnen. Es muss jedoch beachtet werden, dass hierbei noch nicht die Reaktionszeiten der Fahrer berücksichtigt sind. Das Diagramm in Bild 1 gibt einen Eindruck von der Gefahr, die schnelle Fahrzeuge darstellen. Diese Gefahr betrifft nicht nur die Insassen, sondern auch Radfahrer und Fußgänger, die sich darauf verlassen: „Der sieht mich doch und kann ja bremsen."

Beschleunigung beim Überholen. Zu schweren Unfällen kommt es leider häufig, wenn ein Fahrer bei hoher Geschwindigkeit zum Überholvorgang ansetzt und dabei das Beschleunigungsvermögen seines Autos falsch einschätzt. Eine einfache Rechnung zeigt, dass zum Beschleunigen von 50 km/h auf 100 km/h dreimal so viel Energie erforderlich ist wie beim Beschleunigen von 0 auf 50 km/h.
Angenommen das Fahrzeug hat eine Masse von 1 000 kg und die Reibung ist zu vernachlässigen:
Energie für das Beschleunigen von 0 auf 50 km/h (= 14 m/s):

$$E_1 = \frac{1}{2} \cdot 1\,000\,\text{kg} \cdot \left(14\,\frac{\text{m}}{\text{s}}\right)^2 = 98\,\text{kJ}.$$

Energie für das Beschleunigen von 0 auf 100 km/h (= 28 m/s):

$$E_2 = \frac{1}{2} \cdot 1\,000\,\text{kg} \cdot \left(28\,\frac{\text{m}}{\text{s}}\right)^2 = 392\,\text{kJ}.$$

Für das Beschleunigen von 50 km/h auf 100 km/h ist dann die Energie $E_2 - E_1 = 294\,\text{kJ}$ erforderlich. Da die Leistung des Motors ungefähr gleich bleibt, wird die Beschleunigung des Fahrzeuges bei größeren Geschwindigkeiten immer kleiner. Dies muss bei Überholmanövern unbedingt berücksichtigt werden.

Kinetische Energie und Bremsen. Beim Abbremsen eines schnellen Fahrzeuges werden die Bremsbeläge und Bremsscheiben extrem beansprucht. Die kinetische Energie des Fahrzeugs wird dabei in thermische Energie umgewandelt. Damit sich die Bremsscheiben nicht zu stark erhitzen, werden sie in der Regel durch ein besonderes Belüftungssystem gekühlt. Durch wiederholtes heftiges Bremsen kann man tatsächlich seine Bremsscheiben zum Glühen bringen (Bild 2) und dadurch gefährlich schädigen.

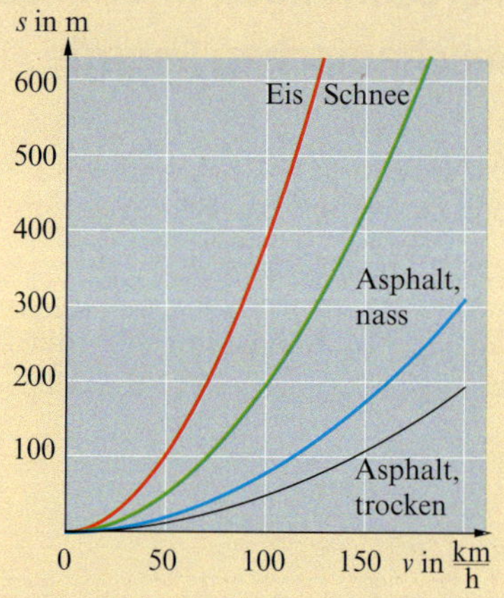

1
Bremswege bei unterschiedlichen Bedingungen (Luftwiderstand vernachlässigt)

Energie für die Geschwindigkeitserhöhung um 20 km/h bei einem Auto der Masse 1000 kg	
Intervall in km/h	Energie
von 0 auf 20	15 kJ
von 20 auf 40	46 kJ
von 40 auf 60	77 kJ
von 60 auf 80	108 kJ
von 80 auf 100	139 kJ
von 100 auf 120	170 kJ
von 120 auf 140	201 kJ
von 140 auf 160	231 kJ

2
Mithilfe der Gleichung $Q = c \cdot m \cdot \Delta T$ und der spezifischen Wärmekapazität von Stahl, $c = 0{,}47\,\text{kJ/(kg} \cdot \text{K)}$, kann man ausrechnen: Ein Fahrzeug der Masse 1,5 t werde von 150 km/h auf 100 km/h abgebremst. Die Bremsen erhalten dabei eine Energie von 720 kJ. Die Temperatur von 10 kg Stahl kann damit um 150 K erhöht werden.

Aktive und passive Sicherheit. Maßnahmen für die aktive Sicherheit sollen verhindern, dass es zu einem Unfall kommt. Maßnahmen zur passiven Sicherheit sollen verhindern, dass es allzu schlimm wird, wenn es dennoch einen Unfall gibt. Der Helm ist hauptsächlich für die passive Sicherheit gedacht. Aber er darf auch die Sicht des Fahrers nicht behindern und er soll Farben haben, die sowohl bei Tag als auch bei Nacht gut auffallen. Außerdem darf der Fahrtwind nicht zuviel Lärm machen.

1 Für Motorradfahrer ist der Helm lebenswichtig.

Was der Helm können muss. Bei einem harten Aufprall muss der Helm den Kopf des Fahrers möglichst sanft abbremsen. Die Bremsbeschleunigung a_B hängt von der Aufprallgeschwindigkeit v und vom Anhalteweg s ab, $a_B = v^2/(2s)$. Der Anhalteweg des Kopfes ist sehr kurz, er ist höchstens so lang wie die Polsterung im Helm dick ist. Daraus ergibt sich eine große Bremskraft beim Aufprall.

Welche Beschleunigung hält ein Kopf aus? Den Helmkonstrukteuren stehen aus der Unfallforschung viele Daten zur Verfügung. Sie stammen aus Laboruntersuchungen und aus der nachträglichen Analyse von Unfällen. Für die Belastung des Kopfes gilt, dass die Beschleunigung nicht viel größer als $80 \cdot g$, also das 80fache der Fallbeschleunigung g sein soll. Der Grenzwert ist also $800\,m/s^2$. Auch soll die Beschleunigung bei einer solchen Belastung nicht länger als 0,008 s dauern. Werden diese Werte stark überschritten, kann das Gehirn dauerhaft geschädigt werden.

Bei typischen Helm-Tests fällt der Helm mitsamt einem künstlichen Prüfkopf aus zweieinhalb Meter Höhe auf einen Stahlsockel; die Aufprallgeschwindigkeit beträgt dabei etwa 25 km/h (~7 m/s). Messfühler im Prüfkopf erfassen beim Crash die Beschleunigungswerte.

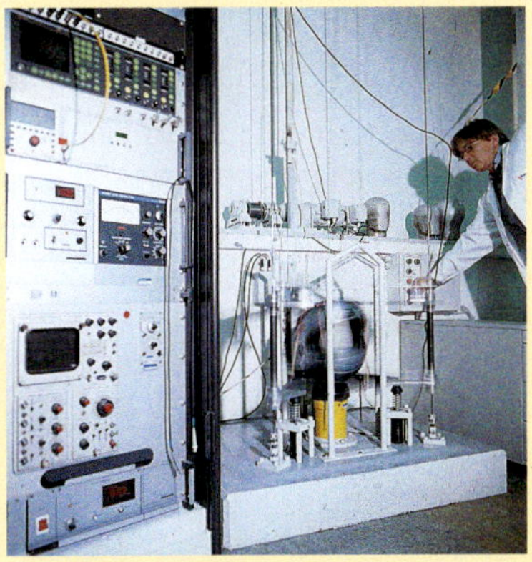

2 Ein Helm auf dem Prüfstand

Angenommen, die Schutzpolsterung im Helm kann bei dem Zusammenstoß 3 cm nachgeben, dann ist der Bremsweg für den Kopf $s = 0{,}03\,m$. Wird der Kopf gleichmäßig abgebremst, so erhält man daraus die Bremsbeschleunigung:

$a_B = v^2/2s = (7\,m/s)^2/2 \cdot 0{,}03\,m = 0{,}817\,m/s^2$.

Das ist knapp oberhalb des Erlaubten.

Für die Bremsdauer t ergibt sich $t = 0{,}0086\,s$ mit $v = a_B \cdot t$.

Auch dieser Wert liegt knapp über dem genannten Grenzwert. Bei einem Aufprall des Kopfes mit 25 km/h kann also nach dieser Abschätzung ein guter Helm das Schlimmste gerade noch verhindern.

Umgekehrt zeigt diese Rechnung, wie wichtig der Helm auch für Fahrradfahrer ist: Nicht nur bei der Kollision mit anderen Verkehrsteilnehmern, sondern schon aufgrund ihrer eigenen Geschwindigkeit sind sie stark gefährdet.

3 Nicht nur Kinder sollten beim Rad fahren einen Helm tragen.

Aufgaben

1. a) Gib drei physikalische Gründe dafür an, dass das Fahren immer gefährlicher wird, je höher die Geschwindigkeit ist!
   b) Äußere dich zu der Behauptung „Bei Tempo 100 ist das Fahren 2-mal gefährlicher als bei Tempo 50“!
2. Begründe, dass ein Helm sowohl zur aktiven als auch zur passiven Sicherheit beiträgt!
3. Erkläre, weshalb für einen Radfahrer ein Aufprall auf ein Hindernis mit 20 km/h eine größere Gefahr darstellen kann als ein Sturz in den Straßengraben bei 40 km/h!
4. Wie dick müsste die Polsterung eines Helms sein, damit auch bei einem Aufprall mit einer Geschwindigkeit von 60 km/h die Beschleunigung des Kopfes „nur“ $800\,m/s^2$ beträgt?

Gehen

Bewegt sich ein Körper mit konstanter Geschwindigkeit reibungsfrei auf einer horizontalen Ebene, so ist dazu nach dem 1. Newton'schem Gesetz keine Kraft erforderlich. Man müsste also dem System keine Energie zuführen und es würde auch keine Arbeit verrichtet. Aber das ist im Widerspruch zur Realität, denn wir werden selbst bei langsamem Gehen auf ebener Straße müde. Wozu und wie wird die Energie eingesetzt? Erstens wird Beschleunigungsarbeit verrichtet, um die Beine nach vorn zu bewegen. und zweitens wird Hubarbeit verrichtet, denn der Körper wird ständig gehoben und gesenkt.

1

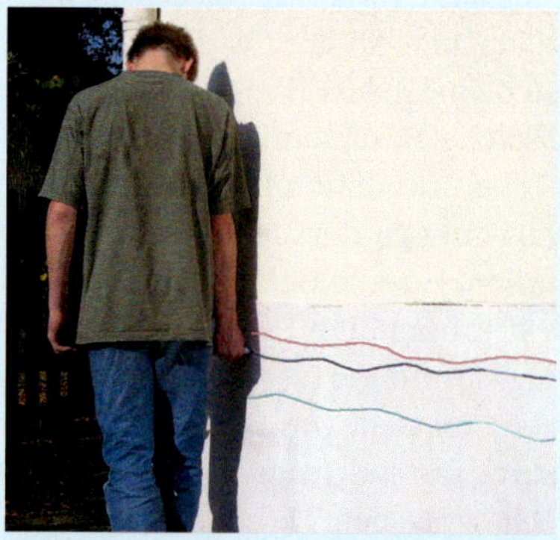
2

AUFTRAG 1

1 Ermittle die Hubhöhe der vertikalen Körperbewegung beim Gehen, indem du mit nach unten gestrecktem Arm und einem Stück Kreide in der Hand dicht entlang einer Wand gehst (Bild 2).
2 Vergleiche die gezeichneten Wellenlinien mehrerer Personen. Gibt es individuelle Unterschiede und solche zwischen großen und kleinen Personen sowie zwischen Jungen und Mädchen?
3 Berechne mit den ermittelten Hubhöhen die jeweilige Hubarbeit W pro Schritt.
4 Zähle die Anzahl der Schritte N in der Zeit t und berechne daraus die Schrittfrequenz $f = N/t$.
5 Berechne die Hubleistung für die entsprechende Gehgeschwindigkeit. ($P = W/t = W \cdot f$)
6 Bestimme die Schrittlänge L_s und berechne die Hubarbeit für einen Weg beim Gehen auf ebener Straße.

Beim Gehen als Sportart (Bild 1) muss zu jedem Zeitpunkt ein Teil des Fußes den Boden berühren. Gehen ist eine stetige Auf- und Abwärtsbewegung des Körpers. Für die Abwärtsbewegung gilt das Gesetz vom freien Fall. Für die Aufwärtsbewegung darf die vom Geher erzeugte Beschleunigung nicht größer sein als die Fallbeschleunigung g. Ansonsten würde der Körper vom Boden abheben, was eine Disqualifikation zur Folge hätte. Die Zeit, die ein Geher für eine Auf- und Abwärtsbewegung benötigt, beträgt: $t = 2\sqrt{2h/g}$. Die Auf- und Abwärtsbewegung geschieht während der Länge eines Schrittes L_s. So lässt sich die Geschwindigkeit v des Gehers berechnen: $v = L_s/t = L_s \cdot (\sqrt{g/2h})/2$.
Man kann beim Gehen die Geschwindigkeit durch Vergrößern der Schritte und Vermindern der Hubhöhe erhöhen. Das ist die physikalische Erklärung für den „Watschelgang".

AUFTRAG 2

1 Berechne die Geschwindigkeit für eine Schrittlänge von 0,7 m und eine Hubhöhe von 5 cm!
2 Vergleiche die Geschwindigkeiten für Strecken von 10 km bis 50 km (Frauen/Männer).
3 Vergleiche mit entsprechenden Laufgeschwindigkeiten. Warum kann man schneller Laufen als Gehen – physikalisch betrachtet?

ÜBRIGENS

Die Leistung beim Gehen beträgt etwa 350 W. Die Hubleistung von 40 W stellt also nur etwa ein Zehntel der Gesamtleistung dar. Ca. 80 W sind beim Erwachsenen der Grundumsatz zur Aufrechterhaltung der Lebensfunktionen der Organe. Nur etwa 50 W werden in Energie der Muskeln umgewandelt. Von dieser Muskelleistung werden also 80 % als Hubleistung erbracht und nur 20 % zum Beschleunigen der Beine.

Weltrekorde im Gehen
Männer
20 km: 1:17:21 Perez (Eku.)
50 km: 3:36:03 Korzeniowski (Pol.)
Frauen
10 km: 41:04 Nikolajewa (Rus.)
20 km: 1:24:50 Iwanowa (Rus.)

Zum Vergleich – Laufen 10 km
Männer: 26:17,53 Bekele (Äth.)
Frauen: 29:31,78 Wang (China)

Weißt du es ? Kannst du es

1. Beschreibe den Unterschied zwischen den beiden Größen „mechanische Arbeit“ und „mechanische Energie“!
2. a) In einem Pumpspeicherwerk beträgt der mittlere Höhenunterschied 200 m. Wie groß ist die potenzielle Energie der 1 000 000 m^3 Wasser im oberen Becken?
   b) Angenommen, in einem Haushalt werden 8 kW · h elektrische Energie pro Tag benötigt. Wie viele Haushalte lassen sich dann mit Energie des gespeicherten Wassers versorgen? Nimm bei der Rechnung an, dass die Generatoren einen Wirkungsgrad von 90 % haben!
3. Berechne die kinetische Energie und vergleiche!
   a) Sprinter $m = 70\,kg$, $v = 10\,m/s$
   b) Fußball $m = 0{,}5\,kg$, $v = 90\,km/h$
   c) Golfball $m = 46\,g$, $v = 200\,km/h$
   d) Tennisball $m = 50\,g$, $v = 140\,km/h$
   e) Baseball $m = 150\,g$, $v = 160\,km/h$
   f) Tischtennisball $m = 2\,g$, $v = 120\,km/h$
4. Wie ändert sich die kinetische Energie eines Körpers, wenn sich seine Geschwindigkeit halbiert, verdoppelt, verdreifacht bzw. verzehnfacht?
5. Erläutere die Gleichung $E_{mech} = E_{pot} + E_{kin}$. Gib an, unter welchen Bedingungen sie gilt!
6. Beschreibe die Energieumwandlungen an einem schwingenden Pendel! Warum kommt das Pendel allmählich zur Ruhe?
7. Wie hoch steigt eine Kugel, die mit einer Geschwindigkeit von 30 m/s senkrecht nach oben geschossen wird? Warum spielt bei der Rechnung die Masse keine Rolle?
8. Eine Kugel mit einer Masse von 100 g ist an einem Faden von 80 cm Länge befestigt. Sie wird bis zur horizontalen Lage des Fadens ausgelenkt und dann losgelassen.
   a) Wie groß ist die kinetische Energie der Kugel im tiefsten Punkt der Kreisbahn?
   b) Wie ändert sich die Geschwindigkeit der Kugel im tiefsten Punkt, wenn ihre Masse verdoppelt wird?
   c) Wie groß ist die Geschwindigkeit der Kugel, wenn sie aus gleicher Höhe ohne Aufhängung frei fällt?

Kurz und knapp !

Potenzielle Energie

$E_{pot} = m \cdot g \cdot h$

Beim Anheben eines Körpers nimmt die potenzielle Energie des Körpers zu. Doppelte (dreifache) Höhe bedeutet doppelte (dreifache) potenzielle Energie gegenüber der Ausgangslage.

Kinetische Energie (Bewegungsenergie)

$E_{kin} = \frac{1}{2} m \cdot v^2$

Beim Beschleunigen nimmt die kinetische Energie eines Körpers zu. Doppelte (dreifache) Geschwindigkeit bedeutet vierfache (neunfache) kinetische Energie.

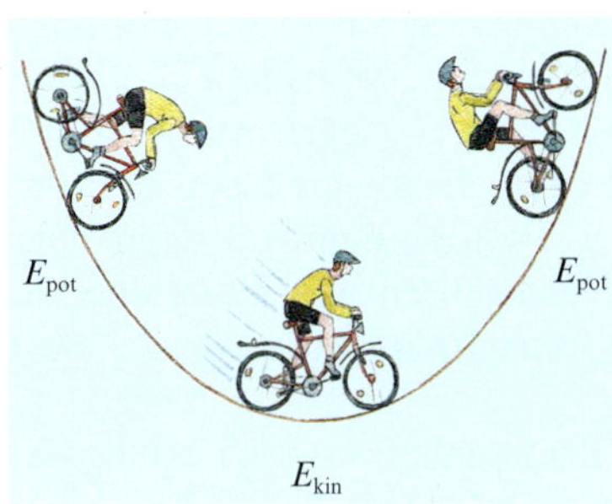

Satz von der Erhaltung der mechanischen Energie

Wenn keine Umwandlung in eine andere Energieform erfolgt, ist bei einem Körper die Summe seiner potenziellen und seiner kinetischen Energie konstant:
$E_{mech} = E_{pot} + E_{kin} = \text{konstant}$.

Mechanische Schwingungen

1

Beim Gitarrespielen bewegen sich die Saiten sichtbar hin und her. Die Ähren eines Getreidefeldes und die Wipfel der Bäume wiegen sich im Wind.
An einem Moped zittert der Rückspiegel bei einer bestimmten Motordrehzahl besonders heftig.
Beim Sprechen vibrieren im menschlichen Kehlkopf die Stimmbänder.
Wie entstehen diese besonderen Bewegungen und wie lassen sie sich beschreiben?

Was versteht man unter einer Schwingung?

Auf der Schaukel im Bild 2 bewegt man sich gleichmäßig vor und zurück. Ganz vorn und ganz hinten kommt man kurz zum Stillstand. An den als Umkehrpunkten der Bewegung bezeichneten Stellen kehrt sich die Richtung der Bewegung um.

2

Die Figur im Bild 3 ist an einer langen Feder aufgehängt. Wenn man an der Feder zieht und anschließend loslässt führt die Figur eine gleichmäßige Auf- und Abbewegung aus. Auch hier gibt es diese Umkehrpunkte. Sie liegen ganz oben und ganz unten.

Diese beiden Beispiele zeigen eine erste Gemeinsamkeit, die für Schwingungen charakteristisch ist:
Ein schwingender Körper bewegt sich periodisch zwischen zwei Umkehrpunkten.
Eine vollständige Hin- und Herbewegung bezeichnet man als *Periode.*

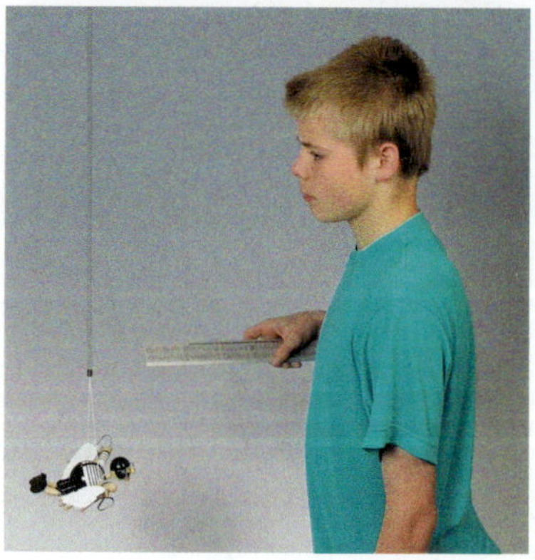
3

Schaukel und Figur haben noch eine zweite Gemeinsamkeit in ihrem Schwingungsverhalten.
Beide Bewegungen werden durch Reibung und Luftwiderstand gehemmt. Lässt man sie „auspendeln", so kommen sie in einer bestimmten Position zum Stillstand. Diese Position wird als Ruhelage oder Gleichgewichtslage bezeichnet. *Schwingende Körper bewegen sich also um eine Ruhelage herum.*

Eine mechanische Schwingung ist die periodische Bewegung eines Körpers um seine Ruhelage.

Ursachen für eine Schwingung

Warum kehrt der schwingende Körper immer wieder zur Ruhelage zurück und warum kommt er dort nicht zur Ruhe?

EXPERIMENT 1

1 Baue ein Fadenpendel auf!
2 Lasse das Pendel schwingen und beobachte. Lenke es dabei unterschiedlich weit aus.
3 Versuche herauszufinden, welche Ursachen es für diese Bewegung gibt!

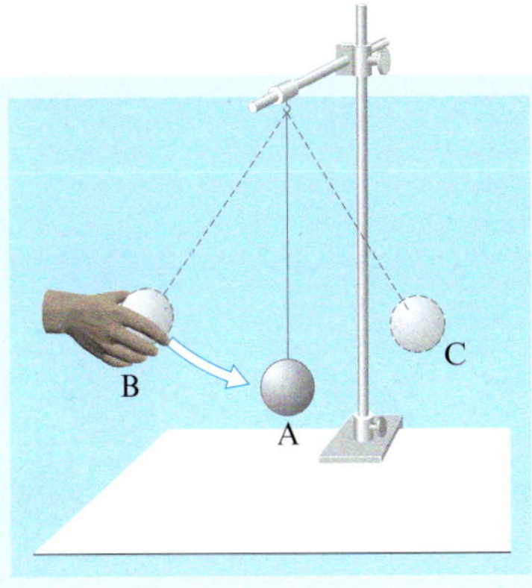

1

Am Anfang der Bewegung wird das Pendel vom Punkt A – der Ruhelage – zum Umkehrpunkt B ausgelenkt. Hierfür ist eine Kraft notwendig. Nach Beginn der Schwingung im Punkt B bewegt sich der Pendelkörper beschleunigt zum Punkt A zurück. Die Ursache dafür ist eine rücktreibende Kraft.
Die Bewegung setzt sich aber bis zum Umkehrpunkt C fort. Dies ist nur möglich, weil der Körper aufgrund seiner Trägheit seinen Bewegungszustand beibehält. Der Körper wird dabei durch die rücktreibende Kraft abgebremst, denn diese ist nun entgegengesetzt zur Bewegung gerichtet. Im Punkt C kehrt sich die Bewegungsrichtung des Körpers um.
Je stärker ein schwingender Körper ausgelenkt wird, umso größer ist auch die rücktreibende Kraft.

Ursachen mechanischer Schwingungen sind die zur Ruhelage rücktreibende Kraft und die Trägheit des schwingenden Körpers.

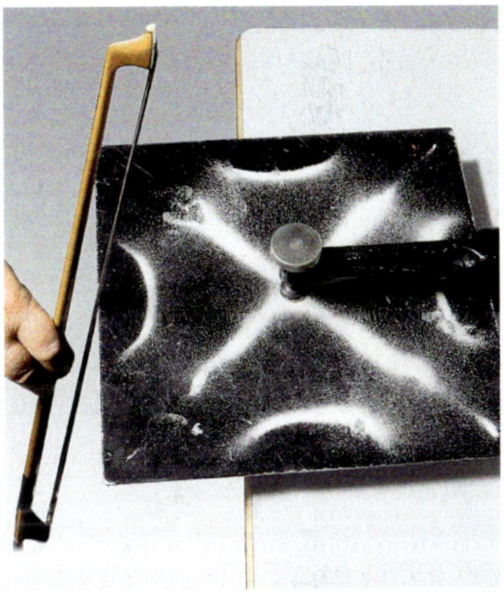
2

Sichtbarmachen von Schwingungen. Der Physiker ERNST FLORENS FRIEDRICH CHLADNI (1756–1827) untersuchte das Verhalten von Platten, die mit einem Geigenbogen zum Schwingen gebracht wurden. Zur besseren Beobachtung streute er Sand auf die Platten. Weil der Sand nur in den Bereichen liegen bleibt, die nicht mitschwingen, ergeben sich symmetrische Figuren.

Grundgrößen einer Schwingung

Aufzeichnen von Schwingungen. Oft ist es notwendig, Schwingungen genauer zu untersuchen. Dabei ist es hilfreich, ein Bild vom Ablauf der Bewegung aufzuzeichnen.
Die folgenden Experimente zeigen, wie man die periodische Bewegung eines schwingenden Körpers direkt aufzeichnen kann.

EXPERIMENT 2

Eine schwingende Stimmgabel mit einer Schreibspitze aus Metall wird geradlinig gleichförmig über eine berußte Glasplatte gezogen.

3

EXPERIMENT 3

Ein Wagen, auf dem sich ein Pendel befindet, fährt mit konstanter Geschwindigkeit über eine Papierbahn. Der Pendelkörper besitzt eine kleine Öffnung und ist mit feinem Sand gefüllt. Das Pendel schwingt senkrecht zur Bewegungsrichtung des Wagens.

2

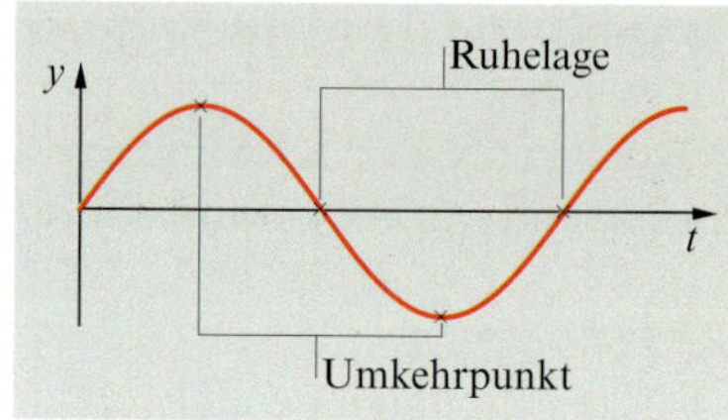

1

Übertragung einer Kurve aus Experiment 3 in ein y-t-Diagramm.

Legt man jetzt das Bild einer Schwingung und ein rechtwinkliges Koordinatensystem übereinander, kann man die Grundgrößen der Schwingung recht einfach bestimmen.

Auslenkung. Jedem Zeitpunkt lässt sich eindeutig ein Abstand des schwingenden Körpers von der Ruhelage zuordnen. Dieser wird als Auslenkung y bezeichnet.

Die Auslenkung y gibt an, wie weit der schwingende Körper zu einem bestimmten Zeitpunkt von seiner Ruhelage entfernt ist.

Amplitude. Die maximale Auslenkung, in der sich ein schwingender Körper während einer Periode befindet, entspricht dem Abstand zwischen Umkehrpunkt und der Ruhelage des Körpers. Dieser Abstand heißt Amplitude y_{max}.

Die Amplitude y_{max} ist der größte Abstand des schwingenden Körpers von der Ruhelage.

Periodendauer. Verschiedene schwingende Körper benötigen für eine Periode unterschiedlich lange Zeiten. Die Hin- und Herbewegung des Pendelkörpers dauerte in Experiment 3 dauert z. B. länger als die der Stimmgabelspitze in Experiment 2. Die physikalische Größe Periodendauer T charakterisiert die Schwingung. Sie gibt die Zeit an, die für eine Hin- und Herbewegung benötigt wird.

Die Periodendauer T gibt an, wie lange ein schwingender Körper für eine Hin- und Herbewegung benötigt.

Frequenz. Für viele Zwecke ist es praktisch, nicht die Periodendauer, sondern ihren Kehrwert anzugeben. Dieser Kehrwert wird als Frequenz f bezeichnet. Die Frequenz gibt die Anzahl der Schwingungen in einer Sekunde an. Je höher die Frequenz einer Schwingung ist, desto häufiger schwingt der Körper in einer bestimmten Zeit hin und her.

Die Frequenz f gibt an, wie viele Schwingungen ein Körper in 1 Sekunde ausführt. Es gilt: $f = \frac{1}{T}$.

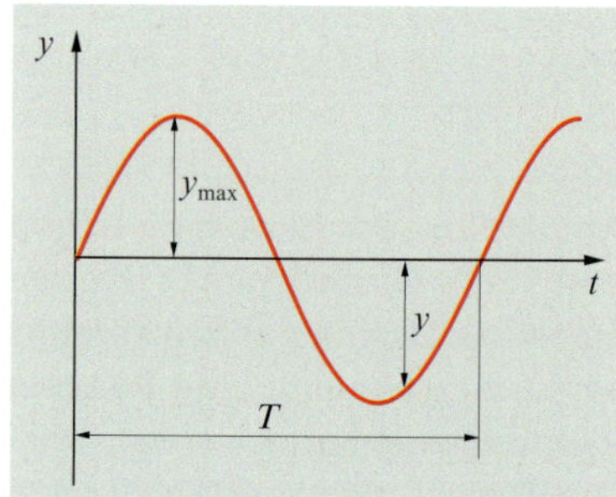

3

Periodendauer und Amplitude im y-t-Diagramm

ÜBRIGENS

Es gibt in Natur und Technik viele schnell ablaufende mechanische Schwingungsvorgänge, die nur mit einem Oszilloskop oder einem Computer ausreichend genau erfasst werden können. Bei einer solchen Auswertung ordnet ein Messwandler der Auslenkung y in jedem Moment eine entsprechende elektrische Spannung zu. Der Ablauf der Bewegung wird dann auf einem Bildschirm sichtbar gemacht.

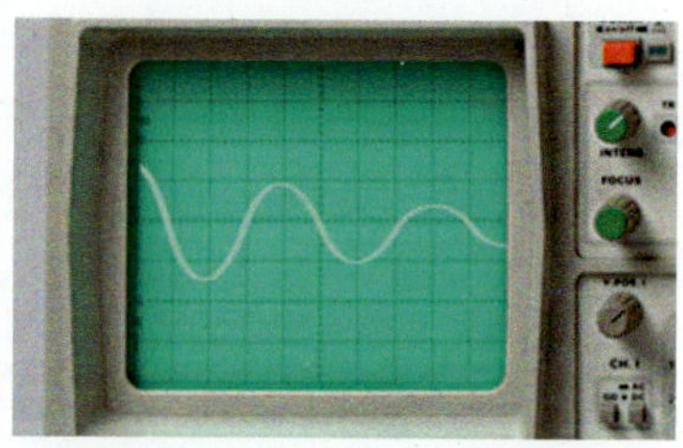
4

Aus der Definitionsgleichung der Frequenz ergibt sich ihre Einheit 1/s. Diese Einheit bezeichnet man als ein Hertz (1 Hz). Sie erhielt den Namen zu Ehren des deutschen Physikers HEINRICH HERTZ (vgl. S. 208)

Beispiel: Wurde in einem Experiment als Periodendauer eine Zeit von 0,2 s ermittelt, so erhält man für die Frequenz:

$$f = \frac{1}{T} = \frac{1}{0{,}2\,\text{s}} = 5\,\frac{1}{\text{s}} = 5\,\text{Hz}.$$

Häufig werden auch Vielfache dieser Einheit verwendet:
Kilohertz: 1 kHz = 1 000 Hz = 10^3 Hz
Megahertz: 1 MHz = 1 000 000 Hz = 10^6 Hz
Gigahertz: 1 GHz = 1 000 000 000 Hz = 10^9 Hz

Beispiel	Frequenz
Kinderschaukel	ca. 0,5 Hz
Unruh einer Armbanduhr	ca. 2 Hz
Druckluft-hammer	ca. 5 Hz
Flügel einer Hummel	200 Hz
menschl. Hörbereich	16 Hz bis 20 kHz
Ultraschall	20 kHz bis 1 GHz

Harmonische Schwingung. In unseren Experimenten führen die Pendel und die Spitze der Stimmgabel jeweils *harmonische* Schwingungen aus. Fahrzeugteile, die Saiten einer Violine oder unsere Stimmbänder zeigen ein anderes Schwingungsverhalten (Bild 1). Ihre Schwingungsbilder sind nicht gleichförmig, die Schwingungen sind nicht harmonisch.

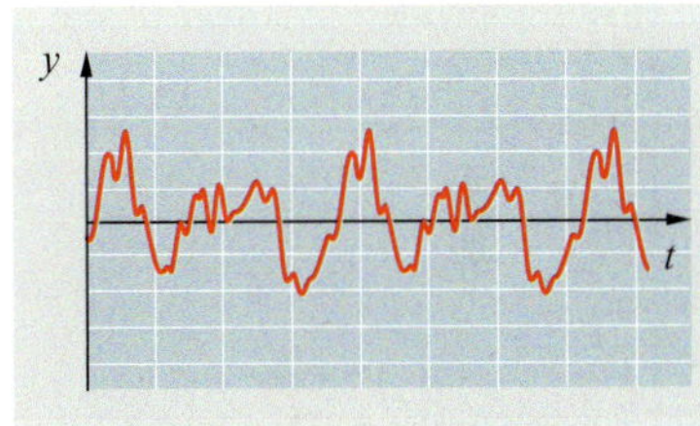

1
y-t-Diagramm der nicht harmonischen Schwingung einer Saite

Periodendauer eines Fadenpendels

Pendeluhren waren für mehrere Jahrhunderte die genauesten Zeitmesser. Vielleicht hat der eine oder andere zu Hause auch noch eine mechanisch angetriebene Pendeluhr. Was muss man tun, wenn die Uhr vor- oder nachgeht? Im folgenden Experiment soll untersucht werden, wovon die Periodendauer eines Fadenpendels abhängt.

EXPERIMENT 4
1 Baue das abgebildete Fadenpendel auf!
2 Bestimme für 3 verschieden schwere Körper die Periodendauer ($m_1 = 50$ g, $m_2 = 100$ g, $m_3 = 150$ g)! Die Länge bleibt in diesem Teilexperiment konstant. Tragt die Messwerte in eine Tabelle ein.
3 Bestimme für 3 verschiedene Längen die Periodendauer ($l_1 = 20$ cm, $l_2 = 30$ cm, $l_3 = 40$ cm)! Die Masse bleibt in diesem Experiment konstant. Tragt eure Messwerte in eine Tabelle ein und stellt Vermutungen über den Zusammenhang von T und l auf!

Hinweis: Die Auslenkung des Pendels sollte ca. 10 cm bis 15 cm betragen. Lasse das Pendel 10-mal schwingen. Dividiere die gemessene Zeit durch die Anzahl der Schwingungen. Der Wert der Periodendauer wird so genauer.

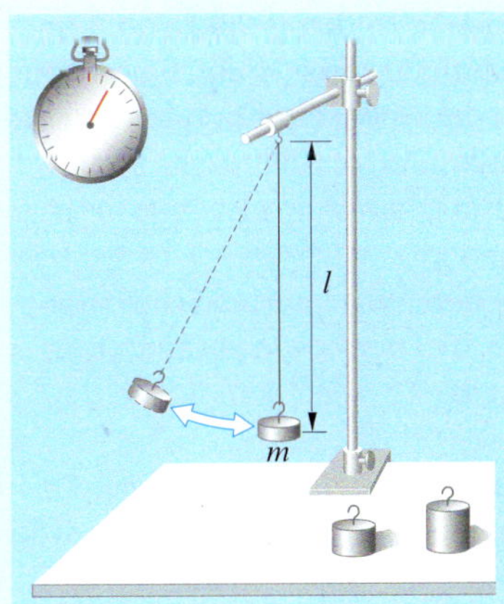

2

Die Periodendauer ist umso größer, je länger das Pendel ist. Sie hängt jedoch nicht von der Masse des angehängten Körpers ab. Wenn die Auslenkung des Pendels nicht zu groß ist und die Reibung (in der Aufhängung und durch die Luft) vernachlässigt wird, gilt folgende Gleichung:

Periodendauer eines Fadenpendels: $T = 2\pi \cdot \sqrt{\frac{l}{g}}$
Dabei ist g die Fallbeschleunigung.

Energieumwandlung bei einer Schwingung

Gedämpfte Schwingungen. Eine Pendeltür sollte maximal eine Periode lang schwingen. Es gäbe sonst Schwierigkeiten für nachfolgende Personen, die Tür zu passieren. Dies wird durch einen Dämpfer am oberen Teil der Tür erreicht. In diesem Schwingungsdämpfer wird bewusst Reibung zur Dämpfung eingesetzt.

Ein anderes Beispiel sind die Schwingungsdämpfer (als Stoßdämpfer bekannt) in einem Fahrzeug. Sie verhindern das Weiterschwingen des Fahrzeugs nach Unebenheiten und garantieren so den wichtigen Fahrbahnkontakt der Reifen.

1

EXPERIMENT 5

1. Ein Fadenpendel wird an einem Stativ befestigt und zum Schwingen angeregt. Bestimme die Zeit, in der sich die Amplitude etwa halbiert!
2. An demselben Fadenpendel wird eine Pappscheibe (Postkarte) befestigt. Bestimme wieder die Zeit, bis die Amplitude auf etwa die Hälfte zurückgeht!

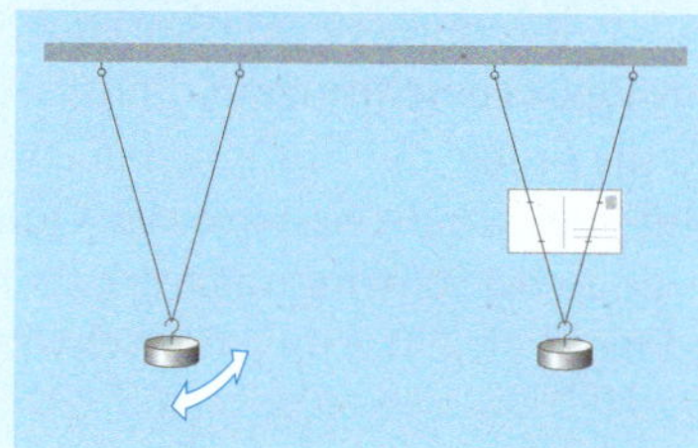

2

Die Pappscheibe am schwingenden Körper bewirkt, dass die Amplitude der Schwingung deutlich schneller abnimmt. Ursache ist die größere Luftreibung. Der Körper kommt schneller zur Ruhe. Eine solche Schwingung wird gedämpfte Schwingung genannt (Bild 3).
Beim Auslenken wird dem Pendelkörper eines Fadenpendels potenzielle Energie zugeführt. Sobald der Körper anfängt zu schwingen, wandeln sich ständig potenzielle Energie und kinetische Energie ineinander um (Bild 4). In den Umkehrpunkten erreicht die potentielle Energie ihren maximalen Wert. Beim Durchgang durch die Ruhelage ist sie null, dafür hat die kinetische Energie ihren Maximalwert erreicht. Allerdings bleibt die gesamte mechanische Energie nicht konstant. Es wird immer ein Teil der mechanischen Energie in thermische Energie umgewandelt.

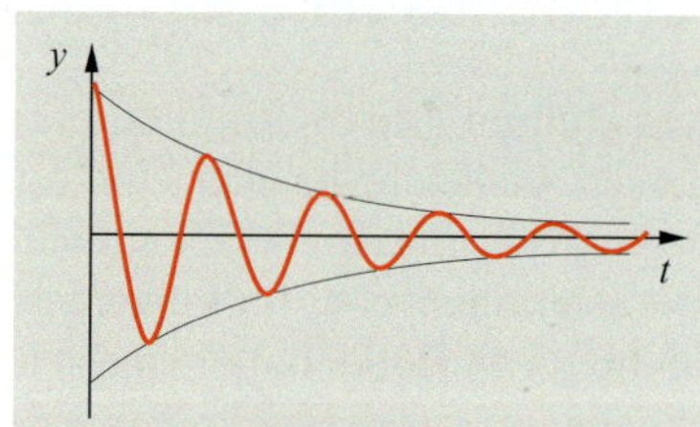

3

Gedämpfte Schwingung.
Abnahme der Amplitude mit der Zeit

Bei einer gedämpften Schwingung wird stets ein Teil der Energie in thermische Energie umgewandelt.
Es gilt: $E_{pot} + E_{kin} \neq$ konstant; $E_{mech} \rightarrow E_{th}$.

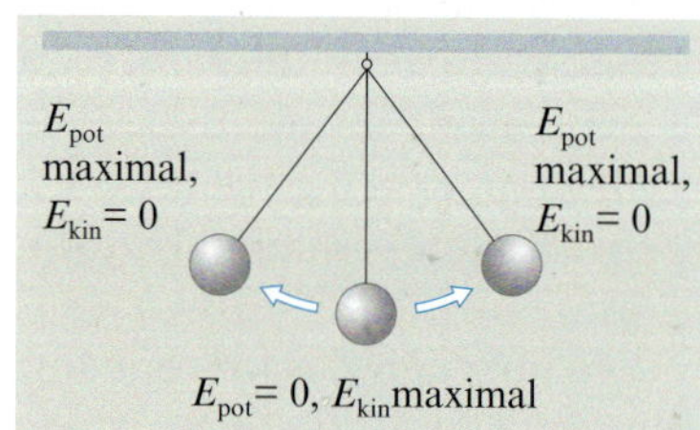

4

Energieumwandlung

Ungedämpfte Schwingungen. Das Pendel einer Uhr darf seine Amplitude nicht verändern. Dies würde die Genauigkeit stark beeinflussen. Will man eine ungedämpfte Schwingung erzeugen, so muss dem schwingungsfähigen System ständig Energie zugeführt werden, um die Verluste durch unerwünschte Energieumwandlungen auszugleichen. Das kennst du vom Schaukeln. Wenn du nicht ständig „Schwung holst“, bleibt die Schaukel stehen. Eine Schwingung mit konstanter Amplitude heißt ungedämpfte Schwingung.

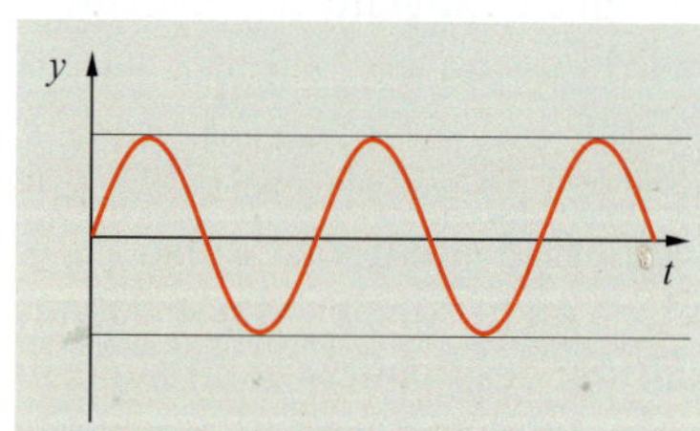

5

Ungedämpfte Schwingung.
Konstante Amplitude

Bei einer ungedämpften Schwingung gilt: $E_{pot} + E_{kin} =$ konstant.
Damit eine Schwingung ungedämpft bleibt, muss periodisch Energie zugeführt werden.

Resonanz

In der Praxis spielt das Schwingungsverhalten vieler Körper eine sehr wichtige Rolle. Starke Schwingungen können die Funktion beeinträchtigen oder sogar zu Zerstörung führen.
Das berühmteste Beispiel ist die Tacoma Narrow Bridge, die sogar als „galoppierende Gertie" bezeichnet wurde. Diese Brücke wurde im Jahre 1939 in den USA über eine sehr windige Meerenge gebaut. Aufgrund des geringen Verkehrsaufkommens wurde sie relativ schmal und leicht konstruiert. Bald nach der Fertigstellung merkte man, dass sie sehr empfindlich auf Seitenwind reagierte. Sie geriet schon bei leichtem Wind ins Schwingen. Diese Schwingungen waren nicht nur in seitlicher Richtung zu verzeichnen, sondern die Fahrbahn bewegte sich auch wellenartig. Am 7. November 1940 führte ein mäßiger Wind zu solch starken Schwingungen, dass die Brücke einstürzte.

1

2

3

4

Dieses extreme Verhalten von schwingungsfähigen Systemen kann mit dem Begriff **Resonanz** erklärt werden. Ein Körper einmal angeregt schwingt mit einer nur für ihn typischen Frequenz – der Eigenfrequenz. Wird ein Körper von außen periodisch angeregt, schwingt er mit dieser ihm „aufgezwungenen" Frequenz – der Erregerfrequenz. Das besonders heftige Mitschwingen eines Körpers bei einer bestimmten Frequenz bezeichnet man als Resonanz. Resonanz tritt unter der Bedingung ein, dass die Erregerfrequenz und die Eigenfrequenz des schwingenden Körpers übereinstimmen. In diesem Fall verstärkt sich die Amplitude maximal (Bild 5).

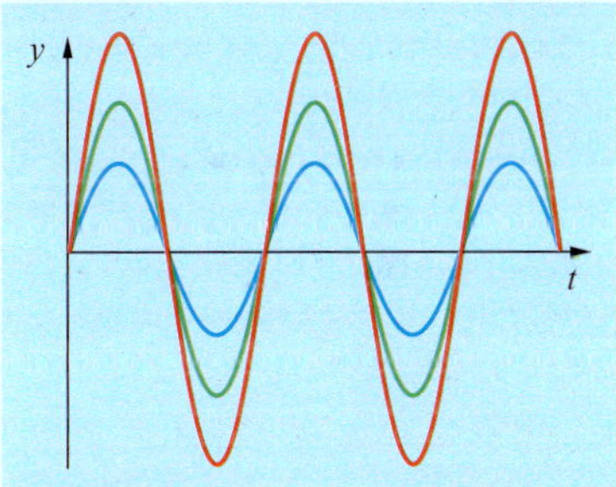

5

Die Resonanz wird natürlich auch genutzt. Im Musikinstrumentenbau spielt sie eine sehr wichtige Rolle. Ohne diese Erscheinung wären viele Instrumente nur sehr leise zu hören (Bilder 6 bis 8). Werden die einzeln schwingenden Saiten von einem Resonanzkörper unterstützt, wirkt dieser als Verstärker der Töne.

6
Gitarre

7
Geige

8
Geöffnetes Klavier

Gruppenarbeit

Musikinstrumente und Schwingungen

In der zurückliegenden Zeit habt ihr viel über Schwingungen und das Verhalten von schwingungsfähigen Systemen erfahren. Um euer Wissen noch zu vergrößern, solltet ihr Schwingungen bei Musikinstrumenten genauer untersuchen.
Zunächst könntet ihr in kleinen Arbeitsgruppen versuchen neue Informationen zum Thema Schwingungen und Musik zu gewinnen. Nutzt dabei viele Bücher, das Internet und die Erfahrungen eurer Mitschüler, die vielleicht selbst ein Instrument spielen. Natürlich sollte auch der Musiklehrer euer Ansprechpartner sein.
Als zweiten Schritt solltet ihr euch gemeinsam überlegen, welches Experiment ihr zum Thema durchführt, oder welches Instrument ihr bauen wollt. Macht euch dazu Skizzen, notiert benötigte Teile und verteilt die Aufgaben in der Gruppe.
Auch weitere Gespräche mit „Spezialisten“ können helfen. Habt ihr die Möglichkeit, wäre eine kleine Exkursion zu einem Instrumentenbauer empfehlenswert.

Nachfolgend einige Anregungen und Tipps.

1

2

Zither

Ihr benötigt: dünnes Sperrholz, Draht, Schrauben, Leim, Holzlatte, verschiedene Werkzeuge

1 Die Latte wird an beiden Enden mit 3 kleinen Löchern versehen. Durch diese Löcher werden Schrauben gesteckt. Zwischen den Schrauben werden die Drähte gespannt. Zum Spannen der Drähte (sie müssen sehr straff sein) werden diese an den Enden verdreht (Bild 3).
2 Ihr könnt bereits versuchen, eurem Instrument erste Töne zu entlocken. Sicher spielt es noch nicht besonders laut.
3 Jetzt wird der Resonanzkörper gebaut. Die Sperrholzplatten werden fest miteinander verleimt. Das Loch mit einem Durchmesser von 10 cm wird ausgesägt.
4 Im letzten Schritt wird der Holzstab mit den Saiten fest auf den Resonanzkörper geleimt. Wenn ihr jetzt spielt, bemerkt ihr den großen Vorteil der Resonanz bei Musikinstrumenten.

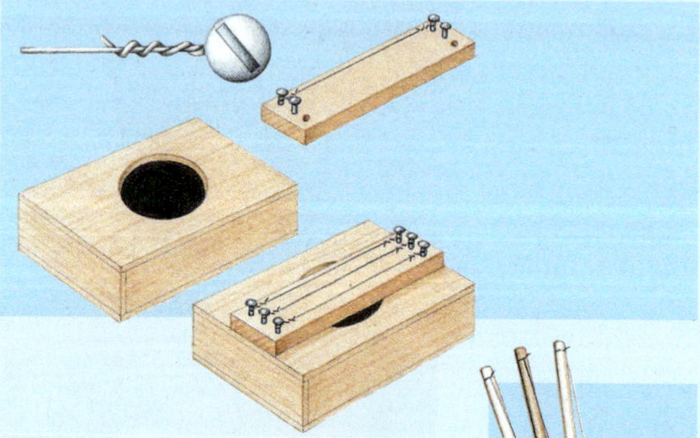
3

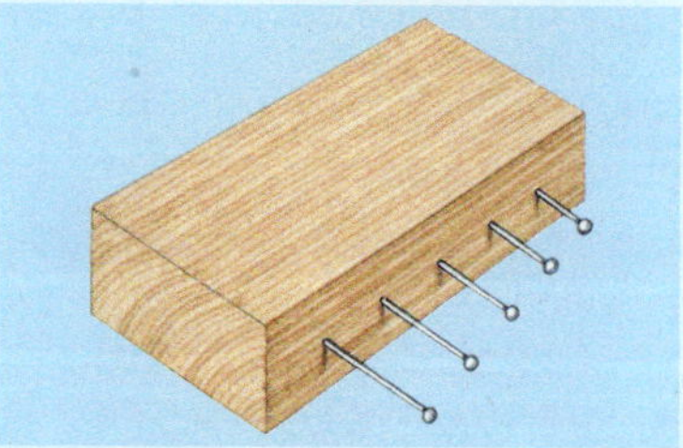
4

Nadelzupfe. Wenn du das Holz auf eine Tischplatte oder gegen eine Tür drückst, klingt es lauter.

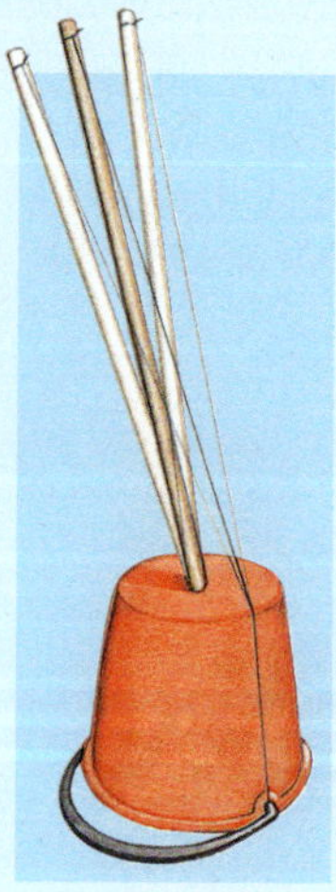
5

Zupfbass. Aus einem Besenstiel und einem Eimer kannst du einen Bass bauen.
Die Saite (z. B. Angelschnur) wird bei Neigung des Stiels unterschiedlich stark gespannt.

6

Harfe. Fertige aus Dachlatten einen Rahmen. Mit Ringschrauben lassen sich die Saiten gut spannen.

Weißt du es ? Kannst du es

1. Überlege für die genannten Schwingungsbeispiele welche auslenkenden und rücktreibenden Kräfte wirken!
   A – Schaukel, B – Stoßdämpfer, C – Gitarrensaite, D – Pendeltür, E – Trampolin, D – Lautsprecher
2. Zur besseren Untersuchung einer Schwingung soll diese aufgezeichnet werden.
   a) Beschreibe ein Verfahren zur Aufzeichnung!
   b) Skizziere ein mögliches Diagramm!
   c) Trage in deine Skizze die Grundgrößen Amplitude und Periodendauer ein!
3. Ein Fadenpendel braucht für 9 Perioden eine Zeit von 12 Sekunden. Dabei schwingt es mit einer Amplitude von 10 cm.
   a) Berechne die Periodendauer des Pendels.
   b) Welche Frequenz hat es?
   c) Zeichne das *y*-*t*-Diagramm für 2 Perioden mit den gegebenen und ermittelten Werten!
4. Rechne um!
   3 kHz = … Hz   550 Hz = … kHz
   3 MHz = … Hz   9700 kHz = … MHz
5. Was muss man tun, wenn eine Pendeluhr zu schnell geht?
6. Wie lang muss ein Fadenpendel sein, damit es auf der Erdoberfläche bei kleiner Amplitude mit einer Periodendauer von 2 s schwingt?
7. Wie verändert sich die Periodendauer und die Frequenz eines Fadenpendels, wenn Astronauten dieses Pendel auf der Mondoberfläche einsetzen?
8. Beschreibe die Energieumwandlungen bei der Bewegung einer Kinderschaukel!
9. Wodurch unterscheidet sich eine ungedämpfte von einer gedämpften Schwingung?
   Wie wird die ungedämpfte Schwingung bei einer Pendeluhr erreicht?
10. Warum führen alle schwingenden Körper, denen nur einmal Energie zugeführt wurde, gedämpfte Schwingungen aus?
11. Was versteht man unter Resonanz? Erläutere anhand eines Beispiels!

Kurz und knapp !

Eine mechanische Schwingung ist die periodische Bewegung eines Körpers um seine Ruhelage.

Ursachen mechanischer Schwingungen sind die zur Ruhelage rücktreibende Kraft und die Trägheit des schwingenden Körpers.

Größe	Bedeutung	Formelzeichen	Einheit
Amplitude	größter Abstand des schwingenden Körpers von der Ruhelage	y_{max}	m
Periodendauer	Dauer einer Hin- und Herbewegung	T	s
Frequenz	Sie gibt an, wie oft ein Körper in einer bestimmten Zeit hin und her schwingt. $f=\frac{1}{T}$	f	Hz

Bei einer ungedämpften Schwingung gilt: $E_{pot} + E_{kin} = \text{konstant}$.

Bei einer gedämpften Schwingung wird stets ein Teil der mechanischen Energie in thermische Energie umgewandelt: $E_{mech} \rightarrow E_{th}$.

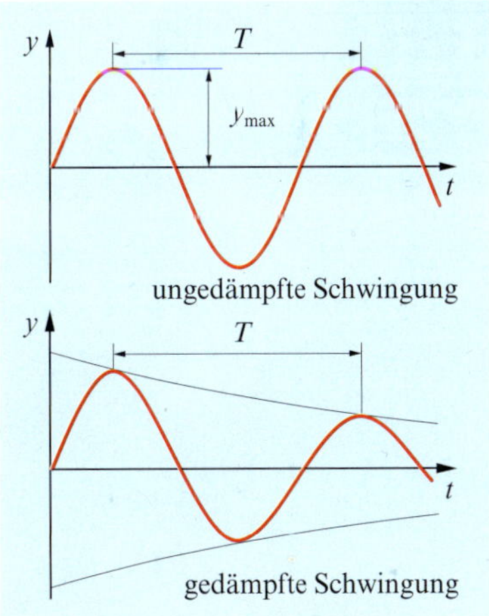

Damit in der Praxis eine Schwingung ungedämpft abläuft, muss dem schwingenden Körper periodisch Energie zugeführt werden, um die Umwandlung in thermische Energie aufgrund der Reibung auszugleichen.

Werfen und Springen – zusammengesetzte Bewegungen

Schneller, höher, weiter! Nicht nur im Leistungssport, auch im Sportunterricht geht es darum, die eigenen Leistungen zu verbessern und sich mit anderen zu vergleichen.
Während der Olympiade oder der Weltmeisterschaft verfolgen wir gespannt das Ringen um immer neue Rekorde.
Worin besteht das Geheimnis, mit dem die Sportler immer größere Weiten, immer bessere Zeiten erreichen? Hartes Konditionstraining, aber vor allem auch eine ausgefeilte Technik des Werfens und des Springens helfen den Profis und uns.
Stell dir in Gedanken einen Weitsprung oder einen Weitwurf, einen Kugelstoß oder einen Skisprung vor. Dann merkst du, dass sich die Bahn des Sportlers oder des Balles von den Bewegungen unterscheidet, die wir bisher betrachtet haben. Aber das Wissen über gleichförmige und gleichmäßig beschleunigte Bewegungen können wir jetzt anwenden: Die Bewegung eines Körpers kann man sich zusammengesetzt denken aus mehreren Teilbewegungen, die sich zu einer resultierenden Bewegung überlagern.

PHYSIKEXTRA www.cornelsen.de/physikextra

Überlagerung von Bewegungen

Eine Paddlerin will auf der Elbe von einem Ufer zum anderen und steuert ihr Kajak mit einer Geschwindigkeit v_1 senkrecht zum Ufer (Bild 1). Das Wasser der Elbe strömt mit einer Geschwindigkeit v_2 parallel zum Ufer und das Kajak treibt deshalb mit dieser Geschwindigkeit flussabwärts. Schaut man sich die Bewegung aus der Vogelperspektive an, bewegt sich das Boot mit einer resultierenden Geschwindigkeit v_{res} in eine Richtung, die schräg zum Ufer liegt.

Wie groß ist diese resultierende Geschwindigkeit?
Die Paddlerin erreicht nach einer Zeit t das andere Elbufer und hat eine Strecke s_1 zurückgelegt, nämlich genau die Breite der Elbe. In der gleichen Zeit t ist sie aber auch mit der Strömung flussabwärts getrieben. Wie weit sie getrieben ist, erhält man aus der Strömungsgeschwindigkeit: $s_2 = v_2 \cdot t$. Zusammen ergibt sich ein tatsächlicher Weg s_{res}. Ihn findet man, wenn man sich die einzelnen Bewegungen so aufzeichnet, als hätten sie nacheinander stattgefunden (Bild 2). Die Verbindung zwischen Startpunkt und Endpunkt ist genau s_{res}, der Weg, den die Paddlerin zurückgelegt hat. Mit $v_{res} = \frac{s_{res}}{t}$ kann man ihre resultierende Geschwindigkeit berechnen.

Geometrische Addition von Geschwindigkeiten. Über Geschwindigkeiten kann man sagen, wie groß sie sind, aber auch welche Richtung sie haben. Die Geschwindigkeit ist eine gerichtete Größe, die man als Pfeil darstellen kann. Die Länge des Pfeils entspricht dem Betrag der Geschwindigkeit und die Pfeilrichtung der Richtung der Bewegung.

Bei dem Kajak stehen die beiden Teilbewegungen, die sich überlagern, senkrecht zueinander. In Bild 3 sind die Pfeile der Geschwindigkeiten die zwei Seiten eines Rechtecks. Der diagonale Pfeil in diesem Rechteck entspricht der resultierenden Geschwindigkeit v_{res} und gibt deren Betrag und Richtung an. Den Betrag kann man auch mit dem Satz des PYTHAGORAS berechnen.

1

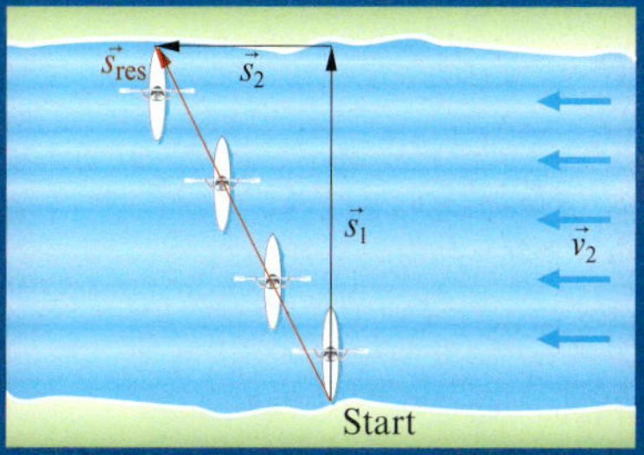

2

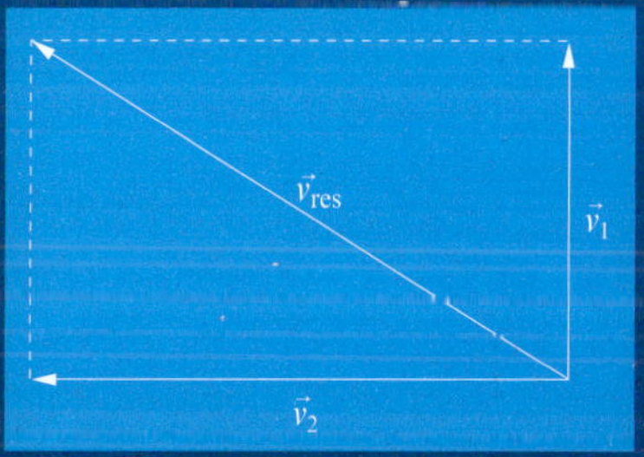

3 Resultierende Geschwindigkeit bei zueinander senkrechten Bewegungen

AUFGABEN

1 Die Paddlerin will die Elbe an einer Stelle genau senkrecht überqueren, wo die Elbe 150 m breit ist. Die Geschwindigkeit der Paddlerin gegenüber dem Wasser beträgt 2 m/s, die Strömungsgeschwindigkeit des Wassers 1 m/s. Wie viel Zeit braucht die Paddlerin, um am anderen Ufer anzukommen?

2 Ein Schwimmer kann in ruhendem Gewässer eine Geschwindigkeit von 0,8 m/s längere Zeit durchhalten. In einem Fluss mit einer Strömungsgeschwindigkeit von 0,3 m/s schwimmt er einmal mit der Strömung, einmal gegen sie und einmal senkrecht zu ihr. Wie groß ist die jeweilige Geschwindigkeit über Grund? Wähle dir einen geeigneten Maßstab und löse die Aufgabe mithilfe einer Zeichnung!

3 Ein Kanufahrer benötigt für eine geradlinige 500 m lange Strecke zum anderen Ufer eines Sees 5 min. Bei starkem Gegenwind erreicht er das Ufer erst nach 7,5 min. Wie groß ist die Windgeschwindigkeit?

4

Senkrechter Wurf

1

Wer sich schon einmal im Jonglieren von Bällen versucht hat, weiß, dass es dabei auf das genaue Werfen ankommt, denn nur dann hat man bei schnellen Abläufen eine Chance, den Ball auch wieder zu fangen.
Beim Jonglieren mit Bällen gibt es eine Wurfform, die man *Säulen* nennt. Drei oder mehr Bälle werden auf gedachten senkrechten Linien geworfen (Bild 2). Dabei ist es wichtig, dass die Bälle die gleiche Höhe und im richtigen Rhythmus wieder die Hand erreichen.
Wovon hängt das beim senkrechten Wurf ab?

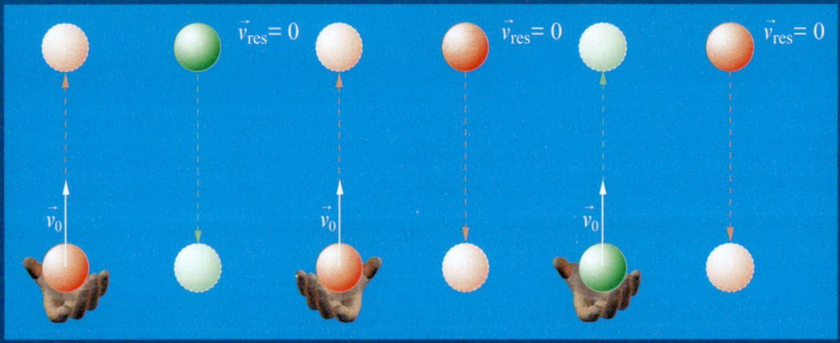

2

AUFTRAG 1

Nimm in jede Hand einen Ball und übe, die Bälle gleichzeitig senkrecht nach oben abzuwerfen, sodass sie die gleiche Höhe erreichen und du sie gleichzeitig auffangen kannst.

Wenn der Ball die Hand verlässt, hat er eine Geschwindigkeit v_0 senkrecht nach oben. Wenn es die Schwerkraft nicht gäbe, würde er mit dieser Geschwindigkeit gleichförmig immer weiter fliegen. Aber die Schwerkraft führt zu einer nach unten gerichteten gleichmäßig beschleunigten Fallbewegung.

Der senkrechte Wurf ist eine Überlagerung von zwei Bewegungen: eine nach oben gerichtete gleichförmige Bewegung überlagert sich mit einer Fallbewegung.

Die Geschwindigkeit des Jonglageballs wird immer kleiner. Die Anfangsgeschwindigkeit v_0 der gleichförmigen Bewegung bleibt konstant, aber die entgegengesetzt gerichtete Geschwindigkeit der Fallbewegung wird mit der Zeit größer: $v_B = g \cdot t$. Die resultierende Geschwindigkeit ist null, wenn die beiden Geschwindigkeiten gleich groß sind (Bild 3). Das ist im höchsten Punkt der Fall.
Wie lange der Jonglageball nach oben fliegt und welche Höhe er erreicht, hängt also davon ab, mit welcher Geschwindigkeit er die Hand verlässt.

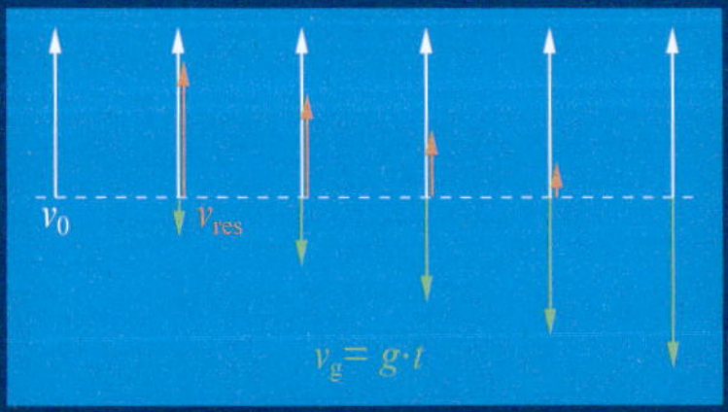

3

ÜBRIGENS

Beim senkrechten Wurf nach unten überlagern sich ebenfalls zwei Bewegungen, allerdings haben beide dieselbe Richtung. Es gilt:
$v_{res} = v_0 + g \cdot t$.
Die Fallgeschwindigkeit ist also stets um v_0 größer als beim Fall aus der Ruhelage.

Waagerechter Wurf

1

2

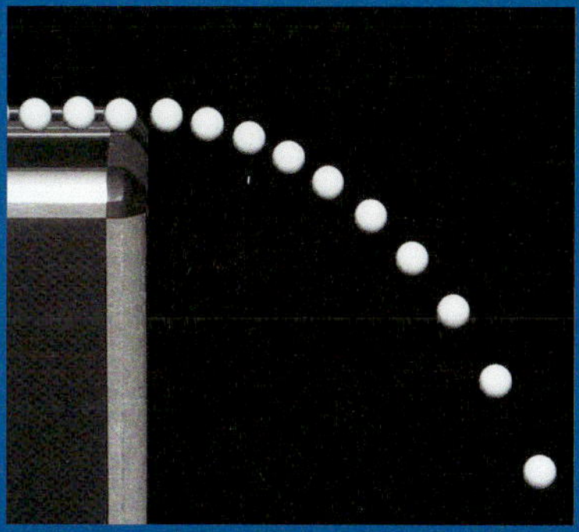
3

Die Volleyballerin schmettert den Ball horizontal über den Block, die Fallschirmspringer lassen sich aus dem Flugzeug fallen, ein Ball rollt über eine Tischkante und fällt. So unterschiedlich diese Vorgänge sind, sie können alle als waagerechte Würfe beschrieben werden.
Bei einem waagerechten Wurf ist die Abwurfrichtung horizontal. Wie sich ein horizontal abgeworfener Körper bewegt, zeigt Bild 4: er fliegt auf einer gebogenen Bahn. Die Bahn ist ein Teil einer Parabel.

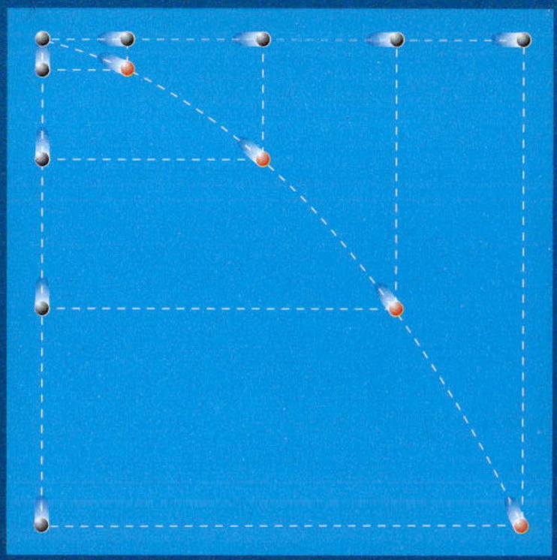
4

Der waagerechte Wurf ist eine Überlagerung von zwei Bewegungen: In horizontaler Richtung bewegt sich der Körper gleichförmig geradlinig mit der Abwurfgeschwindigkeit. Nach unten führt er eine gleichmäßig beschleunigte Fallbewegung aus.

EXPERIMENT 1

Schließt einen Schlauch an die Wasserleitung an und befestigt ihn so, dass seine Öffnung genau in die Horizontale zeigt. Nun dreht den Wasserhahn unterschiedlich stark auf, sodass das Wasser mit unterschiedlichen Geschwindigkeiten aus dem Schlauch fließt. Beobachtet, welche Wurfweiten das Wasser jeweils erreicht! Formuliert einen Zusammenhang zwischen Abwurfgeschwindigkeit und Wurfweite!

5

Die Unabhängigkeit der beiden Bewegungen lässt sich auch durch zwei Experimente mit rollenden Kugeln zeigen:

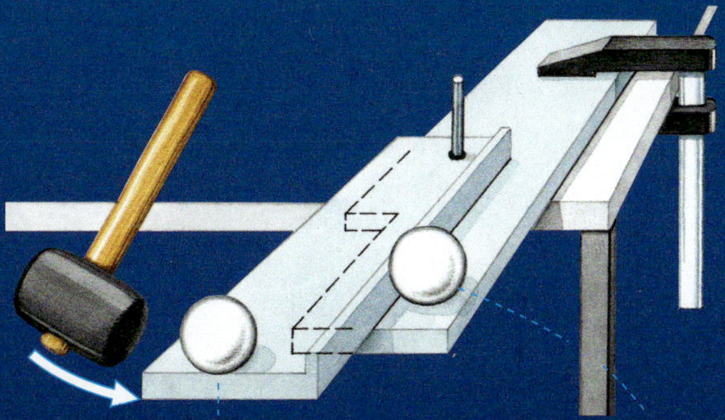
6

Das Fallen wird durch das Werfen nicht gestört: Beide Kugeln kommen gleichzeitig am Boden an.

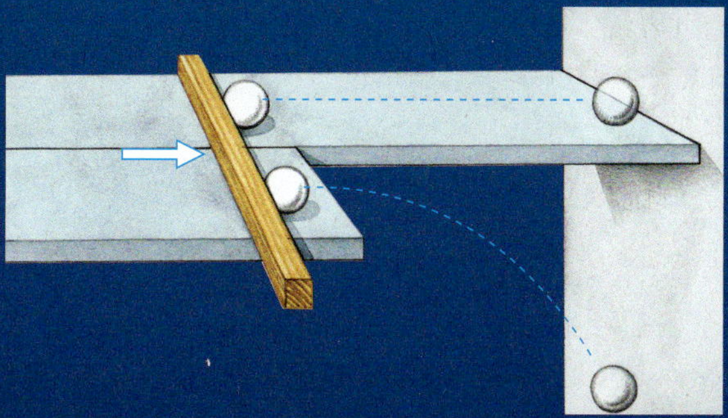
7

Das Werfen wird durch das Fallen nicht gestört: Beide Kugeln kommen gleichzeitig an der Wand an.

Schräger Wurf

1

Beim Basketball muss man nicht nur schnell sein, sondern auch noch sehr genau werfen können, damit man den Korb trifft. Wovon hängt die Wurfweite bei einem schrägen Wurf ab?

AUFTRAG 2

Werft auf dem Sportplatz Bälle aus dem Stand und variiert dabei die Abwurfgeschwindigkeit und den Abwurfwinkel. Welche Beobachtungen macht ihr?

Bei einem schrägen Wurf überlagern sich eine geradlinige gleichförmige Bewegung schräg nach oben und eine gleichmäßig beschleunigte Fallbewegung senkrecht nach unten. Die Wurfbahn ist eine Parabel.

Wie beim waagerechten Wurf ist eine möglichst große Anfangsgeschwindigkeit wichtig, damit der Ball weit fliegt. Aber auch der Abwurfwinkel ist entscheidend. Mit einem Wurfgerät kann man die Zusammenhänge genauer untersuchen:

EXPERIMENT 2

Neben einem Wurfgerät steht eine horizontale Platte in Abwurfhöhe. Auf der Platte liegt weißes Papier und darauf ein Blatt Kohlepapier. Wenn eine Kugel aufschlägt, bleibt eine schwarze Markierung auf dem Papier zurück. Am Wurfgerät werden verschiedene Abwurfwinkel eingestellt und die dazugehörigen Wurfweiten ausgemessen.

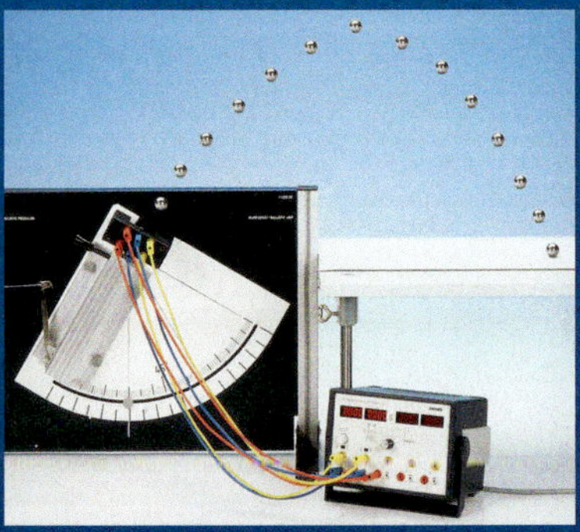
2

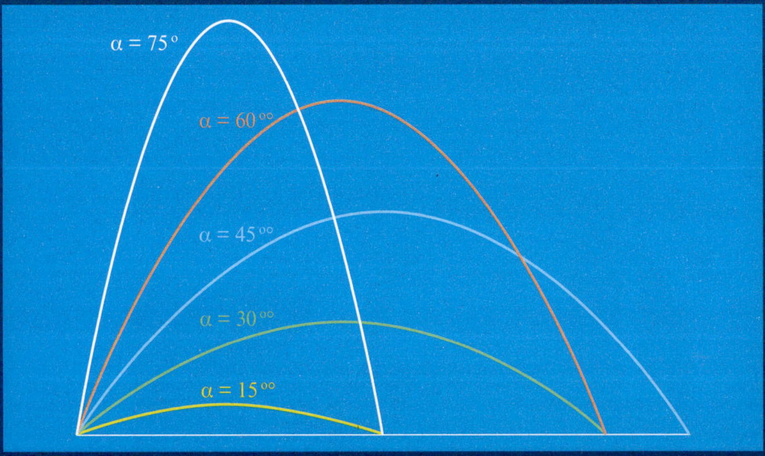

3

Wurfbahnen für verschiedene Abwurfwinkel. Die Wurfweite ist für $\alpha = 45°$ am größten. Außerdem gibt es Paare von Winkeln mit der gleichen Wurfweite: bei 30° ist die Wurfweite so groß wie bei 60° und bei 75° so groß wie bei 15°.

ÜBRIGENS

Eine sichere Hand beim Abwurf hat ein Basketballer, wenn die Abwurfgeschwindigkeit so klein wie möglich ist. Dann wirken sich Ungenauigkeiten im Abwurfwinkel nicht so stark aus. Außerdem ist es günstig, wenn der Ball hoch abgeworfen wird, also der Höhenunterschied zwischen Abwurfhöhe und Korbring gering ist – ein Grund, weshalb Basketballer oft sehr groß sind. Der kleinere Höhenunterschied erklärt auch, warum Überkopfwürfe sicherer sind als Unterhandwürfe.

Weitsprung. Auch der Weitsprung ist ein schräger Wurf, bei dem die Leichtathleten möglichst große Distanzen erreichen wollen.
Ein Weitsprung besteht aus vier Abschnitten: Anlauf, Absprung, Flug und Landung. Im Anlauf beschleunigt der Sportler seinen Körper auf eine möglichst große horizontale Geschwindigkeit, die bei guten Athleten 10 m/s betragen kann. In den letzten drei Schritten bereitet er den Absprung vor: er muss eine möglichst große Anfangsgeschwindigkeit unter einem günstigen Absprungwinkel erreichen.
Nun könnte man meinen, dieser Absprungwinkel müsse wie beim Wurf 45° sein. Tatsächlich ist der optimale Sprungwinkel einige Grad kleiner (bei 42°).
Der Schwerpunkt des Körpers bewegt sich nämlich auf einer Wurfparabel, bei der der Absprungpunkt höher liegt als der Landepunkt: der Springer versucht durch das Hochheben der Beine den Bodenkontakt herauszuzögern ohne dabei zu kippen.

Schaut man sich den Weitsprung in Bild 2 an, fällt auf, dass der Absprungwinkel viel kleiner ist als der optimale Winkel. Der Sportler muss vor dem Absprung einen Teil seiner horizontalen Geschwindigkeit in eine vertikale Geschwindigkeit umwandeln.

Das günstigste Verhältnis zwischen Abbremsen in horizontaler Richtung und Beschleunigen in vertikaler Richtung während der letzten Anlaufschritte ergibt sich bei einem Absprungwinkel von etwa 20°.

SCHON GEWUSST?

1

Bob Beamon (USA) sprang bei der Olympiade 1968 in Mexiko City Weltrekord mit einer Weite von 8,90 m. Dieser Sprung wurde zur Legende. Erst 23 Jahre später bei der Weltmeisterschaft in Tokio wurde dieser Rekord überboten: Mike Powell (USA) erreichte 8,95 m. Das ist noch immer der derzeitige Rekord.

2

Stroboskop-Aufnahme eines Weitsprungs

AUFGABEN

1 Im Schwimmbad springen Joschka und Lene genau gleichzeitig vom 3-m Brett. Lene springt aus dem Stand. Joschka glaubt, er könnte schneller als sie im Wasser sein, wenn er Anlauf nimmt. Erkläre, warum Lene und er gleichzeitig beim Wasser ankommen werden!

2 Eine Fallschirmspringerin muss nicht direkt über dem Landeplatz abspringen. Wovon hängt es ab, wie weit vorher sie das Flugzeug verlassen muss?

3 Wovon hängt die Wurfweite bei einem schrägen Wurf ab?

4 Welche Größen beeinflussen beim Basketball, ob ein Wurf den Korb trifft? Welche Größen sind konstant und welche Größen kann der Spieler beeinflussen?

AUFTRAG 3

Führe mehrere Weitsprünge aus, bei denen du a) eine möglichst große Horizontalgeschwindigkeit hast; b) eine möglichst große vertikale Geschwindigkeit erreichst. Miss deine Sprungweiten und vergleiche sie. Beobachte, wie du eine möglichst große vertikale Geschwindigkeit erreichst!

Würfe – Einfluss von Luftwiderstand, Reibung, Wind, Auftrieb

Beim den meisten realen Würfen und Sprüngen hat der Luftwiderstand einen großen Einfluss auf die Wurfbahn.

AUFTRAG 4

Werft einen aufblasbaren Strandball schräg ab und beobachtet die Wurfbahn. Vergleicht sie mit der Wurfparabel des schrägen Wurfs!

Der Luftwiderstand bremst die Bewegung der geworfenen Körper. Deshalb wird beim schrägen Wurf nicht nur die Geschwindigkeit kleiner, sondern auch die Bahn verändert sich. Der Einfluss ist umso größer, je größer die Abwurfgeschwindigkeit ist.
Die Bahn des Wasserstrahls aus einem Feuerwehrschlauch verläuft im zweiten Teil der Bewegung steiler als im ersten (Bild 3); der Luftwiderstand vermindert die Wurfweite. Eine solche Bahn wird auch als **ballistische Kurve** bezeichnet (Bild 2).

ÜBRIGENS

Beim Fallschirmsprung ist der Luftwiderstand lebenswichtig, denn er sorgt dafür, dass die Geschwindigkeit nach dem Aufspannen des Schirms so klein wird, dass ein gefahrloses Landen möglich ist.

1

Das Wasser kommt mit großer Geschwindigkeit aus der Spritze, die Wurfbahn verläuft asymmetrisch.

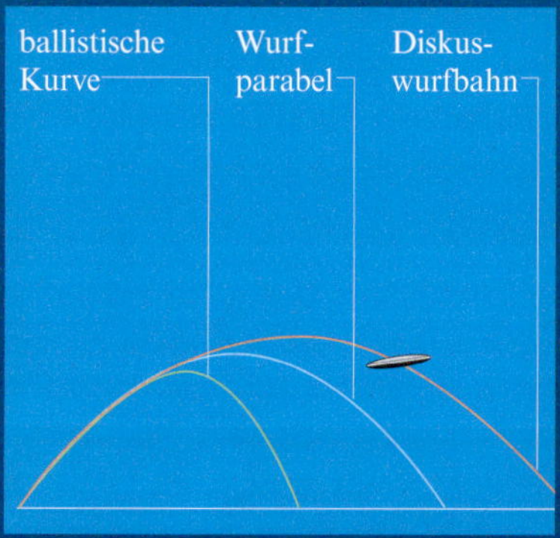

2

Ist der Wurfkörper günstig geformt, kann die Wurfweite aber auch größer werden. Bei einem Diskus- oder Speerwurf erfahren die Geräte einen Auftrieb. Die Diskusscheibe wird in Schräglage geworfen und gleichzeitig in eine Drehbewegung versetzt, um den Auftrieb auszunutzen. Sie fällt langsamer zu Boden als ein Ball und kann dadurch größere Weiten erreichen.

3

Der Golfball wird schräg geworfen. Die kleinen Einbuchtungen in der Oberfläche des Balls bewirken einen Auftrieb.

4

Der Diskus wird in Schräglage abgeworfen und erhält dadurch Auftrieb.

Erzeugung und Umformung elektrischer Energie

Ein Leben ohne elektrische Energie kann man sich gar nicht mehr vorstellen. Sie begleitet uns täglich vom Aufstehen bis zum Schlafengehen. Ganz selbstverständlich steht sie uns ständig zur Verfügung. Alle Gebäude, in denen wir uns aufhalten, sind mit Kraftwerken verbunden. Wie wird in Kraftwerken elektrische Energie erzeugt und auf welchem Weg gelangt sie letztendlich zum Verbraucher?

Magnete und magnetisches Feld

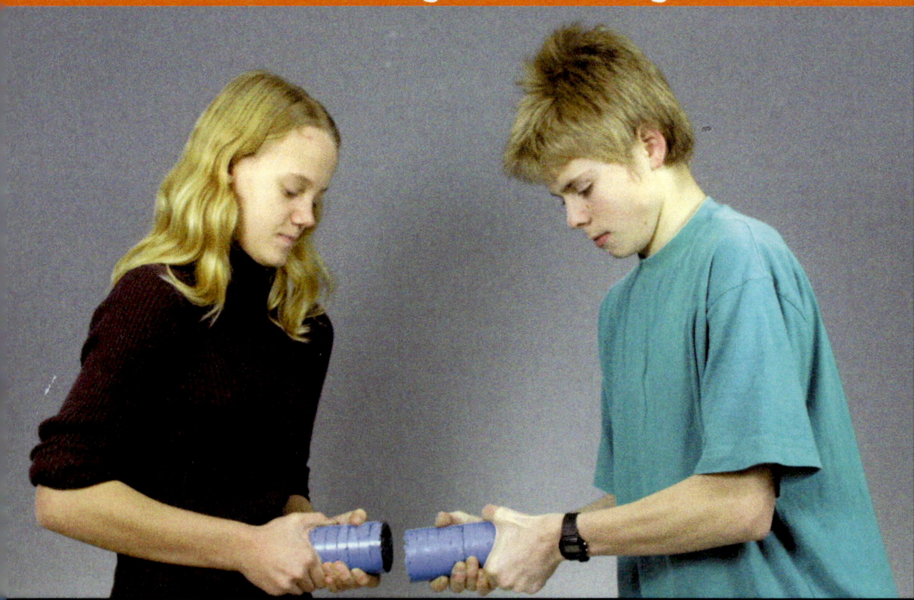

1

Jeder der beiden Schüler hält einen Magneten. Die Schüler gehen aufeinander zu. Sie versuchen sich so weit zu nähern, bis sich die Magnete berühren. Die Schüler strengen sich sehr an, aber es gelingt ihnen nicht.
Welche Kraftwirkungen treten in der Umgebung von Magneten auf?

Magnete

Kräfte zwischen Magneten. Ein Magnet und ein Körper aus Eisen ziehen sich gegenseitig an (Bild 2). Anziehende Kräfte treten auch zwischen einem Magneten und Körpern aus Nickel und Cobalt auf. Ferner gibt es keramische Werkstoffe, die magnetische Eigenschaften haben, z. B. die so genannten Ferrite.

2

Zwischen einem Magneten und Körpern aus Eisen, Nickel, Cobalt und bestimmten keramischen Werkstoffen wirken anziehende Kräfte.

Ziehen alle Stellen eines Magneten einen Eisenkörper gleich an?

EXPERIMENT 1
1 Befestige einen Stabmagneten an einem Stativ!
2 Versuche in gleichem Abstand voneinander größere Nägel an den Magneten zu hängen!
3 Versuche an die hängengebliebenen Nägel jeweils möglichst viele weitere Nägel anzuhängen!
4 Hänge schließlich noch kleinere Nägel an!

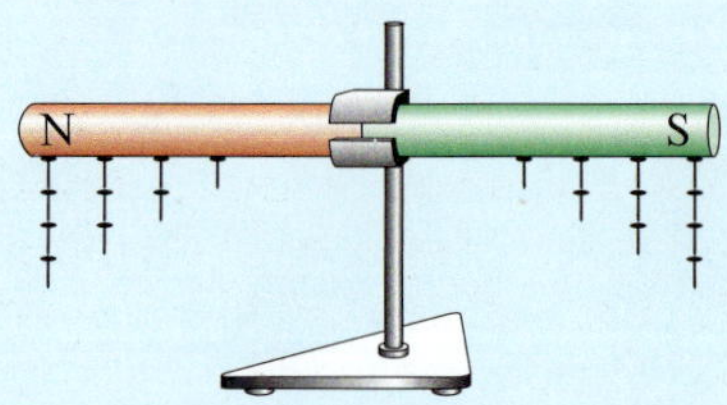

3

Die verschiedenen Bereiche eines Stabmagneten ziehen Eisenkörper unterschiedlich stark an. An den Enden eines Stabmagneten treten die größten Kräfte auf. Diese Bereiche nennt man die Pole eines Magneten.

Ein Magnet hat zwei Pole. An den Polen sind die magnetischen Kräfte am größten.

Die beiden Hälften des Magneten in Experiment 1 sind verschiedenfarbig gekennzeichnet. Das trifft auch für andere Magnete zu. Gibt es Unterschiede zwischen den beiden Hälften?

EXPERIMENT 2
1 Befestige die Mitte eines Stabmagneten an einem dünnen Faden!
2 Halte den Faden ruhig in der Hand oder hänge ihn an einer Holzleiste auf. Sorge dafür, dass sich keine Eisenkörper in der Nähe des Magneten befinden!
3 Drehe den Magneten an der Aufhängung in verschiedene Richtungen und lasse ihn jeweils wieder los!

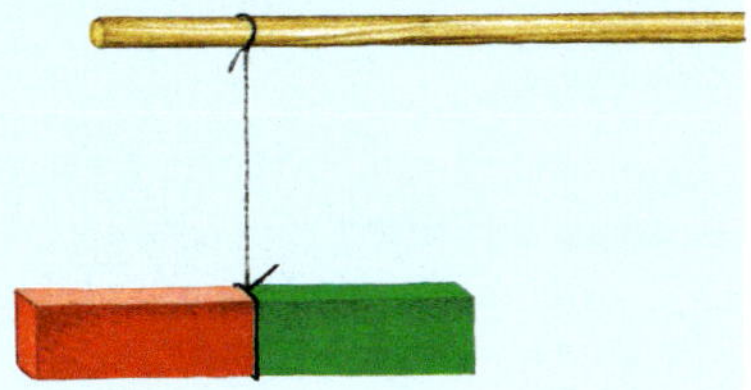
1

Der Stabmagnet dreht sich immer wieder in die gleiche Richtung, die Nord-Süd-Richtung der Erde. Seine rote Hälfte zeigt dabei immer nach Norden. Den Pol, der sich in der roten Hälfte des Magneten befindet und der nach Norden zeigt, nennt man den magnetischen Nordpol. Der gegenüberliegende Pol heißt magnetischer Südpol.

Ein Magnet besitzt zwei magnetische Pole, einen Nordpol und einen Südpol.

Was geschieht, wenn man zwei magnetische Pole einander nähert?

SCHON GEWUSST?
Bringt man in Bild 1 auf der vorhergehenden Seite zwischen die Magnete eine Platte aus Holz, Glas oder Kunststoff, so ändert sich an den magnetischen Wirkungen nichts. Mithilfe von Eisenplatten lässt sich der Magnetismus jedoch abschirmen.

EXPERIMENT 3
1 Nähere dem Nordpol eines aufgehängten Stabmagneten den Südpol eines weiteren Magneten!
2 Nähere dem Südpol eines aufgehängten Stabmagneten den Nordpol eines weiteren Magneten!
3 Nähere zunächst zwei Nordpole einander, danach zwei Südpole!

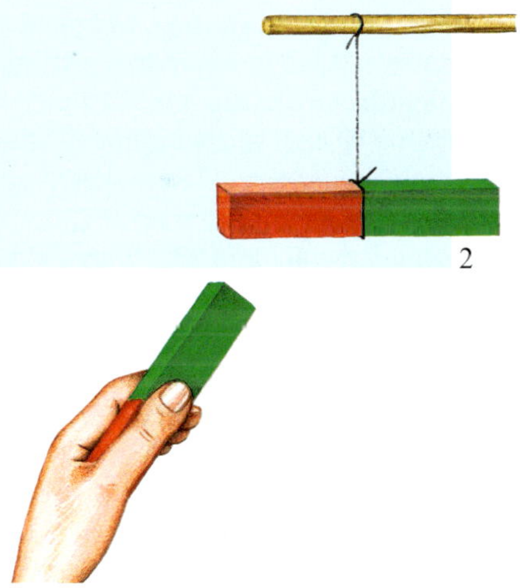
2

Zwischen einem Nord- und einem Südpol treten anziehende Kräfte auf, zwischen zwei Nordpolen bzw. zwei Südpolen abstoßende Kräfte.

Zwischen zwei Magnetpolen können anziehende und abstoßende Kräfte auftreten. Ungleichnamige magnetische Pole ziehen einander an, gleichnamige Pole stoßen einander ab.

Magnetisieren. An einen Pol eines Magneten kann man mehrere Nägel aneinander hängen. Sie ziehen sich gegenseitig an. Offenbar werden die Nägel in der Nähe des Magneten selbst magnetisch.
Wie kann man erreichen, dass derartige Körper ihren Magnetismus behalten, wenn sie sich nicht mehr im Feld des Magneten befinden?

EXPERIMENT 4
1 Streiche mit einem Pol eines starken Magneten mehrmals in gleicher Richtung über eine Fahrradspeiche oder eine Stricknadel aus Stahl!
2 Nähere zunächst das eine und dann das andere Ende der Speiche einer drehbar gelagerten Magnetnadel!

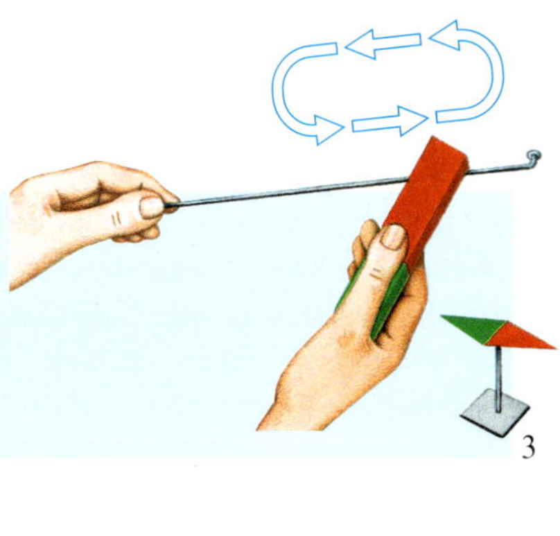
3

Das eine Ende der Speiche zieht den Südpol der Magnetnadel an und stößt den Nordpol ab. Das andere Ende der Speiche zieht den Nordpol der Magnetnadel an und stößt den Südpol ab. Die zunächst unmagnetische Fahrradspeiche ist zu einem Magneten geworden. Sie besitzt einen Nord- und einen Südpol. Warum entstehen bei der Speiche zwei Pole?

EXPERIMENT 5

1 Teile eine magnetisierte Fahrradspeiche mit einem Seitenschneider in zwei Hälften!
2 Prüfe mit einer Magnetnadel die Lage der Pole bei den Hälften der Speiche!
3 Teile eine Hälfte erneut und überprüfe sie wieder auf magnetische Pole!

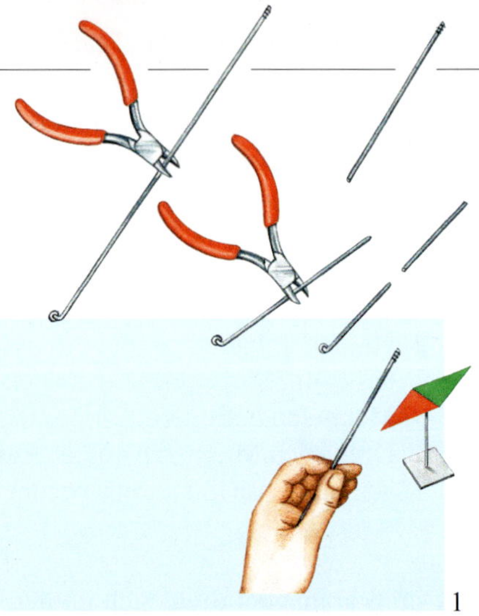

1

Alle Teile sind vollständige Magnete. Sie besitzen jeweils einen Nord- und einen Südpol.

Ein Magnet besitzt zwei magnetische Pole, einen Nordpol und einen Südpol.

ÜBRIGENS

Die Magnetisierung eines Körpers lässt sich rückgängig machen, indem man den Körper stark erhitzt oder stark erschüttert. Deshalb sollte man mit Magneten möglichst vorsichtig umgehen.

Magnetisches Feld

Kräfte auf Probekörper. Magnete ziehen bestimmte Stoffe an. Auch auf andere Magnete üben sie Kräfte aus. Dabei müssen die Körper einander nicht berühren. In dem Kästchen in Bild 2 befinden sich Magnete. Der kleine Kreisel ist ebenfalls ein Magnet. Infolge der abstoßenden Kräfte schwebt der Kreisel über den Magneten im Kästchen.
Eine Magnetnadel zeigt etwa in Nord-Süd-Richtung. Ursache ist der Magnetismus der Erde. Er bewirkt auch auf große Entfernung, dass sich die Magnetnadel ausrichtet.

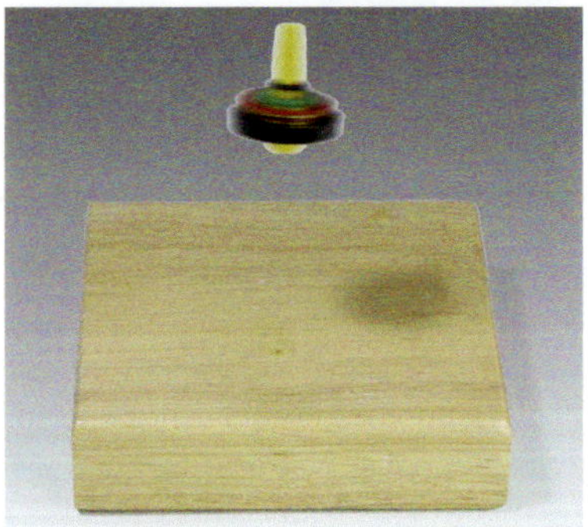

2

Schwebender magnetischer Kreisel

Der Raum um einen Magneten hat besondere Eigenschaften: Auf Magnete und magnetisierbare Probekörper werden Kräfte ausgeübt. Einen solchen Raum nennt man ein magnetisches Feld.

Magnetische Feldlinien. An verschiedenen Stellen in der Umgebung eines Magneten richtet sich die Magnetnadel in unterschiedlichen Richtungen aus. Diese Erscheinung kann man dazu benutzen, um das magnetische Feld zu beschreiben.

EXPERIMENT 6

1 Befestige einen großen Stabmagneten horizontal an einem Stativ!
2 Bringe eine kleine Magnetnadel in die Nähe eines Pols des Magneten!
3 Bewege die Magnetnadel schrittweise immer in die Richtung weiter, in die jeweils die eine Nadelspitze zeigt!
4 Wiederhole das Experiment mehrmals, indem du mit der Nadel an unterschiedlichen Stellen in der Nähe des Magnetpols startest!

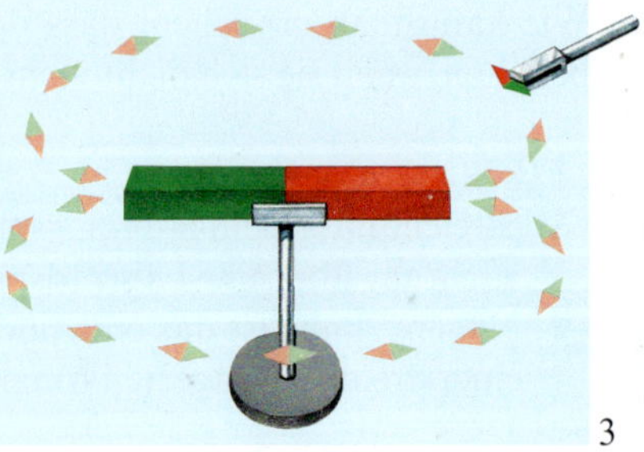

3

Bild 1 zeigt die Linien, auf denen die Magnetnadel bewegt wurde. Sie werden magnetische Feldlinien genannt.

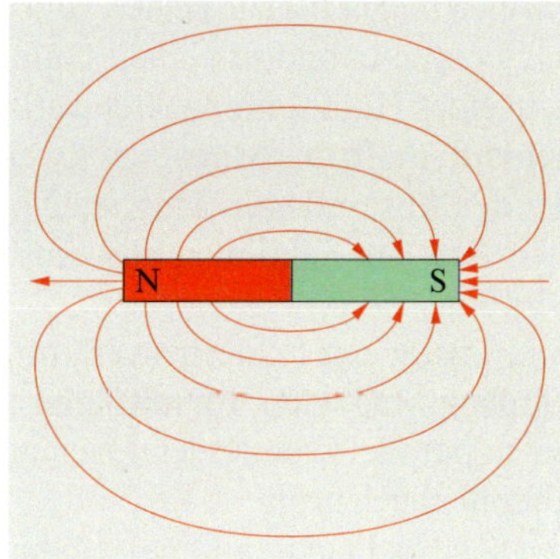

1
Feldlinien um einen Stabmagneten

Das Feldlinienbild des magnetischen Feldes. Zeichnet man mehrere magnetische Feldlinien, die in der Umgebung eines Magneten verlaufen, so erhält man ein Feldlinienbild (Bild 1). Das Feldlinienbild gibt Auskunft darüber, wie sich eine Magnetnadel an verschiedenen Stellen ausrichtet. Die Feldlinien verlaufen außerhalb des Magneten vom Nordpol zum Südpol. Der Nordpol einer kleinen Magnetnadel zeigt in Richtung der Feldlinie, der Südpol zeigt in die entgegengesetzte Richtung. Je dichter die Feldlinien in einem Gebiet liegen, umso größer ist die dort auftretende magnetische Wirkung.
Auch wenn die Feldlinien nur an wenigen Stellen gezeichnet sind, kann man aus dem Feldlinienbild erkennen, wie die Kraft an anderen Stellen gerichtet und wie groß ihr Betrag ist. Ein Feldlinienbild stellt die Eigenschaften des magnetischen Feldes vereinfacht dar. Die Feldlinien lassen die Vermittlung von Kräften durch das Feld erkennen.
Die Idee, eine Magnetnadel schrittweise um einen Magneten herumzuführen, stammt von FARADAY. Er hat das Feldlinienbild des magnetischen Feldes entwickelt.

Das magnetische Feldlinienbild stellt das magnetische Feld vereinfacht dar. Es ermöglicht Aussagen über die Ausrichtung von Magnetnadeln und die Stärke der magnetischen Wirkung.

Um den Verlauf der magnetischen Feldlinien in der Umgebung eines Magneten zu untersuchen, gibt es eine weitere einfache Methode:

EXPERIMENT 7

1 Lege einen Hufeisenmagneten auf den Tisch!
2 Bedecke ihn mit einer Glasscheibe!
3 Streue Eisenfeilspäne gleichmäßig dünn auf die Scheibe!
4 Klopfe leicht gegen die Glasscheibe!

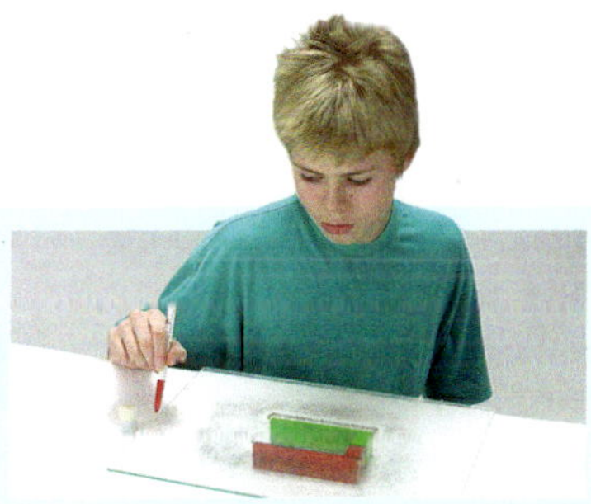
2

Die Eisenfeilspäne bilden lange Ketten, die längs der magnetischen Feldlinien verlaufen (Bild 3). Jeder Eisenspan wird im magnetischen Feld zu einem kleinen Magneten. Er dreht sich wie eine Magnetnadel unter dem Einfluss der magnetischen Kraft. Das Klopfen bewirkt, dass sich jeweils der Nordpol des einen Magneten an den Südpol des benachbarten heranbewegt, wodurch ganze Ketten entstehen (Bild 4).

3
Ketten von Eisenfeilspänen

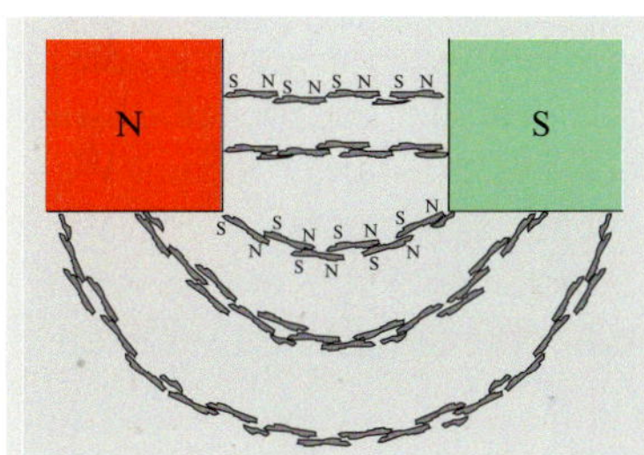

4
Magnetisierung der Eisenfeilspäne

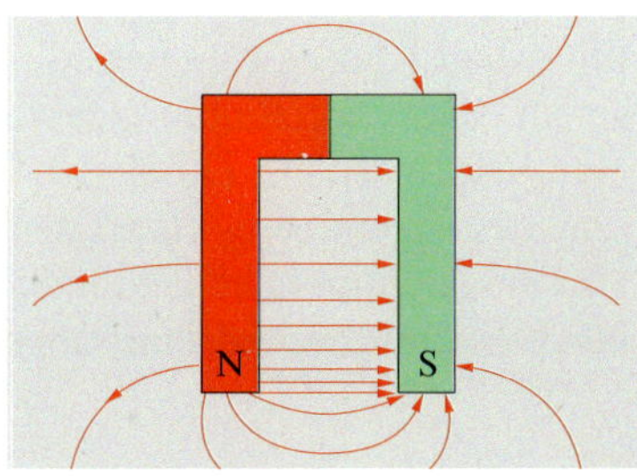

5
Feldlinienbild des Hufeisenmagneten

Formen magnetischer Felder. Bild 5 auf der vorhergehenden Seite zeigt das Feldlinienbild um einen Hufeisenmagneten. Zwischen den Schenkeln eines Hufeisenmagneten verlaufen die Feldlinien parallel zueinander außerhalb des Magneten jeweils vom Nordpol zum Südpol. Je größer der Abstand vom Magneten ist, umso größer ist auch der Abstand zwischen den Feldlinien und umso geringer ist die magnetische Kraftwirkung.
Bild 1 zeigt den Feldlinienverlauf zwischen zwei plattenförmigen keramischen Magneten. Im mittleren Teil verlaufen die magnetischen Feldlinien parallel zueinander. Die magnetischen Kraftwirkungen sind dort überall gleich groß.
Ein solches Feld nennt man ein **homogenes magnetisches Feld.**

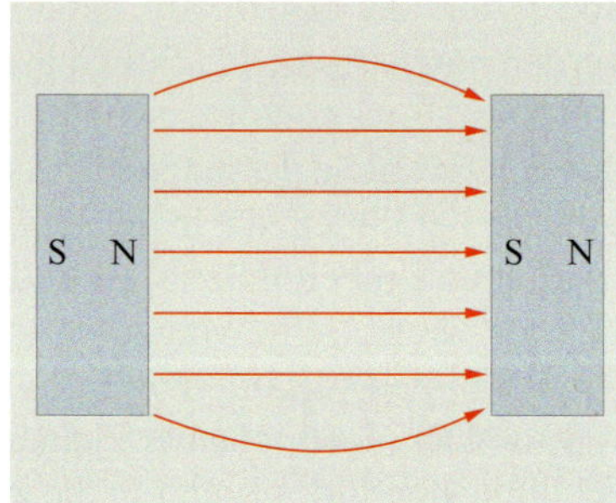

1

Das magnetische Feld als Vermittler der Kräfte. Wenn man eine mechanische Kraft übertragen will, so braucht man dazu einen Körper. Bei einem Fahrrad überträgt die Kette die Kraft von den Pedalen zum Hinterrad. Ein Kran überträgt die Kraft auf einen Container mittels eines Seils. In einem magnetischen Feld ist das anders.
Hier ist kein Körper zum Übertragen der Kräfte erforderlich. Die Kräfte wirken im gesamten magnetischen Feld z. B. auf eine Magnetnadel.
Der Raum um einen Magneten hat besondere Eigenschaften. Er vermittelt Kräfte zwischen dem Magneten und Körpern, die sich im magnetischen Feld befinden. Es ist nicht notwendig, dass sich Magnet und Körper berühren.

Magnetfeld von Elektromagneten

Magnetfeld stromdurchflossener Leiter. Der dänische Physiker HANS CHRISTIAN OERSTED hat im Jahre 1820 das Magnetfeld eines stromdurchflossenen Drahtes untersucht. Er hatte ihn horizontal ausgespannt. In der Nähe des Drahtes befand sich eine Magnetnadel. Immer dann, wenn durch den Draht ein Strom floss, wurde die Magnetnadel abgelenkt. Hörte der Strom auf zu fließen, so kehrte sie in ihre ursprüngliche Lage zurück (Bild 2).

2

OERSTED demonstriert seine Entdeckung.

Ein elektrischer Strom ist von einem magnetischen Feld umgeben.

Den Verlauf der magnetischen Feldlinien kann man wieder mit Eisenfeilspänen untersuchen.

EXPERIMENT 8
Ein dicker Kupferdraht wird durch eine Pappscheibe gesteckt, die an einem Stativ horizontal angebracht ist. Auf die Pappscheibe streut man Eisenfeilspäne. Durch den Draht fließt ein starker Strom. Während des Stromflusses klopft man leicht auf die Scheibe.
Um die Richtung der Feldlinien zu bestimmen, führt man anschließend eine Magnetnadel um den stromdurchflossenen Draht herum.

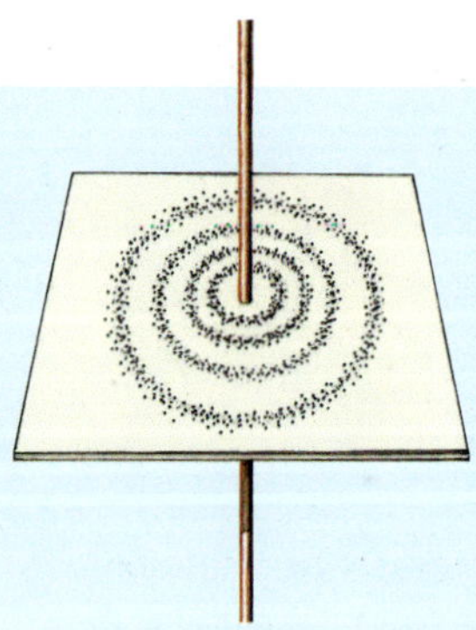
3

Die Eisenfeilspäne ordnen sich in Form von Kreisen um den Leiter an. Der Draht bildet das Zentrum der Kreise. Bild 1 zeigt das Feldlinienbild um einen stromdurchflossenen Leiter.

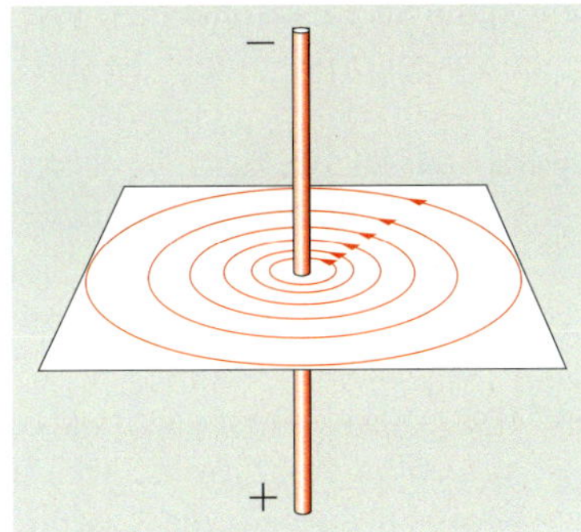

1 Feldlinienbild eines stromdurchflossenen Leiters

Fließt durch einen geraden Leiter ein elektrischer Strom, so bilden sich um ihn herum kreisförmige Feldlinien aus.

Spulen. Der Hallenser Professor JOHANN S. SCHWEIGGER überlegte sich, wie man die magnetische Wirkung eines stromdurchflossenen Drahtes verstärken könnte: Man müsste den Draht nicht nur über die Magnetnadel halten, sondern ihn ein Mal um die Magnetnadel herum führen (Bild 2b). Dann würde diese heftiger ausschlagen. Noch besser wäre es, den Leiter mehrfach aufzuwickeln (Bild 2c). Damit hatte SCHWEIGGER die Spule erfunden.

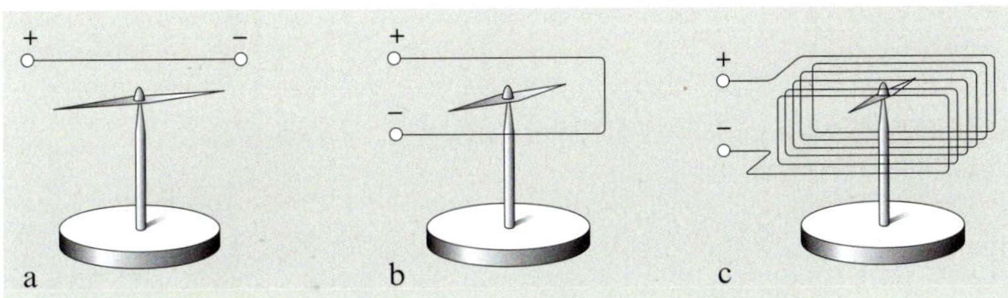

2 Die Idee der Spule: Die Wirkung des Stromes wird vervielfacht.

ÜBRIGENS

Hält man den Daumen der rechten Hand in die Stromrichtung (von + nach –), so geben die gekrümmten Finger die Richtung der magnetischen Feldlinien an.

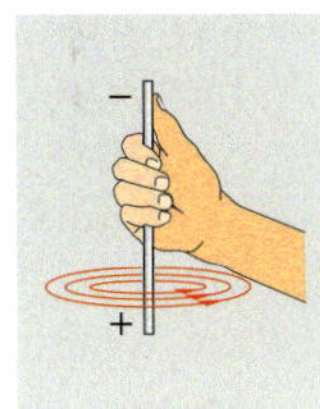

3

Wie verlaufen die Feldlinien in der Umgebung einer Spule?

EXPERIMENT 9

1. Schneide in eine Pappscheibe ein rechteckiges Loch, in das eine Spule straff hinein passt!
2. Schneide einen Pappstreifen aus, der in die Öffnung der Spule hinein geschoben werden kann!
3. Schließe die von der Pappscheibe umschlossene Spule an eine Spannungsquelle an!
4. Streue Eisenfeilspäne auf die Pappscheibe und den Pappstreifen!

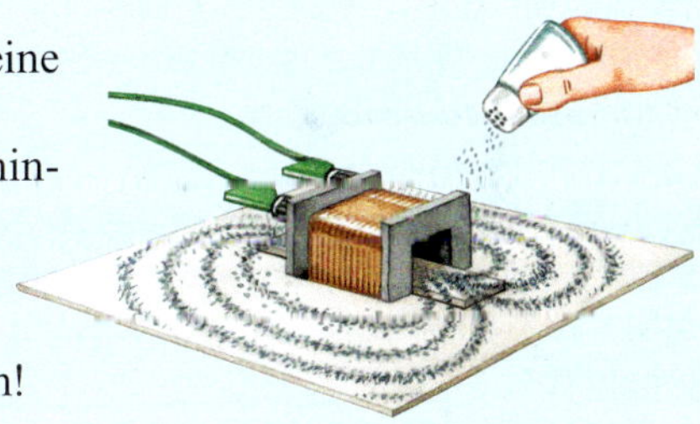

4

Außerhalb der Spule gleicht das Magnetfeld dem eines Stabmagneten. Innerhalb der Spule verlaufen die magnetischen Feldlinien parallel. Sie liegen dort dichter beieinander als im Außenraum (Bild 5).

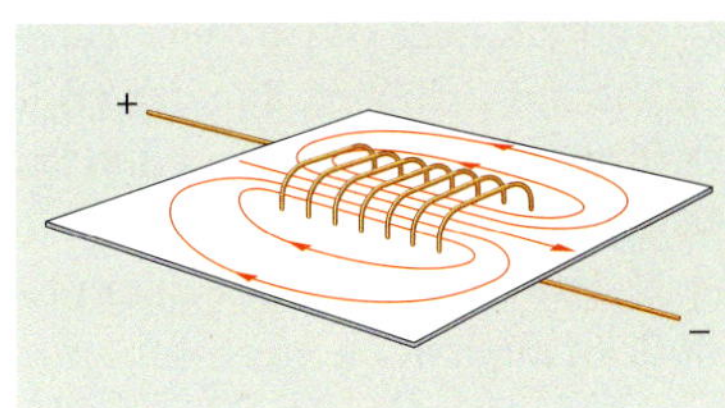

5 Feldlinienbild einer stromdurchflossenen Spule

Im Außenraum gleicht das Magnetfeld einer Spule dem Magnetfeld eines Stabmagneten.
Im Inneren einer Spule tritt ein homogenes Magnetfeld auf.

Je weiter man sich von einem stromdurchflossenen Leiter oder einer Spule entfernt, umso größer ist der Abstand zweier benachbarter Feldlinien (Bilder 1 und 5). Daran erkennt man, dass die magnetische Kraftwirkung mit zunehmendem Abstand kleiner wird. In unmittelbarer Nähe eines Leiters und im Innern der Spule liegen die Feldlinien am dichtesten beieinander. Dort ist die magnetische Kraftwirkung am größten.

Die Spule als Elektromagnet. Wie kann man erreichen, dass eine Spule einen Eisenkörper möglichst stark anzieht?

EXPERIMENT 10

1 Stelle eine Spule so auf, dass ihre Achse vertikal verläuft!
2 Schließe die Spule an eine Spannungsquelle an!
3 Befestige einen Federkraftmesser so an einem Stativ, dass er sich über der Spule befindet!
4 Hänge direkt über die Spule einen Eisenkörper an den Kraftmesser!
5 Vergrößere die Stromstärke in der Spule in kleinen Schritten und beobachte jeweils die Kraftänderung am Federkraftmesser!

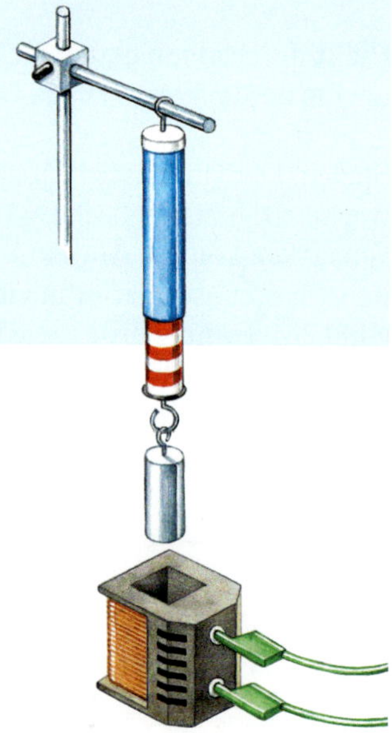
1

Je größer die Stromstärke ist, umso größer ist auch die Kraft, die auf einen Probekörper ausgeübt wird.

EXPERIMENT 11

1 Verwende die gleiche experimentelle Anordnung wie in Experiment 10!
2 Lies die Anzeige am Federkraftmesser bei einer bestimmten Stromstärke ab!
3 Tausche die Spule gegen eine solche aus, die eine kleinere Windungszahl besitzt und danach gegen eine solche mit einer größeren Windungszahl!
4 Lies bei gleicher Stromstärke erneut die Kraft ab!

Je größer die Windungszahl einer Spule ist, umso größer ist auch die Kraft auf einen Probekörper.

2 Kran mit Elektromagneten

Die Stärke des magnetischen Feldes einer Spule hängt von der Stromstärke und von ihrer Windungszahl ab. Je größer die Stromstärke und je größer die Windungszahl ist, umso größer ist die Kraft auf einen Probekörper.

Das Magnetfeld einer Spule lässt sich verändern oder auch ganz abschalten. Dies ist für viele technische Anwendungen von Bedeutung, z. B. beim Lasthebemagneten (Bild 2). Beim Einschalten zieht er die Eisenrohre an. Schaltet man den Strom aus, so lösen sich die Eisenrohre wieder ab.

Der Lasthebemagnet bei einem Kran besteht nicht nur aus einer Spule, sondern auch noch aus Eisenteilen. Das Eisen vergrößert die Tragkraft des Magneten (Bilder 3 bis 5). Hier verlaufen die magnetischen Feldlinien völlig im Eisen.

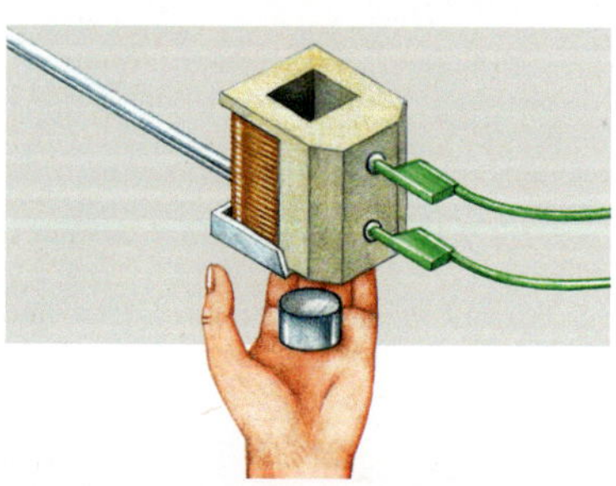
3

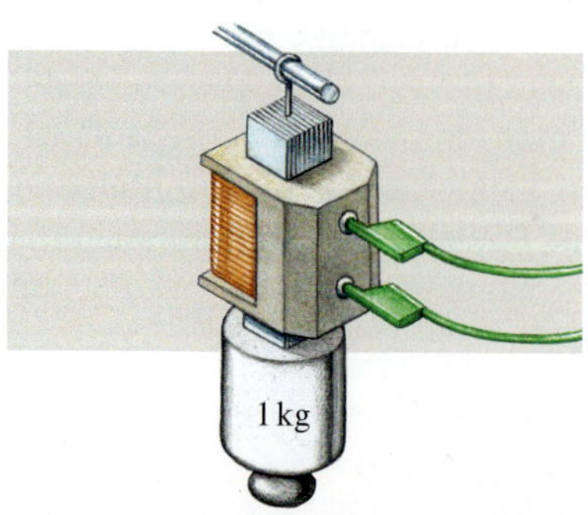

4

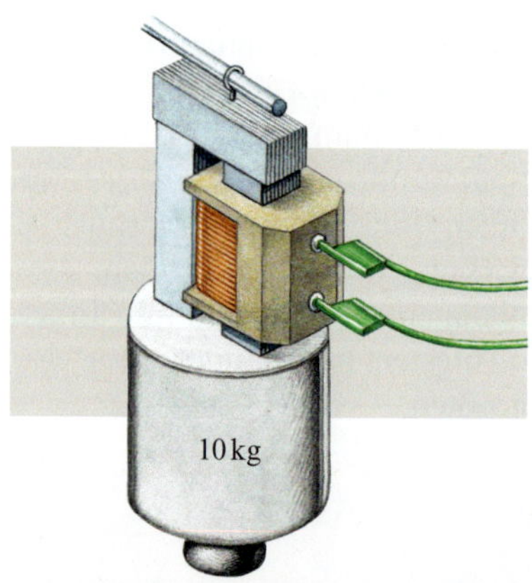

5

Gleichstrommotor

Aufbau eines Gleichstrommotors. In vielen elektrischen Geräten und Spielzeugen werden Elektromotoren eingesetzt. Bild 1 zeigt den prinzipiellen Aufbau eines Gleichstrommotors.
Zwischen den Polen eines Hufeisenmagneten befindet sich eine drehbar gelagerte Spule mit Eisenkern. Man nennt sie Anker. Die Stromzufuhr zu der Spule erfolgt über zwei Kontakte. Zwei Blattfedern schleifen an je einem halben Messingring. Jeder Halbring ist mit einem Ende der Spulenwicklung verbunden.

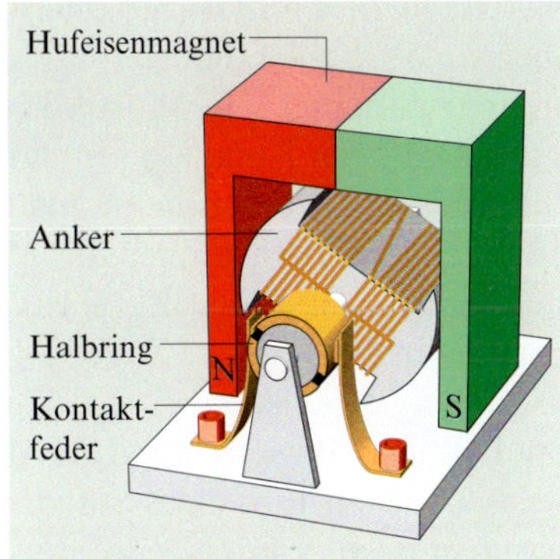

1

Wirkungsweise eines Gleichstrommotors. Während z. B. beim Lasthebemagneten nur die magnetischen Anziehungskräfte Anwendung finden, nutzt der Elektromotor sowohl die Anziehungs- als auch die Abstoßungskräfte.
Wird an die Kontaktfedern eine Gleichspannung angelegt, so fließt durch die Spule ein Strom. Es bilden sich zwei Magnetpole aus. Zwischen den Polen des Hufeisenmagneten und den Polen des Ankers treten Kräfte auf.

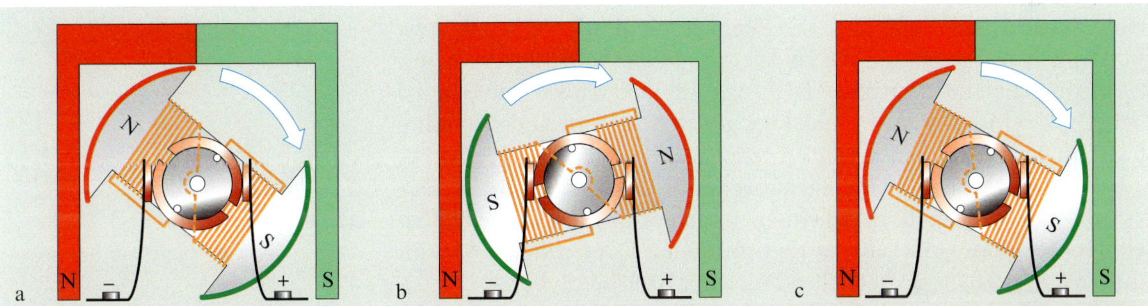

2

a Der Nordpol des Ankers wird vom Südpol des Hufeisenmagneten angezogen und vom Nordpol des Hufeisenmagneten abgestoßen. Der Südpol des Ankers wird vom Nordpol des Hufeisenmagneten angezogen und von dessen Südpol abgestoßen. Es entsteht eine Drehbewegung.

b In dieser Stellung stehen sich ungleichnamige Pole gegenüber und ziehen einander an. Durch die Trägheit des Ankers wird die Drehbewegung aber noch fortgesetzt. Dabei gelangen die beiden Kontaktfedern jeweils auf den anderen Halbring. Die Stromrichtung im Anker ändert sich und damit die Lage der Pole im Anker.

c Da sich nun wieder gleichnamige Pole gegenüberstehen, treten abstoßende Kräfte auf. Deshalb bewegt sich der Anker weiter. Außer den abstoßenden Kräften zwischen den gleichnamigen Polen wirken wiederum noch die anziehenden Kräfte zwischen den ungleichnamigen Polen.

Zwischen den Magnetpolen im Gehäuse eines Motors und den Magnetpolen des Ankers treten anziehende bzw. abstoßende Kräfte auf. Sie versetzen den Anker in Drehbewegung. Schleifkontakte bewirken eine Umpolung des Stromes, sobald sich ungleichnamige Pole gegenüberstehen.

Die meisten Motoren besitzen anstelle des Hufeisenmagneten schalenförmige Magnete. Außerdem haben die Ankerspulen mehr als zwei Pole (Bild 3). Entsprechend ist auch der Schleifring in eine größere Anzahl von Abschnitten geteilt. Dadurch wird verhindert, dass der Motor in eine Stellung gerät, aus der er nicht ohne „Anwerfen" gestartet werden kann.

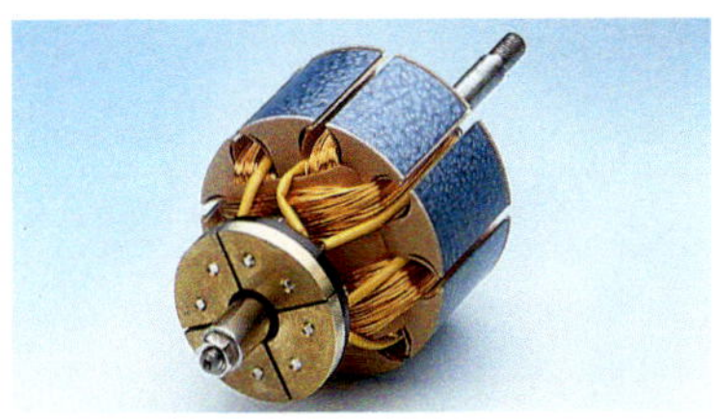
3
Mehrpolige Ankerspule eines Motors

Magnetfeld der Erde

Das Magnetfeld als Orientierungshilfe. Die Erde ist ein großer Magnet. Das ist daran zu erkennen, dass sich ein Stabmagnet – wenn man ihn drehbar aufhängt – in Nord-Süd-Richtung ausrichtet. Diese Erscheinung wird beim Kompass genutzt. Für die Seefahrt war er über Jahrhunderte ein unentbehrliches Instrument.
Auch manche Tiere können das Magnetfeld der Erde zur Orientierung nutzen, da sie in ihrem Kopf eine magnetische Substanz besitzen. So orientieren sich manche Zugvögel nicht nur am Stand der Sonne.

1
Seekompass aus dem Jahr 1575

Die Pole des Magnetfeldes. Das Magnetfeld der Erde hat eine ähnliche Gestalt wie das Feld eines Stabmagneten. Da der Nordpol einer Magnetnadel nach Norden zeigt, muss sich im geografischen Norden der magnetische Südpol befinden, denn ungleichnamige Pole ziehen sich an. Im geografischen Süden der Erde befindet sich der magnetische Nordpol (Bild 2).
Die geografische Nord-Süd-Richtung kann man durch die Stellung des Polarsterns oder die Stellung der Sonne ermitteln. Vergleicht man diese Richtung mit der Richtung, in die eine Magnetnadel zeigt, so stellt man eine geringe Abweichung fest. Die Magnetpole der Erde liegen etwa 2 000 km von den geografischen Polen entfernt. Deshalb zeigt der Kompass nicht genau die Nord-Süd-Richtung an. Der Winkel, um den die Richtung der Magnetnadel von der geografischen Nord-Süd-Richtung abweicht, heißt Deklinationswinkel oder *Missweisung*.
Außerdem sind die Feldlinien gegenüber der Erdoberfläche geneigt. Der Winkel, den die magnetischen Feldlinien mit der Erdoberfläche bilden, heißt Inklinationswinkel. Er beträgt im Süden Deutschlands 63°, im Norden 69°. An den magnetischen Polen der Erde beträgt er 90°.

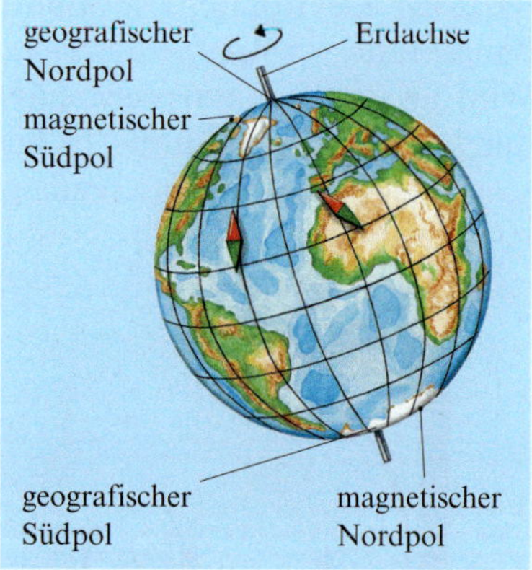

2
Die Pole der Erde

Sonnenwind. Die Sonne sendet ständig elektrisch geladene Teilchen aus, den so genannten Sonnenwind. Dadurch verändert sich die Form des Erdmagnetfeldes: Zur sonnenabgewandten Seite bildet sich ein langer Schweif (Bild 3). Je nach Aktivität der Sonne wird auch das Magnetfeld auf der Erde etwas verändert (s. S. 77).

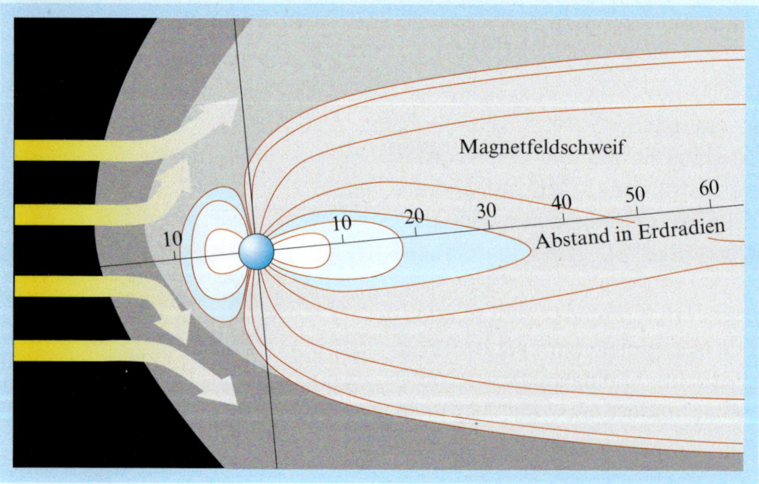

3
Magnetischer Schweif der Erde

4
Bestimmung des Inklinationswinkels

Dauer- und Elektromagnete im Einsatz

1
Haftmagnete

2
Magnetisches Reiseschachspiel

3
Magnetisches Spielzeug

Magnetische Türverschlüsse. An den Türen vieler Schränke sind magnetische Haftverschlüsse angebracht. Ein Schrankverschluss besteht aus einem keramischen Magneten, der etwa 2 cm lang, 1 cm breit und 1/2 cm dick ist. Die Magnetpole befinden sich auf den beiden großen Flächen, die einander gegenüber liegen. Auf jedem Magnetpol befindet sich ein Eisenblechstreifen, der den Pol vollständig bedeckt und noch etwa 3 mm über ihn hinausragt. Damit entspricht die Anordnung einem kleinen Hufeisenmagneten. Die über die Pole hinausragenden Blechstücke sind die Magnetpole. Die Anordnung wird so an der Innenwand des Schrankes befestigt, dass die Magnetpole zur Tür hin zeigen. An der Innenwand der Tür ist ein kleines Eisenstück befestigt, das bei geschlossener Tür die beiden Magnetpole berührt. Beim Schließen der Tür zieht der Magnet das Eisenstück an sich heran und hält es fest.

4
Magnetischer Türverschluss

Lautsprecher. Ein Lautsprecher besitzt eine Spule, durch die ein sich ändernder elektrischer Strom fließt. Die Spule befindet sich im Magnetfeld eines starken Dauermagneten. Das ist in der Regel ein ringförmiger keramischer Magnet. Der Lautsprecher wandelt die im Mikro fon erzeugten Stromschwankungen wieder in Sprache und Musik um. Je nach der Stärke des Stromes wird auf die Spule im Magnetfeld des Ringmagneten eine mehr oder weniger große Kraft ausgeübt. Dadurch bewegt sie sich hin und her und überträgt diese Bewegung auf die große Membran, die die Schallschwingungen verstärkt.

5
Geöffneter Lautsprecher

Elektrische Klingel. Bei einigen Anwendungen benutzt man Elektromagnete in einer Schaltung, die nach ihrem Erfinder Wagner'scher Hammer genannt wird. Der Wagner'sche Hammer unterbricht den Strom von selbst. Er wird z. B. bei der elektrischen Klingel genutzt (Bild 6).
Durch „Drücken des Klingelknopfes" schließt man den Stromkreis. Dadurch zieht der Elektromagnet den Anker mit einer Blattfeder an und unterbricht den Stromkreis an der Kontaktschraube. Der Anker wird dann nicht mehr angezogen. Die Blattfeder bewirkt, dass er sich in die Ursprungslage zurück bewegt. Dabei schließt sich der Stromkreis erneut. Der Anker wird wieder angezogen usw. Erst wenn man den Klingelknopf freigibt, wird der Stromkreis endgültig unterbrochen.

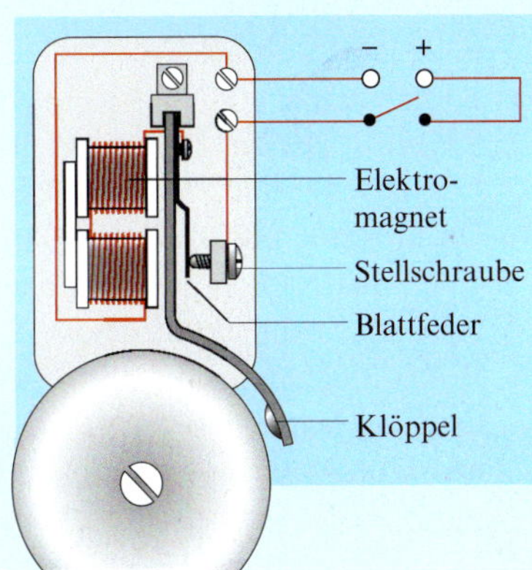

6

Projekt

Elektromotor

Einen sehr einfachen Elektromotor kann man sich aus dickem Kupferdraht, einem keramischen Magneten und einem Holz- oder Schaumstoffklotz herstellen. Ein Motor, der die magnetische Anziehung und Abstoßung nutzt, lässt sich mit einer Kunststoffflasche bauen.

AUFTRAG (Gruppe A)

1 Umwickelt einen Holz- oder Schaumstoffklotz im Abstand von etwa 10 cm mit zwei dicken Kupferlackdrähten von etwa 90 cm Länge und entfernt an allen Enden auf etwa 3 cm die Isolierung!
2 Führt jeweils das eine Ende seitlich heraus (a). Biegt das andere etwa 10 cm lange Ende vertikal nach oben. Winkelt es am oberen Ende ab, sodass eine Auflage entsteht (b)!
3 Wickelt aus einem 175 cm langen dicken Kupferlackdraht eine rechteckige Spule von fünfeinhalb Windungen, die Seitenlängen von 8 cm und 6 cm besitzt (c). Winkelt die beiden etwa 5 cm langen Enden in halber Länge der kleinen Rechteckseiten ab, sodass sie in Richtung der Querachse der Spule verlaufen und legt sie auf die Auflagen!
4 Richtet die Spule durch Nachbiegen des Drahtes so aus, dass sie in jeder Lage liegen bleibt. Entfernt z. B. durch Schaben mit einem Messer die Isolierung am unteren Teil des Drahtes an der Auflagefläche. Haltet dabei die Spule so, dass ihre Öffnungen nach links und rechts zeigen!
5 Legt unter die Spule einen möglichst großen keramischen Magneten, den ihr aus einem alten Lautsprecher ausbauen oder durch Zusammenfügen der Magnete von Türverschlüssen herstellen könnt! Der Nord- oder der Südpol des Magneten soll nach oben zeigen.
6 Verbindet die Anschlüsse (a) des Motors mit einer Monozelle oder einer Flachbatterie und stoßt die Spule an!
7 Führt euren Motor vor und erläutert seine Wirkungsweise!

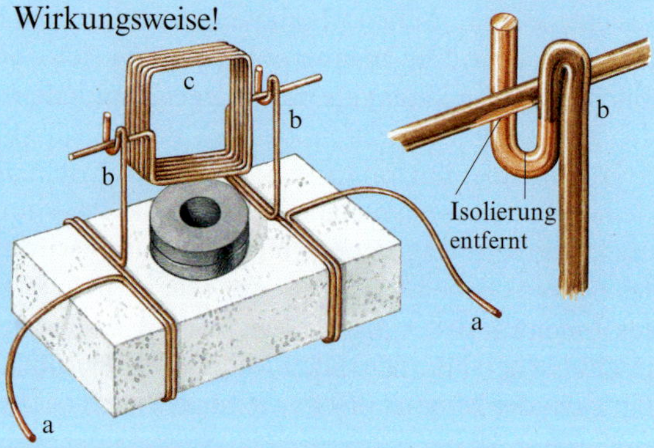

1

AUFTRAG (Gruppe B)

1 Stellt 2 Rahmenspulen aus isoliertem Kupferdraht von 0,3 mm Durchmesser her! Abmessungen: 15 cm × 10 cm. Sie sollen jeweils etwa 50 Windungen haben. Ihr könnt sie z. B. auf einem Holzklotz aufwickeln und hinterher abstreifen.
2 Befestigt die beiden Spulen auf einander gegenüberliegenden Seiten einer großen dickwandigen Kunststoffflasche!
3 Klebt auf den Schraubverschluss der Flasche 2 Halbringe, die ihr aus einem dünnen Kupferblechstreifen hergestellt habt. Schaltet beide Spulen in Reihe und verbindet jedes freie Ende mit einem Halbring. Überlegt dazu, in welcher Richtung der Strom in den beiden Spulen fließen soll!
4 Bohrt in den Schraubverschluss und den Boden der Flasche je ein 4-mm-Loch. Fertigt ein Gestell aus Holzbrettern an, in das die Flasche hineinpasst. Lagert sie drehbar, indem ihr durch die Seitenteile des Gestells je einen Nagel steckt, der in die Bohrungen der Flasche hineinragt!
5 Befestigt auf dem Grundbrett zwei Messingstreifen, die einander gegenüberliegend an den Halbringen schleifen!
6 Legt unter die Kunststoffflasche zwei kräftige keramische Magnete!
7 Verbindet die Anschlüsse (a) des Motors mit einer Flachbatterie und stoßt die Spule an!
8 Führt euren Motor vor und erläutert seine Wirkungsweise!

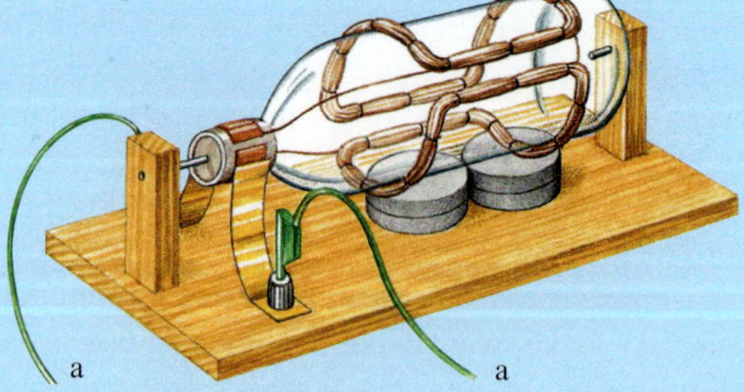

2

Weißt du es? Kannst du es?

1. Welche Haushaltsgegenstände enthalten Magnete? Wozu dienen sie?
2. Untersuche, welche Münzen von Magneten angezogen werden! Wozu kann man das nutzen?
3. Von zwei Stricknadeln ist eine magnetisiert. Wie kann man herausfinden, welche von beiden der Magnet ist?
4. Ein Magnet zieht eine Schraube an und hält sie fest. Diese Schraube zieht eine zweite an und hält sie. Erkläre!
5. Die magnetische Stricknadel im Korken (Bild 1) hat oben ihren Nordpol.
   a) Skizziere den Weg, auf dem sie sich bewegt!
   b) Was würde dagegen geschehen, wenn auf dem Korken ein kleiner Stabmagnet läge? Erkläre den Unterschied!

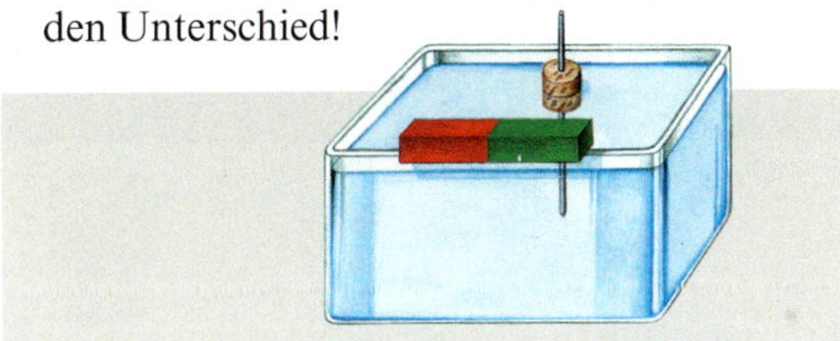
1

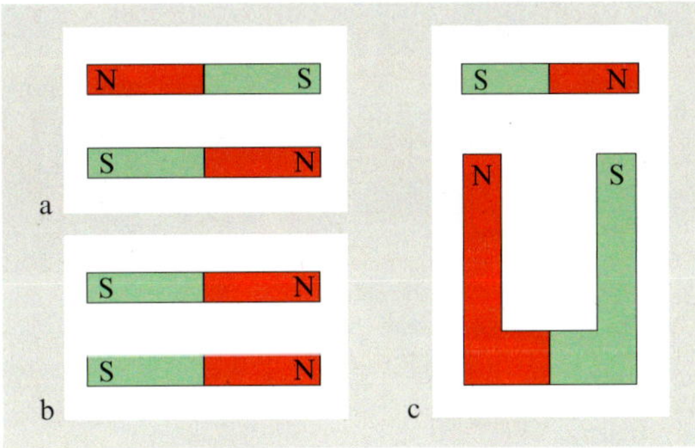

2

6. Zeichne die Feldlinienbilder für die Anordnungen von Magneten in Bild 2!
7. Gib Möglichkeiten an, wie sich der Feldlinienverlauf um einen Magneten ermitteln lässt!
8. An welchen Stellen sind die magnetischen Felder in den Bildern 1 und 5 (S. 163) am stärksten?
9. Begründe, dass für den Kern eines Elektromagneten nur bestimmte Stoffe verwendet werden können! Welche Stoffe sind geeignet?
10. Wovon hängt die Stärke des Magnetfeldes in einer Spule ab? Wie kann man erreichen, dass das Feld möglichst stark ist?
11. Beschreibe den Aufbau und erkläre die Wirkungsweise eines Elektromotors!

Kurz und knapp!

Magnete. Zwischen einem Magneten und Körpern aus Eisen, Nickel, Cobalt und bestimmten keramischen Werkstoffen wirken anziehende Kräfte.
Ein Magnet besitzt einen Nordpol und einen Südpol. An den Polen ist die magnetische Kraft am größten.
Ungleichnamige Pole ziehen einander an, gleichnamige Pole stoßen einander ab.

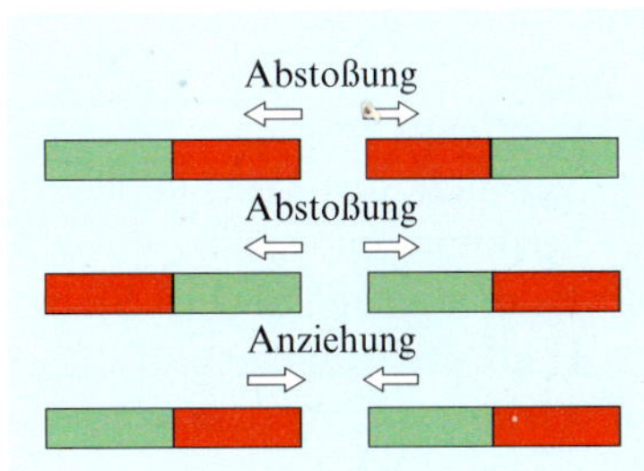

Magnetisches Feld. Im Raum um einen Magneten werden auf Magnete und magnetisierbare Körper Kräfte ausgeübt. Diesen Raum nennt man ein magnetisches Feld.
Bringt man eine Magnetnadel in ein Magnetfeld, so zeigt ihr Nordpol in Richtung der Feldlinie an diesem Ort. Je dichter die Feldlinien in einem Gebiet liegen, umso größer ist die dort auftretende magnetische Wirkung.
Das magnetische Feldlinienbild stellt das magnetische Feld vereinfacht dar.
Auch ein elektrischer Strom ist von einem magnetischen Feld umgeben.

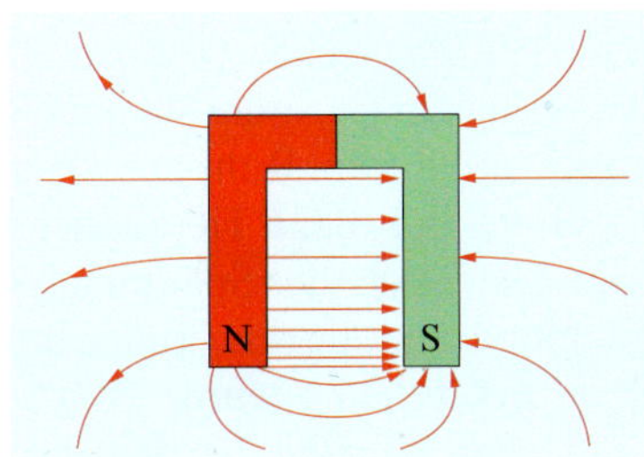

Elektromagnetische Induktion

1

Fast der gesamte elektrische Strom in Deutschland wird mithilfe von Generatoren erzeugt. Diese Generatoren werden von Turbinen angetrieben. Strömender Dampf, Verbrennungsgase, Wasser oder Wind geben ihre Bewegungsenergie an die Turbinen ab. In Generatoren wird dann die mechanische Energie in elektrische Energie umgewandelt. Dies geschieht auf der Grundlage der elektromagnetischen Induktion.

Induktion durch Bewegung

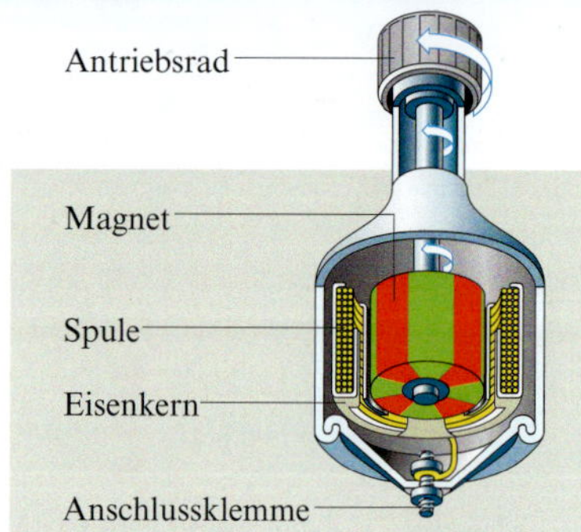

2

Auf einfache Weise lässt sich mit einem Fahrraddynamo elektrischer Strom erzeugen. Ein solcher Dynamo ist ein kleiner Generator (Bild 2). In seinem Gehäuse befindet sich eine Spule aus Kupferdraht. Innerhalb der Spule ist ein zylinderförmiger Magnet drehbar gelagert.
Die Fahrradlampe wird an die Enden der Spule angeschlossen. Wenn nun der Magnet in schnelle Drehbewegung versetzt wird, bringt er die Lampe zum Leuchten.
Wie ist das möglich?

EXPERIMENT 1
1 Verbinde die Anschlüsse einer Spule mit den Anschlüssen eines Spannungsmessers!
2 Bewege einen Pol eines Stabmagneten langsam in die Spule hinein!
3 Halte den Magneten still!
4 Ziehe den Magneten wieder langsam aus der Spule heraus!

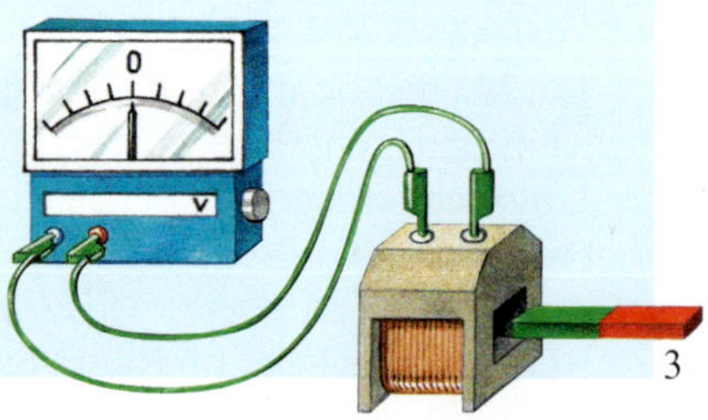

3

Wenn der Magnet ruht, tritt keine Spannung an der Spule auf. Während der Magnet in die Spule hineinbewegt wird, zeigt der Spannungsmesser eine Spannung an. Ruht der Magnet in der Spule, tritt wiederum keine Spannung auf. Beim Herausziehen wird erneut eine Spannung angezeigt. Der Zeiger des Spannungsmessers schlägt jetzt aber in entgegengesetzter Richtung aus (Bild 1, auf der folgenden Seite).
Diese Erscheinung wurde 1831 von MICHAEL FARADAY entdeckt. Er nannte den Vorgang, bei dem ein bewegter Magnet in einer Spule eine Spannung erzeugt, „Induktion" (lat. *inducere* = hineinführen).

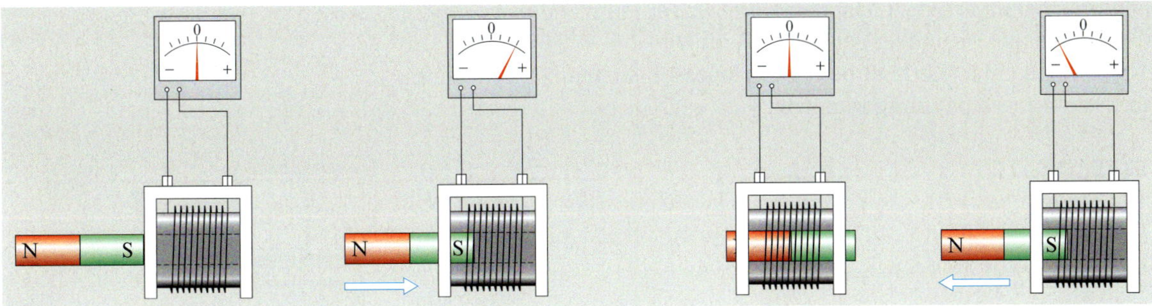

1

Induktion bei bewegtem Magneten

Bewegt man einen Magneten in eine Spule hinein oder aus ihr heraus, so tritt an ihren Enden eine Spannung auf. Diesen Vorgang nennt man elektromagnetische Induktion.

Das Experiment 1 kann etwas verändert werden. Statt den Magneten zu bewegen, wird dieser fest eingespannt und die Spule hin- und herbewegt. Der Zeiger des Messinstrumentes schlägt je nach Bewegungsrichtung nach der einen Seite oder nach der anderen Seite aus (Bild 2).
Es ist also nicht wichtig, ob die Spule oder ob der Magnet bewegt wird. Es kommt nur auf die *Relativbewegung* zwischen beiden an.

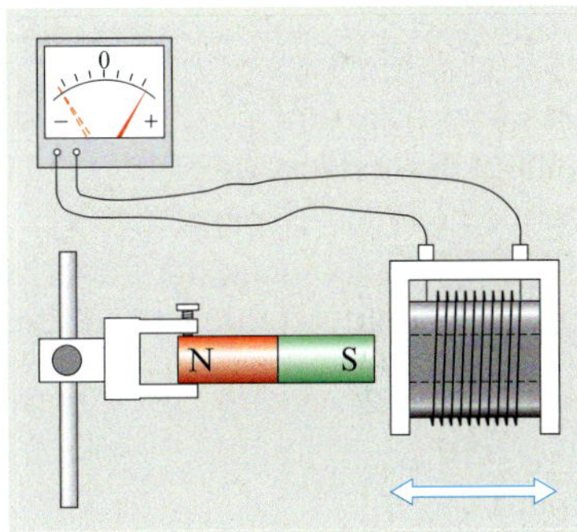

2

Induktion bei bewegter Spule

In Bild 3 ist der Verlauf der magnetischen Feldlinien für das Experiment 1 dargestellt. Vor dem Experiment verlaufen die magnetischen Feldlinien außerhalb der Spule (Bild 3a). Während des Experiments dringen die magnetischen Feldlinien in die Spule ein (Bild 3b). Befindet sich ein Pol des Magneten in der Spule, werden so gut wie alle gezeichneten Feldlinien von der Spule umschlossen (Bild 3c). Beim Herausziehen des Magneten verlaufen dann die Vorgänge in umgekehrter Reihenfolge.

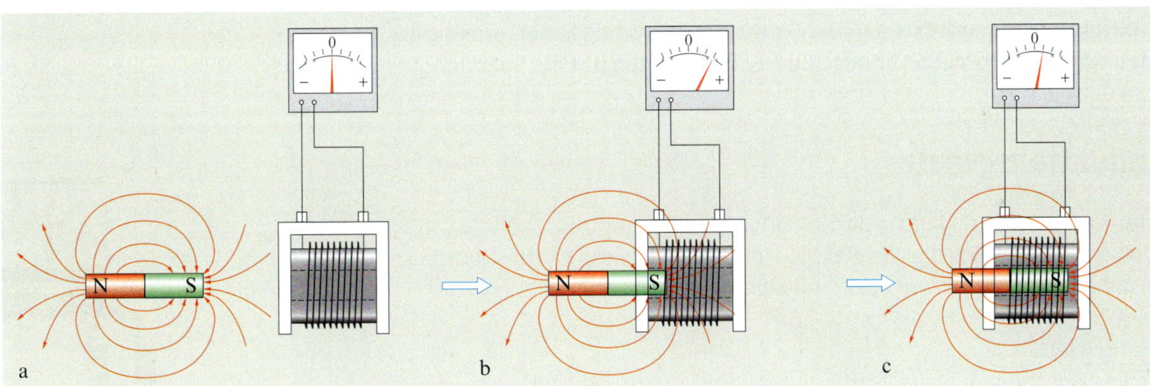

3

Mehr und mehr Feldlinien werden von den Windungen der Spule umschlossen.

In Bild 2 liegen die gleichen Bedingungen vor. Auch hier ändert sich die Anzahl der von der Spule umschlossenen Feldlinien.

Eine Induktionsspannung tritt dann auf, wenn sich bei der Bewegung zwischen Magnet und Spule das von der Spule umschlossene Magnetfeld ändert.

Induktion bei rotierendem Magneten. Bei einem Fahrraddynamo dreht sich der Magnet gegenüber der Spule (siehe Bild 2, S. 172). Es muss also möglich sein, auch die Drehbewegung eines Magneten zur Erzeugung einer Induktionsspannung zu nutzen.

EXPERIMENT 2

Ein Stabmagnet wird so über einer Spule befestigt, dass er eine Drehbewegung ausführen kann. Die Spulenenden werden mit einem Spannungsmesser verbunden.

Der Magnet wird in Drehung versetzt. Dabei gelangen abwechselnd Nord- und Südpol in die Nähe der Spule.

Der Zeigerausschlag am Spannungsmesser wird beobachtet.

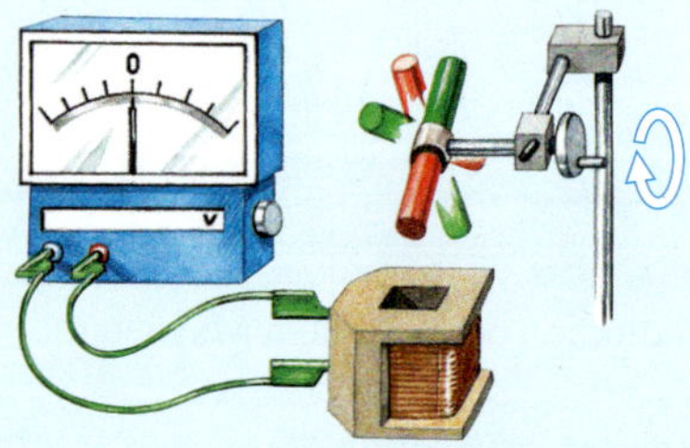

1

Das Messinstrument zeigt eine Induktionsspannung an. Beim Drehen schlägt der Zeiger abwechselnd nach rechts und nach links aus. Es entsteht eine Wechselspannung.

Während dieses Vorgangs ändert sich ständig die Anzahl und die Richtung der von der Spule umschlossenen Feldlinien:

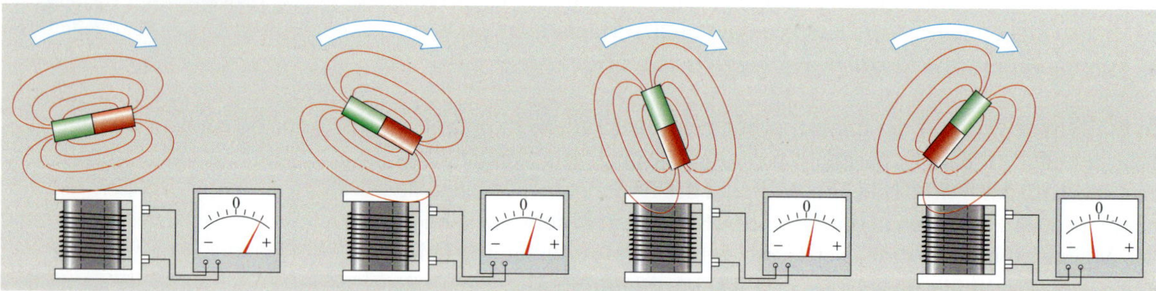

2

Dreht sich ein Stabmagnet vor der Öffnung einer Spule, so kann eine Induktionsspannung auftreten. Der Betrag der Spannung ändert sich ständig. Nach jeder halben Drehung ändert sich die Polarität der Spannung.

Induktionsgesetz

Die Lampen eines Fahrrades leuchten beim Anfahren zunächst nur wenig. Je schneller das Rad fährt, umso heller werden die Lampen. Wovon hängt der Betrag der Induktionsspannung ab?

EXPERIMENT 3

Die Anschlüsse einer Spule werden mit den Anschlüssen eines Spannungsmessers verbunden.

Ein Stabmagnet wird wiederholt langsam in die Spule hinein- und wieder aus ihr herausbewegt.

Die Geschwindigkeit des Magneten wird allmählich vergrößert.

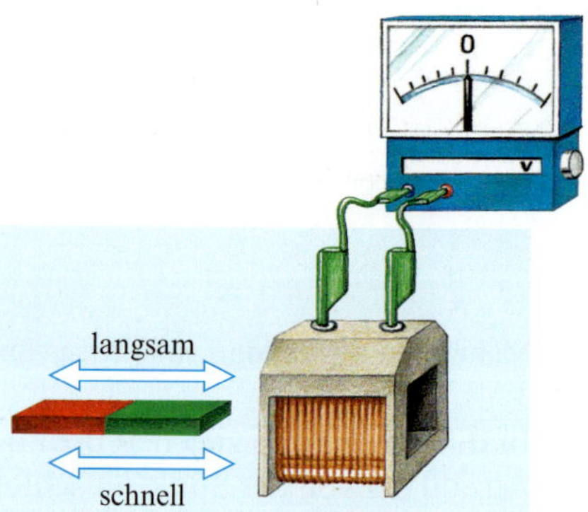

3

Je schneller der Magnet bewegt wird, umso größer ist die Induktionsspannung.

In einem weiteren Experiment soll untersucht werden, welchen Einfluss die Stärke des Magnetfeldes auf die Induktionsspannung hat.

EXPERIMENT 4
Wie im Experiment 3 wird zunächst ein Stabmagnet in die Spule hinein- und wieder herausbewegt.
Es werden zwei und schließlich drei aufeinander gelegte Magnete in gleicher Weise bewegt.

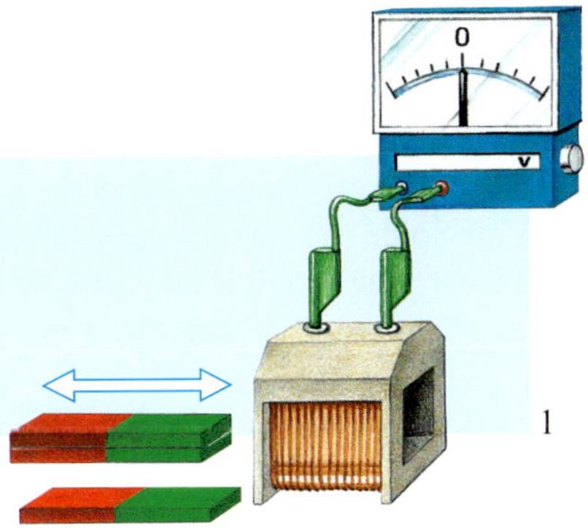

1

Bei gleicher Geschwindigkeit des Magneten ist die Induktionsspannung umso größer, je stärker der Magnet ist.
Die Induktionsspannung ist also dann besonders groß, wenn sich die Stärke des magnetischen Feldes schnell ändert.

Wie ändert sich die Induktionsspannung, wenn unterschiedliche Spulen eingesetzt werden?

EXPERIMENT 5
Eine Spule wird an einen Spannungsmesser angeschlossen.
Ein Stabmagnet wird langsam in die Spule hinein- und wieder aus ihr herausbewegt.
Die Windungszahl der Spule wird verdoppelt und schließlich vervierfacht. Der Magnet wird jeweils in gleicher Weise bewegt.

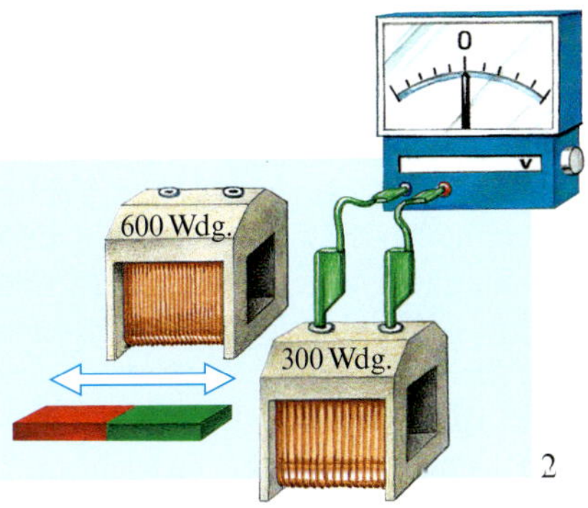

2

Je größer die Windungszahl der Spule ist, desto größer ist auch die Induktionsspannung.

Die gewonnenen Erkenntnisse über die elektromagnetische Induktion kann man in folgender Weise zusammenfassen:

Induktionsgesetz
In einer Spule wird eine Spannung induziert, solange sich das von der Spule umfasste Magnetfeld ändert.
Die Induktionsspannung ist umso größer, je schneller sich die Stärke des Magnetfeldes ändert und je größer die Windungszahl der Spule ist.

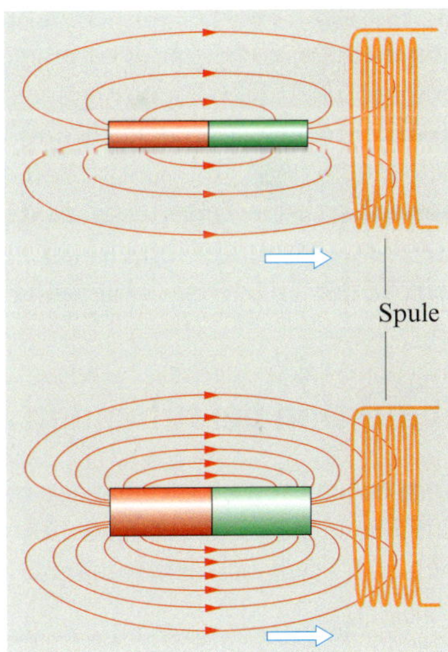

3
Induktion im Feldlinienbild

Induktion und Feldlinien. Die Aussagen des Induktionsgesetzes lassen sich folgendermaßen mit dem Modell Feldlinienbild erklären: Wird ein Magnet in eine Spule hineinbewegt, so ändert sich die Anzahl der Feldlinien, die von den Spulenwindungen umschlossen werden. Je schneller sich nun die Anzahl dieser Feldlinien ändert, desto größer ist die Induktionsspannung.
Wird ein bestimmter Magnet schneller in die Spule hineinbewegt, so nimmt auch die Anzahl derjenigen Feldlinien schneller zu, die von der Spule umschlossen werden. Wird ein stärkerer Magnet verwendet, so ändert sich die Anzahl der umschlossenen Feldlinien schneller. Denn die Feldlinien des stärkeren Magneten liegen dichter beieinander (Bild 3).
Da jede einzelne Windung der Spule zur Induktionsspannung beiträgt, ist sie umso größer, je mehr Windungen die Spule besitzt.

Ursache der elektromagnetischen Induktion

Bei der Induktion kommt es auf die Relativbewegung zwischen Magnet und Spule an: Statt des Magneten kann auch die Spule bewegt werden. Eine Spule besteht aus vielen Windungen bzw. Leiterschleifen. Deshalb müsste eine Induktionsspannung auch dann auftreten, wenn man eine einzelne Leiterschleife durch ein Magnetfeld bewegt.

EXPERIMENT 6

1 Verbinde die Enden einer Leiterschleife, die im Feld eines Hufeisenmagneten hängt, mit den Anschlüssen eines Spannungsmessers!
2 Stoße die Leiterschleife an, sodass sie eine schaukelnde Bewegung ausführt und beobachte den Spannungsmesser!

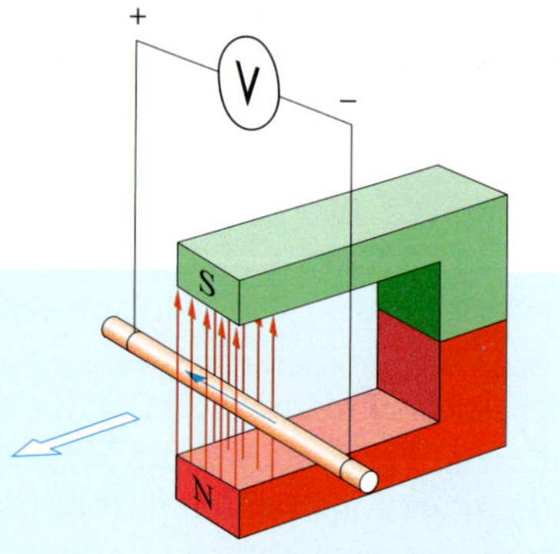

1

So, wie sich die Leiterschaukel hin- und herbewegt, schlägt auch der Zeiger des Messinstrumentes nach links und rechts aus.
Das Feldlinienbild zeigt, dass sich der untere Teil der Leiterschaukel quer zu den magnetischen Feldlinien bewegt. In der Leiterschaukel befinden sich wanderungsfähige Elektronen. Durch das Hin- und Herschaukeln bewegen sie sich quer zu den Feldlinien. Dabei wirkt auf sie eine Kraft, die senkrecht zur Bewegung und senkrecht zu den Feldlinien gerichtet ist.
In Bild 2 sind die Richtungen der Bewegung, der Feldlinien und des Stromes dargestellt. Die Richtung des Stromes ergibt sich aus der 3-Finger-Regel der rechten Hand.
In Bild 1 gibt der Pfeil im Leiter die Richtung des Induktionsstromes für den Fall an, dass sich der Leiter aus dem Hufeisenmagneten herausbewegt. Die Elektronen tragen eine negative Ladung; sie bewegen sich in die entgegengesetzte Richtung.

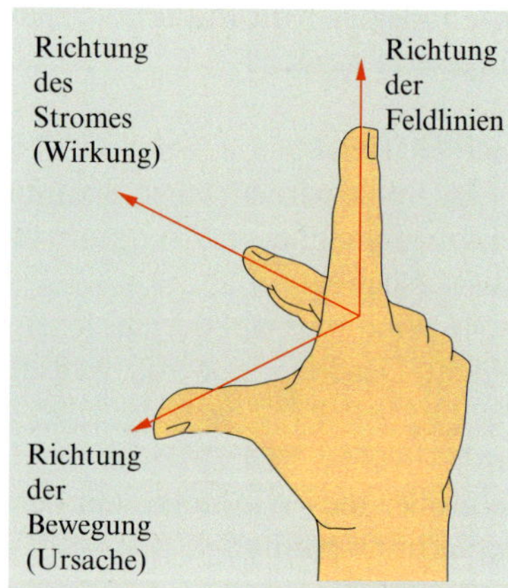

2
Ermittlung der Stromrichtung

Bewegt sich ein Leiter quer zu den magnetischen Feldlinien, so wirkt auf die wanderungsfähigen Ladungsträger im Leiter eine Kraft. Dadurch tritt an den Enden des Leiters eine Induktionsspannung auf.

Induktion bei ruhenden Anordnungen

Verwendung von Elektromagneten. Die Experimente 1 bis 6 wurden alle mit Dauermagneten durchgeführt. Statt dieser Dauermagneten kann sich aber auch ein Elektromagnet bewegen:

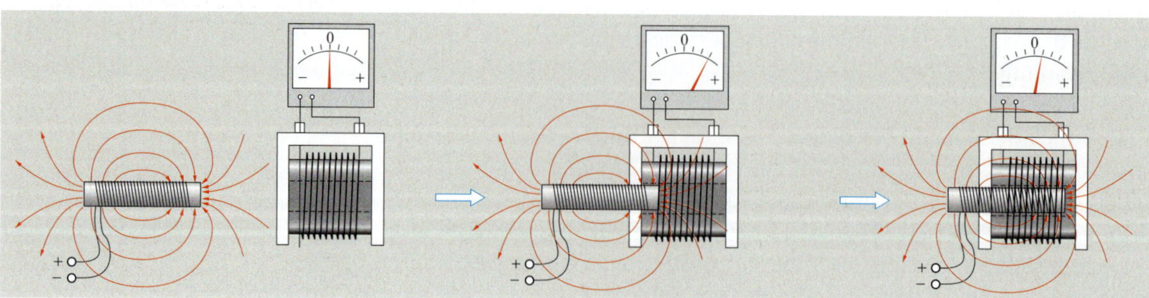

3

Das magnetische Feld eines Elektromagneten dringt in gleicher Weise in die Spule ein wie das eines Stabmagneten. Zu Beginn werden von der Spule keine magnetischen Feldlinien umschlossen. Nach der Bewegung umschließt die Spule viele Feldlinien. Auch hier tritt eine Induktionsspannung auf.

Einschalten eines Magneten. Wird ein ausgeschalteter Elektromagnet in eine Spule hineingeschoben, tritt keine Induktion auf. Was geschieht aber, wenn dann der Elektromagnet eingeschaltet wird?

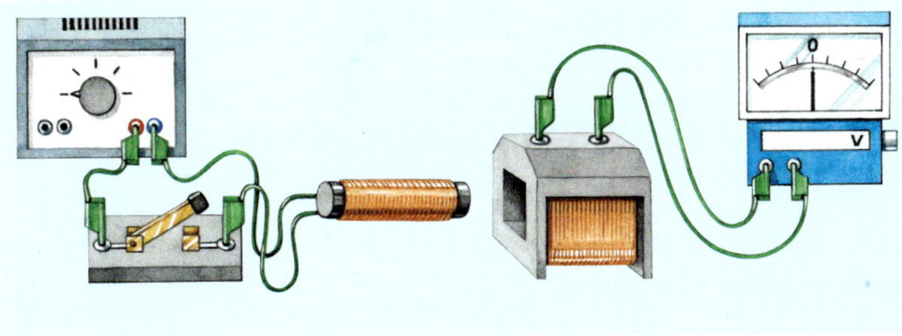

1

EXPERIMENT 7
1 Bringe einen Elektromagneten in eine Spule!
2 Schließe die Spule an einen Spannungsmesser an!
3 Schalte den Strom im Elektromagneten ein!
4 Schalte den Strom wieder aus!

Beim Einschalten des Stromes schlägt der Zeiger des Spannungsmessers kurzzeitig nach einer Seite aus. Beim Ausschalten des Stromes schlägt der Zeiger nach der anderen Seite aus.
Diese Vorgänge lassen sich mit denen in Experiment 1 (S. 172) vergleichen. Das Einschalten des Stromes entspricht dem Hineinschieben des Dauermagneten: Die Anzahl der von der Spule umfassten Feldlinien nimmt zu. Das Ausschalten des Stromes entspricht dem Herausziehen des Dauermagneten: Die Anzahl der von der Spule umfassten Feldlinien nimmt ab.

Auch ohne Bewegung kann eine Induktionsspannung erzeugt werden. Dies lässt sich erreichen, indem die Stärke des Magnetfeldes von einem Elektromagneten geändert wird.

Um auf diese Weise eine Induktionsspannung zu erzeugen, ist es nicht notwendig, den gesamten Elektromagneten in eine Spule hineinzubringen. Bild 2 zeigt eine Anordnung mit einem Elektromagneten, dessen langer Kern in eine Spule hineinragt. Wird der Elektromagnet ein- oder ausgeschaltet, kommt es in der Spule zur Induktion.

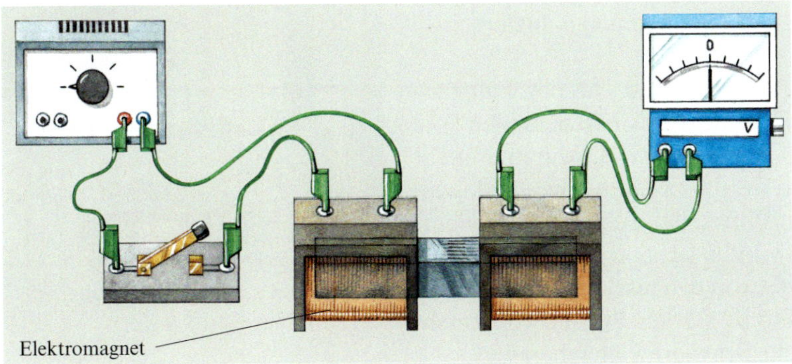

2

SCHON GEWUSST?
Nicht nur durch Ein- und Ausschalten lässt sich das Feld eines Elektromagneten ändern. Auch wenn die Stromstärke langsam verändert wird, ändert sich sein magnetisches Feld.
Je langsamer das Feld des Elektromagneten verändert wird, desto geringer ist jedoch die Induktionsspannung in einer benachbarten Spule.

Ändert sich die Stromstärke im Elektromagneten, wird in der Spule eine Spannung induziert.

Wechselstromgenerator

Der Fahrraddynamo wandelt mechanische Energie in elektrische Energie um. In den Elektrizitätswerken wird die mechanische Energie der Turbinen in den Generatoren durch elektromagnetische Induktion in elektrische Energie umgewandelt. Diese Generatoren gleichen im prinzipiellen Aufbau und in der Wirkungsweise dem Fahrraddynamo.

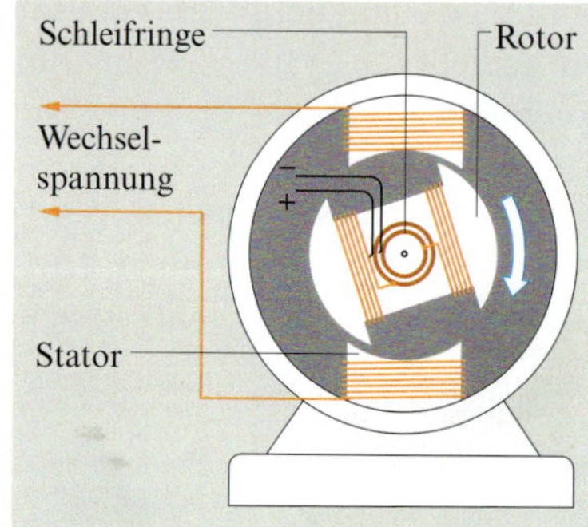

1 Aufbau des Wechselstromgenerators

Aufbau des Wechselstromgenerators. Ein Wechselstromgenerator besteht aus einem ruhenden Teil und einem sich drehenden Teil. Das ruhende Teil nennt man **Stator** (lat. *stare* = stehen), das bewegte Teil Anker oder **Rotor** (lat. *rotare* = sich im Kreis drehen). Der Stator enthält Induktionsspulen mit Eisenkernen. Wie beim Dynamo ist der Rotor ein großer Magnet. Allerdings ist er kein Dauermagnet, sondern ein Elektromagnet, der besonders starke Magnetfelder erzeugen kann.

Ein Wechselstromgenerator besteht aus ruhenden Induktionsspulen (Stator) und einem sich drehenden Magneten (Rotor oder Anker).

Wirkungsweise des Wechselstromgenerators. Wenn sich der Rotor des Generators dreht, nimmt die Stärke des von den Induktionsspulen umfassten Feldes abwechselnd zu und ab. Dabei verändern die magnetischen Feldlinien periodisch ihre Richtung. Deshalb entsteht in den Induktionsspulen eine Wechselspannung:

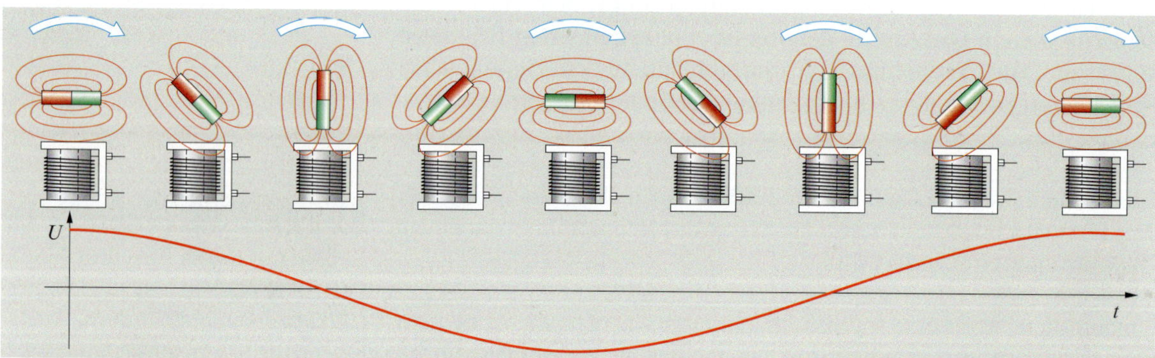

2 Die Wechselspannung entsteht durch die ständige Änderung des Magnetfeldes.

Wenn der Magnet zwischen den Statorspulen des Generators rotiert, ändert sich in diesen ständig die Stärke des Magnetfeldes und die Richtung der Feldlinien. Deshalb wird eine Wechselspannung induziert.

Die großen Generatoren unserer Kraftwerke sind wie der Fahrraddynamo so genannte Innenpolmaschinen, denn die induzierenden Pole des Elektromagneten befinden sich im Rotor (innen). Dadurch braucht man nur den relativ schwachen Strom für die Erregung dieses Magneten dem Rotor über Schleifringe zuzuführen. Bei technischen Generatoren werden Spannungen von 20 000 V induziert und es fließen Ströme von 10 000 A. Es ist günstig, diese direkt von den fest stehenden Spulen im Stator abzunehmen. Die Abnahme so starker Ströme von einem rotierenden Teil würde große technische Schwierigkeiten bereiten.

3 Große Innenpolmaschine während der Montage

Michael Faraday

Michael Faraday war einer der größten Physiker aller Zeiten. Er wurde im Jahre 1791 in Newington, einem Vorort von London, geboren. Dort wuchs er unter ärmlichen Verhältnissen auf. Sein Vater war ein Grobschmied, der oft unter Krankheiten und Arbeitslosigkeit litt. Faraday erinnerte sich, dass einmal ein Laib Brot für die ganze Familie eine Woche lang reichen musste.
In der Elementarschule lernte er nur Lesen, Schreiben und ein wenig Rechnen. Mit 12 Jahren erhielt er eine Stelle als Laufbursche und Zeitungsausträger. Ein Jahr später begann er eine 7-jährige Lehre als Buchbinder. Wie sich bald zeigen sollte, war das ein großer Glücksfall. Faraday las viele der Bücher, die ihm zum Binden gebracht wurden. Dabei lernte er die Erscheinung der Elektrizität kennen. Mit bescheidenen Mitteln baute er sich eine Reibungselektrisiermaschine und eine Leidener Flasche.
Ein wohlhabender Kunde, dem der interessierte junge Mann aufgefallen war, schenkte ihm Eintrittskarten zu den öffentlichen Vorträgen des berühmten Chemikers Sir Humphrey Davy. Mit einer sauber geschriebenen und mit Skizzen versehenen Mitschrift der Vorlesung, die er in Leder eingebunden hatte, bat Faraday den Gelehrten um eine Anstellung an der von ihm geleiteten *Royal Institution.* Davy entschied: „Lassen wir ihn Gläser und Flaschen reinigen. Wenn er gut für etwas ist, wird er kommen, lehnt er ab, dann taugt er für nichts.“ Faraday löste alle Aufgaben so gewissenhaft, dass er Davy als Assistent und Protokollant im Jahr 1813 auf einer anderthalbjährigen Vortragsreise durch Europa begleiten durfte. Auf dieser Reise machte er Bekanntschaft mit bedeutenden Forschern wie Ampère, Volta und Gay-Lussac.
1821 stellte ihm Davy die Aufgabe, alle bis dahin bekannten Experimente über den Elektromagnetismus zusammenzustellen. Faraday nahm diese Aufgabe sehr ernst, wiederholte alle Experimente und entwickelte neue. Dabei hat er auch den ersten Elektromotor erfunden.
Obwohl Faraday weder ein Gymnasium noch eine Universität besucht hatte, wurde er bald Professor. 1824 wählte man ihn zum Mitglied der Königlichen Akademie. Später wurde er der Nachfolger Davys.
In der Physik gab es praktisch kein Gebiet, auf dem Faraday nicht experimentiert hätte. Seine größten Erfolge hatte er bei der Untersuchung der Elektrizität und des Magnetismus. Faraday hat den Begriff des physikalischen Feldes und die Modelle der elektrischen und magnetischen Feldlinienbilder geschaffen.

Hans Christian Oersted hatte 1820 gezeigt, dass der elektrische Strom eine magnetische Wirkung besitzt. Daraus schlussfolgerte Faraday, dass es möglich sein muss, mithilfe von Magnetismus elektrischen Strom zu erzeugen. Erst nach sieben Jahren gelang ihm 1831 das entscheidende Experiment. Auf einen ringförmigen Eisenkern waren zwei Spulen gewickelt (Bild 3). Beim Anschließen einer Batterie an die Spule *a* sowie beim Öffnen des Stromkreises zeigte das Messinstrument einen Strom in der Spule *b* an.
Faraday hat in seinen Tagebüchern über 16 000 Experimente mit vielen Zeichnungen beschrieben.

1
Michael Faraday (1791–1867)

2
Faraday war nicht nur ein begnadeter Experimentator. Regelmäßig zu Weihnachten begeisterte er in leicht verständlichen öffentlichen Vorlesungen eine große Anzahl von Zuhörern.

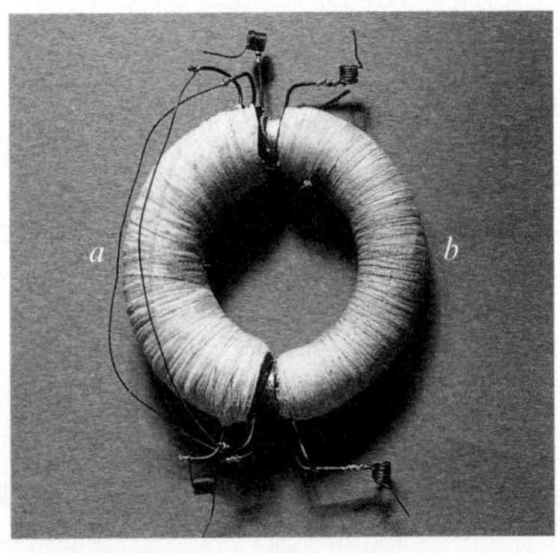

3
Faradays Spulen auf einem Eisenring

Generatoren in Kraftwerken

1

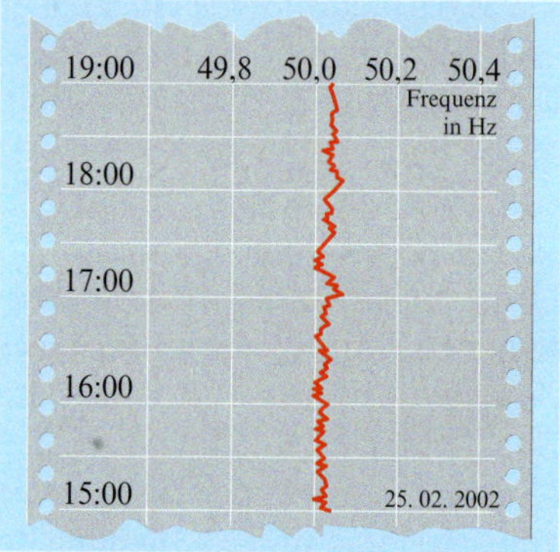

2

Stabilität der Netzfrequenz

Die Generatoren in Kraftwerken erzeugen Ströme mit riesigen Stromstärken. Die Stromstärke in einem 1 200-MW-Generator mit einer Spannung von 20 kV beträgt insgesamt 60 000 A. Um den Anker mit einer entsprechend großen Kraft zu drehen, wird Wasserdampf unter hohem Druck auf die Schaufeln einer Turbine (Bild 1) geleitet.

Die Frequenz des Wechselstromes muss dabei in sehr engen Grenzen konstant gehalten werden, sie darf von der vorgeschriebenen Frequenz von 50 Hz nur kurzzeitig mehr als 0,02 Hz abweichen. Denn verschiedene Kraftwerke speisen ihre Energie in dasselbe Netz ein. Der von ihnen erzeugte Strom muss stets zugleich „in dieselbe Richtung fließen". Kraftwerke werden deshalb sofort automatisch vom Netz genommen, wenn sich die Frequenz ihres Wechselstromes zu stark von 50 Hz unterscheidet.

Die Umlauffrequenz des Generator-Ankers muss genau zu der Netzfrequenz passen. Deshalb dreht sich der Anker im Generator eines Wärmekraftwerkes, der von einer Dampfturbine angetrieben wird, genau 50-mal in der Sekunde oder 3 000-mal in der Minute. So schnell können aber die Turbinen von Wasserkraftwerken nicht laufen. Mit einem Trick wird in diesen Kraftwerken erreicht, dass der erzeugte Strom trotzdem eine Frequenz von 50 Hz hat: Wenn der Anker nicht ein „Stabmagnet" mit einem Nord- und einem Südpol ist, sondern zwei Paare von Polen hat (Bild 3), ist bereits nach einer halben Umdrehung die Ausgangssituation wieder erreicht. Je mehr Polpaare der Anker des Generators hat, umso langsamer darf sich die Turbine drehen.

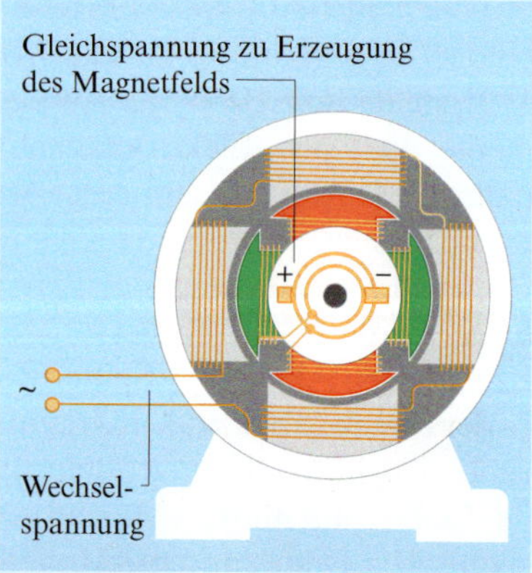

3

4

Induktionsspulen eines Schnellläufers

5

Induktionsspulen eines Langsamläufers

Weißt du es ? Kannst du es

1. Bei welchen der folgenden Bewegungen wird eine Spannung induziert? Gib jeweils eine Begründung! Eine Spule wird
   a) in einem homogenen Magnetfeld parallel zu den Feldlininien verschoben (Bild 1a),
   b) in ein homogenes Feld hineinbewegt (Bild 1b),
   c) aus einem homogenen Magnetfeld herausbewegt (Bild 1c),
   d) innerhalb eines homogenen Feldes quer zu den Feldlinien verschoben (Bild 1d).
2. Eine Spule befindet sich neben einem Elektromagneten (Bild 1e). In welchen Fällen wird in der Spule eine Spannung induziert? Erkläre!
   a) Der Stromkreis des Elektromagneten wird geschlossen.
   b) Im Stromkreis fließt ein konstanter Strom.
   c) Der Stromkreis wird geöffnet.
3. Beschreibe den Aufbau und erkläre die Wirkungsweise eines Wechselstromgenerators!
4. Erkläre, warum in der Technik Innenpolmaschinen verwendet werden!
5. Welche Energieumwandlungen treten in einem Wechselstromgenerator auf?
6. Beim Bremsen von Straßenbahnen kann man den Motor von der Oberleitung trennen und mit einem Widerstand verbinden. Der Motor arbeitet dann als Generator. Wie kommt die Bremswirkung zustande?
7. Kopple deine Fahrradlichtmaschine an das Vorderrad an. Klemme die Zuleitung zu den Lampen ab. Versetze das Vorderrad in Drehbewegung. Nach einigen Umdrehungen bleibt es stehen. Wiederhole den Vorgang mit angeschlossenen Lampen. Erkläre, warum das Rad jetzt früher stehen bleibt!
8. Erkläre das Zustandekommen der Wechselspannung bei einem Generator!
9. Ein Magnet wird in eine Spule hinein geschoben. Wovon hängt die Induktionsspannung ab? Wie ändert sich die Induktionsspannung, wenn statt des einen Magneten drei Magnete verwendet werden, die mit gleichen Polen aufeinander liegen?

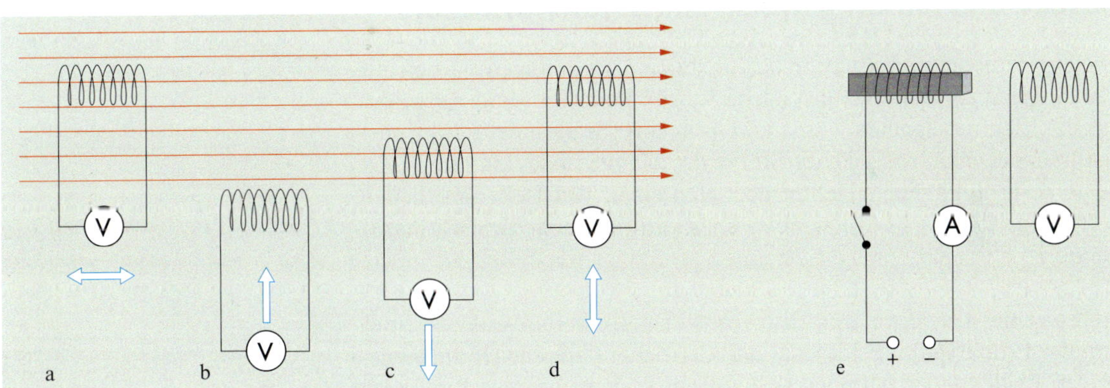

1

Kurz und knapp !

Induktionsgesetz. In einer Spule wird eine Spannung induziert, solange sich das von der Spule umfasste Magnetfeld ändert. Die Induktionsspannung ist umso größer, je schneller sich die Stärke des Magnetfeldes ändert und je größer die Windungszahl der Spule ist.

Wechselstromgenerator. Ein Wechselstromgenerator besteht aus einem Magneten (Rotor), der sich zwischen den Induktionsspulen (Stator) dreht. Dabei ändert sich das von den Spulen umfasste Magnetfeld ständig und es wird eine Wechselspannung induziert.

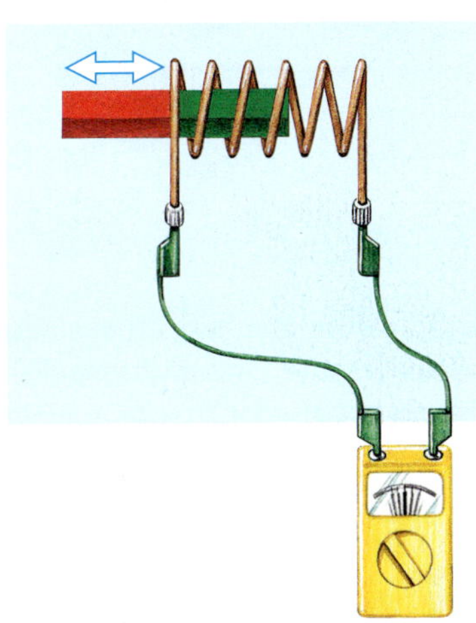

Transformator

1

An unseren Steckdosen liegt eine elektrische Spannung von 230 V an. Für viele Zwecke benötigt man jedoch viel kleinere Spannungen z. B. für den Betrieb eines MP3-Players oder eines Ladegerätes. Dafür benutzt man ein Netzteil. Im Netzteil befindet sich ein Transformator. Er wandelt die Netzspannung in die benötigte Kleinspannung um.
Elektrische Bahnen arbeiten mit einer Spannung von 15 000 V. Diese wird ebenfalls von Transformatoren bereitgestellt.
Auf welche Weise erzeugen die Transformatoren kleinere oder größere Spannungen?

Aufbau und Wirkungsweise eines Transformators

Die Experimente zur Induktion bei ruhenden Anordnungen wurden mit Gleichspannung durchgeführt (siehe S. 176). Beim Ein- und Ausschalten des Elektromagneten wurde jeweils in einer Spule eine Induktionsspannung erzeugt, weil sich die Stärke des Magnetfeldes änderte. Auch wenn man durch einen Elektromagneten einen Wechselstrom fließen lässt, ändert sich sein Magnetfeld. Dies wird in einem Transformator genutzt.

Aufbau eines Transformators. Ein Transformator besteht aus zwei Spulen, der Primärspule (Feldspule) und der Sekundärspule (Induktionsspule). Beide Spulen befinden sich auf einem gemeinsamen Eisenkern (Bild 2). Sie sind elektrisch nicht miteinander verbunden.

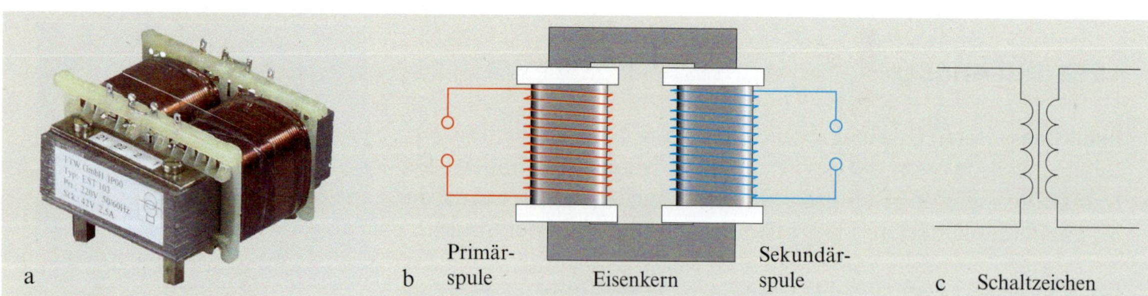

2

Ein Transformator besteht aus einer Primärspule (Feldspule) und einer Sekundärspule (Induktionsspule), die sich auf einem geschlossenen Eisenkern befinden.

Wirkungsweise eines Transformators. Auf welche Weise entsteht in der Sekundärspule des Transformators eine Spannung?

EXPERIMENT 1

1. Stecke auf den einen Schenkel eines U-förmigen Eisenkerns eine Spule (Primärspule) und schließe sie an eine Wechselspannungsquelle an!
2. Verbinde eine zweite Spule (Sekundärspule) mit einer Glühlampe!
3. Schiebe die Sekundärspule langsam auf den zweiten Schenkel des U-Kerns!
4. Lege auf den U-Kern einen I-Kern!

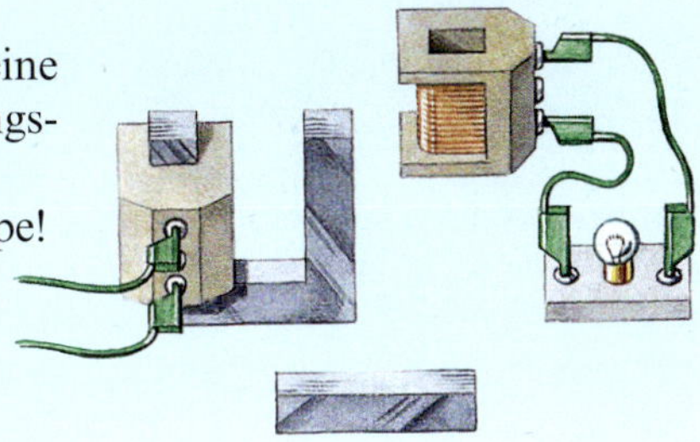

1

Beim Aufschieben der Sekundärspule auf den U-Kern beginnt die Lampe erst schwach und danach stärker zu leuchten. Nach dem Auflegen des I-Kerns leuchtet sie hell.
Um eine Spannung zu induzieren, muss sich das von der Induktionsspule umfasste magnetische Feld ändern. Bei einem Transformator ist diese Bedingung dadurch erfüllt, dass durch seine Primärspule ein Wechselstrom fließt. Dieser Wechselstrom bewirkt, dass sich das Magnetfeld ständig ändert. Das Magnetfeld gelangt durch den Eisenkern zur Sekundärspule. Diese Spule umfasst das Magnetfeld. Dadurch wird fortwährend eine Spannung induziert. Ein an die Sekundärspule angeschlossenes Oszilloskop lässt erkennen, dass die Induktionspannung wieder eine Wechselspannung ist (Bild 2).

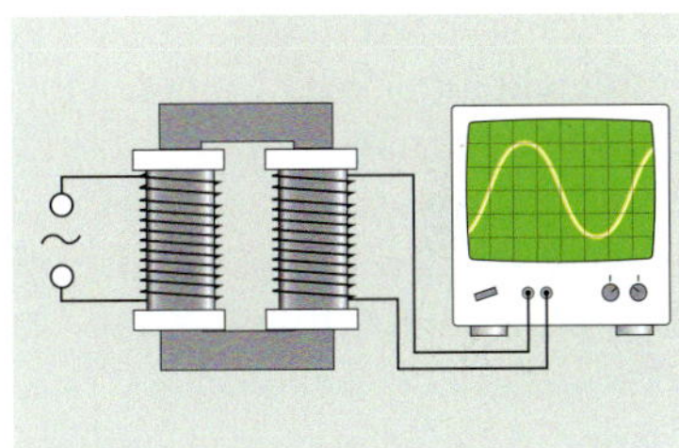

2

Fließt durch die Primärspule eines Transformators ein Wechselstrom, so ändert sich das Magnetfeld ständig. Dadurch wird in der Sekundärspule eine Wechselspannung induziert.

Spannungs- und Stromübersetzung am Transformator

Spannungsübersetzung am Transformator. Das Experiment 5 (S. 175) hat gezeigt, dass die Induktionsspannung umso größer ist, je größer die Windungszahl der Induktionsspule ist. Es ist deshalb zu vermuten, dass auch bei einem Transformator die induzierte Spannung von der Windungszahl der Sekundärspule abhängt: Je größer die Sekundärwindungszahl ist, umso größer müsste auch die Sekundärspannung sein.

EXPERIMENT 2

1. Stelle aus einer Primärspule, einer Sekundärspule und einem geschlossenen Eisenkern einen Transformator zusammen!
2. Lege an die Primärspule eine bestimmte Wechselspannung U_1 an!
3. Miss die Spannung U_2 an der Sekundärspule!
4. Verändere die Windungszahl N_2 der Sekundärspule!
5. Verändere die Primärspannung!
6. Verändere dieWindungszahl N_1 der Primärspule!
7. Bilde die Quotienten aus N_1 und N_2 bzw. U_1 und U_2!

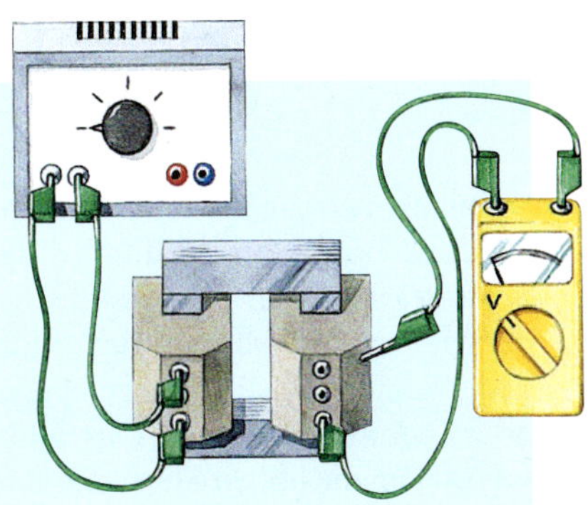

3

Bei dem Experiment kann man z. B. folgende Messergebnisse erhalten:

Primärkreis		Sekundärkreis		Auswertung	
N_1	U_1 in V	N_2	U_2 in V	$N_1 : N_2$	$U_1 : U_2$
600	5,0	300	2,4	2,0	2,08
600	5,0	600	4,8	1,0	1,04
600	5,0	900	7,3	0,67	0,68
600	10,0	900	14,7	0,67	0,68
300	5,0	600	9,8	0,5	0,51

Das Experiment bestätigt die Vermutung. Die Sekundärspannung ist umso größer, je größer die Sekundärwindungszahl ist. Außerdem ist zu erkennen: Wenn die Primärspannung zunimmt, nimmt auch die Sekundärspannung zu. Schließlich hat die Primärwindungszahl Einfluss auf die Sekundärspannung.
Vergleicht man die Quotienten in den beiden letzten Spalten, so erkennt man: Die Primärspannung verhält sich zur Sekundärspannung wie die Primärwindungszahl zur Sekundärwindungszahl. Voraussetzung ist dabei, dass der Transformator nicht belastet ist, d. h., im Sekundärstromkreis kein Strom fließt .

Spannungsübersetzung am unbelasteten Transformator: $\frac{U_1}{U_2} = \frac{N_1}{N_2}$

Beispiel zur Berechnung der Sekundärwindungszahl eines Transformators
Bei der Werbung mit „Neonlicht" ist für die Zündung der Röhren eine Spannung von 4 000 V erforderlich. Der Hochspannungstransformator wird mit 230 V betrieben und besitzt eine Primärwindungszahl von 600 Windungen. Wie groß muss die Sekundärwindungszahl sein?

1
Hochspannungstransformator für Leuchtstoffröhren

Gesucht: N_2

Gegeben: $N_1 = 600$

$U_1 = 230\,\text{V}$

$U_2 = 4\,000\,\text{V}$

Lösung: $\frac{U_1}{U_2} = \frac{N_1}{N_2}$

$N_2 = N_1 \cdot \frac{U_1}{U_2}$

$N_2 = 600 \cdot \frac{4\,000\,\text{V}}{230\,\text{V}}$

$\underline{\underline{N_2 = 10\,435}}$

Ergebnis: Die Sekundärspule muss eine Windungszahl von 10 435 besitzen.

Stromübersetzung am Transformator. Beim Schweißen mit einem Elektroschweißgerät müssen durch die Schweißelektrode Ströme mit großen Stromstärken fließen, damit die hohen Temperaturen zum Schmelzen des Materials erreicht werden. Man kann ein solches Schweißgerät mit dem Netzwechselstrom betreiben, auch wenn die Leitungen nur für 10 A oder 16 A ausgelegt sind. Das Schweißgerät enthält einen Transformator, in dem die hohen Stromstärken erzeugt werden. Welche Bedingungen müssen dafür erfüllt sein?

EXPERIMENT 3

1 Stelle aus einer Primärspule, einer Sekundärspule, einem U- und einem I-Kern einen Transformator zusammen!
2 Verbinde die Primärspule über einen Strommesser mit einer Wechselspannungsquelle!
3 Belaste die Sekundärspule des Transformators stark, indem du sie über einen Strommesser kurzschließt!
4 Verändere die Sekundärwindungszahl und miss jeweils Primär- und Sekundärstromstärke!

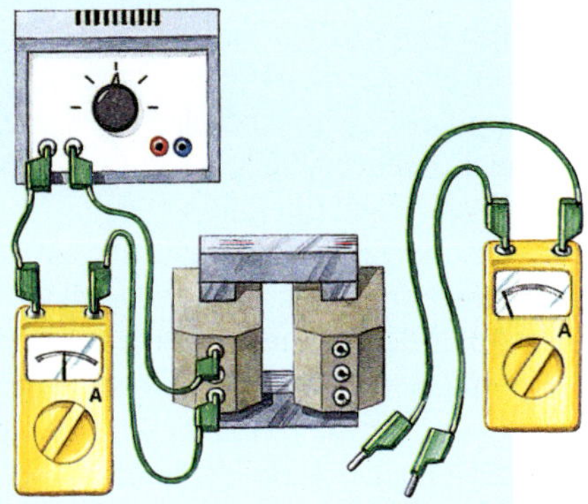
1

In die folgende Tabelle sind als Beispiel die Ergebnisse von 2 Messungen eingetragen:

Primärkreis		Sekundärkreis		Auswertung	
N_1	I_1 in mA	N_2	I_2 in mA	$N_2 : N_1$	$I_1 : I_2$
1 200	100	600	190	0,5	0,53
1 200	100	300	390	0,25	0,26

Das Experiment führt zu folgenden Ergebnissen: Je kleiner die Sekundärwindungszahl ist, umso größer ist die Sekundärstromstärke.
Vergleicht man die Quotienten in den beiden letzten Spalten, so erkennt man: Die Primärstromstärke verhält sich zur Sekundärstromstärke umgekehrt wie die Windungszahlen der beiden Spulen zueinander. Voraussetzung ist dabei, dass der Transformator stark belastet ist.

Stromübersetzung am stark belasteten Transformator: $\frac{I_1}{I_2} = \frac{N_2}{N_1}$

Beispiel zur Berechnung der Sekundärstromstärke eines Transformators
Ein Schweißtransformator wird mit einer Wechselspannung von 230 V betrieben. Seine Primärwindungszahl ist 400, seine Sekundärwindungszahl 75. Welchen Wert kann die Sekundärstromstärke erreichen, wenn die Primärstromstärke 8 A beträgt?

Gesucht: I_2

Gegeben: $N_1 = 400$

$N_2 = 75$

$I_1 = 8\,\text{A}$

Lösung: $\frac{I_1}{I_2} = \frac{N_2}{N_1}$

$I_2 = I_1 \cdot \frac{N_1}{N_2}$

$I_2 = 8\,\text{A} \cdot \frac{400}{75}$

$\underline{\underline{I_2 = 43\,\text{A}}}$

Ergebnis: Die Sekundärstromstärke kann maximal 43 A erreichen.

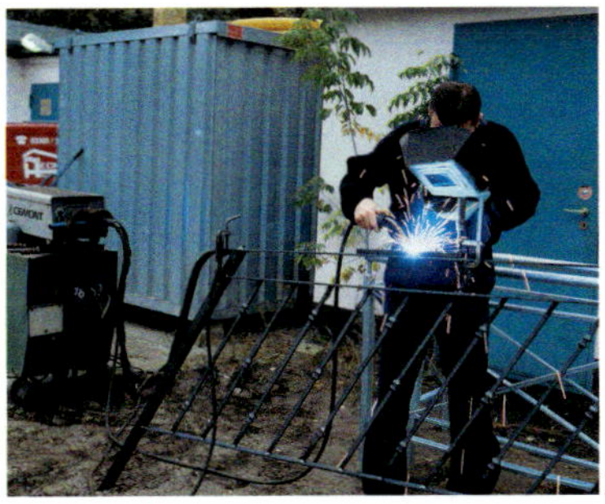
2
Schweißgerät mit Schweißtransformator

Fernleitung elektrischer Energie

Ein wesentlicher Vorzug der elektrischen Energie besteht darin, dass sie mit elektrischen Freileitungen übertragen werden kann. Die Drähte dieser Leitungen haben jedoch – wie alle elektrischen Leitungen – einen elektrischen Widerstand. Dieser Widerstand bewirkt, dass ein Teil der elektrischen Energie in thermische Energie umgewandelt wird. Die thermische Energie erwärmt die umgebende Luft. Die Wärmeabgabe ist umso größer, je größer der elektrische Widerstand der Leitungen ist. Außerdem nimmt sie stark mit der elektrischen Stromstärke in den Leitungen zu. Der Widerstand ließe sich verringern, wenn man dickere Leitungen nähme. Doch das wäre sehr teuer. Eine gute Möglichkeit besteht aber darin, die Stromstärke in den Leitungen zu verkleinern. Das ist dadurch möglich, dass man die Elektrizität mit großen Spannungen überträgt.

Die Generatoren in den Kraftwerken erzeugen Spannungen von etwa 20 kV. In einem Umspannwerk wird diese Spannung in Transformatoren auf 220 kV oder 380 kV hochtransformiert. Mit dieser Hochspannung werden dann durch die Freileitungen große Entfernungen überbrückt.

Natürlich kann diese Hochspannung nicht in Haushalten und Fabriken verwendet werden. Sie ist sehr gefährlich, und es würden lange Funken zwischen den Leitungen überspringen. Deshalb wird die Spannung in der Nähe von Städten und Industriebetrieben in mehreren Schritten bis auf 400 V bzw. 230 V heruntertransformiert. Das erfolgt in den Transformatoren der Umspannwerke.

Damit ist bei der Übertragung elektrischer Energie mit Hochspannung ein mehrfaches Transformieren erforderlich. Das erfolgt aber nur mit einem bestimmten Wirkungsgrad. Durch eine sehr gute Konstruktion erreichen solche Transformatoren Wirkungsgrade von 99,9 %.

1

ÜBRIGENS

Die Transformatoren der Umspannwerke müssen für Leistungen bis zu 3 GW ausgelegt werden. Bei solch großen Transformatoren ist es nicht mehr möglich, nur eine Primär- und eine Sekundärspule auf einem Eisenkern anzuordnen. Eine derartige tonnenschwere Anlage ließe sich nicht vom Hersteller zum Einsatzort transportieren. In diesen Fällen ordnet man daher mehrere Transformatoren auf einer „Bank“ an.

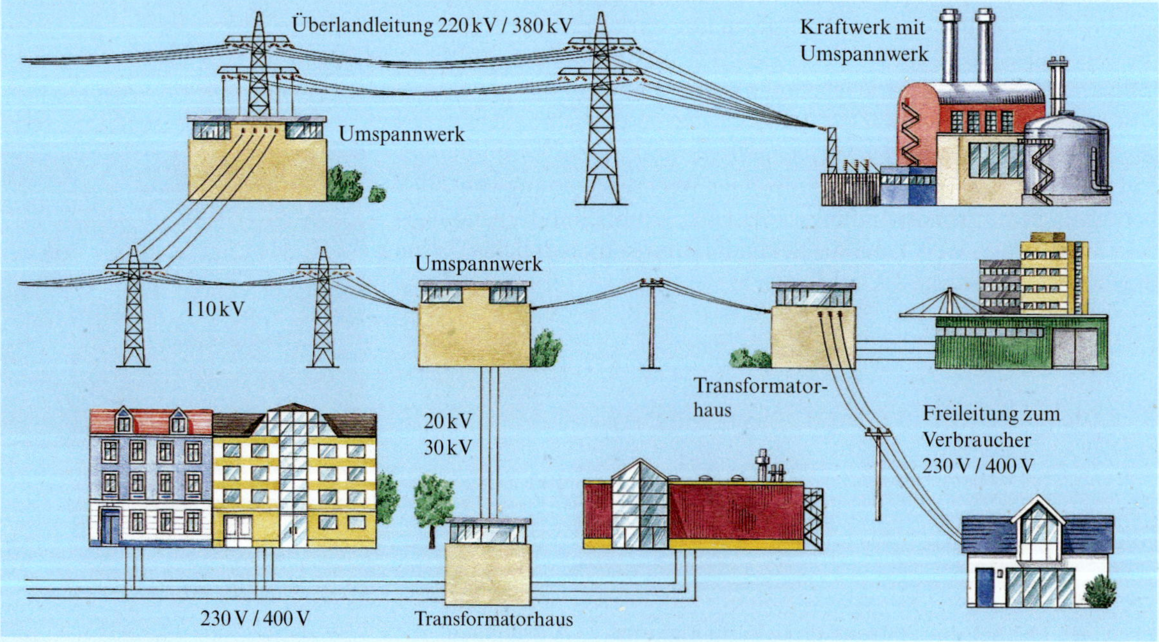

2

Weißt du es? Kannst du es

1. Beschreibe den Aufbau und erkläre die Wirkungsweise eines Transformators!
2. Nenne Beispiele für die Anwendung von Transformatoren. Ordne sie nach der zu nutzenden Spannung!
3. Ein Kleinschweißtransformator ist für eine Betriebsspannung von 230 V konstruiert. Seine Primärwindungszahl beträgt 260, seine Sekundärwindungszahl 60. Wie groß ist die Sekundärspannung bei unbelastetem Transformator?
4. Bei einem Transformator wird die Primärspannung zunächst verdoppelt und dann halbiert. Wie ändert sich jeweils die Sekundärspannung?
5. Erkläre, warum die Sekundärspannung eines Transformators zunimmt, wenn die Primärspannung größer wird!
6. Eine Kohlebogenlampe wird über einen Transformator mit einer Spannung von 50 V betrieben. Bei einer Netzspannung von 230 V beträgt die Sekundärstromstärke 10 A. Wie groß muss die Stromstärke in der Primärspule mindestens sein?
7. An einem Transformator werden im Leerlauf eine Primärspannung von 230 V und eine Sekundärspannung von 9,2 V gemessen. Bei Kurzschluss beträgt die Primärstromstärke 0,1 A. Gib das Verhältnis der Windungszahlen und die Stromstärke im Sekundärkreis an!
8. Mit einem Transformator soll eine Wechselspannung von 230 V auf 19 V transformiert werden. Für seinen Aufbau stehen ein Eisenkern und Spulen mit 125, 250, 500, 750, 1 500 und 3 000 Windungen zur Verfügung. Gib mögliche Spulenkombinationen für diesen Transformator an!
9. Begründe, dass bei der Fernleitung elektrischer Energie Transformatoren eingesetzt werden müssen!
10. Elektrische Energie soll bei einer Leistung von 500 kW durch ein Fernleitungskabel übertragen werden.
    a) Begründe, dass es sinnvoll ist, für die Übertragung eine möglichst hohe Spannung zu verwenden!
    b) Berechne die Stromstärken, die sich für Spannungen von 230 V, 10 kV und 220 kV ergeben würden!
11. Erkläre, warum die Sekundärspannung eines Transformators größer wird, wenn man die Sekundärwindungszahl vergrößert!
12. Begründe, warum bei der Fernübertragung elektrischer Energie die Spannung zunächst vergrößert und dann wieder schrittweise verringert werden muss! Was würde geschehen, wenn man eine Spannung von 230 V über einige 100 km direkt übertragen wollte?
13. Welche Aufgabe hat der Eisenkern eines Transformators? Warum sollte er in der Regel „geschlossen" sein?

Kurz und knapp!

Transformator

In einem Transformator erfolgt die Induktion ohne Bewegung durch ständiges Ändern des Magnetfeldes in der Induktionsspule.

Ein Transformator besteht aus einer Primärspule (Feldspule) und einer Sekundärspule (Induktionsspule), die sich auf einem geschlossenen Eisenkern befinden. Fließt durch die Primärspule ein Wechselstrom, so ändert sich das Magnetfeld ständig. Dadurch wird in der Sekundärspule eine Wechselspannung induziert.

Spannungsübersetzung am unbelasteten Transformator:

$$\frac{U_1}{U_2} = \frac{N_1}{N_2}$$

Stromübersetzung am stark belasteten Transformator:

$$\frac{I_1}{I_2} = \frac{N_2}{N_1}$$

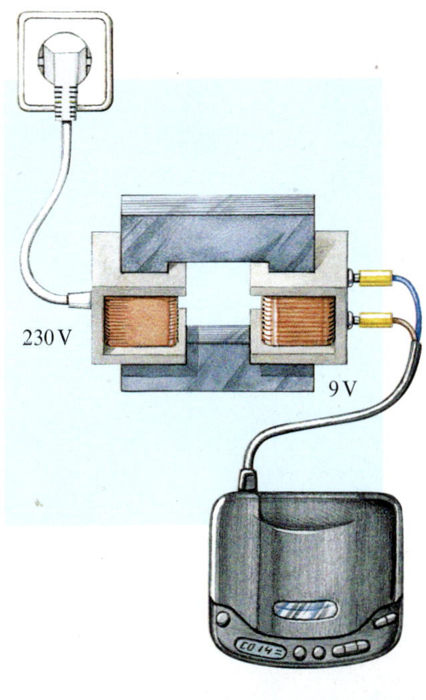

Unser **Thema**

Reise zu den Sternen

Ein uralter Traum der Menschheit – fliegen zu können: Wie die Zugvögel in andere Länder und vielleicht sogar zu den Sternen.
Aus der griechischen Sagenwelt ist bekannt, dass DÄDALUS eine Möglichkeit ersann, wie er und sein Sohn IKARUS sich fliegend fortbewegen konnten. Mit Flügeln aus Vogelfedern und Bienenwachs soll der 13-jährige IKARUS geflogen sein. Dann ist er ins Meer gestürzt Vor wenigen Jahrhunderten trugen hölzerne Segelschiffe die Entdecker über die Ozeane. Auf der Suche nach Gold, wertvollen Mineralien, Gewürzen und neuen Lebensräumen sind sie dabei im Laufe der Jahre in immer entlegenere Gegenden der Erde vorgedrungen. Es war nur eine Frage der Zeit, die Entdeckungsreisen auch auf den Weltraum auszudehnen.

Der Schriftsteller JULES VERNE beschrieb vor etwa 100 Jahren eine Reise zum Mond: „Der Raumflugkörper war ein großes Geschoss. Es wurde mit einer riesenhaften Kanone abgeschossen und von einer gewaltigen Pulverladung angetrieben.“ Auf diese Weise ist es jedoch unmöglich, den Weltraum zu erreichen. Auch Flugzeuge und Luftballons vermögen das nicht, denn sie können sich nur innerhalb der Lufthülle fortbewegen. Die Rakete ist das einzige Antriebsmittel, das in den Weltraum gelangen kann. Aber JULES VERNE hat viele Anordnungen beschrieben, die heute tatsächlich in der Raumfahrt genutzt werden.

1

Crew der STS-121 vor dem Abflug zur ISS

2

Raketen und Raumfahrt

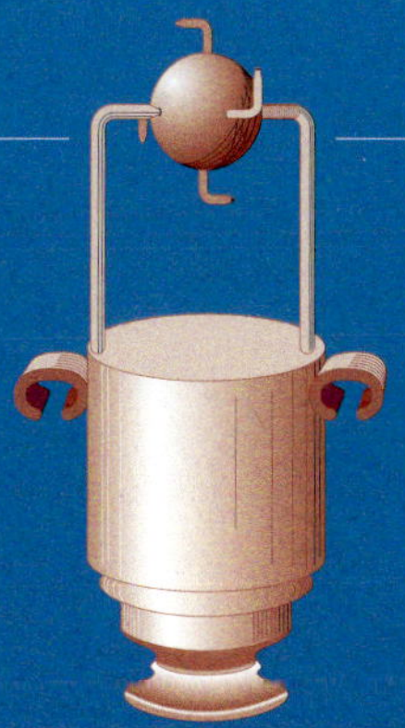

1 Äolipile des HERON

Der Rückstoßantrieb, der bei einer Rakete genutzt wird, gehört zu den ältesten Antrieben. Er wurde bereits um 50 n. Chr. vom griechischen Techniker HERON VON ALEXANDRIA bei seiner Äolipile, einer Dampf-Rückstoßturbine, genutzt. Das war lange vor der Erfindung der Dampfmaschine (etwa 1770) und der Verbrennungs- und Elektromotoren. In China nutzte man den Rückstoßantrieb bei Feuerwerks- und Kriegsraketen bereits seit 972 n. Chr. Die Chinesen nannten die Raketen „Pfeile des fliegenden Feuers“. Welches Prinzip liegt dem Raketenantrieb zugrunde?

AUFTRAG 1

Untersucht das Rückstoßprinzip! Wählt aus den folgenden Experimenten aus oder überlegt euch selbst Anordnungen. Baut sie auf und führt sie vor. Achtet dabei auf die Sicherheit!

1 **Beobachte den Rückstoß eines Föhns!**
Hänge einen Föhn mit seiner Zuleitung an einem Haken auf (Bild 2)! Schalte den Föhn ein! Vor der Luftaustrittsöffnung befindet sich in geringem Abstand eine Holzplatte. Beobachte den Föhn, wenn du den Stecker in die Steckdose steckst!

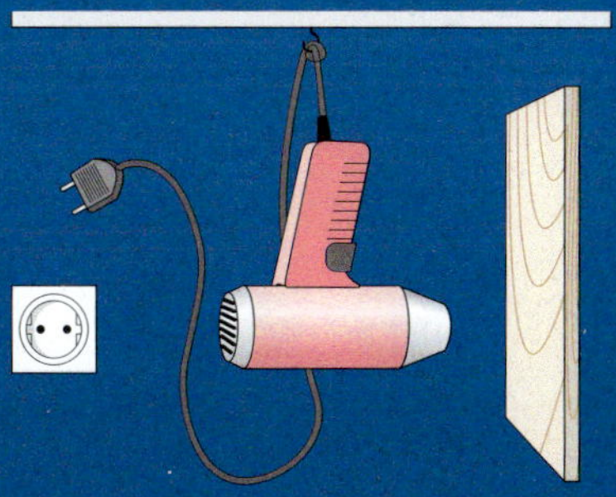

2

2 **Baue ein Modellfahrzeug mit Rückstoßantrieb!**
Benutze als Antrieb einen Luftballon, dessen Luft durch eine kleine Öffnung austritt (Bild 3)! Erkläre das Wirkprinzip des Antriebs!

3

3 **Baue und starte eine Wasserrakete!**
Schneide aus einem Fahrradschlauch das Ventil aus! Achte darauf, dass noch Gummi von etwa 2,5 cm Durchmesser am Ventilschaft bleibt. Bohre durch einen Korken, der zum Verschließen einer Kunststoffflasche geeignet ist, ein Loch! Es muss so groß sein, dass Ventilschaft mit Ventil und aufgeschraubter Ventilkappe gerade in den Korken eingeführt werden können. Verschließe eine Kunststoffflasche mit einem Volumen von 1 Liter bis 1,5 Liter mit dem Stopfen! Starte die Rakete, indem du durch Pumpen mit einer Fahrradpumpe im Innern der Flasche einen Überdruck erzeugst. Beobachte die Flugweite!
Wiederhole das Experiment, nachdem du die Flasche zu 25 % bis 30 % mit Wasser gefüllt hast!

4

5

Das Raketenprinzip. Um eine Rakete auf eine hohe Geschwindigkeit zu beschleunigen, muss eine große Kraft in Wegrichtung wirken. Eine derartig große Kraft tritt auf, wenn man im Innern der Rakete einen Treibstoff verbrennt. In der Brennkammer dehnen sich die Verbrennungsgase infolge ihrer hohen Temperatur stark aus. Durch den großen Druck werden sie beschleunigt und treten mit sehr großen Geschwindigkeiten aus einer Düse entgegengesetzt zur Bewegungsrichtung der Rakete aus. In der Brennkammer wird chemische Energie in thermische Energie umgewandelt. In einer Düse erfolgt die Umwandlung der thermischen Energie in mechanische Energie der ausströmenden Gase (Bild 1).
Soll eine Rakete vertikal aufsteigen, muss die Schubkraft größer als die Gewichtskraft sein. Durch die große Geschwindigkeit der Verbrennungsgase und ihre Masse wirkt eine extrem große Kraft in Richtung der ausströmenden Gase. Nach dem Wechselwirkungsgesetz gibt es eine gleich große Gegenkraft, die die Rakete nach vorn treibt.
Dies funktioniert auch im Vakuum. Da aber dort der für die Verbrennung notwendige Sauerstoff fehlt, muss ihn die Rakete selbst mitführen. Grundsätzlich kann zum Antrieb einer Rakete jedes Gas und jede Flüssigkeit verwendet werden, die aus der Düse bei hohem Druck mit großer Geschwindigkeit ausströmt.

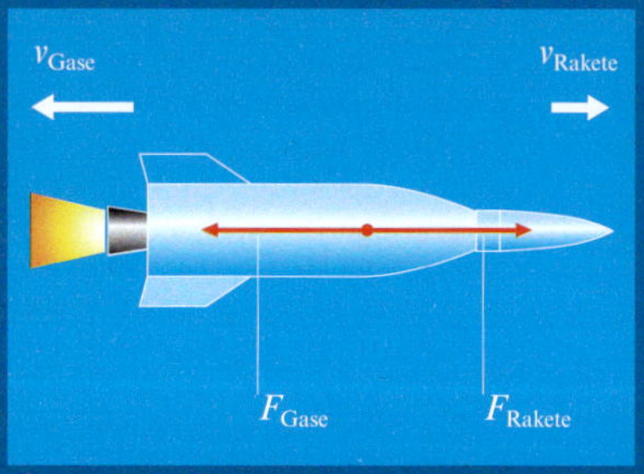

1
Rückstoßprinzip einer Rakete

Raketentriebwerke. Es gibt verschiedene Arten von Raketentriebwerken. Die einfachsten sind die Feststofftriebwerke. In der Raumfahrt werden am häufigsten Flüssigkeitstriebwerke benutzt.

Feststofftriebwerke werden bei kleineren Raketen oder bei Zusatzraketen, die einer Rakete den nötigen Startschub geben, verwendet. Im Kopf der Brennkammer ist der gesamte Treibstoff untergebracht (Bild 2). Der zur Verbrennung im luftleeren Raum notwendige Sauerstoff wird dem Treibstoff beigemischt. Beim Feststoffraketentriebwerk verwendet man gießbare und plastisch formbare Treibstoffe. Die Ausströmgeschwindigkeit liegt aber unter der einer Flüssigkeitsrakete.
Feststoffraketen, besitzen eine hohe Zuverlässigkeit, eine hohe Schubkraft, jedoch einen schlechten Wirkungsgrad.

2

AUFTRAG 2
Finde heraus, welche Vorzüge und Nachteile Feststoff- und Flüssigkeitsraketen haben! Stelle deine Ergebnisse in einer Übersicht dar!

Bei **Flüssigkeitstriebwerken** muss der zur Verbrennung notwendige Sauerstoff in flüssiger oder chemisch gebundener Form in der Rakete mitgeführt werden. Als Brennstoffe sind z. B. Alkohol, Benzin oder Wasserstoff geeignet. Flüssigkeitsraketen besitzen einen Brennstoff- und einen Sauerstofftank (Bild 3). Zwei Pumpen befördern beide Stoffe getrennt in die Brennkammer. Aus einer Düse treten dann die Verbrennungsgase aus. Flüssigkeitstriebwerke haben im Vergleich zu Feststofftriebwerken einen komplizierten Aufbau. Sie sind deshalb störanfälliger. Ihre Schubkraft ist sehr groß und der Wirkungsgrad hoch.
Auch eine Mischform von Feststoff- und Flüssigkeitstriebwerk – ein Hybridantrieb – ist möglich.

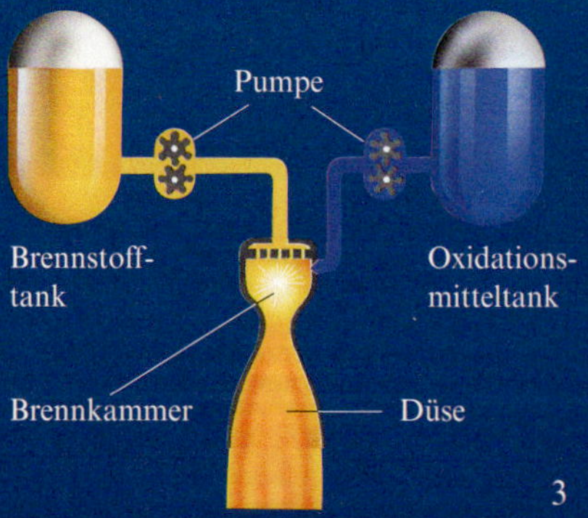

3

Start – Flug – Landung

1

Start

Ein Satellit soll die Erde auf einer Umlaufbahn umkreisen. Er wird von der Erde aus mit einer Trägerrakete in den Kosmos transportiert.

Start. Die Rakete hebt beim Start langsam vom Boden ab, durchstößt mit geringer Geschwindigkeit die dichten Luftschichten senkrecht, um den Luftwiderstand auf kürzestem Weg zu überwinden. Schon kurze Zeit nach dem Abheben wird die Rakete durch ein Lenkungssystem langsam in Richtung der beabsichtigten Umlaufbahn geneigt.

2

Kontrollzentrum

Flug. Wenige Minuten nach dem Start wird die ausgebrannte und daher nutzlose erste Raketenstufe abgeworfen und die zweite Stufe gezündet. Die nun leichter gewordene Rakete erreicht in kurzer Zeit eine hohe Geschwindigkeit. Nach Brennschluss der zweiten Stufe ist die Flugrichtung fast bis in die Horizontale umgelenkt. Die Rakete fliegt nun acht bis zehn Minuten antriebslos weiter. Auf diesem Teil der Aufstiegsbahn haben die Kontrollstationen Gelegenheit, die Bewegung durch Zünden von Hilfsraketen zu korrigieren.
Danach wird die zweite Stufe abgeworfen und die dritte gezündet. Der Satellit erlangt seine endgültige Umlaufbahn und wird kurz nach Brennschluss von der Rakete abgetrennt. Eine Beeinflussung seiner Bahnbewegung ist nun nicht mehr möglich. Der Satellit umrundet die Erde.

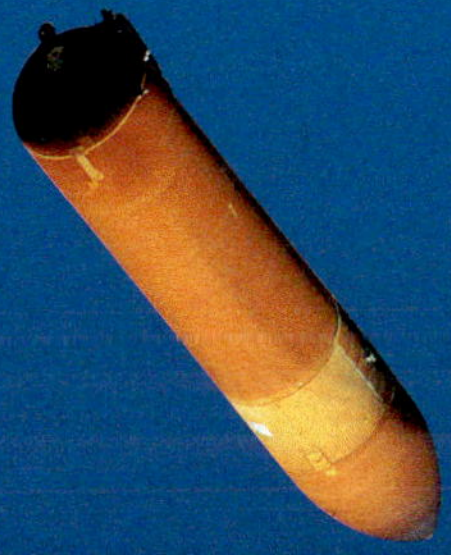

3

Abwurf des externen Tanks

Die „Reste" der Trägerraketen fallen auf die Erde zurück und verglühen dabei teilweise in der Atmosphäre. Einige Teile bleiben auf einer Umlaufbahn um die Erde als „Weltraumschrott" zurück (Bild 2).

Landung. Trägerraketen, die mehrfach verwendet werden, müssen sicher zur Erde zurückkehren. Der Flug wird allmählich gebremst – zunächst von Bremstriebwerken. Sie mindern die Geschwindigkeit so weit, dass das Raumfahrzeug die Umlaufbahn verlässt und in die Lufthülle eintaucht. In den tieferen Luftschichten öffnen sich Landefallschirme. Vor dem Aufsetzen können Bremstriebwerke eine sanfte Landung unterstützen.

4

Mehr als 8 500 Trümmerteile von Satelliten, Raumstationen und Raketen kreisen um die Erde.

Die Eintauchbahn, auf der das Raumfahrzeug in die Lufthülle eintritt, ist genau festgelegt.
Bei zu flachem Einflug wäre die Bremswirkung der Luft nur schwach, bei zu steilem Eintauchen dagegen der Luftwiderstand so stark, dass Raumfahrer und Raumfahrzeug in Gefahr gerieten. Beim zu starken Abbremsen würde einerseits der menschliche Körper zu stark belastet. Andererseits könnte das Raumfahrzeug in einer zu steilen Eintauchbahn verglühen. Die Luft wird vor einem einfliegenden Körper stark zusammengepresst; sie erhitzt sich und heizt den Raumflugkörper auf. Daher benötigt jeder Raumflugkörper, der unbeschadet zurückkehren soll, einen Hitzeschutzschild. Dieser befindet sich an der Frontseite, also an der Fläche, mit der er in die Lufthülle eintaucht. Als Material verwendet man z. B. Carbon und Glasfaser; sie schmelzen unter der Aufheizung ab, und die unerwünschte Wärme wird auf diese Weise abgeleitet.

5

Hitzeschutzschild am Spaceshuttle

Aus der Geschichte der Raumfahrttechnik

In der Geschichte der Raumfahrt spielte die Entwicklung von Raketen eine wichtige Rolle. An der Entwicklung der ersten Raketen der Neuzeit waren mehrere Forscher maßgeblich beteiligt.

KONSTANTIN E. ZIOLKOWSKI – der Theoretiker. Er erkannte, dass die damals bekannten Feststoffraketen zu schwach sind, um den Weltraum zu erreichen. So schlug er als Erster die Verwendung von flüssigen Raketentreibstoffen vor. ZIOLKOWSKI stellte die ersten Berechnungen über die Endgeschwindigkeit von Raketen und zur Stationierung künstlicher Satelliten in einer Erdumlaufbahn an. Er hatte verschiedene Entwürfe für gebündelte Raketen und Mehrstufenraketen vorgeschlagen, mit denen man sehr große Höhen erreichen konnte, und sich mit dem Bau von Raumstationen beschäftigt.

HERMANN OBERTH – der „Vater" der Raumfahrt. Er beschäftigte sich mit der Frage, mit welchem Flugkörpern eine Reise ins Weltall möglich wäre. Der Flugkörper müsste im luftleeren Raum beschleunigen können und gleichzeitig für den Menschen verträglich sein. OBERTH war der Erste, der die Durchführbarkeit von Weltraumflügen wissenschaftlich untersuchte sowie realistische und durchführbare Konzepte und Konstruktionsentwürfe vorlegte.

WERNHER VON BRAUN – der Techniker. Er gehörte zu den ersten deutschen Raketenforschern. Unter seiner Mitwirkung wurden funktionsfähige Raketen gebaut und getestet. Ab 1936 war VON BRAUN Leiter der Heeresversuchsanstalt Peenemünde. Die dort entwickelten Raketen, bekannt unter dem Namen V2, wurden als Waffen gegen zivile Ziele in London und Antwerpen eingesetzt.
Nach dem Ende des Zweiten Weltkrieges setzte VON BRAUN seine Arbeit in den USA fort und war bis 1970 Direktor der NASA. Er war maßgeblich an der Entwicklung der Saturn-V-Rakete beteiligt, die die ersten Menschen auf den Mond brachte.

ROBERT GODDARD – der Praktiker. Der Amerikaner startete 1926 die erste Flüssigkeitsrakete der Welt (Bild 3). Sie flog zwar nur 12 m hoch und 56 m weit, doch GODDARD wies damit nach, dass ZIOLKOWSKI mit seinen theoretischen Betrachtungen zur Einsetzbarkeit des Raketenantriebs Recht hatte.

AUTRAG 3

Bereite einen Vortrag zum Leben und Wirken eines Pioniers der Raumfahrt vor!

1
KONSTANTIN E. ZIOLKOWSKI (1857–1935)

2
HERMANN OBERTH (1894–1989) im Vordergrund; rechts WERNHER VON BRAUN (1912–1977)

3
ROBERT GODDARD (1882–1945) mit einer Flüssigkeitsrakete

Unbemannte und bemannte Raumfahrt

1961: JURI GAGARIN 1

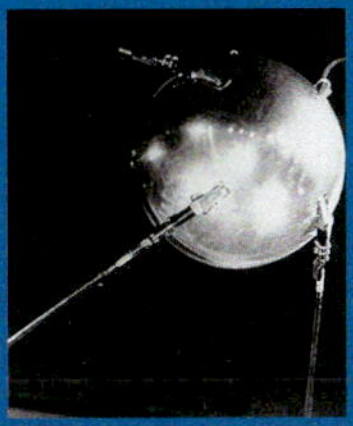
1957: Sputnik 1 2

1969: ALDRIN verlässt das Landemodul. 3

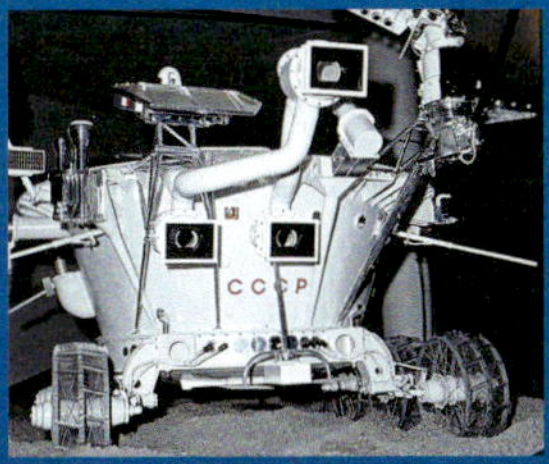
1970: Mondmobil Lunochod 4

1996: Marsmission Pathfinder 5

2000: ISS 6

2006: Start der Ariane V 7

AUFTRAG 4

Informiere dich über die bemannte und unbemannte Raumfahrt! Wähle einen Themenschwerpunkt aus (z. B. Menschen im All; der Wettlauf zum Mond; die Erforschung anderer Planeten ...) und stelle die wichtigsten Ereignisse chronologisch zusammen. Präsentiere die gewonnenen Ergebnisse in einer geeigneten Form! Verabredet, wer welches Thema bearbeitet, sodass am Ende alle einen guten Überblick über die Meilensteine der Raumfahrt erhalten.

2006: THOMAS REITER – Flug zur ISS 8

Der Mensch im All

Der Raumflug des Menschen wirft eine Reihe von Problemen auf, die bis jetzt noch nicht endgültig gelöst sind. Zählt man einige äußere Bedingungen für das Leben auf der Erde auf: Temperatur, Druck, Atmosphäre, Strahlenschutz, Gravitation ..., erkennt man, dass die Bedingungen im Weltraum so stark von den irdischen abweichen, dass ein Aufenthalt für den Menschen ohne lebenserhaltende Systeme im Weltraum nicht möglich ist.

AUFGABE

Informiere dich darüber

a) welchen Belastungen ein Astronaut während des Starts ausgesetzt ist,

b) welche Auswirkungen ein langer Aufenthalt in einer Raumstation auf den Organismus hat!

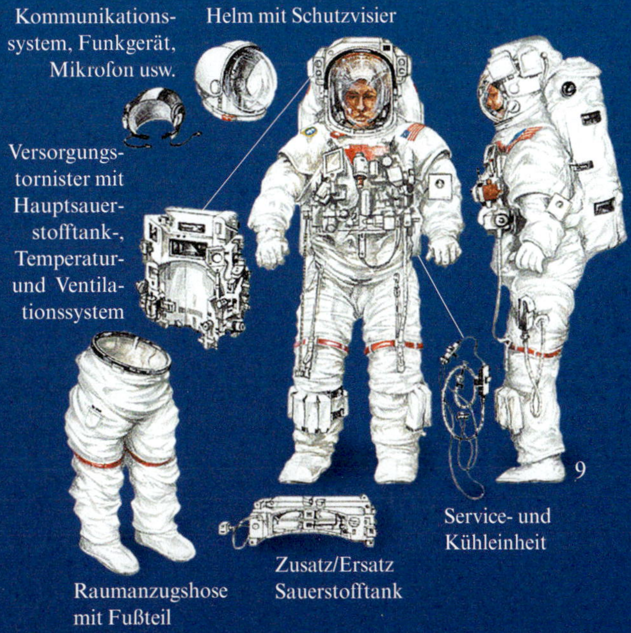

9

Raumfahrt – Möglichkeiten und Grenzen

Bemannter Raumflug. Für den Flug zum Mond benötigt man drei Tage. Die Reise zum Mars dauert unter heutigen Bedingungen etwa ein halbes Jahr. Aber der Treibstoff würde für einen Rückflug nicht mehr reichen, weil für die mitzuführende Gesamtmasse Grenzen gesetzt sind. Es wären alternative Antriebe notwendig.

Unbemannter Raumflug. Für diesen Bereich sind bereits Antriebe für eine größere Reichweite und einen längeren Aufenthalt entwickelt worden: z. B. der Ionenantrieb oder der Radioisotopengenerator (Atombatterie) (Bild 1). Andere Antriebe wie Sonnensegel oder der Photonenantrieb kamen bisher über Überlegungen und das Versuchsstadium nicht hinaus.

Bemannte Raumstation auf einem Planeten. ROBERT ZUBRIN – ein anerkannter Marsforscher – entwickelte ein Konzept, um auf dem Mars eine bewohnbare Raumstation zu errichten. Sein Mars-Direct-Konzept orientiert darauf, den Treibstoff für den Rückflug auf dem Mars herzustellen. In der ersten Phase bringt ein Schwerlastträger die Nutzlast zum Mars. Die Reisezeit beträgt acht Monate. Die Nutzlast besteht aus einer zweistufigen, unbetankten Rückkehrrakete mit Lebenserhaltungssystem und Vorräten, einigen Tonnen flüssigen Wasserstoffs, einem Marsfahrzeug mit Verbrennungsmotor, das mit einem Nuklearreaktor beladen ist, einer automatischen Chemieanlage, zwei kleinen fahrbaren Robotern. Aus dem mitgebrachten Wasserstoff und dem Kohlendstoffdioxid der Marsatmosphäre wird der Treibstoff (Methan und Sauerstoff) hergestellt. In Phase 2 wird zwei Jahre später ein weiteres Raumfahrzeug mit einer vierköpfigen Besatzung folgen, mit Ausrüstung und einem geräumigen Wohn- und Arbeitsbereich. Ein zweites unbemanntes Raumfahrzeug begleitet die Raumfahrer usw. Nach dieser Idee könnte der Mars erforscht und sogar besiedelt werden.

Fernerkundung. Die europäische Weltraumorganisation ESA und die US-amerikanische Weltraumorganisation NASA führten und führen zahlreiche Missionen durch. Die Zielsetzung ihrer Projekte ist vielfältig – von der Erforschung der Erde, ihres unmittelbaren Umfeldes, des Sonnensystems und des Universums bis hin zur Entwicklung satellitengestützter Technologien und Dienstleistungen. Unser Wissen über die Entwicklung des Kosmos wären ohne die Raumfahrt nur unzureichend. Viele technische Erfindungen verdanken wir der Raumfahrt. Und beim Wetterbericht müssen wir uns nicht mehr auf „Bauernregeln" verlassen.

Außerirdische Lebensformen. Die Wissenschaftler bemühen sich auch um die Beantwortung der Frage: „In welchem nicht zu weit entfernten Sonnensystem gibt es Planeten, auf denen Leben existiert?" Diesbezüglich sind die Erfolgschancen relativ groß. Weiterhin bemühen sie sich, Kontakte mit außerirdischen vernunftbegabten Lebewesen herzustellenn. Dazu werden ständig Signale in den Weltraum ausgesendet und es wird versucht auch Signale zu empfangen und zu entschlüsseln.

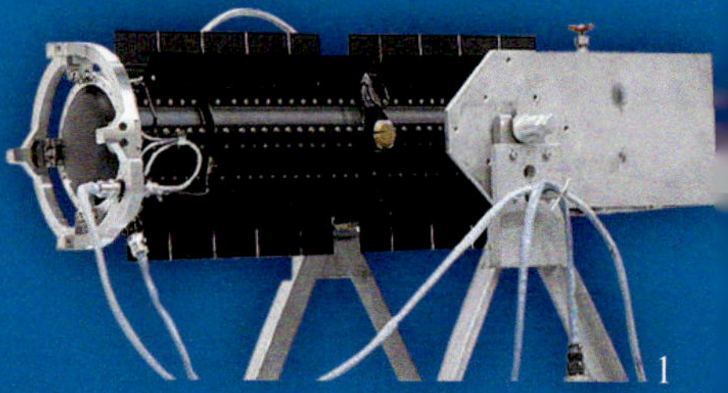

1 Radioisotopengenerator der New-Horizons-Raumsonde. Die Sonde wurde im Januar 2006 gestartet und soll 2015 Pluto erreichen.

2 Mars-Direct

AUFGABEN

1 Welche Gefahren bestehen bei der Verwendung von Atombatterien?

2 Stelle eine Übersicht über die zurzeit aktuelle und geplanten Missionen zur Planetenerkundung zusammen! Welche Raumfahrtbehörden sind dabei jeweils beteiligt?

3 Nenne einige technischen Errungenschaften, die durch die Raumfahrt möglich wurden!

3 Die Mars-Express-Sonde der ESA wurde am 2. Juni 2003 gestartet.

Grundlagen der Informationsübertragung

Galileo ist ein von der Europäischen Kommission in Zusammenarbeit mit der Europäischen Weltraumorganisation geführtes Programm mit dem Ziel, ein ziviles, globales Satelliten-Navigationssystem aufzubauen. 30 Satelliten sollen eine globale Abdeckung garantieren. Gegenüber dem Navigationssystem GPS wird Galileo eine größere Genauigkeit sowie eine höhere Zuverlässigkeit bieten.

Wie empfangen die Satelliten ihre Informationen und wie gelangen diese auf die Erde?

Schallwellen

1

Täglich sind wir von Geräuschen umgeben. Diese können als unangenehm und störend empfunden werden. Die Menschen tauschen über die Sprache Informationen aus, die das Gehör empfängt. Das Rauschen des Meeres oder die Musik können in uns angenehme Empfindungen hervorrufen. Für alle diese Sinneseindrücke hat der Schall große Bedeutung.
Was ist Schall und wie entsteht er? Wie breitet er sich aus und wie nehmen wir ihn wahr?

Schall

In unserer Sprache gibt es viele Begriffe zur Beschreibung des Schalls: donnern, knallen, knacken, klopfen, summen, pfeifen, quietschen, klirren, prasseln, rauschen, zirpen, quieken, … Mit jeder dieser Bezeichnungen verbinden wir eine Vorstellung davon, welcher Vorgang diese Geräusche erzeugt. Uns fällt es auch nicht schwer, bestimmten Klängen ein Musikinstrument zuzuordnen. Ein besonders reiner Klang einer Stimmgabel wird Ton genannt. Jedes Geräusch und jeder Klang kann aus einer Summe verschiedener Töne erzeugt werden.
Alle Geräusche, unabhängig davon, ob sie der Mensch hören kann, wie sie klingen oder erzeugt werden, werden als Schall bezeichnet.
Alle Körper oder Vorgänge, die den Schall erzeugen, sind Schallquellen. Damit ein Körper zur Schallquelle wird, muss er zum Schwingen angeregt werden. Diese Anregung kann auf ganz unterschiedliche Weise erfolgen. Bei Musikinstrumenten kann man zum Beispiel durch Schlagen, Streichen, Zupfen oder Blasen einen Körper zum Schwingen und somit zum Aussenden von Schall anregen.

Alle Geräusche werden als Schall bezeichnet.
Alle Körper, die Schall erzeugen, sind Schallquellen.
Die Ursache des Schalls ist das schnelle Schwingen eines Körpers.

Schallausbreitung. Die Luft in der Umgebung einer Schallquelle wird zum Mitschwingen angeregt. Eine Kerze vor einem stark schwingenden Basslautsprecher flackert (Bild 2).
Dass die Luft für die Übertragung von Schall zu unserem Ohr wichtig ist, zeigt auch das folgende Experiment.

2
Die Kerzenflamme schwingt mit.

EXPERIMENT 1
Unter einer Glasglocke läutet eine Klingel. Sie ist deutlich zu hören. Nach und nach wird die Luft mithilfe einer Pumpe aus der Glocke herausgepumpt.

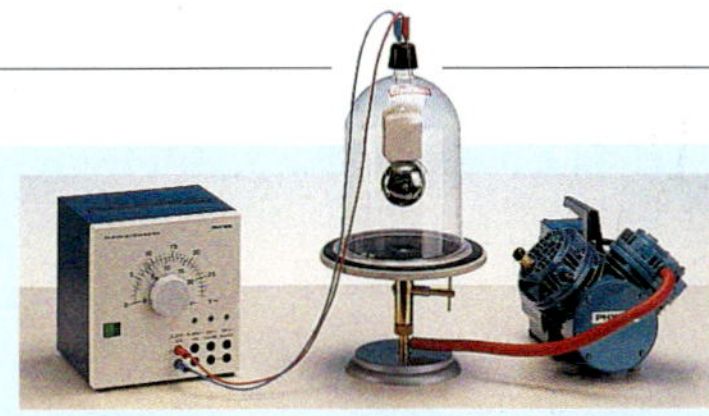
1

Das Klingeln wird immer leiser, bis es schließlich nicht mehr zu hören ist. An der Bewegung des Klöppels erkennt man aber, dass die Klingel noch läutet. Offenbar kann der Schall im luftleeren Raum nicht übertragen werden.

Die Ausbreitung von Schall in Luft kann man sich folgendermaßen vorstellen: Bewegt sich beispielsweise die Membran eines Lautsprechers nach vorn, so kommt es in einem kleinen Bereich zu einer Verdichtung der Luftmoleküle, d.h. zu einer Erhöhung des Luftdrucks (Bild 2). Entsprechend verringert sich der Luftdruck, wenn sich die Membran nach hinten bewegt. Die Schwingungen der Membran werden also auf die Luft übertragen. Die schnell aufeinander folgenden Luftdruckschwankungen stellen eine mechanische Welle dar.

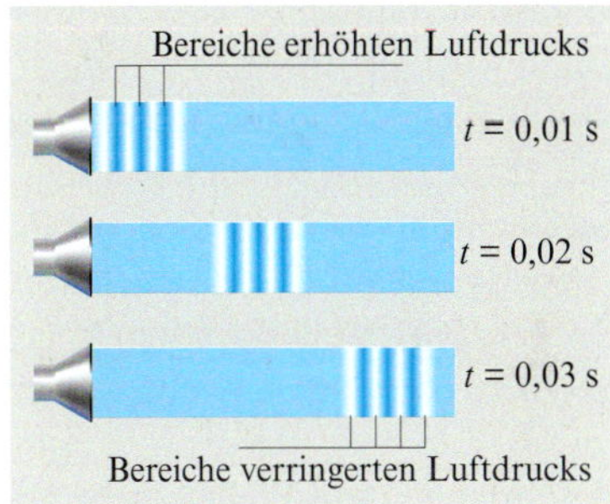

2

Die schwingende Membran erzeugt kleine Bereiche mit erhöhtem und vermindertem Luftdruck.

Eine Schallwelle in Luft ist eine Aufeinanderfolge von Luftdruckschwankungen.

Was versteht man unter einer Welle?

3

An einer zunächst glatten Wasseroberfläche lässt sich gut beobachten, wie Wasserwellen entstehen. Taucht man einen Stab ins Wasser, so breitet sich ein kurzer Wellenzug mit wenigen Wellentälern und Wellenbergen kreisförmig aus (Bild 3).
Taucht man den Stab periodisch ein, so geht von der Eintauchstelle eine Kreiswelle mit vielen Wellentälern und Wellenbergen aus (Bild 4).

4

Wenn man sieht, wie eine Wasserwelle über eine Wasseroberfläche „läuft", könnte man vermuten, dass sich das Wasser mit der Welle fortbewegt. Ein kleines Stück Holz, das auf dem Wasser schwimmt, bewegt sich jedoch nicht vorwärts, sondern es schwingt lediglich an einem bestimmten Ort auf und ab (Bild 5).

Die Bewegung des Holzstückchens auf der Wasseroberfläche entspricht ungefähr der Bewegung der Wasserteilchen. Auch sie werden bei der Ausbreitung der Welle nicht vorwärts bewegt; eine Welle transportiert keinen Stoff.

Durch Wellen wird aber Energie übertragen: Brandungswellen und Flutwellen können an Uferbauten große Schäden anrichten, und in Wellenkraftwerken werden durch die mechanische Energie des Wassers Generatoren angetrieben.

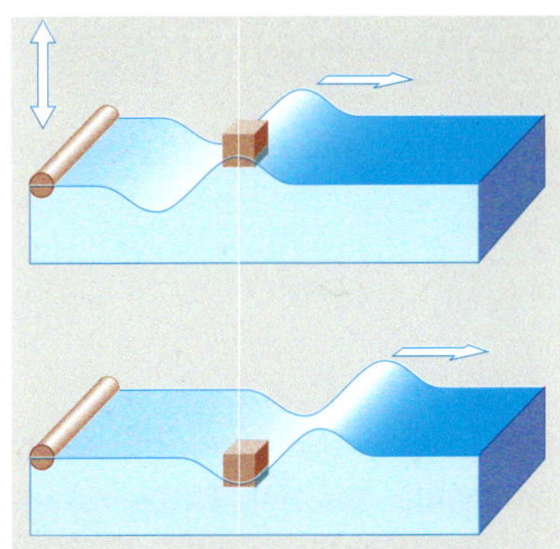
5

Das Holzstück wird durch die Erregung nicht vorwärts bewegt.

Eine Welle ist die Ausbreitung einer Schwingung, bei der Energie übertragen, jedoch kein Stoff transportiert wird.

Entstehen einer Welle. Stößt man bei einer Anordnung aus zwei gekoppelten Fadenpendeln das eine Pendel an, so gerät auch das andere Pendel in eine Schwingung (Bild 1). Seine Amplitude nimmt mit der Zeit zu, während die Amplitude des Erregerpendels abnimmt. Von dem einen Pendel wird Energie auf das andere übertragen. Danach wiederholt sich der Vorgang in umgekehrter Richtung.
Die Anordnung lässt sich zu einer Kette gekoppelter Pendel erweitern. Dann wird die Energie von einem Schwinger zum nächsten weitergegeben. In einer Wellenmaschine ist eine große Anzahl von Pendeln gekoppelt (Bild 2). An ihnen kann man die Ausbreitung von Schwingungen beobachten. Sobald das erste Pendel angestoßen wird, führt es eine Schwingung aus. Durch die Kopplung wird die Schwingung von einem Pendel zum jeweils nächsten übertragen. Die Pendel beginnen nacheinander zu schwingen, es entsteht eine mechanische Welle.

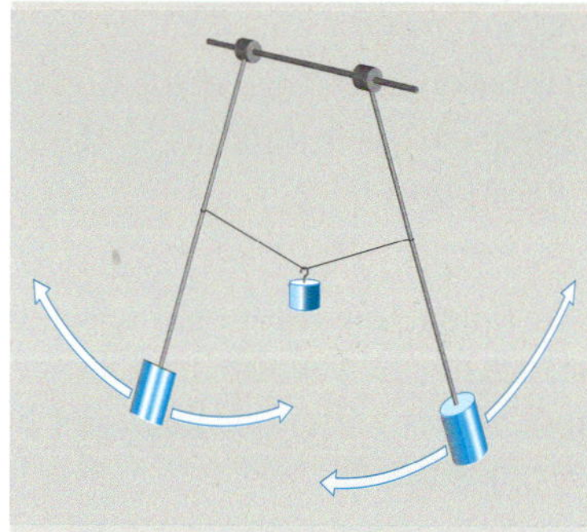
1
Durch die Kopplung wird Energie von einem Pendel auf das andere übertragen.

Beschreibung von Wellen. Eine Wasserwelle lässt sich in einem Wellenkanal erzeugen. Bild 3 zeigt die Momentaufnahme einer Welle mit deutlich erkennbaren Wellenbergen und -tälern. Dieses Foto kann in ein y-s-Diagramm übertragen werden (Bild 4). Ein Wellenberg (und ebenso ein Wellental) ist dadurch charakterisiert, dass sich der betreffende Schwinger gerade in seiner maximalen Auslenkung befindet. Den Abstand von zwei benachbarten Wellenbergen nennt man Wellenlänge. Das Formelzeichen der Wellenlänge ist λ (lambda).

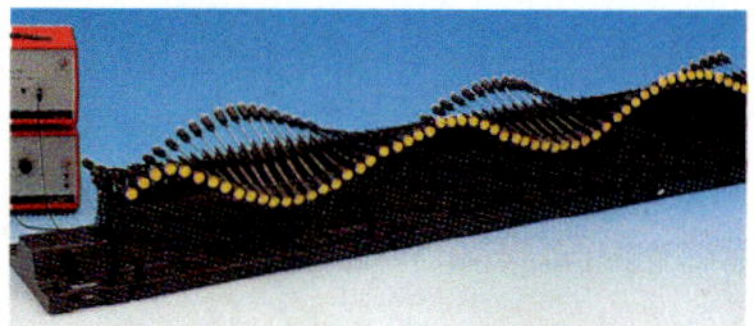
2
In dieser Wellenmaschine sind die Pendel mit elastischen Seilen gekoppelt.

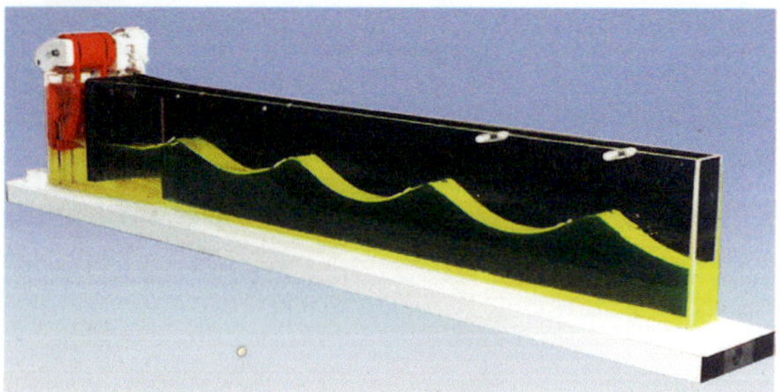
3
Welle in einem Wellenkanal

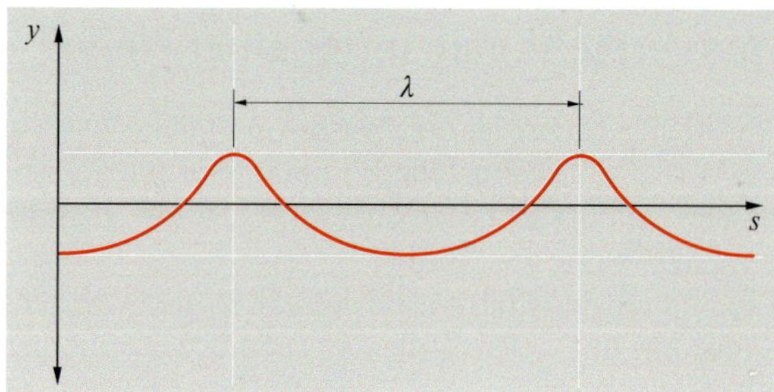

4
y-s-Diagramm einer Welle

Die Wellenlänge λ ist der Abstand zweier benachbarter Wellenberge.

Schallgeschwindigkeit

Bei einem Gewitter wird die Luft entlang des Blitzkanals sehr schnell erhitzt, sie dehnt sich schnell aus, und dadurch entsteht ein Knall. Es dauert jedoch in der Regel ein paar Sekunden, bis wir den Knall als Donner hören. Wie schnell breiten sich Schallwellen in Luft aus?

EXPERIMENT 2
Mit zwei Mikrofonen im Abstand von 1 m wird eine elektronische Stoppuhr betätigt: Erreicht die Verdichtung der Luft, die z. B. beim Zusammenschlagen der Hände erzeugt wird, das eine Mikrofon, so wird die Uhr gestartet, erreicht sie das zweite, wird die Uhr gestoppt.

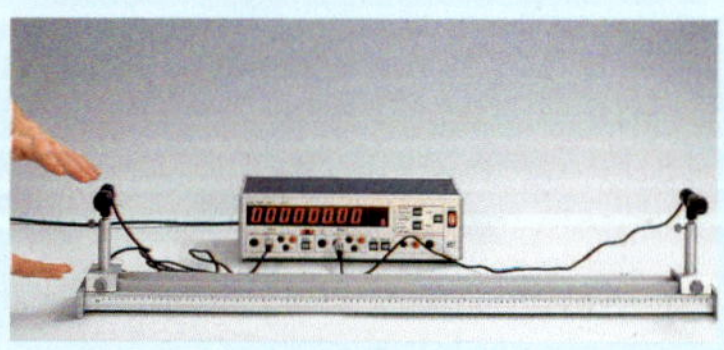
5

Die Schallwellen erreichen das zweite Mikrofon etwa 0,003 Sekunden später als das erste.
Daraus ergibt sich als Schallgeschwindigkeit in Luft:

$$v = \frac{s}{t} = \frac{1\,\text{m}}{0{,}003\,\text{s}} = 330\,\frac{\text{m}}{\text{s}}.$$

Genaue Messungen ergeben, dass die Schallgeschwindigkeit auch von der Temperatur der Luft abhängt (siehe Tabelle).

Einige Schallgeschwindigkeiten	
Stoff	v in m/s
Gummi	40
Luft bei 0 °C	331
Luft bei 20 °C	343
Blei	1 200
Wasser	1 450
Beton	3 800
Kupfer	3 900
Stahl	5 100

Schallwellen breiten sich nicht nur in Luft aus, sondern auch in Flüssigkeiten: Beim Tauchen in einem Schwimmbecken hört man viele Geräusche, die unter Wasser entstehen; auch verständigen sich Wale und Delfine unter Wasser über große Entfernungen durch akustische Signale.
Dass der Schall sich in festen Körpern gut ausbreiten kann, merkt man, wenn irgendwo in einem Haus jemand auf die Heizungsrohre schlägt: Die Schwingungen werden auf alle Heizkörper übertragen.

Die Schallgeschwindigkeit in einem Stoff hängt von vielen Faktoren ab, so z.B. von der Kopplung der Schwinger untereinander. Je stärker die Kopplung zwischen den Teilchen ist – und das heißt in der Regel: je härter das Material ist –, desto größer ist die Schallgeschwindigkeit.

Für die Schallgeschwindigkeit gilt: $v = s/t$. Die Schallgeschwindigkeit in Luft beträgt etwa 340 m/s. In Flüssigkeiten und festen Körpern breitet sich der Schall deutlich schneller aus.

Beispiel für die Berechnung eines Weges aus der Schallgeschwindigkeit
Bei einem Gewitter siehst du einen Blitz. 3 s später hörst du den Donner. Wie weit ist das Gewitter von dir entfernt?

gesucht: s in m
gegeben: $t = 3$ s
$v = 340$ m/s
$v = \frac{s}{t}$

Lösung: $s = v \cdot t$

$$s = \frac{340\,\text{m} \cdot 3\,\text{s}}{\text{s}}$$

$$s = 1\,020\,\text{m}$$

Ergebnis: Das Gewitter ist ungefähr 1 km von dir entfernt.

Reflexion von Schallwellen

1
Reflexion von Bugwellen

Fährt ein Schiff durch einen schmalen Kanal, so bewegen sich seine Bugwellen auf die beiden Ufer zu. Wenn sie dort auftreffen, werden sie zurückgeworfen (Bild 1).
Die Ausbreitungsrichtung einer Welle verläuft senkrecht zur Wellenfront. Die reflektierten Wellenfronten schließen mit einem geraden Hindernis denselben Winkel ein wie die ankommenden Wellenfronten. Diese Aussage entspricht dem Reflexionsgesetz für Lichtstrahlen bei der Reflexion am ebenen Spiegel.
Auch der Schall wird von einer festen Wand reflektiert. Ist die Wand weit genug entfernt, kann man die Rückkehr des Schalls als Echo wahrnehmen. Wer im Gebirge aus einiger Entfernung in Richtung einer Fels-

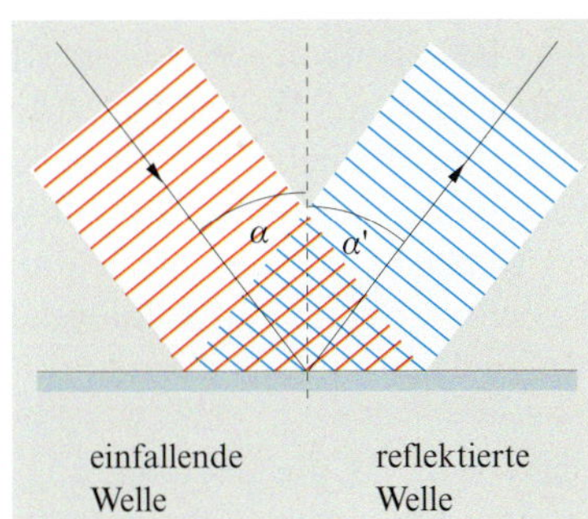

2
Reflexion von Wellen

wand ruft, hört kurz darauf das Echo: Die Schallwellen werden von der Wand reflektiert. Befindet sich die Wand 170 m entfernt, so hören wir das Echo 1 s nach dem Aussenden des Schalls.

Schallwellen können an Hindernissen reflektiert werden. Für die Änderung der Ausbreitungsrichtung gilt dabei das Reflexionsgesetz.

Echolot. Die Laufzeit eines Echos wird auch zur Bestimmung von Wassertiefen und zur Ortung von Fischschwärmen genutzt (Bild 1): Ein Schallsender am Rumpf des Schiffes schickt kurze Schallsignale aus, ein Empfänger registriert das Echo und misst die Laufzeit des Signals. Aus der Laufzeit wird automatisch die Tiefe berechnet.

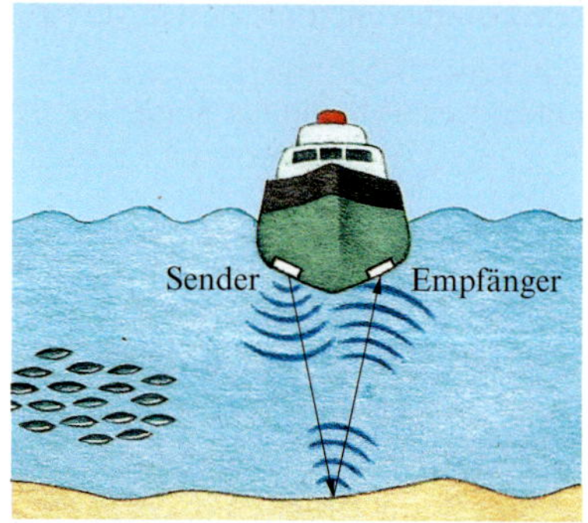

1

Echolot

Beugung von Schallwellen

Um kleine Hindernisse läuft eine Wasserwelle einfach herum (Bild 2). Schallwellen tun dies ebenso. Deshalb ist auch hinter einem Hindernis, z. B. einer Hausecke, ein Ton oder ein Geräusch zu hören. Man kann „um die Ecke hören", aber nicht sehen. Der Schall kann sich also nicht nur geradlinig ausbreiten, man sagt: Der Schall kann gebeugt werden.

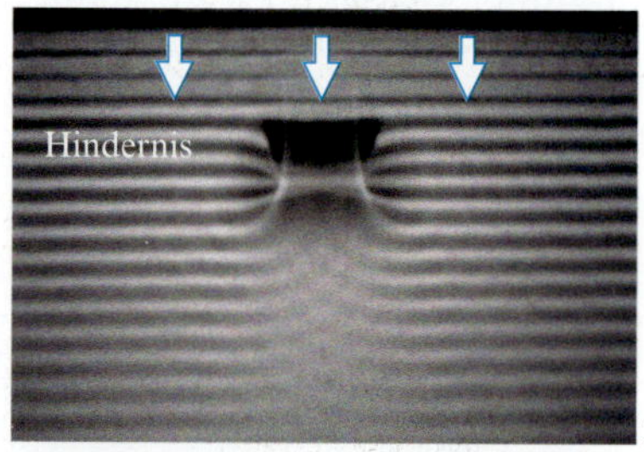

2

Beugung von Wasserwellen

Schallwellen können an Hindernissen gebeugt werden.

3

Interferenz von Schallwellen

In einem Konzertsaal soll jeder Zuhörer die Musik in der gleichen Qualität hören. Beim Bau von Konzertsälen muss deshalb beachtet werden, wie sich Schallwellen ausbreiten

Beobachtet man bei Regen eine Wasserpfütze, so stellt man fest, dass von jedem auftreffenden Regentropfen eine Welle ausgeht. Wenn die einzelnen Wellen aufeinander treffen, breitet sich jede weiterhin so aus, als ob die andere nicht vorhanden wäre (Bild 4). Die Wellen überlagern sich ungestört. Das ist auch bei Schallwellen so – man kann gleichzeitig Musik aus dem Radio hören und ein Gespräch führen.

Wenn sich Wellen überlagern, kann es allerdings zu einer merkwürdigen Erscheinung kommen. Bild 5 zeigt eine Wellenwanne. Zwei Stifte tauchen periodisch im gleichen Takt ins Wasser ein und erzeugen zwei Wellen. In der Wellenwanne erkennt man Streifen, auf denen so gut wie keine Bewegung der Wasseroberfläche stattfindet. Hier treffen jeweils Wellenberge auf Wellentäler. An anderen Stellen zeigen sich dagegen verstärkte Wellenberge und Wellentäler. Hier treffen Wellenberge auf Wellenberge und Wellentäler auf Wellentäler. Eine solche Überlagerung von Wellen nennt man Interferenz.

Bei der Interferenz von Schallwellen würde das bedeuten, dass es Zonen gibt, in denen der Schall verstärkt bzw. nicht zu hören ist.

4

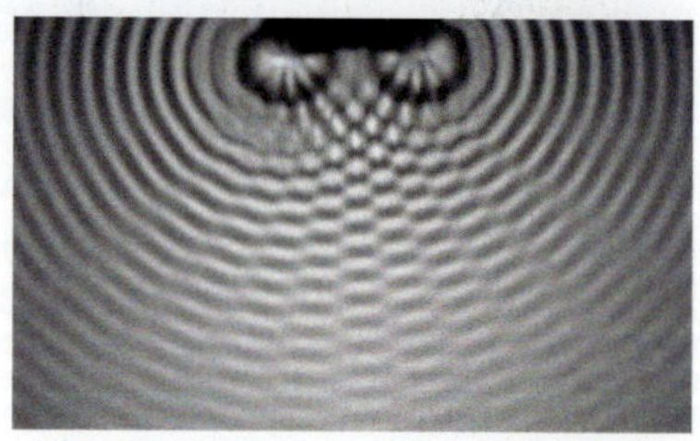
5

Zonen von Auslöschung und Verstärkung bei zwei gleichartigen Wellen

Interferenz ist die Überlagerung von Wellen, bei der in bestimmten Bereichen eine Verstärkung, in anderen eine Abschwächung bzw. Auslöschung der Wellen auftritt.

Tonhöhe und Lautstärke

Beim Musikhören können wir nicht nur laute und leise sondern auch hohe und tiefe Töne unterscheiden.

Tonhöhe und Frequenz. Mithilfe einer Lochsirene können auf einfache Weise Töne erzeugt werden. Strömt Luft für kurze Zeit durch ein Loch, erhält die Luft hinter der Scheibe einen Stoß. Durch schnelle Wiederholung solcher Stöße entsteht eine Schallschwingung.

EXPERIMENT 3

1. Blase durch ein Trinkröhrchen gegen die rotierende Scheibe einer Lochsirene!
2. Wiederhole das Experiment bei höherer Drehzahl!
3. Versuche die Drehzahl der Lochsirene so einzustellen, dass die Tonhöhe derjenigen einer Stimmgabel gleicht. Bestimme aus der Drehzahl und der Anzahl der Unterbrechungen pro Umdrehung die Frequenz dieses Tones!

1

Je höher die Drehzahl der Scheibe ist, umso größer ist die Frequenz der Schwingung und umso höher ist der entstehende Ton.
Um einen Ton zu erzeugen, der so hoch klingt wie eine Stimmgabel, die auf den Kammerton a' gestimmt ist, muss 440-mal in der Sekunde sich ein Loch vor dem Röhrchen vorbeibewegen. Die Frequenz des Tones ist also 440 Hz. Sie liegt etwa in der Mitte zwischen dem höchsten und dem tiefsten Ton, den wir mit unserer Stimme erzeugen können (Bild 2).

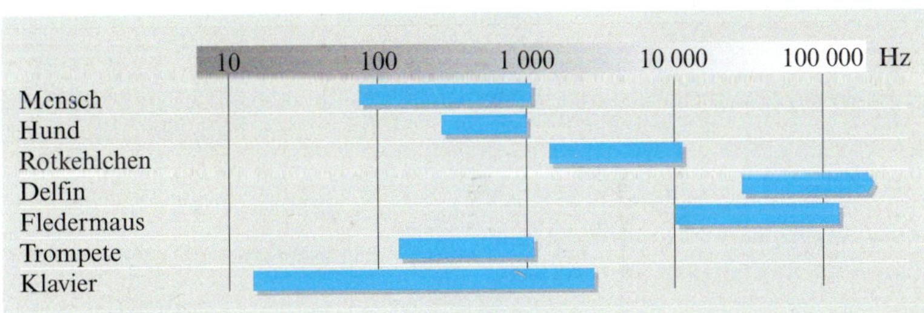

2

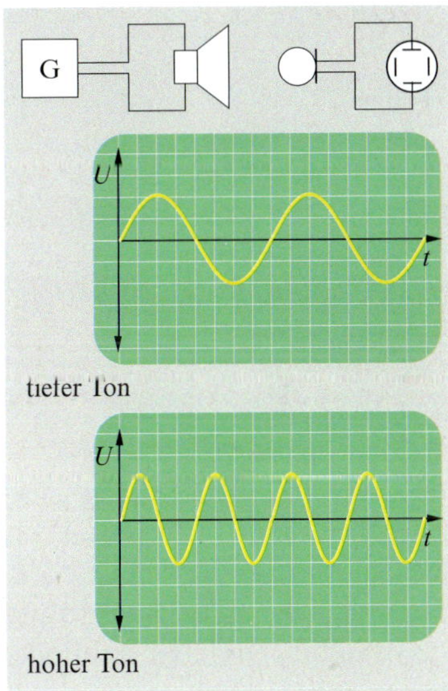

3

Mit einem Tongenerator lassen sich Töne unterschiedlicher Höhe erzeugen. Ein Mikrofon kann die akustischen Signale in elektrische umwandeln. Leitet man diese Signale auf ein Oszilloskop, so erscheinen die *y*-*t*-Diagramme der Schallschwingungen auf dem Bildschirm (Bild 3).

Je höher die Frequenz einer Schallschwingung ist, desto höher ist der ausgesandte Ton.

Einige hören mehr – andere weniger. Ein gesunder Erwachsener kann Töne wahrnehmen, deren Frequenzen zwischen 16 Hz und 20 000 Hz liegt. Das ist der Hörbereich des Menschen. Schallschwingungen mit einer Frequenz von über 20 000 Hz, die vom Menschen nicht mehr wahrgenommen werden können, nennt man **Ultraschall**. Bei vielen Tieren liegt die obere Hörgrenze deutlich höher als beim Menschen (Tabelle.).

Lebewesen	Hörgrenze (f in Hz)
Goldfisch	3 000
Sperling	18 000
Mensch	20 000
Schimpanse	33 000
Ratte	80 000
Maus	100 000
Hund	135 000
Delfin	200 000
Fledermaus	400 000

Lautstärke und Amplitude. Das kräftige Zupfen einer Saite erzeugt einen lauten Ton. Zupft man die Saite sanft, so ist der entstehende Ton leiser. Eine Lautsprechermembran schwingt umso stärker, je größer die Lautstärke ist; bei großer Lautstärke kann man die Schwingung eines Basslautsprechers mit bloßem Auge erkennen.
Auch mit einem Tongenerator lassen sich Töne unterschiedlicher Lautstärke erzeugen. Auf dem Bildschirm erkennt man, dass die Amplitude der Schallschwingung zunimmt, wenn der Ton lauter wird (Bild 1).

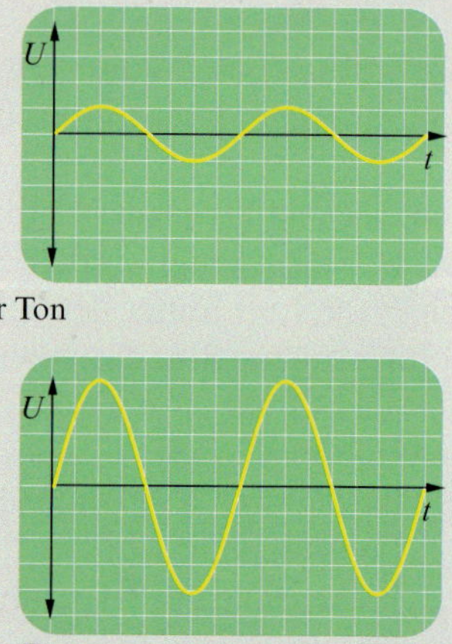

leiser Ton
lauter Ton
1

Je größer die Amplitude einer Schallschwingung ist, desto lauter ist der ausgesandte Ton.

Messen der Lautstärke. Wenn zwei Schallquellen gleichzeitig senden, dann erreicht den Empfänger von beiden Quellen Energie. Die ankommende Energie ist also die Summe der einzelnen Energien. Erscheint dem menschlichen Gehör die Lautstärke verdoppelt, wenn die doppelte Energie in derselben Zeit sein Ohr erreicht?

2

EXPERIMENT 4
Besorgt euch mehrere gleiche Trillerpfeifen. Lass erst eine Pfeife anblasen und versuche dir den Höreindruck zu merken! Wie ändert sich der Höreindruck, wenn im gleichen Abstand 2 Pfeifen (später 3, 4 usw.) geblasen werden? Kannst du – mit geschlossenen Augen – raten, wie viele Pfeifen zugleich angeblasen werden?

Die Lautstärke einer Schallquelle kann man zwar nur schätzen, aber es ist deutlich zu hören, dass zwei Quellen nicht doppelt so laut klingen wie eine. Selbst drei oder vier Quellen scheinen noch nicht doppelt so laut. Tatsächlich hat man herausgefunden:
Das menschliche Gehör empfindet den Schall von zehn gleichen Schallquellen etwa doppelt so laut wie den Schall einer Schallquelle.

Unsere Wahrnehmung der Lautstärke steigt also nicht linear mit der übertragenen Energie. Mit „laut“ und „leise“ beschreiben wir, wie wir die Lautstärke empfinden. Diese empfundene Lautstärke ist nicht messbar, aber man kann die je Sekunde auf eine bestimmte Fläche übertragene Energie – die Schallintensität – messen.
Zum Messen der Schallintensität werden so genannte **Schallpegelmesser** verwendet. Als Einheit wird das Dezibel (dB) verwendet. Oft haben solche Messgeräte eine Skala, auf der die Lautstärke in dB(A) (sprich: Dezibel A) abgelesen werden kann. Bei dieser Einheit wird berücksichtigt, dass das menschliche Gehör auf unterschiedlich hohe Töne unterschiedlich stark reagiert. Bei Geräuschen, die wir gerade so hören, steht der Zeiger auf 0 dB(A). Dieser Schallpegel wird *Hörschwelle* genannt.

3
Schallpegelmesser

Ein startendes Flugzeug kann – wenn man in der Nähe steht – so laut sein, dass es Schmerzen im Ohr auslöst. Die so genannte *Schmerzgrenze* liegt bei etwa 120 dB(A).

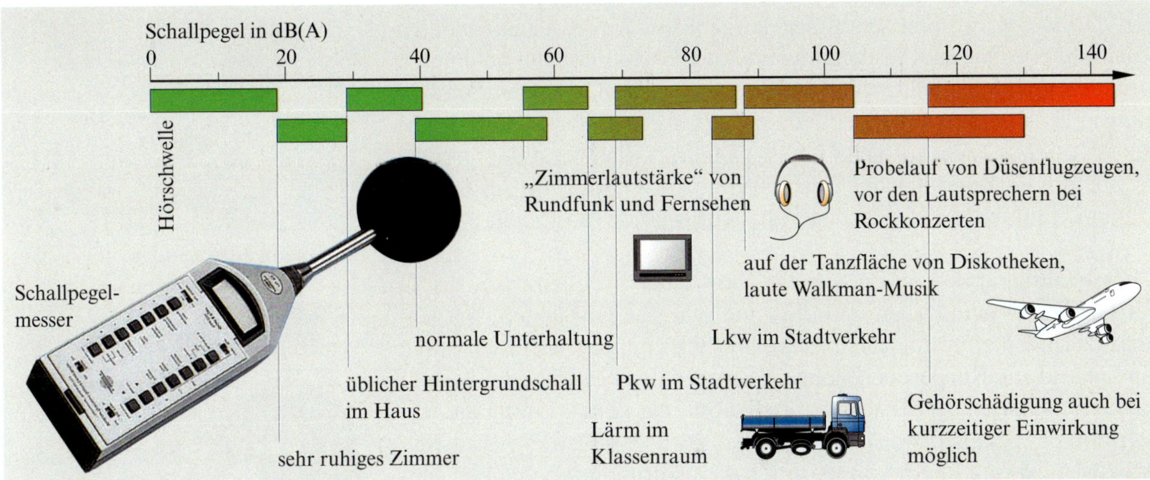

1

Wird ein Mensch von einem Schallpegel von mehr als 180 dB(A) getroffen, dann wird nicht nur das Gehör zerstört, auch die kleinen Lungenbläschen platzen und dies ist tödlich. Einen sehr kurzen Knall empfinden wir gar nicht so laut, selbst wenn der Schallpegel sehr hoch ist. Er ist dennoch schädlich. Ein Beispiel: Der Knall einer Spielzeugpistole nahe am Ohr oder ein Chinaknaller in 2 m Abstand haben beide einen Schallpegel von etwa 160 dB(A). Obwohl diese Geräusche weniger als eine tausendstel Sekunde dauern, kann ein solcher Knall einen dauerhaften Hörschaden auslösen.

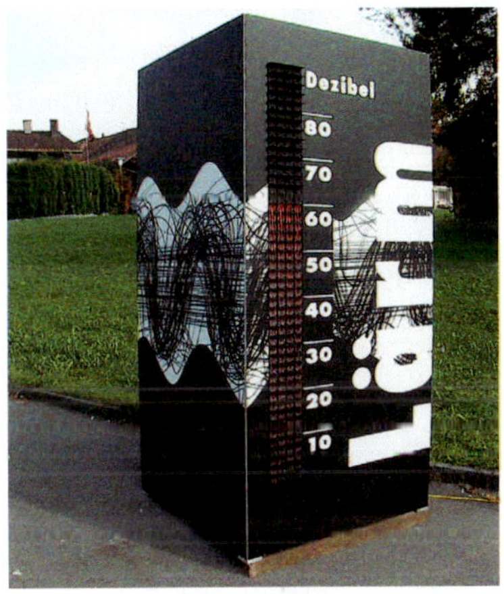

2

Lärm. Sicher hast du schon einmal Diskussionen mit Erwachsenen gehabt, wenn du laut deine Lieblingsmusik gehört hast. Das, was für dich wohlklingend war, empfanden die anderen vielleicht als unerträglichen Krach. Schall kann also stören, belästigen und sogar schädigen. In diesem Fall spricht man von Lärm.

In dicht besiedelten und industrialisierten Regionen leidet ein großer Teil der Bevölkerung unter dem Lärm, der in der Umwelt entsteht. Hauptverursacher des Lärms ist in der Regel der Verkehr von Autos, Bahnen und Flugzeugen, auch ländliche Regionen sind hiervon zum Teil stark betroffen. Um die Lärmbelastung so niedrig wie möglich zu halten, gibt es im Prinzip zwei Möglichkeiten:

- Die *Lärmvermeidung* setzt an der Schallquelle an,
- beim *Lärmschutz* versucht man, sich vor dem Lärm bestehender Quellen individuell zu schützen.

Die Lärmvermeidung sollte stets Vorrang vor dem Lärmschutz bekommen, denn zum Beispiel ist es effektiver, Flugzeuge mit leisen Triebwerken auszustatten, als in die Häuser in sämtlichen Einflugschneisen Schallschutzfenster einzusetzen.

Wegen der Gefahren, die von Lärm ausgehen, wurden Verordnungen zum Lärmschutz erlassen. Die Lärmschutzverordnungen setzen Grenzwerte für erlaubte Lautstärken fest.

3

Messung des Verkehrslärms

Schall und Ultraschall in der Medizin

Perkussion. Zur Untersuchung eines Patienten beklopft die Ärztin manchmal die Körperoberfläche mit einem Finger. Mit dieser Methode, der *Perkussion*, werden schon seit langem aus akustischen Signalen Rückschlüsse über die Ausdehnung und die Beschaffenheit von inneren Organen gezogen. Bei der Perkussion werden die Organe in Schwingungen versetzt. Der Klang des von ihnen ausgesandten Schalls unterscheidet sich je nach Luftgehalt, Festigkeit und Elastizität der Organe. Aus dem Klang und aus der Ausbreitung bzw. Dämpfung des Schalls können krankhafte Veränderungen an den Organen festgestellt werden.

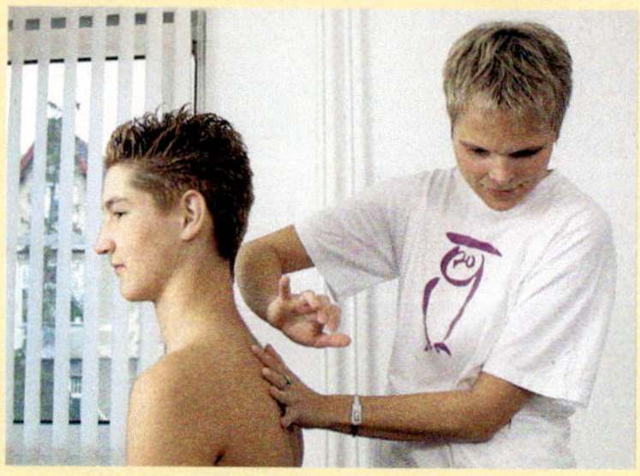
1
Perkussion an der Lunge

Ultraschalltherapie. Ultraschallwellen mit einer Frequenz von bis zu 1 MHz werden genutzt, um z. B. rheumatische Erkrankungen, Nerven- oder Gelenkentzündungen zu heilen. Die Schwingungen werden durch ein Gel auf die Körperoberfläche übertragen, sie bewirken im Körper eine Art Massage, die bis zu einer Tiefe von 7 cm reicht. Durch die Absorption der Schallenergie werden die Körperteile außerdem erwärmt. Atemwegserkrankungen können durch Aerosoltherapie behandelt werden. Dabei werden manchmal Medikamente eingeatmet, die mithilfe von Ultraschall zu Nebel zerstäubt worden sind.
Nieren- bzw. Gallensteine lassen sich mithilfe von Ultraschall zertrümmern. Bei einer Stoßwellentherapie werden außerhalb des Körpers Schallwellen erzeugt, die auf den betreffenden Stein fokussiert sind.

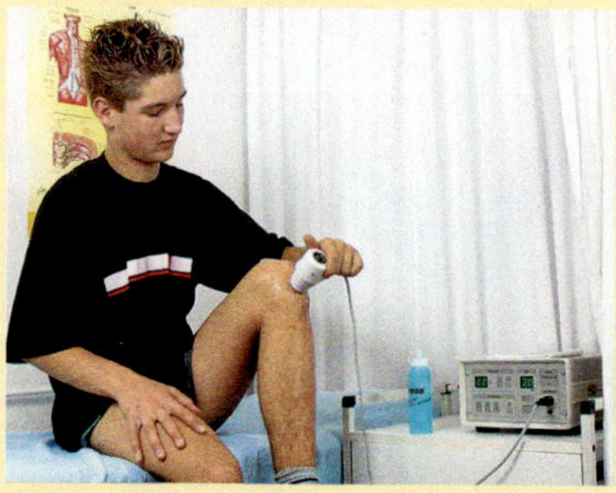
2
Ultraschalltherapie am Kniegelenk

Ultraschalldiagnose (Sonografie). Sehr häufig wird Ultraschall eingesetzt, um Körperstrukturen sichtbar zu machen. Die Sonografie liefert detaillierte Informationen über Lage, Größe und Form von Organen. Die hochfrequente Schwingung entsteht im Ultraschallkopf (Bild 3). Hier werden kurze elektrische Spannungsimpulse auf ein piezoelektrisches Material gegeben. Das Material ändert bei jedem Spannungsimpuls seine Dicke. Die entstehende Vibration wird auf die Körperoberfläche übertragen, im Körper breiten sich Ultraschallwellen aus.
Sie durchdringen die verschiedenen Gewebestrukturen des Körpers – die Haut, das Fettgewebe, die Muskeln und die Knochen. An jeder Grenzfläche werden die Ultraschallwellen teilweise reflektiert (Bild 4).
Der Ultraschallkopf dient nicht nur zum Aussenden der Impulse. Unmittelbar nach dem Aussenden eines Impulses wird er als Empfänger geschaltet: Die reflektierten Wellen deformieren nun das piezoelektrische Material, es entstehen elektrische Signale, die mithilfe eines Computers in ein Ultraschallbild umgewandelt werden.
Die Zeitdifferenz zwischen ausgesandtem Impuls und den empfangenen Echo-Signalen ist proportional zur Tiefe der reflektierenden Schicht. Der zeitliche Abstand zweier Sendeimpulse muss so groß sein, dass auch das Echo aus der größten zu untersuchenden Tiefe noch eintrifft, bevor ein neuer Impuls ausgesandt wird.
Aus der Zeit, die zwischen dem Aussenden des Impulses und dem Empfangen des Echo-Signals vergeht, kann die Tiefe der reflektierenden Schicht bestimmt werden. Bild 1 auf der folgenden Seite zeigt dies am Beispiel des Auges. Der Ultraschallkopf bleibt an einer Stelle, das Signal wird als Zackenlinie auf einem Bildschirm sichtbar.

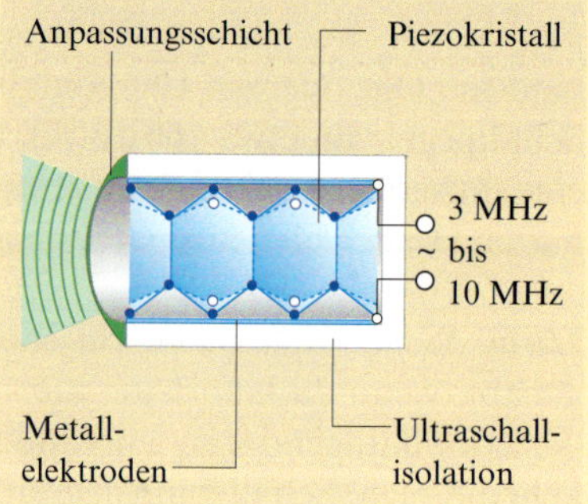

3
Ultraschallkopf

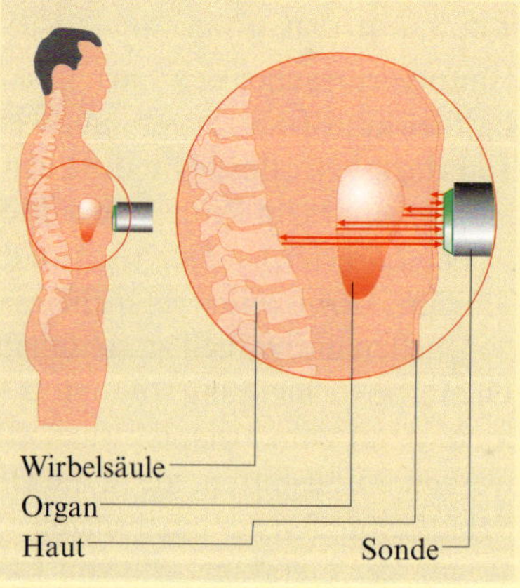

4
Jede Grenzfläche reflektiert einen Teil der auftreffenden Energie.

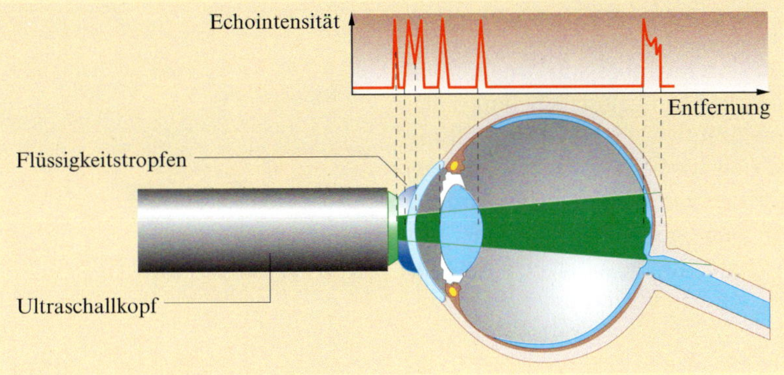

1

Bestimmung von Entfernungen am Auge

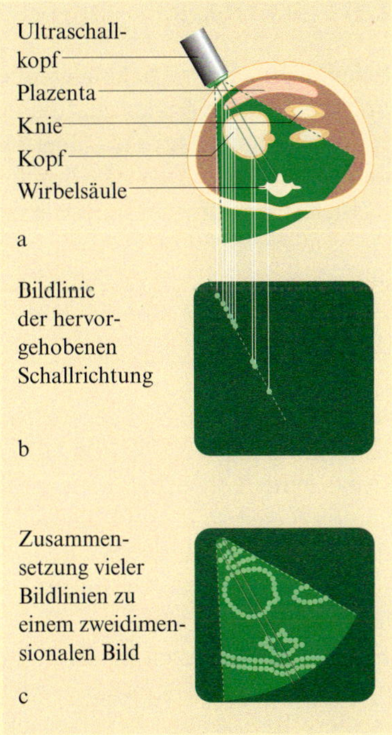

2

Entstehung eines Ultraschallbildes

Um ein zweidimensionales Schnittbild des Körpers zu erhalten, wird der Schallkopf auf der Körperoberfläche in einer Richtung bewegt (Bild 2a). Jeder Ultraschallimpuls führt zu einer Reihe von Echo-Signalen, die jeweils eine bestimmte Amplitude aufweisen. Die Amplituden der entsprechenden elektrischen Signale werden in Grauwerte einer Bildzeile umgewandelt (Bild 2b). Die Bildzeilen werden nacheinander auf den Bildschirm „geschrieben"; es entsteht ein Schnittbild, dessen Ebene festgelegt wird durch die Richtung der Schallkopfbewegung und die Richtung, in der der Ultraschall in den Körper eingestrahlt wird (Bild 2c).

Die Abbildung einer Schnittebene mithilfe von Ultraschall unterscheidet sich grundsätzlich vom klassischen Röntgenbildverfahren, bei dem eine Körperregion von Röntgenstrahlen durchdrungen wird. Bei der Röntgenstrahlung handelt es sich um ionisierende Strahlung, die Zellschädigungen hervorrufen kann. Ultraschall ist dagegen für Patienten und Ärzte gefahrlos und mit keinerlei schädlichen Nebenwirkungen verbunden. Die Ultraschalldiagnostik dient vorwiegend der Darstellung von Weichteilgewebe. Aber auch Fremdkörper, Tumore, Muskel-, Sehnen- und Bänderrisse sowie neurologische Erkrankungen lassen sich diagnostizieren.

Eine besondere Rolle spielen Ultraschalluntersuchungen bei der Schwangerschaftsbetreuung und Geburtshilfe (Bild 3). Die Bilder dienen u. a. der Bestimmung der Fruchtwassermenge, der Größe und Lage des Fetus sowie dem Nachweis seiner Bewegungen.

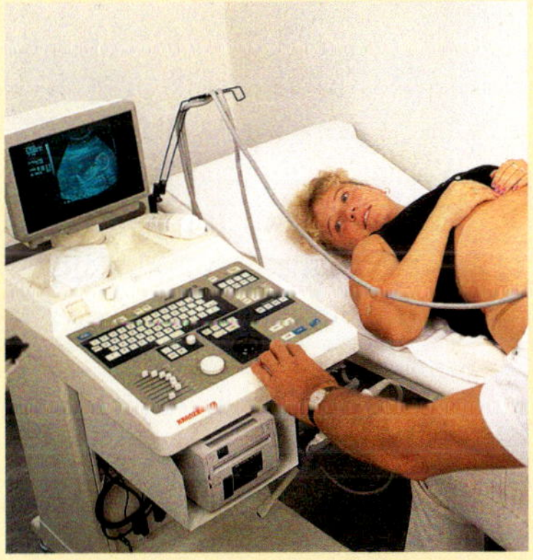
3

Ultraschalluntersuchung während der Schwangerschaft

Aufgaben

1. Ultraschall wird im Körper an Grenzflächen teilweise reflektiert, teilweise durchdringt er die Grenzflächen.
   a) Beschreibe ein Phänomen aus der Optik, bei dem das Licht an einer Grenzfläche zum Teil reflektiert und zum Teil durchgelassen wird!
   b) Der Anteil der reflektierten Energie beträgt am Übergang Luft–Haut ca. 99 %. Welche Konsequenz ergibt sich daraus für die Anwendung von Ultraschall?
2. Vergleiche die Ultraschalldiagnose mit dem Echolotverfahren aus der Schifffahrt!
3. Mit Ultraschallimpulsen lässt sich bei ruhendem Ultraschallkopf die Bewegung von Herzklappen verfolgen. Skizziere eine Abfolge von Signalen, an der sich eine Bewegung erkennen lässt!
4. Informiere dich über verschiedene bildgebende Verfahren in der Medizin. Vergleiche sie bezüglich der Anwendungsgebiete, der Risiken und des jeweils erforderlichen technischen Aufwands!

Lärmschutz

Schalldämmung und Schalldämpfung. Bei der Lärmbekämpfung werden unterschiedliche Eigenschaften der Schallwellen genutzt: Schallwellen werden an harten, glatten Oberflächen gut reflektiert. Die Ausbreitung der Wellen kann also z. B. durch gute Fenster begrenzt (eingedämmt) werden. Dann spricht man von *Schalldämmung*. Andererseits wird die Energie der Schallwellen von weichen oder porösen Materialien gut absorbiert und dann in thermische Energie umgewandelt. Dieser Prozess heißt *Schalldämpfung*. Häufig werden beide Methoden miteinander kombiniert angewendet.

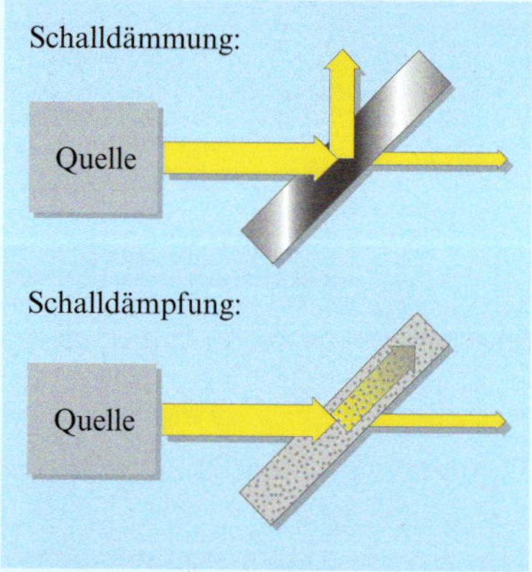

1 Schalldämmung und Schalldämpfung

Verringerung des Verkehrslärms. Bei Kraftfahrzeugen kann durch Kapselung des Motors (Bild 2) die Schallabstrahlung verringert werden. Dabei wird der Motor auf elastischem Material, das den Schall schlecht leitet, gelagert, z. B. auf Gummi. Die Innenseite der Kapsel ist mit schalldämpfendem Material beschichtet. An der harten äußeren Schicht der Kapsel wird ein großer Teil der nicht absorbierten Schallenergie nach innen zurückgeworfen.
Für alle Kraftfahrzeuge gibt es gesetzlich festgelegte Grenzwerte für die maximale Schallabstrahlung. Außerdem ist es verboten, unnötig Lärm mit Kraftfahrzeugen zu verursachen, etwa durch das Laufenlassen von Motoren oder unnötiges Hin- und Herfahren in Ortschaften. Bei Kraftfahrzeugen ist der abgestrahlte Lärm umso größer, je höher die Drehzahl des Motors ist und je höher die Geschwindigkeit ist. Ein Auto mit einer Motordrehzahl von 4000 Umdrehungen je Minute erzeugt den gleichen Lärm wie 32 Autos mit 2000 Umdrehungen je Minute.
Zur Verringerung des Verkehrslärms können neben besonders glatten Straßenbelägen auch Schallschutzwände beitragen (Bild 5). Hierbei gibt es unterschiedliche Ausführungen, die den Schall entweder absorbieren oder reflektieren sollen.

2 Kapselung eines Automotors

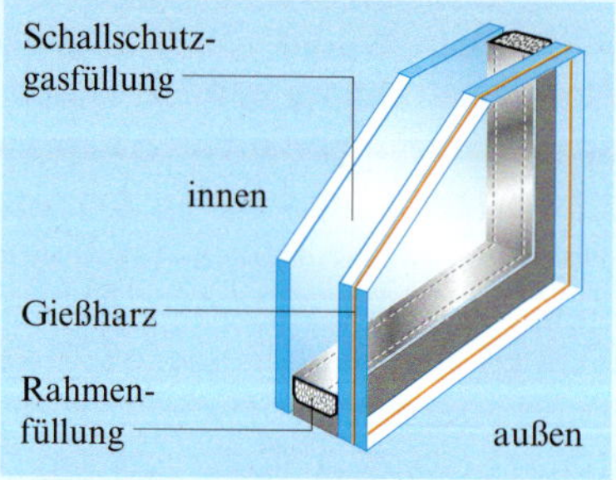

3 Schallschutzfenster

Lärmschutz in Gebäuden. In ältere, nicht sanierte Gebäude dringt der Schall vor allem durch die Fenster ein; die Hauswände absorbieren den Schall recht gut. Mehrfachverglasungen mit speziellen Dichtungen und getrennten Rahmen können den Schallschutz einer gemauerten Außenwand erreichen.
Decken und Zwischenwände sind oft relativ gute Schallleiter. Um möglichst wenig Schallenergie zu übertragen, stellt man daher Schallquellen wie Küchengeräte und Lautsprecherboxen auf weiche Füße.

4 Gehörschützer tragen ist hier Pflicht.

5

Weißt du es? Kannst du es

1. Erkläre, wie eine Schallwelle an einer schwingenden Stimmgabel bzw. Lautsprechermembran entsteht!
2. Die magnetischen Rollen auf einer Schiene sind so gepolt, dass sie einander jeweils abstoßen.
   a) Beschreibe, was geschieht, wenn die erste Rolle kurzzeitig in Richtung der zweiten ausgelenkt wird!
   b) Vergleiche diesen Vorgang mit der Schallausbreitung in Luft!

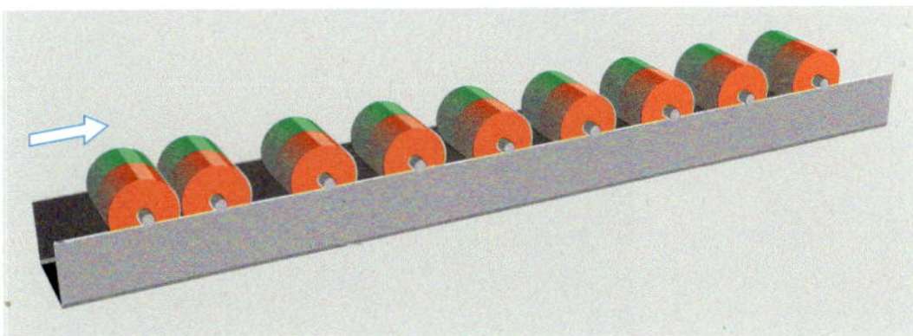

1

3. Könnten sich auf dem Mond zwei Astronauten durch lautes Sprechen verständigen? Begründe!
4. Plane ein Experiment mit dem du die Reflexion von Schallwellen nachweisen kannst!
5. Das menschliche Ohr kann zehn Schallereignisse in einer Sekunde getrennt wahrnehmen. Wie weit muss man von einer reflektierenden Wand mindestens entfernt sein, um ein Echo zu hören?
6. Wie groß ist die Meerestiefe, wenn der Schall eine Zeit von 0,6 Sekunden benötigt, um vom Sender an der Unterseite eines Schiffes zum Meeresboden und von dort zurück zum Empfänger zu gelangen?
7. Nenne und erläutere ein Beispiel für die Beugung von Schallwellen!
8. Worin unterscheiden sich die Schwingungsbilder von einem leisen und einem lauten Ton?
9. Worin unterscheiden sich die Schwingungsbilder von einem tiefen und einem hohem Ton?
10. Oberhalb welcher Frequenzen werden Töne als Ultraschall bezeichnet?
11. Erläutere und unterscheide die Begriffe Hörgrenze und Schmerzgrenze!
12. Was versteht man unter Lärm? Beschreibe und erkläre Lärmschutzmaßnahmen in Gebäuden und im Straßenverkehr!

Kurz und knapp!

Eine Welle ist die Ausbreitung einer Schwingung, bei der Energie übertragen, jedoch kein Stoff transportiert wird.
Die Wellenlänge λ ist der Abstand zweier benachbarter Wellenberge.

Schallwellen können an Hindernissen reflektiert werden. Für die Änderung der Ausbreitungsrichtung gilt dabei das Reflexionsgesetz.
Schallwellen können an Hindernissen gebeugt werden.

Die Schallgeschwindigkeit in Luft beträgt etwa 340 m/s.

Je höher die Frequenz der Schwingung ist, desto höher ist der Ton.
Je größer die Amplitude der Schwingung ist, desto lauter ist der Ton.

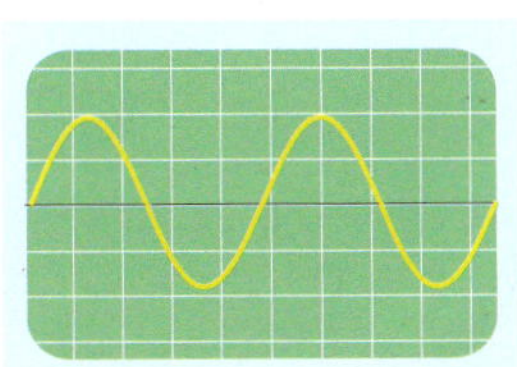

tiefer Ton

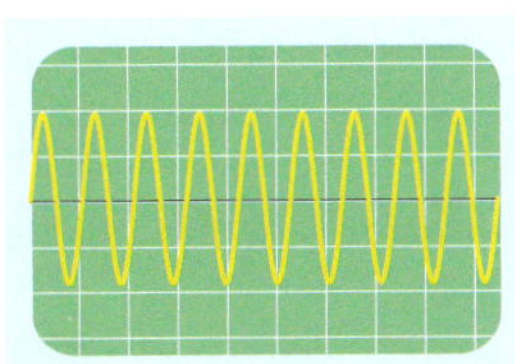

hoher Ton

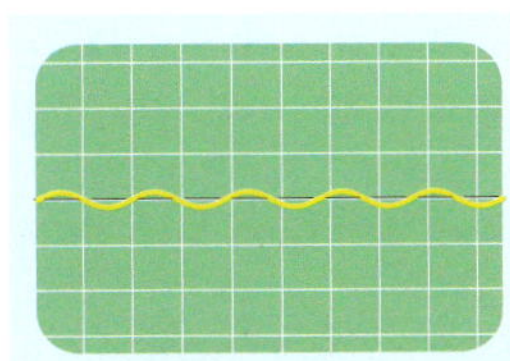

leiser Ton

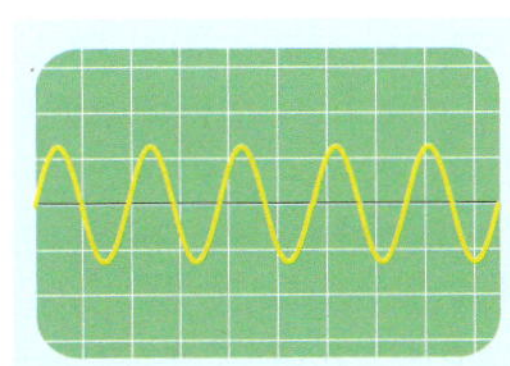

lauter Ton

Hertz'sche Wellen

1

Mobiltelefone, Satellitenfernsehen und Sprechfunkgeräte übertragen Nachrichten drahtlos. All diese technischen Geräte nutzen elektromagnetische Wellen, deren Existenz 1888 vom deutschen Physiker HEINRICH HERTZ nachgewiesen wurde.
Was sind Hertz'sche Wellen, wie werden sie erzeugt und welche Eigenschaften haben sie?

Ausbreitung elektromagnetischer Felder im Raum

Nachdem der schottische Physiker JAMES C. MAXWELL die Ausbreitung elektrischer und magnetischer Felder als elektromagnetische Welle 1864 vorhergesagt hatte, versuchten viele Physiker, diese Wellen experimentell nachzuweisen. Die Berliner Akademie der Wissenschaften setzte sogar einen Preis aus.
Für den Nachweis dieser Wellen braucht man einen leistungsstarken Sender und einen Empfänger, der diese Wellen nachweist. Zwar treten in der Zusammenschaltung von Spule und Kondensator, einem Schwingkreis, diese Felder auf, jedoch sind diese räumlich auf die Bauteile begrenz. Das elektrische Feld besteht im Inneren des Kondensators, das magnetische in der Umgebung der Spule (Bild 2).

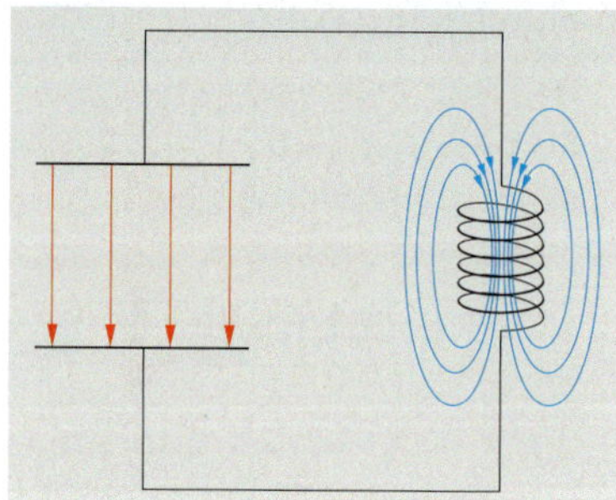
2

Elektrische und magnetische Feldlinien

Dem deutschen Physiker HEINRICH HERTZ gelang es, einen Sender herzustellen, bei dem die elektrische und magnetische Wirkung weiter in den Raum reichten als bei einem gewöhnlichen Schwingkreis. Dazu regte er einen geraden Leiter, einen so genannten Dipol, durch eine Funkenentladung an. Die Funkenentladung bewirkt, dass sich auf dem Dipol die Elektronen in schneller Folge periodisch zwischen den Enden des Dipols hin- und herbewegen. Zu jenen Zeitpunkten, wo die Ladungen an den Enden sind, tritt zwischen diesen eine Spannung auf. Gleichen sich die Ladungsunterschiede aus, so fließt auf dem Dipol ein Strom.

Ein Dipol ist ein gerader Leiter, auf dem sich durch Energiezufuhr die Elektronen verschieben.
Dadurch liegt zu bestimmten Zeiten zwischen den Enden des Dipols eine Spannung an, während des Ladungsausgleichs fließt ein Strom.

3

HEINRICH HERTZ (1857–1894)

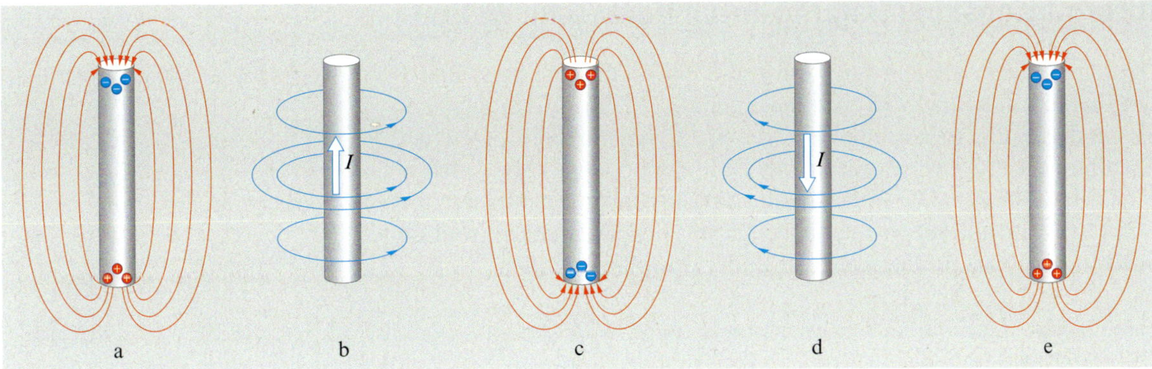

1

Schwingung von Ladung in einem geraden Leiter

Das elektrische Feld in der Umgebung des Leiters ist in den Momenten besonders ausgeprägt, wenn der Ladungsunterschied zwischen den Enden maximal ist. Das magnetische Feld ist besonders stark, wenn die Stromstärke in der Mitte des Leiters besonders groß ist.

Jeder Dipol hat eine Eigenfrequenz, die von seiner Länge abhängt. HEINRICH HERTZ experimentierte mit einem 3 m langen Sendedipol. Der Empfangsdipol war genau so lang und auf den Sender ausgerichtet. Auf diese Weise gelang ihm die drahtlose Energieübertragung von einem Dipol auf den anderen. Voraussetzung für diesen Erfolg war die hohe Frequenz der Funkenentladung und die darauf abgestimmte hohe Eigenfrequenz der Dipole. Nur wenn diese größer als etwa 20 kHz ist, lösen sich die Felder vom Dipol ab und breiten sich als elektromagnetische Welle in den Raum aus (Bild 3).

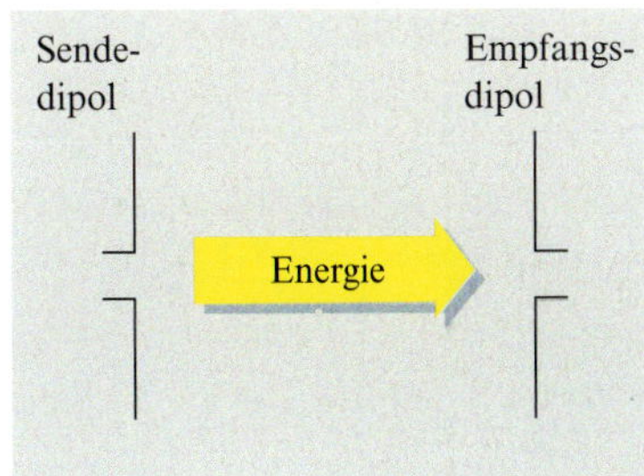

2

Anordnung von HERTZ (schematisch)

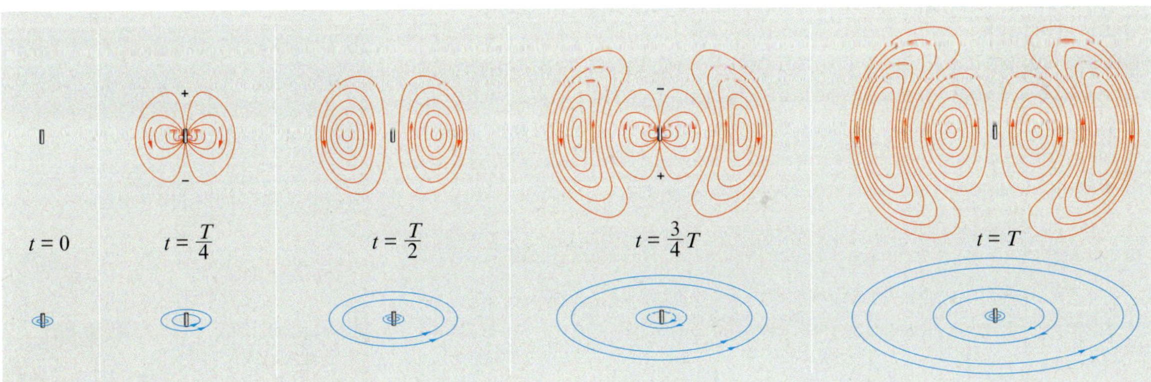

3

Elektrisches und magnetisches Feld bei einer hochfrequenten Schwingung

Wie bei einer mechanischen Welle, so wird auch bei der Ausbreitung einer elektromagnetischen Welle Energie, aber kein Stoff transportiert. Jedoch können sich elektromagnetische Wellen auch im Vakuum, also ohne dem Vorhandensein von Stoffen, ausbreiten.

Ein Dipol sendet elektromagnetische Wellen aus, die zu Ehren von HEINRICH HERTZ als Hertz'sche Wellen bezeichnet werden. Sie breiten sich auch im Vakuum aus.

SCHON GEWUSST?

Einige Zeit glaubte man, dass auch elektromagnetische Wellen zur Ausbreitung ein Medium brauchen. Man nannte es „Äther“. Diese Hypothese war jedoch falsch.

Informationsübertragung durch Hertz'sche Wellen

Das vereinfachte Schema einer Informationsübertragung zeigt Bild 1 Die Funkenentladung wird nicht mehr genutzt. Vielmehr ermöglicht es die moderne Elektronik, mit den von einem Schwingkreis erzeugten hochfrequenten Schwingungen einen Sendedipol, auch kurz Antenne genannt, anzuregen. Die Wellen breiten sich aus und regen ihrerseits die Empfangsantenne zu Schwingungen an, aus denen dann elektronisch die Informationen für Sprache oder Bilder gewonnen werden.

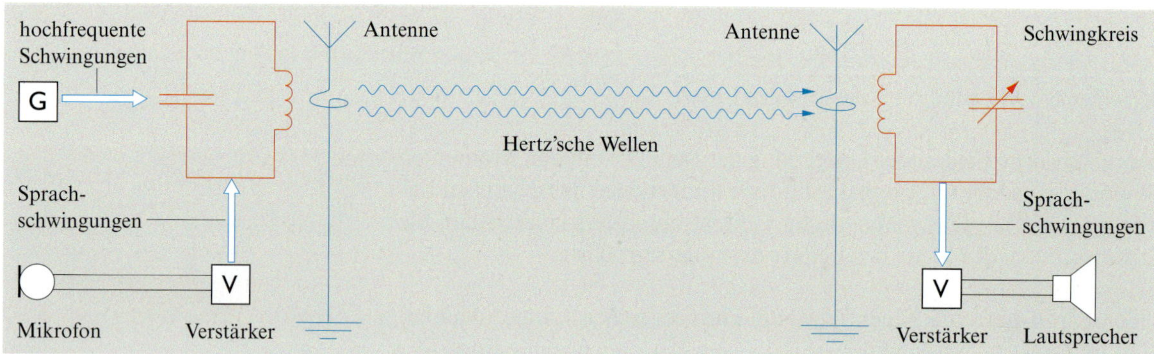

1

Zur Übertragung von Informationen werden die hochfrequenten Schwingungen im Sender verändert, man sagt, die niederfrequente elektrische Sprachschwingung wird auf die hochfrequente Trägerschwingung „moduliert“. Im Empfänger erfolgt dann umgekehrt die Abtrennung der Sprachschwingung von der Trägerschwingung, was als Demodulation bezeichnet wird. Nach einer Verstärkung wird die niederfrequente Sprachschwingung im Lautsprecher hörbar.

Jedem Hörfunk- oder Fernsehsender wird eine bestimmte Sendefrequenz zugewiesen, die auch auf der Skale vieler Empfangsgeräte erscheint. Die Frequenzen der Rundfunk- und Fernsehsender werden in international festgelegte Frequenzbereiche eingeteilt. Den Frequenzen der elektromagnetischen Schwingungen können Wellenlängen Hertz'scher Wellen zugeordnet werden. Es gilt: $c = \lambda \cdot f$.

Frequenzbereiche elektromagnetischer Wellen bei Rundfunk und Fernsehen

Bereich	Frequenzen	Wellenlängen
Langwellen (LW)	148,5 kHz … 283,5 kHz	2 020 m … 1 058 m
Mittelwellen (MW)	526,5 kHz … 1 606,5 kHz	570 m … 187 m
Kurzwellen (KW) (9 Teilbereiche)	1,9 MHz … 30 MHz	158 m … 10 m
Fernsehen Band I (VHF)	47 MHz … 68 MHz	6,4 m … 4,4 m
Ultrakurzwellen (UKW)	87,5 MHz … 108 MHz	3,42 m … 2,78 m
Fernsehen Band III (VHF)	174 MHz … 230 MHz	1,72 m … 1,3 m
Fernsehen Band IV/V (UHF)	470 MHz … 790 MHz	0,64 m … 0,38 m

VHF: *very high frequency* UHF: *ultra high frequency*

SCHON GEWUSST?

Die Abstrahlung einer elektromagnetischen Welle erfolgt optimal, wenn der Dipol halb so lang wie die Wellenlänge ist ($\lambda/2$-Dipol).

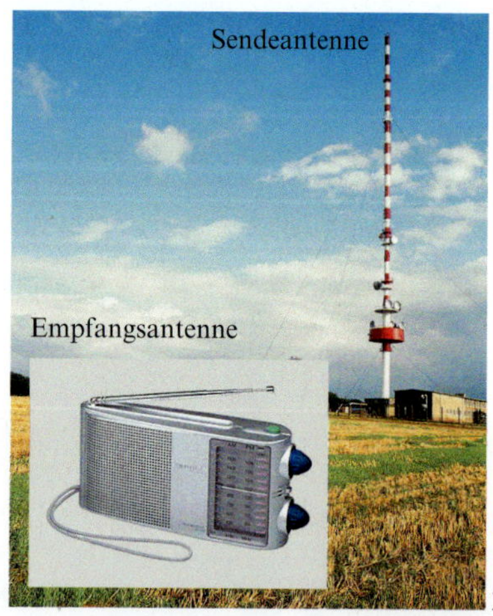

2

ÜBRIGENS

Hertzsche Wellen breiten sich gleichförmig mit der für den jeweiligen Stoff bzw. für das Vakuum zutreffenden Lichtgeschwindigkeit c aus.

Eigenschaften Hertz'scher Wellen

Ein Dipol strahlt die Hertz'sche Welle vor allem senkrecht zur Dipolachse allseitig in den Raum ab. Durch Trichter oder Parabolspiegel kann man ein schmales Bündel von Hertz'schen Wellen erzeugen und gezielt in eine bestimmte Richtung abstrahlen. Die Bündelachse entspricht der Ausbreitungsrichtung der Wellen.
Mit einem verschiebbaren Empfänger lässt sich das Bündel „abtasten". So können die Eigenschaften Hertz'scher Wellen untersucht werden.

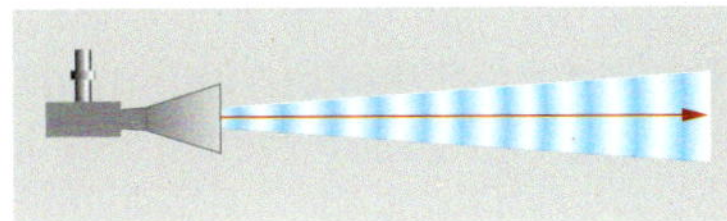
1

EXPERIMENT 1

1 Ein Sender sendet ein schmales Bündel Hertz'scher Wellen aus. Sender und Empfänger werden geradlinig aufeinander ausgerichtet. Dann wird der Empfänger gegen die Bündelachse verschoben bzw. gedreht. Mit einem Lautsprecher oder anhand der angezeigten Spannung kann festgestellt werden, ob die Welle empfangen wird.

2 Zwischen Sender und Empfänger werden sowohl Isolatoren (Papier, Glas, Kunststoff) als auch Leiter (Metallbleche) eingefügt. Die Durchdringungsfähigkeit wird mithilfe der Lautstärke des empfangenen Signals analysiert.

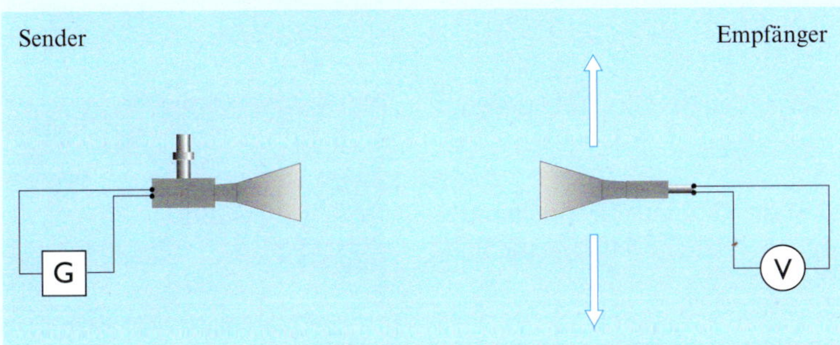

2

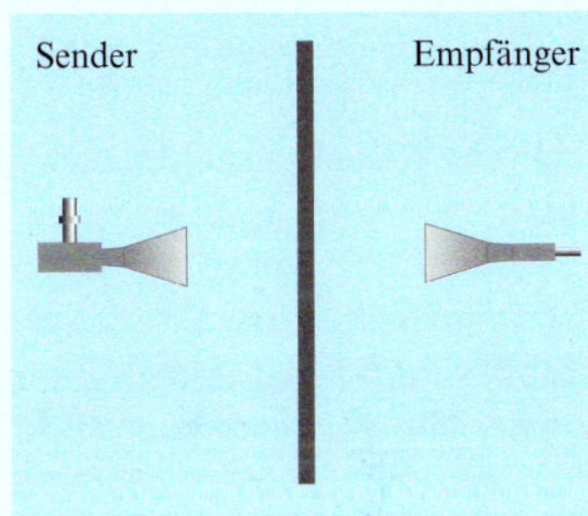

3

Der Empfang ist optimal, wenn der Empfänger beim Verschieben auf den Sender ausgerichtet ist. Genauso ist es bei Satellitenempfangsanlagen. Hinter Isolatoren ist der Empfang möglich, die Welle durchdringt diese Stoffe. Hinter großflächigen Leitern tritt kaum ein Signal auf, die Leiter schirmen den dahinter liegenden Raum ab.

Hertz'sche Wellen
- **breiten sich im Vakuum, in Luft und in anderen Stoffen geradlinig aus.**
- **durchdringen Isolatoren; Metallflächen schirmen sie dagegen ab.**

Reflexion. Da Hertz'sche Wellen Leiter nicht durchdringen, liegt die Vermutung nahe, dass an elektrisch leitenden Oberflächen eine Reflexion eintritt, so wie etwa eine Wasserwelle an einer Kaimauer reflektiert wird. Bild 4 zeigt eine Anordnung zur Überprüfung der Vermutung. Der Empfang ist optimal, wenn Einfallswinkel und Reflexionswinkel gleich groß sind.

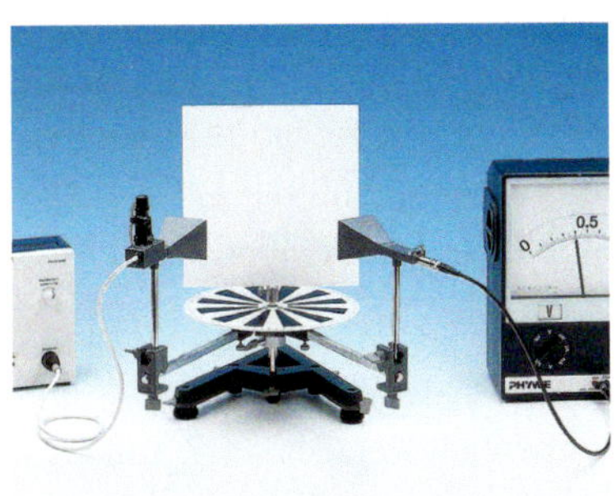
4
Reflexion Hertz'scher Wellen

Hertz'sche Wellen werden an der Oberfläche von Leitern reflektiert. Dabei gilt das Reflexionsgesetz.

Reflexion tritt ebenfalls an elektrisch leitfähigen Schichten in der Atmosphäre auf. Solche reflektierenden Schichten bilden sich abhängig von Tages- und Jahreszeit durch die Einwirkung der Sonnenstrahlung in Höhen von 100 km bis 400 km, der Ionosphäre. An ihnen werden vorwiegend Hertz'sche Wellen mit kleiner Wellenlänge (KW bis UHF) reflektiert. Durch diese Erscheinungen lassen sich manchmal auch weit entfernte Sender hören, es liegen dann so genannte **Überreichweiten** vor.

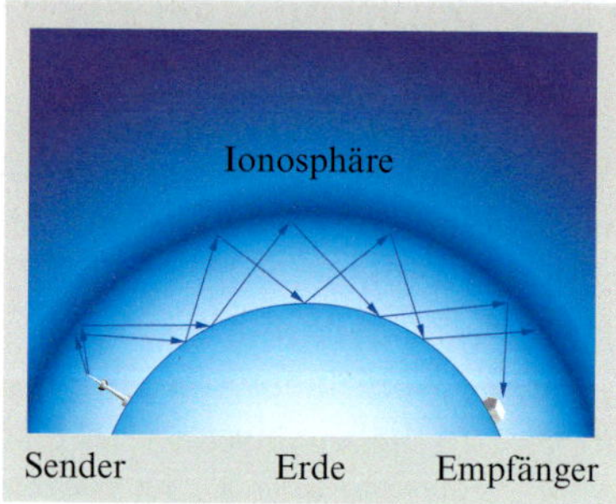

1 Reflexion an der Ionosphäre

Beugung. Schall oder eine Wasserwelle können sich auch in den geometrischen Schattenraum hinter einem Hindernis ausbreiten. Können auch Hertz'sche Wellen an Hindernissen gebeugt werden?

EXPERIMENT 2
Sender und Empfänger werden einander gegenüberliegend aufgestellt. Eine Metallplatte wird so angeordnet, dass die Wellen den Empfänger nicht auf geradem Wege erreichen können.

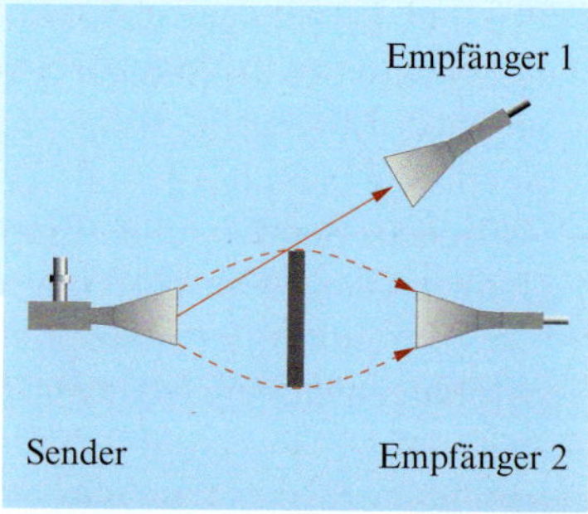

2

Im geometrischen Schattenraum der Metallplatte wird das empfangene Signal schwächer. Man erkennt jedoch, dass die Wellen in diesen eigentlich abgeschirmten Raum eindringen.

Hertz'sche Wellen können an elektrisch leitenden Hindernissen gebeugt werden.

Auch wenn Sender und Empfänger durch einen Höhenzug voneinander getrennt sind, ist ein Radioempfang möglich. Ursache dafür ist die Beugung der Hertz'schen Wellen (Bild 3).

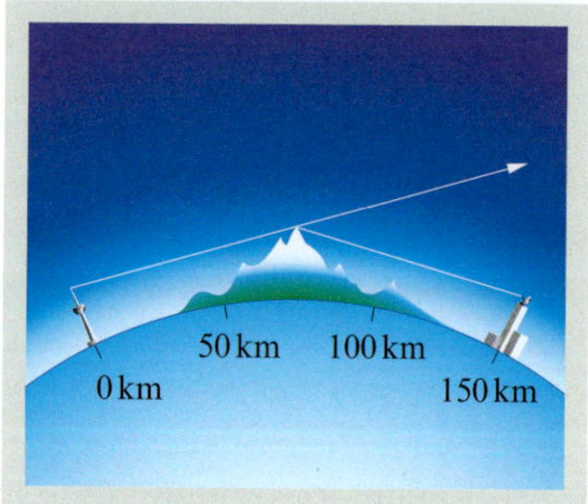

3 Beugung an einem Hindernis

Brechung. Wasserwellen können an Grenzflächen ähnlich wie Licht gebrochen werden. Eine solche Änderung der Ausbreitungsrichtung lässt sich auch bei Hertz'schen Wellen beobachten: Trifft ein Bündel Hertz'scher Wellen schräg auf Körper aus Kunststoff (Bild 4), so stellt man hinter dem Körper eine Änderung der Ausbreitungsrichtung der Wellen fest.

Hertz'sche Wellen werden an Isolatoren gebrochen. Dabei gilt das Brechungsgesetz.

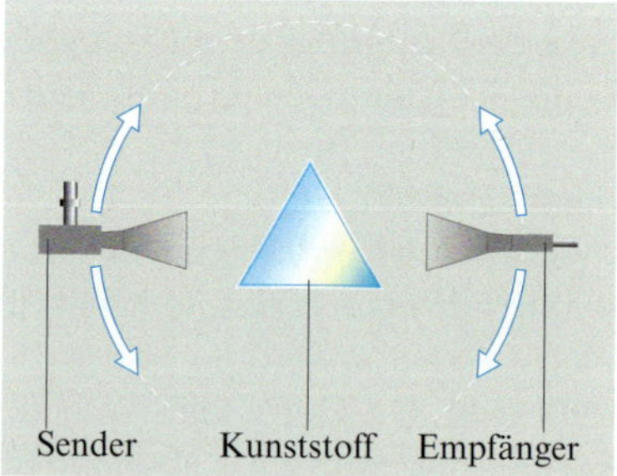

4 Brechung an einem Hindernis

Interferenz. Beugung oder Reflexion können dazu führen, dass sich gebeugte oder reflektierte Anteile der ursprünglichen Hertz'schen Welle überlagern. Dadurch kann es zu einer Verstärkung oder Auslöschung kommen, die Wellenanteile interferieren.

Die Ausbreitung wird jedoch noch wesentlich durch den Frequenzbereich bestimmt. Brechung und Beugung treten im UKW- und Fernsehbereich weniger stark auf. Deshalb kann man z. B. das terrestrische Fernsehen nur in der Nähe eines solchen Senders empfangen. Auch Satellitenfernsehen funktioniert nur, wenn die „Empfangsschüssel" exakt auf den Satelliten ausgerichtet ist.

Entdeckung der Hertz'schen Wellen

Der englische Physiker JAMES CLARK MAXWELL sagte 1852 die Ausbreitung elektrischer und magnetischer Felder in Form von elektromagnetischen Wellen voraus. Für den experimentellen Nachweis setzte die Berliner Akademie der Wissenschaften einen Preis aus. Auf diesen Preis machte der deutsche Physiker HERMANN HELMHOLTZ seinen Assistenten HEINRICH HERTZ aufmerksam. HERTZ löste die Aufgabe 1888 mithilfe einer Apparatur, in der durch Funkenentladungen die notwendigen hochfrequenten elektromagnetischen Schwingungen erzeugt wurden. Die Bezeichnungen „Rundfunk" und „Funkverkehr" gehen auf diese Experimente zurück. HERTZ untersuchte auch den Einfluss von Metallen und von Nichtleitern auf die Ausbreitung dieser Wellen. Zum Nachweis der Energieübertragung durch elektromagnetische Wellen nutzte er ebenfalls eine Funkenstrecke.

1
Experimentieranordnung von HERTZ

Der erste Funkspruch. Angeregt durch die Entdeckung von HERTZ experimentierten viele Forscher in anderen Ländern mit Funkensendern und Empfängern, unter anderem auch der Russe ALEXANDER STEPANOWITSCH POPOW. Mit seinem Assistenten RYBKIN konstruierte er einen empfindlichen Empfänger. Die Reichweite erhöhten sie durch Verwendung eines Antennendrahtes und einer Erdung. Am 7. Mai 1895 stellte POPOW seine Geräte der Öffentlichkeit vor, im März 1896 gelang ihm der erste Funkspruch: „Heinrich Hertz". Bereits 1899 konnte POPOW stabile Funkverbindungen über 50 km aufrechterhalten.

2
NIKOLA TESLA (1856–1943)

NIKOLA TESLA. Der in Kroatien geborene Physiker und Techniker wanderte in die USA aus und arbeitete erfolgreich auf dem Gebiet der Energieübertragung durch Wechselstrom. Er erfand einen Drehstrommotor und den später nach ihm benannten Transformator. Für die Funkempfangstechnik waren seine Erkenntnisse zur Resonanz richtungweisend. 1900 gelang es ihm mit einem Funkensender, 200 Glühlampen über 25 Meilen drahtlos zum Leuchten anzuregen. Dafür erhielt er ein Patent.

3
GUGLIELMO MARCONI (1874–1937)

GUGLIELMO MARCONI. Ein Funkpionier, der intensiv an der Verbesserung der drahtlosen Nachrichtenübertragung arbeitete, war der Italiener MARCONI. Da seine Ideen in seiner Heimat nicht unterstützt wurden, ging er 1896 nach England. 1897 gründete er die *Marconi Wireless Telegraph Company.* Mithilfe abgestimmter Schwingkreise sowie aufeinander abgestimmter Sende- und Empfangsantennen verbesserte er die Anwendungsmöglichkeiten Hertz'scher Wellen beträchtlich. 1902 schickte er vom englischen Poldhu aus das erste Telegramm über den Atlantik nach Kap Cod in Massachusetts/USA. 1909 erhielt MARCONI für seine Leistungen den Nobelpreis. Wegen seines Wissens über die drahtlose Telegraphie war er übrigens als Zeuge im Prozess zum Untergang der Titanic geladen.

MARCONI nutzte allerdings auch die von ihm gegründete Firma, um andere Physiker an weiteren Forschungsarbeiten zu hindern. Zudem stellte 1930 in den USA ein Gerichtsbeschluss klar, dass Marconi in unerlaubter Weise Patente TESLAS genutzt hatte.

4
MARCONIS Yacht mit Sendeanlage vor Poldhu

Anwendungen Hertz'scher Wellen

Drahtlose Nachrichtenübermittlung. Die Idee MARCONIS, drahtlos weltweit Informationen auszutauschen, ist heute Wirklichkeit. In der ersten Hälfte des 20. Jh. wurden auf dem Grund des Atlantiks Kabel verlegt, um den Telefonverkehr zwischen Europa und Amerika abzuwickeln. Seit einigen Jahrzehnten übernehmen diese Aufgaben Satelliten, die mit Richtfunkantennen arbeiten. Dabei ist genau festgelegt, woher sie ihre Signale erhalten und über welche Gebiete sie senden sollen.
Fernmeldesatelliten stehen scheinbar über einem Punkt des Äquators in etwa 36 000 km Höhe still. Sie benötigen für einen Umlauf 24 Stunden, rotieren also so schnell wie die Erde um ihre Achse. Ein derartiger Satellit verfügt über eine Empfangs- und eine Sendeantenne, die jeweils als Parabolspiegel ausgelegt sind. Kernstück ist ein Transponder, der die empfangenen Wellen verstärkt und auf eine andere Frequenz umsetzt. Senden und Empfangen erfolgen auf unterschiedlichen Frequenzen.
Satelliten werden heute nicht nur für die Abwicklung des internationalen Telefonverkehrs eingesetzt. Spezielle Wettersatelliten sind mit hochempfindlichen Sensoren ausgerüstet. Sie registrieren atmosphärische Veränderungen und fotografieren Wolkenformationen. Die gewonnenen Informationen werden in Signale umgewandelt, welche in Bodenstationen ausgewertet werden. So entsteht z. B. der Satellitenfilm zur Wolkenbewegung für den Wetterbericht im Fernsehen.
Satelliten überwachen auch Verkehrsströme zu Lande, zu Wasser und in der Luft. Durch Peilung können Standorte exakt bestimmt werden. Navigationssysteme machen davon Gebrauch.

1 Wettersatellit

2 Wetterfoto eines Satelliten

Radar. Sicherheit im Flug- oder Schiffsverkehr ist ohne Radaranlagen nicht mehr zu gewährleisten. Tausende von Flugbewegungen müssen täglich allein über Europa geortet und sicher geleitet werden.
Radaranlagen arbeiten im Impulsbetrieb: Das Signal wird z. B. 1 ms lang ausgestrahlt, danach wird 1 ms lang auf Empfang geschaltet, um die reflektierten Signale auszuwerten. Aus den Laufzeiten bei wiederholtem Senden und Empfangen kann auf die Entfernung des Objekts und auf dessen Geschwindigkeit geschlossen werden (Bild 4).
Die Radargeräte der Verkehrspolizei arbeiten nach dem gleichen Prinzip. Die Geschwindigkeit eines Autos wird bereits vor der Blitzlichtaufnahme in einer Entfernung von bis zu 300 m mehrfach geprüft.

3 Navigationssystem in einem Pkw

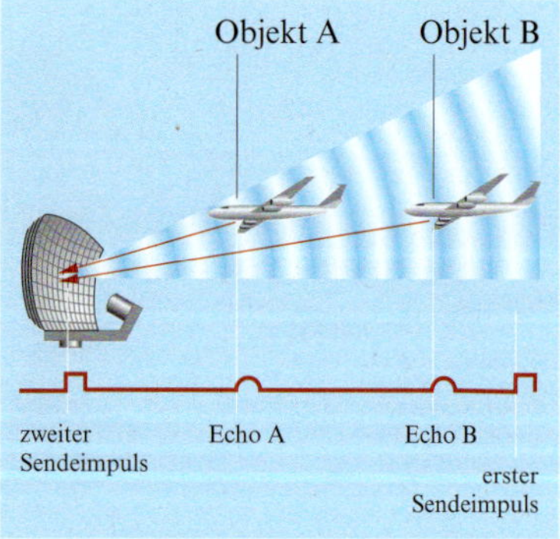

4 Impulsmodulierte Radaranlage

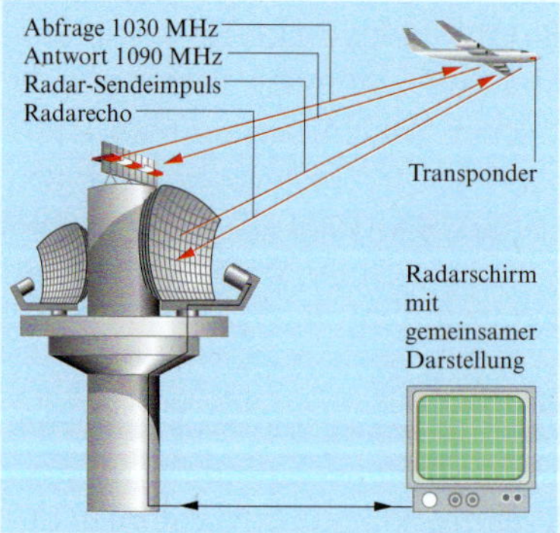

5 Kombinierte Radaranlage

6 Blick durch eine „Radarpistole"

Weißt du es ? Kannst du es

1. Im Zusammenhang mit der drahtlosen Nachrichtenübertragung spricht man von Rundfunk, Fernsehfunk, Funksprüchen, Funkern usw. Erläutere den Ursprung für die Verwendung des Wortes „Funken"!
2. Warum müssen Elektrogeräte für den Haushalt funkenentstört sein?
3. Für Hertz'sche Wellen gilt $c = \lambda \cdot f$. Berechne die Wellenlängen zu den Frequenzangaben: D-Netz 0,9 GHz, E-Netz 1,8 GHz! Verwende für die Lichtgeschwindigkeit $c = 300\,000$ km/s.
4. Welche Wellenlänge gehört zu einer Frequenz von 3 GHz, welche Frequenz zu einer Wellenlänge von 60 cm?
5. Hertz'sche Wellen breiten sich gleichförmig aus. Wie lange würde es dauern, bis ein Radarsignal vom Mond reflektiert wieder am Sendeort eintrifft?
6. Nenne Beispiele für die geradlinige Ausbreitung Hertz'scher Wellen! Wie lange benötigt ein Telefonat, das über einen Fernmeldesatelliten geführt wird, der 36 000 km über der Erde steht?
7. Ein Radio kann Hertz'sche Wellen mit Frequenzen von 148,5 kHz bis 108 MHz empfangen. Welche Wellenlängen und welche Wellenbereiche gehören zu diesen Frequenzen?
8. Erläutere, an welchen Hindernissen es zu welchen Erscheinungen bei der Ausbreitung Hertz'scher Wellen kommt!
9. Wieso befindet sich die Pkw-Antenne für das Autoradio zumeist außerhalb des Wagens?
10. Stelle Anwendungsbereiche Hertz'scher Wellen zusammen! Erkundige dich, welche Bereiche für Funkamateure und für genehmigungsfreien Sprechfunk freigegeben sind!
11. Rundfunkempfang ist vor allem im Mittelwellenbereich schon mit einfachsten Mitteln möglich. Baue einen einfachen Sender mit einer Diode als Gleichrichter! Schalte zunächst einen Kopfhörer zwischen eine Antenne und einen geerdeten Anschluss. Schalte danach zwischen Antenne und Erde zum Kopfhörer eine Germaniumdiode in Reihe. Welchen Radiosender hörst du?

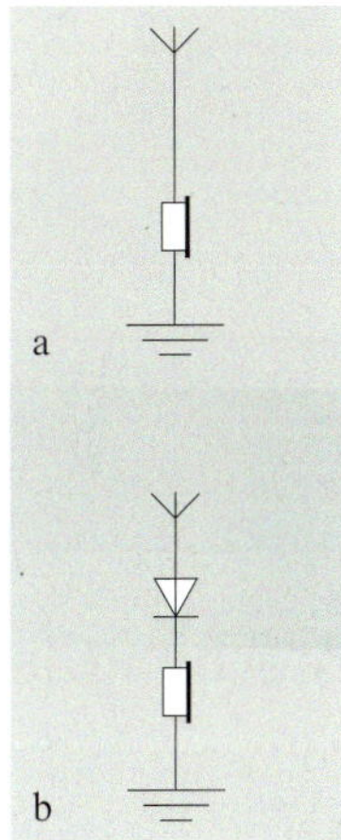

1

Kurz und knapp !

Wird auf einem Dipol eine hochfrequente elektromagnetische Schwingung angeregt, so strahlt er Hertz'sche Wellen ab.

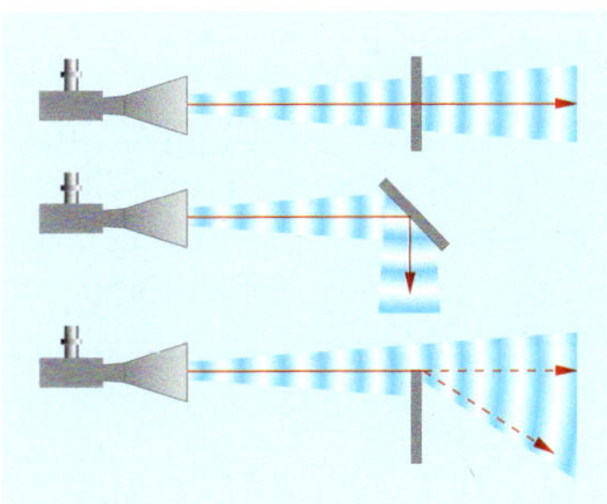

Für Hertz'sche Wellen gilt:
- sie regen auf Antennen elektromagnetische Schwingungen an,
- sie werden an leitenden Hindernissen reflektiert,
- sie können nichtleitende Hindernisse durchdringen, die Wellen werden an der Grenzfläche gebrochen,
- an elektrisch leitenden Hindernissen kommt es zu einer Beugung
- sie breiten sich mit Lichtgeschwindigkeit aus. ($c_{Luft} = 300\,000$ km/s)

Hertz'sche Wellen werden angewendet zur:
- Übermittlung von Nachrichten in allen Bereichen (Verkehr, Wirtschaft, Navigation, Wettervorhersage, Telefon, Internet usw.),
- Zubereitung von Speisen (Mikrowellenherd).

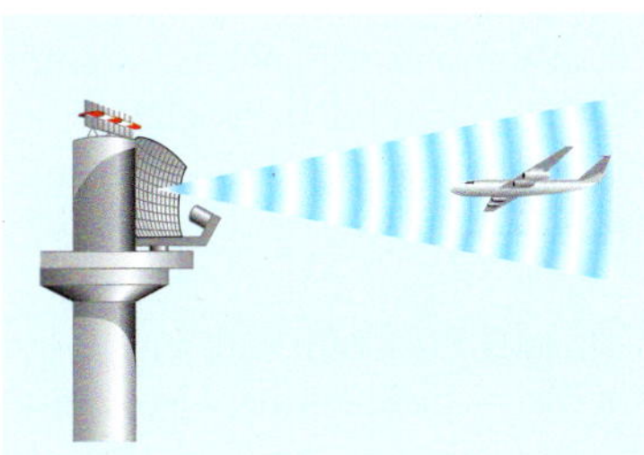

Informationsübertragung durch Licht

1

Daten sollen auf immer weiter reichenden Verbindungen immer schneller und in immer größeren Mengen übertragen werden. Um das zu erreichen, vertraut man diese Informationen dem Medium mit der höchsten Ausbreitungsgeschwindigkeit an – dem Licht. In der modernen Datenkommunikation werden zunehmend Lichtleiter für die Informationsübertragung, bei der Telekommunikation und auch im Bereich der Rechnervernetzung eingesetzt. Wie funktioniert ein Lichtleiter?

Brechung des Lichtes

Wenn man mit einem schmalen Lichtbündel schräg von oben in eine Flüssigkeit leuchtet, dann erkennt man, dass das Licht an der Grenzfläche zwischen der Luft und der Flüssigkeit einen Knick macht. Es ändert also beim Übergang von einem Medium in ein anderes Medium seine Ausbreitungsrichtung.
Im folgenden Experiment soll die Richtungsänderung genauer untersucht werden.

2

EXPERIMENT 1

1 Lenke das Lichtbündel für verschiedene Einfallswinkel α auf den Mittelpunkt der Kreisscheibe!
2 Miss den jeweils dazugehörigen Brechungswinkel β und trage die Werte in eine Tabelle ein!
3 Vergleiche den jeweiligen Betrag von Einfallswinkel und dazugehörigem Brechungswinkel!

3

Man erkennt, dass beim Übergang eines Lichtbündels von Luft in Glas der Brechungswinkel stets kleiner ist als der Einfallswinkel. Das Licht wird zum Lot hin gebrochen. Ursache für diese Richtungsänderung ist die unterschiedliche Ausbreitungsgeschwindigkeit des Lichts in beiden Stoffen.

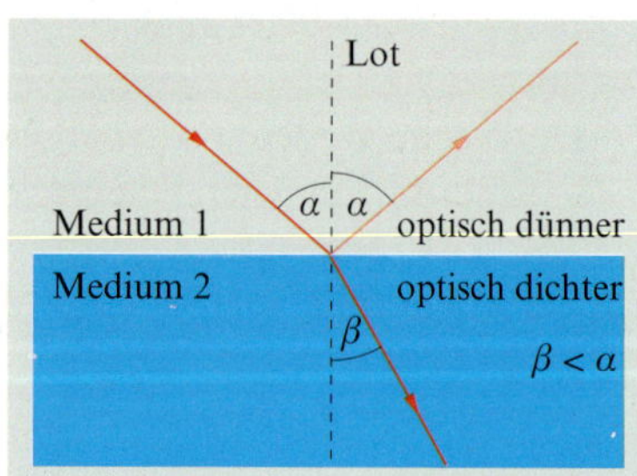

4

Von zwei Stoffen ist derjenige, in dem sich das Licht schneller ausbreitet, das optisch dünnere Medium. Der Stoff, in dem sich das Licht langsamer ausbreitet, heißt optisch dichteres Medium.

Aus den Messwerten von Experiment 1 erkennt man auch, dass sich das Verhältnis von Einfallswinkel und Brechungswinkel ändert, α und β sind nicht proportional zueinander. Um zu einer Gesetzmäßigkeit zu gelangen, kann man jedoch für jedes Wertepaar das Verhältnis $\sin\alpha : \sin\beta$ berechnen. Man erhält im Mittel 1,50. Auch das Verhältnis der Lichtgeschwindigkeiten in Luft $c_L = 299\,711$ km/s und in Kronglas $c_K = 200\,000$ km/s beträgt 1,50.
Führt man das Experiment mit anderen Stoffpaaren durch, dann stehen immer die Sinuswerte von Einfallswinkel und Brechungswinkel in demselben Verhältnis zueinander wie die Lichtgeschwindigkeiten vom optisch dichteren Medium (c_1) und vom optisch dünneren Medium (c_2). Es gilt das Brechungsgesetz:

Tritt Licht von einem optisch dünneren Medium in ein optisch dichteres Medium ein, so erfolgt eine Brechung zum Einfallslot hin.
Tritt Licht unter einem Einfallswinkel α (verschieden von 0°) von einem optisch dünneren in ein optisch dichteres Medium ein, so erfolgt eine Brechung mit dem Winkel β.

Es gilt: $\frac{\sin\alpha}{\sin\beta} = \frac{c_1}{c_2}$.

Der Knick an der Grenze der beiden Medien lässt sich mithilfe eines Gedankenexperiments veranschaulichen: Ein Radfahrer will von A nach Z. Er kann auf Asphalt mit einer Geschwindigkeit von $v_A = 10$ m/s und auf einer Wiese mit einer Geschwindigkeit von $v_W = 5$ m/s fahren. Welches ist der schnellste Weg (Bild 1)?

Berechnung der Zeit für einige Strecken:

$$t_{ABZ} = \frac{100\,\text{m}}{10\,\text{m/s}} + \frac{200\,\text{m}}{5\,\text{m/s}} = 50\,\text{s}$$

$$t_{ACZ} = \frac{200\,\text{m}}{10\,\text{m/s}} + \frac{100\,\text{m}}{5\,\text{m/s}} = 40\,\text{s}$$

$$t_{AZ} = \frac{132\,\text{m}}{10\,\text{m/s}} + \frac{132\,\text{m}}{5\,\text{m/s}} = 39{,}6\,\text{s}$$

Der gerade Weg ist jedoch nicht der schnellste Weg. Der Radfahrer ist schneller, wenn er eine etwas längere Strecke auf dem Asphalt zurücklegt und eine kürzere auf der Wiese. Ein Beispiel ist der Weg über den Punkt X:

$$t_{AXZ} = \frac{150\,\text{m}}{10\,\text{m/s}} + \frac{117\,\text{m}}{5\,\text{m/s}} = 38{,}4\,\text{s}$$

Der Weg, für den der Radfahrer die kürzeste Zeit braucht, lässt sich mit besonderen mathematischen Hilfsmitteln berechnen. Man erhält: $\alpha = 52°$ und $\beta = 23°$. Die benötigte Zeit beträgt dann 38,2 s.

Brechzahl. Lässt man bei Experiment 1 das Licht von Luft in Wasser oder in Diamant übergehen, so erhält man andere Werte für den Quotienten $\sin\alpha / \sin\beta$. Der Quotient ist eine stoffabhängige Größe und wird Brechzahl n genannt.

Messwertetabelle für den Übergang von Luft in Kronglas

α_{Luft}	$\beta_{Kronglas}$	$\frac{\alpha}{\beta}$	$\frac{\sin\alpha}{\sin\beta}$
10°	6,6°	1,51	1,54
20°	13,4°	1,49	1,48
30°	19,6°	1,53	1,43
40°	25,1°	1,59	1,52
50°	30,7°	1,63	1,51
60°	35,0°	1,71	1,52
70°	38,9°	1,80	1,49
80°	41,4°	1,93	1,49

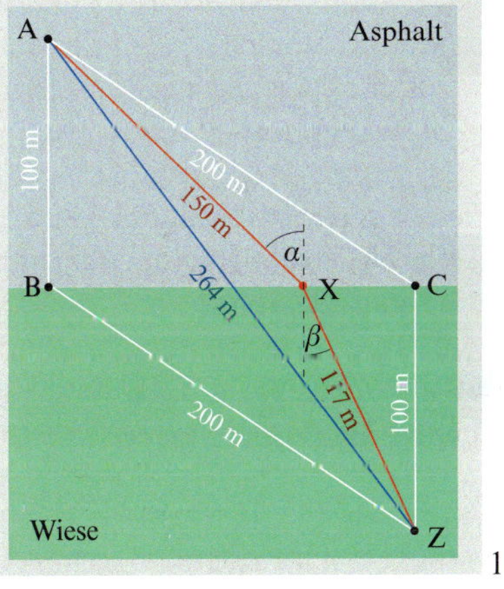

1

Brechzahlen für den Übergang des Lichtes von Luft in verschiedene Medien

Medium	n
Wasser	1,33
Quarzglas	1,46
Glycerin	1,47
Kronglas, leicht	1,52
Kronglas, schwer	1,62
Flintglas, schwer	1,75
Diamant	2,42

Totalreflexion

Was passiert beim Übergang von Licht von einem optisch dichterem Medium zum optisch dünneren Medium?
Besonders deutlich kann man den Weg den Lichtes mithilfe der Experimentierleuchte in Bild 1 verfolgen. Stets wird an der Wasseroberfläche ein Teil des Lichtes reflektiert, der Rest gelangt gebrochen nach draußen. Aber von einem bestimmten Winkel an wird das Licht vollständig reflektiert, nichts gelangt mehr hinaus.
Im folgenden Experiment soll das genauer untersucht werden.

1

EXPERIMENT 2

1 Lenke das Lichtbündel auf den Mittelpunkt der Kreisscheibe. Verändere den Einfallswinkel α!
2 Miss den zugehörigen Brechungswinkel β!
3 Trage α und β in eine Tabelle ein!
4 Bestimme den Winkel, bei dem das Licht gerade nicht mehr das dichtere Medium verlassen kann!

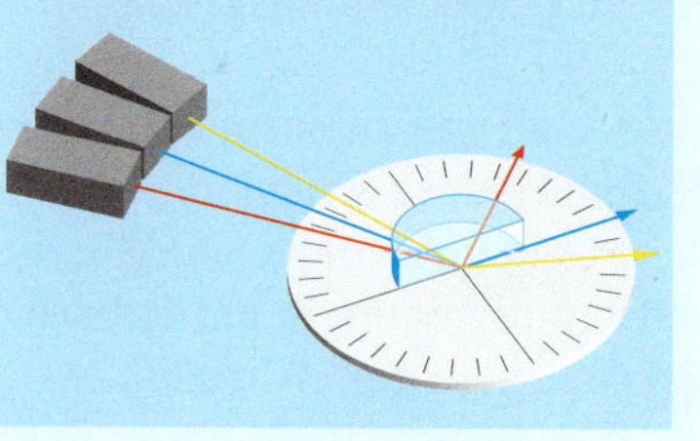
2

Licht kann nur dann von einem optisch dichteren in ein optisch dünneres Medium gelangen, wenn der Einfallswinkel einen bestimmten Betrag nicht überschreitet. Je größer der Einfallswinkel ist, umso mehr Licht wird reflektiert. Ist der Einfallswinkel größer als der Grenzwinkel α_G, wird das Licht total reflektiert.

Den Winkel, bei dem das einfallende Licht gerade nicht mehr in das optisch dünnere Medium übertreten kann, nennt man den Grenzwinkel der Totalreflexion α_G.

Licht in Glasfasern

Mit einem Lichtleitkabel kann man gleichzeitig Millionen von Telefongesprächen übertragen. In einem solchen Kabel fließt nicht – wie bei herkömmlichen Telefonleitungen – ein elektrischer Strom. Die Informationen werden durch Licht übertragen. Auf welche Weise erreicht man, dass das Licht auch dann ungehindert durch das Kabel gelangt, wenn dieses gebogen ist?
Ein Lichtleitkabel besteht – wie eine Kupferlitze – aus vielen einzelnen Adern (Bild 3). Das Prinzip eines Lichtleitkabels kann man leicht mit einem gebogenen Kunststoffstreifen demonstrieren (Bild 4).

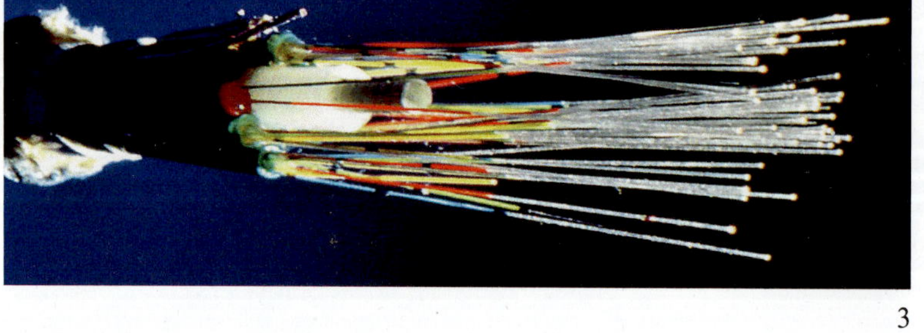
3

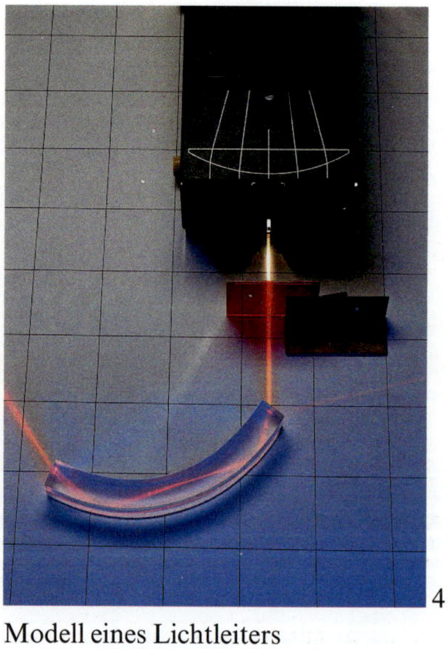
4
Modell eines Lichtleiters

Wie in den Glasstab, so dringt das Licht in jede Glasfaser durch die Stirnfront ein. Da das nie ganz parallel zum Kabel erfolgt und das Kabel gebogen ist, so trifft es irgendwann auf die Begrenzung der jeweiligen Glasfaser. Man verwendet Fasern, deren optische Dichte nach außen hin allmählich abnimmt (Bild 2). Dadurch wird das Licht wieder ins Innere der Faser total reflektiert.
Dieser Vorgang wiederholt sich sehr oft, sodass das Licht die Ader erst am Ende des Kabels wieder verlassen kann. Auf diese Weise folgt es jeder Biegung der Ader bzw. des Kabels.
Eine wichtige Voraussetzung besteht darin, dass das Glas sehr rein ist. Nur dann wird das Licht durch Absorption wenig geschwächt.

1
Glasfasern sind so flexibel wie z. B. Seide oder Wolle.

Glasfaserkabel werden bei der Nachrichtenübertragung für Telefon, Fernsehen und Internet verwendet und lösen die alten Telefonnetze mit Kupferkabeln ab.

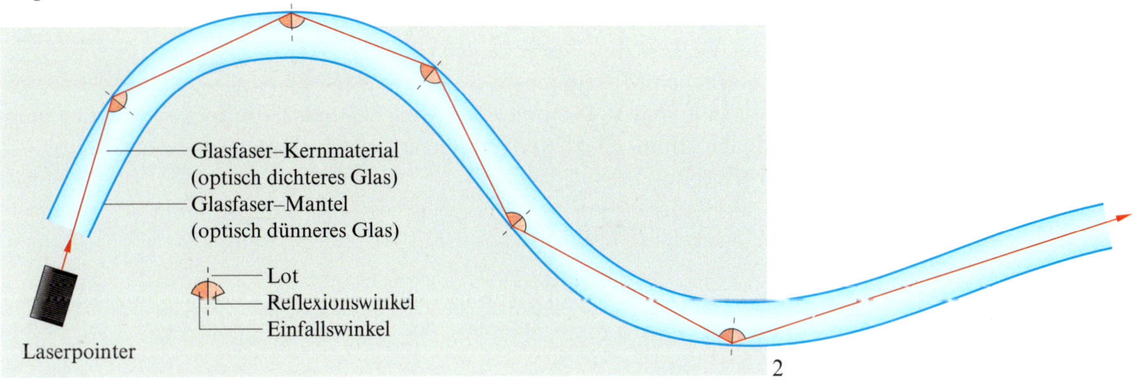

2

Um Sprache oder Zeichen durch Lichtleitkabel zu senden, werden sie in elektrische Signale und dann in Lichtblitze umgewandelt. Beim Empfänger werden die Informationen wieder zurückverwandelt. In modernen Glasfasernetzen können bis zu 80 Milliarden Signale pro Sekunde übertragen werden. Bei größeren Entfernungen müssen die Lichtblitze unterwegs mithilfe weiterer Lichtquellen – optischen Verstärkern – erneuert und verstärkt werden.
Der große Vorteil der Lichtleitkabel gegenüber den bisher verwendeten Kupferkabeln, z. B. bei der Übertragung von Telefongesprächen, besteht in den kleineren Abmessungen, dem geringeren Gewicht und dem preiswerteren Material. Außerdem können keine Störungen durch elektromagnetische Felder auftreten.

Auch in der Medizin werden Glasfaserkabel eingesetzt, um z. B. mithilfe eines **Endoskops** in den Magen zu schauen (Bild 3). Das Wort Endoskop bedeutet so viel wie „innen Sehen“. Früher musste man mit großen Operationen den Körper öffnen, um den Zustand innerer Organe beurteilen zu können. Da ein Endoskop klein ist, genügen auch kleine Öffnungen des Körpers. In einem Endoskop gibt es zwei Faserbündel. Das eine dient zur Beleuchtung der Organe und das zweite liefert ein Bild des Organs, das der Arzt durch eine eingebaute Lupe betrachten kann. Dadurch können krankhafte Veränderungen festgestellt und Operationen mit geringerem Aufwand durchgeführt werden.

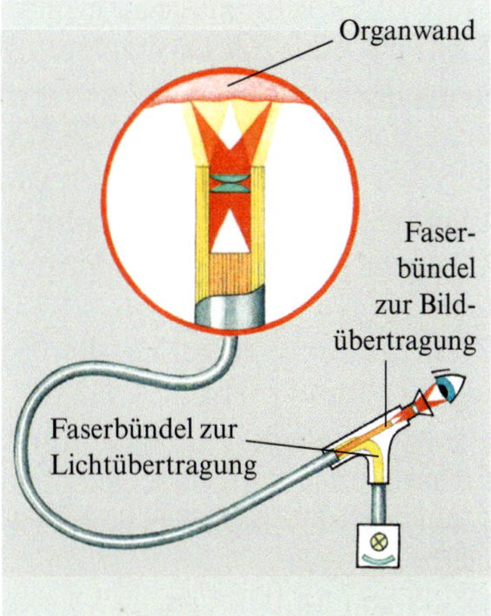

3

Lichtgeschwindigkeit

Bei Gewitter entstehen Blitz und Donner an einer Stelle gleichzeitig. Das kann man feststellen, wenn ein Blitz in unmittelbarer Nähe einschlägt. Je größer die Entfernung zum Blitz, desto stärker verzögert hört man den Donner. Schall benötigt also eine bestimmte Zeit zu seiner Ausbreitung. Aber wie schnell breitet sich das Licht aus?

1 Galileis Experiment zur Bestimmung der Lichtgeschwindigkeit

Schon der italienische Physiker GALILEO GALILEI (1564–1642) wollte experimentell nachweisen, dass sich das Licht mit einer bestimmten Geschwindigkeit ausbreitet. GALILEI postierte seinen Assistenten in großer Entfernung (Bild 1). Er beauftragte ihn, seine Lampe in dem Moment aufblitzen zu lassen, in dem er die aufblitzende Lampe GALILEIS sehe. Eine Verzögerung des Rücksignals konnte GALILEI nicht feststellen. Damit hielt er aber seine Annahme, dass das Licht sich mit einer bestimmten Geschwindigkeit ausbreitet, nicht für widerlegt. Die Geschwindigkeit könnte so groß sein, dass die Zeit zum Zurücklegen des Weges sehr klein und damit nicht mit einfachen Mitteln messbar ist.
Der Franzose HIPPOLYTE FIZEAU (1819–1896) hat 1848 zum ersten Mal die Lichtgeschwindigkeit auf der Erde bestimmt. Dazu verwendete er eine raffiniert ausgedachte Apparatur (Bild 2):

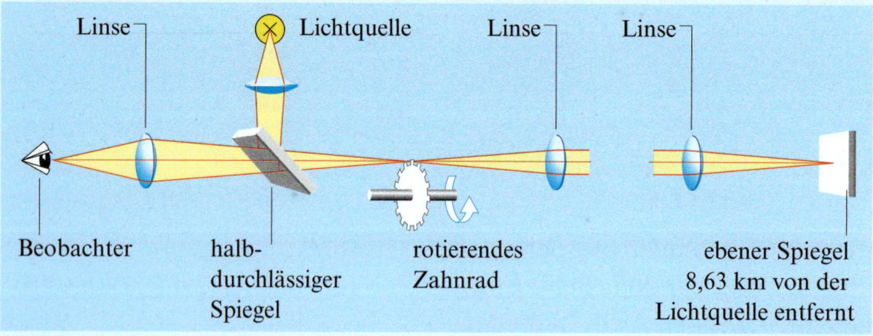

2

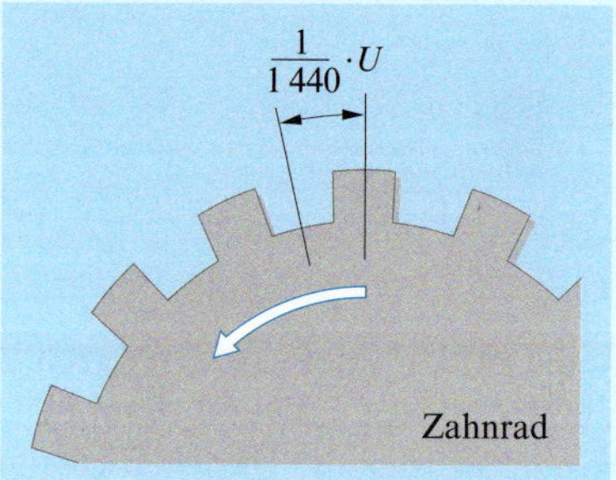

3

Ein Lichtbündel wird über einen halbdurchlässigen Spiegel zwischen zwei Zähnen eines Zahnrades zu dem weit entfernten Spiegel geschickt. Nach Reflexion legt das Lichtbündel die Strecke noch einmal zurück. Durch die Zahnradlücke und den halbdurchlässigen Spiegel gelangt das Licht ins Auge des Beobachters. Dreht man nun das Zahnrad allmählich schneller, so tritt bei einer bestimmten Geschwindigkeit Dunkelheit beim Beobachter auf. Das Licht trifft nun statt auf die Ausgangslücke auf den folgenden Zahn. FIZEAUS Zahnrad hatte je 720 Zähne und Lücken. Von einer Lücke zum nächsten Zahn wird also 1/1 440 des Umfangs zurückgelegt (Bild 3). Die Drehzahl betrug $n = 12{,}6\,\text{s}^{-1}$, was einer Umlaufzeit von $T = 0{,}0794\,\text{s}$ entspricht. So beträgt die Zeit, die von Zahn zu Lücke vergeht, 0,000 055 s. Die Entfernung zwischen Spiegel und Zahnrad betrug 8,633 km. Damit ergibt sich für die Lichtgeschwindigkeit: $c = 2 \cdot 8{,}633\,\text{km} / 0{,}000055\,\text{s} = 313\,927\,\text{km/s}$.
Genauere Messungen zeigen heute:
Licht legt im Vakuum in einer Sekunde etwa 299 792 km zurück: $c = 299\,792\,\text{km/s}$.
Das Licht breitet sich in unterschiedlichen Medien unterschiedlich schnell aus.

Medium	Lichtgeschwindigkeit c in km/s
Vakuum	299 792
Luft	299 711
Wasser	224 000
Kronglas, leicht	197 000
Polystyrol	189 000
Flintglas, leicht	186 000
Diamant	122 000

Weißt du es ? Kannst du es

1. Lege eine Münze so in eine Tasse, dass sie gerade hinter dem Rand verschwindet. Fülle die Tasse vorsichtig mit Wasser, ohne den Kopf dabei zu bewegen! Schildere und erkläre deine Beobachtung!
2. a) Erläutere das Begriffspaar „optisch dünner – optisch dichter“!
   b) Stelle den Weg eines Lichtbündels dar, das schräg auf eine Glasplatte auftrifft. Trage auch die Begriffe „optisch dünner“ und „optisch dichter“ ein!
   c) Ein Lichtbündel fällt schräg auf eine Wasserschicht, die sich auf einer Glasplatte befindet. Zeichne das Lichtbündel ein! *Hinweis:* Glas ist optisch dichter als Wasser.
3. In Bild 1 trifft Licht auf eine 1 cm dicke Glasplatte. Übertrage die Abbildung in dein Heft und zeichne den weiteren Verlauf des Lichtes. Berücksichtige dabei die Brechung an beiden Grenzflächen!
4. Erkläre das Zustandekommen der Totalreflexion!
5. Warum gibt es Totalreflexion nur beim Übergang vom optisch dichteren zum optisch dünneren Medium?

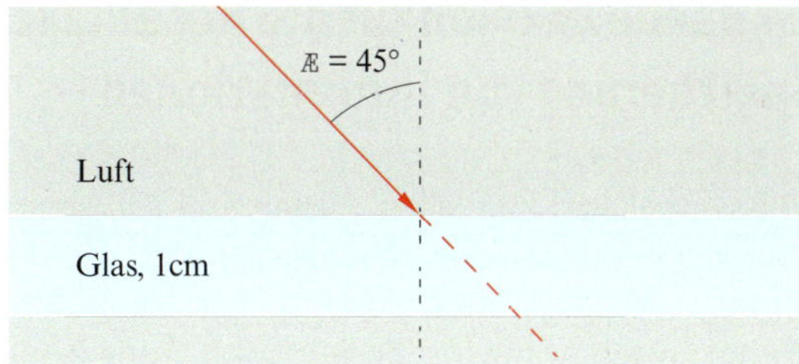

1

6. Beschreibe das Blickfeld eines Tauchers beim Blick nach oben! Fertige hierzu eine Skizze an und kennzeichne die Bereiche, in denen es zur Totalreflexion kommt!
7. Warum sieht man den Kopf der Biene durch den gekrümmten Lichtleiter hindurch (Bild 2)?

2

8. Informiere dich über die Anwendung von Lichtleitern. Fertige eine Präsentation an!

Kurz und knapp !

Brechungsgesetz

Tritt Licht von einem optisch dünneren Medium in ein optisch dichteres Medium ein, so erfolgt eine Brechung zum Lot hin.

$$\frac{\sin\alpha}{\sin\beta} = \frac{c_1}{c_2} \quad (\alpha \neq 0°)$$

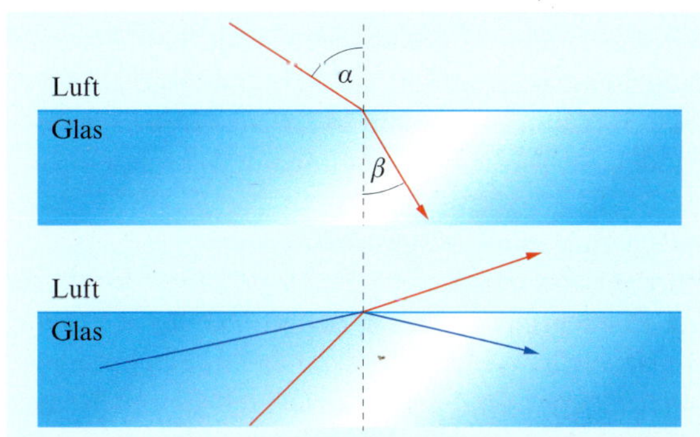

Totalreflexion

Ist der Einfallswinkel am Übergang von optisch dichteren zum optisch dünneren Medium größer als der Grenzwinkel α_G, so wird das Licht total reflektiert.

Informationsübertragung mit Licht

Mit Lichtleitern können Informationen übertragen werden. Das Licht wird durch Totalreflexion weitergeleitet.

24 Bände Lexikon für die Hosentasche – Speicherung von Informationen

Massenspeicher. Um leben, lernen und arbeiten zu können, benötigen wir viele Informationen. Wir müssen wissen, wie spät es ist, wann Züge fahren, wie das Wetter wird; wo wir einkaufen können, wie viel die Waren kosten, wann die Theatervorstellung beginnt usw. Alle diese Informationen sind irgendwo gespeichert. Für eine zeitgemäße Speicherung benutzt man Massenspeicher. Man kann drei Arten unterscheiden:
- magnetische Massenspeicher wie z. B. Magnetbänder und Disketten,
- optische Massenspeicher wie z. B. CD und DVD und
- elektronische Massenspeicher wie Chips.

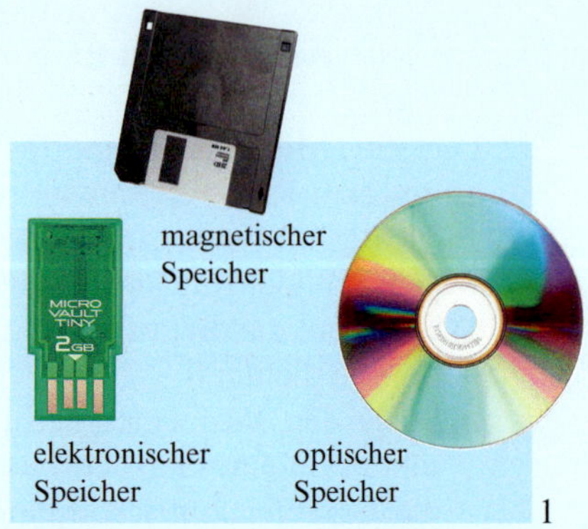

1

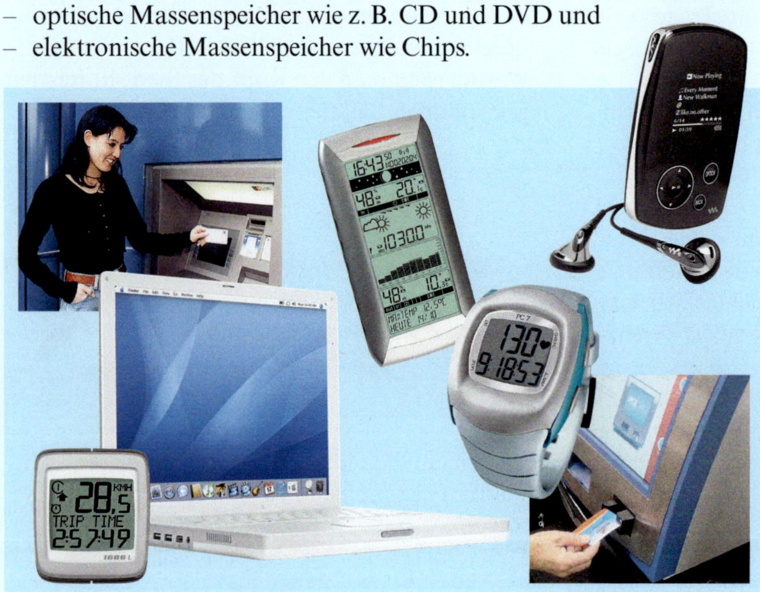
2

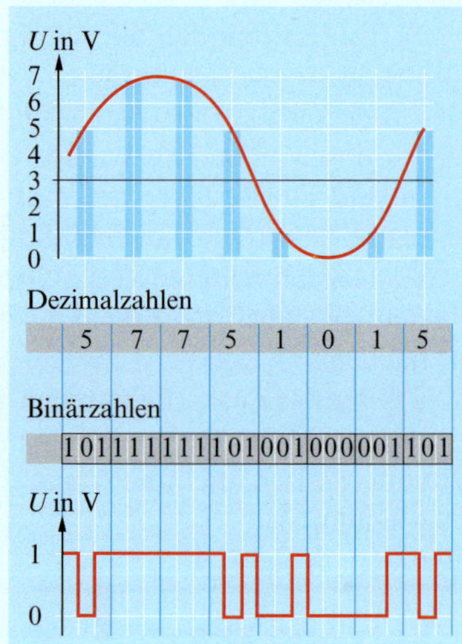

3

Analoge (oben) und digitale Signale

Wenn sich eine physikalische Größe kontinuierlich verändern lässt, dann kann man auf diese Weise analoge Informationen übertragen (Bild 3). Wenn sich die physikalische Größe sprunghaft zwischen 0 und 1 ändert, so ist die Übertragung mit digitalen Informationen möglich.

Speicherung analoger Informationen

Der Phonograph Edisons. Schon vor vielen Jahrtausenden haben die Menschen ihr Wissen und Können mit Zeichnungen und Schriftzeichen aufgezeichnet. In der Antike lernten sie mit Buchstaben zu schreiben und im Mittelalter, die Musik in Noten festzuhalten. Man wollte aber nicht nur das Wissen und Können der jeweiligen Zeit schriftlich festhalten; sondern auch Stimmen und Musik konservieren. Das gelang erst 1877 Thomas Alpha Edison aus den USA. Mit seinem „Phonographen" konnte er die menschliche Stimme und auch Musik aufzeichnen. Dazu verwendete Edison die Metallmembran eines Telefons. Ein Schalltrichter sammelte den Schall und lenkte ihn auf die Membran. Diese war mit einer Spitze versehen, die durch den Schall in zitternde Bewegung versetzt wurde. Die Aufzeichnung erfolgte auf einem mit Paraffin getränktem Papierstreifen. Dieser war auf einer Walze aufge-

4

Edisons Phonograph

wickelt. Die Walze wurde mit einer Kurbel gedreht und gleichzeitig über ein Schraubengewinde langsam in Richtung seiner Längsachse vorwärts verschoben. Die Spitze des Stahlstiftes berührte den paraffingetränkten Papierstreifen. Wenn nun die Membran infolge der auftreffenden Schallwellen Schwingungen ausführte, dann ritzte die Spitze die Paraffinschicht unterschiedlich stark. Es entstand das Bild einer unregelmäßigen Schwingung. Wenn man die Nadel in ihre Ausgangslage zurück bringt und wieder an der Kurbel dreht, so folgt die Nadel der geritzten Spur. Dadurch versetzt sie die Membran in Schwingungen. Der Schalltrichter verstärkt die Geräusche. Da die Paraffinschicht sehr weich ist, konnte die Walze nur wenige Male abgespielt werden.

Die Schallplatte. 1887 meldet der Deutsch-Amerikaner EMIL BERLINER das „Grammophon" zum Patent an. Er benutzte als Tonträger eine runde Zinkscheibe, die mit Bienenwachs überzogen war. Bei der Tonaufnahme kratzte die Nadel längs der Aufzeichnungslinie das Metall frei. Diese Rille ätzte BERLINER dann mit Säure in die Platte.
Im Gegensatz zu EDISON verkaufte er nur Schallplatten, die sich ausschließlich für die Wiedergabe eigneten. Seine Plattenspieler wurden durch ein Federwerk angetrieben. Die Abtastnadel folgte der spiralförmigen Tonrille von innen nach außen. Da es möglich ist, durch Aufpressen von Schelllackplatten Kopien herzustellen, wurde die „Schallplatte" bereits Ende des 19. Jahrhunderts zum Massenprodukt.
Ab 1948 wurden so genannte „Langspielplatten" hergestellt. Die längere Spieldauer erreichte man dadurch, dass die Platten einen größeren Durchmesser besitzen. Da die Platten aus Kunststoff hergestellt werden, konnte man schmalere Rillen einritzen und diese dichter nebeneinander setzen. Außerdem konnten die Informationen in der Längsrichtung der Rillen vermehrt werden. Dadurch konnte die Drehzahl beim Abspielen von 78 Umdrehungen pro Minute auf 33 1/3 pro Minute verringert werden. Das ermöglicht Laufzeiten bis zu 23 Minuten.

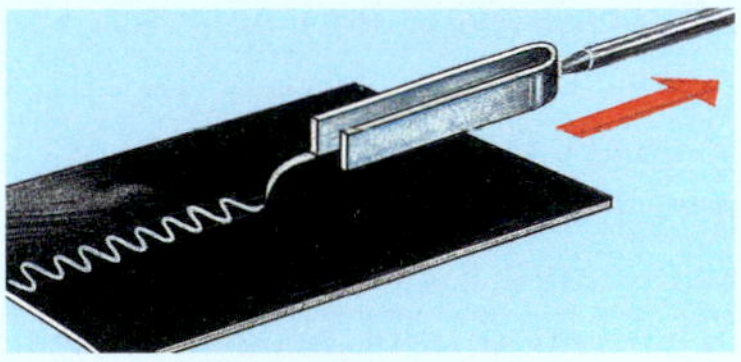
1
Prinzip der Schallaufzeichnung

2
Grammophon

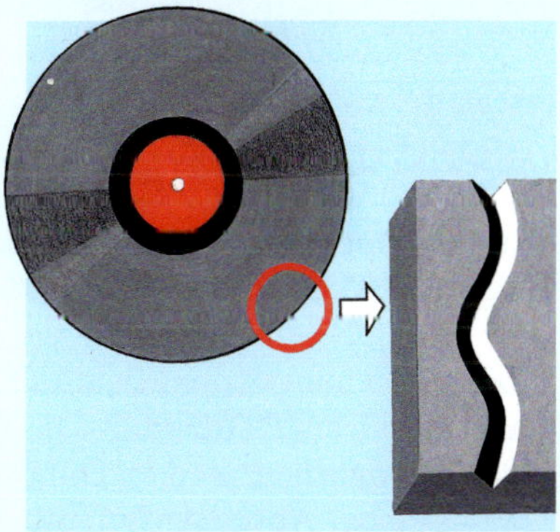
3
Vergrößerte Rille einer Schallplatte

Speicherung digitaler Informationen

Magnetische Speicherung digitaler Informationen. Die magnetische Speicherung digitaler Informationen erfolgt auf Magnetbändern, z. B. in Tonband- und Diktiergeräten, in Videorecordern und Camcordern. Weiterhin ist eine Speicherung auf Magnetplatten wie bei Disketten oder Festplatten in Computern möglich. Bei der Magnetspeicherung werden die Informationen durch die Magnetisierung kleinster Bereiche gespeichert. Dazu besitzen die Magnetbänder und Magnetplatten auf ihrer Oberfläche eine dünne, magnetisierbare Schicht. Sie besteht oft aus Cobalt und Nickel. Beim Magnetisieren nutzt man die magnetische Wirkung des elektrischen Stromes. Der Magnetisierungsstrom durchfließt eine Spule, den so genannten *Aufnahmekopf*. An diesem Aufnahmekopf wird das Magnetband oder die Magnetplatte vorbeigeführt. (Bild 4). Zunächst sind die Elementarmagnete ungeordnet. Das Magnetfeld der Spule bewirkt, dass sie sich entsprechend den Informationen ausrichten. Der *Wiedergabekopf* besteht ebenfalls aus einer Spule mit Eisenkern. Wenn sich daran das Magnetband vorbeibewegt, wird eine Spannung induziert, die den Informationen entspricht (Bild 5).

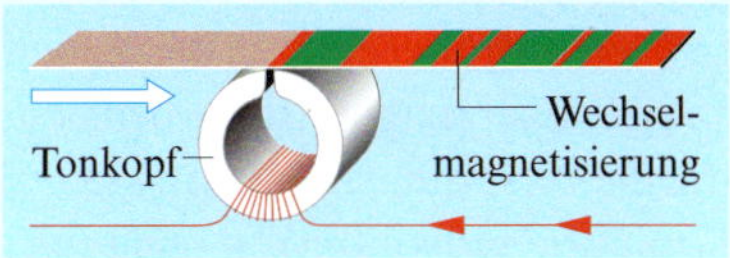

4
Aufnahme

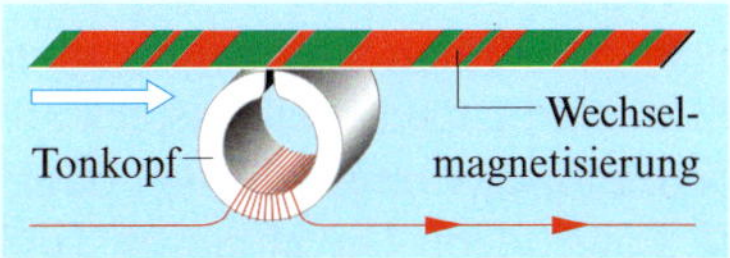

5
Wiedergabe

Massenspeicher im Computer. Ein sehr gutes Beispiel für die Anwendung von Massenspeichern ist der Computer. Ein Computer soll die ihm eingegebenen Informationen verarbeiten. Dazu braucht er Anweisungen. Diese müssen im Computer dauernd oder zeitweise gespeichert sein, damit man sie zu gegebener Zeit aufrufen kann. Auch die zu verarbeitenden Informationen wie z. B. Texte, Tabellen und Zeichnungen müssen für eine bestimmte Zeit gespeichert werden. Man unterscheidet zwischen internen (inneren) Speichern und externen Speichern (die man in den Computer einführen kann).

1

ROM. ROM-Speicher (Read Only Memory) sind interne Speicher, aus denen man Informationen für die Arbeit des Computers entnehmen kann. Diese bleiben beim Ausschalten des Computers erhalten.

2 RAM

RAM. RAM-Speicher (Randem Access Memory) sind externe Schreib- und Lese-Speicher. Sie speichern all das, was nicht ständig benötigt wird. Man kann die Speicherinhalte verändern oder ganz löschen. Die Speicherung erfolgt auf magnetischen Datenträgern, z. B. Disketten, oder mann brennt die Daten auf eine CD.

Diskette. Eine Diskette ist eine Kunststoffscheibe, die mit magnetischem Material überzogen ist. Sie rotiert in einem Laufwerk und wird dabei an einem Schreib-Lese-Kopf vorbeigeführt. Vor dem ersten Gebrauch müssen Disketten „formatiert" werden. Dabei werden Spuren und Sektoren für die Aufzeichnung der Daten festgelegt. Das Prinzip gleicht dem eines Magnetbandgerätes.

3 Diskette

Festplatte. Eine Festplatte ist ein magnetischer Massenspeicher, der im Computer fest eingebaut ist. Festplatten haben eine größere Speicherkapazität und kürzere Zugriffszeiten als Disketten. Festplatten bestehen aus extrem genau gefertigten Platten aus Aluminium. Diese sind Träger der Magnetschicht. Die Platten rotieren wie eine Schallplatte oder eine CD, allerdings mit der viel größeren Drehzahl von z. B. 3 600 Umdrehungen pro Minute. Das entspricht einer Geschwindigkeit von 160 km/h am Plattenrand. Die Magnetköpfe, die das Schreiben und Lesen ermöglichen, sind in Dünnschicht-Technik gefertigt. Sie „fliegen" in einem Abstand von etwa 0,6 µm über die Plattenoberfläche. Dadurch kann eine mechanische Abnutzung der Platten und Köpfe nur beim Ein- und nach dem Ausschalten erfolgen. Die Kapazität einer Plattenseite liegt bei einigen Millionen Bytes. Die Zugriffszeit liegt bei etwa 10 ms. Die magnetisch gespeicherten Daten werden berührungslos durch das dünne Luftpolster abgetastet, welches durch die hohe Umlaufgeschwindigkeit entsteht.

4 Festplatte

Die CD– eine digitale Schallplatte mit Laserstrahlabtastung. Herkömmliche Schallplatten arbeiten mit analogen Informationen. 1980 kamen digital arbeitende Plattenspieler mit speziellen „Schallplatten" auf den Markt, die „Compakt Disk" oder „CD". Ihre Besonderheiten bestehen in Folgendem: Die analogen Tonfrequenzsignale werden digitalisiert. Sie werden in Form kleiner länglicher Vertiefungen aufgezeichnet (Bild 2, folgende Seite). Die Informationen sind dabei in der gegenseiti-

5 CD

gen Lage der Vertiefungen und in ihrer Länge gespeichert. Die Abtastung erfolgt nicht mehr mechanisch mit einer Nadel, sondern reibungsfrei mit einem Laserstrahl. Damit ist eine CD ein optischer Massenspeicher. Die Oberfläche der Platte ist mit einem durchsichtigen Kunststoff versiegelt und verschleißt deshalb kaum. Die Wiedergabequalität wird auch nicht durch Staubkörnchen, Haare und Kratzer beeinflusst.

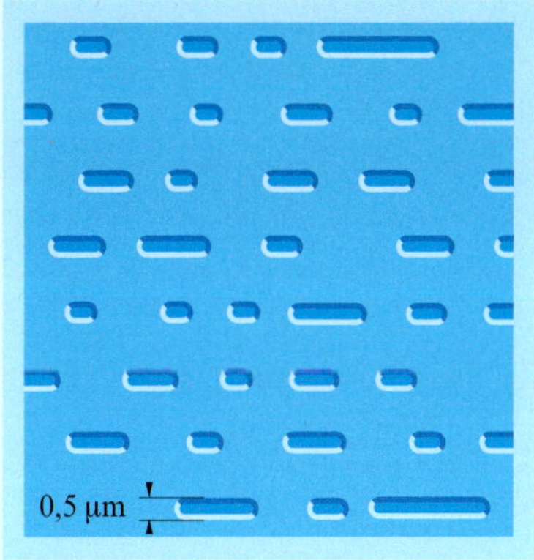

1 Pits unter einem Elektronenmikroskop

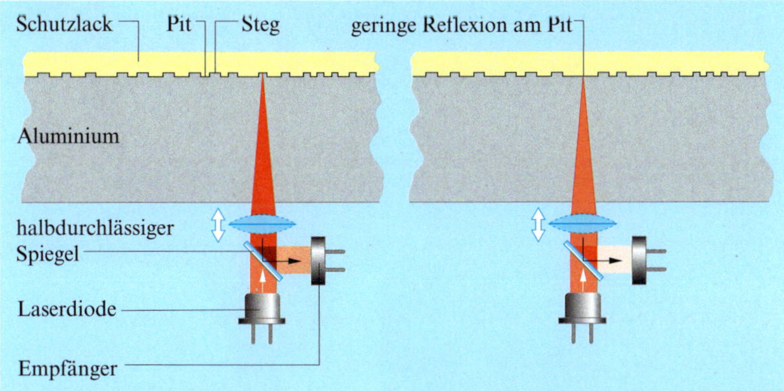

2 Abtasten einer CD mit einem Laser

ÜBRIGENS

Es können alle Arten von digitalen Informationen (Fotos, Texte, Programme, Videosequenzen, Audiosequenzen) gespeichert werden.

DVD. Die DVD (Digital Versatile Disk (engl.: digitale vielseitige Scheibe) arbeitet im Prinzip wie eine CD. Ein Laserstrahl liest auf einer Spiralbahn das Wechseln von dunkleren und helleren Stellen ab, die das Licht schlecht bzw. gut reflektieren. Dazu werden beim Pressen der DVD in die durchsichtige Polykarbonatscheibe Vertiefungen eingebracht. Auf diese wird eine reflektierende Aluminiumschicht aufgedampft, die mit einer durchsichtigen Lackschicht geschützt wird. Die Vertiefungen reflektieren das Licht schlechter als die umgebende Oberfläche. Die DVD hat gegenüber einer CD kleinere Vertiefungen und die Spiralbahnen liegen dichter beieinander. Dadurch können mehr Informationen gespeichert werden. Man kann auch zwei Schichten übereinander legen. Das wird z. B. bei Spielfilmen praktiziert, da die Datenmenge sehr groß ist. Man muss dann nicht zwei DVDs nacheinander einlegen, man bemerkt höchstens eine kurzzeitige Unterbrechung, wenn der Laserstrahl auf die tiefer liegende Schicht zugreifen muss.

3 DVD-CD-Laufwerk

Chip als elektronischer Massenspeicher. Bereits auf einem kleinen Chip kann man durch Aufdampfen viele Millionen Schaltkreise unterbringen. Diese sind in geeigneter Weise elektrisch miteinander verbunden. Dadurch ist es sehr gut möglich, digitale Informationen zu speichern. Da es in den Chip-Fabriken gelingt, immer mehr Schaltkreise auf einem Chip unterzubringen, nimmt auch die Speicherkapazität dieses elektronischen Massenspeichers Jahr für Jahr zu.

Chip 4

Aufgaben zum Text

1 Erläutere den Unterschied zwischen analogen und digitalen Informationen an je einem Beispiel!

2 Wähle je ein Beispiel für einen optischen, magnetischen und elektronischen Massenspeicher aus! In welchen von diesen Speichern können die Daten gelöscht und wieder durch neue ersetzt werden? Warum ist das möglich bzw. nicht möglich?

Unser **Thema**

Moderne Physik

Viele physikalische Größen lassen sich durch ihre Merkmale gut kennzeichnen:
„Die Geschwindigkeit gibt an, wie schnell oder langsam sich ein Körper bewegt."
„Die Temperatur gibt an, wie heiß oder kalt in Körper ist." usw.
Andere physikalische Größen lassen sich nicht so gut kennzeichnen. Dazu gehören die Zeit, die Länge und die Masse. Diese Größen scheinen nicht beeinflussbar zu sein. Die Zeit vergeht, ohne dass wir darauf Einfluss haben. Die Länge eines Körpers ändert sich nicht, wenn man ihn unter sonst gleichen Bedingungen ins Erdinnere oder ins Weltall bringt. Entsprechendes gilt für die Masse. Sie ist konstant.
Ist das wirklich so? Der deutsche Physiker ALBERT EINSTEIN ist bei seinen Überlegungen zu sehr überraschenden Ergebnissen gekommen.
Die Erkenntnisse aus seinen Theorien bilden z. B. auch die Grundlage für die Experimente mit Teilchenbeschleunigern (Bild 2).

1

ALBERT EINSTEIN (1879–1955)

Homogenität von Raum und Zeit

Wenn sich ein Vorgang unter genau den gleichen Bedingungen wiederholt, dann läuft er auch in gleicher Weise ab. Solche Vorgänge kann man gut bei vielen physikalischen Experimenten beobachten.

AUFTRAG 1

Ermittle durch Messung die elektrische Spannung einer Batterie! Wiederhole das Experiment etwas später an einem anderen Ort! Was stellst du fest?

Jeder physikalische Prozess läuft in Raum und Zeit ab. Eine der wichtigsten Eigenschaften von Raum und Zeit ist die Homogenität, d.h. die gleichmäßige Verteilung des Raumes und der gleichmäßige Ablauf der Zeit. Der Ablauf physikalischer Vorgänge ist immer derselbe, auch wenn er zu verschiedenen Zeiten an verschiedenen Orten beobachtet wird. Würde die Eigenschaft der Homogenität von Raum und Zeit nicht existieren, dann wären die Gesetze der Physik in Berlin andere als in Tokio oder Paris und würden sich von Tag zu Tag ändern.
Ein physikalisches Experiment läuft bei gleichen Ausgangsbedingungen immer gleich ab, unabhängig davon, an welchem Ort und zu welcher Zeit man es durchführt, und es führt zum gleichen Ergebnis.

ÜBRIGENS

ARCHIMEDES hat schon vor über 2000 Jahren die Gesetze für das Schwimmen von Körpern herausgefunden. Heute führen die Experimente des ARCHIMEDES zu den gleichen Ergebnissen, wenn man sie unter gleichen Bedingungen wiederholt.

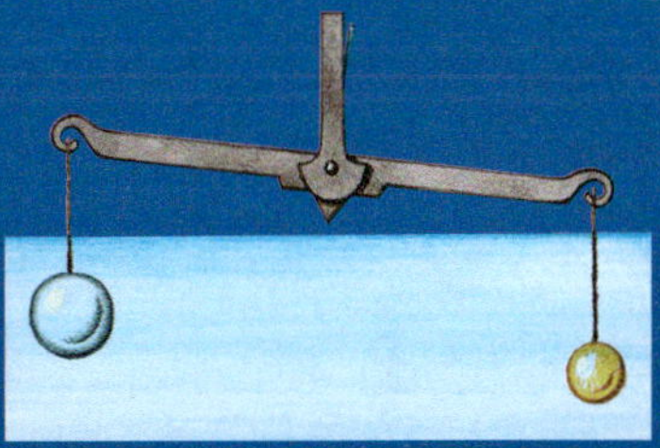
1

Bezugssysteme

An einer auf rot geschalteten Ampel fährt ein Autofahrer dicht auf das vor ihm stehende Auto auf. Plötzlich merkt er, dass sich sein Abstand zu dem Auto vor ihm vergrößert. Rollt er versehentlich rückwärts oder rollt das Auto vor ihm vorwärts?
Um sicher zu gehen, muss sich der Autofahrer einen Bezugskörper wählen, der sich in Ruhe befindet – beispielsweise die Ampel. Verändert sich der Abstand zur Ampel, erkennt der Fahrer, dass er sich mit seinem Auto bewegt.

Ein Körper kann sich immer nur relativ zu etwas anderem bewegen. Die Bewegung eines Körpers ist also die Veränderung seines Ortes relativ zu einem Bezugskörper. Oft denkt man sich ein Koordinatensystem und beschreibt die Bewegung der Körper relativ zu diesem Koordinatensystem. Man spricht von einem *Bezugssystem*.

Nimmt man als Bezugssystem das Auto, so befindet sich der Fahrer in Bezug auf sein Auto in Ruhe.

Ein Körper kann also gleichzeitig bezüglich dem einem Bezugssystem in Ruhe sein, sich jedoch bezüglich eines anderen bewegen.

AUFTRAG 2

Beobachte, wenn du im Zug sitzt, einen Zug auf dem Nachbargleis, wenn dieser oder dein Zug anfährt. Wie kannst du feststellen, welcher der Züge sich bewegt?

2

3

Relativitätsprinzip

Ein Experiment liefert das gleiche Ergebnis unabhängig davon, zu welcher Zeit und an welchem Ort man es durchführt. Voraussetzung ist jedoch, dass das unter den gleichen Bedingungen erfolgt. Was bedeutet „gleiche experimentelle Bedingungen in einem anderen Bezugssystem?“ Gelten physikalische Gesetze nur in manchen Bezugssystemen?
Wenn man die Fallbeschleunigung eines Körpers durch Zeitmessung in einem Bezugssystem untersucht, das gegenüber dem Experimentator ruht, also beispielsweise in der Schule, so erhält man $g = 9{,}81\,\text{m/s}^2$. Wiederholt man das Experiment in einem sich dazu gleichförmig bewegenden Bezugssystem, beispielsweise in einem gleichmäßig fahrenden Zug, so erhält man das gleiche Ergebnis. Nehmen wir nacheinander in diesen beiden Bezugssystemen die *I*-*U*-Kennlinie eines ohmschen Widerstandes auf, so ergibt sich in beiden Bezugssystemen das Ohm'sche Gesetz. Diese Erkenntnis können wir auf beliebige Experimente und deren Ergebnisse verallgemeinern: Die physikalischen Gesetze sind in allen Bezugssystemen, die sich mit konstanter Geschwindigkeit (geradlinig) gegeneinander bewegen, die gleichen.

1

Addition der Geschwindigkeiten

In großen Kaufhäusern befinden sich oft Rolltreppen. Diese befördern Kunden mit einer nahezu konstanten Geschwindigkeit. Man ist jedoch schneller am oberen Ende, wenn man nicht stehen bleibt, sondern zusätzlich die Treppe hinaufläuft. Dann addiert sich zur Rolltreppengeschwindigkeit die Geschwindigkeit des Laufens. Überlagern sich zwei gleichförmige Bewegungen mit gleicher Richtung, so ist die Gesamtgeschwindigkeit gleich der Summe der einzelnen Geschwindigkeiten.

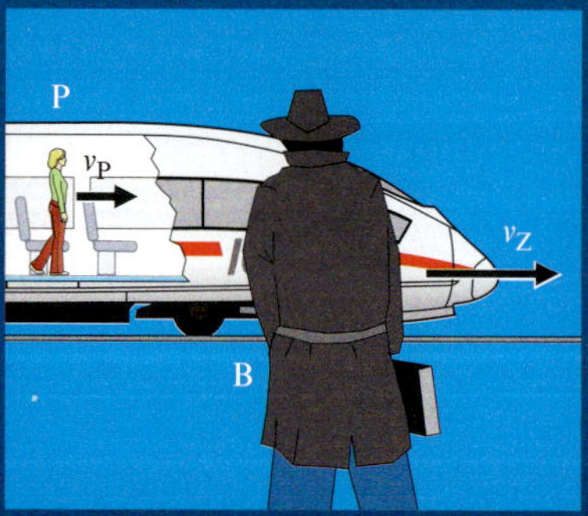

2

GEDANKENEXPERIMENT 1

Ein Zug bewegt sich mit einer Geschwindigkeit v_Z. Ein Passagier läuft im Zug mit einer Geschwindigkeit v_P in Bewegungsrichtung des Zuges. Mit welcher Geschwindigkeit v_{PB} bewegt sich der Passagier bezüglich eines Beobachters B am Bahndamm?

Für die Geschwindigkeit des Passagiers P bezüglich des Beobachters B gilt: $v_{PB} = v_Z + v_P$.

Gültigkeitsgrenzen für die Addition von Geschwindigkeiten. Bei Vorgängen, die mit Lichtgeschwindigkeit ablaufen, treten Schwierigkeiten auf, wenn man das Gesetz der Addition der Geschwindigkeiten anwenden will. Hertz'sche Wellen breiten sich zum Beispiel mit Lichtgeschwindigkeit aus. Licht breitet sich im Vakuum mit einer Geschwindigkeit von fast 300 000 km/s aus. In durchsichtigen festen und flüssigen Stoffen ist die Lichtgeschwindigkeit unterschiedlich, aber immer kleiner als die im Vakuum. ALBERT EINSTEIN hat dazu viele Überlegungen angestellt und ist zu revolutionären Erkenntnissen gekommen.

AUFGABE

Ein Motorboot fährt mit einer Eigengeschwindigkeit von 20 km/h flußabwärts. Die Strömungsgeschwindigkeit des Flusses beträgt 10 km/h. Welche Bootsgeschwindigkeit würde ein Beobachter am Ufer ermitteln? Mit welcher Geschwindigkeit relativ zum Beobachter am Ufer würde sich das Boot bewegen, wenn es flussaufwärts fahren würde?

Lichtgeschwindigkeit = Grenzgeschwindigkeit

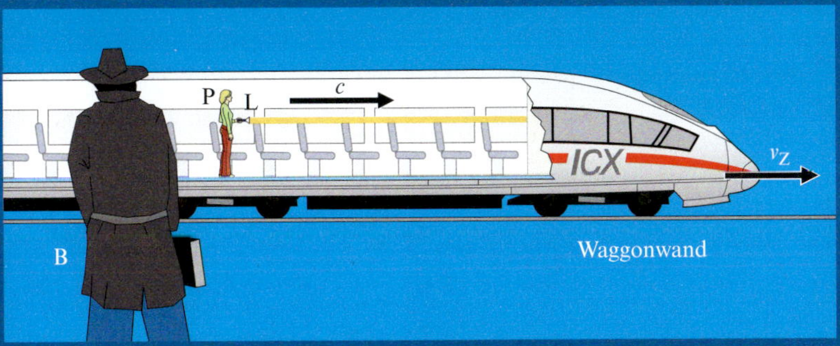

1

GEDANKENEXPERIMENT 2

Ein Passagier sendet von der Mitte des Zuges Lichtsignale L in Fahrtrichtung aus. Mit welcher Geschwindigkeit v_{LB} würde sich nach dem Gesetz der Addition der Geschwindigkeiten das Licht L bezüglich des Beobachters B am Bahndamm bewegen?

Für die Geschwindigkeit des Lichtes L bezüglich des Beobachters B würde gelten: $v_{LB} = v_Z + c > c$.
Würde man die Zeit messen, die das Licht bezüglich des Beobachters B benötigt, um an der Waggonwand einzutreffen und zwar einmal bei bewegtem Zug und einmal bei ruhendem Zug, dann würde man feststellen, dass beide Zeiten gleich groß sind. (Der Abstand Lichtquelle – Waggonwand muss natürlich in beiden Fällen gleich groß sein.)
Egal ob sich der Zug bewegt oder nicht: Die Geschwindigkeit des Lichtes für einen äußeren Beobachter ist immer die gleiche, nämlich c.

Licht breitet sich überall im Vakuum mit der gleichen Geschwindigkeit aus. Die Vakuumlichtgeschwindigkeit hat einen festen Wert. Sie ist die obere Grenzgeschwindigkeit.

Moderne Physik – die Relativitätstheorie

Bis um 1900 glaubte man, auch das Licht würde wie der Schall ein Medium zur Ausbreitung benötigen. Dieses Medium nannte man „Äther". Mit großem experimentellen Aufwand und hoher Präzision versuchte der amerikanische Physiker Albert Abraham Michelson (1852–1931) den Äther nachzuweisen. Das Experiment ist in die Geschichte eingegangen als eines, das nie gelang.
Warum hat man eigentlich so lange an der Existenz des Äthers festgehalten? Der wesentliche Grund war die zur damaligen Zeit verbreitete Auffassung, dass man sämtliche Erkenntnisse der Physik mit den Gesetzen der Mechanik erklären könne. Deshalb versuchte man, auch die Ausbreitung von Licht im Sinne der Mechanik zu deuten.
Albert Einstein löste sich als Erster von der Existenz des Äthers. Das Aufgeben des Nachweises des Äthers und die Erkenntnis, dass Licht keinen Stoff zur Ausbreitung benötigt – das war die Geburtsstunde einer modernen Physik, der Relativitätstheorie.
Die Relativitätstheorie erweitert die bisher im Physikunterricht behandelte Physik, die man „klassische Physik" nennt.
Und warum hat man das nicht vorher gewusst? Die Erscheinungen, die die Relativitätstheorie beschreibt, sind nur bei großen Geschwindigkeiten nachweisbar. Sie treten umso stärker auf, je mehr sich die Geschwindigkeit eines Körpers der Lichtgeschwindigkeit nähert.

2

Michelson-Experiment. Mit seinem Interferometer wollte Michelson nachweisen, dass durch den Äther eine Verschiebung von Interferenzstreifen eintritt. Es konnte keine Verschiebung festgestellt werden.

Relativität der Zeit

Vergeht die Zeit immer und überall gleich schnell?
Viele Vorgänge in der Natur laufen periodisch – also in immer wiederkehrenden Zeitabständen – ab: Der Wechsel von Tag und Nacht, die Folge von Ebbe und Flut, die Jahreszeiten usw.
Das Zeitempfinden eines Menschen lässt sich täuschen. Oftmals begegnet man Aussagen wie „Das war aber ein langer Tag" und „Das war ein kurzer Sommer"oder „Die Zeit ist aber schnell vergangen".
Die Uhr ist ein genaues Messgerät für die Zeit. Mit der Uhr kann man überprüfen, ob man einer Täuschung unterliegt. Betrachtet man den Sekundenzeiger einer Uhr, so kommt man zum Schluss, dass der Rhythmus einer Uhr immer derselbe ist, egal wann und wo man sich befindet. Es scheint also, als ob die Zeit stets gleich schnell vergeht. Die Zeit scheint eine absolute Größe zu sein. Experimente führen jedoch zu einem anderen Ergebnis:
Wenn sich Körper nahezu mit Lichtgeschwindigkeit bewegen, so läuft die Zeit langsamer. Das nennt man **Zeitdillatation** (Zeitdehnung).

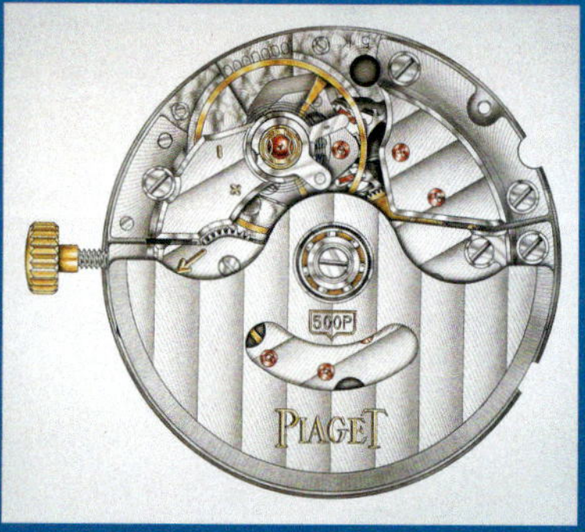

1 Schwingungen sind die Grundlage der Zeitmessung.

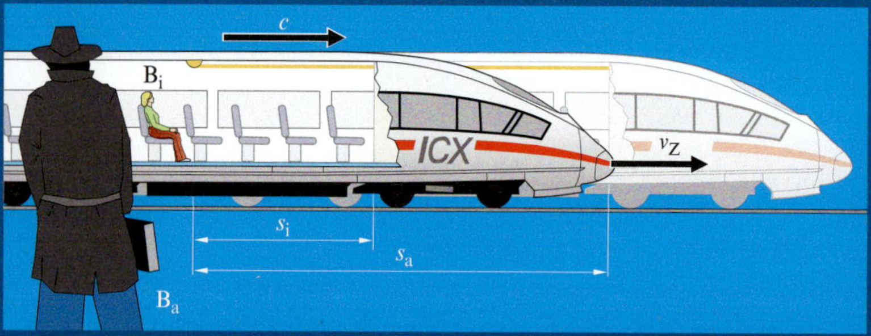

2

GEDANKENEXPERIMENT 3

Im fahrenden Zug wird eine Lichtquelle L eingeschaltet. Wie groß ist die Zeit, die das Licht bis zum Auftreffen auf die Waggonwand benötigt, für einen inneren Beobachter B_i im Zug und für einen äußeren Beobachter B_a am Bahndamm?

Wäre die Zeit eine absolute Größe (wie in der klassischen Physik angenommen) müsste sich für beide Beobachter die gleiche Zeit ergeben. Da für beide die Lichtgeschwindigkeit c (konstant) ist, ergeben sich für diese jedoch unterschiedliche Zeiten. Der äußere Beobachter B_a sieht die Waggonwand sich nach dem Einschalten des Lichtes fortbewegen. Das Licht hat für ihn bei konstanter Geschwindigkeit einen größeren Weg zurückzulegen. Für den inneren Beobachter B_i bewegt sich die Waggonwand nicht. Für ihn legt das Licht einen kürzeren Weg zurück. Es erreicht deshalb bei konstanter Geschwindigkeit die Waggonwand schneller. Daraus kann geschlussfolgert werden:
Die Zeit ist keine absolute Größe. Der Rhythmus einer Uhr verzögert sich umso mehr, je schneller sie bewegt wird.

Zwillingsparadoxon. Noch deutlicher wird diese Erscheinung, wenn man annimmt, der Zug würde sich mit Lichtgeschwindigkeit bewegen. Der innere Beobachter würde die gleiche Zeit wie im vorherigen Experiment ermitteln. Der äußere Beobachter würde das Licht an der Waggonwand nie ankommen sehen, da sie sich mit der gleichen Geschwindigkeit wegbewegt wie das Licht. Für den ruhenden Beobachter dauert es eine Ewigkeit, während für den mitbewegten Beobachter nur ein Augenblick vergeht. Man kann das mit dem so genannten Zwillingsparadoxon veranschaulichen (Bild 3).

3 **Zwillingsparadoxon.** Ein Zwilling fliegt mit sehr großer Geschwindigkeit mit einem Raumschiff ins Weltall und kehrt nach einiger Zeit zurück. Während sein Bruder auf der Erde ein alter Mann ist, ist er noch relativ jung und frisch.

Relativität der Länge

Verändert sich die Länge eines Gegenstandes mit zunehmender Geschwindigkeit? Auch über diese Frage hat EINSTEIN nachgedacht. Das folgende Gedankenexperiment führt zu einer Antwort.

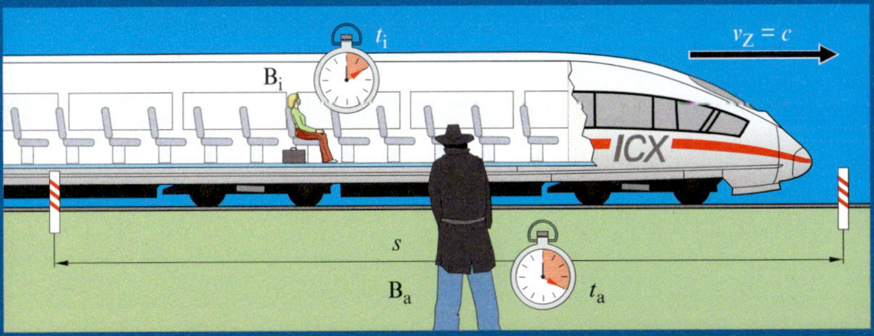

1

GEDANKENEXPERIMENT 4

Ein Zug passiert mit Lichtgeschwindigkeit eine Strecke *s*. Ermittelt werden soll die Länge der Strecke *s* bezüglich des äußeren und des inneren Beobachters.

Da es sich um eine gleichförmige Bewegung handelt, lässt sich die zurückgelegte Strecke *s* dadurch ermitteln, dass man die Zeit misst, die der Zug benötigt, um die Strecke *s* zurückzulegen. Es gilt $c = s/t$ (aus $v = s/t$). Daraus folgt $s = c \cdot t$.
Da die bewegte Uhr im Zug langsamer geht, ermittelt der Beobachter Bi einen kürzeren Weg *s* als der äußere Beobachter B_a.

Die Länge eines Objekts erscheint mit zunehmender Geschwindigkeit verkürzt (Längenkontraktion).
Diese relativistische Längenänderung ist ausschließlich durch den Messvorgang bedingt. Veränderungen im Material treten nicht auf. Das zeigt das Myonenexperiment.

Myonen sind positiv oder negativ geladene Elementarteilchen. Sie entstehen, wenn kosmische Strahlung in die Erdatmosphäre eindringt. Myonen sind instabil mit einer Lebensdauer von ca. 2 µs. Obwohl sie fast mit Lichtgeschwindigkeit ($v = 0{,}9998\,c$) fliegen, dürften sie die Erde aus einer Höhe von ca. 20 km aufgrund ihrer kurzen Lebensdauer nicht erreichen. Dennoch gelangen nachweislich etwa 1/5 der ursprünglich erzeugten Myonen bis zur Erdoberfläche.

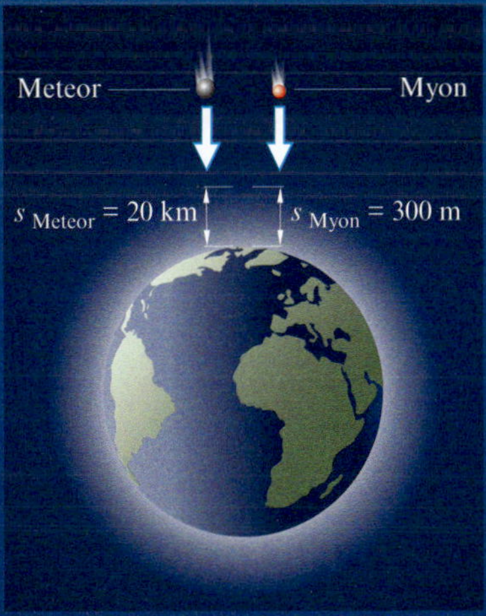

2

Wie ist das möglich?
Betrachtet man die Erscheinung ausgehend vom Bezugssystem des Myons, so scheint dieses zu ruhen. Die Erde rast mit nahezu Lichtgeschwindigkeit auf das Myon zu. Wegen der relativistischen Längenänderung erscheint dem Myon der Weg durch die Erdatmosphäre stark verkürzt. Statt der 20 km hat er für das Myon nur noch eine Ausdehnung von etwa 300 m. Diese Strecke kann das Myon innerhalb seiner Halbwertszeit durchfliegen und gelangt deshalb bis zur Erdoberfläche.

AUFGABE

Ein Navigationsoffizier eines Flugzeuges benutzt zum Ermitteln der bevorstehenden Flugroute ein Lineal mit Maßstab und eine Uhr.
Begeht er einen Fehler, wenn er während des Fluges die selben Messgeräte verwendet?

Masse – Energie - Beziehung

Warum kann man Raketen nicht bis auf Lichtgeschwindigkeit beschleunigen?

Nach den Gesetzen der klassische Physik nimmt die Geschwindigkeit einer Rakete bei konstanter Beschleunigung linear mit der Zeit zu. Es gilt: $v = a \cdot t$.

1974 wurde die Wirkung einer starken Beschleunigung am Stanford Linear Beschleuniger untersucht. Es wurden Elektronen mit hoher Energie beschleunigt. Man berechnete mit der klassischen Physik, dass die Teilchen die 283-fache Lichtgeschwindigkeit erreichen müssten.
Man beobachtete im Experiment jedoch nur eine Geschwindigkeit von nahezu Lichtgeschwindigkeit.
Warum war ihre Geschwindigkeit nicht größer?
Man kann diese Beobachtung nur so erklären, dass sich ein Körper mit zunehmender Geschwindigkeit einer weiteren Beschleunigung immer mehr widersetzt, d. h., dass seine Masse größer wird. Die Masse eines Körpers nimmt mit wachsender Geschwindigkeit zu und ist im Bereich der Lichtgeschwindigkeit unendlich groß.

Das Experiment zeigt weiterhin einen direkter Zusammenhang von Masse und Energie eines Teilchens.
Da sich ein Teilchen nahe der Lichtgeschwindigkeit nicht mehr weiter beschleunigen lässt, führt eine weitere Energiezufuhr zur Vergrößerung der Masse des Teilchens. Daraus folgt, dass Masse und Energie eines Teilchens einander direkt proportional sind. Für die Gesamtenergie des Teilchens gilt: $\boldsymbol{E = m \cdot c^2}$.

In großen Teilchenbeschleunigern wie z. B. im DESY (Deutsches Elektronensynchrotron) in Hamburg werden Elektronen auf nahezu Lichtgeschwindigkeit beschleunigt. Ihre Masse nimmt dabei so stark zu, dass eine umlaufende Elektronengruppe eine kinetische Energie wie eine schnell fahrende D-Zug-Lokomotive besitzt.

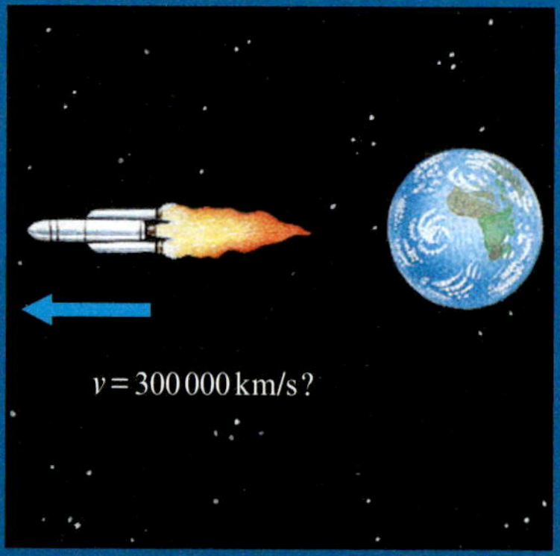

1

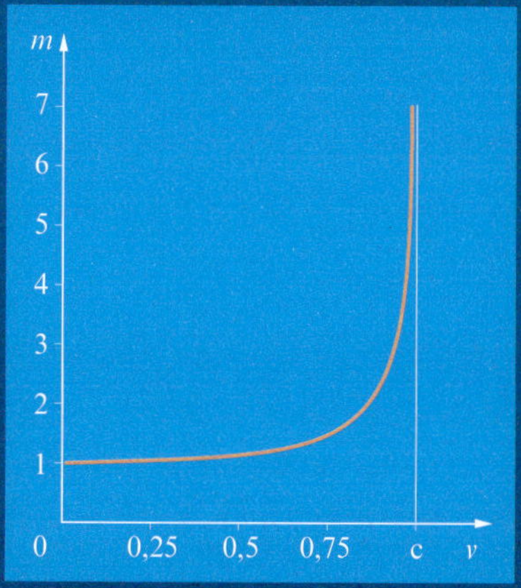

2
Massenzunahme bei sehr großen Geschwindigkeiten

3
Speicherringanlage im DESY Hamburg

4
Blick in den Tunnel der 6,3 km langen Speicherringanlage HERA

Licht und Farbe

In der Natur trifft das Licht auf unterschiedlichste Grenzflächen. Dabei kann es reflektiert und gebrochen werden. Unter bestimmten Bedingungen wird es gebeugt oder gestreut und es können Interferenzen entstehen. Die Zerlegung von Licht in seine farbigen Bestandteile spielt in der Forschung eine wichtige Rolle: Man erhält genaue Informationen über die Zusammensetzung von Substanzen oder von Sternen, die das Licht aussenden. Und die Farben, die wir wahrnehmen haben auch mit dem Licht zu tun.

Licht als Welle

1

Mit dem Strahlenmodell des Lichtes ist es gelungen, zahlreiche optische Erscheinungen zu erklären, wie z.B. die Schattenbildung oder die Bildentstehung an Linsen.
Allerdings gibt es Experimente, bei denen dieses Modell an seine Grenzen kommt. Dieses Bild zeigt eine einzige Kerzenflamme, die hinter einem optischen Gitter steht. Mit dem Strahlenmodell des Lichtes lässt sich nicht erklären, weshalb hier mehrere Flammen mit farbigen Rändern erscheinen.

Beugung und Interferenz von Licht

Beugung. In der bisher behandelten Optik konnten Experimente mit dem Strahlenmodell des Lichtes beschrieben werden: Licht breitet sich geradlinig aus, zu einer Richtungsänderung kommt es nur an der Grenzfläche zwischen unterschiedlichen Medien. Bild 2 zeigt, was nach diesem Modell zu erwarten ist, wenn man Licht durch einen Spalt schickt: Auf dem Schirm hinter dem Spalt erscheint ein schmaler heller Streifen. Je enger der Spalt ist, desto schmaler ist der Streifen.
In einem Experiment soll untersucht werden, was geschieht, wenn der Spalt, den ein Lichtbündel passieren soll, immer enger gemacht wird.

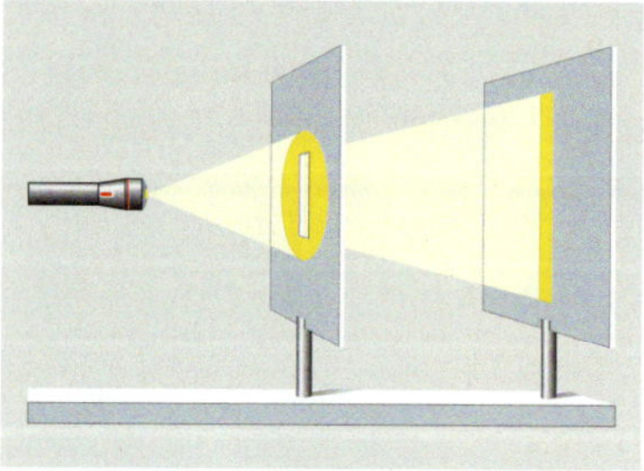
2

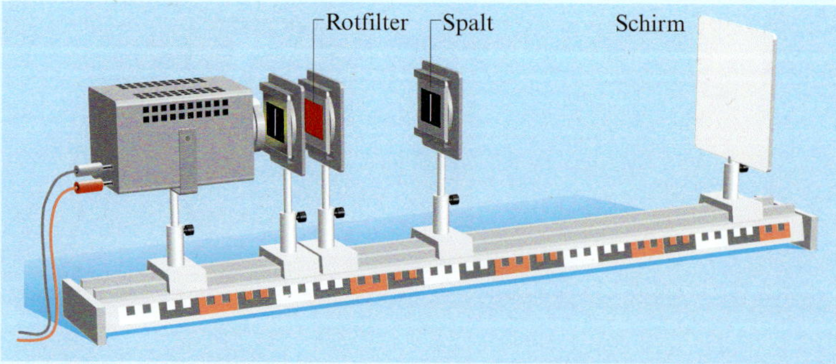

3

EXPERIMENT 1
Ein einfarbiges Lichtbündel aus einer Lampe oder einem Laser fällt auf eine Spaltblende. Das Bild auf dem Schirm dahinter wird beobachtet.
Der Spalt wird nach und nach immer enger gemacht.

Auf dem Schirm erscheint zunächst ein schmaler Streifen. Wird der Spalt immer enger gemacht, so erscheinen links und rechts neben dem ursprünglichen Streifen weitere Streifen. Es entsteht ein Muster aus hellen und dunklen Streifen (Bild 4). Das Licht gelangt also nicht nur auf

4
Beugungsbild hinter einem Spalt

geradem Weg von der Lichtquelle zum Schirm, sondern es kann in den geometrischen Schattenraum hinter der Spaltblende eindringen. Ein solches Eindringen in den geometrischen Schattenraum lässt sich auch bei der Ausbreitung von Schallwellen und elektromagnetischen Wellen (vgl. S. 200, 212) beobachten. Dort wird es als Beugung bezeichnet. Ebenso spricht man von der Beugung des Lichtes, und tatsächlich kann man dieses Phänomen mithilfe eines Wellenmodells beschreiben.

Interferenz. Der Aufbau von Experiment 1 kann verändert werden, indem Licht durch 2 Spalte geschickt wird (Bild 1).

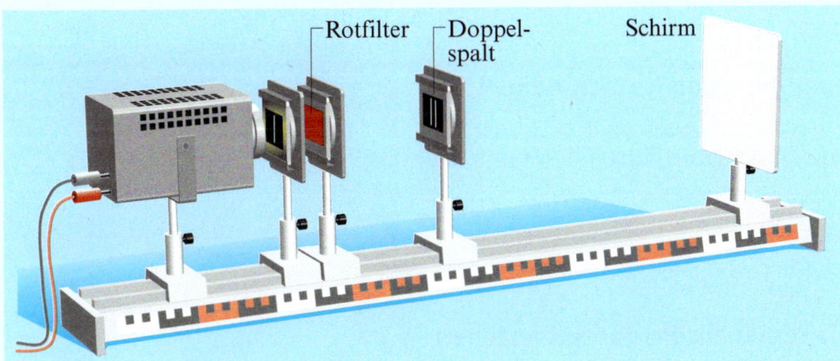

1

EXPERIMENT 2
Ein einfarbiges Lichtbündel aus einer Lampe oder einem Laser fällt auf eine Blende mit 2 sehr engen Spalten. Das Bild auf dem Schirm dahinter wird beobachtet.

Auch hier erkennt man auf dem Schirm hinter den Spalten ein breites Muster aus abwechselnd hellen und dunklen Streifen (Bild 2).
Etwas vereinfacht kann man sich die beiden Spalte in diesem Experiment als Ausgangspunkte für 2 kreisförmige Wellensysteme vorstellen. Bild 3 zeigt zwei solche Wellensysteme, die einander überlagern. Treffen diese überlagerten Wellensysteme auf einen Schirm, so gibt es dort Zonen, in denen die Wellen einander verstärken und Zonen, in denen sie sich gegenseitig schwächen oder gar auslöschen. In den Zonen der Verstärkung überlagern sich Wellenberge mit Wellenbergen bzw. Wellentäler mit Wellentälern. In den Zonen der Auslöschung überlagern sich Wellenberge mit Wellentälern.

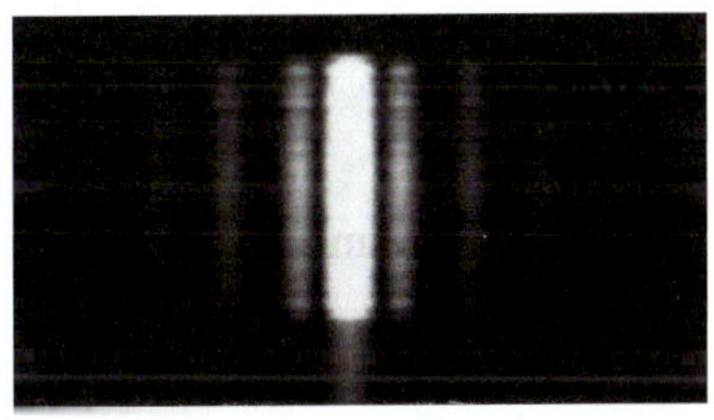
2

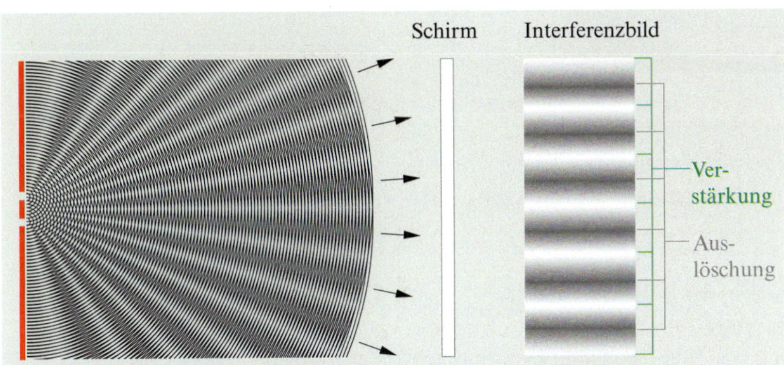

3

Zonen von Verstärkung und Auslöschung bei zwei Kreiswellensystemen

ÜBRIGENS
Interferenzerscheinungen bei Licht kann man oft sehen. So gibt es farbige Ringe auf der Asphaltstraße, wenn sich auf dieser eine dünne Ölschicht befindet. Auch Seifenblasen zeigen oft wechselnde Farben.

4

An engen Spalten kann Licht gebeugt werden. Es tritt in den geometrischen Schattenraum hinter Spalten ein. Auf einem Schirm hinter 2 Spalten können Interferenzmuster beobachtet werden.

Farbzerlegung des Lichtes

Wenn weißes Licht durch Wasser oder Glas fällt, kann man häufig Farberscheinungen beobachten. Schaut man beispielsweise durch ein Prisma auf eine Kerzenflamme, so zeigt sich am einen Rand der Flamme ein gelbroter und am anderen ein vom Grün über das Blau bis ins Violett reichender Farbsaum (Bild 1).
Fällt Sonnenlicht durch geschliffenes Glas, so kann man oft an den Wänden oder an der Decke des Zimmers bunte Flecken sehen, die alle Regenbogenfarben enthalten.
Die Farbentstehung lässt sich im Experiment untersuchen.

1

EXPERIMENT 3

1 Richte in einem abgedunkelten Raum ein schmales Lichtbündel aus weißem Licht auf ein Glasprisma!
2 Betrachte das Bündel sowohl beim Durchgang durch das Glas als auch hinter dem Glas!
3 Lenke das Bündel auf einen weißen Schirm!

2

Das weiße Licht wird beim Durchgang durch das Prisma aufgefächert und dabei in farbige Bestandteile zerlegt. Auf dem Schirm ist ein farbiges Band zu beobachten, das **Spektrum** des Lichtes. Es reicht von Rot, Orange und Gelb über Grün und Blau bis zum Violett.

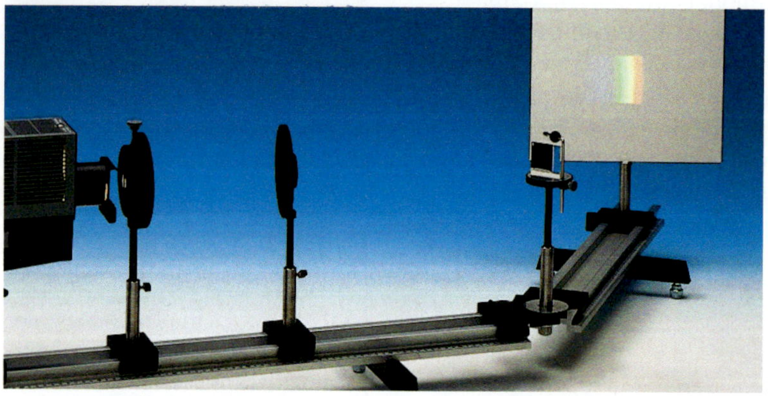
3
Entstehung eines Spektrums

4
Wege von rotem und blauem Licht

Weißes Licht ist aus farbigen Anteilen zusammengesetzt. Diese Anteile können mithilfe eines Prismas voneinander getrennt werden. Das entstehende Farbband heißt Spektrum.

Die Zerlegung des Lichtes am Prisma kommt dadurch zustande, dass blaues Licht stärker gebrochen wird als rotes. Dies lässt sich auch beobachten, wenn man anstelle von weißem Licht farbiges Licht unter einem bestimmten Einfallswinkel auf ein Prisma richtet (Bild 4).

Wenn man versucht, mit einem zweiten Prisma das Licht einer bestimmten Spektralfarbe (z. B. Grün) noch weiter zu zerlegen (Bild 5), stellt man fest: Durch das zweite Prisma wird zwar die Richtung des Lichtes ver-

5

ändert, aber das grüne Licht wird nicht noch einmal in andere Farben zerlegt. Das Gleiche kann man auch bei den anderen Spektralfarben feststellen.

Die einzelnen Farben eines Spektrums lassen sich mithilfe eines Prismas nicht weiter zerlegen.

Beim Eintritt in das Prisma wird das Licht gebrochen. Nach dem Brechungsgesetz ist dabei der Brechungswinkel abhängig von der Lichtgeschwindigkeit im Glas (siehe S. 220). Bei gleichem Einfallswinkel unterscheiden sich die Brechungswinkel von rotem und blauem Licht. Daraus kann man schließen, dass die Ausbreitungsgeschwindigkeiten für die einzelnen Farben im Glas unterschiedlich groß sind (s. Tabelle).

Lichtgeschwindigkeiten in km/s für verschiedene Farben

	Kronglas	Wasser
Rot	198 407	225 408
Orange	198 014	225 069
Gelb	197 883	224 901
Grün	197 362	224 564
Blau	197 102	224 228
Violett	196 328	223 559

Entstehung eines Regenbogens

In der Natur erscheinen die Spektralfarben am eindrucksvollsten als Regenbogen. Die meisten von euch haben vielleicht schon einmal einen Regenbogen erlebt. Bei vielen Menschen löst diese Naturerscheinung Staunen und auch Freude aus.

Einen Regenbogen kann man unter folgenden Bedingungen sehen:

- Als Beobachter muss man vor sich einen Regenschauer und hinter sich die Sonne haben.
- Die nahezu kugelförmigen Regentropfen dürfen nicht zu klein sein: Bei Nieselregen verblasst der Farbenbogen und schimmert schließlich nur noch weißlich.
- Ob ein Regenbogen erscheint, hängt auch vom Sonnenstand ab.

Der Einfachheit halber soll zunächst nur das Modell eines einzigen Tropfens betrachtet werden.

EXPERIMENT 4

In einem abgedunkelten Raum wird eine Wasserkugel von weitem mit einem Diaprojektor als „Ersatzsonne“ angeleuchtet. Als Kugel eignet sich ein Glaskolben, besser noch eine durchsichtige gläserne Weihnachtsbaumkugel, die so dünnwandig ist, dass das Glas so gut wie gar nicht stört. Zur Beobachtung der Farberscheinungen bewegt man sich langsam um die Wasserkugel herum.

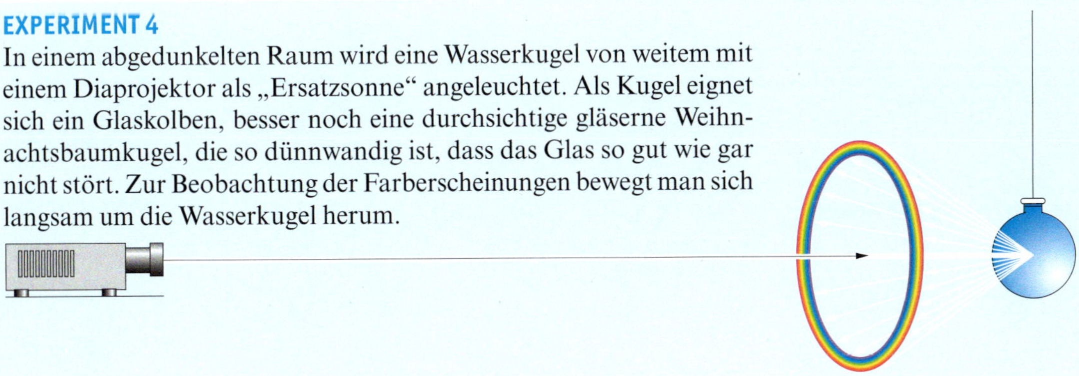

1

Bewegt man sich zunächst in der Höhe von Lampe und Glaskugel, so erkennt man um den Winkel von 41° jeweils regenbogenfarbige Erscheinungen. Auf einem Schirm kann man einen „Regenbogen“ auffangen. Bei genauerer Untersuchung erkennt man einen fächerartigen Farbentrichter (Bild 1). Er hat einen Öffnungswinkel von etwa 41° (Rot: etwa 42°, Blau: etwa 40°).

Die Entstehung dieses Farbentrichters lässt sich folgendermaßen erklären: Das einfallende weiße Lichtbündel wird beim Übergang von Luft in Wasser gebrochen und dabei farbig aufgefächert (Bild 1). Die dünne Glaswand wird vernachlässigt.
Das farbige Licht fällt nun im Inneren des Tropfens auf die Grenzfläche. Dabei wird ein Teil des Lichtes reflektiert. Nach nochmaliger Brechung verlässt ein Teil des Lichtes den Tropfen. Wenn unser Auge bei 42° steht, empfängt es rotes Licht vom Tropfen.

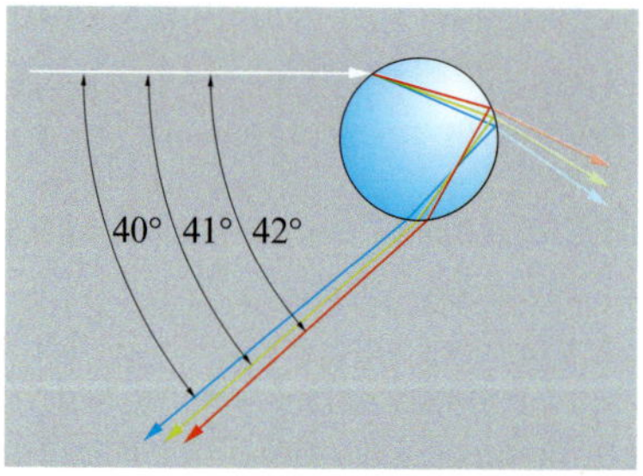

1

Verlauf eines Lichtbündels in einem Regentropfen. Das Lichtbündel wird insgesamt um etwa 41° abgelenkt.

Ein Regenbogen wird sichtbar, wenn das Sonnenlicht durch Brechung und Reflexion in den Regentropfen um 40° bis 42° abgelenkt wird.

Aus den an einem „Regentropfen“ gewonnenen Erkenntnissen über die Winkelverhältnisse lassen sich nun Aussagen über den Zusammenhang von Sonnenstand und Regenbogenhöhe gewinnen.

Bei Sonnenauf- und -untergang, wenn die Sonne niedrig steht, erreicht ein Regenbogen seine größte Höhe von 41°, vom Betrachter gemessen als Winkel gegen die Erdoberfläche. Je höher die Sonne steht, desto niedriger wird der Regenbogen (Bild 2), denn der Winkel, um den das Licht in den Regentropfen abgelenkt wird, ist immer der gleiche. Ab etwa 30° Sonnenhöhe über Horizont, also um die Mittagszeit, ist der Regenbogen sehr klein oder kann überhaupt nicht mehr gesehen werden.

Ein Regenbogen ist kein feststehender Gegenstand an einem bestimmten Ort. Jeder Betrachter hat seinen eigenen Regenbogen, der nur für ihn in Erscheinung tritt (Bild 3). Geht man z. B. 50 m nach rechts, so wandert der Bogen mit. War am Auftreffpunkt des Regenbogens auf dem Horizont vorher ein Baum, so befindet sich dieser nach dem Ortswechsel seitlich entfernt davon.

ÜBRIGENS

Wer selbst im Regen steht, kann den Regenbogen am eindrucksvollsten sehen. Eine Dusche im Freibad oder eine Beregnungsanlage für Felder können bei geeignetem Sonnenstand von manchen Stellen aus betrachtet ebenso ein Regenbogenstück erzeugen.

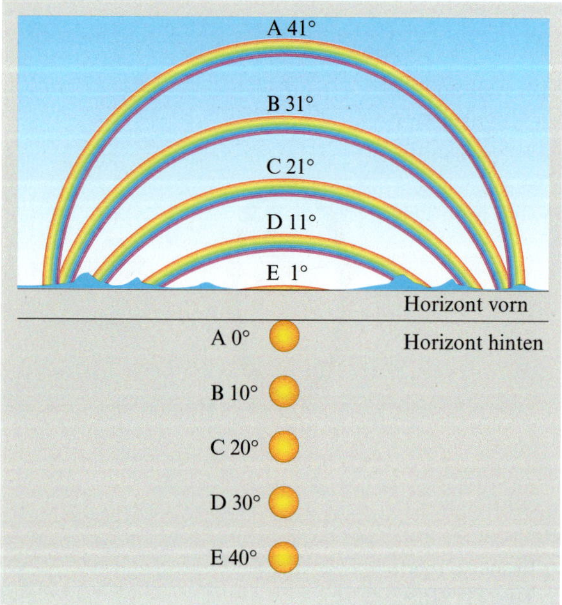

2

Zusammenhang von Sonnenhöhe und Regenbogengröße

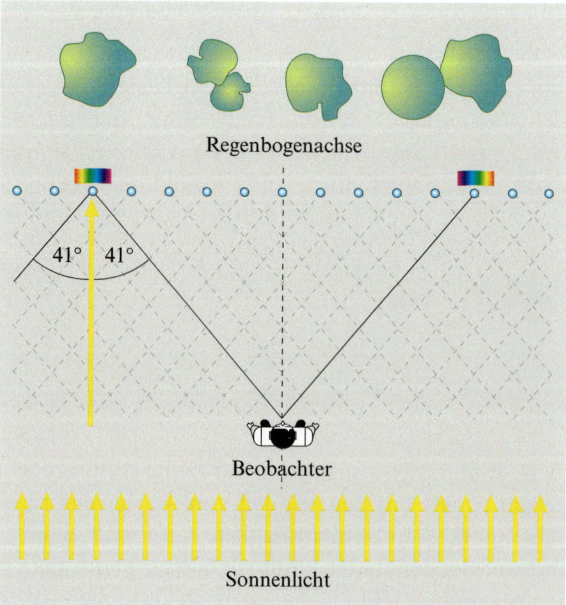

3

Jeder Beobachter hat seinen eigenen Regenbogen.

Wenn man das Licht der Sonne, das den Kopf des Regenbogenbetrachters von hinten trifft, verlängert, also dem Schattenwurf seines Kopfes folgt, trifft der Blick in den unsichtbaren Mittelpunkt des Regenbogenkreises. Dieses Zentrum liegt im Gegenpunkt der Sonne (also unter dem Horizont).Der Beobachter befindet sich immer in der Linie, die Sonne und Bogenmittelpunkt verbindet (Regenbogenachse) (Bild 3, S. 238).
Besonders bei kräftigem Regenfall wird der Hauptregenbogen zugleich von einem größeren und lichtschwächeren **Nebenregenbogen** überwölbt. Bei ihm ist die Farbreihenfolge umgekehrt. Das Licht, das zur Entstehung des Nebenregenbogens führt, durchläuft die Regentropfen mit einem anderen Umlaufsinn (Bild 1, vergleiche dazu Bild 1 auf der vorhergehenden Seite). Dabei wird das Licht zweimal an der Tropfeninnenwand reflektiert. Außerdem wird stets nur ein Teil des Lichtes an der Tropfenwand reflektiert. Ein großer Teil verlässt den Tropfen. Daher ist der Nebenregenbogen nur sehr viel schwächer zu sehen als der Hauptregenbogen. Oft sieht man ihn überhaupt nicht.

SCHON GEWUSST?

In unseren Breiten sind Regenbogen vorwiegend im Frühling und im Herbst zu sehen. Im Hochsommer steht die Sonne die längste Zeit des Tages zu hoch am Himmel. Im Winter hingegen schneit es häufiger, oder Wolken verdecken die Sonne.

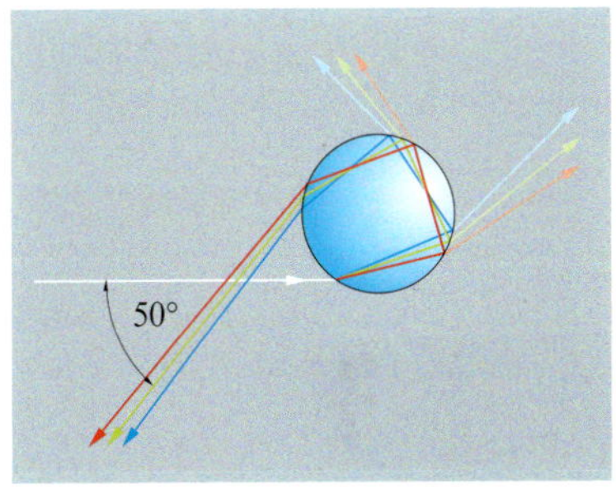

1
Entstehung des Nebenregenbogens

Infrarot und Ultraviolett

Infrarote Strahlung. In der Nähe einer Heizung und über einer Herdplatte spürt man die Wärmestrahlung. Auch in der Nähe einer Glühlampe bemerkt man, dass diese Wärme abstrahlt. Wird die Wärme mit dem sichtbaren, farbigen Licht „mitgeliefert"?

EXPERIMENT 5
Mit einer leistungsstarken Experimentierlampe und einem Prisma wird auf einem etwa 3 m entfernten Schirm ein breites Spektrum erzeugt. Mit einer Thermosäule wird das ganze Spektrum langsam abgetastet. Bei welchen Farben zeigt die Thermosäule Wärmestrahlung an? Untersuche auch die Bereiche seitlich neben dem Spektrum!

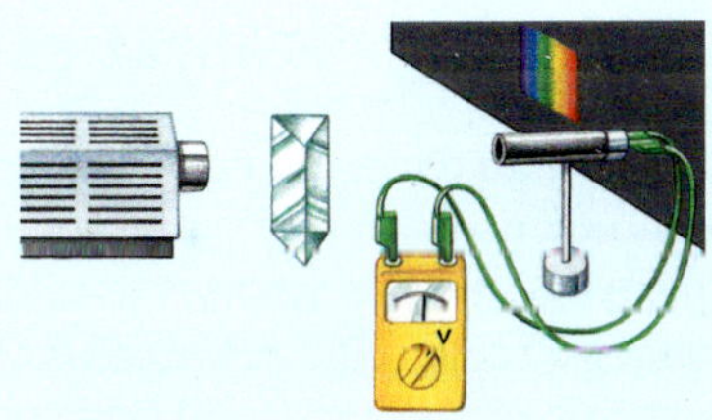
2

Im sichtbaren Bereich wird der Zeigerausschlag des Messinstruments vom Violetten zum Roten immer größer. Aber auch jenseits des Rots kann im Spektrum der Glühlampe Strahlung registriert werden. Sie wird Infrarotstrahlung genannt.

3
Durch Reflexion kann man seine eigene Infrarotstrahlung spüren.

Ultraviolette Strahlung. Das Licht der Sonne wärmt uns nicht nur, es kann uns auch bräunen oder sogar einen schmerzhaften Sonnenbrand verursachen. Hierfür ist die ultraviolette Strahlung verantwortlich, die sich auf der anderen Seite an das farbige Lichtspektrum anschließt.
Wird z. B. das Licht einer Quecksilberdampf-Lampe mit einem Prisma zerlegt, so sind auf einem speziellen Leuchtschirm neben dem Violett helle Linien zu erkennen. Der Leuchtschirm leuchtet bläulich, wenn er von ultravioletter Strahlung getroffen wird. Ultraviolette Strahlung wird auch als UV-Strahlung bezeichnet.

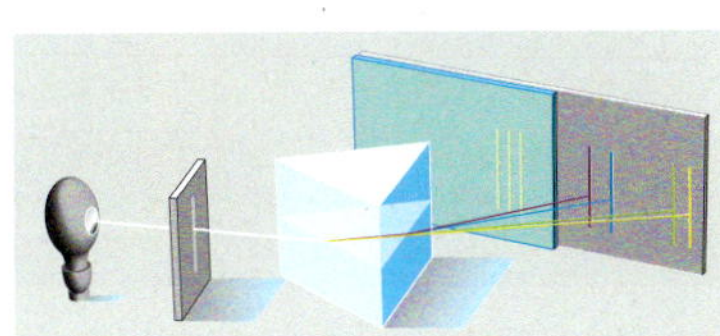
4

Im Spektrum der Sonne und anderer Lichtquellen gibt es jenseits des Rot die Infrarotstrahlung und jenseits des Violett die ultraviolette Strahlung. Beide Strahlungsarten sind für das menschliche Auge unsichtbar.

Licht und Wellenlänge

Mit dem Wellenmodell lassen sich in unterschiedlichen Gebieten der Physik ganz verschiedene Vorgänge beschreiben. Radiowellen, sichtbares Licht, Infrarot- oder Röntgenstrahlung können alle als elektromagnetische Wellen betrachtet werden. Gegen Ende des 19. Jahrhunderts hatte der russische Physiker PJOTR LEBEDEW (1866 bis 1912) die Idee, alle bis dahin bekannten elektromagnetischen Erscheinungen nach ihrer Frequenz bzw. Wellenlänge anzuordnen. Diese Zusammenstellung wird heute als *elektromagnetisches Spektrum* bezeichnet .
Sichtbares Licht kann als Bestandteil des elektromagnetischen Spektrums aufgefasst werden. Seine Wellenlängen reichen von etwa 400 nm (violett) bis 750 nm (rot). An den langwelligen Bereich schließt sich das infrarote, an den kurzwelligen Bereich das ultraviolette Licht an.

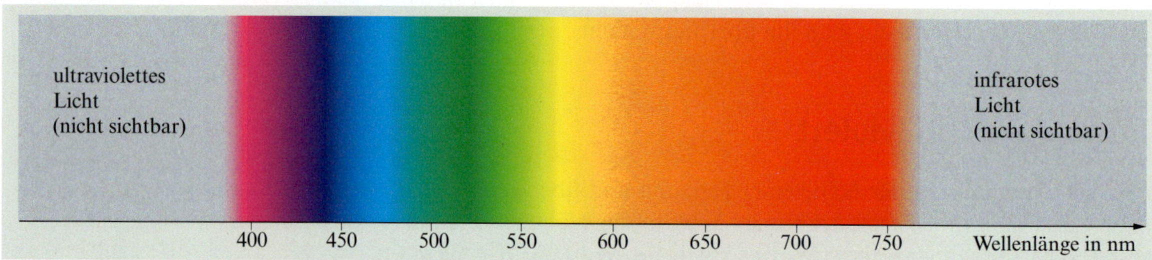

1

Kontinuierliche Spektren und Linienspektren

Zerlegt man das Licht einer Glühlampe mithilfe eines Prismas, so entsteht auf dem Schirm ein lückenloses Farbband, ein kontinuierliches Spektrum. Auch wenn man das Sonnenlicht mit einem Prisma zerlegt, ergibt sich solch ein Spektrum. Allgemein hat man festgestellt:

Glühende feste Körper und Gase unter hohem Druck senden Licht mit einem kontinuierlichen Spektrum aus.

Hält man in die Flamme eines Gasbrenners einen Magnesiastab, der zuvor in unterschiedliche Salzlösungen getaucht wurde, so leuchtet die Flamme in unterschiedlichen Farben auf.
Bei Natriumverbindungen erscheint die Flamme gelb (Bild 2), bei Lithiumverbindungen hingegen rot (Bild 3).

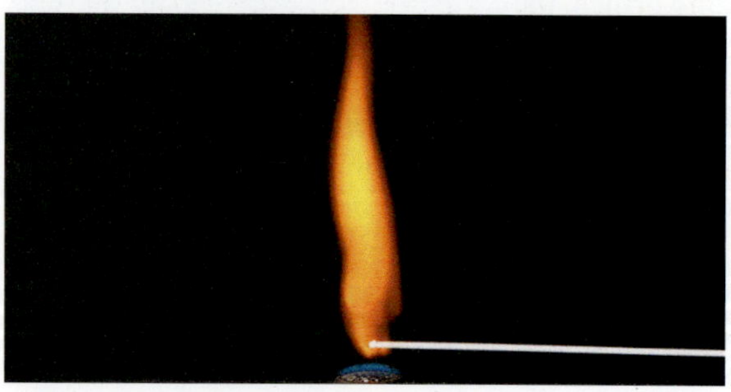
2

Natrium färbt eine Flamme gelb.

3

Lithium färbt eine Flamme rot.

In speziellen Lampen können Gase, auch Metalldämpfe, zum Leuchten angeregt werden. Erzeugt man mithilfe eines Prismas ein Spektrum dieser leuchtenden Gase, so ergibt sich ein Emissionsspektrum, das aus einzelnen farbigen Linien besteht. Die Farben stimmen weitgehend mit der Flammenfärbung überein. Das Linienspektrum ist charakteristisch für das Gas, aus dem es entsteht.

Gase unter niedrigem Druck senden farbiges Licht aus. Bei der Zerlegung dieses Lichtes mithilfe eines Prismas entsteht ein Emissionsspektrum.

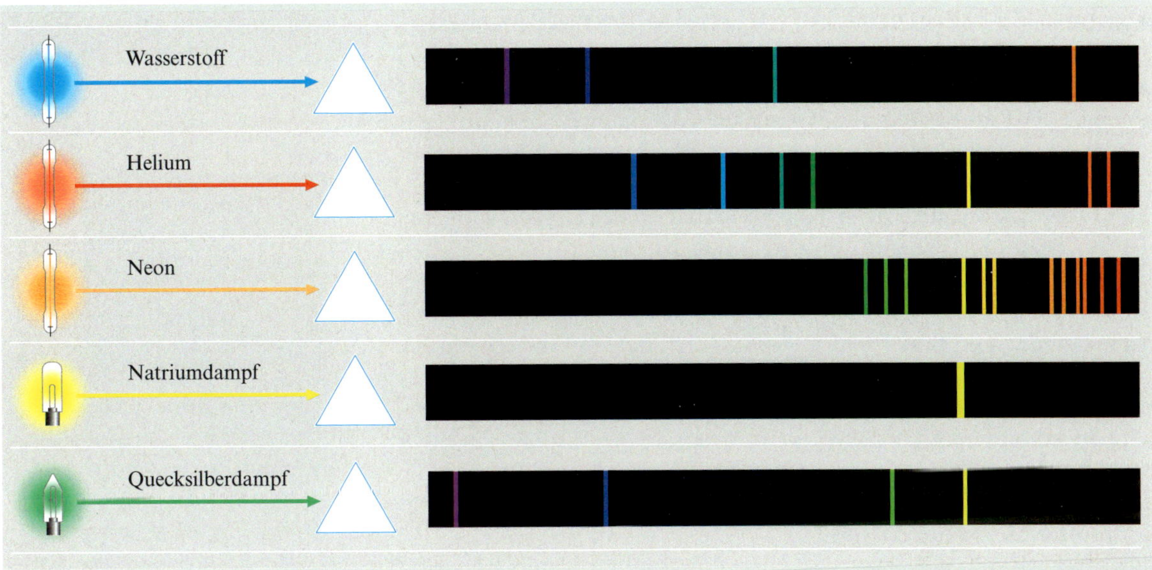

1

Emissionsspektren unterschiedlicher Gase

Wenn weißes Licht einer heißen Lichtquelle durch kühlere Gase hindurch tritt, so entstehen in seinem Spektrum dunkle Absorptionslinien an den Stellen, an denen sich sonst die Emissionslinien der kühleren Gase befinden. Ein solches Spektrum wird **Absorptionsspektrum** genannt. Diese Situation ist bei der Sonne gegeben: Das Licht aus dem Sonneninneren durchdringt die äußeren Gasschichten der Sonne.

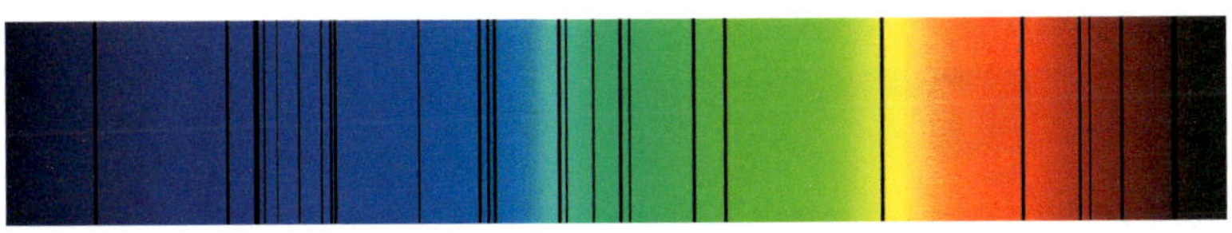
2

Das Sonnenspektrum enthält dunkle Absorptionslinien. Sie entstehen beim Durchgang des Lichts durch die kühleren Bereiche der Photosphäre.

Spektralanalyse. Kennt man die Spektren der einzelnen Stoffe, so lässt sich die Zusammensetzung eines unbekannten Stoffgemisches bestimmen. Dieses Verfahren nennt man Spektralanalyse. Sie ist eine Art Detektivmethode, mit der sich auch kleine Spuren eines Stoffes in einem Stoffgemisch nachweisen lassen. Um eine Stoffprobe zu analysieren, wird diese zum Leuchten angeregt und in einem Spektrometer (Bild 3) spektral zerlegt. Durch den Vergleich des ermittelten Spektrums mit Spektraltafeln, auf denen die Spektrallinien unterschiedlicher Elemente verzeichnet sind, lassen sich die Bestandteile der Probe ermitteln.

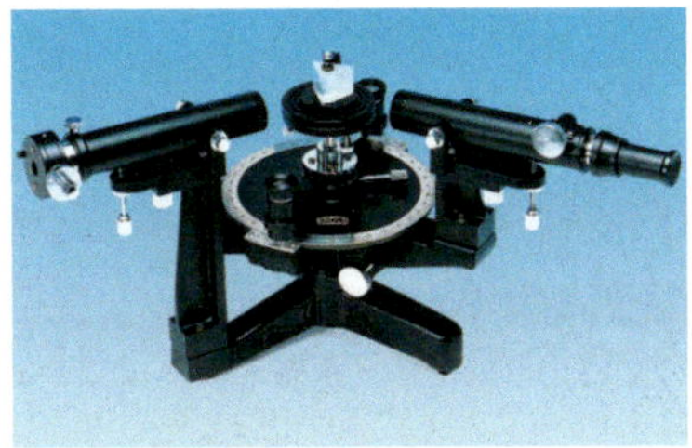
3

Spektrometer

Ozon und ultraviolette Strahlung

Häufig kann man in der Zeitung Berichte über Ozon lesen. Mal wird im Sommersmog vor zu viel Ozon in der Luft gewarnt, mal wird darüber geklagt, dass ein Ozonloch in der Atmosphäre gefährliche UV-Strahlung zur Erde gelangen lässt. Wie kann von ein und demselben Stoff gleichzeitig zu viel und zu wenig vorhanden sein?
Ozon ist ein Gas. Wenn Blitze einschlagen oder Funken überspringen, tritt ein eigentümlicher Geruch auf. Der Chemiker CHRISTIAN F. SCHÖNBEIN hat ein ebenso riechendes Gas isoliert, dem er den Namen Ozon (griech. *ozien*: riechen) gab. Da das Gas bei der Elektrolyse an der Elektrode entstand, an der auch der Sauerstoff gebildet wird, lag es nahe, dass auch Ozon aus den Sauerstoffatomen (O) besteht. Der Sauerstoff unserer Luft besteht aus Molekülen, die von zwei Sauerstoffatomen gebildet werden (O_2), Ozon besteht aus drei Sauerstoffatomen (O_3).

Ozon in der Atmosphäre. Wenn man das Spektrum des Sonnenlichts, das hier auf der Erde ankommt, vergleicht mit dem Spektrum des Lichts, das die Sonne verlässt, dann fehlt auf der Erde viel von der ultravioletten Strahlung. Das ist auch gut so, denn diese Strahlung ist sehr energiereich und würde Hautschäden verursachen. Bereits 1880 konnte der Chemiker WALTER N. HARTLEY zeigen, dass Ozon genau diese energiereiche UV-Strahlung absorbiert, also abfängt und in Wärme umwandelt. So konnte man verstehen, warum unsere Atmosphäre in etwa 20 km bis 50 km Höhe wieder recht warm ist, obwohl die Temperatur zunächst nach oben hin abnimmt: In dieser Höhe herrscht die höchste Konzentration von Ozon (Bild 2).
Seit etwa 1975 weiß man, dass die Fluorchlorkohlenwasserstoffe (FCKW) aus Kühlmittel- und Spraydosengasen bis in die Stratosphäre gelangen und dort im Einfluss der energiereichen UV-Strahlung Chlor- und Fluor-Atome freisetzen. Diese Atome zerstören das Ozon und wandeln es in gewöhnlichen Sauerstoff um. Die Schutzschicht aus Ozon wird dabei dünner, ein „Ozonloch" entsteht und gefährliche UV-Strahlung erreicht die Erde.
In einigen Ländern wurde die FCKW-Produktion reduziert, um die Zerstörung unseres UV-Schutzschildes aufzuhalten. Inzwischen wird die Ozonschicht überwacht, um vor Schäden warnen zu können.

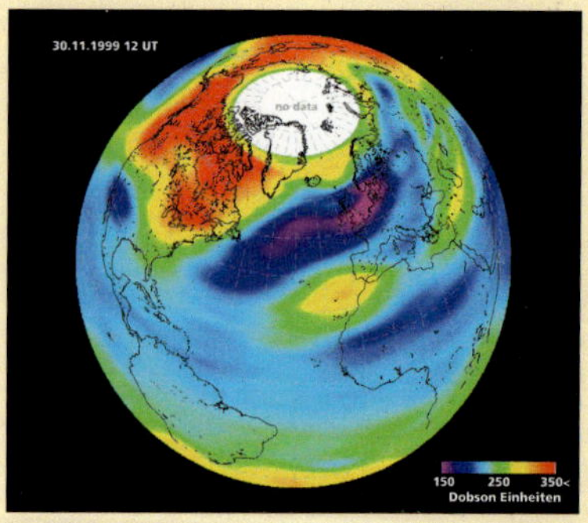

3

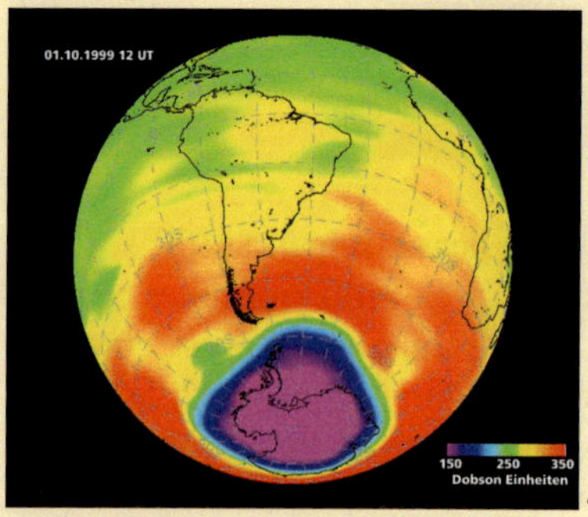

4

Die Ozonmenge in der Atmosphäre wird in der Einheit Dobson angegeben. Bei einer Ozonmenge von unter 200 Dobson spricht man von einem Ozonloch. Das Ozonloch ist über der Südhalbkugel stärker ausgeprägt.

1

Funkenüberschlag

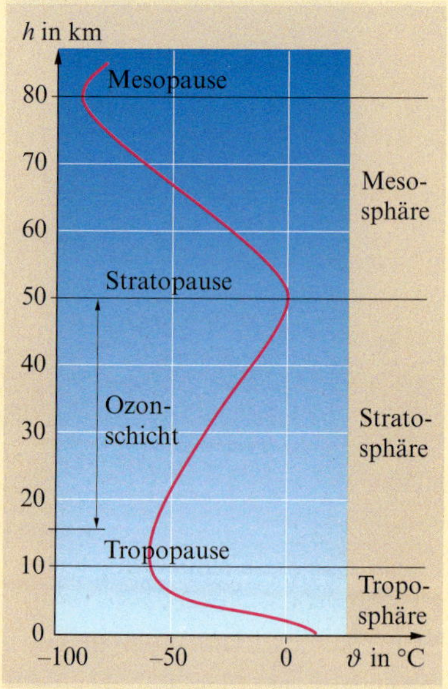

2

Temperaturverlauf in der Atmosphäre

SCHON GEWUSST?

Die UV-Strahlung, die die Sonne abstrahlt und die im Solarium von Quarzlampen erzeugt wird, wird in drei Gruppen eingeteilt. Die UV-A-Strahlung ist dem sichtbaren Violett sehr nahe, für die Haut ungefährlich und lässt Weißmacher bläulich-weiß leuchten. UV-B-Strahlung rötet und bräunt die Haut. UV-C-Strahlung ist sehr energiereich. Sie wird vom Ozon in der Atmosphäre absorbiert und darf nicht im Solarium auftreten.

Der UV-Index. Jeden Tag gibt das Bundesamt für Strahlenschutz bekannt, wie groß in verschiedenen Gebieten die Einstrahlung von UV-Strahlung ist. Hierfür spielt die Ozonsituation in der Atmosphäre eine wichtige Rolle. Der UV-Index (UVI) beschreibt den am Boden erwarteten Tagesspitzenwert der UV-Strahlung. An unbewölkten Tagen wird dieser Wert zur Mittagszeit erreicht. Je höher der UVI ist, desto höher ist das Sonnenbrandrisiko.

UVI	Belastung	Sonnenbrand (Hauttyp II)	Schutzmaßnahmen
8 und mehr	sehr hoch	in weniger als 20 Minuten möglich	unbedingt erforderlich
5 bis 7	hoch	ab 20 Minuten möglich	erforderlich
2 bis 4	mittel	ab 30 Minuten möglich	empfehlenswert
0 bis 1	niedrig	unwahrscheinlich	nicht erforderlich

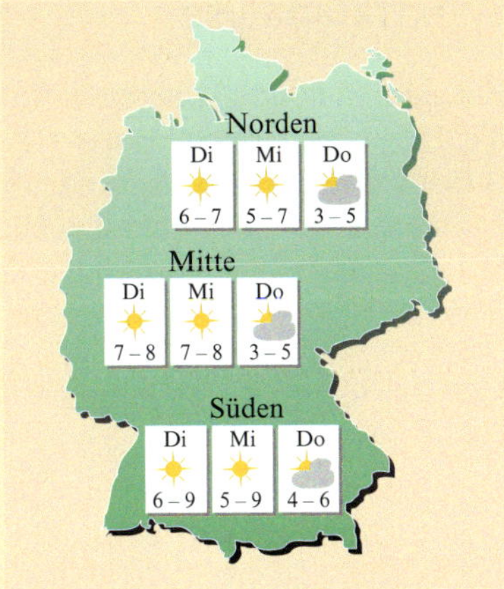

1

Das Risiko hängt vom Hauttyp ab. Zwar finden wir sonnengebräunte Haut meist schön, aber sie birgt doch ein großes Risiko: Jeder Sonnenbrand erhöht die Gefahr, später an Hautkrebs zu erkranken. Hellhäutige Menschen bekommen meist schneller einen Sonnenbrand, als Menschen mit dunklerer Haut. Man unterscheidet vier Hauttypen:

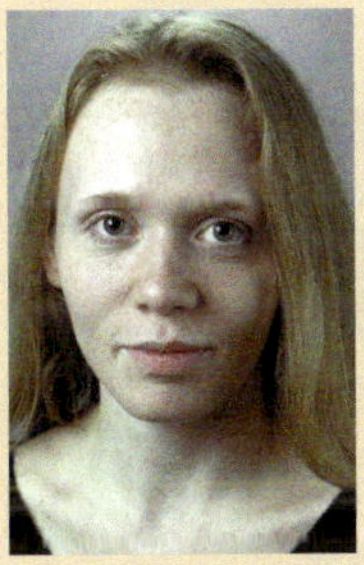
Hauttyp I: Sehr helle Haut, Sommersprossen, rötliches Haar; wird niemals braun.

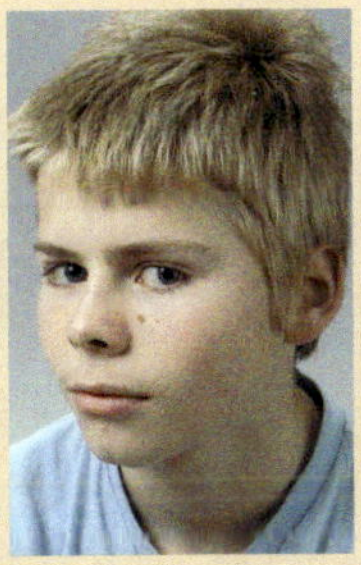
Hauttyp II: Helle Haut, blond; rötet schnell, wird aber mit der Zeit mäßig braun.

Hauttyp III: Dunkelblond; wird nach mehrfachem Sonnenbad immer dunkler.

Hauttyp IV: Dunkles Haar; bleibt vom Sonnenbrand weit gehend verschont.

Tipps zum Schutz vor Sonnenbrand

- Gewöhne deine Haut langsam an längere Sonnenbestrahlung; verbringe in den ersten Tagen die Zeit zwischen 12 Uhr und 15 Uhr im Schatten.
- Nimm nicht öfter als 50-mal pro Jahr ein intensives Sonnenbad.
- Kleinkinder sind besonders gut vor starker Sonnenstrahlung zu schützen. Die UV-Dosis, die man in den ersten Lebensjahren erhält, erhöht das Risiko der Entstehung von Hauttumoren.
- Trage Sonnenschutzmittel mit ausreichendem Schutzfaktor mindestens 30 Minuten vor dem Sonnenbad auf.
- Benutze keine Kosmetika, Deodorants oder Parfüms beim Sonnenbaden. Es besteht die Gefahr bleibender Pigmentierung (Farbveränderung der Haut).

Sonnenlichtmangel. Auch ein Mangel an Sonnenlicht kann die Gesundheit gefährden: Die Ultraviolett-Anteile der Sonnenstrahlung werden benötigt, um das lebenswichtige Vitamin D aus seinen Vorstufen (Provitaminen) aufzubauen. Vitamin-D-Mangel beziehungsweise ungenügende Sonnenbestrahlung führen vor allem bei Säuglingen und Kleinkindern zu fehlerhafter Knochenbildung (Rachitis).

Aufgaben

1. Für welchen Hauttyp hältst du dich? Was bedeutet das für dich?
2. Warum ist die Sonneneinstrahlung in der Mittagszeit am höchsten?
3. Was kannst du selbst tun, damit das Ozonloch nicht so schnell wächst?
4. Beschreibe den Temperaturverlauf der Atmosphäre!

Blick in die **Geschichte**

Spektralanalyse

Ein ganz wichtiges Hilfsmittel für die astronomische Forschung wurde die 1859 von Gustav Robert Kirchhoff (1824–1896) und Robert Bunsen (1811–1899) begründete Spektralanalyse des Lichtes. Sie erkannten, dass jedes zum Leuchten angeregte Gas unter niedrigem Druck anderes Licht aussendet. Die Linienspektren dieser Gase unterscheiden sich sehr stark voneinander. Jedes Gas hat sein eigenes Spektrum. Am Spektrum kann man zweifelsfrei erkennen, um welchen Stoff bzw. welches Stoffgemisch es sich handelt.
Schon 1814 hatte Joseph v. Fraunhofer im Sonnenspektrum dunkle Linien beobachtet, sie aber noch nicht deuten können.
Innerhalb kurzer Zeit entstand die Astrophysik als neues Teilgebiet der Astronomie. In rascher Folge fanden die Forscher heraus, dass die Absorptionslinien in den Spektren der Sonne und anderer Lichtquellen bestimmten chemischen Elementen zugeordnet werden konnten.

Im Jahre 1868 wurde im Sonnenlicht eine Spektrallinie entdeckt, die sich keinem bekannten Element zuordnen ließ. Der britische Astronom Joseph Norman Lockyer (1836–1920) schloss daraus, dass es auf der Sonne ein bisher unbekanntes Element geben müsse. Er gab ihm den Namen **Helium** (nach Helios, dem altgriechischen Sonnengott). Erst ein Vierteljahrhundert später wurde Helium auch auf der Erde entdeckt.

1 Joseph von Fraunhofer (1787–1826)

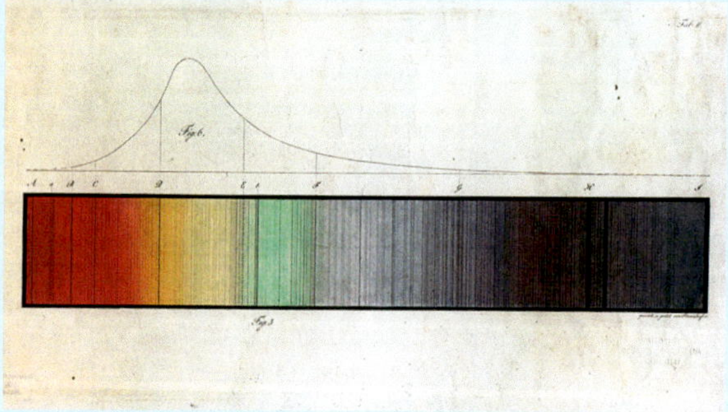

2 Sonnenspektrum mit Fraunhofer'schen Linien

3 Historischer Spektralapparat

Worauf sind diese Fraunhofer'schen Linien (Bild 2) zurückzuführen? Farbige Gläser lassen nur bestimmte Anteile des weißen Lichtes hindurch. Rotfilter werden vor allem von rotem Licht durchdrungen, Grünfilter von grünem Licht. Das Licht anderer Lichtfarben wird weitgehend absorbiert. Schickt man Glühlampenlicht durch ein Filter, so treten im Spektrum nur die Farben auf, die das Filter hindurchlässt. Alle übrigen Stellen im Spektrum sind schwarz.
Die gleiche Erscheinung tritt auf, wenn Licht bestimmte Gase durchdringt. Das geschieht auf der Sonne. Das von der Photosphäre ausgesandte Licht durchdringt die äußere Gashülle der Sonne. Diese Hülle wirkt wie ein Filter. Sie absorbiert bestimmte Teile des Lichtes. Dabei besteht zwischen dem Linienspektrum der Gase und den Absorptionslinien folgender einfache Zusammenhang: Das Gas absorbiert Licht jener Wellenlängen, die es selbst aussenden würde. Dadurch entstehen die dunklen (Fraunhofer'schen) Linien im Sonnenspektrum.

ÜBRIGENS

In der modernen Forschung spielt diese Methode eine große Rolle: Sowohl in der Chemie als auch in der Biologie und der Medizin wird sie zur Stoffanalyse eingesetzt. In der Astrophysik stellen die Spektren wichtige Informationsquellen über ferne Sterne dar.

Weißt du es? Kannst du es

1. Beschreibe eine Beobachtung, die mit dem Strahlenmodell des Lichtes nicht zu erklären ist!
2. Beschreibe ein Experiment, bei dem sich die Beugung von Licht beobachten lässt!
3. Vergleiche die Interferenz von Lichtwellen mit der Interferenz von Wasserwellen!
4. Welche optische Erscheinung kann man sehen, wenn man eine Kerze oder eine kleine Glühlampe durch einen Regenschirm betrachtet? Beschreibe und erkläre die Beobachtung!
5. Erkläre Verstärkung und Auslöschung bei der Interferenz zweier Wellen mithilfe einer Skizze!
6. Zeichne ein Spektrum, das beim Zerlegen von weißem Licht mit einem Prisma entsteht! Ergänze die Bereiche der infraroten und ultravioletten Strahlung!
7. Konstruiere den Verlauf von einem roten und von einem violetten Lichtbündel durch ein gleichseitiges Prisma aus Kronglas! Der Einfallswinkel soll jeweils 50° betragen. (Lichtgeschwindigkeiten siehe S. 237!)
8. Benenne die für uns Menschen positiven und negativen Eigenschaften von Ultraviolett- und Infrarotstrahlung!
9. Wie könntest du zwei Autos durch Fotografieren unterscheiden, von denen eines schon lange geparkt steht und das andere gerade erst angekommen ist?
10. Welche Strahlung erzeugt den Sonnenbrand?
11. Erkläre die Entstehung eines Hauptregenbogens!
12. Welche Arten von Spektren gibt es? Wie kommen sie zustande?
13. Warum und wie lassen sich aus einem Spektrum Informationen über den das Licht aussendenden Stoff gewinnen?

Kurz und knapp!

Licht hat Welleneigenschaften. Mit dem Wellenmodell lassen sich Interferenzerscheinungen erklären.
Den unterschiedlichen farbigen Bestandteilen des sichtbaren Lichtes werden unterschiedliche Wellenlängen zugeordnet.

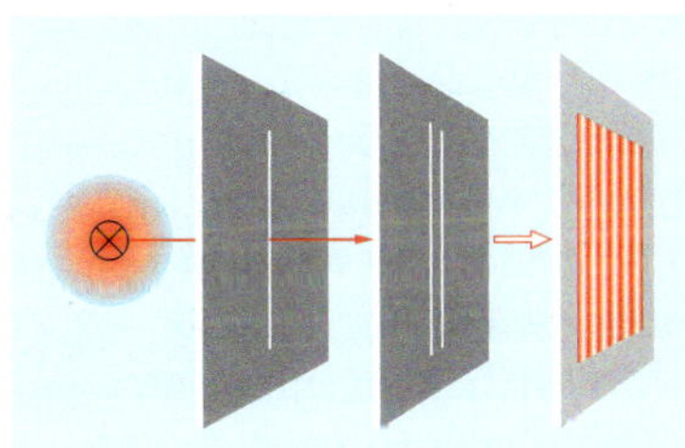

Beugung. Licht kann gebeugt werden: Es kann in den geometrischen Schattenraum hinter einem oder mehreren Spalten eindringen.

Interferenz. Interferenzmuster hinter Spalten oder Gittern lassen sich mithilfe des Wellenmodells vom Licht erklären.

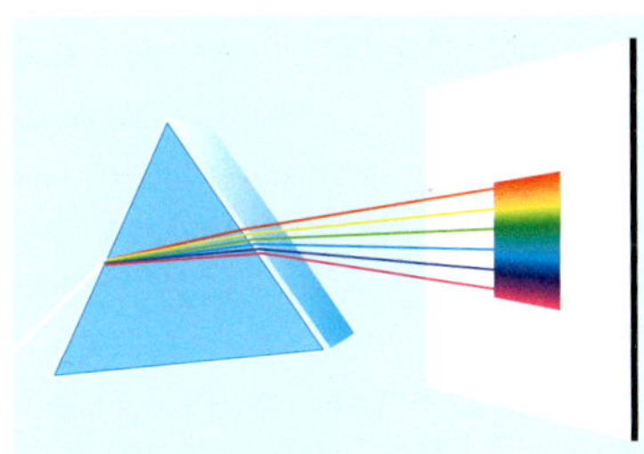

Farbzerlegung des Lichtes. Licht kann durch Brechung in farbige Bestandteile zerlegt werden. Dabei entsteht ein Spektrum.

Glühende feste Körper, Flüssigkeiten und Gase unter hohem Druck senden Licht mit einem kontinuierlichen Spektrum aus.

kontinuierliches Spektrum

Gase unter niedrigem Druck senden farbiges Licht aus. Bei der Zerlegung dieses Lichtes entsteht ein Emissionsspektrum.

Emissionsspektrum

Tritt weißes Licht einer heißen Lichtquelle durch kühlere Gase hindurch, so entsteht ein Absorptionsspektrum.

Absorptionsspektrum

Im Spektrum der Sonne und anderer Lichtquellen gibt es jenseits des Rot die infrarote Strahlung und jenseits des Violett die ultraviolette Strahlung. Beide sind für das menschliche Auge unsichtbar.

Farben

1

Wie viele Farben gibt es eigentlich? Jeder kann eine ganze Reihe aufzählen. Und wenn man Farben mischt, gibt es immer viele Zwischentöne. Wer einmal versucht hat, einen Fleck an der Wand mit genau der richtigen Farbe auszubessern, weiß, wie schwierig es ist, den richtigen „Farbton" zu treffen. Es soll etwa eine Million unterscheidbare Farben geben.

Additive Farbmischung

Bei manchen Konzerten begeistern sich die Zuschauer nicht nur an der Musik, sondern auch an den Lichteffekten. Die Musiker, Sänger und Tänzer werden von vielen Scheinwerfern mit farbigen Lichtern angestrahlt. Auf der Bühne fallen die verschiedenfarbigen Lichtkegel aufeinander und mischen sich zu neuen Farben. Wie entstehen diese Farbmischungen?
In einem Experiment kannst du erkennen, wie sich die Lichtfarben verschiedener Lampen mischen.

2

EXPERIMENT 1

1 Drei Schüler erzeugen jeweils mit einer Experimentierleuchte und einem Farbfilter (rot, grün und blau) auf einem weißen Bildschirm ein farbiges Rechteck. Die drei farbigen Rechtecke sollen sich anfangs noch nicht überdecken.
2 Verdreht jeweils eine Lampe so, dass sich auf dem Bildschirm die Farben zweier Lampen zum Teil überlagern! Was beobachtet ihr?
3 Stellt die drei Lampen so ein, dass sich auf dem Bildschirm die Farben aller drei Lampen teilweise überdecken! Was beobachtet ihr?

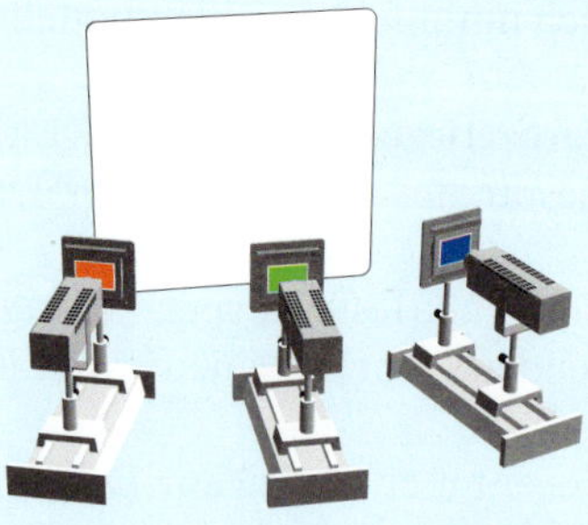
3

Mischt man die Lichtfarben zweier Lichtquellen, so ergibt sich eine Mischfarbe (Bild 1, folgende Seite). Diese Art der Farbentstehung nennt man **additive Farbmischung**.
Mischt man jeweils Licht mit zwei der drei Farben Rot, Grün und Blau, erhält man als Mischfarbe die anderen drei Hauptfarben Cyan (Blaugrün), Gelb und Magenta (Purpur).

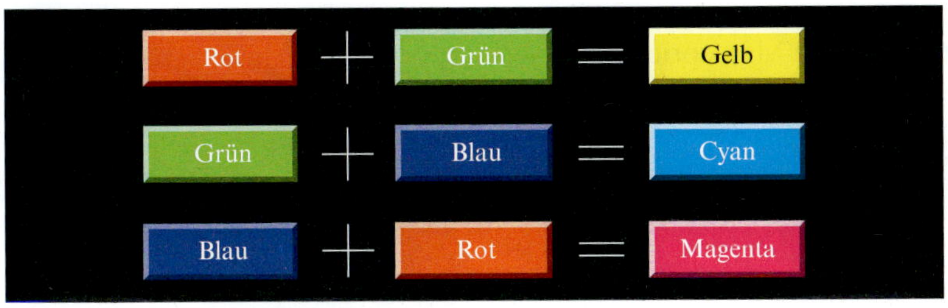

1

Ändert man bei der Mischung die Intensität der einzelnen Lichtfarben, erhält man alle anderen Farben.
Die Farben Rot, Grün und Blau nennt man die drei Grundfarben der additiven Farbmischung. Sie selbst können nicht aus anderen Lichtfarben gemischt werden.

2
Additive Farbmischung

Bei der additiven Farbmischung wird farbiges Licht gemischt. Aus den drei Grundfarben Rot, Grün und Blau können alle Farben entstehen.

Farbenkreis. Der englische Physiker ISAAC NEWTON (1642–1727) war der Erste, der die Zerlegung des Sonnenlichtes in seine farbigen Bestandteile beim Durchgang durch ein Prisma planmäßig untersuchte.
Es gab viele Forscher, die versuchten, ein Ordnungssystem für die Farben zu schaffen. Sehr oft wurde dazu ein Farbenkreis genutzt. NEWTON ordnete erstmalig die Farben des Sonnenlichtes in einem Kreis an (Bild 1). Zum Schließen des Kreises hat er noch die Farbe Purpur aufgenommen. Purpur entsteht als Mischfarbe aus Rot und Violett.

3
Newton'scher Farbenkreis

Der Farbenkreis in Bild 2 zeigt die 6 Hauptfarben bei der additiven Farbmischung. Mit ihm lassen sich alle Experimente zur additiven Farbmischung einfach beschreiben und die Ergebnisse von Farbadditionen vorhersagen:

- Mischt man zwei Grundfarben, ergibt sich eine Mischfarbe, die zwischen den zwei Grundfarben liegt:
  Rot + Grün = Gelb.
- Mischt man zwei Farben, die sich im Farbenkreis gegenüberstehen, entsteht Weiß.
  Gelb + Blau = Weiß
- Mischt man zwei benachbarte Farben, entsteht eine Farbe, die zwischen beiden liegt.
  Gelb + Rot = Orange

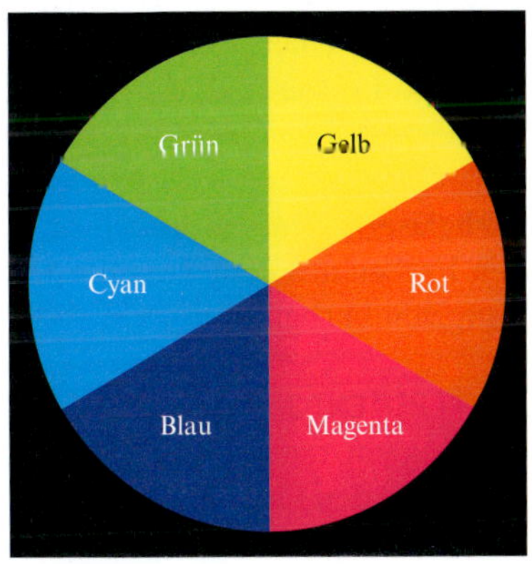

4
Sechsteiliger Farbenkreis

EXPERIMENT 2
Stelle dir verschiedene Farbenkreisel her!
Zeichne auf steifes weißes Papier einen Kreis mit einem Durchmesser von etwa 4 cm bis 6 cm! Unterteile den Kreis in 2 bis 6 Sektoren und male sie mit verschiedenen Deckfarben aus! Stecke einen spitzen Bleistift durch die Mitte und lass den Farbenkreisel rotieren!
Male dieselben Farben in einer anderen Reihenfolge! Was geschieht?
Wähle ganz andere Farben! Was stellst du fest?

5

Farbfernsehen. Die additive Farbmischung kannst du täglich bei einem Fernsehgerät oder einem Farbmonitor erleben. Man spricht dort von den RGB-Farben, was nichts anderes bedeutet als Licht in den Farben R(ot), G(rün) und B(lau).
Betrachtet man ein weiß flimmerndes Standbild des Fernsehers mit der Lupe, sieht man viele Streifen aus kleinen Farbstäbchen. Diese leuchten blau, grün oder rot. Die leuchtenden Farbstäbchen sind in noch kleinere, schwarze, nicht leuchtende Stäbchen eingebettet.

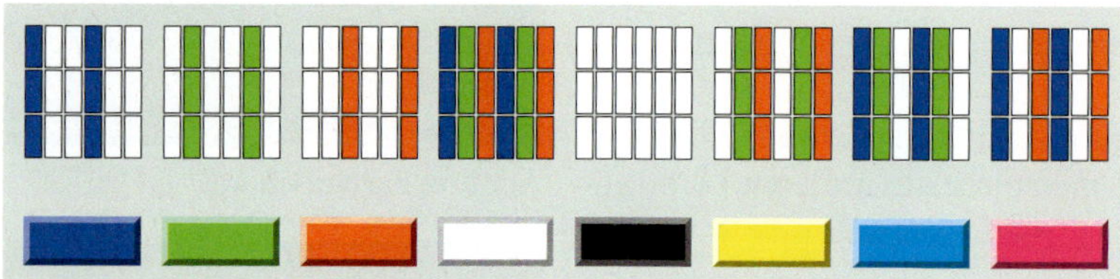
1

2

Auf einem Bildschirm befinden sich je nach Größe des Schirms mehr als 1 Million solcher Stäbchen. Jedes kann einzeln (!) an- und ausgestellt und zudem noch in seiner Helligkeit verändert werden. Die Farblichter von je drei benachbarten, farbig leuchtende Stäbchen addieren sich zu einer Mischfarbe und bilden einen Lichtpunkt. Das farbige Fernsehbild setzt sich aus mehr als 300 000 solcher Lichtpunkte zusammen.

Subtraktive Farbmischung

Wenn du auf einem weißen Schirm das Licht einer blau leuchtenden Lampe und einer gelb leuchtenden Lampe mischst, erhältst du Weiß. Mischst du aber aus deinem Tuschkasten die Farben Gelb und Blau, dann erhältst du Grün! Wie kann man diesen Widerspruch erklären?

Farbgläser. Zum Aufdecken des Geheimnisses der Farbmischung mit den Farben aus dem Tuschkasten, untersuchen wir zunächst die Wirkung von Farbgläsern.

EXPERIMENT 3
Auf einem Tageslichtprojektor liegen drei Farbgläser in den Farben Cyan, Magenta und Gelb. Die Farbgläser werden so verschoben, dass sie sich teilweise überdecken.
Die Farben, die auf der Projektionswand entstehen, werden beobachtet.

3

Das Experiment zeigt:
Wenn sich Magenta und Gelb überdecken, ergibt das hindurch gelassene Licht auf dem Schirm Rot.
Wenn sich Cyan und Gelb überdecken, ergibt sich Grün.
Wenn sich Magenta und Cyan überdecken entsteht Blau.
Wenn sich alle drei Farben überdecken, entsteht auf dem Schirm Schwarz.

Aus dem Spektrum des weißen Lichtes werden von den Farbgläsern verschiedene Farben weggenommen (oder subtrahiert). Die Restfarben vereinigen sich zu einer Mischfarbe. Diese Form der Farbentstehung nennt man **subtraktive Farbmischung**.

Und wie entsteht der schwarze Bereich in der Mitte von Bild 3 auf der vorhergehenden Seite?
Ein Cyan-Farbglas subtrahiert aus dem Spektrum die Farben Rot, Orange und Gelb. Es lässt nur Grün, Blau und Violett hindurch.
Ein Magenta-Farbglas subtrahiert Gelb, Grün und Blau. Es lässt nur Rot und Violett hindurch.
Ein Gelb-Farbglas subtrahiert Blau und Violett. Es lässt nur Rot, Orange, Gelb und Grün hindurch.
Wenn also alle drei Farbgläser übereinander liegen, gelangt kein Bereich des Spektrums zum Schirm und es entsteht Schwarz (Bild 1).

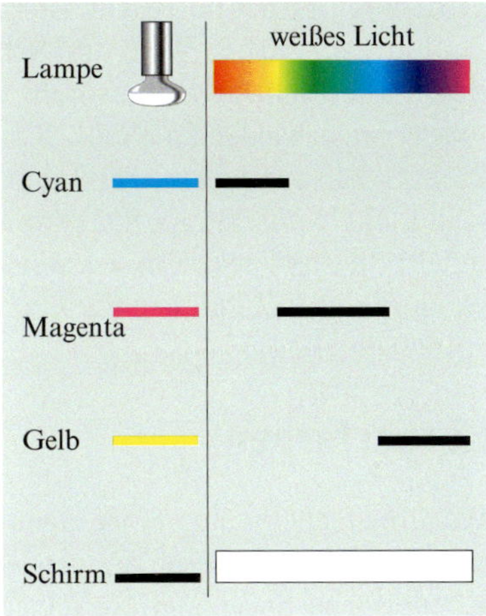

1

Farben aus dem Tuschkasten. Auch die Farben aus einem Tuschkasten nehmen aus dem weißen Licht ganz bestimmte Spektralfarben weg. Die restlichen Lichtfarben werden reflektiert und ergeben eine Mischfarbe. So subtrahiert gelber Farbstoff wie ein gelbes Farbglas die Spektralfarben Blau und Violett. Nur Rot, Orange, Gelb und Grün werden reflektiert und rufen in unserem Auge einen gelblichen Farbeindruck hervor. Je nachdem ob in diesen vier reflektierten Farben Rot, Orange, Gelb oder Grün überwiegt, entsteht ein anderes Gelb.
Bild 3 zeigt, wie beim Mischen von Cyan und Gelb aus dem Tuschkasten in unserem Auge die Farbe Grün entsteht:

2

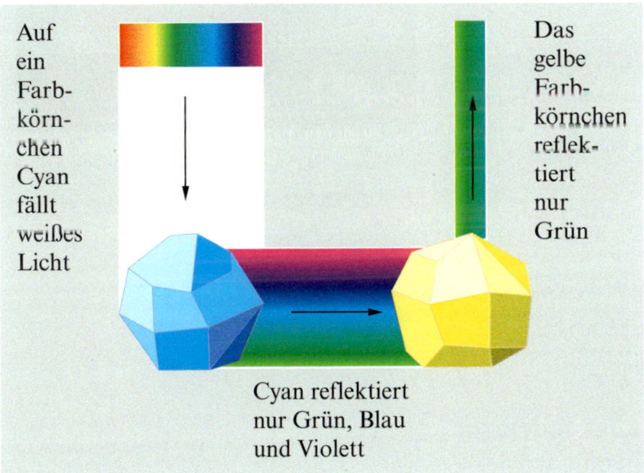

3

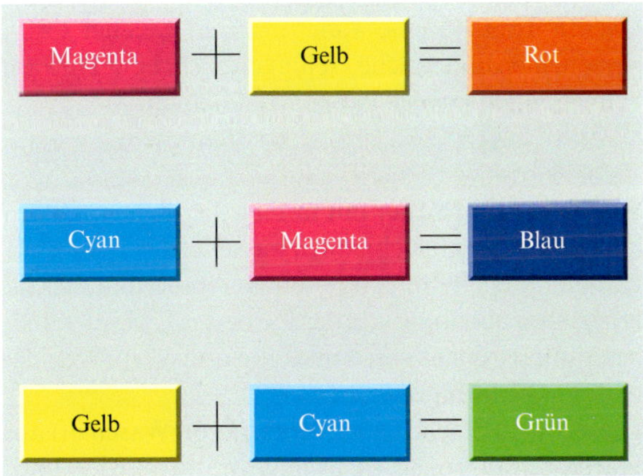

4

Magenta, Gelb und Cyan sind die Grundfarben der subtraktiven Farbmischung. Mit ihnen können alle anderen Farben gemischt werden; sie selbst können nicht aus anderen Farben gemischt werden.

Auch dieses Buch wurde mit den Farben Cyan, Magenta und Gelb gedruckt. Das sind die Farben, die du von einem Farbdrucker kennst. Diese Farben werden auch als CMY-System bezeichnet: C für Cyan, M für Magenta und Y für Yellow.
Damit die Kontraste stärker werden und ein tiefes Schwarz entsteht, benutzt man beim Drucken auch noch reines Schwarz.

ÜBRIGENS

Das ausgeblendete Licht und das verbleibende Mischlicht bilden ein Paar von Komplementärfarben (lat. *complementum*: Ergänzung). Das Mischlicht aus zwei Komplementärfarben enthält das ganze Spektrum und ist daher weiß.

„Unbunte" Farben im Tuschkasten. Im Tuschkasten gibt es noch die zwei „unbunten" Farben Weiß und Schwarz. Weiße Farbkörperchen reflektieren alle Lichtfarben aus dem weißen Licht, sie vereinigen sich für unser Auge wieder zu Weiß. Schwarze Farbkörperchen nehmen alle Lichtfarben aus dem weißen Licht weg. Von schwarzen Körpern kommt kein Licht in unser Auge. Das kannst du auch experimentell überprüfen, indem du das Spektrum des weißen Lichtes nicht auf weißem Papier, sondern auf nicht glänzendem schwarzen Papier erzeugst.

Körperfarben

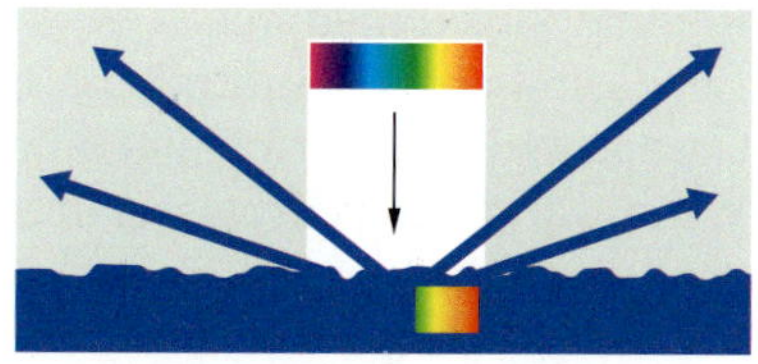
1

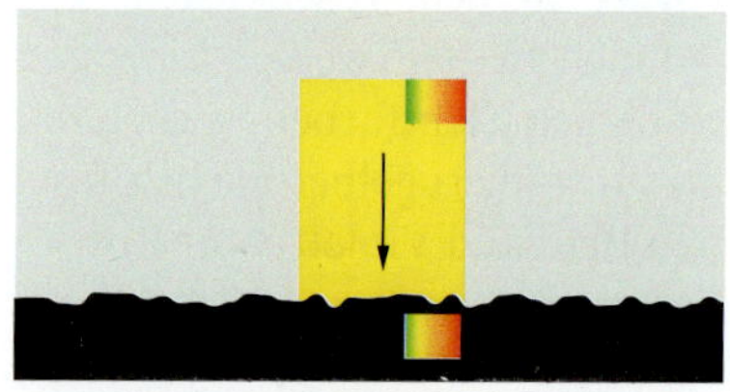
2

Warum erscheint eine Hose eigentlich rot oder blau? Die Farbe, in der wir einen lichtundurchlässigen Körper im Sonnenlicht sehen, heißt Körperfarbe. Sie entsteht durch subtraktive Farbmischung.
Scheint die Sonne zum Beispiel auf einen blauen Körper, dann nimmt er alle Farben des Spektrums weg, außer Grün, Blau und Violett. Diese drei Farben reflektiert der Körper und sie ergänzen sich zu einem blauen Mischlicht (Bild 1). Wird der blaue Körper mit gelbem Licht bestrahlt, sieht er schwarz aus (Bild 2). Im gelben Licht ist kein blaues vorhanden. Der Körper kann keine Farbe reflektieren.
Gleiche Körperfarben erscheinen also nicht immer gleich. Das kannst du im folgenden Experiment untersuchen.

EXPERIMENT 4
Beleuchte in einem abgedunkelten Raum unterschiedliche farbige Dinge mit unterschiedlich farbigen Lampen (rot, gelb, grün, blau, weiß). Trage in eine Tabelle ein, in welcher Farbe die Gegenstände erscheinen und welche Helligkeit sie haben. Du kannst für dieses Experiment auch farbige Pappen verwenden.

3

Wenn also ein Körper mit unterschiedlichem Licht beleuchtet wird, so kann er ganz unterschiedlich aussehen.
Kaufst du ein T-Shirt oder einen Apfel, dann ist die wahrgenommene Farbe stets abhängig von der Farbe des Lichtes, mit dem der Gegenstand bestrahlt wird und von dem Reflexionsvermögen des Gegenstandes für verschiedenfarbiges Licht.
Diese Tatsache wird beim Verkauf von Waren oft ausgenutzt, indem die Waren mit farbigem Licht angestrahlt werden und nicht mit weißem. Deshalb sollten Produkte vor dem Kauf möglichst bei normalem Tageslicht betrachtet werden. In Verkaufsvitrinen kann man z. B. durch geschickte Beleuchtung die Farben von Fleisch und Gemüse verschönen.

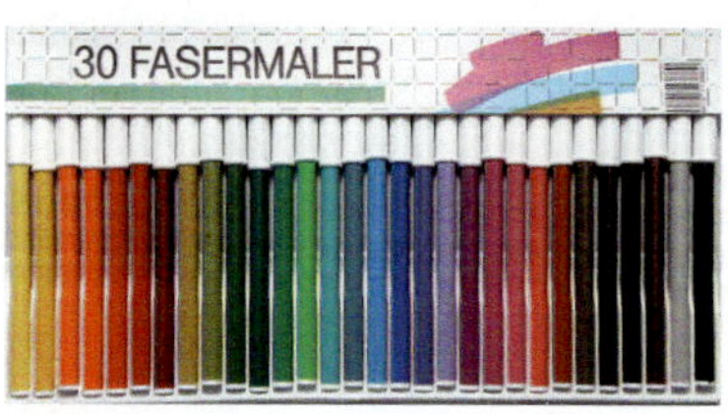

4

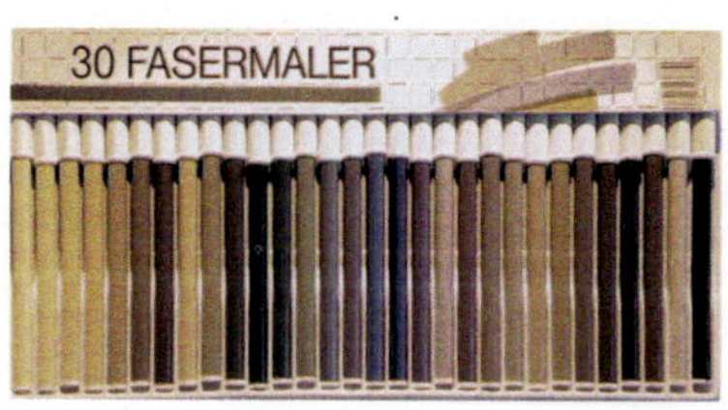

5

Im Licht einer Natriumdampf-Lampe sieht unsere bunte Welt ziemlich blass aus. Die Gegenstände erscheinen nicht farbig wie im weißen Licht, sondern nur unterschiedlich hell.

GOETHES Farbenlehre

JOHANN WOLFGANG VON GOETHE (1749–1832) war nicht nur ein großer Dichter, sondern ebenso Jurist, Staatsminister und Generalintendant des Hoftheaters. Auch als Naturforscher hat er viel geleistet. So entdeckte er den menschlichen Zwischenkieferknochen und er schuf eine eigene Farbenlehre. Er schätzte sie sogar höher ein als sein dichterisches Werk und glaubte, ISAAC NEWTON einen Fehler nachweisen zu können. GOETHES Farbenlehre wird bis heute geachtet und diskutiert.

GOETHE trat für ein ganzheitliches Natur- und Wissenschaftsverständnis ein, er verabscheute mathematisch formulierte Naturgesetze. Er wollte herausfinden, wie Farben entstehen. Dazu versuchte er, mit einem Prisma die optischen Experimente von NEWTON zu wiederholen. Statt aber ein Lichtbündel durch das Prisma zu leiten und zu untersuchen, schaute er direkt durch das Prisma. Zunächst blickte er auf eine weiße Wand und war enttäuscht, weil er keine Farben sah. Als er aber das Fachwerk eines gegenüberliegenden Hauses betrachtete, entdeckte er am Rande der Balken wunderschöne farbige Ränder (Bild 1).

GOETHE hat beim Betrachten von Hell-Dunkel-Grenzen durch ein Prisma zwei Farbabstufungen mit entsprechenden Übergängen entdeckt: Weiß-Gelb-Rot-Schwarz und Schwarz-Violett-Blau-Weiß (Bild 2).

Bei genauerer Betrachtung der Ränder wird deutlich, dass sich der Rot-Gelb-Saum dort zeigt, wo es ohne Prisma weiß wäre. Es geschieht eine *Abdunkelung von Hellem*. Der Blau-Violett-Saum hingegen erscheint im Schwarzen. Es tritt eine *Aufhellung von Dunklem* ein (Bild 2).

In der Natur gibt es gleichartige Farberscheinungen. Abendrot tritt auf, wenn die tief stehende Sonne durch Staub und Nebel getrübt wird. Die Sonne ist vom Weltraum aus betrachtet blendend hell, sie erscheint weiß. Auf der Erde wirkt sie gelb. Blicken wir durch ein trübes Medium auf etwas Helles, so erscheint es uns verdunkelt, gelb bis rot.

Das Himmelblau erscheint uns beim Blick durch die Lufthülle auf den schwarzen Weltraum. Im Hochgebirge, wo die Luft bereits dünner ist, wird das Blau immer kräftiger und geht ins Violett über.

Die Farben beim Prisma und in der Natur sind also von ähnlicher Art. Das Blaue als aufgehelltes Dunkles und das Gelbe als verdunkeltes Helles bilden einen Gegensatz, den GOETHE Polarität nannte.

Betrachtet man zwei Hell-Dunkel-Grenzen, etwa schwarze Pappen vor weißem Hintergrund mit einem Prisma, so erkennt man die Randfarben (Bild 3a). Schiebt man sie aufeinander zu, so erscheint bei einem bestimmten Abstand die Farbe Grün (Bild 3b). Wir sehen das bekannte Spektrum. Die Spektralfarben lassen sich als Kreis anordnen. Jeweils einander gegenüberliegend findet man die Gegenfarben. Als Gegenfarbe des Grün findet man Purpur, das den Farbenkreis vollendet. GOETHE verwendete einen Farbenkreis mit sechs Farben (Bild 4). Jede Farbe lässt sich als Mischung ihrer beiden Nachbarfarben herstellen.

GOETHE hat es verstanden, das Phänomen Farbe aus physikalischer und aus ästhetischer Sicht vielfältig zu bearbeiten und Experimente vorgeschlagen. Seine Farbenlehre ist keine physikalische Theorie, die das Wesen des Lichtes beschreibt, sie ist vielmehr eine Theorie der Sinneswahrnehmung von Licht und Farben.

1

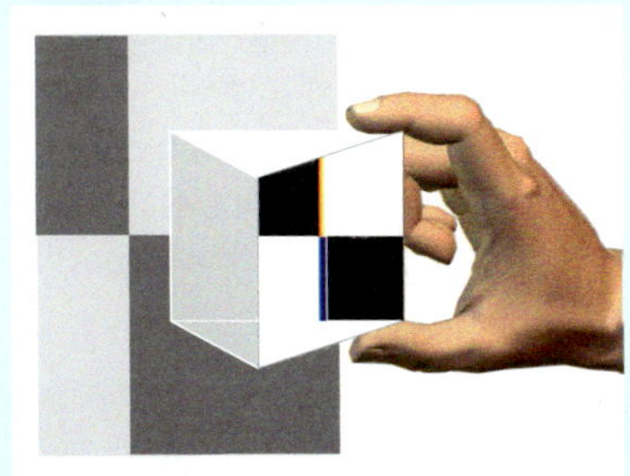

2

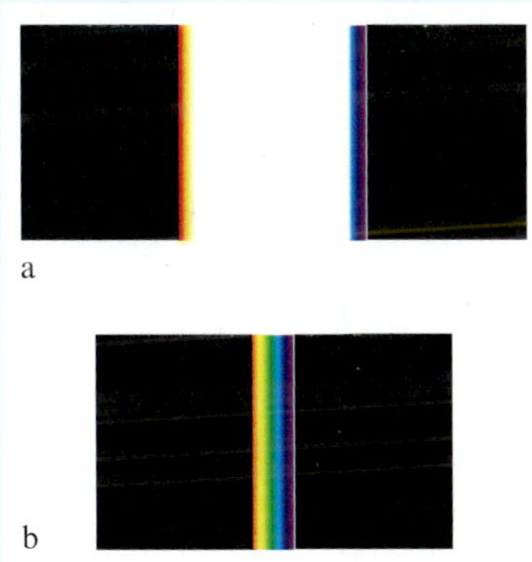

a

b

3

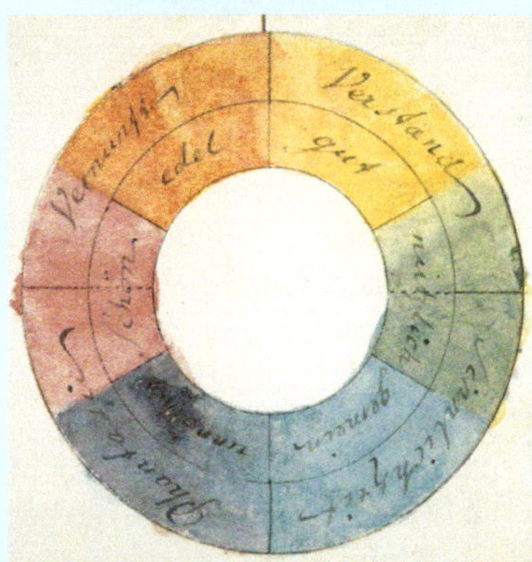

4

GOETHES Farbenkreis

Weißt du es? Kannst du es

1. Erkläre den Unterschied zwischen additiver und subtraktiver Farbmischung!
2. Prüfe, ob du durch Mischen von Magenta, Gelb und Cyan alle bunten Farben erzeugen kannst!
3. Erkläre anhand einer Zeichnung wie im Bild 3 auf S. 249, dass auch dann Grün entsteht, wenn das weiße Licht zuerst auf das gelbe Farbkörnchen und erst danach auf das cyanfarbene Farbkörnchen trifft!
4. Welche Farbe zeigt ein gelbes Kleidungsstück, wenn es in gelbem, rotem bzw. blauem Licht betrachtet wird?
5. Jede Lampe in Bild 1 sendet Licht einer der sechs Farben Rot, Grün, Blau, Cyan, Magenta und Gelb aus. Welche Farbe hat dann die Fläche mit dem Fragezeichen?
6. Halte ein Stück rote Pappe vor einen weißen Hintergrund und betrachte es etwa 15 Sekunden mit fixiertem Blick. Ziehe die Pappe weg und schaue weiter an die Stelle. Was siehst du nach wenigen Sekunden? Probiere es mit anderen Farben! Welche Farbe erscheint jeweils?
7. Für welche Farben sind die schwarzen Streifen zwischen den blauen, grünen und roten Farbstäbchen einer Bildröhre notwendig?
8. Erzeuge auf dem Bildschirm eines Computers Flächen in unterschiedlichen Farben. Untersuche mit einer Lupe, welche Farben die Leuchtpunkte haben, aus denen die farbigen Flächen zusammengesetzt sind!
9. Beschreibe, wie sich aus den additiven Grundfarben Rot, Grün und Blau die subtraktiven Grundfarben Gelb, Cyan und Magenta herstellen lassen!
10. Wie muss man eine Fleischvitrine oder eine Obstauslage beleuchten, damit das Fleisch oder das Obst besonders appetitlich aussieht?

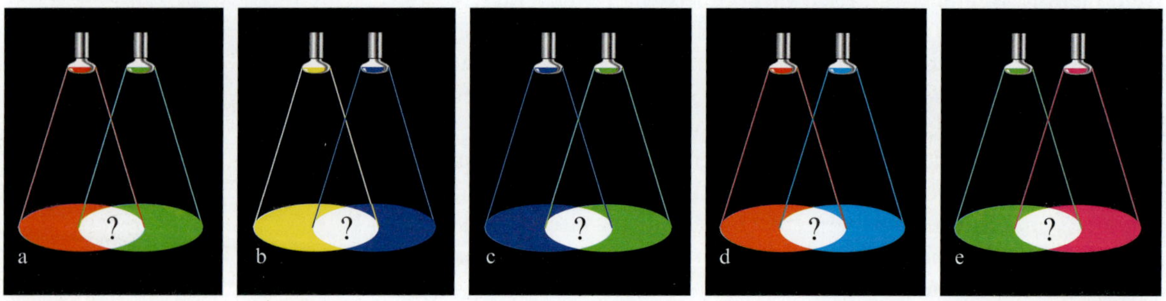

1

Kurz und knapp!

Additive Farbmischung
Bei der additiven Farbmischung wird farbiges Licht gemischt. Aus den drei Grundfarben Rot, Grün und Blau können alle Farben entstehen.

additive Farbmischung

Subtraktive Farbmischung
Magenta, Gelb und Cyan sind die Grundfarben der subtraktiven Farbmischung. Mit ihnen können alle anderen Farben gemischt werden; sie selbst können nicht aus anderen Farben gemischt werden.

Körperfarben
Die Farbe, in der wir einen lichtundurchlässigen Körper im Sonnenlicht sehen, heißt Körperfarbe. Sie entsteht durch subtraktive Farbmischung.

subtraktive Farbmischung

Praktikum

In vielen Berufen werden Experimente durchgeführt: Der *Chemiker* analysiert den Ackerboden. Er will herausfinden, ob sich Schadstoffe im Boden befinden oder ob ein Mangel an bestimmten Nährstoffen besteht. Der *Biologe* untersucht das Wachstum der Pflanzen bei künstlichem Licht. Er will herausfinden, mil wie viel Licht die Pflanzen im Winter zusätzlich beleuchtet werden müssen, damit sie genau so gut wachsen wie im Frühjahr im Garten. Der *Arzt* will heraus finden, welche Stoffe bei einem Patienten in jedem Jahr die gleiche Allergie auslösen und wie man sich davor schützen kann. Der *Konstrukteur* eines neuen Schiffsrumpfes untersucht dessen Verhalten, indem er ein stark verkleinertes Modell des Schiffes in einen Strömungs- und Wellenkanal bringt. Der *Kernphysiker* experimentiert mit Elementarteilchen.

Bedeutung des physikalischen Experiments

Die Beispiele auf der vorhergehenden Seite zeigen, dass das Experiment nicht nur in der Physik eine Rolle spielt. Mit einem Experiment kann man bisher unbekannte Erscheinungen entdecken und bekannte untersuchen. Das Ziel des Physikunterrichtes besteht darin, dass man viel über die Physik weiß und sein Wissen anwenden kann. Das physikalische Experiment ist dabei ein wertvolles Hilfsmittel.

Das physikalische Experiment ist eine wichtige Methode der Erkenntnisgewinnung.

Ziel des Experiments

Mit welchem Ziel man das Experiment einsetzt, hängt von dem Wissen ab, das man vom Objekt oder dem Zusammenhang schon besitzt.

Gewinnung physikalischer Gesetze. Wenn man z. B. nicht weiß, welche Stoffe die Wärme gut leiten, kann man ein Experiment dazu durchführen. Das Experiment ist eine Frage an die Natur: Welche Stoffe leiten die Wärme gut und welche nicht? Das Experiment gibt die Antwort. Kupfer leitet z. B. die Wärme sehr gut, Glas leitet sie schlechter.

Absicherung physikalischer Gesetze. Durch Berechnen, Probieren und Experimentieren kann man Zusammenhänge herausfinden, die unter bestimmten Bedingungen das Verhalten von Körpern richtig beschreiben. Mithilfe eines Experiments kann man auch überprüfen, ob dieser Zusammenhang immer gilt, ob er also ein Gesetz ist. So weiß man aus Erfahrung und Experimenten, dass Kupfer- und Eisendrähte den elektrischen Strom leiten. Man kann also vermuten, dass alle Metalle den Strom leiten. Um diese Vermutung zu überprüfen, wählt man willkürlich einige Metalle aus und schaltet sie in einen Stromkreis ein. In allen Fällen fließt Strom. Damit hat das Experiment die Richtigkeit der Aussage abgesichert.
Man kann Vermutungen oder Vorhersagen auf ihre Richtigkeit überprüfen und damit Gesetze erkennen oder bestätigen.

Anwendung physikalischer Gesetze. Schließlich ist das Experiment dafür geeignet zu untersuchen, wie man die Gesetze anwenden und damit praktisch nutzen kann. In der Geschichte der Physik gibt es viele Beispiele dafür, dass man Entdeckungen und Erfindungen zunächst dadurch praktisch genutzt hat, dass man die Abmessungen der Experimentiergeräte immer mehr vergrößert hat. So entstand aus dem Experiment im Labor zunächst eine Anordnung für die Kleinproduktion, in der die gleichen Prozesse wie im Experiment ablaufen. Dann wurden schrittweise immer größere Werksanlagen gebaut. Die Tabelle zeigt die historische Entwicklung von der Entdeckung des Elektromagnetismus bis hin zu seiner Nutzung im Elektromotor.

Das Ziel des Experiments kann in der Gewinnung, Absicherung und Anwendung physikalischer Gesetze bestehen.

1

Physiker bei einem Experiment zur Absorption von Schall

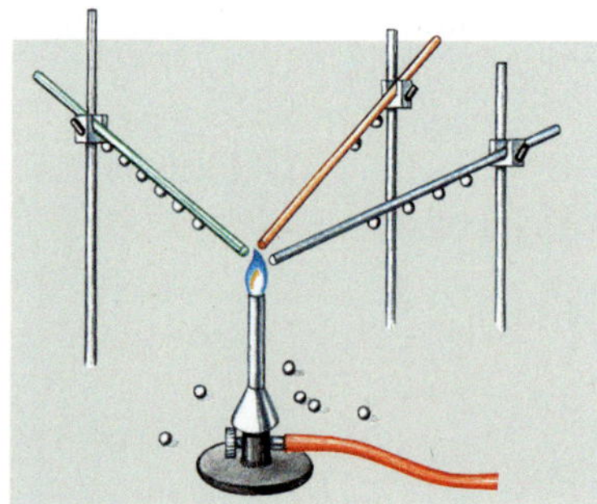
2

Kupfer leitet die Wärme gut.

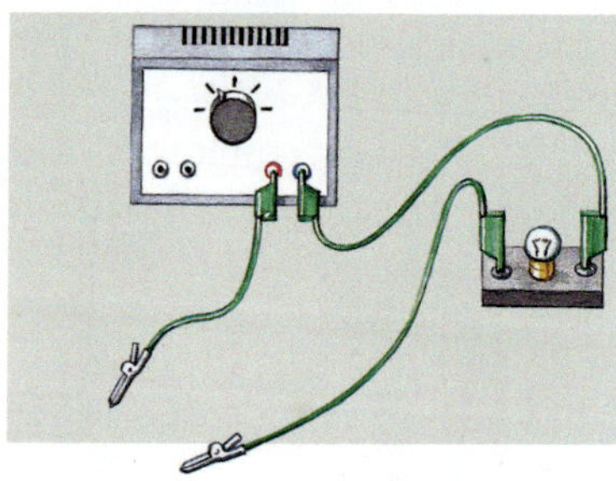
3

Vom Elektromagnetismus zum Elektromotor

1820	Oersted entdeckt, dass ein stromdurchflossener Leiter von einem Magnetfeld umgeben ist
1821	Schweigger erfindet die Spule
1825	Sturgeon erfindet den Elektromagneten; durch Ein- und Ausschalten des Stromes wird der Elektromagnetismus im Morsetelegrafen genutzt
1834	Jacobi erfindet den Elektromotor. Dieser dreht sich durch Umpolen des Stromes.

Vorzüge des Experiments

Will man eine Naturerscheinung beobachten, z. B. einen Regenbogen oder die Reflexion an einer spiegelnden Wasserfläche, so ist das nur an bestimmten Orten und zu bestimmten Zeiten möglich und man kann diese Erscheinungen nicht beeinflussen oder wiederholen. Das sind große Nachteile.

Bei einem Experiment ist das ganz anders:

- Experimentieren kann man im Prinzip an beliebigen Stellen.
- Man kann das zu beliebigen Zeiten tun.
- Man kann Experimente wiederholen.
- Man kann die Bedingungen verändern.
- Schließlich kann man die Experimente so gestalten, dass die Vorgänge gut sichtbar sind und nur geringe Fehler auftreten.

1 Reflexion in der Natur

Arbeitsschritte beim Experimentieren

Bei einem physikalischen Experiment gibt es vier Arbeitsschritte, die nacheinander durchgeführt werden müssen.

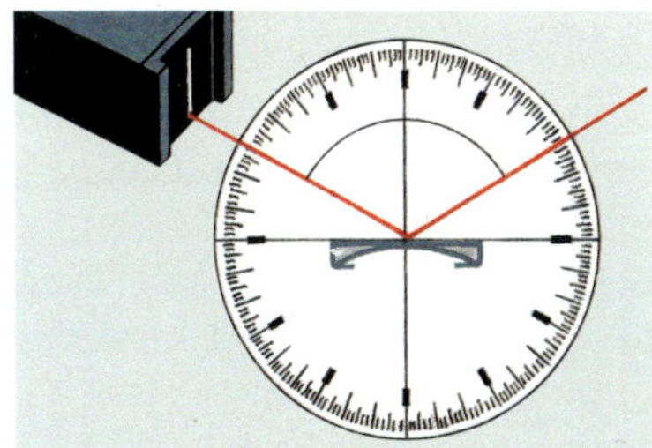
2 Experiment zur Reflexion

1. Planung des Experiments

Zunächst muss man über das Ziel nachdenken, das man mit dem Experiment erreichen will. Hat man eine Aufgabe gestellt bekommen, so ist damit meist das Ziel gekennzeichnet. Welche Größen sind voneinander abhängig und welche Zusammenhänge bestehen? Man muss festlegen, welche Abhängigkeiten man nacheinander untersuchen will und auf welchem Wege man das herausfinden kann.

Die Aufgabe könnte z. B. lauten: *Untersuche bei einem Fadenpendel die Abhängigkeit der Periodendauer von der Masse des angehängten Körpers und von der Länge des Pendels!* Dazu brauchst du einen Faden, verschiedene Massestücke, ein Lineal und Stativmaterial. Du musst zwei Teilexperimente planen, um die jeweilige Abhängigkeit zu untersuchen.

3 Planung eines Experiments

Die Planung eines Experiments ist abgeschlossen, wenn

- man das Ziel und den Weg des Experimentierens festgelegt hat,
- eine Zusammenstellung der erforderlichen Geräte aufgeschrieben ist,
- eine Schaltskizze oder eine Skizze zur Anordnung der Geräte angefertigt wurde,
- die Messwertetabelle entwickelt und
- sich eine mögliche Auswertung der Messergebnisse erdacht wurde.

2. Vorbereitung des Experiments

Bei der Vorbereitung eines Experiments werden die benötigten Geräte zusammengestellt, übersichtlich angeordnet, ggf. befestigt bzw. elektrisch miteinander verbunden. Dabei sollten die angefertigte Skizze und der Aufbau möglichst gut übereinstimmen. Danach erfolgt eine Kontrolle, ob der experimentelle Aufbau keine Fehler enthält. Schließlich wird das Experiment probeweise in Gang gesetzt. Mit diesem Probedurchlauf ist die Vorbereitung des Experiments abgeschlossen.

4 Vorbereitung eines Experiments

3. Durchführung des Experiments

Bei Bewegungsvorgängen sowie zeitlich interessierenden Abläufen sollte ein Count down „drei, zwei, eins, null“ gezählt und das Experiment bei „null“ gestartet werden.
Bei der Durchführung werden die geplanten Beobachtungen und Messungen durchgeführt. Wenn notwendig, sollte das Experiment wiederholt werden. Bei Messungen werden alle physikalischen Größen bis auf zwei konstant gelassen. Die eine Größe wird – wie geplant – geändert. Die andere wird gemessen.

4. Auswertung des Experiments

Die Auswertung des Experiments erfolgt in der Weise, wie sie in der Planung des Experiments erarbeitet wurde. Das Ergebnis des Experiments wird in einem Satz formuliert. Dieser stellt die Lösung der Aufgabe bzw. des Problems dar. Bei der Auswertung von Messwerten sollte der Taschenrechner/Computer Einsatz finden.
Sollten in den Ergebnissen große Fehler auftreten, solltest du nach den vermutlichen Ursachen suchen.

Die vier Arbeitsschritte beim Experimentieren sind: Planung, Vorbereitung, Durchführung und Auswertung.

1
Durchführung eines Experiments

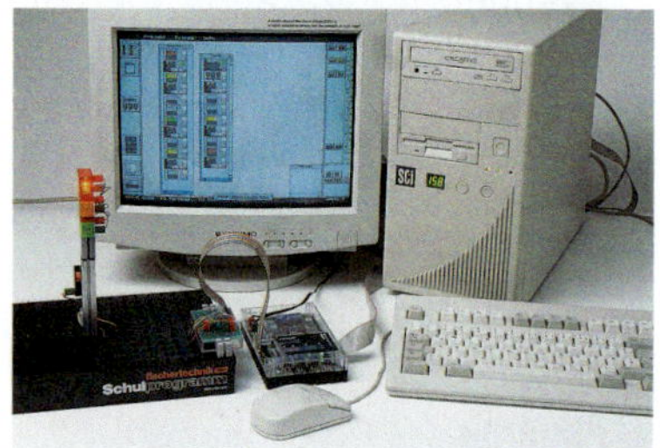
2
Auswertung eines Experiments

Anfertigung eines Protokolls

Zu jedem der Praktikumsexperimente gehört ein Protokoll. Folgende Bestandteile sollte es enthalten:

- Aufgabenstellung (Ziel des Experiments)
- Vorbereitung (wichtige Vorüberlegungen bzw. Herleitungen; benötigte Geräte; Skizze der Experimentieranordnung)
- Durchführung und Auswertung (Beobachtungen, Messwerteerfassung und Auswertung mit grafischen Darstellungen und Berechnungen)
- Ergebnis (in Form eines Satzes und – wenn möglich – als Gleichung)

Protokoll
Name: Klasse: Datum

Aufgabe: Untersuche den …

Vorbereitung:
Vorüberlegungen
Geräte Experimentieranordnung

Durchführung und Auswertung:
Beobachtung
Messwertetabelle Diagramm

Ergebnis: Die Periodendauer hängt …

Muster für einen Protokoll

Fehlerbetrachtung

Bei jeder Messung treten Fehler auf. Wenn man dann die gemessenen physikalischen Größen in eine Gleichung einsetzt und damit die gesuchte Größe berechnet, so wird das Ergebnis nie „ganz“ genau sein. Deshalb ist es nützlich, über die Ursachen der Fehler nachzudenken und ihren vermuteten Einfluss anzugeben. Das nennt man *Fehlerabschätzung*. So kann man z.B. abschätzen, dass mit einem Lineal die Länge eines Stabes bis auf etwa 1 mm genau bestimmt werden kann.

Es gibt zwei Arten von Fehlern:

- *Gerätefehler.* Die Messgeräte zeigen nicht genau an. Ursachen: Fehlerhafte Herstellung (Materialfehler). Geräte sind schon oft benutzt bzw. nicht immer sorgfältig genug behandelt worden.
- *Persönliche Fehler.* Beim Ermitteln der Messwerte treten Ablesefehler auf. Beim Ablesen eines Zeigerinstruments muss man z. B. genau senkrecht auf die Skala blicken (Bild 4).

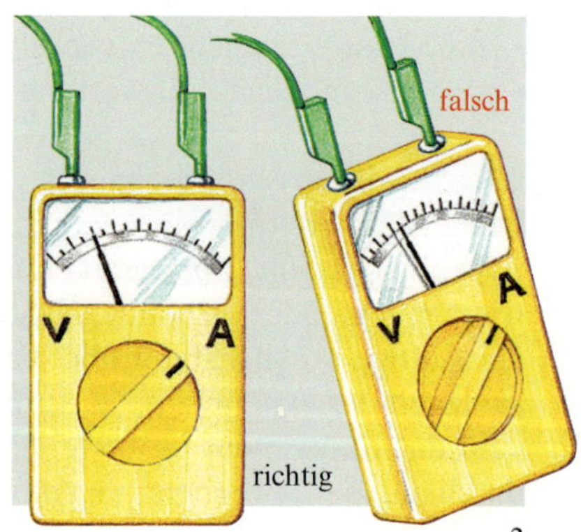

3

Praktikumsexperimente

Dichtebestimmung

Wenn man die Dichte eines Körpers bestimmen möchte, muss man seine Masse und sein Volumen kennen. Die Masse kann man leicht mit einer Balkenwaage ermitteln.
Für die Bestimmung des Volumens bestehen mehrere Möglichkeiten:
Volumenbestimmung von Flüssigkeiten: Messung mit dem Messzylinder
Volumenbestimmung fester Körper:
- bei regelmäßig geformten festen Körpern durch Längenmessung und Berechnung;
- bei unregelmäßig geformten festen Körpern mit der Verdrängungsmethode oder mit der Überlaufmethode.

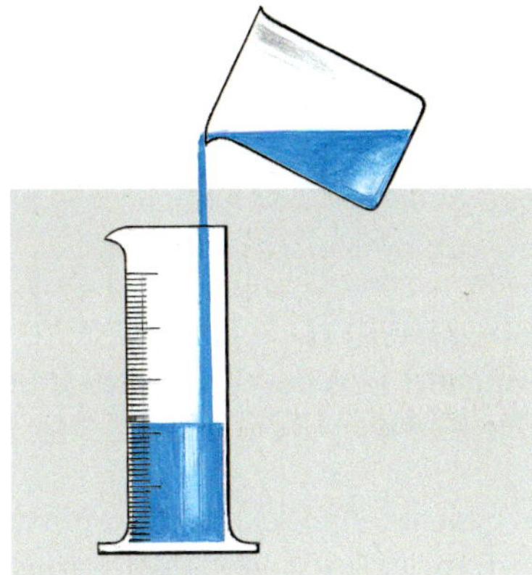
1
Volumenbestimmung mit Messzylinder

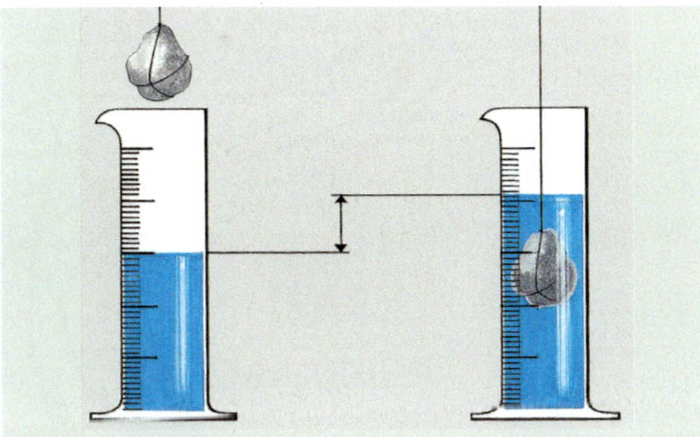
2
Volumenbestimmung mit Verdrängungsmethode

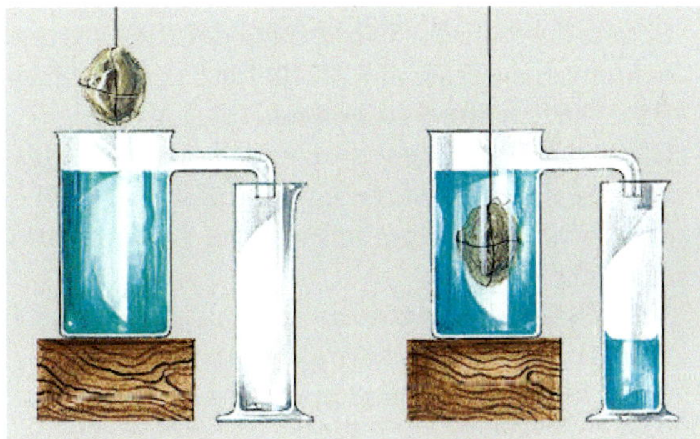
3
Volumenbestimmung mit Überlaufmethode

EXPERIMENT I

Aufgabe: Bestimme die Dichte eines (vorgegebenen) Körpers!

- ▶ Stelle alle Geräte und Hilfsmittel zusammen, die du benötigst.
- ▶ Wähle eine geeignete Methode für die Volumenbestimmung aus.
- ▶ Entwickle eine Messwertetabelle für je 5 Masse- und Volumenmessungen.
- ▶ Stelle die experimentelle Anordnung funktionstüchtig zusammen.
- ▶ Führe die Messung zur Masse und zum Volumen jeweils fünfmal durch und trage die Ergebnisse in die Tabelle ein.
- ▶ Bilde die Mittelwerte und berechne aus ihnen die Dichte des Körpers.
- ▶ Formuliere das Ergebnis in einem Satz.
- ▶ Führe eine Fehlerbetrachtung durch.

Black-box-Experiment „Elektrisches Bauelement"

Eine Black-box ist ein geschlossener Kasten, in dem sich ein unbekannter Gegenstand befindet. Im Falle dieses Experiments ist es ein elektrisches Bauelement. Man kann herausfinden, um welches Bauelement es sich handelt, ohne dass man die Box öffnet. Dazu muss man wissen, wie sich das Bauelement verhält.

- ▶ Stelle zusammen, welche Bauelemente du kennst: ohm'sches Bauelement, Glühlampe, Thermistor, Halbleiterdiode …

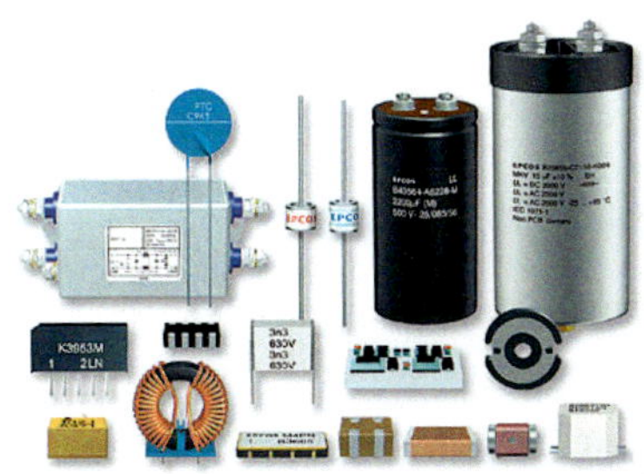
4

Jedes Bauelement hat eine besondere Kennlinie. Das kann man ausnutzen, um sie voneinander zu unterscheiden.

- Zeichne die Kennlinien verschiedener Bauelemente auf!

EXPERIMENT II

Aufgabe: Welches elektrisches Bauelement befindet sich in der Black-box?

- Zeichne eine Schaltskizze, mit der du die Kennlinie eines elektrischen Bauelements aufnehmen kannst!
- Entwickle auf dem Bildschirm eines Computers, auf dem Display deines Taschenrechners oder auf Papier eine Messwertetabelle für die Aufnahme der Kennlinie.
- Bereite die grafische Darstellung der Messwerte vor.
- Schreibe die Geräte auf, die du für das Experiment benötigst.
- Baue die Schaltung zusammen.
- Führe das Experiment durch und erfasse die Messwerte.
- Zeichne das Stromstärke-Spannung-Diagramm.
- Vergleiche das Diagramm mit den Kennlinien dir vertrauter Bauelemente.
- Vervollständige folgenden Ergebnissatz: „Das Bauelement in der Black-box verhält sich so, als wäre es …“.
- Öffne die Black-box und präzisiere den Ergebnissatz.

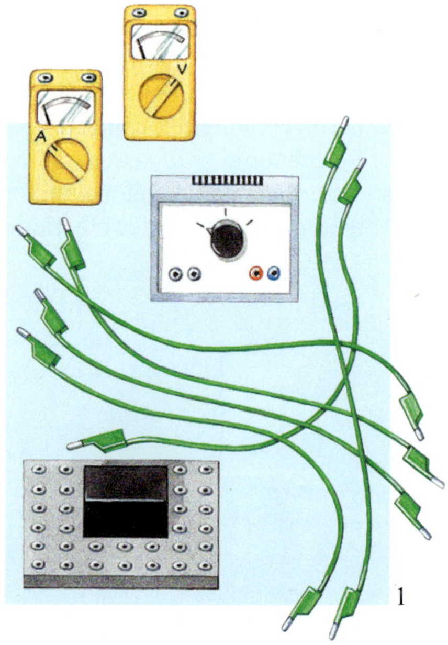

1

Bestimmen des Wirkungsgrades eines Energiewandlers

Wenn man eine Energieform in eine andere umwandelt, ist man immer daran interessiert, dass d as mit einem hohen Wirkungsgrad erfolgt. So möchte man z. B. bei einem Pkw mit einer bestimmten Menge chemischer Energie in Form von Kraftstoff im Tank eine möglichst große Wegstrecke fahren können.
Mit der elektrischen Energie möchte man möglichst viel Wasser zum Sieden bringen, um viel Tee kochen zu können.
Die Turbinen und Generatoren einer Talsperre sollen die mechanische Energie des gespeicherten Wassers so gut wie möglich in elektrische Energie umwandeln.

Die Qualität dieser Umwandlungen wird durch die physikalische Größe Wirkungsgrad beschrieben.

Der Wirkungsgrad gibt an, wie gut oder schlecht eine Anlage eine Energieform in eine andere umwandelt.

Die Berechnung des Wirkungsgrades erfolgt nach der Gleichung

$$\eta = \frac{E_{\text{abgegeben}}}{E_{\text{zugeführt}}}.$$

Um den Wirkungsgrad zu ermitteln, muss man sowohl die abgegebene als auch die zugeführte Energie messen.

Experiment III

Aufgabe: Bestimme den Wirkungsgrad eines Energiewandlers! Wähle dazu eine der folgenden Anordnungen aus oder entwickle eine eigene Anordnung.

Wirkungsgrad eines Flaschenzugs

Bei einem Flaschenzug mit 4 Rollen benötigt man theoretisch nur noch eine Kraft, die 1/4 der Gewichtskraft des Körpers beträgt.
Da man das Seil aber den 4fachen Weg ziehen muss, bleiben zugeführte und übertragene Energie gleich.
Ein Teil der zugeführten Energie kann aber praktisch nicht genutzt werden. So muss die bewegliche Flasche des Flaschenzugs ebenfalls mit angehoben werden sowie auch das Seil. Außerdem tritt eine erhebliche Reibung auf.

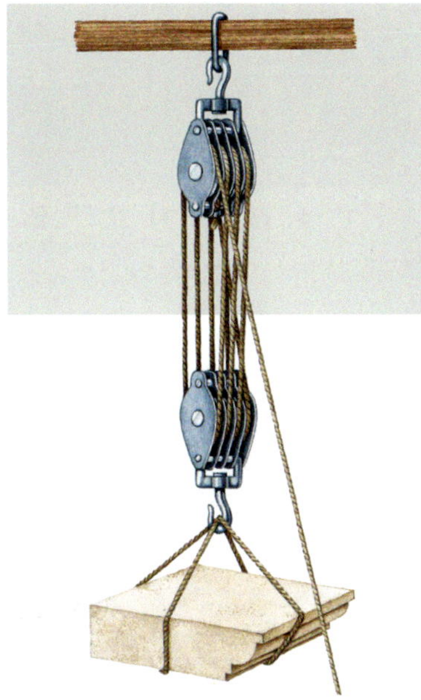

1

Wirkungsgrad eines Wasserkochermodells

In einem Wasserkocher wird elektrische Energie in thermische Energie umgewandelt. Das erfolgt in einer Heizspirale.

- Die zugeführte elektrische Energie wird mittels eines Spannungsmessers, eines Strommessers und einer Uhr bestimmt.
  Für die elektrische Energie gilt die Gleichung $E_{el} = U \cdot I \cdot t$.
- Die thermische Energie lässt sich mithilfe der Wärme bestimmen, die von der Heizspirale an das Wasser übertragen wurde: $Q = m \cdot c \cdot \Delta T$ (dabei ist c die spezifische Wärmekapazität).
- Der Wirkungsgrad ist der Quotient aus E_{th} und E_{el}.
- Bereite die Messwertetabelle und die durchzuführenden Berechnungen vor!

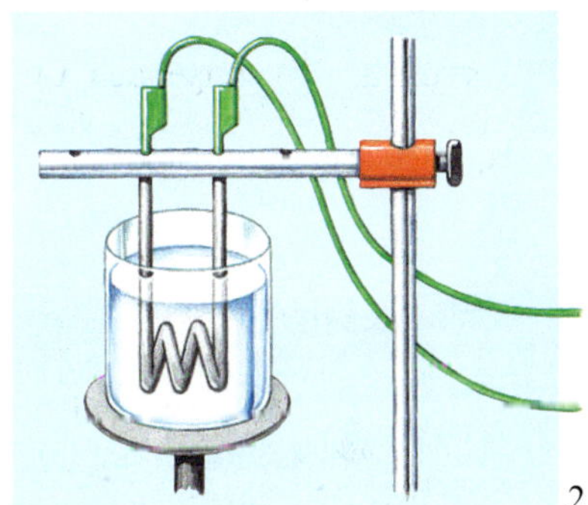

2

Wirkungsgrad eines Elektromotors

Ein Kleinstmotor mit Getriebe wird mit einer langen, dünnen Welle versehen. Er wird am oberen Ende eines Stativs befestigt.

- Die zugeführte elektrische Energie wird aus der Messung der Spannung, der Stromstärke und der Zeit berechnet.
- Beim Laufen des Motors wird ein 50-g-Wägestück, am freien Ende des Fadens angebracht. Es werden der Weg und die Zeit gemessen, die das Wägestück gehoben.
- Aus den Messdaten wird der Wirkungsgrad berechnet.

Der ermittelte Wirkungsgrad liegt weit unter dem von großen technischen Motoren.

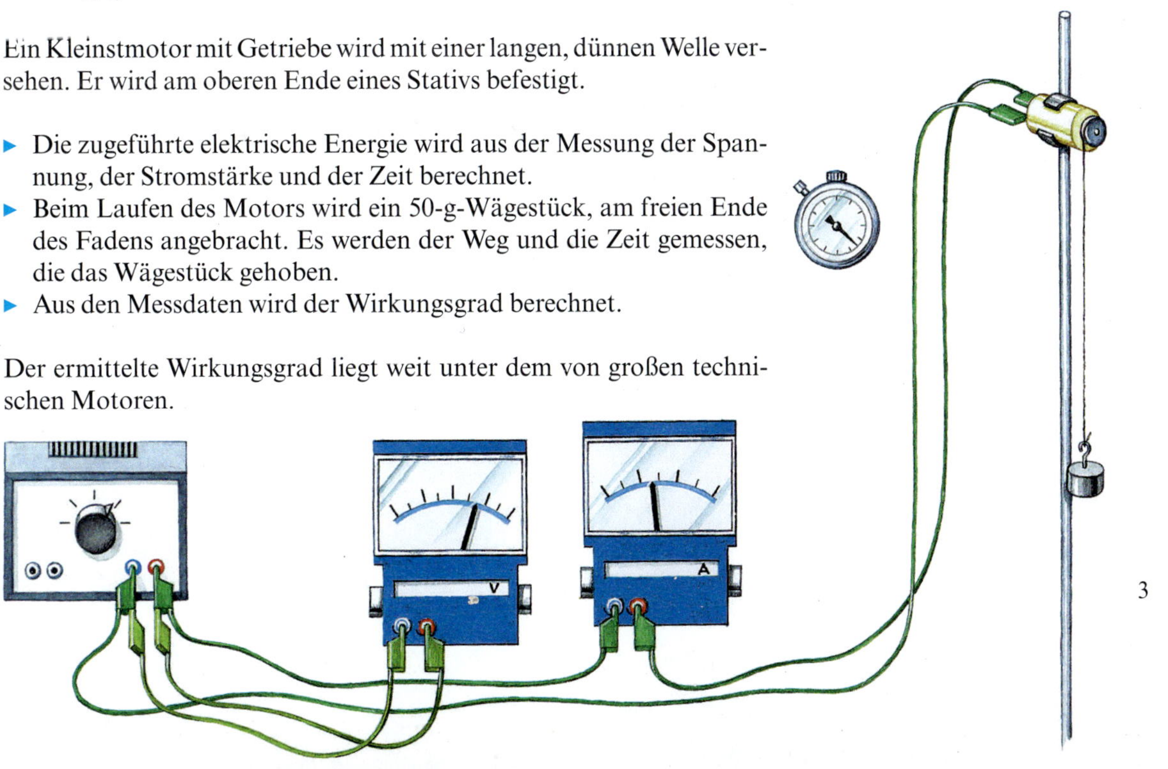

3

Sinnliche Physik – Physik mit allen Sinnen

1

Das Phänomen Fata Morgana zeigt, dass auch die Physik uns in die Irre führen kann. Sie gaukelt Gegenstände an Orten vor, wo sie sich nicht befinden.

Um unsere Welt wahrnehmen zu können, brauchen wie unsere Sinne: Wir sehen und hören, riechen, schmecken und ertasten sie uns. Bei der physikalischen Beschreibung der Welt spielt die sinnliche Wahrnehmung ebenfalls eine wichtige Rolle.

Was wäre die Optik, wenn man nicht sehen könnte, dass weißes Licht am Prisma in seine Farben zerlegt wird?
Und eine Akustik ohne das Hören?
Die Physik wäre ohne solche sinnlichen Erlebnisse weniger schön und nicht so spannend.
Oft gibt erst die sinnliche Erfahrung den Anlass, sich mit der Welt physikalisch zu beschäftigen und sie verstehen zu wollen.

2

3

Aber wir kommen in der Physik mit unseren Sinnen auch an Grenzen, denn unsere Augen nehmen zum Beispiel Licht im Bereich der Röntgenstrahlung nicht wahr. Kleinste Frequenzunterschiede zwischen Tönen hören nur Menschen mit „begnadeten" Ohren. Noch schwieriger wird es, wenn man die eigenen Wahrnehmungen vergleichen möchte mit dem, was andere sehen oder hören. Dann helfen Instrumente weiter, die ein genaues und vor allem objektives Messen erlauben.
In vielen Fällen helfen die Sinne also beim Verstehen. Doch manchmal gibt es Situationen, in denen sie uns geradezu hinters Licht führen. Am bekanntesten sind wohl die optischen Täuschungen, die uns fast glauben lassen, dass die Physik da nicht mehr stimmt. Oder man „traut seinen Augen (oder Ohren) nicht", weil es sich eindeutig um physikalische Unmöglichkeiten handelt.

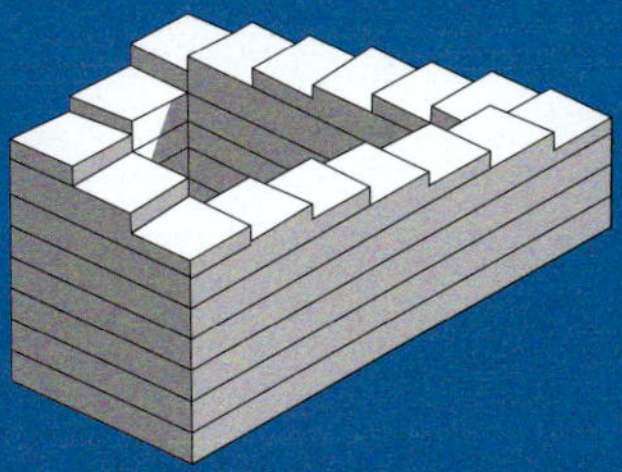

1 Hier geht man ständig treppauf. Oder?

2 Alt oder jung?

3

4

AUFTRAG

Wiederhole, was du über Brechung und Totalreflexion des Lichtes weißt!

Fata Morgana – ein Trugbild?

Auch wenn man an eine optische Täuschung des durstenden Wüstenwanderers denken mag – es handelt sich um eine physikalische Täuschung – eine Luftspiegelung. Häufig kann man Luftspiegelungen an heißen Tagen über asphaltierten Straßen beobachten. Wie also kommt eine solche Luftspiegelung zustande?
Bild 6 zeigt das Prinzip einer Fata Morgana – hier über einem Meer. Wichtig ist, dass Luftschichten verschiedener Temperatur übereinander liegen. Diese Schichten unterscheiden sich dann auch in ihrer optischen Dichte, denn warme Luft ist optisch dünner als kalte Luft.

5

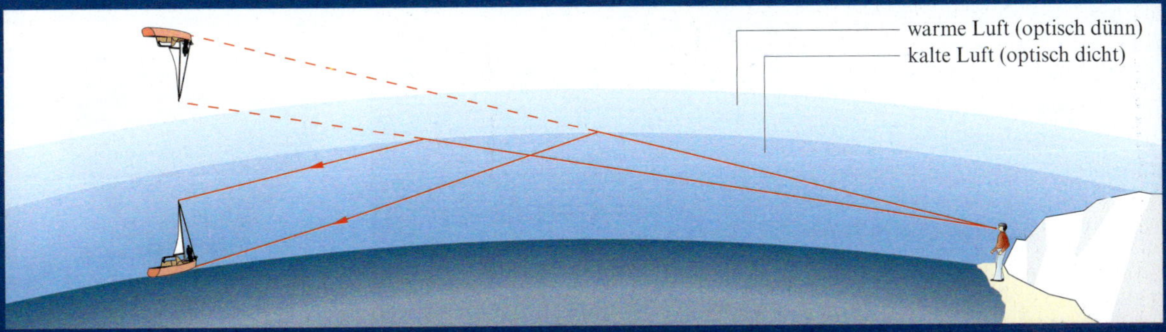

6

An diesen Luftschichten wird das Licht gebrochen und im Extremfall kommt es zur Totalreflexion. Voraussetzung für eine Totalreflexion ist, dass das Licht von einer optisch dichteren Luftschicht auf eine optisch dünnere Luftschicht trifft und dabei den Grenzwinkel der Totalreflexion überschreitet. Das Licht in Bild 6 auf der vorhergehenden Seite kann durch die Totalreflexion in das Auge des Beobachters fallen und für ihn schwebt das Bild des Gegenstandes in der Luft. So kann man sogar Schiffe sehen, die eigentlich aufgrund der Erdkrümmung unsichtbar wären(Bild 1).

1

Bei kalter Polarluft hat sich dieses Containerschiff in ein Luftschloss verwandelt.

EXPERIMENT 1

Eine Fata Morgana lässt sich sogar nachstellen: Stelle hinter einen mit Wasser gefüllten Glasbehälter zunächst eine Abdeckpappe und dahinter eine brennende Kerze. Sieh durch den Glasbehälter und suche die „Fata Morgana" der Kerze. Erkläre, wie das Bild in diesem Experiment entsteht!

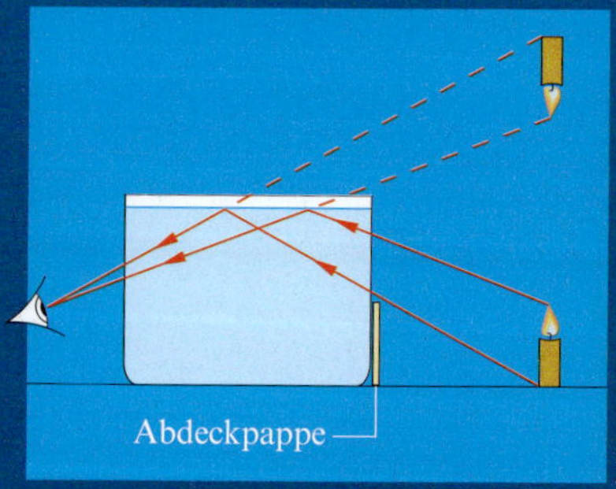

2

„Die Sinne trügen nicht ..."

Aber das folgende sind Täuschungen der Sinneswahrnehmung. Probiere aus!

EXPERIMENT 2

Fixiere 30 Sekunden lang den schwarzen Punkt in Bild 3 ohne deine Augen zu bewegen. Dann schau ganz schnell konzentriert auf ein weißes Blatt Papier. Was siehst du?

3

Wie die meisten Menschen siehst du wahrscheinlich wieder ein Herz. Nur ist es jetzt rot, das ist die Komplementärfarbe zu grün.
Diese Erscheinung hat keine physikalischen Ursachen, sondern beruht auf der Funktionsweise unserer Sinneswahrnehmung. Auf der Netzhaut des Auges entsteht ein Nachbild wie ein Negativ, bei dem die Farbe durch die Komplementärfarbe ersetzt ist und hell und dunkel vertauscht werden. Grund ist die Ermüdung der Sehnerven, der Stäbchen und Zäpfchen. Normalerweise reagieren sie auf kleinste Veränderungen in Helligkeit und Farbe und sie werden mit einer Fülle von optischen Reizen versorgt. Das geschieht durch Änderungen der Blickrichtung, durch

ständiges leichtes Vibrieren der Augen und durch eine abwechslungsreiche Umgebung. Wenn man die Sehnerven nun zu lange dem gleichen Reiz aussetzt, stellen sie ihre Arbeit kurzfristig ein und versorgen das Gehirn nicht mehr mit neuen Informationen. Gespeichert ist aber das Negativbild auf der Netzhaut, das man dann wahrnimmt.

EXPERIMENT 3

Nimm eine Papprolle in die eine Hand und halte sie direkt vor das rechte Auge (Bild 1). Beide Augen sind geöffnet. Nun halte die andere Hand direkt an die Papprolle, sie sollte dabei gut beleuchtet sein. Was siehst du?

1

Deine Hand scheint ein Loch zu haben! Wieder spielt uns das Gehirn einen Streich. Es versucht die Bilder der beiden Augen zu einem Bild zu kombinieren. Dabei ist zunächst der Reiz durch die helle Hand stärker als durch die dunkle Innenseite der Papprolle und es wird die Hand wahrgenommen. Allerdings ist der Reiz durch das helle Loch am Ende der Papprolle noch stärker und „schiebt" sich vor das Bild der Hand.

Versuche zu zählen, wie viele dunkle Punkte auf den Kreuzungen des Gitters sind. Unmöglich? Das ist bei diesem so genannten Hering-Gitter ganz normal, wieder sind es unsere Körperfunktionen, die uns täuschen.

2

AUFGABE

Vergrößere Bild 3. Schneide eine „Tischplatte" aus und lege sie auf die andere. Was stellst du fest?

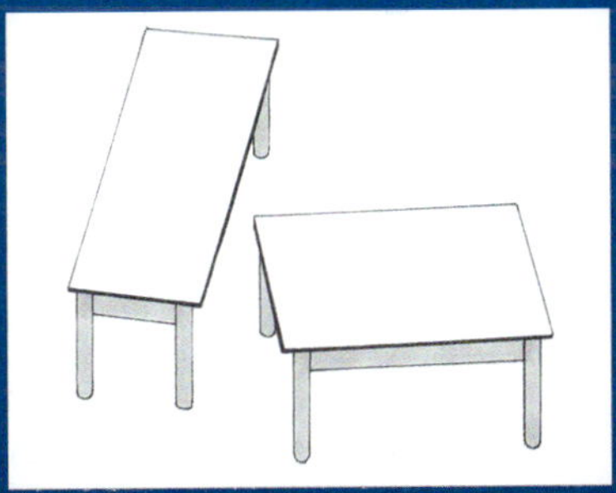
3

Paradoxe Luft

Aus dünner Pappe werden zwei gleich große Kreisscheiben ausgeschnitten. Eine Scheibe wird in der Mitte mit einem Loch versehen, auf das ein Trinkhalm gesetzt wird. Zum Abdichten und Befestigen kann man Knete verwenden. Die zweite Scheibe hat vier kleine Verlängerungen, die senkrecht nach oben geknickt werden. Sie sorgen bei den folgenden Experimenten dafür, dass sich die Pappscheibe nicht zur Seite bewegen kann.

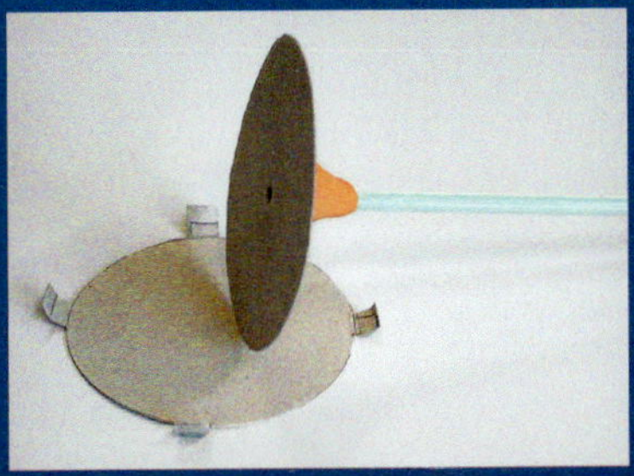
4

EXPERIMENT 4

Lege die Scheiben übereinander und sauge kräftig die Luft aus dem Trinkhalm. Die zweite Pappscheibe bleibt an der oberen haften.

Diese Wirkung würde man auch erwarten: Durch das Saugen verdünnt man die Luft zwischen den Pappscheiben und dadurch kann der Luftdruck in der Umgebung die untere Scheibe gegen die obere drücken. Diese Wirkung des Luftdrucks kennt man auch von den Magdeburger Halbkugeln (Bild 2). Aus den Kugeln wird die Luft abgesaugt und der äußere Luftdruck presst die Kugelhälften so stark zusammen, dass auch 16 Pferde sie nicht auseinander ziehen können.

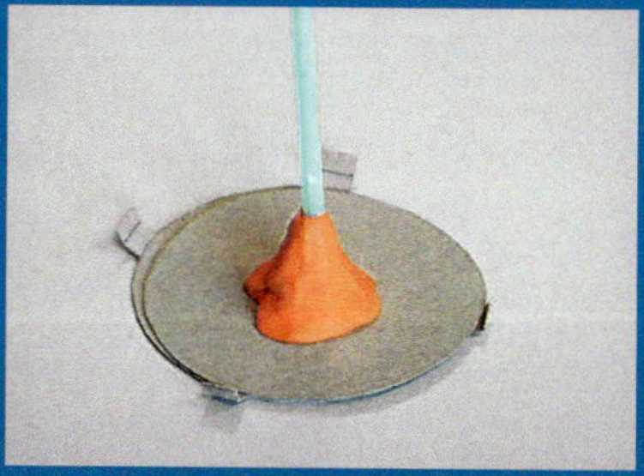
1

EXPERIMENT 5

Führe ein zweites Experiment mit den Pappscheiben durch: Statt zu saugen bläst du nun kräftig durch den Trinkhalm.

Wider Erwarten fliegt die Pappscheibe nicht weg! Sie tanzt bei genauem Hinsehen mit einem kleinen Zwischenraum unter der oberen Scheibe in der Luft. Wie ist das nun zu erklären?
In Luftströmungen (und Strömungen von Flüssigkeiten) verringert sich der statische (ruhende) Druck im Vergleich zu der ruhenden Luft.
Das ist auch bei folgendem Experiment zu beobachten: Wasser strömt durch eine waagerechte Röhre mit Verengung (Bild 3). In den senkrechten Röhren steigt das Wasser entsprechend dem statischen Druck. An der verengten Stelle strömt das Wasser schneller, der statische Druck ist an dieser Stelle geringer und das Wasser steigt in der Röhre nicht so hoch auf.
Diese Verringerung des statischen Drucks führt dazu, dass auch im zweiten Experiment mit den Pappscheiben der äußere Luftdruck größer ist als der Luftdruck zwischen den Scheiben. Die untere Pappscheibe befindet sich in einem dynamischen Gleichgewicht zwischen der Schwerkraft, die auf sie wirkt, und der Sogwirkung aufgrund des Luftstroms und des veränderten Drucks.

AUFTRAG

Informiere dich über das Experiment mit den Magdeburger Halbkugeln!

2

3

Elektrizität sehen und fühlen

Auch mit elektrischen Ladungen kann man Überraschungen erleben – allerdings sind sie oft nicht so angenehm. Wenn man einen elektrischen Schlag beim Aussteigen aus dem Auto, beim Anfassen der Türklinke oder beim Hände schütteln erhält, spürt man den Ladungsstrom am eigenen Leibe. Voraussetzung ist, dass die Körper unterschiedlich geladen sind. Elektronen gehen dann von einem Körper zum anderen über und sorgen für einen Ladungsausgleich. Dabei beträgt die Spannung bei einem elektrischen Schlag über 2000 Volt! Sie ist aber nicht gefährlich für die Gesundheit, weil die Spannung im Moment der Entladung zusammenbricht und nur für einen sehr kurzen Moment vorhanden ist. Der Körper kann auf diese schnelle Entladung nicht reagieren.
Wie kommt es zu den unterschiedlich geladenen Körpern?

4

EXPERIMENT 6

Reibe einen Luftballon oder einen Gummistab an einem Wolltuch. Nun beobachte die Wirkung wenn du
a) den Luftballon in die Nähe deiner Haare bringst,
b) den Hartgummistab in die Nähe eines dünnen Wasserstrahls hältst (Bild 1).

1

Durch das Reiben findet eine Ladungstrennung statt, wobei es Stoffe gibt, die eher Elektronen aufnehmen und andere, die eher Elektronen abgeben. Zu einer solchen Ladungstrennung kann es auch kommen, wenn man mit Ledersohlen über einen Teppich läuft, der Polyester enthält. Die Schuhsohlen geben bei jedem Schritt Elektronen an den Teppich ab. Die Schuhe und der ganze Körper sind als Folge positiv geladen. Berührt man nun einen anderen Körper, kommt es zum Ladungsausgleich. Zum Glück ist der Ladungsunterschied nur in seltenen Fällen so groß, dass wir ihn als elektrischen Schlag spüren.

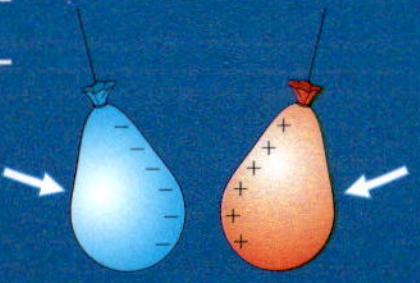
2

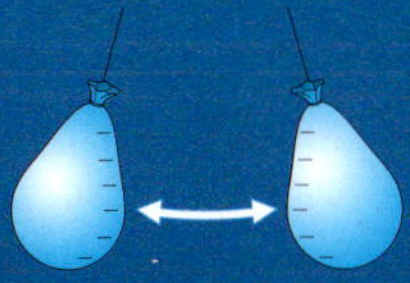
3

Wer flüstert, der lügt?

Ein Gespräch über die Straße hinweg führen und dann noch im Flüsterton? Das ist normalerweise unmöglich. Unsere Ohren sind nicht empfindlich genug, um über solche Entfernungen den Schall eines Flüsterns wahrzunehmen und von anderen Geräuschen zu trennen.
Anders ist die Situation, wenn man sich zwischen zwei Parabolscheiben befindet wie an einer Straßenbahnhaltestelle in Hannover (Bild 5). Die Parabolscheiben wirken wie Verstärker für den Schall. Wie das funktioniert, ist in Bild 4 gezeigt.

4

5

Die Gesprächspartner müssen sich beide in der Nähe des Brennpunktes ihrer Parabolscheibe befinden. Die Wirkungsweise der Parabolscheiben ist mit der eines Hohl- oder Parabolspiegels in der Optik zu vergleichen. Der Schall wird an der Innenseite der Parabolscheibe so reflektiert, dass er sich im Brennpunkt überlagert und verstärkt.

Die Gesprächspartner müssen sich also beide in der Nähe des Brennpunktes ihrer Parabolscheibe befinden – und tauscht man kleine Geheimnisse aus, sollte man aufpassen, dass kein anderer in der Nähe des Brennpunktes steht. Außerhalb der Brennpunkte ist das Flüstern aber deshalb nicht zu verstehen!

AUFGABEN

1 Erkläre, wie man einen Parabolspiegel zum Kochen nutzen kann. Informiere dich über Vor- und Nachteile eines solchen Solarkochers!

2 Vergleiche die Schallausbreitung und -verstärkung bei Parabolspiegeln und in einem Flüsterbogen (Bild folgende Seite! Wie unterscheiden sie sich?

3 Recherchiere, welche berühmten Gebäude über Flüstergalerien verfügen. Warum wurden sie auch als „Abhöranlagen“ bezeichnet?

Wer schon mal in einer so genannten Flüstergalerie oder in einem Flüsterbogen (Bild 1) gestanden hat, kennt das Phänomen: Auch hier ist die Verständigung im Flüsterton über ungewohnt große Entfernungen möglich.
Flüstergalerien funktionieren aber anders als die Parabolscheiben. Der Schall breitet sich bei einer Flüstergalerie nämlich in der Nähe der Wand aus. Die Schallwellen werden immer wieder an den Wänden reflektiert und verstärken sich dabei durch Überlagerung. Auch auf direktem Weg kann Schall zur gegenüberliegenden Seite der Galerie gelangen, aber es fehlt dann die Verstärkung und das Flüstern ist nicht zu hören.

1 Flüsterbogen in Görlitz

In der Kuppel des Petersdom in Rom gibt es eine Flüstergalerie. 2

3 Schallausbreitung in einer Flüstergalerie

Experimentalvortrag

AUFTRAG

Halte einen Experimentalvortrag zu einem Experiment deiner Wahl! Nebenstehend findest du einige Themen zur Anregung. Weitere Ideen kannst du aus deinen Physikbüchern und aus Experimentierbüchern in der Bibliothek oder aus dem Internet entnehmen.
Im Mittelpunkt des Vortrages soll das Experiment stehen. Das heißt aber nicht, dass es nur gezeigt wird, sondern deine Zuhörer sollen es am Ende verstehen.

Schon bei deiner Vorbereitung solltest du Folgendes beachten, damit du überprüfen kannst, ob dir noch Informationen fehlen oder ob du noch üben musst. Außerdem helfen sie bei der Gliederung des Vortrages.

- Welche Fragestellung oder welches Experimentierziel habe ich? Welche Erwartungen habe ich zum Verlauf des Experiments und seinem Ergebnis?

- **„Antrieb durch Rückstoß“** (Raketenauto)
- **„Löcher zeichnen Bilder“** (Lochkamera, Camera obscura)
- **„Von der Lochkamera zum Fotoapparat“** (Lochkamera, Bildentstehung an Linsen)
- **„Lichtleiter“** (Totalreflexion, Demonstration mit einem Wasserstrahl)
- **„Farbzerlegung von weißem Licht“** (Prisma, Regenbogen)
- **„Optische Täuschungen“**
- **„Flüstertüte und Schallschutzwand“** (Reflexion von Schall)
- **„Das Prinzip des Archimedes“**
- **„Fliegen“** (Auftrieb in Luft, Heißluftballon)

- Welches physikalische Wissen braucht man, um das Experiment zu verstehen?
- Wie ist das Experiment aufgebaut und wie wird es durchgeführt?
- Welche Materialien brauche ich und welche Messschritte sind notwendig?
- Welche Sicherheitsaspekte müssen berücksichtigt werden?
- Was kann man beobachten? Welche Messergebnisse stellen sich ein?
- Wie kann man das Experiment auswerten oder deuten?
- Welche Fehler oder Unsicherheiten treten bei dem Experiment auf?

Worauf ist bei der Vorbereitung eines Referats noch zu achten?
- Gliederung erstellen.
- Zeitplan überlegen und prüfen.
- Vorführung des Experiments vorher üben und auf Sichtbarkeit achten.
- Fachbegriffe trainieren.
- Geräte- und Materialliste erstellen.
- Wichtige Stichworte auf Karteikarten schreiben, aber keine Texte formulieren.
- Überlegen, wie die Zuhörer aktiviert werden können.
- Eventuell Handout erstellen.
- Zum Präsentieren Power-Point-Folien, Overhead-Folien oder die Tafel benutzen.
- Eventuell Animationen oder ein Modell zeigen.
- Einen Probevortrag halten.

1

Besonders wichtig ist bei einem Vortrag natürlich die Art und Weise, wie gesprochen und präsentiert wird. Sprich frei, laut und deutlich, mache bewusst Pausen und schau deine Zuhörer an. Du kannst sie einbeziehen, indem du Fragen stellst oder um Vermutungen bittest, ihnen Dinge zeigst und in die Hand gibst. Achte auf deine Körperhaltung: mach dich nicht klein und versteck dich nicht!

Licht

1

Die Photonik ist ein sich stark entwickelnder Industriezweig, der Licht mit all seinen Eigenschaften für verschiedenen Prozesse nutzt. Ein sehr bekanntes Beispiel ist das Lesen einer CD durch Laserlicht.

Aufgaben

a Die folgenden Gegenstände können in zwei Gruppen eingeteilt werden: Sonne, Tisch, Glühwürmchen, Lehrbuch, Halogenlampe, Spiegel, Feuer, Leuchtdiode
Benenne diese Gruppen und nimm die Einteilung vor.

b Übertrage die Skizze (Bild 2) auf ein Blatt Papier. Zeichne die Bereiche des Lichtes und des Schattens ein und beschrifte sie.

c In optischen Geräten, z. B. dem Mikroskop, sind Linsen enthalten. Skizziere die Linsenarten, bezeichne sie und erläutere was mit einem parallelen Lichtbündel geschieht, wenn es durch die Linsen hindurchgeht.

d Wie breitet sich Licht aus? Nenne zu jeder Eigenschaft jeweils passende Beispiele aus deiner Umgebung.

e Übertrage die Skizze (Bild 3) auf ein Blatt Papier und zeichne das Innere der Black Box ein. Begründe deine Entscheidung.

f Ein Lichtstrahl verändert beim Übergang von Luft in Wasser seine Richtung. Der Einfallswinkel beträgt 30°. Berechne den Brechungswinkel. Konstruiere den Lichtweg mit den gegebenen und berechneten Werten.

g In der Kommunikationstechnik werden Glasfasern zum Weiterleiten von Informationen genutzt. Erkläre deren Funktionsweise.

h Licht wird beim Durchgang durch ein Prisma in seine farbigen Bestandteile zerlegt. Erkläre die Entstehung des Spektrums. In welcher Reihenfolge sind die Farben des sichtbaren Lichtes in einem Spektrum angeordnet? Von welcher unsichtbaren Strahlung wird dieser Bereich des sichtbaren Lichtes an den Rändern jeweils begrenzt?

i Nenne einige Beispiele für den Einsatz der Spektralanalyse.

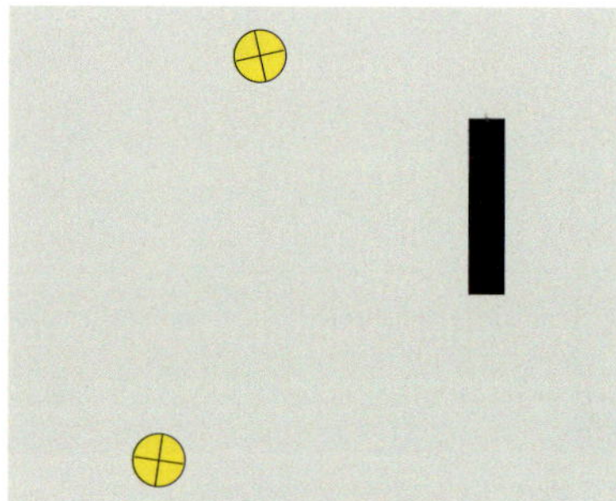
2

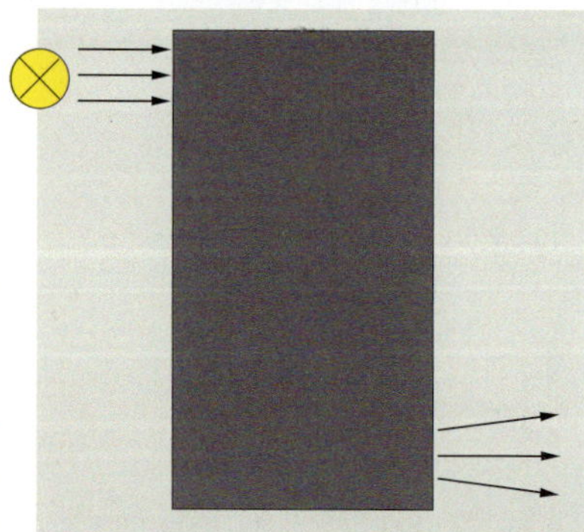
3

4

Lichtleitkabel

Bewegungen – Ein Autorennen

1

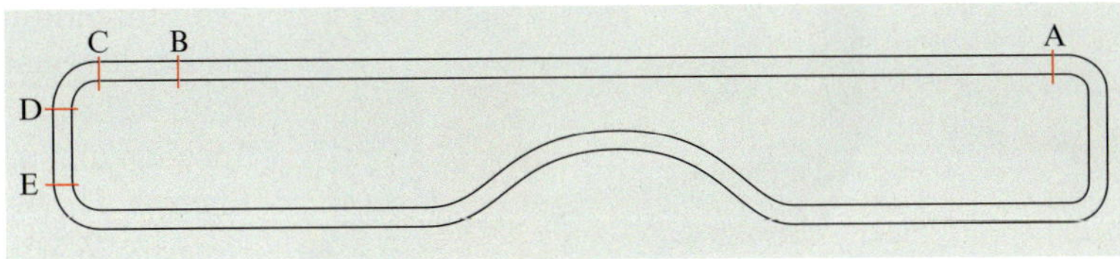

2

Während einer Rennrunde werden zur Kontrolle des Fahrzeuges verschiedene Daten aufgezeichnet. Dafür werden an der Strecke mehrere Messpunkte verteilt.

Die Mechaniker lesen nach der Trainingsrunde folgende Werte ab:

Messpunkte	A	B	C	D	E
Gesamtzeit t in s	0	7	8,5	10	14
Gesamtweg s in m	0	195	220	270	335
Geschwindigkeit in km/h	0	200	120	120	235

3

Trockenreifen

4

Boxenstopp zum Betanken und Wechseln der Reifen

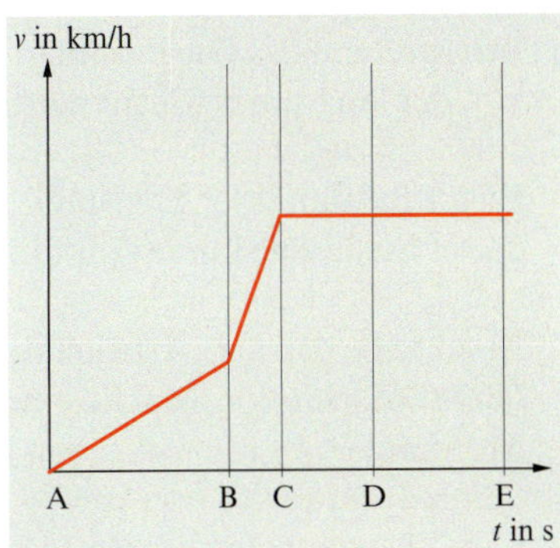

5

Aufgaben

a Beschreibe jeweils die Bewegung zwischen den gegebenen Messpunkten.

b Skizziere den erwarteten Verlauf eines Geschwindigkeit-Zeit-Diagramms und eines Beschleunigung-Zeit-Diagramms für alle Streckenabschnitte.

c Berechne die Beschleunigung des Fahrzeuges im Abschnitt A–B. Ermittle die Antriebskraft des Fahrzeuges, wenn man von einer Masse von 650 kg ausgeht.

d Bei trockenem Wetter werden profilarme Reifen benutzt. Welchen Vorteil hat dies? Begründe.

e Die Fahrer sind mit Hosenträgergurten mit dem Sitz fest verbunden. Welche physikalischen Gesetze werden hier beachtet?

f Das Benzin im Fahrzeugtank besitzt chemische Energie. Nenne Energieumwandlungen die im Rennwagen stattfinden. Gib den Mechanikern ein paar Ratschläge, mit welchen Maßnahmen sie den Wirkungsgrad des Fahrzeuges verbessern können.

g Berechne die Durchschnittsgeschwindigkeit auf der Strecke A–E.

h Als Trainer wertest du mit einem Fahrer seine Runde aus. Oft hat er an der falschen Stelle Gas gegeben oder gebremst. Zeige ihm im Diagramm (Bild 5) Fehler, die er gemacht hat.

Temperatur – Wärme – thermische Energie

1

Die Temperatur gibt an, wie heiß oder kalt ein Körper ist. Je höher die Temperatur des Körpers ist, desto schneller ist die ungeordnete Bewegung seiner Teilchen und umso größer ist auch seine thermische Energie. Thermische Energie ist die Fähigkeit eines Körpers, Wärme an die kältere Umgebung abzugeben. Eine Zu- bzw. Abnahme der thermischen Energie bezeichnet man als Wärmeaufnahme bzw. Wärmeabgabe.

Aufgaben

a Beschreibe den Zusammenhang zwischen Temperatur, Teilchenbewegung und thermischer Energie eines Körpers. Nutze dabei den einführenden Text. Gehe auch auf die tiefste mögliche Temperatur ein.

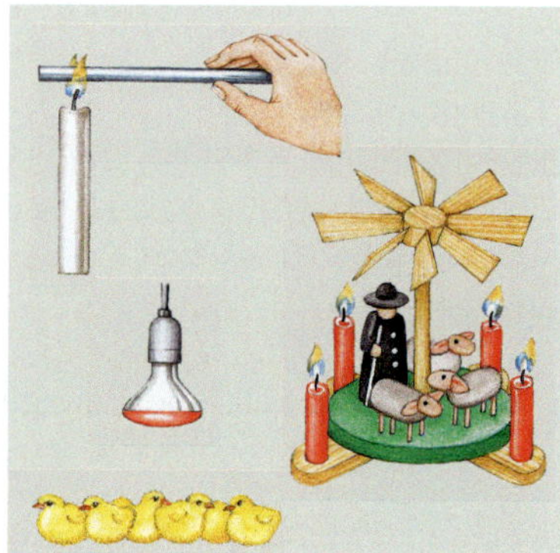
2

b Rechne um:
20 °C = … K, 200 K = … °C, –35 °C = … K, 300 K = … °C.
Gib die Temperaturdifferenz zwischen der Anfangstemperatur von –25 °C und der Endtemperatur von 34 °C an.

c Es gibt verschiedene Möglichkeiten der Wärmeübertragung (Bild 2). Nenne die Arten der Wärmeübertragung und erläutere wesentliche Merkmale.

d Beim Bau eines Gebäudes soll Wärmeübertragung von Innen nach Außen behindert werden. Gib Beispiele an, wie die verschiedenen Arten der Wärmeübertragung unterbunden werden.

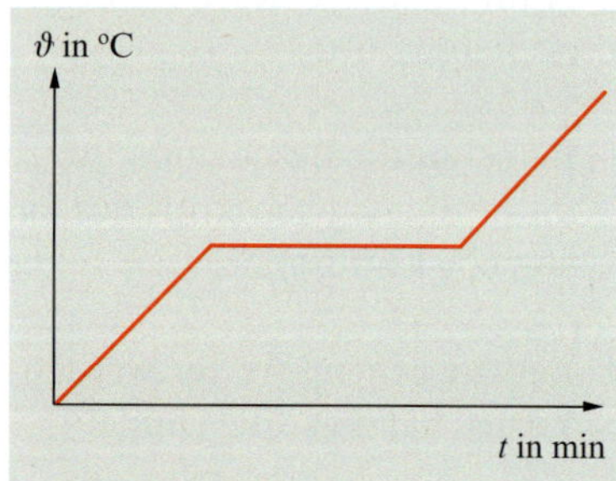

3

e Berechne die Wärme die notwendig ist, um 0,5 Liter Wasser von 20 °C auf 50 °C zu erwärmen.

f Warum nimmt man in Heizungen Wasser, um die Wärme zu transportieren?

g Interpretiere das Diagramm in Bild 3. Stelle dir dazu einen Eisblock vor, der langsam erwärmt wird.

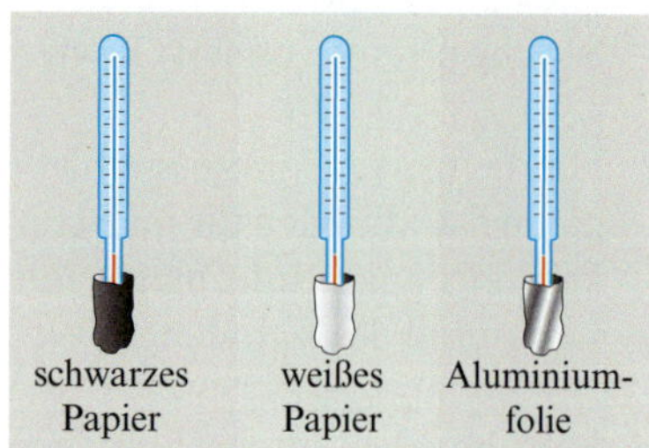

4

h Wenn Parfüm oder Deospray auf die Haut gelangt, spürt man an dieser Stelle eine kurze Abkühlung. Erkläre diese Erscheinung.

i Beschreibe den als „Arbeitstakt“ bezeichneten Takt beim Otto- und beim Dieselmotor. Mache eine Aussage zum Wirkungsgrad beider Motoren.

j Drei Thermometer werden 15 min von der Sonne beschienen (Bild 4). Mache eine Aussage zur Temperatur und begründe.

Schwingungen und Wellen

1

2

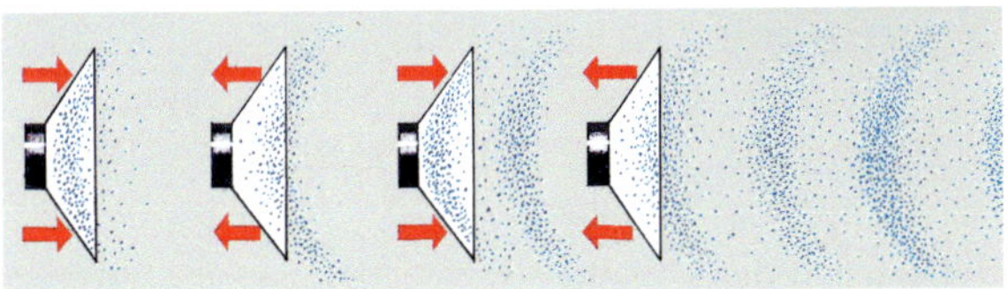
3

4

Eine große Vielzahl schwingungsfähiger Systeme umgibt uns in unserer Umwelt. Durch die Kopplung der schwingungsfähigen Systeme entsteht eine Welle. Unsere Stimmbänder werden beim Sprechen zum Schwingen angeregt. Diese Schwingungen werden auf Luftteilchen übertragen. Die entstehende Welle breitet sich als Schall im Raum aus. Elektromagnetische Wellen wurden vor etwa 100 Jahren entdeckt. Heute ist Informationsübertragung ohne sie undenkbar.

Aufgaben

a Eine Schwingung wurde aufgezeichnet (Bild 5). Benenne die physikalischen Größen in A, B und C. Die Frequenz dieses Systems beträgt 2 Hz. Wie berechnet man diesen Wert? Welche Bedeutung hat er?

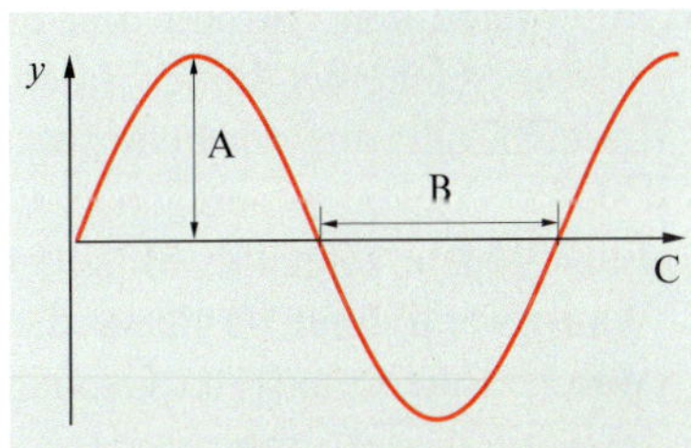

5

b Skizziere das y-t-Diagramm einer Pendeltür. Benenne die Art der Schwingung und gib weitere Beispiele an.

c In alten Indianerfilmen legen die Indianer das Ohr an die Schiene. Erkläre warum auf diese Weise der Zug schon gehört werden kann, bevor man ihn überhaupt sieht.

6

d Der Architekt eines Flughafens muss sehr viel zum Thema Lärmschutz planen. Notiere verschiedene Möglichkeiten des Lärmschutzes und gehe dabei auf die jeweiligen physikalischen Gesetze ein.

e Erkläre, warum Geräusche um Hausecken herum zu hören sind.

f Welche Funktion haben Wellenbrecher an der Meeresküste aus physikalischer Sicht?

g Berechne die Entfernung eines Gewitterblitzes, wenn der Donner nach 5 s zu hören ist.

h Notiere 3 Beispiele für die Nutzung von elektromagnetischen Wellen.

i Erkläre die Funktionsweise einer Fernseh-Satellitenantenne.

j In einigen Gebäuden kann man nicht mit dem Handy telefonieren. Woran kann das liegen?

7

Kräfte – Auf der Baustelle

1

Auf einer Baustelle wird mechanische Arbeit verrichtet. Dies geschieht nicht ohne das Wirken von Kräften. Die Kräfte werden dabei durch verschiedene mechanische Einrichtungen, wie z. B. Seile und Rollen, übertragen oder sogar in ihrer Stärke verändert.

Aufgaben

a Ein Pkw beschleunigt eine steile Bergstraße hinauf. Übertrage das Bild auf ein Blatt Papier, zeichne mindestens 3 wirkende Kräfte ein und bezeichne sie.

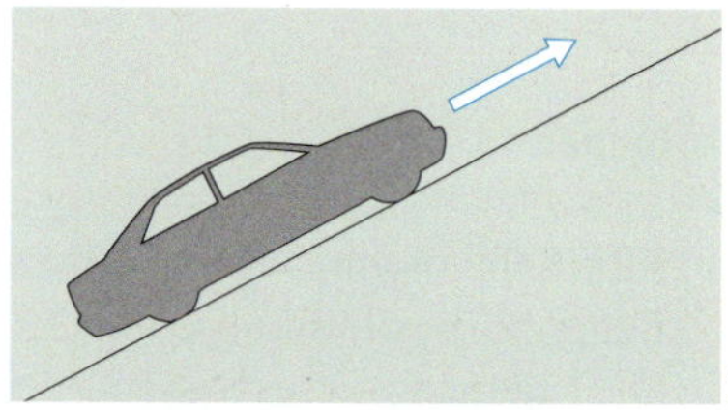
2

b Beschreibe den Aufbau und die Funktionsweise eines Federkraftmessers. Gehe bei deiner Beschreibung auf die Beziehung zwischen Längenänderung der Feder und Kraft ein.

c Eine Waage zeigt die Masse eines Körpers an. Wie musst du die Waage verändern, damit sie die Gewichtskraft des Körpers anzeigt? Welche Eigenschaft der Gewichtskraft muss außerdem noch beachtet werden? Bestimme für die Körper aus der nebenstehenden Tabelle die Gewichtskraft bzw. Masse auf der Erde.

Körper	Masse	Gewichtskraft
1	150 g	?
2	?	220 N
3	2 kg	?
4	?	4 N

d Ein Lkw hat große Platten geladen. Unterwegs wird er von der Polizei angehalten. Diese kontrolliert die Befestigung der Ladung. Welches physikalische Gesetz kennen die Polizisten? Erläutere seinen Inhalt an einem weiteren Beispiel.

e Notiere Vor- und Nachteile einer losen Rolle gegenüber einer festen Rolle.

f Du sollst eine sehr schwere Kiste ankippen, um etwas darunter hervorzuziehen. In deiner Umgebung findest du nur verschieden lange Holzstangen und Steine. Skizziere einen Lösungsvorschlag und begründe deine Idee.

g Der Vorarbeiter der Baustelle will seinen Arbeitern Lohn nach verrichteter Arbeit zahlen. Am ersten Tag vergibt er folgende Arbeiten für gleichen Lohn. Gilt „Gleicher Lohn für gleiche Arbeit“?
Arbeiter 1: 100 Pakete Ziegel (Masse je 16 kg) sollen mit einer festen Rolle in den 3. Stock eines Hauses (Höhe 10 m) gezogen werden.
Arbeiter 2: 100 Eimer Wandputz (Masse je 10 kg) sollen mit einer festen Rolle in den 4. Stock des Hauses (Höhe 14 m) gezogen werden.

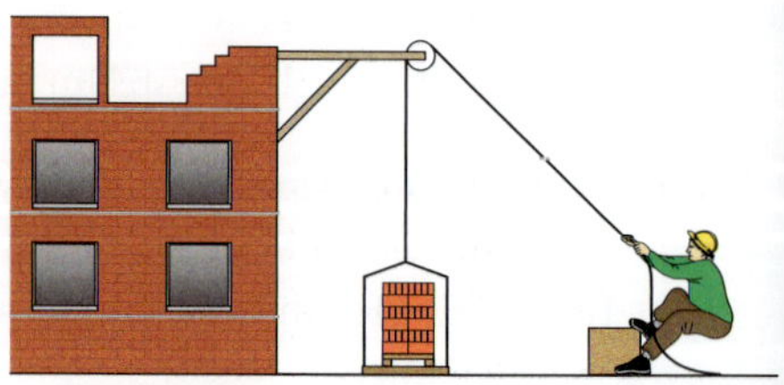
3

Elektrizität – Magnetismus

1

Seit etwas mehr als 100 Jahren steht den Menschen elektrischer Strom im Haushalt zur Verfügung. Die Entdeckungen der Elektrizität und des Magnetismus und deren Verbindung stellen dafür die Grundlagen dar.

Aufgaben

a Beim Aussteigen aus dem Auto bekommt man häufig an der Tür einen kleinen elektrischen Schlag. Erkläre dies.

b Es gibt zwei Möglichkeiten elektrische Bauelemente in eine Schaltung einzubauen. Benenne beide und zeichne jeweils einen Schaltplan mit Spannungsquelle, Schalter und zwei Lampen. Zeichne zusätzlich in die beiden Schaltungen die Messgeräte für Gesamtspannung und Gesamtstromstärke ein.

c Welche Schaltungsart wird bei den Steckdosen einer Wohnung verwendet? Begründe deine Aussage mithilfe der Gesetze für Stromstärke und Spannung in verschiedenen Schaltungen.

d Auf dem Typenschild eines elektrischen Gerätes (Bild 2) sind folgende Angaben zu lesen: Spannung: 230 V; Leistung: 1 330 W. Welche Mitteilungen werden dem Nutzer des Gerätes damit gegeben?

2

e Eine Lampe (12 V; 2 A) soll an eine Gleichspannungsquelle mit 24 V angeschlossen werden. Der Schaltplan (Bild 3) zeigt ein zusätzliches Bauteil. Welches Bauteil wird verwendet? Berechne Spannung, Stromstärke und elektrischen Widerstand dieses Bauteils.

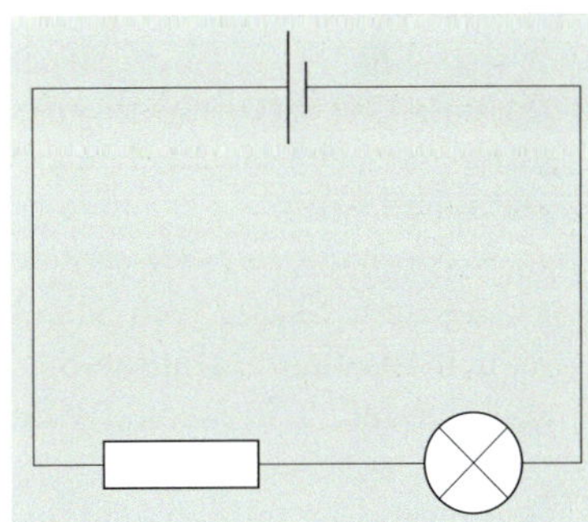

3

f Beschreibe den Aufbau und die Funktionsweise des Messfühlers eines elektrischen Halbleiterthermometers.

g Vertauscht man bei Geräten, die mit einer Gleichspannung betrieben werden, die beiden Pole an denen die Spannung anliegt, kann das zu Schäden im Gerät führen. Ein kleines Halbleiterbauteil kann dies verhindern. Benenne das Bauteil und erläutere seine Funktion.

h Skizziere und beschrifte den Aufbau eines Transformators.
Berechne die fehlende Größe. in der nebenstehenden Tabelle.
Aus welchem Grund wird ein Transformator nur mit Wechselstrom betrieben?

Spannung	Windungszahl
Primärseite: 230 V	920
Sekundärseite: 5 V	?

Kosmos, Erde und Mensch

1

Die Astronomie ist die älteste Naturwissenschaft. Anfangs gab sie Hilfe bei der Orientierung auf Reisen oder diente zur Vorhersage bestimmter Ereignisse auf der Erde.
Heute ist sie eine sehr zukunftsträchtige Wissenschaft. Wir befinden uns gerade am Beginn des Zeitalters der Weltraumerkundung, die ohne astronomische Kenntnisse undenkbar wäre.

Aufgaben

a Beschreibe das geozentrische und das heliozentrische Weltbild. Mache zusätzlich einige Aussagen zur geschichtlichen Einordnung und weltanschaulichen Bedeutung dieser Weltbilder.

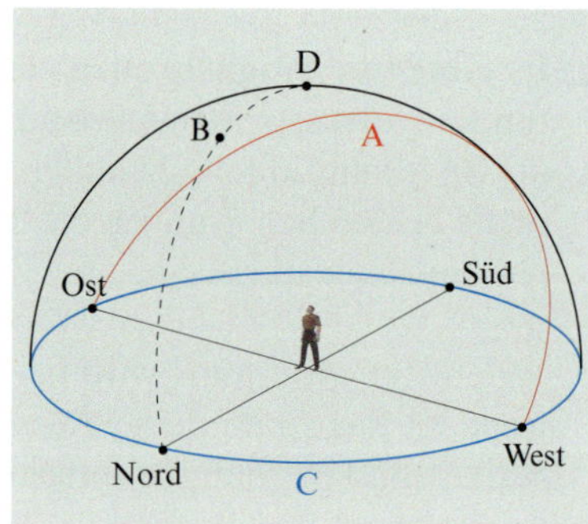

2

b Ordne den Buchstaben A bis D in der Zeichnung der scheinbaren Himmelskugel (Bild 2) die Begriffe Himmelsäquator, Himmelsnordpol, Horizont und Zenit zu.

c Beschreibe wie man am nächtlichen Sternenhimmel den Polarstern findet.
Was versteht man unter zirkumpolaren Sternen?

d Nenne je ein Sternbild, das in den einzelnen Jahreszeiten besonders gut zu beobachten ist. Nenne ein Sternbild, das man zu jeder Jahreszeit sehen kann.

e Fertige eine Skizze vom Schichtaufbau der Sonne an. Benenne die Schichten, die ungefähren Schichttemperaturen und die möglichen stattfindenden Sonnenaktivitäten.

f Beschreibe die tatsächliche Bewegung des Mondes und der Erde im Weltall. Gehe auch auf die scheinbare Bewegung ein.

g Beschreibe den Anblick, den ein Beobachter auf dem Mond hat, wenn auf der Erde eine Mondfinsternis zu sehen ist?

h Benenne die Planeten unseres Sonnensystems in ihrer Reihenfolge von der Sonne aus. Unterteile die genannten Planeten in zwei Gruppen und notiere wesentliche Gruppenmerkmale.

i JOHANNES KEPLER stellt drei Gesetze über die Planetenbewegungen in unserem Sonnensystem auf. Gib den Inhalt der Gesetze wieder.

3

Blick vom Mond auf die Erde

Kernumwandlungen

1

2

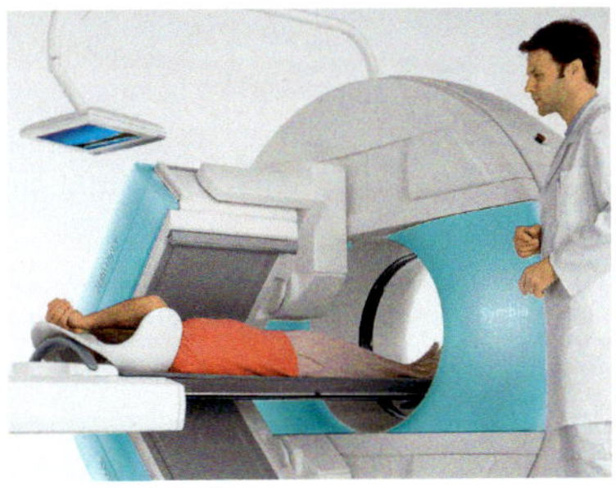
3

Die bei der Kernspaltung frei werdende Energie wird zur Erzeugung von elektrischer Energie friedlich genutzt. Diese Form der Energieerzeugung ist nicht unumstritten, da die Endlagerung radioaktiver Abfälle nicht geklärt ist und Reaktorunfälle nicht vollständig auszuschließen sind. Radioaktivität stellt eine ernsthafte Bedrohung für alle Lebewesen dar. Sie ist aber aus manchen Bereichen nicht mehr wegzudenken – aus der Nuklearmedizin, der Archäologie oder der Raumfahrt.

Aufgaben

a Beschreibe und skizziere den Atomaufbau des Elementes Kohlenstoff.

b Beim Zerfall radioaktiver Elemente wird Strahlung frei. Notiere die drei wichtigsten Strahlungsarten und mache jeweils Aussagen zur Reichweite, Durchdringungsfähigkeit und biologischen Wirkung der Strahlungsarten.

c Welche Maßnahmen können vor Kernstrahlung schützen?

d In der Archäologie wird das Alter von Fundstücken (Bild 4) mithilfe der C-14-Methode bestimmt. Beschreibe die Vorgehensweise der Wissenschaftler.

e Zur Behandlung bestimmter Krebsarten wird radioaktive Strahlung genutzt. Welche Strahlungseigenschaft spielt dabei eine Rolle? Nenne Vor- und Nachteile dieser Behandlungsmethode.

f Beschreibe am Beispiel von Uran-235 den Ablauf einer Kernspaltung.

g Beschreibe Aufbau und Funktion eines Kernreaktors.

h Welche Energieumwandlungen finden in einem Kernkraftwerk statt? Vergleiche mit anderen Kraftwerksarten (z. B. Kohlekraftwerk).

i Wodurch belasten Kernkraftwerke unsere Umwelt?

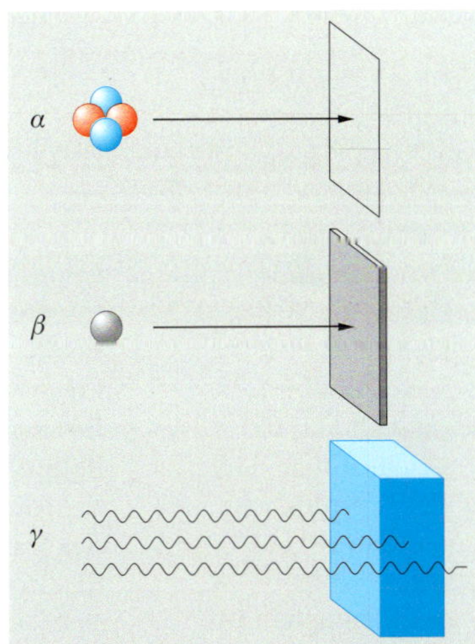

4

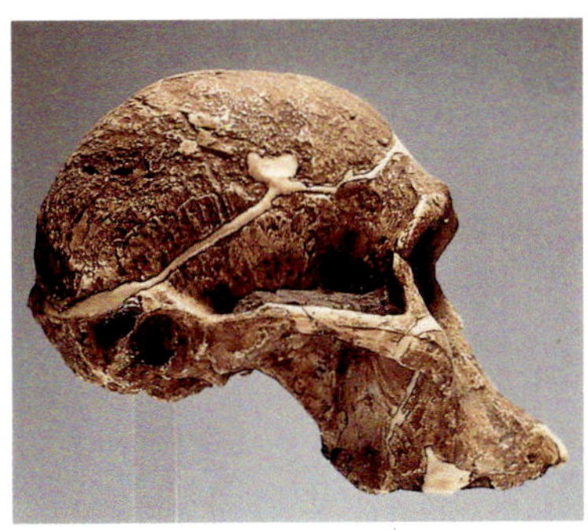
5

Register

Quellennachweis der Abbildungen

A. Krüss Optronic GmbH, Hamburg: 241/3. action press: 38/1. akg-images: 104/2. Allsport Photographic PLC, action press: 136/1. Apple Computer: 222/2. Archiv Cornelsen Verlag, Berlin: 11/1, 5, 18/5, 23/4, 30/1-2, 37/3-4, 47/3, 48/3, 55/1, 56/3, 71/4, 92/1, 94/1, 95/1, 102/2, 124/1, 125/1-2, 102/1, 103/3, 133/1-3, 149/1, 6-8, 169/1-3,5, 189/3, 208/3, 213/2,4, 224/2-5, 246/2, 255/3-4, 256/1-2, 261/3-4, 264/2, 266/1-2, 271/2,4, 273/2, 275/3. Archiv Hoyer, Galenbeck: 40/1. argum/Christian Lehsten: 8/1. ASE/HEA: 180/4-5. Astrophysikalisches Institut Potsdam: 78/4. Audi AG, Ingolstadt: 214/3. Augenklick/Foto-Kunz: 142/1. Backhaus, Udo, Essen: 57/1, 58/1, 60/2-3, 61/3, 62/2, 65/1, 66/1,3, 67/2, 93/1-2, 96/2. Bayern-Park: 138/4. Betatherm: 10/2. Bildarchiv Preußischer Kulturbesitz: 38/2. BMW, München: 206/2. Boreas Gruppe, Dresden: 182/1. Bridgeman Art Library: 54/2, 57/2, 103/1. Brunswick GmbH, Eschborn: 128/4. Bundesamt für Strahlenschutz: 40/4, 47/3. Bundesverband Solarwirtschaft/Sunways AG: 14/1. California Institute of Technology: 226/1. CERN: 226. CH-Glattbrugg: 203/2. Conrad Electronic, Hirschaus: 16/1, 182/2, 184/1. Corbis/ Igor Kostin: 36/2. Corbis/O'Rear: 233. Corbis/Steve Prezant: 154/1. Corbis: 154/1, 264/4, hinteres Vorsatz. DaimlerChrysler AG, Stuttgart: 140/2, 269/3-4. DESY, Hamburg: 232/3-4. Deutsche Kinemathek: 104/3. Deutsche Sporthochschule Köln, Institut für Biomechanik: 157/2. Deutsche Telekom AG: 24/1, 208/1. Deutsches Museum, München: 23/1, 24/3,4, 37/1-2, 57/3, 124/2, 164/2, 179/1-3, 213/1,3, 222/4, 242/1, 244/1-3. DLR: 73/3, 74/1, 87/4, 91/3, 108/2, 149/2-4, 195, 202/3-4. dpa: 122/2, 158/4, hinteres Vorsatz. Dziarstek, C., Augsburg: 126 rechts. E.ON Energie AG: 273/1. EBS/Universität Ulm: 214/2. Elwe Lehrgerätebau Klingenthal GmbH: 198/3. EPCOS: 257/4. ESA: 20/3, 191/4, 194/3, 214/1. ESO: 54/1, 100/1. Freies Deutsches Hochstift, Frankfurter Goethe Museum: 251/4. Fujitsu Siemens Computers: 224/1, 225/3. FVB/Josef Zens: 268/1. Greenpeace/Thomas Schlijper: 49/1. Grundig Intermedia GmbH: 23/5. GSF, Neuherberg: 39/2. Hehmann, K.: 265/1. Hella KGaA Hueck & Co.: 18/4,6. HMI, Berlin: 43/1. Honda: 107/3. IBM: 12/4, 225/4, 273/1. Intel: 12/3. Jan van der Straet: Distillatio, Archiv: 42/2. Kessler, Hofheim: 51/2. KKW Brunsbüttel: 46/2. Landesamt für Denkmalpflege und Archeologie Sachsen-Anhalt/Liptàc, Juraj: 55/2. Levitec Verkehrstechnik GmbH, Wetzlar: 214/6. Leybold Didactic GmbH: 33/5, 198/2, 229/2. Lichtenberger, J., Fahren: 261/5, 261/1. Los Alamos National Laboratory: 44/1. Mannesmann Dematic, Wetter: 166/2. Mars Society/Robert Murray: 194/2. Mikelskis, H. F., Potsdam: 112/1, 126 links. Moser, Freiburg: 50/2-3. Mt.-Wilson-Observatorium: 78/5. NARA National Archives: 48/2. NASA/WMAP Science Team: 101/1-2. NASA: Einband, 64/1, 71/1,3, 77/2, 80/1-2, 83/1-3, 84/1-2, 85/1, 86/1, 87/1-3, 88/1-5, 89/1-4, 90/1-4, 91/1,4, 92/2-3, 96/3, 98/1-3, 99/1-2, 100/2-3, 102/1, 104/4, 105/2, 108/3, 109/1, 110/1, 130/4, 188/1-2, 191/1-3,5, 192/1-3, 193/1-8, 194/1, 274/1,3, hinteres Vorsatz. Nitschmann, H.-J., Bautzen: 77/3. Okapia/Dr. Eckart Pott: 105/2. Osram: 22/1, 28/2,3, 27/4. Pawel-Moewig-Verlag: 103/2 Philips: 7, 24/2, 104/3, 248/1. Photopool/Rothermel: 141/3. Phywe System GmbH, Göttingen: 40/3, 121/3, 156/2, 167/3, 168/4, 197/1, 211/4, 216/3, 218/1,4, 236/3. PI: 106/1. Piaget: 230/1. picture alliance/ASA: 118/1, 269/1. picture alliance/dpa: 48/5, 109/2, 152, 155/1-2, 272/1. picture alliance/ZB: 72/1, 150/2. Polzin, Kersten, Meldorf: 53, 60/1. Postbank: 222/2. ProjektPhotos: 25/5, 26/1, 107/2, 128/1, 153/4, 156/1, 158/3, 255/1, 260/3, 271/1,7. Rabe, T., Potsdam: 263/4, 264/1, 265/1. ROYER Signaltechnik GmbH: 18/3. RWE, Essen: 42/1. Schott Glas, Mainz: 1, 216/1, 219/1, 221/2,4. Schuberth Helme GmbH, Braunschweig: 141/3. Siemens AG: 18/1, 19/2,3, 20/1, 25/1-3, 50/1,4, 51/3, 107/1, 110/2, 159, 172/1, 178/3, 180/1, 186/1, 218/3, 275/5. Sigma, Neustadt: 222/2. Simeon, R., Baden-Baden: 38/3. SOHO (ESA & NASA): 70/1, 73/1,2, 75/1-2, 76/1, 77/1, 78/3. solaris(at)lcm.pl: 104/1. Sony. 106/2, 108/1, 222/1. SPL/Agentur Focus: 39/1. Staatlicher Mathematisch-Physikalischer Salon, Dresden: 168/1. Sto AG: 105/1. Superbild: 51/4, 111, 246/1. TFA: 222/2. The Israel Museum, Jerusalem: 29. Titanic Inc.: 107/4. TU Berlin: 203/3. TU München: 48/4. TV-yesterday: 260/1. U-Bahnreferat der Landeshauptstadt München: 106/3. Uli Stein distr. by Catprint Media GmbH: 59/3. ullstein bild, Berlin: 157/1. ULYSSES (ESA & NASA): 78/2. Volkswagen AG, Wolfsburg: 134/1-3. Wacker Siltronic, Burghausen: 8/2, 12/1-2. Walter Bau AG: 31/1. Wikipedia: 25/4, 106/3, 222/1. Winter, R., Potsdam: 126 unten. Wismut AG: 47/2. www.ricksantiqueradios.com: 223/2. Zarm, Bremen: hinteres Vorsatz. Zefa: 130/5. Alle anderen Fotos von Volker Döring, Hohen Neuendorf.

Licht

a beleuchteter Körper: Tisch; Lehrbuch; Spiegel; Lichtquelle: Sonne; Glühwürmchen; Lampe; Feuer; Leuchtdiode

b

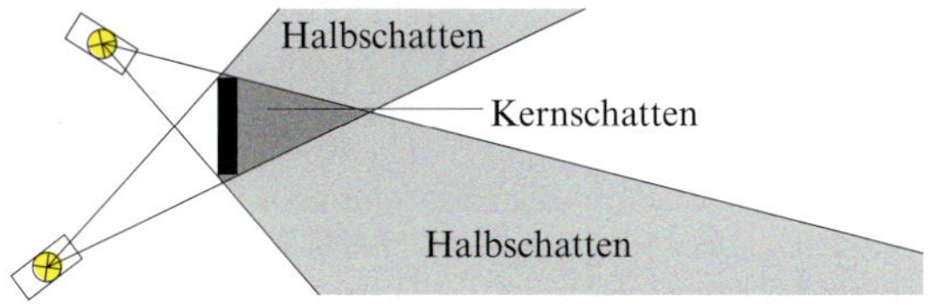

c Sammellinse: paralleles Licht wird im Brennpunkt gebündelt
Zerstreuungslinse: paralleles Licht wird gestreut

d geradlinige Ausbreitung: Autoscheinwerfer; Ausbreitung mit Lichtgeschwindigkeit: Raumausleuchtung sofort nach Aufleuchten einer Lampe; allseitige Ausbreitung: Lampe an der Decke leuchtet ganzen Raum aus

e zwei Spiegel – Reflexion der Parallelstrahlen nach dem Reflexionsgesetz; Zerstreuungslinse – Streuung des Lichts

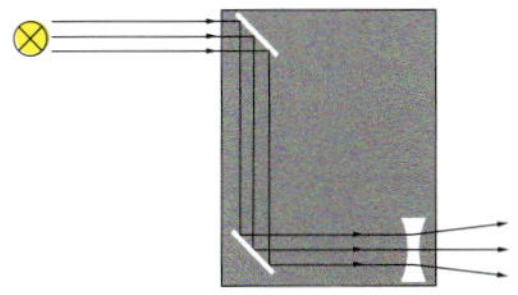

f Brechungsgesetz: $\sin\alpha/\sin\beta = c_{Luft}/c_{Wasser}$; $\beta = 22°$

g elektrische Signale werden in Lichtsignale umgewandelt, Lichtleiter sind aus Glas, dessen optische Dichte nach außen hin abnimmt, das Licht wird total reflektiert und weitergeleitet, es verbleibt im Inneren des Lichtleiters

h weißes Licht setzt sich aus Licht unterschiedlicher Farben zusammen. Die einzelnen Farben werden beim Durchgang durch das Prisma unterschiedlich stark gebrochen. Reihenfolge: Violett, Blau, Grün, Gelb, Orange, Rot; violettes Ende:

i ultraviolette Strahlung; rotes Ende: infrarote Strahlung
aus dem Spektrum und den Absorptionslinien lassen sich die Bestandteile einer Probe ermitteln; Anwendung: Stoffanalyse, Untersuchung von Sternen

Bewegungen – Ein Autorennen

a AB – gleichmäßig beschleunigte Bewegung; BC – verzögerte Bewegung (Bremsbewegung); CD – gleichförmige Bewegung; DE – gleichmäßig beschleunigte Bewegung

b

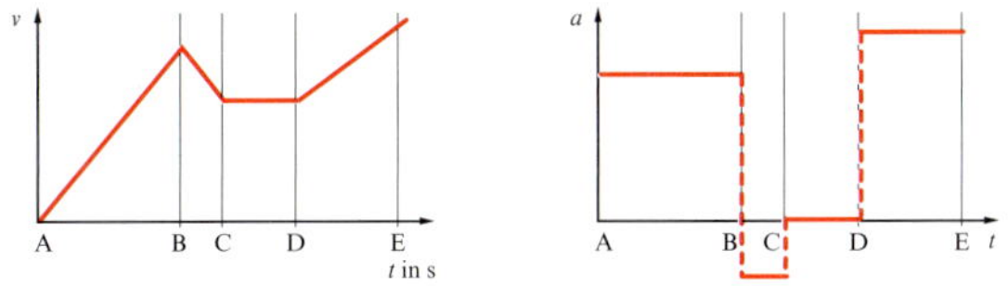

c $s = a/2 \cdot t^2$, $a = 2 \cdot s/t^2$, $a = 7{,}96\,m/s^2$; $F = m \cdot a$, $F = 5\,173{,}5\,N$

d große Fläche bedeutet große Reibungskraft zwischen Fahrbahn und Reifen und damit hohe Kurvengeschwindigkeit, gute Bremsverzögerung, gute Beschleunigung

e Trägheitsgesetz, Newton'sches Grundgesetz, Auflagedruck

f $E_{ch} \rightarrow E_{th} \rightarrow E_{kin}$ oder $E_{kin} \rightarrow E_{el}$
Wirkungsgrad erhöhen durch: Luftwiderstand senken, Masse verringern, unerwünschte Reibung verringern, Benzin mit höherem Energiegehalt einsetzen

g $v = s/t$, $v = 1\,020\,m / 39{,}5\,s = 25{,}8\,m/s = 93\,km/h$

h AB – stärker beschleunigen; BC – bremsen; DE – Gas geben (beschleunigen); siehe auch Lösung b)

Temperatur – Wärme – thermische Energie

a Temperatur ist Maß für Geschwindigkeit der Teilchen eines Körpers; je schneller die Teilchen, umso höher ist E_{th}
tiefste Temp.: $-273\,°C = 0\,K$; keine Bewegung der Teilchen

b $20\,°C = 293\,K$, $200\,K = -73\,°C$, $-35\,°C = 238\,K$, $300\,K = 27\,°C$
$\Delta\vartheta = 59\,K$

c Wärmestrahlung: zur Übertragung der Wärme ist kein Stoff erforderlich; Wärmeströmung: Mitführen der Wärme mit Strömung in Flüssigkeiten und Gasen; Wärmeleitung: Übertragung der Wärme in festen Stoffen

d Wärmeleitung: Isolation mit Styropor; Wärmeströmung: Gummidichtungen an Fenstern und Türen; Mehrfachverglasung; Wärmestrahlung: helle Farben, verspiegelte Fensterscheiben

e $Q = m \cdot c \cdot \Delta T$; $Q = 62{,}85\,kJ$ (c – spezifische Wärmekapazität)

f Wasser hat die größte spez. Wärmekapazität, es kann die meiste Wärme speichern

g Darstellung der Temperatur in Abhängigkeit von der Zeit
Eisblock erwärmen –Temp. steigt gleichmäßig an; Eis schmilzt (Wärme zur Aggregatzustandsänderung) – Temp. bleibt konstant; Eis ist geschmolzen, Wasser wird weiter erwärmt – Temp. steigt gleichmäßig

h Verdunstung; Aggregatzustandsänderung unterhalb der Siedetemperatur, erforderliche Wärme wird dem Körper entzogen

i Benzin: Zündfunken, Explosion des Gasgemischs, Kolben wird nach unten gedrückt; Diesel: Einspritzung Diesel, Selbstzündung durch hohe Temperatur, Kolben wird nach unten gedrückt; Wirkungsgrad des Dieselmotors höher

j $\vartheta_{schwarz} > \vartheta_{weiß} > \vartheta_{silber}$, Absorption und Reflexion

Schwingungen und Wellen

a A – Amplitude y_{max}; B – Periodendauer T; C – Zeit t
$f = 1/T$ – Anzahl der Schwingungen pro Sekunde

b vgl. Bild 3, S. 148; gedämpfte Schwingung (Amplitude nimmt ab); z. B. Stoßdämpfer in Fahrzeugen

c Schall breitet sich in festen Stoffen schneller aus als in Luft.

d Lärmschutzwand – Reflexion des Schalls; Lärmschutzwall mit Bepflanzung – Absorption der Schallenergie

e an Körperkanten wird der Schall gebeugt, Richtungsänderung

f Wellenbrecher verringern durch Brechung der Welle deren Energie und verändern gleichzeitig die Ausbreitungsrichtung der Welle. Damit wird das Ufer vor Zerstörung geschützt.

g $s = v \cdot t$, $s = 330\,m/s \cdot 5\,s$, $s = 1\,650\,m$

h Mikrowelle, Fernseh- und Rundfunkübertragung, Telefonieren mit dem Handy

i Hertz'sche Wellen werden vom Fernsehsatelliten abgestrahlt. Sie werden von der „Satellitenschüssel" zu Hause wie von einem Parabolspiegel reflektiert und im Empfangsteil der Antenne gebündelt und zum Fernsehgerät übertragen.

j Hertz'sche Wellen durchdringen keine elektrischen Leiter. In vielen Gebäuden ist sehr viel Stahl verbaut. Hertzsche Wellen werden mit einer bestimmten Energie abgestrahlt. Dicke Mauern absorbieren diese Energie.

Kräfte – Auf der Baustelle

a

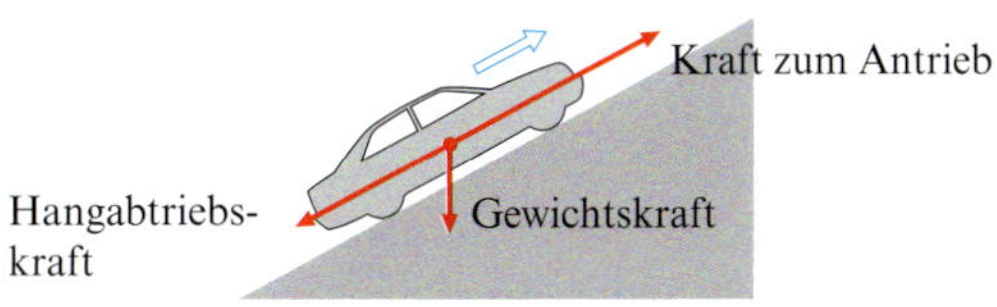

b Feder und Skala, Kraft dehnt die Feder, Längenänderung ist ein Maß für die Kraft (Längenänderung proportional der Kraft)

c Die Gewichtskraft ist die Kraft, mit der ein Körper an seiner Aufhängung zieht oder auf eine Unterlage drückt. Sie ist ortsabhängig. Auf der Erde gilt: Ein Körper der Masse 1 kg übt eine Gewichtskraft von ≈ 10 N aus. Waage neue Skala: 1 kg = 10 N
1,5 N, 22 kg, 20 N, 400 g

d Trägheitsgesetz; Sicherheitsgurt – Beim Abbremsen des Fahrzeuges bewegen sich die Insassen zunächst weiter. Der Gurt behindert diese Bewegung.

e lose Rolle: halbe Zugkraft, doppelter Lastweg (doppelt so langes Seil)

f Hebelgesetz; längste Holzlatte benutzen; Holzlatte über Stein unter die Kiste schieben, Stein so nah wie möglich an Kiste

g Arbeiter 1: $W = F \cdot s$, $W = 16\,000\,\text{N} \cdot 10\,\text{m}$, $W = 160\,000\,\text{J}$
Arbeiter 2: $W = 140\,000\,\text{J}$; ungerechte Bezahlung

Elektrizität – Magnetismus

a Reibung zwischen Körper und Sitz, Ladungstrennung, beim Aussteigen Ladungsausgleich (Bodenkontakt)

b Reihenschaltuhg Parallelschaltung

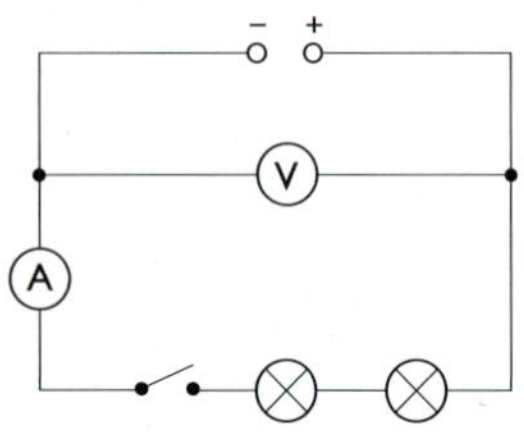

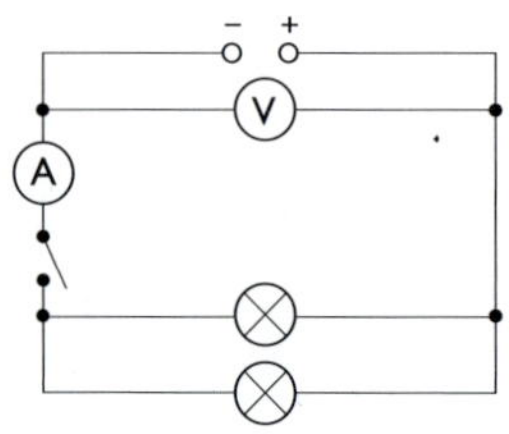

c Parallelschaltung, $I = I_1 + I_2 + \ldots$, $U = U_1 = U_2 = \ldots$

d Betriebsspannung = 230 V Wechselspannung; $P = U \cdot I$, $I = P/U$, $I \approx 6\,\text{A}$

e Vorwiderstand; $U = 12\,\text{V}$, $I = 2\,\text{A}$, $R = U/I$, $R = 6\,\Omega$

f Heißleiter (Halbleiter), leitet Strom mit steigender Temperatur besser, jeder Stromstärke wird eine Temperatur zugeordnet

g Halbleiterdiode, Sperrrichtung oder Durchlassrichtung

h siehe Bild 2 auf S. 182; $U_1/U_2 = N_1/N_2$, $N_2 = 20$
Induktionsgesetz; Wechselstrom bewirkt ein sich veränderndes Magnetfeld

Kosmos, Erde und Mensch

a geozentrisches Weltbild: Erde im Mittelpunkt; Sonne, Planeten kreisen um die Erde; Claudius Ptolemäus, ca. 100 n. Chr.; Weltbild gab den damaligen Stand der Erkenntnisse wieder und stimmte mit den Auffassungen der Kirche überein.
heliozentrisches Weltbild: Sonne im Mittelpunkt; Planeten kreisen um die Sonne; Nikolaus Kopernikus, ca. 1 500 n. Chr.; im Widerspruch zur kirchlichen Lehrmeinung

b A Himmelsäquator; B Himmelsnordpol; C Horizont; D Zenit

c Sternbild Großer Wagen; Abstand der beiden Sterne am Ende des Wagens in Gedanken fünfmal verlängern
zirkumpolare Sterne befinden sich in der Nähe der Himmelspole und gehen nie auf und unter

d Frühling: Löwe; Sommer: Schwan; Herbst: Pegasus; Winter: Orion; immer sichtbar: Großer Bär

e siehe Bild 2 auf S. 74;
Zentralgebiet: $1{,}5 \cdot 10^7\,\text{K}$; Strahlungszone; Konvektionszone; Photosphäre: 6000 K, Sonnenflecken; Chromosphäre: bis 500 000 K, Protuberanzen; Korona

f Erde: tatsächliche Bewegung von West nach Ost; 365,25 Tage um die Sonne auf elliptischer Bahn; alle 4 Jahre Schaltjahr notwendig; in einem Tag eine Umdrehung um sich selbst
Mond: tatsächliche Bewegung von West nach Ost, in 27,3 Tagen einmal um die Erde und eine Umdrehung um sich selbst, zeigt Erde immer dieselbe Seite
scheinbare Bewegung der Himmelskörper von Ost nach West

g Mondfinsternis auf der Erde – Mond befindet sich im Kernschatten der Erde – auf dem Mond ist eine Sonnenfinsternis

h Merkur, Venus, Erde, Mars, Jupiter, Saturn, Uranus, Neptun, Pluto
erdähnliche Planeten: Merkur, Venus, Erde, Mars; geringe Masse, kleiner Durchmesser, große mittlere Dichte
jupiterähnliche Planeten: Jupiter, Saturn, Uranus, Neptun: große Masse, großer Durchmesser, kleine mittlere Dichte

i 1. Gesetz: Planetenbahn ist eine Ellipse, Sonne in einem Brennpunkt; 2. Gesetz: Planet hat in Sonnennähe größere Geschwindigkeit als in Sonnenferne; 3. Gesetz: Beziehung zwischen der Umlaufzeit und der großen Halbachse bei allen Planeten gleich

Kernumwandlungen

a Atomkern mit 6 Protonen und 6 Neutronen, Atomhülle mit 6 Elektronen

b

Name	Art	Reichweite	Durchdringungsfähigkeit
α-Strahlung	Teilchen (Heliumkerne)	wenige cm	gering
β-Strahlung	Teilchen (Elektronen)	wenige m	gering
γ-Strahlung	elektromagn. Strahlung	sehr groß (in km-Bereich)	stark

c großer Abstand von Strahlungsquelle, starke Abschirmung, Aufnahme radioaktiver Stoffe in den Körper vermeiden

d Organismus nimmt zu Lebzeiten radioaktiven Kohlenstoff auf. Nach dem Tod wird dieses Isotop abgebaut. Die Anzahl der radioaktiven Kerne im Fundstück wird gemessen und zur Anzahl der im lebenden Organismus vorhandenen ins Verhältnis gesetzt. Über die Halbwertszeit des C-14 wird das Alter ermittelt.

e Kernstrahlung zerstört lebende Zellen. Dies wird genutzt um Krebszellen abzutöten. Nachteil: gesundes Gewebe kann bei der Bestrahlung getroffen werden.

f Uran-235 wandelt sich nach dem Auftreffen eines Elektrons in Uran-236 um, dieser Kern hat sehr kurze Lebensdauer und zerfällt in Krypton-89 und Barium-144 sowie 3 Neutronen.

g Brennelemente, Moderator, Regelvorrichtung, Kühleinrichtung, Sicherheitsbehälter; im Reaktor läuft eine gesteuerte Kettenreaktion der Kernspaltung ab. Der Moderator bremst die bei der Spaltung entstehenden Neutronen ab, damit neue Spaltungen ausgelöst werden können. Steuerstäbe regeln die Kettenreaktion; über die Kühleinrichtung wird die frei werdende Energie abgeleitet; Reaktorbehälter besitzt Betonabschirmung zum Schutz vor dem Austreten von γ-Strahlung

h Kernkraftwerk: $E_{kern} \rightarrow E_{th} \rightarrow E_{mech} \rightarrow E_{el}$
Kohlekraftwerk: $E_{ch} \rightarrow E_{th} \rightarrow E_{mech} \rightarrow E_{el}$

i hochradioaktive Abfälle – Endlagerung noch nicht geklärt

Gravitationskraft

Der Fall ins Nichts ist für den Bungeespringer eine Herausforderung.
In abgeschwächter Form kann jeder das aufregende Gefühl beim Fallen erleben, wenn er vom Sprungturm eines Bades springt.
Auch die Achterbahn bezieht einen großen Teil ihres Reizes aus der schnellen Bewegung nach unten.
Der Fallturm auf der Kirmes lässt die Fahrgäste kreischen, wenn es ungebremst abwärts geht.
Alle Körper auf der Erde werden von der Erde angezogen.
Diese Anziehungskraft wirkt auch, wenn wir uns fallen lassen.

Auch unsere inneren Organe werden durch die Gravitationskraft nach unten gezogen. Sie werden dabei von Muskeln und Bändern gehalten.
Wenn wir fallen, werden die Bänder nicht belastet.
Diese ungewohnte Entlastung führt zu dem aufregenden Gefühl beim Turmspringen oder in der Achterbahn.